"十三五"国家重点出版物出版规划项目
现代机械工程系列精品教材
"十二五"普通高等教育本科国家级规划教材
普通高等教育"十一五"国家级规划教材
普通高等教育"十五"国家级规划教材

液 压 元 件 与 系 统

第 4 版

主　编　刘银水　李壮云
副主编　万会雄　吴德发
主　审　焦宗夏

机 械 工 业 出 版 社

本书共分四篇二十一章，书中介绍了各类液压元件、介质、辅件和系统的基本理论和基础知识，内容包括基本概念、理论分析、结构特点、设计方法、静动态特性及分析、使用与维护方法等；同时，也反映了该学科国内外的最新研究成果及发展趋势，体现了基础性、系统性、先进性和工程应用性等特点。

本书可作为我国高等学校机械工程及自动化专业、机械电子工程专业流体传动与控制方向以及其他相关专业的教材。本书也可供从事液压相关工作的工程技术人员、研究人员和高等工科院校有关师生学习和参考。

图书在版编目（CIP）数据

液压元件与系统/刘银水，李壮云主编. —4 版. —北京：机械工业出版社，2019.9（2024.7 重印）

"十三五"国家重点出版物出版规划项目 现代机械工程系列精品教材
ISBN 978-7-111-62678-7

Ⅰ.①液… Ⅱ.①刘…②李… Ⅲ.①液压元件-高等学校-教材②液压系统-高等学校-教材 Ⅳ.①TH137

中国版本图书馆 CIP 数据核字（2019）第 085959 号

机械工业出版社（北京市百万庄大街 22 号 邮政编码 100037）
策划编辑：余 皞 责任编辑：余 皞 王海霞
责任校对：刘志文 封面设计：张 静
责任印制：单爱军
北京虎彩文化传播有限公司印刷
2024 年 7 月第 4 版第 4 次印刷
184mm×260mm·30 印张·987 千字
标准书号：ISBN 978-7-111-62678-7
定价：78.80 元

电话服务　　　　　　　　网络服务
客服电话：010-88361066　机 工 官 网：www.cmpbook.com
　　　　　010-88379833　机 工 官 博：weibo.com/cmp1952
　　　　　010-68326294　金 书 网：www.golden-book.com
封底无防伪标均为盗版　机工教育服务网：www.cmpedu.com

前　言

《液压元件与系统》是为了满足高等院校机械类学生更系统深入学习液压知识而编写的教材，与目前普遍开设的专业基础课程"液压与气压传动"的教材相比，其知识的深度和广度都得到进一步提升，在系统性和理论性方面都得到了加强，其目标是使学生在完成该课程相关教学实践环节后，具备一定的从事流体传动与控制技术方面工作的能力。本书的第1版（1999年）、第2版（2005年）、第3版（2011年）分别被列为"九五""十五""十一五"和"十二五"国家级规划教材。本次修订第4版又入选"十三五"国家重点出版物出版规划项目——现代机械工程系列精品教材。

距离本书2011年第3版的出版已过去8年，这期间，国际液压技术的发展取得了新的重要进展。与此同时，"中国制造2025"的提出以及智能制造的兴起给我国液压技术的发展带来了新的挑战和机遇。为了反映这些变化，在总结多年的教学经验、综合国内外同行的宝贵意见，同时吸纳部分编者的科研成果的基础上，对全书内容进行了删补，对文字和图表进行了校对和调整。本书主要突出以下特点：

1. 提高系统性。从元件、工作介质及系统三个方面进行选材，元件的类型尽可能丰富，特别是涵盖了主流应用的产品类型。

2. 增强理论性。既有对液压元件和系统结构及组成特点的介绍，也有对其动、静态性能的分析和对设计理论方法的论述，便于指导读者进行工程实践。

3. 体现先进性。对国际和国内液压技术最新的发展趋势、研究热点及部分研究成果进行了介绍和分析。

与前三版相比，本书主要的变化有：

1. 在绪论部分对国际和国内液压技术最新发展趋势和研究热点进行了简要介绍，以期引起读者的兴趣。

2. 考虑到现有篇幅难以系统涵盖，删除了第八章关于液压控制阀的噪声、材料及工艺要求的内容，留待读者自行进行更系统的学习与总结。

3. 数字液压技术是液压技术的一个重要发展方向，在第十三章电液比例阀部分增加了高速开关阀的简要内容。

4. 介绍了我国近年来在液压技术方面的部分自主创新成果，如水液压泵、2D液压阀等。

本书由华中科技大学刘银水、李壮云任主编，武汉理工大学万会雄和华中科技大学吴德发任副主编。全书编写分工如下：刘银水编写绪论和第二篇，李壮云编写第一篇，万会雄编写第三篇，吴德发编写第四篇。

北京航空航天大学焦宗夏教授任本书主审，对原稿进行了细致、详尽的审阅，提出了许多宝贵意见，在此向他表示衷心的感谢！

由于编者水平有限，书中难免存在错误、疏漏和不足之处，敬请广大读者指正。

编　者

目　　录

第一章

绪论

液压传动是以液体作为工作介质，进行能量转换、传递和控制的一种传动方式。

因为液压传动所具有的独特优越性，使其得到了十分广泛的应用，现已成为工业、农业、国防和科学技术现代化进程中不可替代的一项重要的基础技术。

与微电子技术、传感检测技术、计算机技术及自动控制理论的融合，极大地推动了液压传动技术的迅速发展，使它成为包括传动、控制及检测在内的一门新型技术学科，具有显著的机、电、液一体化特征，其应用和发展水平被普遍认为是衡量一个国家现代工业发展水平的重要标志。

第一节 液压传动的工作原理和基本特征

一部机器通常由三部分组成，即原动机→传动装置→工作机。原动机的作用是把各种形态的能量转变为机械能，是机器的动力源；工作机的作用是利用机械能对外做功；传动装置设在原动机和工作机之间，起传递动力和进行控制的作用。传动装置的类型有多种，按照其所采用的机件或工作介质的不同，主要可分为机械传动、电力传动、气压传动和液体传动等。

以液体作为工作介质进行能量传递的传动称为液体传动。根据工作原理的不同，液体传动又可分为液压传动和液力传动。前者基于帕斯卡原理，主要利用液体的压力能来传递动力；后者基于欧拉方程，利用叶轮使工作腔中液流动量矩发生变化来传递动力，其输入轴与输出轴的连接是非刚性的。液力传动具有良好的自适应性，主要用于工作机的调速，本书对此内容不作介绍。

液压传动是利用液体静压传动原理来实现的。现以图 1-1 所示的液压千斤顶为例来说明液压传动的工作原理和基本特征。

如图 1-1 所示，当向上抬起杠杆 7 时，小液压缸 1 中的小活塞向上运动，小液压缸下腔容积增大形成局部真空，排油单向阀 2 关闭，油箱 4 中的油液在大气压作用下经吸油管顶开吸油单向阀 3 进入小液压缸的下腔。当向下扳杠杆 7 时，小液压缸 1 下腔容积减小，油液受挤压，压力升高，关闭吸油单向阀 3，顶开排油单向阀 2，油液经排油管进入大液压缸 6 的下腔，推动大活塞上移，顶起重物做功。如此不断地上下扳动杠杆 7，则不断有油液进入

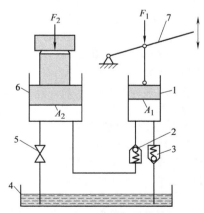

图 1-1 液压千斤顶工作原理图

1—小液压缸 2—排油单向阀
3—吸油单向阀 4—油箱 5—截止阀
6—大液压缸 7—杠杆

2

大液压缸下腔，使重物逐渐举升。如杠杆停止动作，大液压缸下腔油液压力将使排油单向阀 2 关闭，大活塞连同重物一起被锁住不动，停止在举升位置。如打开截止阀 5，大液压缸下腔通油箱，大活塞将在自重作用下向下移动，回复到原始位置。

由液压千斤顶的工作原理可知，小液压缸 1 与排油单向阀 2、吸油单向阀 3 一起完成吸油与排油动作，将杠杆的机械能转换为油液的压力能输出，称为（手动）液压泵。大液压缸 6 将油液的压力能转换为机械能输出，抬起重物，称为（举升）液压缸。图 1-1 中的大、小液压缸等组成了最简单的液压传动系统，实现了力和运动的传递。

由图 1-1 所示的简单液压系统可以得出液压传动的四个基本特征：

1）容积式液压泵的工作压力 p 与流量 q 之间不具有相关性，而是具有刚性的压力-流量特征。液压系统中使用的液压泵种类繁多，但其工作原理都与图 1-1 所示的单活塞泵相似，即利用泵工作腔容积的变化来进行吸液和排液，以挤压的方式使液体升压。以这种方式工作的泵称为容积式泵。在液压系统中，几乎毫无例外地都采用容积式泵作为液压泵。

容积式泵的特点表现在其压力-流量特性上。泵的流量是指单位时间内泵排出的液体体积，以 q 表示。从图 1-1 所示的单活塞泵的工作过程可以看出，容积式泵的流量取决于泵腔内工作容积的大小（即小液压缸活塞的横截面积 A_1 和其位移 s 的乘积）和泵的工作速度（即小液压缸活塞在单位时间内的往复次数），而与泵的工作压力基本无关。也就是说，容积式泵的流量 q 与工作压力 p 在理论上不具有相关性，而是具有刚性的压力-流量特性，如图 1-2 中曲线 a 所示。实际上，由于泄漏等原因，随着工作压力的升高，泵的流量将略有降低，如图 1-2 中曲线 b 所示。因此，从理论上讲，容积式泵能在任何高压下输出基本固定不变的流量，保证执行机构能够平稳地工作，这就是液压系统中均采用容积式泵的原因。

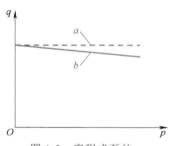

图 1-2　容积式泵的
压力-流量特性

2）容积式液压泵的工作压力主要取决于负载。在图 1-1 所示的液压系统中，如果忽略管路中的流动阻力，就可以认为其中的传递符合帕斯卡原理，即整个液体在连续空间内部具有相同的压力 p。那么，这时作用在大、小液压缸活塞上的压力均等于 p，即

$$p = \frac{F_2}{A_2} = \frac{F_1}{A_1} \tag{1-1}$$

或

$$F_2 = pA_2 = \frac{A_2}{A_1}F_1 \tag{1-2}$$

式中　A_1、A_2——小液压缸活塞和大液压缸活塞的作用面积；

　　　　F_1——作用在小液压缸活塞上的力；

　　　　F_2——作用在大液压缸活塞上的力。

由式（1-2）可以看出，当 A_2 一定时，负载力 F_2 越大，则液压泵的工作压力 p 越大。即液压泵的工作压力取决于负载（实际上，负载包括外负载力和液体阻力），而与其流量无关。

尽管出于安全方面的考虑，液压系统的工作压力应有一定限制，不允许任意提高，但只要增大液压缸的工作面积 A_2（或增大做旋转运动的液压马达的排量），理论上就可以得到任意大小的输出力（或力矩）。正是基于这种液体静压传动原理，很容易制造出工业上广泛需要的大型液压设备。

3）液压缸（或液压马达）的运动速度主要取决于输入的流量，与负载无关。如果不考虑液体的可压缩性、泄漏和管路变形等因素，根据液体运动的连续性原理，图 1-1 中的小液压缸活塞向下移动所压缩的容积，应等于大液压缸活塞向上移动所扩大的容积。即

$$A_1 s_1 = A_2 s_2$$

上式两边同时除以运动时间 t，得

$$A_1 v_1 = A_2 v_2 = q \tag{1-3}$$

或

$$v_2 = \frac{A_1}{A_2}v_1 = \frac{q}{A_2} \tag{1-4}$$

式中　s_1、s_2——小液压缸活塞、大液压缸活塞的位移；

$\quad\quad v_1$、v_2——小液压缸活塞、大液压缸活塞的平均运动速度；

$\quad\quad q$——液压泵输出的平均流量，即输入液压缸的流量。

由式（1-4）可以看出，在液压缸横截面面积一定的情况下，大液压缸活塞的运动速度 v_2 与输入的流量 q 成正比，与活塞横截面面积 A_2 成反比，而与负载无关。只要不断调节输入液压缸的流量，就可以连续地改变活塞及其负载的运动速度，从而实现无级调速。

4）液压功率等于压力和流量的乘积。功率是指单位时间内所做的功。所以，液压泵活塞的输出功率 P_1 应为

$$P_1 = F_1 \frac{s_1}{t} = F_1 v_1 = pA_1 v_1 = pq \tag{1-5}$$

液压缸活塞的输入功率 P_2 为

$$P_2 = F_2 \frac{s_2}{t} = F_2 v_2 = pA_2 v_2 = pq \tag{1-6}$$

式中，若取压力 p 的单位为 Pa（N/m^2，帕），流量 q 的单位为 m^3/s，则功率 P 的单位为 W（$N \cdot m/s$，瓦）。

由式（1-5）、式（1-6）可以看出，在不计损失的情况下，液压缸的输入功率等于液压泵的输出功率。实际上，由于黏性阻力的存在，液压缸的输入功率要加上泵与缸之间的功率损失，才等于泵的输出功率。

由上述的讨论可以看出，与外负载相对应的流体参数为工作压力 p，与运动速度相对应的流体参数为流量 q。工作压力 p 与流量 q 的乘积等于功率，称为液压功率，这与机械功率用力与速度的乘积表示、电动功率用电压与电流的乘积表示相似。

第二节　液压传动系统的组成及图形符号

一、液压传动系统的组成

工程实际中的液压传动系统，在液压泵和液压执行元件（液压缸或液压马达）之间，还应设置若干用来控制执行元件运动方向、运动速度和最大作用力的装置以及其他一些辅件，下面以图 1-3 所示的磨床工作台液压系统为例，说明其组成。

液压泵 3 由电动机驱动旋转，从油箱 1 经过滤器 2 吸油。当换向阀 5 的阀芯处于图示位置时，液压油经流量控制阀 4、换向阀 5 和管道 9 进入液压缸 7 的左腔，推动活塞向右运动。液压缸 7 右腔的油液经管道 6、换向阀 5 和管道 10 流回油箱。当换向阀 5 的阀芯处于左端工作位置时，液压缸活塞反向运动。

改变流量控制阀 4 的开口，可以改变进入液压缸的油液流量，从而控制液压缸活塞的运动速度。液压泵排出的多余油液经溢流阀 11 和管道 12 流回油箱。液压缸 7 的工作压力取决于负载，液压泵 3 的最大工作压力由溢流阀 11 调定，其调定值应为液压缸 7 的最大工作压力及系统中油液流经阀和管道的压力损失的总和。因此，系统的工作压力不会超过溢流阀的调定值，溢流阀对系统起着过载保护作用。

由上述例子可以看出，一个完整的液压系统应包含以下五个基本组成部分：

（1）液压动力元件　将原动机（常用的有人力机构、电动机和内燃机等）所提供的机械能转变为工作介质压力能的机械装置，通常称为液压泵。

（2）液压执行元件　液压执行元件是指将液压泵所提供的液压能转变为机械能的装置，其作用是在工作介质的作用下输出力和速度（或转矩和转速），以驱动工作机构对外做功。做直线往复运动的执行元件称为液压缸，做连续旋转运动的执行元件称为液压马达。

（3）液压控制元件　对液压系统中工作介质的压力、流量和流动方向进行调节控制的机械装置，通常称为液压阀或液压控制阀，如压力控制阀、流量控制阀、方向控制阀等。

（4）液压辅助元件　液压辅助元件是指为保证液压系统正常工作所需的上述三类元件以外的装置，在系统中起输送、储存、加热、冷却、过滤和测量等作用。它包括油箱、管道、管接头、密封元件、过滤器、蓄能器、冷却器、加热器以及各种液体参数的监测仪表等。它们的功能是多方面的，各不相同。

（5）工作介质　工作介质是液压系统中进行能量和信号传递的工作液体。它是液压系统中十分重要的组成部分，它的特性对液压设备的性能和寿命有决定性的影响。

以上五个部分将在后续章节中分别进行深入介绍。

二、液压系统的图形符号表示

图1-3是磨床工作台液压系统的半结构式工作原理图，其直观性强，容易理解，但绘制起来比较繁琐。为了简化液压系统的表示方法，通常采用图形符号来绘制液压系统原理图。元件的图形符号脱离了元件本身的具体结构，只表示其职能、操作（控制）方法及外部连接。用图形符号绘制的液压系统图用来表明组成系统的元件、元件间的相互关系及整个系统的工作原理，并不表示其实际安装位置及管道布置，具有简单明了、绘制方便等优点。我国已制定了有关液压与气动图形符号的标准（GB/T 786.1—2009），图1-4即为按GB/T 786.1—2009绘制的图1-3所示的磨床工作台液压系统原理图。

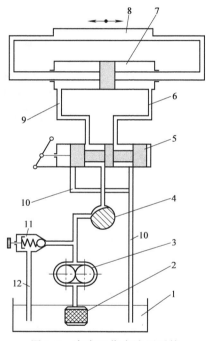

图1-3　磨床工作台液压系统
工作原理结构示意图

1—油箱　2—过滤器　3—液压泵
4—流量控制阀　5—换向阀
6、9、10、12—管道　7—液压缸
8—工作台　11—溢流阀

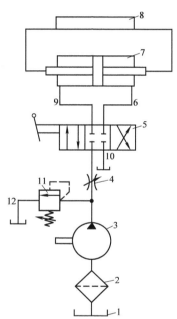

图1-4　磨床工作台液压系统原理图

1—油箱　2—过滤器　3—液压泵
4—流量控制阀　5—换向阀
6、9、10、12—管道　7—液压缸
8—工作台　11—溢流阀

第三节　液压传动的特点和应用领域

一、多种传动方式的比较

传递动力主要有三种基本方式：机械传动、电力传动及流体动力传动（含气压传动和液压传动）。为了能正确地选择传动方式，首先要了解和对比每种传动方式的基本特点。

机械传动是通过齿轮、齿条、带、链等机件传递动力和进行控制的。其优点是传动准确可靠，制造容易，操作简单，维护方便和传动效率高等。其缺点是一般不能进行无级调速，远距离传动较困难，结构比较复杂等。

电力传动是利用电力设备并调节电参数来传递动力和进行控制的。其主要优点是能量传递方便，信号传递迅速，标准化程度高，易于实现自动化等。其缺点是运动平稳性差，易受外界负载的影响，惯性大，起动及换向慢，成本较高，受温度、湿度、振动、腐蚀等环境因素影响较大。为了改善其传动性能，有些场合往往与机械、气压或液压传动结合使用。

气压传动是用压缩空气作为工作介质进行能量传递和控制的。其优点是结构简单、成本低、易于实现无级调速、阻力损失小、防火、防爆、对工作环境适应性好。其缺点是空气易压缩，负载对传动特性的影响较大，工作压力低，只适用于小功率传动。

与上述传动方式相比，液压传动具有其独特的优越性。表 1-1 列举了各种传动方式的几种主要传动特性的比较。

表 1-1　各种传动方式的主要传动特性的比较

传动特性 性能比较 传动方式	功率-质量比	转矩-转动惯量比	响应速度	可控性	负载刚度	调速范围
机械传动	小	小	低	差	中等	小
电力传动	小	小	中等	中等	差	中等
机电传动	小	小	中等	中等、好	差	中等、大
气压传动	中等	中等	低	中等	差	小
液压传动	大	大	高	好	大	大

二、液压传动的优点

1）功率-质量比及力-质量比大，控制灵活，响应速度快。相同功率的液压泵或液压马达的功率-质量比要比电机的大十倍，而外形尺寸只有电机的12%左右。例如，一般发电机和电动机的功率-质量比约为165W/kg，而液压泵和液压马达可达1650W/kg，在航空、航天领域应用的液压马达可达6600W/kg。由于液压传动的体积小、质量小，因而惯性小，起动、制动迅速。例如，起动一个中等功率的电动机需要1s或更长一些时间，而起动同等功率的液压马达只需0.1s左右。所以，利用液压传动易于实现平稳的起、停、变速或换向。

液压缸单位面积的输出力及力-质量比分别可达 $700 \sim 3000\mathrm{N/cm^2}$ 及 $13000\mathrm{N/kg}$，而对于直流直线式电动机则分别为 $30\mathrm{N/cm^2}$ 及 $130\mathrm{N/kg}$，两者相差近百倍。一般液压马达的转矩-转动惯量比是同容量电动机的 $10 \sim 20$ 倍。转矩-转动惯量比大，就意味着液压系统能产生大的加速度，也就是说时间常数小，响应速度快，具有良好的动态品质。

2）速度调节容易，而且能方便地实现无级调速，调速范围大，低速性能好。液压传动可以在比较大的调速范围内实现无级调速，调速比可达 $100:1 \sim 2000:1$。多作用内曲线液压马达可在 $0.5 \sim 1\mathrm{r/min}$ 的转速下平稳运转，单作用静力平衡液压马达的最低稳定转速可小于 $5\mathrm{r/min}$。采用电力传动虽可实现无级调速，但调速范围小得多，且低速时不稳定。

3）操纵省力，控制方便，易于实现自动化或遥控。液压传动本身的调节、控制比较简单，操纵方便、省力。特别是电液联合应用时，很容易实现复杂的程序动作和远程控制。

4）利用溢流阀很容易实现过载保护，工作安全可靠。

5）由于工作介质的润滑和吸振作用，使液压传动工作平稳，使用寿命长。

6）液压元件容易实现通用化、标准化和系列化，便于设计、制造和推广使用。

7）液压传动的各类元件可以根据主机需要灵活布置。液压传动是通过管路中的油液来传递动力的，因此可以把液压马达或液压缸安装在远离原动机的任意位置，而不需要中间的机械传动环节。如果液压马达

6

或液压缸在工作时的位置会发生变动，则只需采用挠性管道连接就可保证其正常工作，这是机械传动难以实现的。

三、液压传动的缺点

液压传动虽然具有许多突出优点，但也存在以下缺点：

1）液压传动以液体作为工作介质，在液压元件中相对运动的摩擦副间无法避免泄漏，再加上液体的可压缩性及管路弹性变形等原因，难以实现严格的传动比。油液泄漏将造成环境污染、资源浪费，油液燃烧可能导致重大事故。

2）液体黏度和温度有密切关系，当黏度随温度变化时，将直接影响泄漏、压力损失及通过节流元件的流量等，从而引起执行元件运动特性的变化。液压油液的性能及使用寿命均受温度影响很大，所以，液压系统不宜在很高或很低的温度下工作。

3）传动效率较低。液压系统中的能量要经过两次转换，在能量转换及传递过程中存在机械摩擦损失、压力损失及泄漏损失。加之对液压系统能量利用不尽合理等原因，使液压传动的效率偏低。

4）液压传动的工作可靠性目前还不如电力传动和机械传动。其主要原因是工作中液压元件的摩擦副承受很大的比压和相对运动速度，很容易导致磨损失效。特别是当工作介质污染严重时，更会加剧磨损，甚至会堵塞控制通道，导致失效，使使用寿命和可靠性降低。

5）液压元件的制造精度要求高，造价较贵，其使用、维护要求有一定的专业知识和较高的技术水平。

6）液压能的获得与传递不如电能方便。由于压力损失等原因，液压能不宜远距离输送。

7）液压系统中各种元件、辅件及工作介质均在封闭的系统内工作，其故障征兆难以及时发现，故障原因较难确定。

四、液压传动的主要应用领域

总的来说，液压传动的优点很多，但其缺点也不容忽视。为了提高其竞争力，液压技术一直在不断地发展和进步，借助于现代科技的支持及相关学科的最新成果，其缺点正逐步被克服，性能正不断提高，应用领域也在不断扩大。当前广泛应用液压技术的领域主要包括以下五个方面：

1）工业机械。液压技术可应用于锻压机械、注塑机、挤压机、冶金机械、矿山机械、包装机械、机床、加工中心、机器人、试验机以及其他生产设备等，一般称为工业液压技术。

2）行走机械。液压技术可应用于工程机械、建筑机械、农业机械、汽车以及其他可移动设备等，一般称为行走机械液压技术。

3）航空及航天。液压技术可应用于飞机、宇宙飞船、导弹液压舵机、火箭姿态控制及卫星发射装置等，一般称为航空航天液压技术。

4）船舰（艇）。液压技术可应用于船舶、舰艇中的舵机、甲板机械、操作系统、控制系统、海水淡化及水雾灭火系统等，一般称为船舶液压技术。

5）海洋开发工程。液压技术可应用于海洋钻探平台、海底工作机械、海洋开发机械及水下作业工具等，一般称为海洋工程液压技术。

第四节　液压技术发展历史回顾及发展趋势

一、液压技术发展历史的回顾

液压技术的发展是与流体力学、材料学、机构学、机械制造等相关基础学科的发展紧密相关的。

对流体力学学科的形成最早做出贡献的是古希腊人阿基米德。公元前250年，他就发表了《论浮体》一文，精确地给出了"阿基米德定律"，从而奠定了物体平衡和沉浮的基本理论。1648年，法国人帕斯卡（B. Pascal）提出了静止液体中压力传递的基本定律——帕斯卡原理，奠定了液体静力学基础。

但流体力学尤其是流体动力学，是在经典力学建立了速度、加速度、力、流场等概念，以及质量、动量、能量三个守恒定律之后才逐步成为一门严密的学科的。

1687 年，力学奠基人牛顿（I. Newton）出版了他的著作《自然哲学的数学原理》。该书的第二部分研究了在流体中运动的物体所受到的阻力，针对黏性流体运动时的内摩擦力，提出了牛顿内摩擦定律，为黏性流体动力学奠定了初步的理论基础。

瑞士人伯努利（D. Bernoulli）从经典力学的能量守恒出发，研究供水管道中水的流动。他在 1738 年出版的著作《流体动力学》中，建立了流体势能、压力能和动能之间的能量转换关系，即伯努利方程。

瑞士人欧拉（L. Euler）是经典流体力学的奠基人。他在 1755 年发表的著作《流体运动的一般原理》中，提出了流体连续介质的概念，建立了流体连续性微分方程和理想流体的运动微分方程，即欧拉方程，正确地用微分方程组描述了无黏性流体的运动。

欧拉方程和伯努利方程的建立，是流体动力学作为一个分支学科建立的标志，从此开始了用微分方程和试验测量进行流体运动定量研究的阶段。

1772～1794 年，英国人瓦洛（C. Vario）和沃恩（P. Vaughan）先后发明了球轴承。

1774 年，英国人威尔金森（J. Wilkinson）发明了比较精密的镗床，使缸体精密加工成为可能。

1779 年，法国人拉普拉斯（P. S. Laplace）提出了"拉普拉斯变换"，后来成为线性系统分析的主要数学工具。

1785 年，法国人库仑（C. A. de Coulomb）用机械啮合概念解释干摩擦，首次提出了摩擦理论。

1797 年，英国人莫兹利（H. Maudslay）发明了包含丝杠、光杠、进刀架和导轨的车床，可车削不同螺距的螺纹。

1827 年，法国人纳维（C. L. M. H. Navier）在流体介质连续性、流体质点变形连续性等假设的基础上，第一个提出了不可压缩流体的运动微分方程组；1846 年，英国人斯托克斯（G. G. Stokes）又以更合理的方法严格地导出了这些方程。后来引用该方程时，便统称为纳维-斯托克斯方程（N-S 方程），它是流体动力学的理论基础。

1883 年，英国人雷诺（O. Reynolds）用实验证明了黏性流体存在两种不同的流动状态——层流和湍流，找出了实验研究黏性流体流动规律的相似准则数——雷诺数，以及判断层流和湍流的临界雷诺数，并且建立了湍流基本方程——雷诺方程。

自 16 世纪到 19 世纪，流体力学、摩擦学、机构学和机械制造等学科的系列成果为 20 世纪液压传动的发展奠定了科学与工艺基础。

在帕斯卡提出静压传递原理后的 147 年，英国人布拉默（Joseph Braman）于 1795 年获得了第一项关于液压机的英国专利。两年后，他制成了由手动泵供压的水压机，到 1826 年，水压机已广为应用，成为继蒸汽机以后应用最普遍的机械。此后，还发展了许多水压传动控制回路，并且采用职能符号取代具体的结构和设计，促进了液压技术的进一步发展。水压机的发明也被作为现代液压技术的开端。

由于水具有黏度低、润滑性差、易产生锈蚀等缺点，从而严重影响了水液压技术的发展。因此，当电力传动兴起后，水压传动的发展速度不断减缓，应用也不断减少了。

20 世纪初，由于石油工业的兴起，人们发现矿物油与水相比具有黏度大、润滑性能好、防锈蚀能力强等优点，促使人们开始研究采用矿物油代替水作为液压系统的工作介质。

1905 年，美国人詹尼（Janney）首先将矿物油引入液压传动系统作为工作介质，并且设计制造了第一台油压轴向柱塞泵及由其驱动的油压传动装置，并于 1906 年应用到军舰的炮塔控制装置上，揭开了现代油压技术的发展序幕。

液压油的引入改善了液压元件摩擦副的润滑性能，减少了泄漏，从而为提高液压系统的工作压力和工作性能创造了有利条件。由于结构材料、表面处理技术及复合材料的引入，动、静压轴承设计理论和方法的研究成果，以及丁腈橡胶等耐油密封材料的出现，使油压技术在 20 世纪得到迅速发展。

由于车辆、舰船、航空等大型机械功率传动的需求，需要不断提高液压元件的功率密度和控制特性。1922 年，瑞士人托马（H. Thoma）发明了径向柱塞泵。随后，斜盘式轴向柱塞泵、斜轴式轴向柱塞泵、径向液压马达及轴向变量马达等相继出现，使液压传动的性能不断得到提高。

汽车工业的发展及第二次世界大战中大规模武器生产的需要，促进了机械制造工业标准化、模块化概念和技术的形成与发展。1936 年，美国人威克斯（Harry Vickers）发明了以先导控制压力阀为标志的管式系列液压控制元件，20 世纪 60 年代出现了板式和叠加式系列液压元件，20 世纪 70 年代出现了插装式系列液压元件，从而逐步形成了以标准化功能控制单元为特征的模块化集成单元技术。

由于高分子复合材料的发展以及复合式旋转和轴向密封结构的改进，至 20 世纪 80 年代，液压传动与控制系统的密封技术已日趋成熟，基本满足了各类工程的需求。

与此同时，20 世纪控制理论及其工程实践得到了飞速发展，从而也为电液控制工程的进步提供了理论基础和技术支持。

早在 1922 年，美国人米诺尔斯基（N. Minorsky）就提出了用于船舶驾驶伺服机构的比例、积分、微分（PID）控制方法。1927 年，美国人布莱克（H. S. Black）提出了改善放大器性能的负反馈方法。1930 年，德国人温斯（G. Wuensch）提出了压力和流量调节方法。1932 年，美籍瑞典人奈奎斯特（H. Nyquist）提出了根据频率响应判断系统稳定性的准则。1948 年，美国科学家埃文斯（W. R. Evans）提出了根轨迹分析方法；同年，香农（C. E. Shannon）和维纳（N. Wiener）出版了《信息论》与《控制论》。

线性控制理论的形成对液压控制技术的发展产生了深远影响。由于仿形切削加工、航海与航空航天伺服控制系统的实际需要，促使液压仿形刀架、电液伺服元件及系统相继问世，特别值得一提的是美国 MIT 的 Blackburn、Lee 及 Shearer 在电液伺服机构方面的工作。电液伺服机构首先应用于飞机、火炮液压控制系统，后来也用于机床及仿真装置等伺服驱动中。电液伺服阀实际上是带内部反馈的线性电液放大元件，其增益大、响应快，但价格较高，对油质要求很高。于是，在 20 世纪 60 年代后期，发展了采用比例电磁铁作为电液转换装置的比例控制元件，其鲁棒性更好，价格更低，对油质也无特殊要求。此后，比例阀被广泛用于工业控制。

由于液压传动及控制系统是动力装置与工作机械之间的中间环节，为了提高实时工作效率，最好能做到既与工作机械的负荷状态相匹配，又与原动机的高效工作区相匹配，从而达到系统效率最高的目的。因此，在 20 世纪 70 年代出现了负载敏感系统、功率匹配系统，在 20 世纪 80 年代出现了二次调节系统。之后，液压技术在与电子技术、传感技术以及网络技术的集成融合方面发展迅猛。目前，国际上的液压技术正逐渐走向成熟，应用领域也得到不断的拓展。

我国液压工业始于 20 世纪 50 年代，其产品最初主要应用于机床和锻压设备，后来才应用于拖拉机和部分工程机械上。自从 1964 年从国外引进一些液压元件生产技术，同时全国组织联合设计组进行液压产品设计以来，我国液压元件生产才从低压到高压形成系列，并在各类机械装备上得到应用。改革开放以后，从 20 世纪 80 年代起，为促进液压、气动和密封行业的迅速发展，我国先后从国外引进了六十余项先进技术和产品，其中液压技术四十余项，经消化、吸收和技术改造，其相关产品现均已批量生产，并成为液压行业的主导产品。再加上国家大量企改资金的投入，使我国一批主要液压企业的工艺装备得到改善，技术水平进一步提高，为形成起点高、专业化、批量生产的行业格局打下良好基础。在国家鼓励各种所有制企业共同发展的方针指引下，我国液压行业已形成了国企、民企和三资企业三足鼎立的局面。国企的主导产品是以 20 世纪 80 年代的引进技术为基础，之后进行了跟踪性仿制，其产品处于国际中档水平；民企产品的技术有些来源于国企，有些是仿制的，产品属于中低档水平；三资企业的产品技术主要来源于国外先进工业国家，其产品处于 20 世纪后期中高档水平。

总之，我国液压行业已具备一定的技术基础，并形成了一定的生产规模，在中低档产品市场上，国内产品基本上能自给自足，并有少量出口；但不少高端产品或是空缺，或是与国外产品性能差别较大。特别是从主机不断发展的需要来看，仍然存在不少问题。例如，企业的自主创新能力比较薄弱，尤其是对关键核心技术研发的投入不够；产品的创新程度低，有自主知识产权的产品少；产品性能、品种及规格仍然不能满足主机的配套需要，有很大一部分高档产品要依靠进口，有些产品的进口甚至受到国外的封锁和限制。

现在看来，我国液压行业在经历了几十年依靠进口国外先进技术、产品，然后消化、吸收的发展历程之后，仍然无法从根本上改变液压技术落后的局面。面对当前日益严格的安全性、可靠性、环境保护及节约能源的要求；面对我国要由制造大国转变为制造强国，要把国家建设成为创新型国家的历史使命，我国液压行业必须转变发展模式，坚持走自主创新、跨越式发展之路。要产学研结合，建立鼓励创新的机制，加强液压基础技术的教育，培养一大批综合素质好、创新能力强、基础扎实的液压技术人才。只有这样，我国液压技术才可能有大的发展，不仅有可能很快跨入国际先进水平的行列，而且能真正为我国装备制造业的发展提供良好的配套服务。

二、液压技术的主要发展趋势

近年来，液压传动与电气传动之争一直是行业内热议的话题。这个话题到目前为止是没有结果的，在有些领域，电气传动取代了液压传动；在另一些领域，电气传动则退出了竞争。液压技术在汲取相关技术，如电子、材料等方面的研究成果的同时，其自身也不断创新，使液压元件在功能、功率密度、控制精度、可靠性、寿命等方面都有了几倍、十几倍乃至几十倍的改进与提高，同时制造成本显著降低。特别是随着人们对环境和资源问题的日益重视，智能、高效、安全、节能、环保成为液压技术发展的重要主题。下面仅对目前液压技术领域的几个主要发展趋势进行介绍。

1. 数字化智能化

与微电子技术和网络结合实现数字化智能化是液压技术的一个重要发展趋势，并由此兴起"数字液压"技术。液压技术的数字化需要以数字化的液压元件为基础，目前已出现数字泵、阀和执行元件产品。例如，博世力士乐公司开发的 SYDEFC 型闭环控制泵集成了高频响比例阀、斜盘倾角传感器、压力传感器、调压阀和数字控制电路，用高频响比例阀对泵的变量机构进行位置闭环控制，并能对油液工作温度、CAN总线通信状态、控制误差、斜盘倾角和压力传感器电缆通断以及供电电压进行监控。

2. 集成一体化

以电液作动器（Electro-Hydrostatic Actuator，EHA）为代表产品的液压系统的集成一体化是液压技术发展的重要方向，它将电动机、泵、油箱、液压缸进行一体化设计，通过电动机来调速和换向，直接驱动定量泵，可控制定量泵的转速和转向，从而控制泵输出的压力和流量，最终达到控制作动筒位移输出的目的。电液作动器具有外形体积小、输出作用力大、控制简单、运动重复精度高的优点。另外，电液作动器作为一体化的动力单元，给用户带来了极大的方便，因为其输入为电信号，输出则为机械量，用户无需关注传统"集中油源+驱动器"模式的液压系统中管路的磨损、泄漏、可靠性等问题。

3. 绿色化

目前，液压技术主要以石油基矿物油为工作介质，由于其存在易燃和污染环境两个主要问题，在诸如食品、饮料、医药、电子、包装等对环境污染控制要求严格的行业，在冶金、热轧、铸造等高温明火场合以及煤矿、井下等易燃易爆环境难以得到应用。以未加添加剂的天然海水、淡水为工作介质的水液压传动技术具有不燃、清洁、环保等突出优势，是绿色传动技术，已引起国际液压界和工程界普遍关注，在液压元件方面已取得突破性进展，并在食品、医药、核能工程、海洋工程、冶金等领域展开应用。如我国的神东煤矿，其液压支架原来采用高水基乳化液，但由于乳化液的长期排放对环境尤其是地下水体造成了严重污染，正在进行以纯水代替乳化液的尝试。

思考题和习题

1-1　液压传动的工作原理是什么？它有何主要特征？

1-2　液压传动的主要优点是什么？缺点是什么？

1-3　为什么在重载条件下采用液压传动最有效？

1-4　简述液压传动与气压传动之间的差异。

1-5　试列举三种应用液压技术的场合，分别说明这三种场合主要利用液压技术的什么优点。

1-6　液压千斤顶尺寸如图 1-5 所示，已知 $D=50\text{mm}$，$d=10\text{mm}$，$a=400\text{mm}$，$b=100\text{mm}$，若举起的物体 G 的自重为 $6.25\times10^4\text{N}$（包括活塞自重），小活塞的速度 $v_1=50\text{mm/s}$，不计摩擦阻力和泄漏。试确定作用力 F、大活塞运动速度 v_2 以及流量 q 的大小。

1-7　在图 1-6 所示的系统中，液压泵的额定压力为 2.5MPa，流量为 10L/min，溢流阀的调定压力为 1.8MPa，两液压缸活塞面积 $A_1=A_2=30\text{cm}^2$，负载 $F_1=3\text{kN}$，负载 $F_2=4.5\text{kN}$，不计各种损失和溢流阀的调压偏差，试分析计算：

（1）液压泵起动后哪个液压缸先动作？为什么？两个液压缸活塞的速度分别是多少？

（2）各液压缸的输出功率和液压泵的最大输出功率是多少？

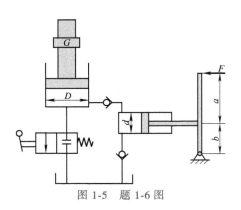

图 1-5　题 1-6 图

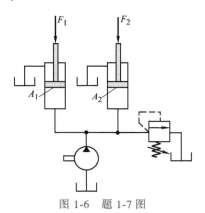

图 1-6　题 1-7 图

第一篇

液压泵、液压马达和液压缸

第二章

概述

　　液压泵和液压执行元件（含液压马达和液压缸）是液压系统中的能量转换装置。液压泵在液压系统中属于动力元件，它将原动机（电动机、内燃机等）输出的机械能（转矩 T、转速 n）转换成工作介质的液压能，以压力 p、流量 q 的形式输送到液压系统中去，驱动液压执行元件对外做功。

　　液压执行元件有液压马达、液压缸和摆动液压缸等，常置于液压系统的输出端，直接或间接地驱动负载做功。液压马达是将输入的液压能转换为旋转运动的机械能，其输出参量为转矩 T 和转速 n。液压缸是将输入的液压能转换为往复直线运动或往复摆动的机械能，其输出参量为力 F 和速度 v。

　　为了高效地完成能量转换，对液压泵、液压马达和液压缸都提出了各项性能要求。本章主要介绍液压泵（含液压马达）的分类、主要性能参数、限制其工作压力和转速的主要因素以及摩擦副的摩擦学特性和设计方法等。

第一节　液压泵和液压马达的分类

　　液压系统中使用的液压泵都是容积式泵，它通过一个封闭容积的变化来实现吸油和压油过程。当封闭容积从小变大时，进行吸油；从大变小时，进行压油。液压泵按其每转输出的液体体积（又称排量）是否可变，分为变量泵和定量泵。对于定量泵，只有采取改变输出速率的方法才能改变泵的流量。液压泵有各种结构形式，常用的有四种：齿轮式、叶片式、柱塞式和螺杆式，如图 2-1 所示。图中所列齿轮泵、双作用叶片泵及螺杆泵均为定量泵。

　　液压执行元件主要有液压马达、液压缸和摆动液压缸三类，后者也称为摆动液压马达。液压马达根据结构形式的不同可分为齿轮马达、叶片马达和柱塞马达等；根据几何排量能否调节，可分为定量马达和变量马达；根据用途可分为高速小转矩马达和低速大转矩马达，如图 2-2 所示。

　　高速液压马达主要有齿轮马达、叶片马达和轴向柱塞马达。齿轮马达的功率和转矩较小，用于小功率传动时，适用于 3000r/min 的高速旋转，最低转速约为 300r/min，不适用于转速小于 150r/min 的场合。轴向柱塞马达的功率和转矩均比齿轮马达和叶片马达大，转速范围也较大。高速马达的特点：转速较高，转动惯量较小，便于起动和制动，调节和换向灵敏度较高。但高速马达的输出转矩一般不大，而且具有较大的噪声。

　　同类型高速液压马达和液压泵在结构上基本相同，但仍有差异。例如，液压泵通常是单向旋转，而液压马达需要双向旋转，所以，液压马达的配流口必须对称布置，很难采用阀配流方式，还需要有单独的泄油口。在实际使用中，大多数液压马达和液压泵不能相互代用（注明可逆者除外）。

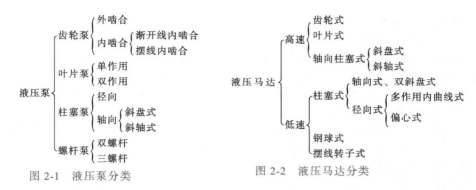

- 液压泵
  - 齿轮泵
    - 外啮合
    - 内啮合
      - 渐开线内啮合
      - 摆线内啮合
  - 叶片泵
    - 单作用
    - 双作用
  - 柱塞泵
    - 径向
    - 轴向
      - 斜盘式
      - 斜轴式
  - 螺杆泵
    - 双螺杆
    - 三螺杆

图 2-1 液压泵分类

- 液压马达
  - 高速
    - 齿轮式
    - 叶片式
    - 轴向柱塞式
      - 斜盘式
      - 斜轴式
  - 低速
    - 柱塞式
      - 轴向式、双斜盘式
      - 径向式
        - 多作用内曲线式
        - 偏心式
    - 钢球式
    - 摆线转子式

图 2-2 液压马达分类

低速大转矩液压马达的转速和转矩范围并无统一规定，一般认为额定转速小于 500r/min 的马达称为低速大转矩液压马达，其输出转矩较大，可达几千甚至几万 N·m。常见的低速大转矩液压马达主要有连杆型径向柱塞马达、多作用内曲线径向柱塞马达和静力平衡马达等。低速大转矩液压马达的主要特点：排量大，转矩大，转速低，有的可低到每分钟几转，甚至不到一转，因此可直接与工作机构连接，不需要减速装置，简化了传动机构。

摆动液压缸是输出转矩并进行角度小于 360°往复摆动的液压执行元件。从输出能量的特征看，这种摆动执行元件属于马达类；从运动的往复性看，又有液压缸的特征。这就是通常又将摆动液压马达称为摆动液压缸的原因。摆动液压缸主要有叶片式和活塞式两类。

液压泵和液压马达的图形符号如图2-3所示。

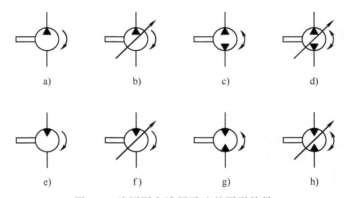

图 2-3 液压泵和液压马达的图形符号

a）单向定量液压泵 b）单向变量液压泵 c）双向定量液压泵 d）双向变量液压泵
e）单向定量液压马达 f）单向变量液压马达 g）双向定量液压马达 h）双向变量液压马达

第二节 液压泵和液压马达的主要性能参数

1. 压力 p

（1）工作压力 液压泵工作时出口处的输出压力称为工作压力。工作压力取决于外负载的大小和排油管路中的压力损失，而与液压泵的流量无关。对于液压马达，其工作压力则为进口处的实际压力，它的大小取决于作用在马达输出轴上负载的大小。

（2）额定压力 在正常工作条件下，按试验标准规定，能够使液压泵（或液压马达）连续运转的最高压力称为额定压力。额定压力通常标注在铭牌上，也称铭牌压力。

（3）最高允许压力 根据试验标准规定，允许超过额定压力使液压泵（或液压马达）短暂运行的最高压力称为最高允许压力。

14

2. 排量 V 和流量 q

（1）理论排量 V 液压泵（或液压马达）主轴每转一周，根据计算其密封容腔几何尺寸的变化而得出的排出（或流入）的液体体积，称为液压泵（或液压马达）的理论排量。在工程上，可以用在低压无泄漏情况下液压泵（或液压马达）每转一周所排出（或流入）的液体体积 V 来表示，单位为 mL/r。也可将液压泵（或液压马达）每转一弧度所排出（或流入）的液体体积定义为其排量，符号为 V_{rad}，其单位为 mL/rad。显然，由于泄漏等原因，实际排量要小于理论排量。

（2）理论流量 根据液压泵（或液压马达）密封容腔几何尺寸变化所计算得出的单位时间内排出（或流入）的液体体积，称为液压泵（或液压马达）的理论流量。工程实际中，通常将零负载压力下液压泵的输出流量视为其理论流量。

如果液压泵（或液压马达）的排量为 V，其主轴的转速为 n，则该液压泵（或液压马达）的理论流量 q_t（单位为 L/min）为

$$q_t = Vn \times 10^{-3} \tag{2-1}$$

式中 V——排量（mL/r）；

   n——转速（r/min）。

（3）实际流量 实际运行时，在某一具体工况下，单位时间内液压泵（或液压马达）所排出（或流入）的液体体积，称为液压泵（或液压马达）的实际流量。对于液压泵，实际流量 $q = q_t - \Delta q$；对于液压马达，实际流量 $q = q_t + \Delta q$。其中 Δq 为由于泄漏、压缩等原因而损失的流量。

（4）额定流量 在额定压力及额定转速条件下，按试验标准规定，液压泵（或液压马达）必须保证的输出（或输入）流量，称为液压泵（或液压马达）的额定流量。

（5）瞬时流量 瞬时流量是指液压泵（或液压马达）在某一瞬时的流量。一般是指瞬时理论（几何）流量。瞬时流量具有脉动性。

（6）平均流量 在某一时间间隔内（对应一个或数个瞬时流量脉动周期），按时间平均计算出的流量称为平均流量。

3. 转速 n

（1）额定转速 在额定压力下，能使液压泵（或液压马达）长时间连续正常运转的最高转速称为液压泵（或液压马达）的额定转速。

（2）最高转速 最高转速是指额定压力下，在保证使用性能和工作寿命不受影响的前提下，允许液压泵（或液压马达）短暂运行的最大转速。

（3）最低转速 最低转速是指为保证液压泵（或液压马达）的使用性能所允许的最低转速。

4. 功率 P

功率是指单位时间内所做的功或消耗的能量。液压泵的输入能量为以转矩 T 和转速 n 所表示的机械能，而输出能量为以压力 p 和流量 q 所表示的液压能。液压马达的输入能量为液压能，输出能量为机械能。

（1）理论功率 液压泵（或液压马达）的理论功率 P_t（单位为 W，N·m/s）可用理论流量 q_t（单位为 m³/s）与进出口压差 Δp（单位为 Pa，N/m²）的乘积来表示。即

$$P_t = q_t \Delta p \tag{2-2}$$

在工程实际中，若压差 Δp 的计量单位用 MPa 表示，流量 q_t 用 L/min 表示，则理论功率 P_t（单位为 kW）可表示为

$$P_t = \frac{q_t \Delta p}{60} \tag{2-3}$$

（2）液压泵的实际输入功率与输出功率 液压泵的实际输入功率 P_{ip}（单位为 N·m/s）是指驱动液压泵轴所实际需要的机械功率。设液压泵的实际驱动转矩为 T_p（单位为 N·m），角速度为 ω（单位为 1/s），对应的转速为 n（单位为 r/min），则

$$P_{ip} = T_p \omega = \frac{2\pi T_p n}{60} \tag{2-4}$$

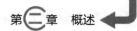

液压泵的实际输出功率 P_{op}（单位为 W）等于液压泵的实际输出流量 q_p（单位为 m^3/s）与进出口压差 Δp（单位为 Pa）的乘积。即

$$P_{op} = q_p \Delta p \tag{2-5}$$

（3）液压马达的实际输入功率和输出功率　液压马达的实际输入功率 P_{im}（单位为 W）等于液压马达的实际流量 q_m（单位为 m^3/s）与进出口压差 Δp（单位为 Pa）的乘积。即

$$P_{im} = q_m \Delta p \tag{2-6}$$

液压马达的实际输出功率 P_{om}（单位为 N·m/s）等于液压马达的实际输出转矩 T_m（单位为 N·m）与其输出旋转角速度 ω（单位为 $1/s$）（对应的转速为 n，单位为 r/min）的乘积。即

$$P_{om} = T_m \omega = \frac{2\pi T_m n}{60} \tag{2-7}$$

5. 液压马达的转矩 T

（1）理论输出转矩 T_t　理论输出转矩 T_t（单位为 N·m）是指不考虑能量损失时，液压马达输出轴上的输出转矩。液压马达的转矩具有脉动性。

根据能量守恒定律，有 $T_t \omega = \Delta p q$，则得

$$T_t = \frac{\Delta p V}{2\pi} \tag{2-8}$$

式中　Δp——液压马达进出口压差（Pa）；

V——排量（m^3/r）。

由于摩擦阻力的原因，液压马达的实际输出转矩要小于理论输出转矩。

（2）起动转矩　起动转矩是指在起动过程中克服了静摩擦阻力以后，液压马达输出轴所输出的实际转矩。

多数液压设备中，液压马达经常需要带负载起动、制动、正转或反转。这就要求当负载在全转矩或允许转矩的情况下，液压马达在任意转角位置处都能可靠地起动。

6. 液压泵和液压马达的效率

液压泵和液压马达在能量转换过程中存在能量损失。能量损失主要包括因泄漏而产生的容积损失以及因摩擦而产生的机械损失。另外，还有因压缩而产生的压缩损失，在非超高压情况下，压缩损失的影响不大，所以在一般情况下不予单独考虑。但在进行精确理论分析时应予以考虑。

（1）容积效率 η_V　容积效率是用来评价油液泄漏损失程度的参数。

液压泵的容积效率 η_{Vp} 为其实际输出流量 q_p 与理论输出流量 q_t 之比。即

$$\eta_{Vp} = \frac{q_p}{q_t} = \frac{q_t - \Delta q}{q_t} = 1 - \frac{\Delta q}{q_t} \tag{2-9}$$

式中　Δq——液压泵因泄漏而损失的流量。

液压马达的容积效率 η_{Vm} 为其理论输入流量 q_t 与实际输入流量 q_m 之比。即

$$\eta_{Vm} = \frac{q_t}{q_m} = \frac{q_m - \Delta q}{q_m} = 1 - \frac{\Delta q}{q_m} \tag{2-10}$$

式中　Δq——由于液压马达内部的容积损失，为使液压马达获得要求的输出转速而多输入的流量。

（2）机械效率 η_m　机械效率是用来评价摩擦损失程度的参数。

液压泵的机械效率 η_{mp} 可定义为液压泵的理论驱动转矩 T_t 与实际输入转矩 T_p 之比。即

$$\eta_{mp} = \frac{T_t}{T_p} = \frac{T_p - \Delta T}{T_p} = 1 - \frac{\Delta T}{T_p} \tag{2-11}$$

实际输入转矩 T_p 可以用转矩仪直接测出，但要从中分离出损失的转矩 ΔT 是困难的。实际上多采用近似计算方法，即将 η_{mp} 表示为 $\eta_{mp} = \dfrac{T_t \omega}{T_p \omega}$，其中 $T_t \omega$ 即为液压泵的有效功率（或理论功率），可近似认为 $T_t \omega$ 全部转化为液体的液压功率 $\Delta p q_t$，由此可得出

$$\eta_{mp} = \frac{T_t \omega}{T_p \omega} = \frac{\Delta p q_t}{2\pi n T_p} \times 10^3 \tag{2-12}$$

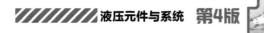

这样一来，只要通过试验测出 T_p 后，就可很容易计算出 η_{mp}。

液压马达的机械效率 η_{mm} 可定义为液压马达的实际输出转矩 T_m 与理论输出转矩 T_t 之比。即

$$\eta_{mm} = \frac{T_m}{T_t} = 1 - \frac{\Delta T}{T_t} \tag{2-13}$$

或

$$\eta_{mm} = \frac{T_m \omega}{\Delta p q_t} = \frac{2\pi n T_m}{\Delta p q_t} \times 10^{-3} \tag{2-14}$$

式（2-11）~式（2-14）中　ΔT——因摩擦而损失的转矩（N·m）；

　　　　　　　　　　　Δp——液压泵（或液压马达）进出口压差（MPa）；

　　　　　　　　　　　q_t——液压泵（或液压马达）的理论流量（L/min）；

　　　　　　　　　　　n——液压泵（或液压马达）的转速（r/min）；

　　　　　　　　　　　ω——角速度（1/s）；

　　　　　　　　　　　T_p、T_m——分别为液压泵、液压马达的实际输入转矩和实际输出转矩(N·m)。

（3）总效率 η　总效率 η 等于机械效率 η_m 与容积效率 η_V 的乘积。

液压泵的总效率 η_p 等于其实际输出功率 P_{op} 与实际输入功率 P_{ip} 之比。参考式（2-4）、式（2-5），经简单运算后即可得出

$$\eta_p = \frac{P_{op}}{P_{ip}} = \frac{\Delta p q_p}{T_p \omega} = \eta_{Vp} \eta_{mp} \tag{2-15}$$

液压马达的总效率 η_m 等于其实际输出功率 P_{om} 与实际输入功率 P_{im} 之比。参考式（2-6）、式（2-7），经简单运算后可得出

$$\eta_m = \frac{P_{om}}{P_{im}} = \frac{T_m \omega}{\Delta p q_m} = \eta_{Vm} \eta_{mm} \tag{2-16}$$

（4）液压泵和液压马达的效率特性曲线　液压泵和液压马达的效率特性曲线是指在一定转速和一定油液黏度下，其效率随工作压力变化的曲线，如图2-4所示。当压力升高时，容积效率因泄漏增大而降低；对于设计良好的油基介质液压泵及油基介质液压马达而言，因为内部摩擦副的润滑情况较好，摩擦损失一般不随压力升高而增加，所以当压力升高、功率增大时，机械功率损失相对减少，故其机械效率增加。但对于以水（或高水基介质）作为工作液的液压泵或液压马达而言，其机械效率随工作压力升高而增加的趋势不一定存在。

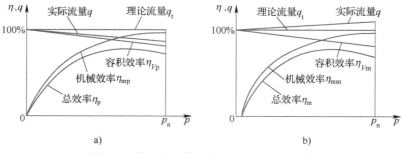

图 2-4　液压泵和液压马达的效率特性曲线

a）液压泵的效率特性曲线　b）液压马达的效率特性曲线

（5）液压泵和液压马达的等效率曲线　在行走机械中，液压泵一般由内燃机驱动，可以通过调速来改变液压泵的流量。另外，液压马达的转速也是可以改变的。为了全面了解液压泵（或液压马达）的效率特性，需要作出在整个转速、压力范围内的等效率曲线（或称通用特性曲线），如图2-5所示。为了绘制出这种等效率曲线，对于液压泵而言，首先应在 $n_{min} \sim n_{max}$ 范围内的不同转速下，通过试验分别作出图2-4所示的效率特性曲线，然后找出每条曲线中的等效率点，画出图2-5所示的等效率曲线。类似地，也可以作出等功率、等流量曲线等。

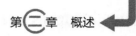
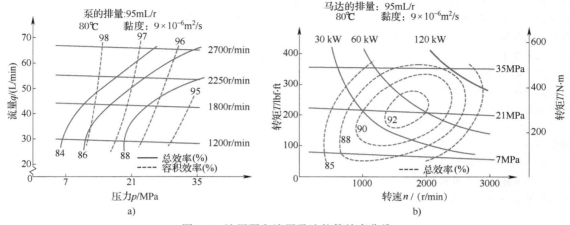

图 2-5　液压泵和液压马达的等效率曲线

a）某斜盘式轴向柱塞泵的等效率曲线　b）某斜盘式轴向柱塞马达的等效率曲线

第三节　限制液压泵（或液压马达）工作压力和转速的因素

对于排量一定的液压泵（或液压马达）而言，为了提高其功率，应尽量提高其工作压力和转速。但有很多限制其工作压力和转速提高的因素，通过分析这些限制因素，有助于深入了解和改善液压泵（或液压马达）的工作特性。

图 2-6 所示为限制液压泵（或液压马达）工作压力和转速的主要因素及可能的工作范围。下面对这些因素分别进行介绍与分析。

1. 材料强度对工作压力的限制

在高频率的重复载荷作用下，液压泵（或液压马达）的运动部件可能因材料疲劳强度不够而遭受破坏；液压泵（或液压马达）体及传动轴等也可能材料强度不够而失效。因此，受材料强度的限制，不允许任意提高液压泵（或液压马达）的工作压力。

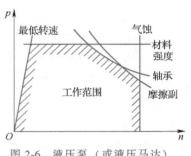

图 2-6　液压泵（或液压马达）的工作压力和转速范围

2. 对偶摩擦副的热平衡、泄漏及磨损对工作压力和转速的限制

所有液压泵（或液压马达）中均有若干对起关键作用的摩擦副。摩擦副表面既承受与工作压力成正比的挤压应力 p，又存在与转速成正比的相对滑动速度 v。摩擦副中消耗的摩擦功率损失转化为热能，使温度升高。如果所达到的热平衡温度过高，将使润滑油黏度下降，泄漏损失增加，油膜变薄，可能导致对偶表面直接接触。

如果对偶材料无自润滑功能或润滑油液中缺乏有效的抗磨极压添加剂，在高压高温作用下，对偶表面的局部会出现严重的黏着磨损（或称冷焊，又称咬死）。最初表现为材料从较软的一面转移到较硬的一面（如柱塞泵中常见的"跑铜"现象），进而由于咬合或严重磨损而使液压泵（或液压马达）的工作失效。

因此，关键摩擦副中的 pv 值必须控制在某一极限范围内，这就要求对液压泵（或液压马达）的工作压力及转速加以限制。特别是对于以天然水或低黏度液体作为工作介质的液压泵（或液压马达）而言，这种限制应更加严格。

3. 气蚀对转速的限制

气蚀不仅是一般离心式水泵、水轮机中的常见问题，也是液压泵中常见的严重问题。气蚀现象是在液体中产生的一种物理变化过程，它包括在液体中气泡的萌生、长大及溃灭的全过程。例如，在液压泵入口，当压力降低或温度升高时，将导致油液中空气泡（当压力低于油液的空气分离压时）或蒸气泡（当压力小

于油液的蒸气压时)的萌生和长大。当这些空泡进入液压泵的压油区以后,由于压力升高,气泡受到挤压,瞬间破灭,产生强烈的液压冲击,导致局部出现高压高温。结果将使零件表面受到严重侵蚀,振动及噪声加剧,容积效率下降,油液的理化性能加速劣化。

主要由于气泡析出而产生的气蚀,称为气体气蚀;主要由于油液蒸发而产生的气蚀,一般称为蒸气气蚀。对于矿物型液压油而言,其汽化压力很低(在50℃时,约为 $1.0 \times 10^{-9} MPa$);但在常温及标准大气压下,其饱和空气溶解量达12%。所以,在以矿物油为工作介质的液压泵中,很容易产生气体气蚀,不容易发生蒸气气蚀。但对于水及其他水基难燃液(如 HF—A、HF—B、HF—C 等)而言,其汽化压力较高(50℃时,水的汽化压力约为 0.012MPa),而空气溶解量较少(水中仅为2%左右)。所以,在以水或水基难燃液为工作介质的液压泵中,很容易发生蒸气气蚀。

气蚀是限制液压泵转速提高的另一个重要因素。对于液压泵,可以用气蚀压力裕量 p_c 来判断液压泵可能发生气蚀的程度。p_c 可表示为

$$p_c = p_i + \frac{\rho v_i^2}{2} - p_v \tag{2-17}$$

图 2-7 液压泵吸入管路示意图

如果列出图 2-7 所示的液压泵入口及油箱液面处的伯努利方程式,与上式联解,则可得出

$$p_c = p_a - \rho g H_s - \rho g h_\xi - p_v \tag{2-18}$$

式中 p_i、v_i——液压泵入口油液的压力及流速;

p_v——工作介质的汽化压力,如果是矿物油,也可用油液的空气分离压 p_g 来代替 p_v;

ρ、g——油液的密度及重力加速度;

p_a——油箱表面的压力,对于开口油箱,即为大气压力;

H_s——液压泵相对油箱液面的安装高度;

$\rho g h_\xi$——吸油管路上工作介质的局部和沿程能量损失之和。

由式(2-17)可以看出,p_c 为液压泵入口单位体积油液的压力能和动能之和 $p_i + \frac{\rho v_i^2}{2}$ 与油液汽化压力 p_v(或 p_g)的差值。可以认为 p_c 为液压泵入口处防止发生气蚀的压力裕量。在离心泵中,常把 $p_c/\rho g$ 称为有效吸入压头(NPSH),也称为气蚀裕量。

由式(2-18)可以看出,气蚀压力裕量 p_c 主要取决于外部工作条件,而这些外部工作条件是可以改变的。例如,降低吸入高度 H_s、增大吸入管道直径、采用高位油箱倒灌、加前置增压泵等,均能有效地增大液压泵入口处油液的压力,从而增大气蚀压力裕量。

液压泵的最大气蚀压力裕量取决于液压泵的内部条件。因为油液进入泵腔后,还要进一步产生压降 Δp_d。Δp_d 主要包括两部分:克服黏性阻力产生的压降,以及油液与液压泵内运动部件撞击和随运动部件加速所造成的压降。Δp_d 与转速的平方成正比,随着转速增大,Δp_d 急剧增大,一旦 Δp_d 接近气蚀压力裕量 p_c,就会产生气蚀,这时如果继续高速运行,流量非但不增加,反而会下降,并伴随强烈的振动和噪声。因此,正如图 2-6 所示,液压泵的转速不能随意提高。

4. 最低转速的限制

当液压泵(或液压马达)的转速过低时,很少的流量几乎都损失在泄漏上,这时液压泵几乎不能排出流量,而液压马达则不能平稳地转动。压力越高,泄漏越大,所要求的最低工作转速也越大。

5. 轴承寿命对转速和工作压力的限制

齿轮泵(或齿轮马达)、柱塞泵(或柱塞马达)中的轴承都要承受很大的液压不平衡力,轴承往往成为这些液压泵(或液压马达)的薄弱环节。

不管是滚动轴承还是滑动轴承,其工作寿命都与所承受的 pv 值成反比。所以,由于轴承寿命的影响,使液压泵(或液压马达)的工作压力和转速也受到一定限制。

6. 噪声对转速和工作压力的限制

噪声是当代公害之一。液压系统中主要的噪声源是液压泵(或液压马达),而且液压泵(或液压马达)

的噪声随着转速和工作压力的提高而增大。因此，如何降低噪声，是液压泵（或液压马达）设计和使用中一个特别值得注意的问题。

噪声源于振动。物体的振动通过空气或其他介质传播到人的耳膜而产生声音的感觉。但不是所有的振动都能产生声音，只有一定频率范围，即声频范围内的振动，才能被人感受到。实验表明：频率低于16Hz的振动不能被大多数人听到，通常称为次声；频率高于20000Hz的振动也不能被大多数人听到，称为超声。因此，一般所说的声频范围是指16~20000Hz。人耳对低频声不太敏感，但对高频声，特别是1000~5000Hz的声音较为敏感。

噪声通常用声级计（又称噪声计）来测量。声级计输入的是噪声的客观物理量——声压。为使声级计的读数能近似地表达人耳对声音的响应，在声级计中采用了特定的滤波器网络对不同频率的声音产生不同程度的衰减（称为频率计权网络）。声级计中通常设有 A、B、C 三种计权网络。经频率计权网络修正后，由声级计测出的声压级称为声级。根据所使用计权网络的不同，分为 A 声级（L_{pA}）、B 声级（L_{pB}）及 C 声级（L_{pC}），其单位分别为 dB（A）、dB（B）及 dB（C）。

目前，噪声测量中广泛使用的是 A 计权网络，其相应的噪声单位为 dB（A），因为它很好地模仿了人耳对低频段（500Hz 以下）不敏感，而对 1000~5000Hz 频段较敏感的特点，使得测量结果与人的主观响应相接近。但 A 声级不能全面地反映噪声的频谱特点。

液压泵（或液压马达）的噪声源包括旋转部件机械振动引起的噪声、压力冲击噪声、气蚀激发的噪声、困油现象激发的噪声等。实验结果表明：转速对液压泵（或液压马达）噪声的影响最大，工作压力次之。因为转速增大，振动源的频率增加，使噪声频率向高频段移动，所测得的 A 声级明显增加。而工作压力对力和力矩的影响主要表现在振动的振幅上，对噪声的影响相对要小一些。由此可见，由于噪声的原因，也使液压泵（或液压马达）转速和工作压力的提高受到一定限制。

第四节　摩擦副的摩擦学特性及设计方法

液压泵和液压马达是靠容积变化原理工作的。而容积的改变是靠转子部件与定子部件之间既紧密接触又相对滑动来实现的。于是，在这些具有相对运动的任意两个部件之间形成了一对对所谓的摩擦副。

所有液压泵（或液压马达）中均有若干对十分关键的摩擦副，如齿轮泵（或齿轮马达）中的轮齿与轮齿、齿轮与侧板、齿顶与壳体、旋转轴与轴颈，叶片泵（或叶片马达）中的叶片与定子内曲面、叶片与转子导向槽、转子体与配流盘，螺杆泵（或螺杆马达）中的螺纹与螺纹、螺杆与壳体，轴向柱塞泵（或轴向柱塞马达）中的柱塞与缸孔、缸体与配流盘、滑靴与斜盘等。

摩擦副的作用主要有：

1）密封作用。摩擦副要保持良好的密封性，尽量减少泄漏，否则会降低容积效率，甚至达不到要求的工作压力。

2）力的支承和传递作用。摩擦副的一方不仅承受很大的力，而且要把力传递给另一方。而力的大小一般与液压泵（或液压马达）的负载成正比。

3）润滑作用。对偶摩擦面间必须形成良好的润滑条件，这样才能减少磨损，保证工作可靠、使用寿命长，否则会因严重磨损而很快失效。

摩擦副是液压泵（或液压马达）中的关键部件，它对液压泵（或液压马达）的容积效率、机械效率、温升、摩擦、磨损、工作可靠性及使用寿命均有很大影响。

一、摩擦副的三种可能润滑状态

按照传统的观点，在摩擦副的对偶摩擦面之间加入润滑剂，将摩擦表面隔开，避免或减少其直接接触，就能使其摩擦因数降低，磨损减少。这就是所谓的润滑。润滑剂可以是固体（如石墨、二硫化钼等）、液体或气体。由于液压系统中的工作液体即为摩擦副的润滑剂，因此这里主要讨论液体润滑剂。在摩擦副中所形成的液体润滑薄膜称为液膜。当液压泵（或液压马达）以矿物油为工作介质时，则称为油膜。

在实际运行过程中，摩擦副工作参数（如相对运动速度、油液黏度、载荷等）的改变将导致液膜厚度的变化，从而导致润滑状态的改变。实验结果表明：摩擦副中的液膜厚度 h 与对偶表面的相对运动速度 v、油液的动力黏度 μ 成正比，与摩擦副所承受的负载力 F 成反比，即 $h \propto \dfrac{\mu v}{F}$。液膜厚度 h 与对偶表面轮廓算术平均偏差之和（$Ra_1 + Ra_2$）的比值为 $\bar{h} = h/(Ra_1 + Ra_2)$，根据不同的 $\bar{h}$ 值，可以得出图 2-8 所示摩擦副的三种润滑状态。

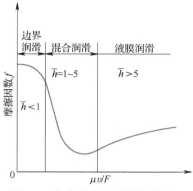

图 2-8　摩擦副的三种润滑状态

1. 当 $\bar{h} > 5$ 时，处于液膜润滑状态

当负载较小、黏度及相对运动速度较大时，液膜厚度明显大于对偶表面轮廓的算术平均偏差值，对偶表面被液膜隔开，并不产生直接接触，形成理想的液膜润滑状态。这时的摩擦阻力大小主要与润滑剂黏度有关，而对偶表面材料的性质对摩擦力的影响不大。

这种润滑状态包括完全弹性流体动力润滑、完全流体动力润滑及由静压支承所形成的完全液膜润滑状态。

2. 当 $\bar{h} < 1$ 时，处于边界润滑状态

液膜很薄，对偶摩擦面间无法形成液膜润滑时，主要靠润滑剂（即工作油液）中的有机极性化学物吸引在金属表面形成的吸附膜，或者与金属表面反应生成的固体反应物润滑膜起润滑作用。这种润滑状态称为边界润滑，这种润滑膜称为边界润滑膜。润滑剂的边界润滑性能称为润滑性或油性。

处于边界润滑状态时，对偶摩擦面之间的摩擦与磨损不再取决于润滑剂黏度，而是取决于摩擦表面的特性和润滑剂的润滑性。

（1）边界润滑膜的类型　边界润滑膜按其形成机理，可分为吸附膜和反应膜两大类。

1）吸附膜。在边界润滑状态下，润滑剂中的极性分子吸附在摩擦表面上所形成的边界润滑膜称为吸附膜。吸附膜按其形成条件的不同，又分为物理吸附膜和化学吸附膜两种。

物理吸附膜的特点是由分子吸引力使极性分子定向排列，吸附在金属表面上，但吸附与脱吸是可逆的。例如含脂肪酸的润滑剂，在常温下其极性分子便可在金属表面形成这种物理吸附膜，但在较高温度时可脱吸。吸附膜只适用于常温、低速及轻载的场合。

化学吸附膜的特点是有价电子与金属表面的电子发生交换而产生化学结合力，这种化学结合力使金属皂的极性分子定向排列，吸附在金属表面上。吸附与脱吸只有部分可逆。例如硬脂酸极性分子和氧化铁在有水分存在的情况下，反应生成的硬脂酸铁膜便属于这种化学吸附膜。化学吸附膜适用于中等温度、中等速度和中等载荷的场合。

吸附膜可以是单分子膜或多分子膜。金属表面吸附一层分子后，形成表面吸附能力较低的新界面，它再以较弱的吸附力吸附第二层分子，第二层分子的方向与第一层相反，依此类推，如图 2-9 所示。由于奇数层分子的极性团面对金属表面，比偶数层上的吸附强度高，故剪切经常发生在非极性团面对的结合面上。

2）反应膜。在润滑剂中如添加一些含硫、磷、氯的极压添加剂（分别称为硫系、磷系、氯系），则这些有机化合物在高温条件下将与金属表面发生化学反应，生成一种特殊的金属化合物，如硫化物、磷化物、氯化物等。这些化合物作为一种塑性体覆盖在金属表面上。这种膜的熔点高，抗剪强度低，摩擦因数较小，而且这种反应是不可逆的。由于反应膜只有在高温条件下才能形成，因此它适用于重载、高温和高速的场合。

（2）边界润滑膜的抗磨机理　润滑油中一个分子的长度平均约为 $0.002\mu m$，即使边界润滑膜有 10 层分子，其厚度与表面粗糙度值相比，也不在同一数量级上，故边界润滑膜不可能填平金属表面的轮廓峰谷。在法向载荷作用下，少数处于接触状态的轮廓峰顶上压力很大，当压力超过边界润滑膜强度时，轮廓峰顶进入边界润滑膜，形成金属表面的黏附结点，如图 2-10 中的 a 区。在黏附结点附近和几乎接触的轮廓峰顶处，边界润滑膜相互接触，如图 2-10 中的 b 区。而在轮廓峰谷形成的微空腔内充满了润滑剂，如图 2-10 中的 c 区，当两对偶表面相对运动时，由于流体动力学的作用，也可能有一定承载能力。

由于边界润滑膜的抗剪强度低，表面相对运动时，比较容易将边界润滑膜剪切分离，所以这时的摩擦阻力较小。

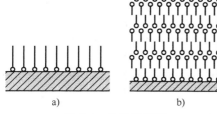

图 2-9　分子吸附膜

a）单分子　b）多分子

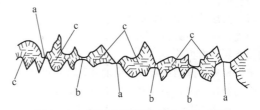

图 2-10　有边界润滑膜存在时的金属
表面接触轮廓

（3）温度对边界润滑膜抗磨性能的影响　各种吸附膜的吸附强度随温度的升高而降低，当达到一定温度后，分子将失向、散乱，以致脱吸，丧失润滑性能。导致吸附膜脱吸的温度称为边界润滑膜的临界温度。

反应膜则与此相反，它是不可逆的，只能在一定的温度下形成，该温度称为反应温度。

图 2-11 所示为温度对边界润滑膜摩擦因数的影响。曲线 Ⅰ 是采用含油性添加剂（摩擦改进剂）的润滑油的摩擦因数；曲线 Ⅱ 是采用含极压添加剂（极压抗磨削）的润滑油的摩擦因数；曲线 Ⅲ 是采用既含油性添加剂又含极压添加剂的润滑油的摩擦因数；曲线 Ⅳ 是采用纯矿物油的情况，其摩擦因数最大。

（4）提高边界润滑膜强度的方法　合理选择摩擦副材料、降低表面粗糙度值，都能有效提高边界润滑膜强度。但最有效的方法是选用添加了油性添加剂和极压添加剂的抗磨液压油，并且对油液进行合理的监测、维护和更换。

3. 当 $\overline{h}$ = 1~5 时，处于混合润滑状态

由于摩擦副的对偶表面均有一定的表面粗糙度，当液膜厚度相对较薄时，局部表面的轮廓峰顶有可能穿透润滑膜而直接接触，形成干摩擦。在两对偶表面间，有一些区域处于边界润滑膜接触，属于边界润滑，也有一些区域处于液膜润滑状态。这类润滑状态称为混合润滑状态。部分弹流润滑即属于这种润滑状态。

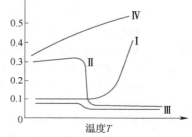

图 2-11　温度对边界润滑膜
摩擦因数 f 的影响

二、摩擦副的磨损过程及磨损机理

1. 磨损过程

液压泵（或液压马达）摩擦副中的液膜厚度在运行过程中是变化的，也是难以预测的。例如，刚起动、低速重载或高温低黏度时，液膜很薄，完全可能导致对偶表面的直接接触，使磨损加剧。

在一定的摩擦条件下，磨损过程一般可分为如图 2-12 所示的三个阶段：

1）磨合阶段。磨合阶段是磨损初期的不稳定阶段，在整个工作时间内所占比率很小。在磨合初期，只有少数的轮廓峰接触并发生摩擦。实验证实：各种摩擦副在不同条件下磨合以后，将形成稳定的表面粗糙度；在以后的摩擦过程中，此表面粗糙度不会发生显著改变。

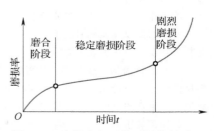

图 2-12　磨损率与工作时间的关系

2）稳定磨损阶段。此阶段的时间最长，其特征是磨损缓慢，磨损率稳定。

3）剧烈磨损阶段。此阶段的特征是磨损率极高，产生异常的振动和噪声，摩擦副温度迅速升高，快速导致摩擦副失效。

2. 磨损机理

磨损是表面材料不断损伤的一个过程。或者说，磨损是一个物体由于机械作用（间或伴有化学作用）与另一个偶件（可以是固体、液体或气体）发生接触和相对运动所造成的表面材料损失或材料转移。

磨损类型多种多样，例如，按参与磨损的物质，磨损可分为单相磨损和多相磨损；按相对运动形式，磨损可分为滚动磨损、滑动磨损、流体侵蚀和颗粒侵蚀等；接表面层的变形，磨损可分为弹性接触中的磨损、塑性接触中的磨损和微切削中的磨损；按磨损机理，磨损可分为黏着磨损、疲劳磨损、磨粒磨损、冲蚀磨损及腐蚀磨损等。

下面将对摩擦副中经常发生的几种磨损机理进行简要介绍。但必须注意，实际磨损过程不可能仅是一种机理的磨损，往往是多种磨损机理的组合。

（1）黏着磨损　在一定的负载条件下，两相对运动表面的轮廓峰间可能产生局部接触，接触点处压力很高，润滑膜可能破裂。在润滑膜或其他表面膜破裂或被挤出的情况下，其接触部位由于摩擦高温或分子力的作用，将产生融合黏着（即固相焊合）。由于相对运动的剪切作用，材料从屈服强度较小的一个表面转移到另一个表面或释放到油液中。上述在接触点上的黏着，被撕脱，再黏着，再撕脱，如此反复的循环过程，便构成黏着磨损。

（2）表面疲劳磨损（简称疲劳磨损）　两个表面在重复滑动或滚动作用下所引起的表面点蚀或剥落的现象称为表面疲劳磨损。与黏着磨损不同，疲劳磨损不是渐进式的磨损，在某一临界时刻以前，其磨损量可以忽略不计，当达到某一临界时刻，发生块状脱落，元件很快失效。疲劳磨损往往发生在齿轮泵的齿轮副、滚动轴承、柱塞泵的缸体端面与配流盘、叶片泵的叶片顶部与定子等对偶摩擦表面。

（3）磨粒磨损　磨粒磨损是由于硬的物质使较软的材料表面被擦伤而引起的磨损。它可分为两种类型：一种是由粗糙的硬表面在软的表面擦过所引起的磨损；另一种是由硬的颗粒在两个摩擦副间滑动所引起的磨损。影响磨粒磨损的主要因素包括液膜厚度、材料硬度、污染颗粒的尺寸、硬度及浓度等。

对于磨粒磨损而言，尺寸等于或略大于液膜厚度的颗粒危害最大，因为它们很容易进入摩擦副间隙而产生磨削作用。但这并不意味着尺寸大于或小于液膜厚度的颗粒没有危害。例如，当载荷减小时，大尺寸的颗粒就可能进入增大的摩擦副间隙；而当载荷增大时，间隙变小，已进入的较大颗粒就会作用于材料表面而引起磨粒磨损。当系统起动或停止时，液膜极薄，这时油液中的微小颗粒也会对表面产生各种不同形式的磨损作用。

污染磨损量随摩擦副材料的硬度 H_m 与污染颗粒硬度 H_p 之比的增大而减小。为了减少磨粒磨损，要使对偶材料的硬度比磨粒的硬度高。一般的规律是：当 $H_m \geq 1.3H_p$ 时，磨损较轻微；当 $H_p = (1.3 \sim 1.7)H_m$ 时，磨损剧烈。

（4）冲蚀磨损　冲蚀磨损是指含有固体颗粒的高速液流对元件表面或边缘的冲击所造成的磨损。当液流中的颗粒以接近垂直的方向冲击元件表面时，若颗粒在冲撞时所释放出的能量大于元件表面材料的结合力，则表面材料将发生变形而导致疲劳磨损。当颗粒以接近平行的方向冲击元件表面时，则会对元件表面产生切削作用。冲蚀产生的疲劳磨损往往需要经过一个潜伏期后才能表现出来。

材料的冲蚀磨损率取决于颗粒撞击表面时所具有的能量，因此，磨损率与液流速度的平方成正比，还与颗粒硬度、形状和大小等因素有关。

（5）腐蚀磨损　腐蚀磨损是腐蚀与磨损同时起作用的一种磨损。由于腐蚀在对偶表面生成化学或电化学反应物，一般情况下，反应物与材料表面结合不牢，容易在摩擦过程中被磨掉，新露出的金属表面由于腐蚀又产生新的反应物，反应物生成后又被磨掉，如此反复作用，急剧加速对偶表面的磨损失效。

矿油型液压油中如果存在水分，或油品氧化变质，或加入了对金属有腐蚀作用的添加剂，都会使油液的腐蚀性增加而导致摩擦副中的腐蚀磨损。如果采用天然水作为液压介质，腐蚀磨损就更加突出了。

三、摩擦副的设计原理和设计方法

下面简要介绍摩擦副设计的几种主要方法。其中某些方法的具体应用，将分别在后续液压泵（或液压马达）的章节中加以介绍。

1. 固定间隙设计法

依靠一定的结构措施，使摩擦副之间具有某一固定工作间隙的设计方法，称为固定间隙设计法。这种方法目前多用于齿轮泵的齿顶和壳体、轴向柱塞泵的柱塞与缸孔、径向柱塞泵的缸体和配流轴等摩擦副上。固定间隙的值一般是按摩擦副之间泄漏及摩擦损失为最小的要求所计算出的所谓"最佳"间隙值，再考虑变形、热膨胀、制造误差及污染颗粒大小等因素后，加以综合确定。

由于表面磨损后，间隙不能自动补偿，所以这种固定间隙结构一般只能用于中低压液压泵（或液压马达）中。

2. 剩余压紧力法

在摩擦副之间通入高压油液，使其所产生的分离力平衡掉绝大部分压紧力；或者在摩擦副运动件的背面通入高压油，靠其所产生的压紧力克服分离力，以保证摩擦副运动部件能在适当的剩余压紧力作用下，始终紧靠固定部件而不倾斜、不脱开。这种设计方法称为剩余压紧力法。它主要用于齿轮泵的齿轮和侧板、叶片泵的转子体和配流盘、轴向柱塞泵的缸体与配流盘以及滑靴与斜盘等摩擦副的设计。

剩余压紧力法的基本思想是使摩擦副所受到的压紧力适当地大于摩擦副中液膜所产生的分离力，即要求有合适的剩余压紧力（剩余压紧力为压紧力与分离力之差），以保证摩擦副既能在较小的接触压力下运转，又互不脱开。这种设计方法的关键在于合理选择剩余压紧力的大小。增大剩余压紧力可减少泄漏，但可能导致润滑不良，磨损严重，甚至烧伤，将加剧摩擦副的失效。剩余压紧力过小，则密封不良，泄漏增加，甚至无法达到所需的工作压力。因此，剩余压紧力的大小一定要选择适当，一般推荐的剩余压紧力与压紧力之比，即剩余压紧系数为 6%~10%。

3. 连续注油静压支承设计法

连续注油静压支承设计法是基于广泛用于静压轴承、静压导轨及静压丝杠的静压支承理论，来进行轴向柱塞泵（或马达）中的缸体与配流盘、滑靴与斜盘，低速大转矩马达中的连杆与滑块等摩擦副的设计。

这种设计方法的工作原理如图 2-13 所示，它由一个入口固定阻尼器和一个带有油腔及密封带的支承面所组成。来自液压泵（或液压马达）本身的压力油源 p_d 通过入口阻尼器后产生一定压降，在油腔内形成压力 p_0。在 p_0 的作用下，液流通过密封带产生一定外泄，并在密封带内产生一定规律的压力场。这个压力场与油腔内 p_0 的压力场共同产生一个流体动反力，用以支承外负载力 F_1，并在支承面间形成一定厚度 h 的液膜。如果支承面是一对摩擦副，就可以由液膜把对偶表面隔开，形成良好的润滑条件。

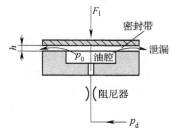

图 2-13　静压支承的典型结构

设计静压支承的关键问题在于，当外负载力 F_1 发生变化时，如何保证支承面上的流体动反力，即支承力也随之发生变化，使这两个力始终在允许的液膜厚度下保持平衡，即既不使支承面发生固体接触，也不使支承面产生过大的间隙而造成大量泄漏。

在油腔入口前加阻尼器，使支承面具有双重阻尼，就能使油腔内的压力 p_0 在一定范围内随外负载的增减而增减。例如，当外负载力增大时，破坏了外负载力与流体支承反力的平衡，支承面密封带处密封间隙 h 减小，液阻增大，泄漏量减少，从而使油腔中的压力增大，使支承力相应提高，从而使外负载力与支承力在新的液膜厚度下达到新的平衡。当外负载力减小时，情况亦然。

液压泵（或液压马达）的摩擦副采用静压支承的主要缺点是摩擦副间的倾覆力矩难以平衡，泄漏有所增加。此外，固定阻尼（如阻尼管）加工较难，易堵塞。

4. 间歇注油静压支承设计法

这种设计方法的特点是，压力油液不是连续地而是间歇地注入摩擦副的槽道，在注油期间，像连续注油的静压支承一样，形成一定的液膜厚度；而在停止注油期间，则利用已形成液膜的挤压效应来平衡外负载力，并且在液膜被挤薄到允许的最小值之前，又开始下一次注油，如此不断循环。这样，就能在摩擦副中形成一个在一定幅度内跳动的液膜，使摩擦副处于良好的润滑状态。间歇注油可用于轴向柱塞泵中缸体和配流盘间的静压支承。

四、水液压泵（或液压马达）摩擦副设计中的几个关键技术问题

与矿物油相比，水具有黏性低、锈蚀性强、汽化压力高等特点，所以传统的油压元件不能用于水压系统中。为了促进水液压技术的发展、应用，必须重新研制各类新型水液压元件。对于水液压泵（或液压马达）的研制而言，最关键的问题是其中各类摩擦副的研制。

24

1. 关键技术问题

水液压泵（或液压马达）摩擦副的工作原理及设计方法与油压泵摩擦副是基本相同的。但由于水不同于液压油的理化性能所导致的一些特殊技术问题，在设计中必须认真考虑与解决。

1）与矿物油相比，水的黏度很低，摩擦副中难以像油压摩擦副那样形成流体润滑状态。为了控制泄漏，必须减小摩擦副的间隙，否则可能无法提供所需的工作压力。间隙减小后，在加载的情况下很可能导致两对偶表面轮廓峰的直接接触，形成干摩擦或半干摩擦，使磨损加速而导致失效。

2）与液压油不同，水中不含任何油性或极压添加剂，当对偶表面轮廓峰接触时，无法产生边界润滑膜，难以使其处于良好的边界润滑状态。

由此可见，对于以天然水润滑的摩擦副而言，由于黏度低，难以形成流体润滑，又不可能靠添加剂产生边界润滑膜而形成边界润滑，如果对偶材料本身没有良好的自润滑性能，则很容易产生干摩擦而导致严重磨损。

3）水（特别是海水）的锈蚀性强，元件很容易由于强烈的腐蚀磨损而失效。

4）水的汽化压力很高，在对偶摩擦副的闭死区、液压泵入口及阀口等部位很容易产生气蚀而导致振动、噪声及点蚀。

5）与矿物油相比，水及 HFA、HFC 等水基难燃液的黏压特性差，滚动接触时难以形成弹性流体动力润滑膜。

与传统的流体动力润滑理论不同，弹性流体动力润滑理论是研究在相互滚动或滚动伴有滑动的运动条件下，两弹性物体间流体动力润滑膜的力学问题。如滚动轴承中滚动体与滚道的接触、齿轮泵中轮齿的啮合、低速大转矩马达中滚轮与导轨或钢球与导轨的接触等对偶摩擦副的润滑问题，均属于弹性流体动力润滑理论研究的范畴。

根据弹性流体动力润滑理论，当两摩擦表面处于赫兹接触状态下的重载接触时，高的接触应力使摩擦表面产生不能忽略的局部弹性变形，使线接触或点接触变为面接触；同时，也使其间的润滑油黏度随压力升高而大为增大。

理论分析和实验研究证明，依靠润滑剂与摩擦表面的黏附作用，当两接触物体相互滚动和（或）滑动时，将润滑剂带入它们之间的间隙，接触面上出现平行缝隙，并在除进油口以外的接触面边缘上出现凸起，阻碍润滑剂流出，从而形成很高的油膜压力（图 2-14）。其油膜厚度与油液黏度和油液的黏压系数成正比。

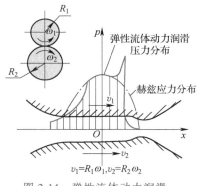

图 2-14　弹性流体动力润滑的压力分布

对于矿物油，不仅其本身黏度大，而且其黏度随压力升高而增大。当压力低于 20MPa 时，油液黏度变化不大；当压力增大到 35MPa 时，其动力黏度大约增大一倍；当压力增大到 350MPa 时，其动力黏度增大 1000 倍。所以，对于以矿物油为润滑剂的滚动摩擦副，能很好地处于弹性流体动力润滑状态。

对于水及其他水基难燃液而言，其黏压特性差。例如，当水的压力增大到 350MPa 时，其动力黏度只增大 20% 左右，加之水本身的黏度就不大，所以，当以水为润滑剂时，即使对偶表面可能产生弹性变形，也难以形成稳定的弹性润滑膜。因此，对于以水润滑的滚动摩擦副，其使用寿命很短。

2. 可行的技术方案

上述技术难题的合理解决是研制出高性能水液压泵（或液压马达）的关键和前提。目前，国内外关于水液压泵（或液压马达）摩擦副的研制有两种技术方案：一是采用油、水分离结构，使部分摩擦副仍然使用矿物油或矿物脂来润滑，图 5-49 所示的海水液压泵即采用油、水分离结构，使轴承及滑靴/斜盘这两对关键摩擦副由矿物油润滑，只有柱塞/缸孔套及配流阀直接由水润滑，这就大大减少了摩擦副的研制任务，有利于提高海水泵的工作可靠性和使用寿命；二是广泛采用高性能的新型工程材料，自行研制新型的水润滑摩擦副。在研制中必须注意下列三方面的问题：

（1）正确的材料选择和合理的材料配对　鉴于水液压泵（或液压马达）工作的特殊性，对于其摩擦副

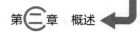

的配对材料，应具有以下三方面的性能：

1）一般性能。如强度、断裂韧度、工艺性及热力学性能等。

2）特殊性能。如抗蚀性能、硬度及表面强化性能、吸水率、热膨胀率、疲劳强度等。

3）摩擦学性能。如摩擦相容性及自润滑性能、摩擦因数、抗黏着磨损及抗污染磨损性能等。

对于对偶摩擦副材料，应该在综合考虑上述三类性能要求的基础上进行选择。近年来，国内外广泛采用的摩擦副对偶材料主要是耐蚀合金或工程陶瓷与增强或改性的高分子复合材料的配对，即硬材料与软材料的配对方案。所用耐蚀合金主要包括奥氏体型、马氏体型及沉淀硬化型不锈钢等；工程陶瓷可用整体陶瓷或在耐蚀合金表面喷涂陶瓷；高分子复合材料主要用碳素纤维增强的聚醚醚酮（PEEK），也可用增强或改性的聚甲醛（POM）、聚四氟乙烯（PTFE）等其他高分子复合材料。将高性能复合材料喷涂在耐蚀合金表面，其使用效果也较好。

（2）正确的流场分析　在进行摩擦副设计时，首先要认真选择下列关键参数：

1）对偶间隙。对偶间隙应根据容积损失与摩擦损失之和为最小的原则进行初选，但同时要考虑工艺上的可行性和运行中工作的可靠性。

2）剩余压紧系数。剩余压紧系数的确定原则：从力矩平衡出发，保证摩擦副运动件在不倾斜、不偏磨情况下，适当压紧固定件而不脱开。压紧力过大，则磨损加剧；压紧力过小，则泄漏增大。由于水的黏度低，剩余压紧力不仅是必需的，而且要有足够的大小。

3）pv 值。对偶表面的 pv 值既要小于材料允许值，同时又要考虑为防止气蚀对速度最大值和压力最小值的限制。

为了正确确定上述几个基本参数，应对流场进行正确分析。对于水润滑摩擦副中泄漏损失及压力分布的计算，不宜采用油压泵摩擦副设计中基于层流的计算公式。因为水的黏度很低，一般处于湍流状态，只有根据实际流态所得出的计算结果，才能为摩擦副结构参数的正确确定提供可靠的理论依据。

（3）最后的实验验证　由于水液压技术仍处于发展中，无可靠的成果供采用和借鉴，加之高性能工程材料不断出现，因此在研制过程中可采用多种技术方案，最后只有通过实验对比和验证才能确定最佳方案。

思考题和习题

2-1　简述液压泵的排量、理论流量、实际流量、额定流量和瞬时流量的概念及它们之间的关系。

2-2　简述液压马达的排量、理论流量、实际流量、额定流量和瞬时流量的概念及它们之间的关系。

2-3　解释液压泵及液压马达铭牌上标明的额定压力的意义。它和液压泵及液压马达的实际工作压力有什么区别？

2-4　哪些因素会限制液压泵（或液压马达）工作压力和转速的提高？为什么？

2-5　液压泵（或液压马达）对偶摩擦副中，可能存在哪几种不同的润滑状态？每种润滑状态的摩擦学特性如何？

2-6　液压泵（或液压马达）对偶摩擦副在工作过程中，可能导致磨损的机理有哪几种？每种磨损机理的主要特点是什么？有哪些措施可防止或减缓磨损？

2-7　液压泵（或液压马达）对偶摩擦副的设计方法有几种？简述每种设计方法的理论依据及特点。

2-8　水液压泵（或液压马达）摩擦副设计中存在的主要技术难题是什么？有何解决途径？

2-9　已知液压泵的入口压力 $p_i = 0$，出口压力 $p_o = 32\text{MPa}$，实际输出流量 $q = 250\text{L/min}$，液压泵输入转矩 $T_i = 1350\text{N} \cdot \text{m}$，输入转速 $n = 1000\text{r/min}$，容积效率 $\eta_{Vp} = 0.96$。试求：

（1）液压泵的总效率。

（2）液压泵的输出功率。

（3）液压泵的机械效率。

（4）液压泵的理论功率。

2-10　已知液压马达的理论流量 $q_t = 100\text{L/min}$，总效率 $\eta_m = 0.90$，容积效率 $\eta_{Vm} = 0.95$，输出转速 $n = 300\text{r/min}$，液压马达入口压力为 $p_i = 20\text{MPa}$，回油压力 $p_0 = 1\text{MPa}$。试求：

（1）液压马达的输入功率。

（2）液压马达的输出功率。

（3）液压马达的输出有效转矩。

（4）输入液压马达的流量。

2-11　设液压泵的转速为 950r/min，排量 $V_p = 168mL/r$，在额定压力 29.5MPa 和同样转速下，测得的实际流量为 150L/min，额定工况下的总效率为 0.87。试求：

（1）液压泵的理论流量。

（2）液压泵的容积效率。

（3）液压泵的机械效率。

（4）液压泵在额定工况下所需驱动电动机的功率。

（5）驱动液压泵的转矩。

2-12　如图 2-15 所示，忽略管路损失。已知：液压泵输入功率 $P = 88kW$，工作压力 $p_d = 28MPa$，转速 $n_p = 1000r/min$，排量 $V_p = 175 \times 10^{-6} m^3/r$，流量 $q = 165L/min$。液压马达的排量 $V_m = 800 \times 10^{-6} m^3/r$，容积效率 $\eta_{Vm} = 0.95$，总效率 $\eta_m = 0.8$。试求：

（1）液压泵的容积效率、机械效率及总效率。

（2）液压马达的转速及输出转矩。

（3）此液压系统的总效率。

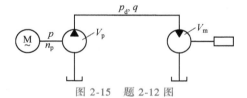

图 2-15　题 2-12 图

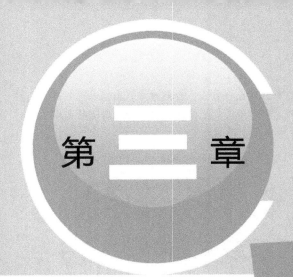

第 三 章

齿轮泵及螺杆泵

在现代液压技术中，齿轮泵是结构简单、产量和使用量最大的泵类元件，它不仅广泛应用于液压设备中，也被大量用作润滑泵和食品、化工等工艺流程中的输液泵。

齿轮泵采用一对相同的齿轮，封闭在由前盖、后盖和外壳所构成的空腔中啮合运转，利用齿间容积的变化来实现吸油和排油。它的主要优点：结构简单；渐开线齿轮的加工工艺性好；体积小，质量轻，功率密度大；对恶劣工况的适应性强。由于齿轮本来就是传递动力的元件，所以耐冲击、耐磨损、抗污染能力强，工作可靠。其主要缺点是排量不能调节，只能做定量泵；外啮合齿轮泵的流量脉动及噪声较大；低速运转时容积效率低。

齿轮泵可分为外啮合和内啮合两种类型。外啮合齿轮泵一般采用一对相同的渐开线齿轮，特殊情况下也可使用圆弧齿形的齿轮。除了采用渐开线齿形的内啮合齿轮泵外，还有采用摆线齿形的摆线内啮合齿轮泵。

第一节 外啮合齿轮泵的流量及流量脉动

一、外啮合齿轮泵的瞬时流量

1. 分析瞬时流量的意义和方法

液压泵瞬时流量的脉动情况，对执行元件和系统的性能与寿命均有直接的影响。若瞬时流量的脉动振幅大，则执行元件的运动平稳性就差；当两个以上的液压泵同时向一个液压执行元件供油时，如果脉动同步，则会使振幅大幅增加，性能大幅下降；瞬时流量脉动还会引起压力脉动，而压力脉动对轴、轴承、管道、接头和密封都有疲劳性的破坏作用。此外，当瞬时流量的脉动频率与溢流阀的固有频率一致时，还可能导致溢流阀产生共振。为此，必须对液压泵的瞬时流量进行分析，找出改善其脉动性的途径，作为设计中合理选择有关参数的理论依据。

一般来说，分析液压泵瞬时流量的方法有以下三种：

1）容积变化法。容积变化法是利用容积变化原理分析瞬时流量的方法。例如，在某些情况下，直接根据排油腔容积的变化就可推导出理论瞬时流量的计算公式。

2）能量平衡法。能量平衡法是在不计各种损失的前提下，利用输入功率等于输出功率的原理分析瞬时流量的方法。

3）图解法。图解法是根据容积变化原理，利用图解来分析瞬时流量的方法。

容积变化法基于液压泵的工作原理，推导出的瞬时流量计算公式比较直观，容易理解。当运动部件的速度不易求出，但比较容易建立转矩与压差之间的函数关系时，可采用能量平衡法。只有当难以进行数学分析时，才采用图解法。利用图解法所得结果的误差较大，且其结果不具有通用性。

2. 外啮合齿轮泵瞬时流量的计算

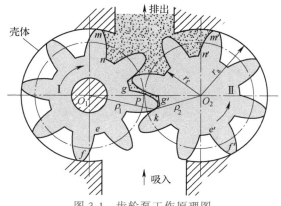

图 3-1　齿轮泵工作原理图

本部分内容采用容积变化法来分析由两个渐开线直齿轮所构成的外啮合齿轮泵（图 3-1）的瞬时流量。

齿轮啮合过程中，k 为啮合点，排油腔由主动轮 I 的齿廓 m、n、g、k 及从动轮 II 的齿廓 k、g'、n'、m' 所围成。当齿轮转动时，全齿廓 mn 和 $m'n'$ 压缩排油腔中的油液，使其容积变小，另一部分啮合齿廓 gk 和 $g'k$ 则在转动中扩大排油腔容积，而其余那些完全被高压油液包围的轮齿不参与工作，对排油无影响。很明显，前者压缩的容积大于后者扩大的容积，总的结果是使排油腔容积不断减小，不断把油液排到高压管路中去。

用类似的方法分析主动轮 I 的齿廓 fek 及从动轮 II 的齿廓 $ke'f'$ 所围成的吸入腔，可以看出，吸入腔在不断扩大，把油液从低压管路中吸进来。

在推导流量计算公式之前，先介绍一个将要用到的简单几何关系：图 3-2 所示的任意曲线 ABO，它以 O 为圆心转过角度 $\Delta\varphi$ 所扫过的不规则图形 $ABOB'A'$ 的面积（图中阴影部分），等于该曲线端点半径 AO 转过相同角度 $\Delta\varphi$ 所扫过的扇形面积，即 $\dfrac{1}{2}\overline{OA}^2\Delta\varphi$。

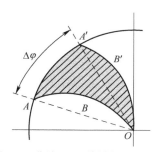

图 3-2　曲线 ABO 旋转扫过的面积

根据上述关系，并考虑到两个齿轮相同，则图 3-1 中当齿轮转过角度 $\Delta\varphi$ 后，齿廓 mn 和 $m'n'$ 使排油腔减小的容积为

$$\Delta V_1 = b\left(r_a^2 - r_f^2\right)\Delta\varphi \tag{3-1}$$

式中　r_a——齿顶圆半径；

　　　r_f——齿根圆半径；

　　　b——齿宽。

与此同时，由于齿廓 gk 和 $g'k$ 的转动，使排油腔扩大的容积为

$$\Delta V_2 = b\left(\frac{\rho_1^2+\rho_2^2}{2} - r_f^2\right)\Delta\varphi \tag{3-2}$$

式中　ρ_1、ρ_2——啮合点 k 到主动轮圆心 O_1 和从动轮圆心 O_2 的距离。

值得注意的是，啮合点 k 的位置在工作过程中是不断变化的，所以，ΔV_2 不会像 ΔV_1 那样随转角 $\Delta\varphi$ 均匀地变化，这就是导致齿轮泵流量不均匀的根本原因。

由式（3-1）和式（3-2）可以得出排油腔排出的油液容积为

$$\Delta V = \Delta V_1 - \Delta V_2 = b\left(r_a^2 - \frac{\rho_1^2+\rho_2^2}{2}\right)\Delta\varphi$$

将上式对时间求导数，则可得出齿轮泵理论瞬时流量的表达式为

$$q_{sh} = \frac{\mathrm{d}V}{\mathrm{d}t} = \frac{b\omega}{2}\left[2r_a^2 - \left(\rho_1^2+\rho_2^2\right)\right] \tag{3-3}$$

式中　ω——齿轮旋转的角速度。

为了找出瞬时流量随转角变化的关系，需要根据齿轮的啮合原理，将式（3-3）进一步简化。为此，将图 3-1 中两齿轮圆心 O_1、O_2 与啮合点 k 所构成的三角形放大，如图 3-3 所示。r_w 为节圆半径，r_b 为基圆半径，r_a 为齿顶圆半径，线段 $\overline{Pk}$（其长度在图中用 f 表示）为啮合点 k 到节点 P 的距离。如果是渐开线齿轮，

则 $\overline{Pk}$ 是啮合线的一部分，同时 k 点的轨迹也在有效啮合线 $\overline{N_1N_2}$ 上。

根据余弦定理，由图 3-3 中 $\triangle O_1Pk$ 及 $\triangle O_2Pk$ 可得

$$\rho_1^2 = r_w^2 + \overline{Pk}^2 + 2r_w \overline{PM}$$

$$\rho_2^2 = r_w^2 + \overline{Pk}^2 - 2r_w \overline{PM}$$

将上两式代入式（3-3），则得出

$$q_{sh} = b\omega(r_a^2 - r_w^2 - \overline{Pk}^2) \tag{3-4}$$

如果 $\overline{Pk}$ 用 f 表示，则

$$q_{sh} = b\omega(r_a^2 - r_w^2 - f^2) \tag{3-5}$$

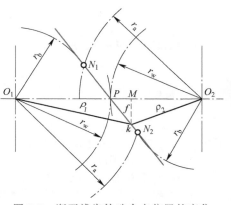

图 3-3 渐开线齿轮啮合点位置的变化

式（3-5）表示了任何齿形的齿轮泵的瞬时流量随啮合点位置变化而变化的关系。对于渐开线齿轮，具有以下特性

$$f = \overline{Pk} = r_b \varphi \tag{3-6}$$

式中 r_b——齿轮基圆半径；

φ——啮合点由节点 P 移动到 k 点，齿轮转角的弧度数。

将式（3-6）代入式（3-4），可把 q_{sh} 作为啮合点位置 $\overline{Pk}$ 的函数转变为转角 φ 的函数。即

$$q_{sh} = b\omega(r_a^2 - r_w^2 - r_b^2\varphi^2) \tag{3-7}$$

图 3-4 形象地表示了 q_{sh} 随转角 φ 周期变化的情况。

由图 3-3 可知，当一对轮齿刚进入啮合以及刚要退出啮合时，$\overline{Pk} = \dfrac{\overline{N_1N_2}}{2}$ 为最大，由式（3-4）可知，此时相应的瞬时流量为最小，故可得出

$$q_{shmin} = b\omega\left(r_a^2 - r_w^2 - \frac{\overline{N_1N_2}^2}{4}\right)$$

对于渐开线齿轮，$\overline{N_1N_2} = \varepsilon p_b$，式中 p_b 为齿轮基圆齿距，ε 为齿轮的啮合重合度，对于在齿轮上开有对称卸荷槽的情况，可取 $\varepsilon = 1$。将 $\overline{N_1N_2} = p_b$ 代入上式，可得

$$q_{shmin} = b\omega\left(r_a^2 - r_w^2 - \frac{1}{4}p_b^2\right) \tag{3-8}$$

$p_b = \pi m\cos\alpha$，压力角 $\alpha = 20°$，m 为齿轮的模数。

当一对轮齿在节点 P 处啮合时，$\overline{Pk}$ 为零，此时瞬时流量为最大值。即

$$q_{shmax} = b\omega(r_a^2 - r_w^2) \tag{3-9}$$

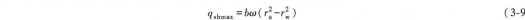

图 3-4 渐开线齿轮泵的流量脉动曲线

二、外啮合齿轮泵的理论排量、理论流量及流量品质

1. 理论排量及理论流量

由图 3-3 可以看出，每对轮齿在啮合过程中，当对称于节点 P，沿有效啮合线 $\overline{N_1N_2}$ 啮合时，由 $-\dfrac{1}{2}p_b$（对应于刚进入啮合点 N_1）转到 $\dfrac{1}{2}p_b$（对应于刚退出啮合点 N_2）的过程中，形成一个排油周期。假设在这个周期内所排出的液体体积为 ΔV，那么根据式（3-5），并考虑到 $df = \omega r_b dt$，可得出

$$\Delta V = \int q_{sh}dt = \int b\omega(r_a^2 - r_w^2 - f^2)dt = \frac{b}{r_b}\int_{-\frac{1}{2}p_b}^{\frac{1}{2}p_b}(r_a^2 - r_w^2 - f^2)df$$

齿轮泵的排量 V 为旋转一周所排出的液体体积，一周内共有 z 个轮齿参与啮合排液，所以可得

$$V = \Delta Vz = \frac{bz}{r_{\mathrm{b}}} \int_{-\frac{1}{2}p_{\mathrm{b}}}^{\frac{1}{2}p_{\mathrm{b}}} (r_{\mathrm{a}}^2 - r_{\mathrm{w}}^2 - f^2) \, \mathrm{d}f$$

考虑到基圆齿距 $p_{\mathrm{b}} = 2\pi r_{\mathrm{b}}/z$，将上式积分后，可得出理论排量的表达式为

$$V = 2\pi b \left(r_{\mathrm{a}}^2 - r_{\mathrm{w}}^2 - \frac{1}{12}p_{\mathrm{b}}^2 \right) \tag{3-10}$$

理论流量则为

$$q_{\mathrm{t}} = Vn = b\omega \left(r_{\mathrm{a}}^2 - r_{\mathrm{w}}^2 - \frac{1}{12}p_{\mathrm{b}}^2 \right) \tag{3-11}$$

式中　r_{a}、r_{w}——齿顶圆半径及节圆半径；
　　　　p_{b}——基圆齿距。

2. 排量和流量的近似计算公式

式（3-10）和式（3-11）虽然可用来计算外啮合齿轮泵的理论排量和理论流量，但计算过程十分繁琐。在工程实际中，常用以下公式进行近似估算。

外啮合齿轮泵的排量可以近似地看作两个啮合齿轮的齿槽容积之和。若假设齿槽容积等于轮齿体积，则当齿轮齿数为 z、模数为 m、分度圆直径为 d_{w}（其值等于 mz）、有效齿高为 h（其值等于 $2m$）、齿宽为 b 时，齿轮泵的排量近似值为

$$V = \pi d_{\mathrm{w}} hb = 2\pi z m^2 b \tag{3-12}$$

实际上，齿槽容积比轮齿体积稍大一些，而且齿数越少差值越大，因此常用 3.33～3.50 来代替式（3-12）中的 π 值（齿数少时取大值），以补偿误差。所以，齿轮泵排量的近似计算公式为

$$V = (6.66 \sim 7) z m^2 b \tag{3-13}$$

齿轮泵流量的近似计算公式为

$$q = (6.66 \sim 7) z m^2 bn\eta_{V\mathrm{p}} \tag{3-14}$$

式中　n、$\eta_{V\mathrm{p}}$——齿轮泵的转速及容积效率。

3. 流量品质

评价液压泵瞬时流量的品质一般采用两个指标：流量不均匀系数 δ_q 及流量脉动频率 f_q。

（1）流量不均匀系数　流量不均匀系数 δ_q 可定义为瞬时流量最大值和最小值之差与理论流量的比值。即

$$\delta_q = \frac{q_{\mathrm{shmax}} - q_{\mathrm{shmin}}}{q_{\mathrm{t}}} \tag{3-15}$$

将式（3-8）、式（3-9）及式（3-11）代入式（3-15），并考虑齿顶圆半径 $r_{\mathrm{a}} = \frac{1}{2}m(z+2)$、节圆半径 $r_{\mathrm{w}} = \frac{1}{2}mz$、基圆齿距 $p_{\mathrm{b}} = \pi m\cos\alpha$，其中 m 为模数，α 为齿轮压力角（标准齿轮 $\alpha = 20°$），z 为齿数，则可以得出

$$\delta_q = \frac{p_{\mathrm{b}}^2}{4\left(r_{\mathrm{a}}^2 - r_{\mathrm{w}}^2 - \frac{1}{12}p_{\mathrm{b}}^2\right)} = \frac{3\pi^2 \cos^2 20°}{12(z+1) - \pi^2 \cos^2 20°} \tag{3-16}$$

按式（3-16）可得出不同齿数时齿轮泵的流量不均匀系数，见表3-1。

表 3-1　齿轮泵流量不均匀系数 δ_q 与齿数 z 的关系

z	6	8	10	12	14	16	20
δ_q（%）	34.7	26.3	21.2	17.8	15.3	13.4	10.7

由表3-1可以看出，增加齿数对减少流量脉动起决定性作用。这是因为齿数增多，每个齿的工作区域减小，啮合点 k 位置的变化范围变小，所以流量脉动减小。另外，采用几何排量变化较小的特殊齿形及提高齿廓加工精度，实现无侧隙啮合，也有利于减少流量脉动。但前者的缺点是需要专门的轮齿加工工具，通用性差；后者的缺点是加工成本增加，流量脉动频率加倍。

（2）流量脉动频率 f_q　流量脉动频率 f_q 是指单位时间内流量脉动的次数。齿轮泵每转过一个齿时，流量脉动一次，所以流量脉动频率 f_q（单位为 Hz）可表示为

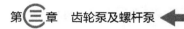
$$f_q = zn/60 \tag{3-17}$$

式中 n、z——齿轮泵的转速（r/min）及齿数。

对于无侧隙（或者啮合时齿间侧隙很小）的外啮合齿轮泵，有

$$f_q = 2zn/60 \tag{3-18}$$

最理想的情况是 δ_q 趋近于零，f_q 也趋近于零，则表示这个齿轮泵的流量品质最好。但除螺杆泵和双作用叶片泵外，其他液压泵都难以达到这个要求。实际情况大多是 δ_q 与 f_q 成相反规律变化。如果要求 δ_q 小，则只好允许 f_q 大一些。

第二节　外啮合齿轮泵的困油现象及卸荷措施

一、困油现象

为了保证齿轮传动的平稳性及供油的连续性，齿轮泵齿轮的重合度 ε 必须大于 1（一般取 $\varepsilon = 1.05 \sim 1.1$），即在前一对轮齿尚未脱开啮合之前，后一对轮齿已经进入啮合。在两对轮齿同时啮合时，它们之间形成一个与吸油腔、压油腔均不相通的封闭空间，如图 3-5a 所示。而在图 3-4 中，则表现为流量曲线重叠。当齿轮继续旋转时，此封闭容积逐渐减小，直到两个啮合点 k_1、k_2 处于节点 P 两侧的对称位置时，封闭空间容积减至最小，如图 3-5b 所示。由于油液的可压缩性很小，当封闭空间的容积减小时，被困油液受挤压，压力急剧上升，使油液从缝隙中挤出。这不仅会使齿轮和轴承受周期性的压力冲击，还会导致油液发热。齿轮继续旋转，这个封闭空间的容积又逐渐增大，直至如图 3-5c 所示的最大位置。当容积增大时，因无油液补充而形成局部真空和气穴，出现气蚀现象，引起振动和噪声。这种因封闭容积大小发生变化而导致压力冲击和产生气蚀的现象称为困油现象。困油现象将严重影响齿轮泵的工作平稳性和寿命，必须予以消除。

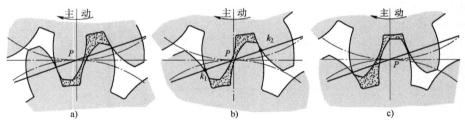

图 3-5　外啮合齿轮泵的困油现象

二、卸荷措施

消除困油现象的常用方法是在齿轮泵的前后盖板或浮动轴承套上开卸荷槽。尽管卸荷槽的结构形式可能不同，但其卸荷原理是相同的。如图 3-6a 所示，当封闭容积最小，两啮合点 k_1、k_2 对称于节点 P 时，两卸荷槽前缘正好通过 k_1 和 k_2。当封闭容积减小时，右边的卸荷槽与压油腔相通；当封闭容积增大时，左边

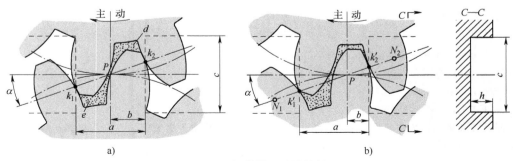

图 3-6　卸荷槽尺寸计算简图

 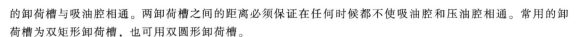

的卸荷槽与吸油腔相通。两卸荷槽之间的距离必须保证在任何时候都不使吸油和压油腔相通。常用的卸荷槽为双矩形卸荷槽，也可用双圆形卸荷槽。

1. 双矩形卸荷槽的间距 a

双矩形卸荷槽的间距 a（单位为 mm）（图 3-6a）的计算公式为

$$a = p_b\cos\alpha = \pi m\cos^2\alpha = \pi\frac{m^2z}{A}\cos^2\alpha \tag{3-19}$$

式中　p_b——基圆齿距（mm）；

　　　α——啮合角；

　　　m——模数（mm）；

　　　A——两齿轮间的实际中心距（mm）。

当 $\alpha = 20°$，且实际中心距 A 为标准值（$A = zm$）时，可得 $a = 2.78m$（m 为模数）。

当齿轮的齿侧间隙很小时，封闭腔 d 和 e 可能互不相通，或者 d 和 e 之间的通道很小，如果卸荷槽的位置对称于两齿轮圆心的连线，即 $b = \dfrac{a}{2}$，则当齿轮啮合状态越过图 3-6a 所示的位置以后，封闭腔 d 的容积仍然继续减小，但已与卸荷槽脱开，困油问题并没有完全解决。试验证明，加大齿侧间隙能使上述问题得到解决。但齿侧间隙的增大会导致泄漏增加，容积效率下降。为了克服上述缺陷，可以采用向低压侧偏移的不对称卸荷槽方案。如图 3-6b 所示，使卸荷槽向吸油腔一侧偏移一段距离，这样可使封闭腔 d 在绝大部分压缩过程中都与压油腔相通，这样不仅基本上解决了困油问题，还可以多回收一部分压力油，以提高液压泵的容积效率。但卸荷槽偏移后，当后一对轮齿越过啮合点 k_1 以后，封闭腔 e 不能立即与吸油腔相通，因此当它的容积渐增时，如齿侧间隙很小，e 和 d 不互通，则可能出现局部真空。但这一影响相对来说并不是主要的。试验证明，采用不对称卸荷槽基本上能解决困油问题。国产 CB 型齿轮泵中采用 $b = 0.8m$（m 为模数），使得噪声显著下降。

2. 卸荷槽宽度 c

卸荷槽宽度 c 应能包括实际啮合线的起点 N_1 和终点 N_2，所以卸荷槽宽度 c 应大于 c_{min}。而 c_{min}（单位为 mm）等于实际啮合长度 $\overline{N_1N_2}$ 在中心线上的投影。即

$$c_{min} = \overline{N_1N_2}\sin\alpha = \varepsilon p_b\sin\alpha = \varepsilon\pi m\cos\alpha\sqrt{1-\cos^2\alpha}$$

$$= \varepsilon\pi m\cos\alpha\sqrt{1-\left(\frac{mz}{A}\cos\alpha\right)^2} \tag{3-20}$$

式中　$\overline{N_1N_2}$——齿轮的实际啮合线长度（mm）；

　　　ε——重合度；

其他符号与式（3-19）相同。

为了保证卸荷槽畅通，应使卸荷槽宽度 $c > c_{min}$，同时又要考虑到齿根圆以内（特别是高压区）不宜开孔挖槽，以免削弱齿轮端面的密封性，增加端面泄漏，故最佳 c 值的确定原则为：使卸荷槽上下两端刚好与两个齿轮的齿根圆相接。由此可得

$$c = 2\left[r_w - \sqrt{r_f^2 - \left(\frac{a}{2}\right)^2}\right] = 2\left[r_w - \sqrt{r_f^2 - \left(\frac{p_b}{2}\cos\alpha\right)^2}\right] \tag{3-21}$$

式中　r_w、r_f——齿轮节圆半径和齿根圆半径。

当 $\alpha = 20°$ 且中心距为标准值时，按式（3-20）可得 $c_{min} = 1.03m$（m 为模数）。为了保证卸荷槽畅通，一般可取 $c > 2.5m$。

3. 卸荷槽深度 h

h 的大小影响困油容积的排油速度。可根据困油容积的变化率为最大值 q_{bmax} 时，以卸荷槽中的排油速度 $v = 3\sim5\text{m/s}$ 为依据，来确定卸荷槽的深度 h，即 $v = q_{bmax}/(hc) \le 3\sim5\text{m/s}$，由此可得

$$h \ge q_{bmax}/(3\sim5)c \tag{3-22}$$

根据试验可知,当 $h \geqslant 0.8m$ 时,即可满足式(3-22)的条件,故设计时一般取 $h \geqslant 0.8m$。

综上所述,图 3-6a 所示的对称布置的卸荷槽仅适用于有较大齿侧间隙的齿轮泵,而图 3-6b 所示的非对称布置的卸荷槽则主要适用于无齿侧间隙或小齿侧间隙的齿轮泵。

除矩形卸荷槽外,还有圆形等其他形式的卸荷槽。对于圆形卸荷槽,只要使其圆周与困油容积处于最小位置时的齿轮啮合点 k_1 和 k_2 相交,即可达到卸荷的目的。卸荷槽形式和尺寸的选择,还应通过试验的对比与验证后,才能最终确定。

齿轮泵中开设卸荷槽以后,不仅能减轻困油所带来的振动、噪声等现象,而且使封闭空间容积在扩大时自低压腔吸液,当封闭空间容积缩小时,将其中的困油不断排出,送至排液腔,成为流量的一部分。因此,图 3-4 中的瞬时流量曲线实际上应当是实线所表示的以 $\frac{2\pi}{z}$ 为周期的无重叠曲线,相当于重合度 $\varepsilon = 1$。

第三节　外啮合齿轮泵高压化需要解决的主要问题

工程机械及其他移动机械的需要是齿轮泵高压化的强大推动力。推土机、装载机及各种行走式起重机等都在较为严酷的负载工况和恶劣的环境下工作,对于这些工程机械而言,齿轮泵是一种耐用、轻便、经济的理想液压泵。

为了提高工程机械及其他移动机械整机的工作能力和经济性,要求尽量提高液压系统的工作压力。多年来,以提高齿轮泵工作压力为中心的改进设计已取得了明显的效果,中小排量齿轮泵的最高工作压力已超过 25MPa,最高可达 32MPa 以上;大排量齿轮泵的工作压力也可达 16~20MPa。

图 3-7 所示为国产 CB—B 型低压外啮合齿轮泵结构图。它主要由前端盖 4、后端盖 1 和泵体 3 三片结构构成,结构简单,制造容易。这是外啮合齿轮泵经常用到的一种典型结构,称为"三片式结构"。但这种结构形式的齿轮泵无任何补偿措施,只能用于低压场合。

为了提高齿轮泵的工作压力,必须采取相应的结构措施:一方面要减少高压下轴向及顶隙的泄漏量,

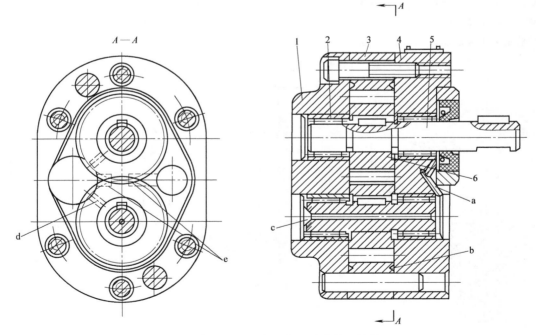

图 3-7　国产 CB—B 型低压外啮合齿轮泵结构图

1—后端盖　2—滚子轴承　3—泵体　4—前端盖　5—传动轴　6—齿轮

a、c、d—孔道　b—卸荷槽　e—困油卸荷槽

以保持较高的容积效率；另一方面要减少作用在齿轮上的径向力，提高轴承的承载能力，使齿轮泵有足够的工作寿命。另外，还要尽量减少振动和噪声。

一、减少泄漏的措施

1. 齿轮泵的泄漏途径

（1）齿轮端面和侧板间的轴向间隙　轴向间隙处的泄漏途径，除了由排油腔经轴向间隙直接泄入吸油腔外，还可能由过渡区段齿谷根部经轴向间隙流入轴承腔内（与吸油腔相通）。由于通过端面轴向间隙泄漏的途径广，封油长度短，因此泄漏量大，占总泄漏的 75%~80%。

（2）齿轮齿顶和壳体内壁间的顶隙　顶隙的泄漏量与轴向间隙的泄漏量相比要小得多，只占总泄漏量的 15%~20%，这是因为齿顶圆和壳体的接触长度大，每个轮齿分担的压降相对变小，并且齿轮旋转时在齿顶间隙处造成的剪切流动又抵消了部分压差流动（图 3-8）。但在高压情况下，顶隙的泄漏仍然不可忽视。

（3）齿面啮合处（啮合点）的泄漏　由于啮合点接触不好，使高压腔和低压腔之间密封不好而造成泄漏。在啮合情况正常时，通过啮合点的泄漏是很少的，一般不予考虑。

综上所述，要提高齿轮泵的工作压力和容积效率，必须采取间隙补偿装置，包括端面间隙自动补偿及顶隙自动补偿。

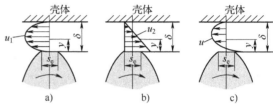

图 3-8　齿轮泵顶隙的泄漏流动

a）压差流动　b）剪切流动　c）合成的泄漏流动

2. 轴向端面间隙的自动补偿

除低压齿轮泵外，几乎所有中高压齿轮泵均采用利用液压力补偿轴向端面间隙的方法来减少泄漏。其原理是在齿轮两侧加装浮动轴套（或浮动侧板）或者弹性侧板，使之在液压力作用下压向齿轮端面，使端面间隙减小，从而减少泄漏，而且磨损后能自动补偿间隙。

（1）采用弹性侧板（或称挠性侧板）的自动补偿装置　图 3-9 所示为国产 CBF—E 型齿轮泵结构图，其特点为三片式结构，并采用向浮动弹性侧板上施加偏置液压力的方法，自动补偿轴向端面间隙。该齿轮泵的额定工作压力为 16MPa，最大工作压力为 20MPa。

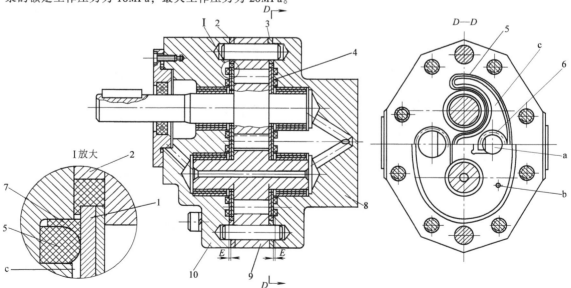

图 3-9　采用弹性侧板的 CBF—E 型齿轮泵结构图

1、4—侧板　2、3—垫板　5—弓形密封圈　6—密封圈　7—密封挡圈　8—后泵盖　9—泵体　10—前泵盖

a—压力油通道　b—小孔　c—密封腔　E—滑动轴承内端面与泵盖内端面之间的距离

该补偿装置的具体结构及工作原理：在齿轮端面和前、后盖板之间夹有侧板 1 和 4，侧板内侧烧结有 0.5~0.7mm 厚的磷青铜或其他减摩材料，以增加耐磨性。侧板的外侧为泵盖，在泵盖上开有弓形槽，槽内嵌装弓形密封圈 5 和密封挡圈 7，弓形密封圈偏置于齿轮泵排油口一侧。侧板 1 和 4 的厚度比外圈的垫板 2 和 3 的厚度约小 0.2mm。因此，在弓形密封圈内侧板和盖板之间形成了一个弓形密封腔 c，在此密封腔内还装有一个密封圈 6，将密封腔与泵的压力油通道隔开，使泵的出口压力油不能进入弓形密封腔内。

在侧板 1 和 4 上各开有两个小孔 b，在齿轮圆周某一合适位置上引出压力油，压力油通过小孔 b 进入弓形密封腔 c 内，侧板在此压力油的作用下产生挠性变形而紧贴在齿轮端面上，以保持良好的密封状态。当磨损后，侧板连续变形可自动补偿间隙。

侧板或浮动轴套应处于静力平衡的受力状态，因此，要在齿轮圆周上选择合适的取压点，以便使压紧力略大于反推力，使其在有一定剩余压紧力的状态下工作。另外，弓形密封圈形状及向压油区偏置程度的选择，就是要保证侧板外侧所受压紧力的作用点与侧板内侧所受反推力的作用点基本一致，才能减小倾覆力矩，减少偏磨，以便达到良好的密封效果。

这种补偿装置的缺点：密封件结构比较复杂，侧板变形不均匀，所以侧板与齿轮端面间的磨损也不够均匀，端面磨损后补偿性能欠佳。

（2）采用浮动轴套的轴向间隙自动补偿装置 利用浮动轴套进行轴向间隙自动补偿的结构形式有多种，如补偿面为"8"字形的浮动轴套，补偿面为偏心"8"字形的浮动轴套，也有利用受液压力作用的活塞去推动轴套做轴向补偿的结构，以及采用分区压力补偿的"8"字形浮动侧板等。其作用原理相同。

图 3-10 所示为采用具有偏心"8"字形补偿面浮动轴套装置的齿轮泵结构图。图中偏心"8"字形补偿面 A_1 是由泵体 1 的内孔与两个嵌入泵盖内表面环形槽 c 内的 O 形密封圈 2 围成的，压力油自孔 b 引入并作用在补偿面 A_1 上，使轴套 4 压紧齿轮端面。由于补偿面 A_1 是偏心的，所以作用在 A_1 上的液压压紧力的合力作用线必然偏向压油腔一侧。通过改变环形凹槽的偏心量，可使压紧力的作用线基本上与反推力作用线重合，以免产生倾覆力矩。

在齿轮泵起动或空载运行时，油压尚未建立，这时利用 O 形密封圈 2 的弹性可以使浮动轴套自动紧贴齿轮端面。图 3-10 中 a 孔可把内泄漏油引入吸油腔。

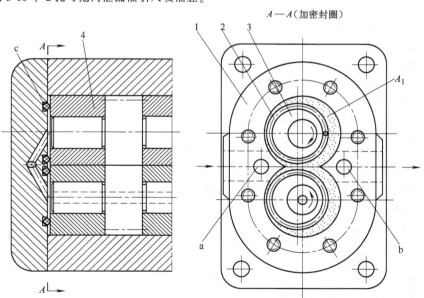

图 3-10 具有偏心"8"字形补偿面浮动轴套的齿轮泵结构图

1—泵体 2—O 形密封圈 3—低压区 4—轴套

a—泄漏油孔 b-高压引油孔 c—环形槽

A_1—补偿面

36

国产CBN—E300齿轮泵即采用这种形式的浮动轴套,其额定工作压力为20MPa,排量大于10mL/r,容积效率达95%以上。

(3)液压补偿装置设计的一般原则 用液压力补偿齿轮泵轴向间隙的方法及结构形式很多,但其补偿原理及一般设计原则相同,可归纳如下:

1)把压力油引至浮动轴套或浮动侧板或弹性侧板外侧,使该部件始终受到一个与工作压力成正比的压紧力,压向相对应的齿轮端面,通过轴套滑动(或侧板弹性变形)自动补偿两者之间的轴向间隙,从而保证了两者之间的间隙值与工作压力相适应并长期稳定。

2)为了保证压紧面之间的密封要求,要使压紧力略大于由齿轮端面间隙内泄漏油所产生的反推力,使浮动轴套或浮动侧板始终在承受剩余压紧力的状态下工作,一般可取压紧力与反推力之比在1.05~1.2的范围内。压紧力的大小可以通过改变受压面积及取压点的位置进行调节。

3)液压压紧合力和液压反推力合力的作用线应尽量重合,否则会产生一个力矩,使轴套(或侧板)倾斜,不仅会加大单边间隙,增加泄漏,而且可导致偏磨。压紧力合力作用点的位置可以通过改变受压面积的位置和形状进行调节。

3. 顶隙泄漏的控制

在高压情况下,顶隙的泄漏是不可忽视的,特别是采用低黏度油液时,这个问题更为严重。仅采取减小装配间隙的方法并不能有效地减少泄漏。因为在排出腔压力的作用下,齿轮轴将产生变形挠度,齿顶和壳体内表面可能会出现相互划伤,破坏原有的加工精度和表面粗糙度,这就是所谓的"扫膛"。

但可以利用扫膛原理对壳体内表面进行精加工,得到最合适的顶隙。这种工艺是在过盈状态下将齿轮强制装入壳体后做强制的磨合旋转。齿轮齿顶淬火后很硬,相当于刀具,在高压腔压力作用下向低压一侧偏移,在磨合过程中对壳体内表面进行扫削,使壳体内表面形成表面粗糙度值较小的表面硬化层,而且和齿顶紧密贴合,既耐磨,密封性又好。为了适应扫膛工艺的需要,壳体材料宜采用比齿轮材料稍软的铝合金。

另外一种更为有效的措施是在对轴向间隙进行补偿的同时,对顶隙也采取补偿措施。

图3-11所示是一个采用顶隙补偿机构的高压齿轮泵。这种机构的特点是齿轮的齿顶圆并不和壳体内壁接触,齿轮圆周的大部分被入口的低压油液所包围,只有在靠近出口的1.5~2个齿的包角范围内,齿顶的圆柱表面和径向密封块的圆弧表面相接触,实现密封。密封块是被剩余压紧力,即出口油压形成的压紧力和作用在密封块圆弧密封表面上的液压支承力之差,压在齿顶圆柱面上。对密封块进行正确的静压平衡设计是保证这种间隙补偿机构能够正常工作的关键。

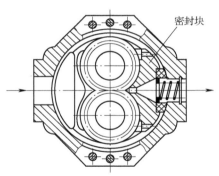

图3-11 齿轮泵顶隙的补偿

二、径向力的计算及减小径向力的措施

作用在外啮合齿轮泵轴承上的径向力是由沿齿轮圆周液压力所产生的径向力F_P和由齿轮啮合所产生的径向力F_T所组成的。

1. 沿齿轮圆周液压力所产生的径向力F_P

作用在齿轮外圆上的压力是不相等的。吸油腔的压力最低,一般低于大气压力;压油腔的压力最高,即工作压力。由于齿顶与泵体内表面间存在顶隙,所以在齿轮外圆上从压油腔到吸油腔的压力是逐步减小的。为了分析方便,通常认为这种压力下降趋势是线性分布的,如图3-12所示。其中齿轮与低压腔相接触的区段(其夹角为φ')受压力p_0的作用;与高压腔相接触的区段(其夹角为$2\pi-\varphi''$)受压力p_d的作用;低压腔与高压腔之间的过渡区段(其夹角为$\varphi''-\varphi'$)所受压力是变化的,其值由p_0逐渐升到p_d。

为了简化计算,需进行以下假设:① 所有液压力都作用在齿顶圆上。② 不计齿轮轴等因受外力作用而引起的几何变形(刚性假定),顶隙均匀。③ 计算主动轮的径向力时,按直角坐标系$x_1O_1y_1$计算;计算从动轮的径向力时,按直角坐标系$x_2O_2y_2$计算。

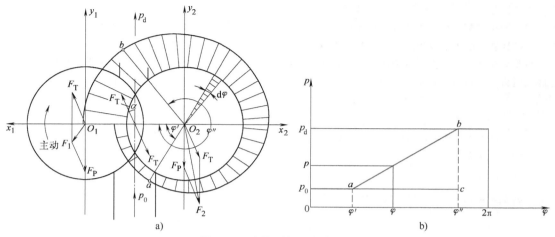

图 3-12 齿轮泵的径向液压力

a）齿轮圆周径向液压力近似分布曲线图　b）齿轮圆周液压力分布曲线展开图

齿轮圆周压力的近似分布曲线如图 3-12a 所示。将此分布曲线展开，可得出齿轮圆周压力 p 随夹角 φ 的变化关系，如图 3-12b 所示。取由图 3-12b 所示的坐标系，即可得出齿轮圆周上压力分布的表达式为

$$p = \begin{cases} p_0 & (0 \leqslant \varphi < \varphi') \\ p_0 + \dfrac{p_d - p_0}{\varphi'' - \varphi'}(\varphi - \varphi') & (\varphi' \leqslant \varphi < \varphi'') \\ p_d & (\varphi'' \leqslant \varphi \leqslant 2\pi) \end{cases} \tag{3-23}$$

当两齿轮参数相同时，从动轮与主动轮所受的径向液压力是相同的。下面以图 3-12a 所示的从动轮为例来计算其径向力。

在齿顶圆上取一夹角为 $\mathrm{d}\varphi$、宽为 b 的微小面积 $\mathrm{d}A = br_a\mathrm{d}\varphi$，作用在 $\mathrm{d}A$ 上的液压力 $\mathrm{d}F_P = p\mathrm{d}A = pbr_a\mathrm{d}\varphi$，$\mathrm{d}F_P$ 在 x 轴和 y 轴上的分力分别为

$$\mathrm{d}F_{Px} = pbr_a\cos\varphi\mathrm{d}\varphi$$
$$\mathrm{d}F_{Py} = pbr_a\sin\varphi\mathrm{d}\varphi \tag{3-24}$$

将图 3-12b 及式（3-23）所表示的压力表达式分三个区段分别代入式（3-24），积分后即可以得出径向液压力分别在 x 轴和 y 轴的合力为

$$F_{Px} = \Delta pbr_a\frac{\cos\varphi'' - \cos\varphi'}{\varphi'' - \varphi'} \tag{3-25}$$

$$F_{Py} = -\Delta pbr_a\left(1 - \frac{\sin\varphi'' - \sin\varphi'}{\varphi'' - \varphi'}\right) \tag{3-26}$$

当近似认为 $\varphi' = 2\pi - \varphi''$ 时，有 $\cos\varphi' = \cos\varphi''$，$\sin\varphi' = -\sin\varphi''$，$\varphi'' - \varphi' = 2(\pi - \varphi')$，代入式（3-25）和式（3-26），可得

$$\begin{cases} F_{Px} = 0 \\ F_{Py} = -\Delta pbr_a\left(1 + \dfrac{\sin\varphi'}{\pi - \varphi'}\right) \end{cases} \tag{3-27}$$

式中　Δp——出口与入口压力差（Pa）；

　　　　b——齿宽（m）；

　　　　r_a——齿顶圆半径（m）；

　　　　φ'——吸油区间角；

　　　"$-$"——液压力指向 y 轴负方向，即表示该负载力垂直向下，指向吸油腔。

2. 齿轮啮合传递转矩所产生的径向力 F_T

当主动轮带动从动轮转动时，在两者的啮合点处，存在与齿面垂直的法向力 F_T（图 3-13）。F_T 的大小与齿轮传递转矩的大小及齿轮直径有关，F_T 的方向与啮合线一致。

为简化计算，这里仅针对传递的转矩为理论转矩 T_t 的情况进行计算，并且忽略摩擦力，则作用在齿面上的法向力（单位为 N）为

$$F_T = \frac{T_t}{r_w \cos\alpha} \tag{3-28}$$

式中　T_t——齿轮泵的理论转矩（N·m）；

r_w——节圆半径（m）；

α——啮合角（°）。

又因 $T_t = \frac{1}{2\pi}V\Delta p$，将其代入式（3-28）可得

$$F_T = \frac{V\Delta p}{2\pi r_w \cos\alpha} \tag{3-29}$$

式中　V——齿轮泵的理论排量（m³/r）；

Δp——齿轮泵出口与入口压力差（N/m²）。

3. 径向力的合成

由图 3-13 可以看出，分别作用在主动轮与从动轮啮合点的作用力 F_T，其大小相等，方向相反。将作用在主动轮啮合点上的啮合力简化到主动轮中心 O_1 上，可得到一个力矩和一个径向力 F_T，此力指向排油腔，使合力减小（图 3-12a）。将此力与作用在主动轮轴承上的液压力 F_P 合成，则可得出作用在主动轮轴承上的合力 F_1 为

$$F_1 = \sqrt{F_P^2 + F_T^2 - 2F_P F_T \cos\alpha} \tag{3-30}$$

作用在从动轮啮合点上的作用力 F_T 指向吸油腔，使合力增大，轴承负载增加。同样，可得出作用在从动轮轴承上的合力 F_2 为

$$F_2 = \sqrt{F_P^2 + F_T^2 + 2F_P F_T \cos\alpha} \tag{3-31}$$

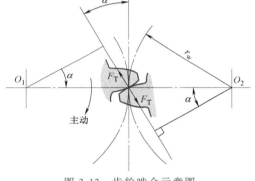

图 3-13　齿轮啮合示意图

显然，$F_2 > F_1$。当两个齿轮的轴承规格相同时，从动轮轴承的磨损失效必然较快。所以，在计算和选择齿轮泵轴承时，往往以从动轮的受力作为计算和选择轴承的依据。

4. 径向力的近似计算公式

为简化计算，对于一般结构的齿轮泵，多取 $\varphi' = 2\pi - \varphi'' = 50° \sim 60°$，其径向力可按近似公式计算，作为轴承设计的依据。$F_1$（单位为 N）和 F_2（单位为 N）的近似计算公式分别为

$$F_1 = 0.75\Delta p b d_a \tag{3-32}$$

$$F_2 = 0.85\Delta p b d_a \tag{3-33}$$

式中　d_a——齿顶圆直径（m）。

5. 减小径向力的措施

齿轮泵的工作压力越高，则径向力越大。径向力过大，除了会降低轴承寿命外，还会使齿轮泵轴的变形加大，甚至出现齿顶刮伤壳体的现象。为此，应从以下两方面进行改善：一方面是改进轴承结构设计，提高轴承的承载能力；另一方面是尽量减小径向力。为了减小径向力，可以采取如下措施：

（1）扩大高压区（图 3-14）　将压油腔扩大到接近吸油腔一侧，只保持最后 1~2 个齿的齿顶与壳体之间的间隙较小，而将其他部分齿顶的间隙放大。这样使得在很大的顶隙区域内的压力都等于出口压力，因此，对称区域的径向力得到平衡，从而减小了作用在轴承上的径向力。

这种方法的优点：结构简单；因过渡区小，齿轮端面对轴套的反推力稳定，有利于保持恒定的端面间隙；当泵体材料为铝合金时，可人为地在出厂试验台上利用齿顶对铝制泵体内壁进行"扫膛"（即在径向力作用下，齿顶圆对油液入口附近的壳体内壁进行微量切削），来获得最佳的齿顶间隙。

其缺点是由于扩大了高压区，使壳体与端盖受压面积增大，对其本身及联接螺栓的强度要求增加。

这种方法已得到较为广泛的应用。国产 CBN 型齿轮泵即采用这种方法来减小径向力。

（2）扩大低压区（图 3-14） 将吸油腔扩大到接近压油腔一侧，只留 1.5~2 个齿起密封作用，并在高压腔出口处设置顶隙浮动的补偿密封块。其特点是齿轮圆周的大部分均被入口的低压油液所包围，只有在靠近出口的 1.5~2 个齿的包角范围内，齿顶圆柱表面和密封块的圆弧内表面相接触，实现良好的密封。

利用这种补偿机构既减小了径向力，又能提高齿轮泵的容积效率，特别是在高温工况下，其容积效率也不会有明显的变化。其缺点是结构比较复杂。国产 CBZ 型齿轮泵即采用了这种径向液压浮动补偿方法，其最高工作压力可达 31.5MPa。

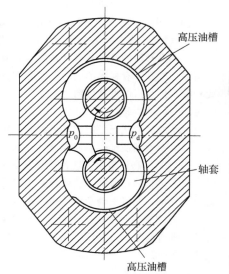

图 3-14 扩大高压区的齿轮泵示意图

（3）开液压平衡槽 在吸油口到压油口过渡区内的端盖或轴套上，开两个液压平衡槽，离吸油口较近的平衡槽与压油口相通，离压油口较近的平衡槽与吸油口相通，这样能使径向力得到一定程度的平衡。但会导致泄漏增加，使容积效率降低。

（4）减小压油口尺寸 使压油腔作用在齿轮上的面积减小到 1~2 个轮齿的范围内，以减小径向力。

三、轴承类型及润滑

解决径向力问题的另一途径是合理选择轴承，并且改善轴承的润滑状况，提高轴承的承载能力。

1. 轴承类型

由于结构尺寸的限制，齿轮泵中主要使用滚针轴承及滑动轴承。

（1）滚针轴承 滚针轴承的起动摩擦力矩小，机械效率高，承载能力大，对齿轮轴的定位精度高，能在较大的温度范围内工作，抗污染能力强，因此寿命较长。滚针轴承在大规格外啮合齿轮泵中应用较多。但为了使尺寸紧凑，常需使用特制的短滚子、无内圈的专用轴承，因此价格较贵，而且机械噪声较大。

（2）金属滑动轴承 这种轴承结构简单，安装方便，噪声较小，抗冲击性能较好，价格便宜。只要润滑条件好，材质及加工精度选择恰当，就能承受较大负载。但其对润滑条件要求很苛刻；起动时摩擦力矩大，抗污染能力差，特别是在高温或低速运转时，不易形成油膜润滑，很易烧伤，产生黏着磨损。

（3）塑料—青铜—金属基三层复合材料滑动轴承 它是以低碳钢（或锡青铜、不锈钢等）为基体，烧结的多孔青铜球粉为中间层以及改性或添加耐高温、耐磨损填料的聚四氟乙烯（PTFE）为表层的板材卷制而成的。这种滑动轴承在国外又称为 Du 轴承，既具有金属的力学性能，又具有氟塑料的耐摩擦性能。钢背与 PTFE 之间以多孔性青铜为媒介，使表层与基体之间的结合可靠，结合强度高于喷涂和胶接。这种轴承主要具有以下优点：①摩擦因数小，具有一定的自润滑性能，在干摩擦及油润滑条件下的摩擦因数分别小于或等于 0.2 及 0.08；②适用温度范围广，可在 $-180 \sim 250℃$ 范围内正常使用；③承载能力大，国内产品在干摩擦及正常油润滑条件下，允许的最大 pv 值分别可达 $4.3[(N/mm^2) \cdot (m/s)]$ 及 $60[(N/mm^2) \cdot (m/s)]$；④结构简单，价格便宜，具有一定的抗污染能力；⑤选择合适的基体材料，可使这种轴承用于水液压泵中。

这种滑动轴承已在齿轮泵中得到广泛应用，如国产的 CBF—E、CBD、CBX、CBY 及引进美国 Vickers 公司的 G5、GPC4 等多种型号的齿轮泵均采用这种轴承。

这种轴承的摩擦学性能在很大程度上取决于表层材料的性能，除 PTFE 以外，其表层也可以采用改性聚甲醛（POM）、填充增强酚醛树脂（PF）等。随着许多新型高分子材料的研制和改进，这种轴承的性能

将不断提高，在油液压泵及水液压泵中均有广阔的应用前景。

（4）用新型高分子材料制作的滑动轴承　它包括聚甲醛（POM）轴承、聚醚醚酮（PEEK）轴承、聚碳酸酯（PC）轴承、氯化聚醚（CPE）轴承等。与金属轴承相比，这类轴承的摩擦力小；使用温度范围广；减振降噪性能好；具有良好的自润滑性能，即使在干摩擦状态下也能工作，对润滑条件的要求不苛刻；抗腐蚀性能好；有一定的抗污染性能等。这类轴承有着广阔的应用前景，特别是对水液压元件而言，采用此种轴承是今后的发展方向之一。

2. 轴承润滑

轴承的润滑状况是影响其承载能力的重要因素。齿轮泵中的轴承一般都是利用其工作介质进行润滑的。在结构上要做到使工作油液通过轴承，以改善其润滑和冷却条件。常用的轴承润滑方式主要有以下四种：

（1）利用高压泄漏油润滑　将齿轮端面间隙的泄漏油引到轴承腔进行润滑。其缺点是齿轮泵刚起动时，润滑不充分；泄漏油温度较高，容易导致轴承烧伤；泄漏油中的磨损颗粒进入轴承内，会加剧磨损。这种方式不宜在滑动轴承中使用，多用于滚子轴承。

（2）螺旋槽吸油式低压润滑　当轴旋转时，利用轴承孔内螺旋槽的作用将轴承外端的油液吸入轴承，对轴承进行润滑和冷却后，经轴承内端的大缺口流入刚脱开啮合的轮齿根部，这种润滑方式称为螺旋吸油式低压润滑。

这种润滑方式的主要特点：可以获得较大的润滑油（冷油）流量，所以润滑油膜的形成条件好，承载能力大；通过循环不断地将轴承热量带走，对轴承起到良好的冷却作用，改善其润滑性能；由于有大量油液去填充刚脱离啮合的轮齿根部，因此能大大改善齿轮泵的吸入性能，避免吸空现象，不仅可以提高齿轮泵的容积效率，而且可以减少振动和噪声。

（3）利用封闭容积缩小时向轴承脉冲供油的高压润滑　在轴套（或侧板）的内端面开小槽，封闭容积由最大到最小的过程中，始终保持与该小槽相通。对于无侧隙啮合的齿轮泵而言，齿轮每转过一齿，封闭容积中的油液通过小槽对轴承脉冲供油两次；对于有侧隙啮合的齿轮泵而言，齿轮每转过一齿，对轴承脉冲供油一次。从而形成一个高压脉冲润滑系统。

这种润滑方式的优点是能确保轴承润滑所需的油量。但进入轴承的油温较高，降低了轴承的承载能力，而且耗费了高压油，使齿轮泵的容积效率降低。

（4）利用封闭容积扩大及齿轮脱开啮合时形成的真空实现低压油的自吸润滑　这种润滑方式的优点：润滑油来自吸油口，油温较低，既改善了油膜的形成条件，又能通过循环带走轴承热量，对轴承起到了良好的润滑和冷却作用。另外，这种润滑方式与高压油润滑相比，容积效率更高。

总之，轴承的润滑方式有多种，但目的只有一个，即使工作油液能充分地通过轴承，以改善其润滑条件，提高轴承寿命，但又不影响齿轮泵的工作性能。这一原则既适用于油压泵，又适用于采用自润滑轴承的水液压泵。

第四节　外啮合齿轮泵的设计要点

一般规格的油压齿轮泵已有系列产品可供选用，但对于特殊规格、用于特殊条件以及采用非矿物型液压油作为工作介质的齿轮泵，仍需要重新设计或审查其适用性。另外，从深入学习、研究和使用的角度出发，熟悉齿轮泵的设计方法也是必要的。

合理设计的要求，应该是在保证所需性能和工作寿命的前提下，尽可能使齿轮泵的尺寸小、质量轻、制造容易、成本低廉，以求达到技术上先进、经济上合理的目的。因此，合理选择齿轮泵的各项参数和有关尺寸是非常关键的。

一、齿轮泵主要参数的选择原则

设计时，一般给出额定压力 p 和流量 q 作为原始参数。根据外啮合齿轮泵的流量计算公式可知，只要确定了 n、z、b、m 等参数后，齿轮泵的流量及结构尺寸就大体确定了。然后参考有关结构进行结构设计，最后进行选材和强度校验。下面分别讨论这些参数的确定原则。

1. 转速 n

齿轮泵一般由原动机直接驱动,所以其转速应与原动机转速一致。齿轮泵的最高转速可达 2000r/min 以上,一般为 1000~3000r/min。值得注意的是,转速过高会导致吸油不足,产生空穴和气蚀现象,特别是在油液黏度太大时,这个问题更为突出。通常用限制齿轮节圆速度的方法来限制齿轮泵的最高转速,以确保在工作中不产生气蚀。不同油液黏度下,允许的节圆圆周最大速度见表 3-2。然后可根据 v_{max} 计算出允许的最大转速 n_{max}。

表 3-2 齿轮泵齿轮节圆圆周最大速度与油液黏度的关系

油液运动黏度 $\nu/(\mathrm{cm^2/s})$	0.12	0.45	0.76	1.52	3	5.3	7.6
节圆圆周最大速度 $v_{max}/(\mathrm{m/s})$	5	4	3.7	3	2.2	1.6	1.25

另一方面,齿轮泵的转速也不能太低。因为转速过低时,排出流量过少,而泄漏量基本不变,这不仅会使容积效率大为降低,而且会由于难以形成良好的润滑条件和冷却条件而导致发热和磨损。尤其是在高压和油液黏度较小时,这个问题更为突出。当转速低到齿轮泵的理论流量与泄漏量相近时,甚至无油液排出。所以,还应对齿轮泵的最低转速加以限制。为了避免容积效率严重下降,实际中一般不允许齿轮泵的转速低于 300r/min。

当原始设计参数中已给出了转速 n 时,则确定转速这一步骤可以省略,但仍需对转速进行校验。若给出的转速超过了允许的最大值,则应调整其他参数,使转速能满足上述要求。

2. 齿数 z 及齿形修正

齿数的选择主要从减少流量脉动的要求及工作压力的大小这两方面加以综合考虑。例如,对流量均匀性没有严格要求的低压润滑油齿轮泵和燃油齿轮泵等,其齿数可少到 6~8,以便减小径向尺寸。相反,对用于机床或其他对流量均匀性有较高要求的齿轮泵,其齿数为 14~20,甚至高达 30。在工程机械、矿山机械中使用的中高压齿轮泵,其对流量均匀性要求不太高,但要求压力高、体积小;另外,为了减小轴承受力以及提高齿根强度,要求减小齿顶圆直径,这样势必要求增大模数,减少齿数,通常取齿数为 9~13。近年来,由于人们对控制机器噪声的要求越来越严格,齿数太少的齿轮泵的应用已日渐减少。

齿数少时,会产生根切现象。为了加工方便,一般采用压力角 $\alpha = 20°$ 的标准刀具。采用标准刀具时,不发生根切的最小齿数 $z_{min} = 17$;对于短齿,$z_{min} = 14$。

若发生根切,将使轮齿啮合时的重合度 $\varepsilon < 1$,这不仅会降低齿轮泵的容积效率,削弱齿根的强度,而且会导致撞击和噪声的加剧。

为了避免根切,应对齿形进行修正。修正方法有多种,目前广泛采用的是"增一齿修正法"。对于相同的两个齿轮而言,用这种方法计算齿轮的中心距 A 和齿顶圆直径 d_a 时,将标准齿轮中心距和齿顶圆直径计算公式中的 z 以"z+1"代入,以达到正变位的目的。

采用"增一齿修正法"时,一些主要参数的计算公式如下:

1) 两个齿轮的中心距 $A = m(z+1)$,节圆直径 $d_w = m(z+1)$。

2) 齿顶圆直径 $d_a = m(z+3)$,节圆上的齿顶高 $h = m$。

3) 啮合角 α_H 的计算公式为

$$\alpha_H = \arccos\left(\frac{z}{z+1}\cos\alpha\right) \tag{3-34}$$

式中　　z、m——齿轮的齿数及模数;

　　　　α、α_H——齿轮的压力角及啮合角。

4) 保证齿侧间隙为 $0.08m$（m 为模数）的变位系数 ξ 的计算公式为

$$\xi = \frac{z(\mathrm{inv}\alpha_H - \mathrm{inv}\alpha) - 0.04}{2\tan\alpha} \tag{3-35}$$

式中　　$\mathrm{inv}\alpha_H$——渐开线函数,$\mathrm{inv}\alpha_H = \tan\alpha_H - \alpha_H$,$\alpha_H$ 为节圆上的啮合角;

　　　　$\mathrm{inv}\alpha$——渐开线函数,$\mathrm{inv}\alpha = \tan\alpha - \alpha$,$\alpha$ 为压力角。

按此种修正方法所求得的 ξ 值必大于为消除根切所需的最小变位系数 $\xi_{\min}$ 值。

5）刀具的切削深度（即全齿高）h 为

$$h = 2.25m - (\xi - 0.5)m \tag{3-36}$$

经修正后的齿形不仅能消除根切现象，增强齿根的强度，而且能使齿面接触得更紧密，减小齿面的滑移，提高齿轮泵的机械效率和容积效率。

3. 齿宽 b 及模数 m

齿轮泵的流量与齿宽成正比，增大齿宽可以相应地增大流量。而齿轮与泵体及盖板间的摩擦损失并不与齿宽成比例地增大，因此，齿宽较大时，齿轮泵的总效率较高。但齿轮所受径向力 $F \propto b$，所以，对于高压齿轮泵，其齿宽不宜过大，否则将导致轴及轴承上的载荷过大，造成轴及轴承的设计困难。对于高压齿轮泵，一般取 $b = (3 \sim 6)m$；对于低压齿轮泵，取 $b = (6 \sim 10)m$。这里 m 为模数，齿轮泵的工作压力越高，上述系数取值应越小。

从流量公式可以看出，模数 m 越大，齿轮泵的流量就越大。当齿轮节圆直径一定时，增大模数比增加齿数能更有效地增大流量。因此，为了减小齿轮泵的体积，应在可能的条件下尽量增大模数，减少齿数。但齿数太少将使齿轮泵的输出流量脉动及压力脉动增加，因此，模数的选择要适当。

利用齿轮泵的精确理论流量计算公式可以导出理论流量 q_t（单位为 L/min）与模数 m（单位为 mm）之间的关系。对于标准齿轮，其 $r_a = \dfrac{m(z+2)}{2}$，$r_w = \dfrac{mz}{2}$，$h = m$，$p_b = \pi m \cos\alpha$（α 为压力角）。将其代入式（3-11），可得

$$q_t = 2\pi b n m^2 \left(z + 1 - \frac{\pi^2 \cos^2\alpha}{12}\right) \times 10^{-6} \tag{3-37}$$

令齿宽 $b = k_b m$，代入式（3-37），经整理后可得

$$m = \sqrt[3]{\frac{q_t \times 10^6}{2\pi n k_b (z + 0.27)}} \tag{3-38}$$

对于采用"增一齿修正法"的修正齿轮，由式（3-11）可以得出其流量及模数的精确计算公式为

$$q_t = 2\pi b n m^2 \left(z + 2 - \frac{\pi^2 \cos^2\alpha}{12}\right) \times 10^{-6} \tag{3-39}$$

$$m = \sqrt[3]{\frac{q_t \times 10^6}{2\pi n k_b (z + 1.27)}} \tag{3-40}$$

式中　z、n——齿轮泵的齿数及转速（r/min）；

　　　b、k_b——齿宽（mm）及齿宽系数，对于低压泵，$k_b = 6 \sim 10$，对于高压泵，$k_b = 3 \sim 6$。

二、齿轮泵的设计步骤

1）确定齿轮泵的理论设计流量 q_t。即

$$q_t = q / \eta_{Vp}$$

式中　q——给出的设计流量；

　　　η_{Vp}——容积效率，一般取 $\eta_{Vp} = 0.85 \sim 0.95$。

2）根据本节前面的介绍，选定齿轮泵的转速 n、齿宽系数 k_b 及齿数 z。

3）根据式（3-38）或式（3-40）计算齿轮模数 m。可以选取不同的 z 和 k_b 值进行计算，得到不同的 m 值。这样可以获得多组齿轮泵参数，从中筛选出一组最佳方案作为所要设计的齿轮泵参数。并且应把计算出的模数 m 圆整为标准模数值，还应进行齿轮强度校核。

4）校验齿轮泵的流量。根据式（3-37）或式（3-39）计算齿轮泵的流量，当计算出的流量与要求的理论设计流量 q_t 之差在 5% 以内时为合格。相差不多时，可以通过改变齿宽进行调整；如果相差较大，则需

重新修改已选定的参数。

5）校核齿轮泵节圆线速度 v，必须使

$$v = \frac{\pi d_w n}{1000 \times 60} < [v_{max}] \tag{3-41}$$

式中 d_w——节圆直径（mm）；

n——转速（r/min）；

v_{max}——齿轮节圆圆周最大线速度（m/s），其值见表3-2。

若节圆圆周速度太大，则必须减小节圆直径，其途径是减少齿数或增大齿宽，有时也可以改变转速。

6）确定卸荷槽形状和尺寸，详见本章第二节。

7）计算齿轮各部分尺寸，包括齿顶圆直径 d_a、分度圆直径 d、齿根圆直径 d_f 及齿宽 b 等；对于修正齿轮，还需计算中心距 A、变位系数 ξ、啮合角 α_H 等。

8）参考有关结构对齿轮泵进行结构设计。关于结构形式，主要应考虑下列几方面内容：

① 减小径向力的结构措施。

② 轴向端面间隙的自动补偿方案。

③ 齿轮泵的整体结构应采用三片式结构（由前泵盖、泵体和后泵盖组成）还是两片式结构（由壳体和前泵盖组成）。近年来大部分齿轮泵采用三片式结构，因为三片式结构便于布置双向端面间隙的液压自动补偿装置；便于双出轴布置，根据需要可以与另一个齿轮泵相连接；便于毛坯制造及机械加工。

④ 采用滚子轴承还是滑动轴承，详见本章第三节。

⑤ 齿轮和轴的结构形式一般为整体式结构，其优点是结构紧凑，装配方便。对于尺寸较大的齿轮泵，多采用分离式结构，通过键（或花键）联接，这种结构的工艺性好，齿轮侧面加工较容易。

9）材料选择。对于泵体和前、后盖，一般采用高强度铝合金或高强度球墨铸铁；对于齿轮，一般采用高强度碳素钢或合金钢，径表面硬化处理，使其表面硬度高，齿心韧性好，从而具有较好的耐磨性和冲击韧度；齿轮轴一般也采用碳素钢或合金钢。新型高性能工程材料及表面处理工艺的不断涌现，将为齿轮泵选材提供更有利的条件。

10）强度计算。此项包括泵体、从动轴、齿轮、联接螺钉等的强度计算，特别是对于高压泵，其强度计算尤为重要。

11）对于齿轮马达，其设计方法和步骤与齿轮泵基本相同，但考虑到马达工作的特殊性，如带负载起动、满足正反转、受冲击等，齿轮马达在结构上有如下特点：

① 因为要满足正反转，所以马达应具有左右对称的结构，并采用外泄油口。

② 为了改善起动性能，应尽量减小侧板的摩擦阻力，所以马达一般不宜采用端面间隙自动补偿装置，而宜采用滚针轴承。

③ 齿轮马达应尽量满足尺寸小、输出转矩脉动小等要求，因此齿轮马达的齿数一般取 10~14。

第五节 内啮合齿轮泵

内啮合齿轮泵主要分为渐开线内啮合齿轮泵和摆线内啮合齿轮泵（又称摆线转子泵）两类。

一、渐开线内啮合齿轮泵

1. 工作原理

图 3-15 为渐开线内啮合齿轮泵工作原理图。其啮合副由一个具有渐开线齿形的主动小齿轮 1 和一个从动的内齿环 2 所构成，两者同向旋转。为了将吸油腔 4（虚线所示）和压油腔 5（虚线所示）隔开，在主动小齿轮 1 和从动内齿环 2 之间加装一个月牙形（或楔形）填隙隔板 3。当小齿轮 1 按图示方向旋转时，内齿环 2 也同向旋转，于是在吸油腔 4（即图中左上部轮齿脱离啮合的区域）范围内，由于轮齿脱离啮合后的齿间容积增大，形成负压，吸入油液；在压油腔 5（即图中左下部轮齿进入啮合的区域）范围内，由

于轮齿进入啮合时齿间容积减小，将油液压出。

由于渐开线内啮合齿轮泵与外啮合齿轮泵的工作原理相同，所以它们的瞬时流量、排量的分析和计算方法相同。其排量 V（单位为 mL/r）及流量 q（单位为 L/min）的计算公式分别为

$$V = \pi b \left[2r_w(h'_{a1} + h'_{a2}) + h'^2_{a1} - h'^2_{a2}\frac{r_{w1}}{r_{w2}} - \left(1 - \frac{r_{w1}}{r_{w2}}\right)\frac{p_b^2}{12} \right]$$

$$(3\text{-}42)$$

$$q = n_1 V \times 10^{-3} \qquad (3\text{-}43)$$

式中　b——齿宽（cm）；

r_{w1}、r_{w2}——小齿轮和内齿环的节圆半径（cm）；

h'_{a1}、h'_{a2}——小齿轮和内齿环的齿顶高（cm）；

p_b——基圆齿距（cm）；

n_1——小齿轮的转速（r/min）。

2. 内啮合齿轮泵的补偿

1）内啮合齿轮泵的轴向间隙一般采用浮动侧板进行补偿，其补偿原理和结构与外啮合齿轮泵相同。但由于内啮合齿轮泵的高压区局限在一个形状较规则的圆面内，因而比较容易达到平衡反推力和反推力矩的要求。

2）顶隙的补偿通常是利用浮动填隙板及浮动径向支承环来实现。如图 3-16 所示，受到背压作用的径向支承环推压内齿环，内齿环又推压填隙板与小齿轮相接触而构成压油腔的径向密封。磨损后，由于填隙板围绕导销转动（限位销跟随转动），导销又在侧板上的矩形孔内做径向移动，因而在背压作用下能实现顶隙的自动补偿。

3）挠性轴承。内啮合齿轮泵的径向力是难以用液压方式来补偿的，所以对轴承的承载能力要求很高。由于齿轮轴在压力油作用下产生挠性变形，而轴承座又不能相应地产生挠变，于是齿轮轴颈和轴承不能均匀接触，导致局部严重偏磨、发热、烧伤，甚至出现咬死的情况。在一些高压内啮合齿轮泵中，采用了能自动补偿齿轮轴变形的挠性轴承（图 3-17）。这种轴承安装在可以发生弹性变形的支座内，而轴承支座和泵体的连接小于 180°（只在泵体下面的 A 部接触）。当小齿轮的轴在径向压力 p_R 的作用下产生角度为 α 的挠性变形时，轴承支座也在浮动侧板背压室中油压力 p_A 的作用下产生角度为 α_L 的挠性变形。而 α 和 α_L 都与油压力成正比，因此可以通过合理设计轴承座的截面二次矩来保证在各种压力下 α 和 α_L 基本保持一致，使轴颈和轴承始终配合均匀，不会出现局部偏磨的现象，从而避免了刚性支承这一严重缺陷。我国在 20 世纪 80 年代从美国 Vickers 公司引进的 G20、G30 外啮合齿轮泵以及日本不二越公司生产的 IPH 内啮合齿轮泵均采用这种挠性轴承。

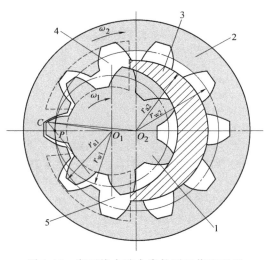

图 3-15　渐开线内啮合齿轮泵工作原理图

1—小齿轮（主动轮）　2—内齿环（从动轮）

3—月牙形填隙隔板　4—吸油腔　5—压油腔

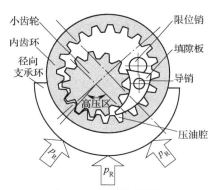

图 3-16　顶隙补偿原理

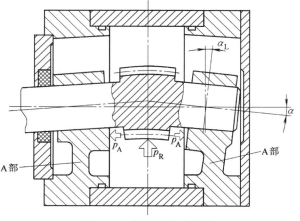

图 3-17　挠性轴承示意图

3. 内啮合齿轮泵的主要特点

1）流量脉动小。内啮合齿轮泵的流量不均匀系数一般在 2%~5% 之间，而外啮合齿轮泵的流量不均匀系数在 10%~25% 之间（对应于齿数 $z=9~20$ 的齿轮）。

2）噪声低。由于内啮合齿轮泵的吸油区及压油区所占的弧长要比外啮合齿轮泵大得多（约三倍），因此其升压和减压过程比较缓和，不会像外啮合齿轮泵那样出现困油现象，而且其齿面相对滑动速度较低，所以在相同工况下，内啮合齿轮泵不仅流量脉动小，而且噪声也要比外啮合齿轮泵低得多。内啮合齿轮泵的噪声一般为 50~60dB（A），外啮合齿轮泵则可达 70~80dB（A）。

3）效率高。内啮合齿轮泵采取了轴向间隙和顶隙补偿措施后，其工作压力高，且容积效率及总效率均高于外啮合齿轮泵。如国产 NB 型内啮合齿轮泵，其额定工作压力为 25MPa，最高工作压力为 32MPa。

4）主要零部件加工难度较大，成本高，价格比外啮合齿轮泵贵。

与外啮合齿轮泵相比较，内啮合齿轮泵除了价格较高外，在其他各方面几乎都优于外啮合齿轮泵。现代制造技术的发展将大大缩小内、外啮合齿轮泵的成本差距，而且工业领域中调速电传动技术的日益普及，也将在很大程度上弥补内啮合齿轮泵本身不能变量的缺点。可以预料，今后内啮合齿轮泵在固定和移动液压设备中的应用范围都将迅速扩大。

二、摆线内啮合齿轮泵

摆线内啮合齿轮泵也称为摆线转子泵或转子泵，属于内啮合齿轮泵的一种，但其内、外转子的齿廓由共轭摆线所组成，其工作原理如图 3-18 所示。图中有一对偏心啮合的内、外转子，外转子（从动轮）比内转子（主动轮）多一个齿，两者之间不需设置隔板。当内转子绕中心 O_1 沿顺时针方向旋转时，外转子被驱动绕中心 O_2 做同向异速旋转。当齿轮泵右边的轮齿（即 O_1O_2 连线右侧）脱离啮合时，形成局部真空，进行吸油；当齿轮泵左边的轮齿进入啮合时，进行压油（如果内转子沿逆时针方向旋转，则吸、压油口对调）。该齿轮泵在工作过程中，其内转子的每一个齿转过一周，则完成一次吸油、压油过程。所以，具有 z_1 个齿的内转子每转过一周完成 z_1 次相同的吸油、压油过程。内转子连续转动时，则可进行连续吸油和压油。

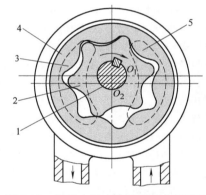

图 3-18　摆线内啮合齿轮泵工作原理图
1—传动轴　2—内转子　3—压油口
4—外转子　5—吸油口

由于内、外转子的齿形较复杂，用数学方法精确计算摆线转子泵的排量比较困难。一般可用下列近似公式来计算其排量 V（单位为 mL/r）和流量 q（单位为 L/min）。即

$$V = \pi b (r_{a1}^2 - r_{f1}^2) \tag{3-44}$$

$$q = \pi n_1 b (r_{a1}^2 - r_{f1}^2) \times 10^{-3} \tag{3-45}$$

式中　b——转子宽度（cm）；

r_{a1}、r_{f1}——内转子齿顶圆半径（cm）和齿根圆半径（cm）；

n_1——内转子转速（r/min）。

摆线内啮合齿轮泵的主要优点是：

1）和同容量的其他泵相比，摆线内啮合齿轮泵的体积小、质量轻，结构简单，主要零件少。转子如用粉末冶金制造，可以减少机械加工量，并可降低成本。

2）由于转子尺寸小，内、外转子相对转速差小，配油口的角度范围较大，所以吸油、压油充分。转子高速旋转所产生的液体离心力又可使油液充满齿间，不会产生气穴现象。因此，摆线内啮合齿轮泵可用于需要高速运转的场合。常用的转速为 1500~2000r/min，最高转速可达 5000r/min 以上。

3）由于一对转子是内啮合，并做同向旋转，且只相差一个齿，使得两转子间齿廓处的相对滑动速度很小，所以运转平稳，噪声小，寿命长。

由于具有以上优点，所以摆线内啮合齿轮泵的应用范围在不断扩大，不仅可作为润滑液压泵，有时也

用作某些机床液压系统的主泵。它还经常被集成在闭式油路通轴柱塞泵的后盖中，作为低压补油泵（兼提供控制压力）使用。这种泵由于可以实现单向供油而与转向无关的性能，对于车辆或行走机械上需要用车轮驱动的应急转向、制动系统具有特殊的使用价值。

摆线内啮合齿轮泵的缺点是齿数少，流量及压力脉动大；在高压低转速时，其容积效率较低，所以在液压泵中并无重要地位。它一般多用于压力在2.5MPa以下的低压系统。当转子制造精度高时，其工作压力可提高到7.0MPa。

值得注意的是，以这种泵为基础演变出的行星摆线马达具有相当大的使用价值，其内容将在第六章中进行介绍。

第六节　螺　杆　泵

螺杆泵是利用螺杆转动沿轴向输送液体的一种转子型容积式泵。根据螺杆根数，螺杆泵可分为单螺杆泵、双螺杆泵、三螺杆泵和五螺杆泵；根据螺杆的横截面齿形，螺杆泵可分为摆线齿形螺杆泵、摆线—渐开线齿形螺杆泵和圆齿形螺杆泵。

1. 螺杆泵的工作原理

液压系统中采用较多的是摆线三螺杆泵。螺杆泵实质上是一种外啮合的摆线齿轮泵。图3-19所示为一种三螺杆泵的结构图，在壳体2内安置有三根平行的双线螺杆，中间为主动螺杆3（凸螺杆），两侧为从动螺杆4（凹螺杆）。相互啮合的三根螺杆与壳体（或衬套）之间形成多个密闭容积，每个密闭容积为一级，其长度约等于螺杆的导程（螺距）。这些密闭容积将吸油腔与压油腔隔开。当传动轴（图中与主动

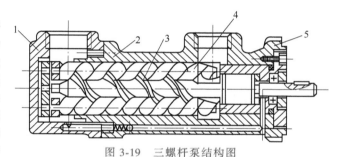

图3-19　三螺杆泵结构图

1—后盖　2—壳体　3—主动螺杆　4—从动螺杆　5—前盖

螺杆为一整体）沿顺时针方向旋转（从轴伸出端看）时，左端螺杆密封空间逐渐形成，容积增大，产生一定真空将油液吸入；右端螺杆的密封容积逐渐减小，将油液排出。与螺母在螺纹回转时被不断向前推进的情形相同，螺杆泵通过螺纹的相互啮合不断地排出油液。

螺杆泵的级数（即螺旋槽封闭工作腔的个数，或者称为螺杆的导程数）越多，其额定压力越大。一般情况下，每级所允许的压差不能超过1.5~2.0MPa，输送高黏度油液时可取3.0~4.0MPa。每台螺杆泵的吸油腔与压油腔之间至少要有一个完整的密封工作腔，这样才可能正常工作。

2. 螺杆泵的排量和流量

螺杆泵的任一横截面都可以分成两部分，即图3-20中填充剖面线的部分（螺杆形成假想齿轮所占据的面积）和填充点的部分（油液充满的部分）。螺杆在啮合传动中，由于形成轮齿的横截面面积保持不变，所以油液所占据的部分（面积A）等于常数。但由于在螺杆转动过程中，将高、低压腔隔开的螺旋线以一定的轴向速度向高压腔移动。当主动螺杆转一圈时，填充在螺旋槽中的液体就向前移动一个导程p_z，所以螺杆泵的排量V（单位为mL/r）为

$$V = A p_z \tag{3-46}$$

式中　p_z——主动螺杆的导程（cm）；

A——横截面中油液所占据的面积（cm^2）。

对于从动螺杆齿根圆直径、从动螺杆齿顶圆直径与主动螺杆齿顶圆直径的比值为1:3:5的标准三螺杆泵，其面积$A = 1.243 d_w^2$，将它代入式（3-46），得

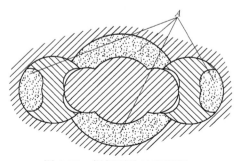

图3-20　螺杆泵的过流面积A

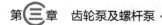

$$V = 1.243 p_z d_w^2 \tag{3-47}$$

式中 d_w——螺杆节圆直径（cm）。

由式（3-47）可以得出理论流量 q_t（单位为 L/min）及实际流量 q（单位为 L/min）分别为

$$q_t = \frac{Vn}{1000} \tag{3-48}$$

$$q = \frac{Vn}{1000} \eta_{Vp} \tag{3-49}$$

式中 n——主动螺杆的转速（r/min）；

η_{Vp}——螺杆泵的容积效率，一般 $\eta_{Vp} = 0.75 \sim 0.95$。

3. 螺杆泵的主要特点

1）螺杆泵中油液的轴向移动速度是恒定的（螺杆每转一周，前进一个导程），它的过流面积（图3-20中的 A）也是不变的，所以在理论上，螺杆泵的流量绝对均匀，无脉动；而且螺杆的啮合可以看成是斜齿轮传动，所以工作平稳、噪声低是螺杆泵的突出优点，在高精密机床、潜艇等对振动、噪声要求很高的设备中使用较多。

2）在各类容积式泵中，螺杆泵的吸入性能最好。这是因为在螺杆泵中液体的流动近乎平移、无扰动，在泵的吸入通道上压力损失小。因此，螺杆泵非常适于抽送高黏度的液体，如石油产品。

3）使用寿命长。通过合理设计，可以做到从动螺杆基本上不受液压阻力矩的作用，只作为密封部件参加工作，因而主动螺杆和从动螺杆间基本上不存在啮合力（不同于齿轮泵中主动轮和从动轮间的传动关系），螺杆的磨损甚微，工作寿命非常长（有时可达数十年），并且可以抽送润滑性能差的液体，如煤油、酒精等。

4）对污染物不敏感，可以实现液体、气体、固体的多相混输。

螺杆泵虽然有上述优点，但其使用并不广泛，主要是因为其加工困难。特别是当压力较高时，为了提高密封性能，必须增加泵的级数，有时会达10级或12级之多，导致螺杆又细又长，难以加工。因此，当压力在7MPa以下时，可以选用螺杆泵；当压力较高时，其应用则较少。

思考题和习题

3-1 什么是齿轮泵的困油现象？产生困油现象有什么危害？如何消除困油现象？

3-2 为什么齿轮泵会产生流量脉动？流量脉动有什么危害？减少流量脉动的措施有哪些？

3-3 齿轮泵高压化的主要障碍有哪些？高压齿轮泵在结构上有哪些主要特点？

3-4 作用在齿轮泵轴承上的径向力是如何产生的？减小齿轮泵径向力的措施有哪些？

3-5 齿轮泵中主要有哪些泄漏途径？提高齿轮泵容积效率的措施有哪些？

3-6 渐开线内啮合齿轮泵与渐开线外啮合齿轮泵相比有哪些特点？

3-7 摆线内啮合齿轮泵的特点是什么？

3-8 螺杆泵的特点是什么？其主要的应用领域有哪些？

3-9 已知 CB-B100 型齿轮泵的额定流量 $q = 100$L/min，额定压力 $p = 2.5$MPa，转速 $n = 1450$r/min，机械效率 $\eta_m = 0.9$。由试验测得当泵的出口压力 $p = 0$ 时，其流量 $q_1 = 106$L/min；当 $p = 2.5$MPa 时，电动机转速不变，其流量 $q_2 = 100.7$L/min。

试求：

（1）该泵的容积效率是多少？

（2）如果泵的转速降到 $n = 500$r/min，在额定压力下工作时，泵的流量为多少？容积效率为多少？

（3）在上述两种转速下，泵的驱动功率为多少？

3-10 某齿轮泵的节圆直径 $d_w = 34 \times 10^{-3}$m，齿数 $z = 17$，齿宽 $b = 10 \times 10^{-3}$m，当工作压力为 10MPa、转速为 3000r/min 时，其容积效率 $\eta_V = 0.9$。试求该齿轮泵的排量和实际输出流量。若已知泵的机械效率为 0.88，试计算泵的输入功率。

3-11 已知某齿轮泵的齿轮模数 $m = 4$mm，齿宽 $b = 20$mm，齿数 $z = 9$，啮合角 $\alpha_H = 32°15'$，泵的转速 $n =$

1450r/min，高压腔最大压力 $p_{max} = 16MPa$。该泵自吸工作，泵的容积效率 $\eta_V = 0.9$，机械效率 $\eta_m = 0.9$。

试求：

（1）该齿轮泵的平均理论流量和实际流量是多少？

（2）驱动电动机的输出功率是多少？

（3）主动轮所需输入的平均转矩是多少？

（4）从动轮轴承所受的径向力是多少？

3-12　某外啮合高压齿轮泵的齿形按"增一齿修正法"进行修正。已知其齿数 $z = 10$，模数 $m = 4mm$，齿侧间隙为 $0.08m$（m 为模数），理论排量 $V = 25cm^3/r$。

试求：

（1）两齿轮的中心距 A 是多少？

（2）齿顶圆直径 d_a 是多少？

（3）齿轮啮合角 α_H 是多少？

（4）齿轮变位系数 ξ 是多少？

（5）刀具切入齿坯深度 h 是多少？

（6）齿宽 b 是多少？

3-13　已知某摆线内啮合齿轮泵中内转子的齿顶圆直径为 $66 \times 10^{-3}m$，齿根圆直径为 $50 \times 10^{-3}m$，齿宽为 $27 \times 10^{-3}m$。该泵的容积效率为 0.9。当内转子的转速为 1450r/min 时，该泵的流量为多少？

第四章

叶片泵

叶片泵根据其转子每转一周的吸、压油次数不同，可分为单作用叶片泵和双作用叶片泵。单作用叶片泵又称为非平衡式叶片泵，主要为变量泵；双作用叶片泵又称为平衡式叶片泵，主要为定量泵。

叶片泵使用的广泛程度虽然不如齿轮泵和轴向柱塞泵，但由于叶片泵具有流量均匀、运动平稳、噪声低、体积小、重量轻等优点，使得它在机床、工程机械、船舶、压铸及冶金设备中得到广泛应用。

叶片泵的结构复杂程度和制造成本介于齿轮泵和柱塞泵之间。一般叶片泵的工作压力为 7MPa，高压叶片泵的工作压力可达 25~32MPa。

第一节　双作用叶片泵的工作原理和工作特点

一、双作用叶片泵的工作原理

图 4-1 所示为 YB1 型双作用叶片泵结构简图。该泵主要包括前、后泵体 8 和 6，在泵体中装有配流盘 2 和 7，用长定位销将配流盘和定子 5 定位，固定在泵体上，以保证配流盘上吸、压油窗口位置与定子内表面

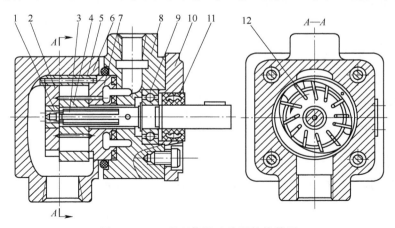

图 4-1　YB1 型双作用叶片泵结构简图

1、9—轴承　2、7—配流盘　3—传动轴　4—转子　5—定子　6、8—泵体　10—盖板　11—密封圈　12—叶片

曲线相对应。转子 4 上开有叶片槽，叶片 12 可以在槽内沿径向滑动。配流盘 7 上开有与压油腔相通的环槽，将压力油引入叶片底部。传动轴 3 支承在滚针轴承 1 和滚动轴承 9 上，传动轴通过花键带动转子在配流盘之间转动。泵的左侧为吸油口，右侧（靠近伸出轴一端）为压油口。该泵额定工作压力为 6.3MPa。

　　双作用叶片泵的工作原理如图 4-2 所示。该泵共有 8 个叶片（图中未画出叶片 4~6），并且对称分布。当传动轴带动转子旋转时，叶片在离心力的作用下被甩出；同时，叶片根部也作用着来自出口的压力油，使叶片紧贴在定子的内表面上。于是，相邻两叶片的侧表面、定子的内表面、转子的外圆表面以及两个配流盘的内端面形成了一个密封容积，其密封性由轴向间隙、配合间隙和接触线来保证。叶片 1、3、5、7 将密封容积分隔成四个密封腔，分别与吸油窗口和压油窗口相通。当转子沿顺时针方向旋转时，叶片 1 和 7 之间以及叶片 3 和 5 之间的密封容积不断扩大，形成真空，油液在大气压力作用下，自泵的进口同时进入配流盘上的两个吸油窗口来填充扩大了的密封容积，这就是双作用叶片泵的吸油过程。与此同时，叶片 1 和 3 之间以及叶片 5 和 7

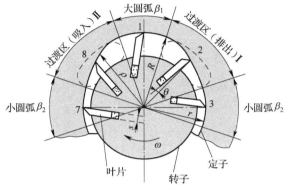

图 4-2　双作用叶片泵的工作原理

之间的密封容积不断缩小（此时叶片 1、2、5、6 在定子内表面作用下内缩），受压的油液分别经两个压油窗口流向泵的出口，这就是双作用叶片泵的压油过程。

　　转子旋转一周，每个密封容积分别完成两次吸油和两次压油，因此称为双作用叶片泵。由于两个吸油窗口和两个压油窗口是对称布置的，所以作用在转子上的径向液压力是相互平衡的，因此也称为平衡式叶片泵。

二、双作用叶片泵的工作特点

　　双作用叶片泵具有如下特点：

　　1）由于定子内表面采用了两对不等径的圆弧工作曲线，很好地保证了双作用叶片泵输出流量的均匀性，因而其振动和噪声小，工作平稳。双作用叶片泵输出流量的品质稍低于螺杆泵，但要优于其他所有的容积式泵。

　　2）高、低压腔各自成对地对称分布，转子受到的径向力是平衡的，轴承的工作寿命长。

　　3）叶片顶部在定子表面滑动，产生磨损后可以自动补偿，可以长时间保持较高的容积效率。

　　4）叶片在转子槽中滑动的间隙只有 0.01~0.02mm，如果油液不经过很好的过滤，不仅会使叶片受到磨损，甚至可能导致叶片卡死，造成事故。所以对油液的清洁度要求较高。

第二节　双作用叶片泵的排量、流量计算

一、瞬时流量

　　如图 4-2 所示，为保证密封，必须使大、小圆弧段所对应的中心角 β_1、β_2 大于叶片间的夹角（图中未画出）$\alpha = \dfrac{2\pi}{z}$（z 为叶片数）。通常，对应于 β_1、β_2 区域，定子曲线分别是半径为 R 和 r 的圆弧。设转子、叶片和定子的轴向宽度均为 B。泵的瞬时流量可以通过分析图 4-2 中叶片 1 和叶片 3 之间所形成的封闭腔容积的变化而得出。

　　假设转子在 $\mathrm{d}t$ 时间内沿顺时针方向转过的弧度为 $\mathrm{d}\varphi$，则上述封闭腔容积的减少量为

$$\mathrm{d}V_1 = \frac{B}{2}(R^2 - r^2)\,\mathrm{d}\varphi \tag{4-1}$$

与此同时，处于压油腔中叶片 1 和 3 之间的其他叶片因向转子槽内缩入要让出一个空间 dV_2，需要油液来填充，使排出的油液容积减少。设叶片的厚度为 s，当转子转过 $d\varphi$ 时，压油区内所有叶片由于缩回所让出的空间 dV_2 应为

$$dV_2 = \left(\sum_{i=1}^{m} Bsdl_i \right)_{\mathrm{I}} \tag{4-2}$$

式中　m——处于压油区内的叶片数；

　　　i——压油区内叶片的序号，$i=1, 2, \cdots, m$；

　　　dl_i——压油区内第 i 个叶片伸出长度的减小量。

为了保证叶片顶部可靠地压在定子内表面上，双作用叶片泵所有叶片根部一般都与压油口的压力油相通。因此，当叶片在转子槽内做伸缩运动时，这部分空间的容积变化 dV_3 也要影响泵的流量。dV_3 应等于压油区内各叶片沿转子槽缩回所占据的容积与吸油区内各叶片沿转子槽伸出所让出的容积之差。即

$$dV_3 = \left(\sum_{i=1}^{m} Bsdl_i \right)_{\mathrm{I}} - \left(\sum_{j=1}^{k} Bsdl_j \right)_{\mathrm{II}} \tag{4-3}$$

式中　k——处于吸油区内的叶片数；

　　　j——吸油区内叶片的序号，$j=1, 2, \cdots, k$；

　　　dl_j——吸油区内第 j 个叶片伸出长度的增加量。

双作用叶片泵有两个吸油区和两个压油区，所以 dt 时间内所排出的液体体积 dV 应为

$$
\begin{aligned}
dV &= 2(dV_1 - dV_2 + dV_3) \\
&= B(R^2 - r^2)d\varphi - 2\left(Bs\sum_{j=1}^{k} dl_j \right)_{\mathrm{II}}
\end{aligned}
\tag{4-4}
$$

瞬时流量 q_{sh} 则为

$$q_{\mathrm{sh}} = \frac{dV}{dt} = B\omega(R^2 - r^2) - 2Bs\sum_{j=1}^{k} \frac{dl_j}{dt} \tag{4-5}$$

式中　ω——转子的角速度，$\omega = \dfrac{d\varphi}{dt}$；

　　　k——处于吸油区内的叶片数，通常 $k = \dfrac{z}{4} - 1$，z 为叶片数。

假设 ρ_j 为叶片顶部与定子内表面接触点处的矢径，显然，定子内曲线的矢径为转子转角 φ 的函数。假设叶片相对矢径 ρ_j 的倾角为 θ_j，则由图 4-2 可以得出

$$l_j = \frac{\rho_j - r}{\cos\theta_j} \approx \frac{\rho_j - r}{\cos\theta} \tag{4-6}$$

其中，θ_j 为叶片的倾角，可近似看作常数，并且可以用叶片在转子上的安放角 θ 来代替。

由式（4-6）可得到 $\dfrac{dl_j}{dt} = \omega \dfrac{dl_j}{d\varphi} = \dfrac{\omega}{\cos\theta} \dfrac{d\rho_j}{d\varphi}$，将它代入式（4-5）可得

$$q_{\mathrm{sh}} = B\omega \left[(R^2 - r^2) - \frac{2s}{\cos\theta} \sum_{j=1}^{k} \frac{d\rho_j}{d\varphi} \right] \tag{4-7}$$

其中，$\dfrac{d\rho}{d\varphi}$ 是定子曲线的一个几何参数，表示定子曲线的矢径 $\rho(\varphi)$ 随转角 φ 的变化率。通常令 $v_\varphi = \dfrac{d\rho}{d\varphi}$，称为度速度，其物理意义是在微小转角内，对应叶片径向移动的微小距离。度速度 v_φ 与叶片实际径向速度 v 的关系为

$$v = \frac{d\rho}{dt} = \frac{d\rho}{d\varphi} \frac{d\varphi}{dt} = v_\varphi \omega \tag{4-8}$$

v_φ 排除了转速这一外部因素的影响，直接反映出定子曲线本身形状对径向运动的影响。与速度相比，它的自变量不是时间 t，而是角度 φ，所以称为度速度。相应地，还采用了度加速度的概念，度加速度 a_φ 与叶片实际径向加速度 a 的关系为 $a = a_\varphi \omega^2$。

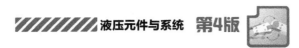

用 $v_{\varphi j}$ 代替 $\dfrac{\mathrm{d}\rho_j}{\mathrm{d}\varphi}$，则由式（4-7）可得出瞬时流量的另一种表达形式为

$$q_{\mathrm{sh}} = B\omega\left[(R^2 - r^2) - \frac{2s}{\cos\theta}\sum_{j=1}^{k} v_{\varphi j}\right] \tag{4-9}$$

由式（4-9）可以看出，当 ω 为常数时，式中等号右边除 $\sum_{j=1}^{k} v_{\varphi j}$ 外，其余均为常数。可见瞬时流量 q_{sh} 的均匀性取决于叶片数及叶片沿定子曲线移动的度速度 v_{φ}。如果能保持 $\sum_{j=1}^{k} v_{\varphi j}$ 为常数，则双作用叶片泵的瞬时流量在理论上是均匀的，这即为流量无脉动的条件。

二、理论流量和理论排量

为简化计算，设过渡曲线对应的幅度 α 正好等于位于其中的所有叶片之间的夹角之和，即 $\alpha = \dfrac{2\pi}{z}k$。于是可以得出度速度的平均值为

$$\overline{v_{\varphi}} = \frac{(R-r)}{\alpha} = \frac{(R-r)z}{2\pi k} \tag{4-10}$$

式中，k 为吸油区内的叶片数。所以，k 个叶片在吸油区内的度速度之和为 $\sum_{j=1}^{k} v_{\varphi j} = \dfrac{(R-r)z}{2\pi}$，将其代入式（4-9），即可得出双作用叶片泵的理论流量和每转排量分别为

$$q_{\mathrm{t}} = B\omega(R-r)\left[(R+r) - \frac{sz}{\pi\cos\theta}\right] \tag{4-11}$$

$$V = 2\pi B(R-r)\left[(R+r) - \frac{sz}{\pi\cos\theta}\right] \tag{4-12}$$

近似计算时，可以不考虑叶片厚度的影响（即 $s=0$），则其理论流量可近似表示为

$$q_{\mathrm{t}} \approx 2\pi n B(R^2 - r^2) \tag{4-13}$$

由式（4-12）可看出，双作用叶片泵的排量主要与定子内曲线大、小圆弧的半径 R、r 及叶片宽度 B 有关。对于同一系列的叶片泵，为了增加泵的通用件，一般都采取在保持其他参数不变的情况下，改变长半径 R 的方法来获得不同的流量。这种方法不仅对排量的改变十分有效，而且由于工作曲线长、短圆弧半径差值的增大，使配油窗口过流面积相应增加，有利于保持吸油流速不致过高。不过，当长、短半径差值受到叶片强度及叶片脱空条件限制时，则应改用增加叶片宽度的方法来增大排量。

从以上分析可知，定子曲线的大圆弧 R 和小圆弧 r 是影响排量、流量的决定性因素，是定子曲线的工作部分，也是保持叶片泵排量、流量稳定的因素。而过渡曲线的作用只是使叶片在大、小圆弧间平滑地过渡，是定子曲线的非工作部分。但作为非工作曲线的过渡曲线，实际上对叶片泵的性能有决定性影响，它是设计叶片泵的关键，有必要对它进行进一步的讨论。

第三节　双作用叶片泵的定子曲线

双作用叶片泵定子内表面的曲线由两段长半径大圆弧 a_1a_2、a_3a_4 和两段短半径小圆弧 b_1b_2、b_3b_4 以及连接大、小圆弧的四段曲线 a_2b_1、b_2a_3、a_4b_3、b_4a_1 组成，如图4-3所示。四段连接曲线正好对应叶片泵的四个吸、压油腔。

大、小圆弧之间过渡曲线的形状和性质决定了叶片的运动状态，对叶片泵的性能和寿命影响很大，所以定子曲线问题主要是大、小圆弧之间连接过渡曲线的问题。

为了便于分析定子曲线的特性，曲线方程通常用极坐标表示，如图4-4所示。定子中心 O 到曲线上任一点 M 的矢径 $\rho(\varphi)$ 是转角 φ 的函数。转角 φ 从定子曲线起点 A 所在的径向线算起，φ 的变化范围是 $0\sim\alpha$，α 是定子过渡曲线的范围角（或称幅角）。过渡曲线对叶片泵的排量、输出流量的脉动、冲击振动、噪声、效率和使用寿命都有重要影响，所以过渡曲线是叶片泵设计的关键问题之一。

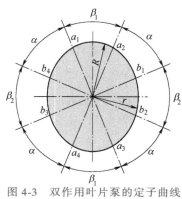

图 4-3　双作用叶片泵的定子曲线

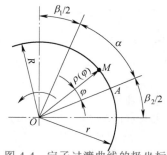

图 4-4　定子过渡曲线的极坐标

一、几种过渡曲线的分析对比

在过渡区，叶片沿径向走完由 r 到 R（或由 R 到 r）路程的方式可能是多种多样的，设计时必须从中选择性能最好的曲线。现将常用的几种曲线简介如下。

1. 阿基米德螺旋线（图 4-5a）

阿基米德螺旋线可用图 4-4 所示的极坐标表示，它的方程式为

$$\rho = r + \frac{R-r}{\alpha}\varphi \qquad (4-14)$$

图 4-5a 中的 v_φ、a_φ 和 J_φ 可以由式（4-14）对 φ 求一次导数、二次导数和三次导数得出。图中度加速

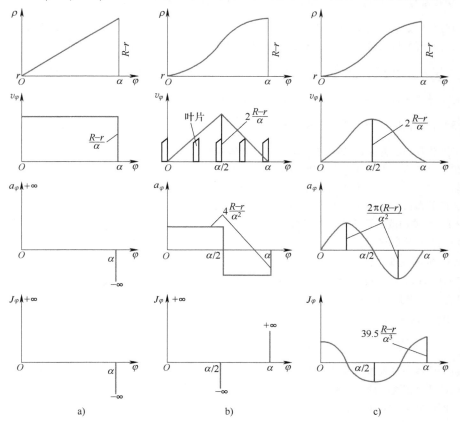

图 4-5　几种典型的过渡曲线

a）阿基米德螺旋线　b）等加速等减速曲线　c）正弦加速度曲线

度变化率 J_φ 的物理意义将在后续关于高次方曲线的介绍中进行详细讨论。

这种过渡曲线上 $v_\varphi =$ 常数，所以由式（4-9）可知，只要处于吸油区的叶片数 $k =$ 常数，就能保证输出流量恒定，脉动为零。但这种曲线在与大、小圆弧衔接的 $\varphi = 0$、$\varphi = \alpha$ 处，径向度速度 v_φ 存在跃变，其值为 $\frac{R-r}{\alpha}$，径向度加速度则出现无穷大的阶跃。在理论上，叶片和定子间将产生无穷大的冲击力（或者叶片脱离定子，造成脱空），这种冲击称为硬冲击。硬冲击可导致叶片和定子的严重磨损，并产生噪声。为了避免这种硬冲击（甚至软冲击）的发生，可在阿基米德螺旋线与工作曲线连接点处不太大的区段上，采用一段较为平稳的修正曲线，一般采用正弦加速曲线进行修正。

阿基米德螺旋线制造容易，因此在旧式叶片泵中应用较多，但在新设计的叶片泵中已较少采用。

2. 等加速等减速曲线（图 4-5b）

图 4-5b 所示的曲线，其 a_φ 的前一半是等加速的，后一半是对称的等减速的，这种曲线简称为等加速等减速曲线。通过对 a_φ 进行积分或求导，并考虑相应的边界条件，即可以得出 ρ、v_φ 及 J_φ 随 φ 的变化规律。其中

$$\rho = r + \frac{2(R-r)}{\alpha^2}\varphi^2 \qquad 0 \leqslant \varphi \leqslant \frac{\alpha}{2} \tag{4-15}$$

$$\rho = 2r - R + \frac{4(R-r)}{\alpha}\left(\varphi - \frac{\varphi^2}{2\alpha}\right) \qquad \frac{\alpha}{2} \leqslant \varphi \leqslant \alpha \tag{4-16}$$

对于上述等加速等减速曲线以及图 4-5c 所示的正弦加速度曲线，由 $0 \to \frac{\alpha}{2}$ 和 $\frac{\alpha}{2} \to \alpha$ 前后两部分的径向度速度 v_φ 是共轭的，即在两者的相同相位角处（相距 $\frac{\alpha}{2}$ 的任意两点），其径向度加速度 $a_\varphi = \frac{dv_\varphi}{d\varphi}$ 的绝对值相等，但符号相反。只要使处于过渡区内的叶片数 k 始终为偶数，则当叶片开始进入过渡区（$\varphi = 0$ 处）时，必然有叶片开始退出过渡区（$\varphi = \alpha$ 处）。因此，当叶片转过角度 $d\varphi$ 时，每对叶片的 dv_φ 将自行抵消，从而保证了 $\sum\limits_{j=1}^{k} v_{\varphi j} =$ 常数，消除了流量的脉动。

等加速等减速曲线是一条二次曲线。它与一次的阿基米德螺旋线相比，消除了硬冲击。但在 $\varphi = 0$、$\varphi = \frac{\alpha}{2}$、$\varphi = \alpha$ 处仍然存在径向度加速度 a_φ 的跃变，不过这是有限的跃变，在理论上只产生有限的冲击力，比硬冲击要缓和得多，所以称为软冲击。从几何图形上看，在硬冲击处定子曲线是相交的，而软冲击产生于定子曲线不同曲率半径的相切处（图 4-6）。目前仍然使用的中、低压叶片泵，相当多地采用了等加速等减速曲线。

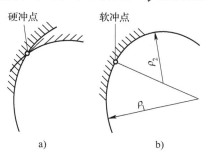

图 4-6　工作圆弧与过渡曲线的衔接

a）硬冲击的定子曲线　b）软冲击的定子曲线

3. 正弦加速度曲线

图 4-5c 所示的曲线为叶片径向度加速度 a_φ 按正弦规律变化的定子过渡曲线，简称正弦加速度曲线（此处并不是指过渡曲线本身为正弦曲线）。类似于等加速等减速曲线对 a_φ 的处理，同样可得出其 ρ、v_φ、a_φ 的变化规律。其中

$$\rho = r + \frac{R-r}{\alpha}\varphi - \frac{R-r}{2\pi}\sin\left(\frac{2\pi}{\alpha}\varphi\right) \tag{4-17}$$

这种过渡曲线的度加速度曲线是连续的，既不存在硬冲击也不存在软冲击，似乎是比较理想的过渡线。但从保证叶片沿过渡曲线不脱空的条件考虑，正弦加速度曲线所允许采用的 R/r 值要比等加速等减速曲线小，因而限制了它的实际应用。

叶片根部一般都与高压油相通。在吸油区，叶片根部的压力油能可靠地将叶片推靠在定子表面；但在压油区，在叶片顶部与根部同时存在压力油，其压力是平衡的，只有离心力才是保证叶片不脱空的基本作

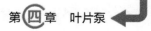

用力。如果离心力无法克服过渡曲线所决定的径向运动惯性力，在向心运动的减速阶段，必然会产生叶片离开定子表面的脱空现象。因此，只有使叶片的离心加速度大于由过渡曲线所决定的向外伸出的径向加速度，才能保证叶片不脱空。

叶片的离心加速度为 $\left(\rho-\dfrac{l}{2}\right)\omega^2$，当 $\rho=r$ 时，离心加速度为最小，所以，叶片的最小离心加速度可表示为

$$a_{\min}=\left(r-\frac{l}{2}\right)\omega^2 \tag{4-18}$$

式中　l——叶片长度；

　　ω——转子的旋转角速度。

由定子过渡曲线所决定的径向加速度则为

$$a_r=\frac{\mathrm{d}^2\rho}{\mathrm{d}t^2}=\omega^2\frac{\mathrm{d}^2\rho(\varphi)}{\mathrm{d}\varphi^2}=\omega^2 a_\varphi \tag{4-19}$$

为保证叶片不脱空，必须使 $a_{\min}>a_{r\max}$，由式（4-18）及式（4-19）即可得出叶片不脱空的条件为

$$\left(r-\frac{l}{2}\right)-a_{\varphi\max}>0 \tag{4-20}$$

对于等加速等减速曲线，则应有

$$\left(r-\frac{l}{2}\right)\omega^2\geqslant\frac{4(R-r)}{\alpha^2}\omega^2 \tag{4-21}$$

从式（4-21）可以看出，定子长短径的差值 $R-r$ 越大，则越容易产生脱空现象。从该式可以得出

$$R\leqslant\frac{4+\alpha^2}{4}r-\frac{\alpha^2}{8}l \tag{4-22}$$

在式（4-22）中，右端第二项数值不大，为简化计算，可将它删去，则可近似得出

$$\frac{R}{r}\leqslant1+\frac{\alpha^2}{4} \tag{4-23}$$

对于正弦加速度曲线，为了使叶片不脱空，则应有

$$\left(r-\frac{l}{2}\right)\omega^2\geqslant\frac{2\pi(R-r)}{\alpha^2}\omega^2 \tag{4-24}$$

或

$$R\leqslant\frac{2\pi+\alpha^2}{2\pi}r-\frac{\alpha^2 l}{4\pi} \tag{4-25}$$

如略去式（4-25）中右端第二项，则可得出

$$\frac{R}{r}\leqslant1+\frac{\alpha^2}{2\pi} \tag{4-26}$$

R/r 是双作用叶片泵的重要结构参数。为了减小叶片泵的尺寸，增加排量，希望增大 R/r 值。由式（4-23）和式（4-26）可知，当叶片数相同，过渡区分配有相同的幅角 α 时，等加速等减速曲线与正弦加速度曲线相比，允许采用更大的 R/r 值。因此，实际中较多采用有软冲击的等加速等减速曲线，而较少采用无冲击的正弦加速度曲线。

二、满足低噪声要求的高次方过渡曲线

在叶片泵高压化的进程中，振动和噪声一直是主要的障碍。高压叶片泵振动和噪声的产生，有流体方面的原因，也有机械方面的原因。通过对双作用叶片泵噪声进行频谱分析可知，与叶片泵的工作频率相比，高频部分所占比例很大。这就说明机械振动是产生振动和噪声的重要原因，而这种机械振动主要是来自于叶片和定子的冲击。

从振动的角度考虑，加速度反映叶片运动的惯性力，而加速度的变化则意味着径向力的变化，这对于叶片的稳定运动是一种干扰，起着助振的作用。因此，度加速度的变化率 J_φ 体现为一种助振力，它的数值越大，意味着度加速度的变化越急剧，助振作用就越强。在助振作用出现突变的某些部位，径向力的急剧

变化将很可能打破叶片与定子内表面接触的平衡状态，激发起叶片对定子的撞击振动，并且波及整个曲线区间，从而产生噪声。所以，度加速度变化率 J_φ 的突变体现为对叶片的激振，应当尽量避免。

从图4-5中可以看出，在叶片进入和退出过渡曲线（$\varphi = 0$，$\varphi = \alpha$）的时候，无论是阿基米德螺旋线还是等加速等减速曲线，都存在着无穷大的 J_φ 值，即便是正弦加速度曲线，在这个地方也要出现较大的 J_φ 值的突变，所以它们都不够理想。这也是国内一些叶片泵产品噪声较大的原因。

因此，多年来一直在探求使用具有以下特点的过渡曲线：

1）有较好的速度特性，其 v_φ 能保证均匀的流量。

2）有较好的加速度特性，其 $a_{\varphi\max}$ 小，允许采用较大的 R/r 值。

3）有较好的控制叶片振动的特性，既不允许 J_φ 值出现 ∞，以避免硬冲击和软冲击，也不允许 J_φ 值过大，否则也会激发叶片的振动。

从数学关系考虑，度加速度 a_φ 是过渡曲线矢径 ρ 的二阶导数，度加速度变化率 J_φ 则是 ρ 的三阶导数，即 $J_\varphi = \dfrac{\mathrm{d}^3\rho}{\mathrm{d}\varphi^3}$。因此，为了减小助振力，并且避免发生激振，要求定子曲线三阶导数的最大值要小，而且要求三阶导数 J_φ 在定子过渡曲线整个区间范围内处处连续，不出现突变，这是使叶片泵达到低噪声的重要条件，也是无冲击低噪声定子曲线的主要特征。即使是在定子过渡曲线与圆弧段连接的两端，也应力求避免出现 J_φ 的突变，以免在叶片进入径向变速运动时出现激振，以致影响整个区段。

国内外的研究表明，能较好地满足低噪声要求的定子过渡曲线是高次方曲线。下面简要介绍三种不同阶次的高次方曲线。

1. 典型高次方曲线

典型高次方曲线又称3、4、5曲线，如图4-7a所示。

高次方曲线的一般表达式为

$$\rho(\varphi) = r + (R - r)(A_1\phi^{1+n-i} + A_2\phi^{2+n-i} + \cdots + A_{i-1}\phi^{n-1} + A_i\phi^n) \tag{4-27}$$

式中 $\phi = \dfrac{\varphi}{\alpha}$，$0 \leqslant \phi \leqslant 1$；

n——式中最高阶次数；

A_1、A_2、$\cdots$、A_i——各项系数。

对式（4-27）求一阶和二阶导数，可得

$$v_\varphi = \frac{\mathrm{d}\rho}{\mathrm{d}\varphi} = \frac{R-r}{\alpha}[A_1(1+n-i)\phi^{n-i} + A_2(2+n-i)\phi^{1+n-i} + \cdots +$$
$$A_{i-1}(n-1)\phi^{n-2} + A_in\phi^{n-1}] \tag{4-28}$$

$$a_\varphi = \frac{\mathrm{d}^2\rho}{\mathrm{d}\varphi^2} = \frac{R-r}{\alpha^2}[A_1(1+n-i)(n-i)\phi^{n-i-1} + A_2(2+n-i)(1+n-i)\phi^{n-i} + \cdots +$$
$$A_{i-1}(n-1)(n-2)\phi^{n-3} + A_in(n-1)\phi^{n-2}] \tag{4-29}$$

改变曲线的阶次 n 及曲线的各项系数 A_1、A_2、$\cdots$、A_i，可以得出无穷多条曲线供选择，从中找出具有较好 v_φ 特性、a_φ 特性和 J_φ 特性的定子曲线，这是高次曲线的优越之处。

合理过渡曲线最基本的条件之一应是在与工作圆弧衔接的 $\phi = 0$ 处不产生冲击，既无软冲击，也无硬冲击，即在 $\phi = 0$ 处 $a_\varphi = 0$。为了满足这个要求，式（4-29）应当是一个 ϕ 的多项式，并且其中最低的阶次不小于1，否则在 $\phi = 0$ 处将会出现 $a_\varphi \neq 0$。相应地，式（4-28）中最低阶次应不小于2，式（4-27）中最低阶次应不小于3。所以，满足上述要求的最低阶次的高次曲线方程应当为

$$\rho(\varphi) = r + (R-r)[A_1\phi^3 + A_2\phi^4 + A_3\phi^5 + A_4\phi^6 + \cdots + A_i\phi^{i+2}] \tag{4-30}$$

$$v_\varphi = \frac{R-r}{\alpha}[3A_1\phi^2 + 4A_2\phi^3 + 5A_3\phi^4 + 6A_4\phi^5 + \cdots + (i+2)A_i\phi^{i+1}] \tag{4-31}$$

$$a_\varphi = \frac{R-r}{\alpha^2}[6A_1\phi + 12A_2\phi^2 + 20A_3\phi^3 + 30A_4\phi^4 + \cdots +$$
$$(i+1)(i+2)A_i\phi^i] \tag{4-32}$$

满足上述条件的曲线仍有无穷多条，这是因为对项数 i 并没有做出限制。能确定的多项式的项数 i 取决于有几个关于 A_1、A_2、$\cdots$、A_i 的方程式。利用式（4-30）~ 式（4-32）三个方程式可确定 $i=3$ 的高次曲线。即

$$\rho(\varphi) = r + (R-r)(A_1\phi^3 + A_2\phi^4 + A_3\phi^5) \tag{4-33}$$

$$v_\varphi = \frac{R-r}{\alpha}(3A_1\phi^2 + 4A_2\phi^3 + 5A_3\phi^4) \tag{4-34}$$

$$a_\varphi = \frac{R-r}{\alpha^2}(6A_1\phi + 12A_2\phi^2 + 20A_3\phi^3) \tag{4-35}$$

给出边界条件：当 $\phi=1(\varphi=\alpha)$ 时，$\rho(\varphi)=R$、$v_\varphi=0$（无硬冲击）、$a_\varphi=0$（无软冲击）。将其代入式（4-33）~ 式（4-35），可得出联立方程组为

$$\begin{cases} A_1 + A_2 + A_3 = 1 \\ 3A_1 + 4A_2 + 5A_3 = 0 \\ 6A_1 + 12A_2 + 20A_3 = 0 \end{cases} \tag{4-36}$$

从联立方程组可解出 $A_1=10$，$A_2=-15$，$A_3=6$。将其代入式（4-33），可得出

$$\rho(\varphi) = r + (R-r)(10\phi^3 - 15\phi^4 + 6\phi^5) \tag{4-37}$$

这是满足过渡曲线在 $\phi=0$、$\phi=1$ 的衔接处无冲击的最简单的高次方过渡曲线，称为典型高次方曲线或 3-4-5 曲线。

将式（4-37）对 φ 求一阶、二阶和三阶导数，可得出 3-4-5 曲线的 v_φ、a_φ、J_φ 的变化规律，如图 4-7a 所示，它们具有对称性。

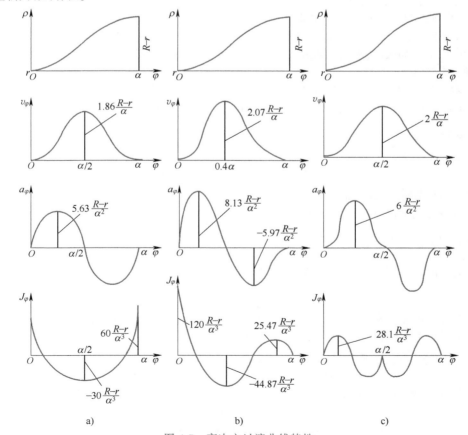

a)　　　　　　　　　b)　　　　　　　　　c)

图 4-7　高次方过渡曲线特性

a）典型高次方曲线　b）非对称 6 次曲线　c）完全无冲击低噪声 8 次曲线

典型高次方曲线方程的各项特性与等加速等减速曲线相比，其 $v_{\varphi\max}$ 值略小，$a_{\varphi\max}$ 值略大，输出的流量均匀性基本相同，而 $J_{\varphi\max}$ 值较小。由于建立方程时用边界条件约束了曲线两端的 v_{φ}、a_{φ} 值，所以 v_{φ}、a_{φ} 特性不仅在曲线自身范围内连续光滑，而且在端点上也没有突变，完全消除了"硬冲"和"软冲"，是一种综合性能较好的曲线，能获得较好的低噪声效果。但是由于在边界上没有设置约束加速度变化率 J_{φ} 的条件，所以尽管 J_{φ} 在曲线自身范围内连续光滑，但在两端与 R、r 圆弧衔接处仍有一定的突变，即端点上仍有一定的激振冲击。

2. 非对称 6 次曲线

非对称 6 次曲线又称 3-4-5-6 曲线，如图 4-7b 所示。

如果对过渡曲线提出更多的限制条件，设置更多的边界条件，则可以得出更多的方程，解出更多的 A_i，从而得到阶次更高的过渡曲线。例如，在 3-4-5 曲线基础上，再增加 $\phi=1$ 时 $J_{\varphi}=0$ 的边界条件，经过类似的计算，可从 $\rho(\varphi)$、v_{φ}、a_{φ}、J_{φ} 四个方程式中求出各项系数 $A_1=20$，$A_2=-45$，$A_3=36$，$A_4=-10$，得出高一阶次的过渡曲线为

$$\rho(\varphi)=r+(R-r)(20\phi^3-45\phi^4+36\phi^5-10\phi^6) \tag{4-38}$$

这个曲线称为非对称 6 次曲线，或称 3-4-5-6 曲线，其 v_{φ}、a_{φ}、J_{φ} 如图 4-7b 所示。由图可见，在 $\varphi=\alpha$ 处增加了对 J_{φ} 约束的边界条件后，即消除了该端点上 J_{φ} 的突变。这种曲线用于压油区，当叶片从 $\rho=R$ 处开始进入径向变速运动时，J_{φ} 值能连续平缓地开始变化，助振作用比较缓和，消除了激振冲击。但在与 r 圆弧连接的一端仍有 J_{φ} 的突变，不过这时叶片径向运动速度已回复为零，不致产生波及整个区间的振动。这种曲线的 $v_{\varphi\max}$、$a_{\varphi\max}$ 值较大，由于曲线不对称，输出流量的脉动也比等加速等减速曲线大，但控制冲击振动的效果比 5 次曲线更好，故又将其称为无冲击低噪声曲线。

3. 完全无冲击低噪声 8 次曲线

完全无冲击低噪声 8 次曲线又称 8 次曲线，如图 4-7c 所示。

为了更好地限制 $a_{\varphi\max}$ 值，并且使 J_{φ} 在曲线两端都为零，可以设置更多的边界条件。为此，有些研究者以 $\varphi=\alpha/2$ 为中心，将过渡曲线分为前后两段，分别建立方程，在区段分界点上通过适当的边界条件保证两段曲线的平缓衔接。

例如，对于区间 $0\le\varphi\le\alpha/2$，设置边界条件为

当 $\varphi=0$ 时 $\qquad\qquad\qquad\qquad \rho(0)=r, v_{\varphi}(0)=0, a_{\varphi}(0)=0, J_{\varphi}(0)=0$

当 $\varphi=\alpha/4$ 时 $\qquad\qquad\qquad a_{\varphi}(\alpha/4)=\dfrac{6(R-r)}{\alpha^2}, J_{\varphi}(\alpha/4)=0$

当 $\varphi=\alpha/2$ 时 $\qquad\qquad\qquad \rho(\alpha/2)=\dfrac{R-r}{2}, a_{\varphi}(\alpha/2)=0, J_{\varphi}(\alpha/2)=0$

根据这些边界条件，可建立在区间 $0\le\varphi\le\alpha/2$ 内的 8 次曲线方程，并确定其各项系数。

对于区间 $\alpha/2\le\varphi\le\alpha$，设置边界条件为

当 $\varphi=\alpha/2$ 时 $\qquad\qquad\qquad \rho(\alpha/2)=\dfrac{(R-r)}{2}, a_{\varphi}(\alpha/2)=0, J_{\varphi}(\alpha/2)=0$

当 $\varphi=3\alpha/4$ 时 $\qquad\qquad\qquad a_{\varphi}(3\alpha/4)=-\dfrac{6(R-r)}{\alpha^2}, J_{\varphi}(3\alpha/4)=0$

当 $\varphi=\alpha$ 时 $\qquad\qquad\qquad \rho(\alpha)=R, a_{\varphi}(\alpha)=0, J_{\varphi}(\alpha)=0$

由此又可建立在区间 $\alpha/2\le\varphi\le\alpha$ 内的另一个 8 次曲线方程，并确定其各项系数。

根据上述两组边界条件所建立的曲线方程为

对于区间 $0\le\varphi\le\alpha/2$（$O\le\phi\le1/2$）

$$\rho(\varphi)=r+8(R-r)(11\phi^4-60\phi^5+152\phi^6-192\phi^7+96\phi^8) \tag{4-39}$$

对于区间 $\alpha/2\le\varphi\le\alpha$（$1/2\le\phi\le1$）

$$\rho(\varphi)=r-8(R-r)(7-80\phi+402\phi^2-1140\phi^3+$$
$$1991\phi^4-2196\phi^5+1496\phi^6-576\phi^7+96\phi^8) \tag{4-40}$$

这组曲线的特性如图 4-7c 所示。由图可见，8 次曲线具有对称性，其各项特性都非常优越，不仅 $v_{\varphi\max}$、

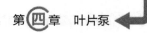

$a_{\varphi max}$、$J_{\varphi max}$ 值较小，而且 J_φ 值完全没有突变，其输出流量的脉动也较小。理论上，这种曲线能够最大限度地满足平衡式叶片泵对定子曲线的要求，是一种完全无冲击的低噪声定子曲线。

实践证明，高次方曲线能够较好地满足叶片泵对定子曲线径向速度、加速度和加速度变化率等特性的要求，尤其在控制振动、降低噪声方面具有突出的优越性，为现代高性能、低噪声叶片泵所广泛采用。

第四节 高压双作用叶片泵的结构特点

一、叶片泵高压化面临的三个主要问题

寿命、容积效率和噪声是双作用叶片泵高压化所面临的三个主要问题。

1. 吸油区叶片顶部对定子内表面的严重磨损

如前所述，为防止叶片脱空，在叶片根部通入压力油。在吸油区，由于叶片根部受高压作用，往往使叶片顶部与定子内表面的接触应力过大，导致严重磨损，使叶片泵的使用寿命降低。这是叶片泵高压化的主要障碍之一。为解决吸油区定子曲线的严重磨损问题，所采取的结构措施主要有：

1）采用子母叶片、柱销叶片、双叶片、阶梯叶片、弹簧叶片等特殊的叶片顶出压紧结构，目的是减小叶片根部承受油压力的有效面积，以减小将叶片顶出的液压推力。

2）在叶片泵内设置减压阀，降低作用在吸油区叶片根部的压力。

3）改进叶片顶部的轮廓形状，合理选择配对材料，提高叶片-定子这对摩擦副的耐磨性能。

2. 减少泄漏，提高叶片泵的容积效率

工作压力的提高将导致泄漏增加、容积效率降低，这将严重影响叶片泵的正常工作。

叶片泵内泄漏主要有三个途径：一是配流盘与转子、叶片之间的轴向间隙，二是叶片与叶片槽的侧面间隙，三是叶片与定子内表面的接触线。其中轴向间隙的泄漏最为主要。因此，在高压叶片泵中，采用如图 4-8 所示的浮动配流盘。叶片泵起动前，浮动配流盘 1 受到弹簧 2 的预压缩力作用，压向定子 3 的侧面。叶片泵起动后，配流盘背面受到压力油作用，自动贴紧定子端面，并产生适量的弹性变形，使转子与配流盘间保持较小的间隙。

3. 降低噪声

噪声是伴随着叶片泵高压高速化出现的又一严重问题。正如前一节所分析的那样，减轻叶片与定子之间的振动撞击、降低机械噪声的主要措施是改进定子曲线，有效控制叶片的运动。而对于高压下流体噪声的降低，则有赖于采用预压缩、预扩张定子曲线和设置带 V 形尖槽的配流盘等措施，以减缓大、小圆弧区封闭容积中压力的急剧变化。

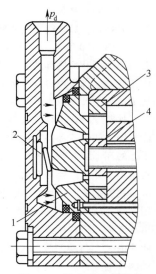

图 4-8 浮动配流盘结构
1—浮动配流盘 2—弹簧
3—定子 4—转子

二、几种采用特殊叶片结构的高压叶片泵

1. 子母叶片式高压叶片泵

子母叶片的结构原理如图 4-9 所示。母叶片 3 的下部中段嵌有可活动的子叶片 7。子叶片两侧边缘与母叶片之间形成精确的配合，既可灵活地相对运动，又可保持良好的间隙密封。在母叶片与子叶片之间形成一个中间压力油腔 5。叶片泵工作时，该压力油腔通过开设在转子上的压力油通道 4，以及在配流盘上开设的环形通道（图 4-9 中未画出）与压油腔相通，所以，其中的压力始终等于压油压力 p_d。另外，开设在转子上的压力平衡孔 6 使母叶片顶部与根部的压力始终相等。

如不考虑离心力、惯性力，由图 4-9 可知，叶片作用在定子上的力为 $F = bs(p_d - p_0)$。式中 s 为叶片厚度，其他符号的意义如图 4-9 所示。

在吸油区，一般 $p_0 = 0$，故 $F = bsp_d$。因此，只要适当选择子叶片宽度 b 的大小，就可以控制吸油区内叶

片对定子的作用力。一般取 $b = (1/4 \sim 1/3)B$，这就大大减小了叶片顶部与定子之间的作用力。

在压油区，$p_0 = p_d$，故 $F = 0$。此时，叶片仅靠离心力克服惯性力及摩擦力与定子接触。为防止叶片脱空，应在压油腔与中间压力油腔的通道上设置适当的节流阻尼，当叶片在压油区做向心运动时，使中间压力油腔的压力略高于作用在母叶片顶部的压力，保证叶片在压油区时能与定子紧密接触而不脱空。

子母叶片泵最早于20世纪60年代由美国Vickers公司研制成功，其所生产的V-181系列子母叶片泵的额定压力为17.5MPa，最高转速为1800r/min，主要用于一般工业设备。后经改进的VQ系列叶片泵，使用挠性耐磨浮动侧板，其最大压力提高到27.0MPa，最高转速达2700r/min，适用于车辆液压系统。我国生产的YB—F型叶片泵也采用子母叶片，其额定工作压力为21MPa。

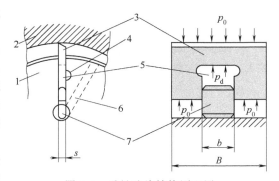

图 4-9　子母叶片结构原理图

1—转子　2—定子　3—母叶片　4—压力油通道
5—中间压力油腔　6—压力平衡孔　7—子叶片

2. 柱销叶片式高压叶片泵

柱销叶片是另外一种十分有效的叶片顶出压紧机构，它用柱销代替子叶片来实现叶片的顶出。早期采用空心柱销，后来改为实心柱销结构。

如图4-10所示，叶片顶部加工成弧槽，弧槽内设有两个通到叶片底部的径向孔3，因此叶片底部容腔5内任何时候都作用着与叶片顶部大体相同的压力，实现了叶片上、下压力的平衡。

柱销6沿转子径向安装，上端顶在叶片底部，外圆与转子柱销孔保持精确的滑动配合。柱销下端是转子上的环形油腔7，常通叶片泵的出口压力为 p_d，使柱销顶顶并紧贴叶片底面。

在吸油区，叶片顶部和根部均受吸油区压力的作用，叶片靠离心力和柱销下部高压油的作用而被顶出。通常柱销直径都取得很小，其横截面积只有普通叶片的 $1/5 \sim 1/4$，所以大大减小了叶片在吸油区对定子的接触应力。

在压油区，叶片顶部、根部及柱销底部均承受压油区压力 p_d 的作用，叶片上、下部液压作用力基本平衡，叶片主要靠离心力和惯性力与定子内表面保持接触。为了防止叶片与定子脱离，在叶片的径向通油孔上设有阻尼孔4，其作用是使叶片底部容腔5中的油液在叶片缩回而被挤出时受到一定的阻尼，从而在叶片底部产生略高于压油腔的压力，适当增加叶片对定子的压紧力。

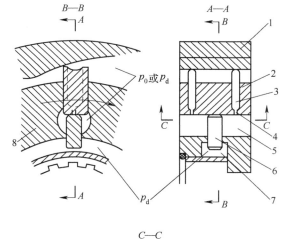

图 4-10　柱销叶片结构原理图

1—定子　2—叶片　3—径向孔
4—阻尼孔　5—叶片底部容腔
6—柱销　7—环形油腔　8—转子

最具代表性的柱销叶片式高压叶片泵产品是美国丹尼逊（Danison）公司生产的T6系列柱销叶片泵，其额定压力为21MPa，最大压力为28MPa，最高转速可达2800r/min。我国已引进生产。

3. 其他特殊叶片结构的高压叶片泵

除应用较多的子母叶片和柱销叶片外，在实际中使用的特殊叶片结构还有阶梯叶片、弹簧叶片和双叶片。

（1）阶梯叶片泵　阶梯叶片的应用早于子母叶片，其原理如图4-11所示。叶片为阶梯形，油液连通情况与子母叶片相似。压力油腔始终与压油压力 p_d 相通，而叶片根部通过转子上的斜孔与转子外圆连通，使叶片顶部与根部在任何时候都作用着相同的压力，实现叶片的部分压力平衡。因此，在吸油区，叶片对定子的压紧力主要由叶片台阶面的液压推力产生。由于叶片台阶面厚度 s_1 小于叶片厚度 s，所以阶梯叶片的压紧力小于普通叶片的压紧力。

由于阶梯形叶片和阶梯形转子叶片槽的精确加工非常困难，不适于大批量生产，所以在出现了子母叶片和柱销叶片结构以后，阶梯叶片泵已逐步被淘汰。

（2）弹簧叶片泵　弹簧压紧式叶片也是一种早期开发的叶片顶出压紧结构，其原理如图 4-12 所示。叶片为双刃边结构，叶片顶部和两侧均加工成弧槽，而且叶片内有三个通油小孔贯穿叶片的顶部和底部，使叶片上、下压力油连通，实现叶片上、下和两侧的压力平衡（即径向和轴向压力均平衡）。叶片底部三个孔内分别装有螺旋弹簧，工作时不论在吸油区还是压油区，叶片均靠离心力和三根弹簧的作用力顶出与定子保持接触。其接触应力主要取决于弹簧力。

弹簧式叶片结构简单，能适应高压工作。但问题是在叶片泵高速旋转的情况下，尺寸细小的螺旋弹簧要承受每分钟数千次的交变载荷，极易发生疲劳破坏，使叶片泵的寿命和可靠性几乎完全取决于弹簧。因此，在各类高性能叶片泵中，弹簧叶片泵属于被淘汰的一类。

（3）双叶片泵　双叶片的结构原理如图 4-13 所示。在转子的叶片槽内装有两个可以互相滑动的叶片，每个叶片的内侧均有倒角。这样，在两叶片相贴的内侧面就形成了 V 形通道，使叶片顶部、底部始终作用着相等的压力油。合理设计叶片顶部的形状，使叶片顶部的承压面积略小于底部的承压面积，就可以保证叶片与定子紧密接触，又不致使接触应力过大。在轴线方向，由于叶片两侧受压面积相等，实现了液压平衡，因而减小了叶片与配流盘之间的摩擦力。

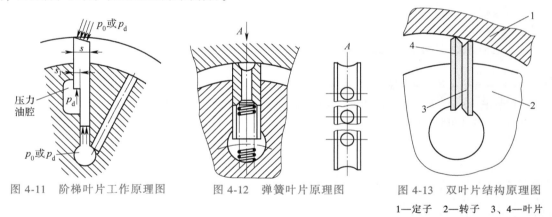

图 4-11　阶梯叶片工作原理图　　图 4-12　弹簧叶片原理图　　图 4-13　双叶片结构原理图

1—定子　2—转子　3、4—叶片

双叶片结构对叶片和转子槽的加工精度要求很高，要同时保证叶片与转子槽以及两叶片之间的精确配合及密封相当困难。由于在吸油区叶片几乎只能依靠离心力顶出，如叶片配合不灵活，很容易出现叶片和定子的脱空，工作可靠性较差；并且双叶片的泄漏环节较多，容积效率也不如子母叶片和柱销叶片，因此它在双作用定量叶片泵上的应用不广泛。但是，双叶片结构较适用于高性能单作用（非平衡式）变量叶片泵，例如，德国力士乐公司的 V4 型变量叶片泵即为双叶片结构。

三、带减压阀的双作用高压叶片泵

前述各种特殊结构叶片着眼于减小叶片根部承受油压作用的面积，或者使叶片顶部和底部的油压力连通，以减小或卸除吸油区叶片所受的液压推力。

20 世纪中后期由日本油研公司开发并投放市场的减压阀式高压叶片泵不同于各种特殊叶片结构的泵，它使用普通叶片，通过降低吸油区叶片底部压力的方式，来减小叶片对定子内表面的接触压力，以适应高压工作。

带减压阀的双作用叶片泵的工作原理如图 4-14 所示。叶片泵出口的高压油经减压阀降压后导入吸油区叶片的根部，而压油区、预压缩区和小圆弧区叶片的根部则导入泵出口的高压油。上述供油关系可由配流盘上划分成四段的环形油槽实现。为了防止压油区、预压缩区和小圆弧区段的叶片脱离定子，希望该部分叶片根部承受的压力略高于叶片泵的输出压力 p_d，以保持适当的压紧力，所以，在该段叶片底部的供油槽与压油腔之间的通道上设置了固定节流孔。当叶片底部油液因压油区叶片缩进转子槽而被挤出时，因节流孔的阻尼作用即可产生比叶片泵输出压力高 Δp 的压差，Δp 约为 2.0MPa。

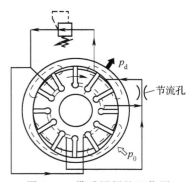

图 4-14 带减压阀的双作用
叶片泵工作原理图

按照减压阀输出压力与叶片泵压油压力之间的关系，所用减压阀有三种不同类型，即定值减压阀、比例减压阀及复合比例型减压阀。目前采用较多的是比例减压阀及复合比例型减压阀。

带减压阀的叶片泵是最有希望达到更高压力的一种结构形式。这方面的成功范例是日本油研公司推出的 PV11R 系列小排量超高压单级叶片泵，当采用矿物油作为工作介质时，其最大工作压力可达 32MPa。

带减压阀的叶片泵中，由于存在减压阀口的节流损失，使其效率受到一定影响，而且发热情况比其他叶片泵严重。

第五节　双作用叶片泵主要结构参数的确定

设计叶片泵时，给出的原始参数一般是额定流量 q、额定压力 p 和额定转速 n，据此即可确定叶片泵的主要结构参数。

1. 定子

（1）定子小圆弧半径 r 及大圆弧半径 R　定子小圆弧半径一般可取为

$$r = r_0 + (0.5 \sim 1)\,\text{mm} \tag{4-41}$$

式中　r_0——转子半径，主要根据叶片嵌入深度及转子强度确定。

小圆弧半径 r 确定以后，根据给定的额定流量 q 及关于平均理论流量的计算式（4-11），即可算出大圆弧半径 R。由此导出的 R 的计算公式为

$$R = \frac{-K_2 + \sqrt{K_2^2 - 4K_1 K_3}}{2K_1} \tag{4-42}$$

其中，$K_1 = 2Bn\pi\cos\theta$，$K_2 = -2Bnzs$，$K_3 = 2Bnr(zs - \pi r\cos\theta) - \dfrac{q}{\eta_V}\cos\theta$。

式中　B——转子宽度；

　　　z——叶片数；

　　　n——转速；

　　　s——叶片厚度；

　　　θ——叶片在转子上的倾角；

　　　η_V——叶片泵的容积效率，可取 $\eta_V = 0.9$；

　　　q——给出的额定流量。

求出 R 以后，要根据选定的定子曲线，校核是否满足叶片不脱空的条件。根据叶片不脱空的条件，即式（4-20），近似算出的与三种过渡曲线相对应的 $(R/r)_{\max}$ 值见表 4-1。

在进行叶片泵的系列设计时，在转子、定子宽度 B 以及定子小圆弧半径 r 一定的情况下，通过取不同的大圆弧半径 R，可以获得一组排量不同的叶片泵。

（2）大、小圆弧的幅角 β_1 和 β_2　大圆弧对应的幅角 β_1 和小圆弧对应的幅角 β_2（图 4-3）通常可取相同的值，且其值等于相邻叶片之间的间隔角 β。即

$$\beta_1 = \beta_2 = \frac{2\pi}{z} \tag{4-43}$$

表 4-1　与定子过渡曲线相对应的 $(R/r)_{max}$ 值

定子曲线	计 算 式	$(R/r)_{max}$		
		$\alpha = 45°$	$\alpha = 54°$	$\alpha = 60°$
等加速等减速曲线	$R/r < \dfrac{4+\alpha^2}{4}$	1.15	1.22	1.27
3-4-5 高次方曲线	$R/r < \dfrac{5.77+0.9\alpha^2}{5.77-0.1\alpha^2}$	1.10	1.15	1.19
3-4-5-6 高次方曲线	$R/r < \dfrac{8.26+0.916\alpha^2}{8.26-0.084\alpha^2}$	1.07	1.10	1.13

对于双作用叶片泵，为了减少封闭容积与高压腔或低压腔相通时所产生的压力冲击，常采用预压缩和预扩张的定子过渡曲线。预压缩是将压油区过渡曲线 bc 向大圆弧段方向延长，使定子过渡曲线的幅角 α 扩大一个小角度 $\Delta\alpha$（图 4-15），从而使大圆弧靠近压油窗口的一段被修正成半径尺寸逐渐减小的形状，即图中的 ab 段。这样一来，当两叶片间的容积从吸油腔转移到压油腔的封闭过程中将受到少许压缩（容积稍减小），因而会产生逐渐升压的效果。试验表明，将定子过渡曲线夹角 α 从 54° 增加到 64°，即能获得较好的预压缩升压效果。有些叶片泵甚至把整个大圆弧区段改为升程很小的阿基米德螺旋线。

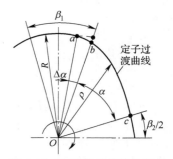

图 4-15　定子过渡曲线的延长

预扩张则是将吸油区定子过渡曲线向小圆弧方向延伸适当的角度，使小圆弧靠近吸油窗口的一段被修正成半径逐渐增大的形状，从而使两叶片间封闭容积从压油腔转移到吸油腔时有少许扩张，达到逐渐降压的效果。也有些叶片泵的定子曲线设计成只有预压缩而无预扩张的形状。

当要求有预压缩时，β_1 应修正为

$$\beta_1 = \frac{2\pi}{z} - \Delta\alpha \tag{4-44}$$

当要求有预扩张时，β_2 应修正为

$$\beta_2 = \frac{2\pi}{z} - \Delta\alpha' \tag{4-45}$$

式中　$\Delta\alpha$、$\Delta\alpha'$——预压缩范围角和预扩张范围角。

（3）过渡曲线的幅角 α　过渡曲线对应的幅角通常为

$$\alpha = \frac{\pi}{2} - \frac{1}{2}(\beta_1 + \beta_2) = \frac{\pi}{2} - \frac{2\pi}{z} \tag{4-46}$$

当叶片数 $z = 8$ 时，$\alpha = 45°$；当 $z = 10$ 时，$\alpha = 54°$；当 $z = 12$ 时，$\alpha = 60°$。

有预压缩时，压油区定子曲线的幅角应修正为

$$\alpha = \frac{\pi}{2} - \frac{2\pi}{z} + \Delta\alpha \tag{4-47}$$

有预扩张时，吸油区定子曲线的幅角应修正为

$$\alpha = \frac{\pi}{2} - \frac{2\pi}{z} + \Delta\alpha' \tag{4-48}$$

2. 叶片

（1）叶片数 z　通常取 $z = 8 \sim 12$。z 过小，定子过渡曲线对应的幅角 α 小，吸油腔、压油腔空间小，过流面积小，容易造成吸空并使压油阻力增大。z 过大，叶片占用工作容腔的有效容积大，影响叶片泵的排量，而且转子槽数增多会影响转子强度，并增加了加工工作量。

从转子、定子所受径向力的对称平衡方面考虑，z 应取为偶数。另外，叶片数 z 的确定还应考虑输出流

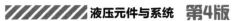

量均匀性的要求，通过 z 与定子曲线 v_φ 特性的适当匹配，应使处在吸油区过渡曲线范围内各叶片的度速度之和 $\sum\limits_{j=1}^{k} v_{\varphi j}$ 保持或近似于常数。

采用等加速等减速曲线时，一般多取 $z=12$；采用高次方曲线时，常取 $z=10$ 或 12。

（2）叶片的长度 l（沿转子槽辐射方向）　为使叶片在转子槽内运动灵活，叶片伸缩时留在转子槽内的最小长度应不小于叶片总长的 $2/3$，即 $l-(R-r_0) \geqslant \dfrac{2}{3}l$。所以应取

$$l \geqslant 3(R-r_0) \tag{4-49}$$

式中　r_0——转子外圆半径。

（3）叶片厚度 s　叶片厚度应保证在最大压力下工作时具有足够的抗弯强度和刚度。在强度和转子槽制造工艺条件允许的前提下，应尽量减小叶片厚度，以减小叶片根部承受压力作用的面积，减轻对定子的压紧力。一般取 $s=1.8\sim 2.5$mm，在进行强度计算时，至少应按额定压力的 1.25 倍考虑。

对于采用特殊叶片结构的高性能叶片泵，s 还取决于叶片压紧机构的需要。

3. 叶片的安放角 θ

以往常取 $\theta=10°\sim 14°$，而且朝旋转方向前倾。国产 YB 系列叶片泵取 $\theta=13°$。现在新的观点则认为取 $\theta=0$ 更为合理。

以往主张叶片前倾的主要理由如图 4-16a 所示：当叶片在压油区运动时，定子对叶片作用力的横向分力 F_t 取决于法向接触反力 F_n 和压力角 α（压力角 α 是定子曲线接触点处的法线方向与叶片方向的夹角），即 $F_t=F_n\sin\alpha$。压力角 α 越小，F_t 越小，有利于叶片在转子槽中滑动，并减少叶片与转子槽之间的磨损。因此，将叶片相对于转子半径方向前倾一个角度 θ，使 $\alpha<\psi$，即 $\alpha=\psi-\theta$，否则压力角 $\alpha=\psi$ 将较大，F_t 也较大。

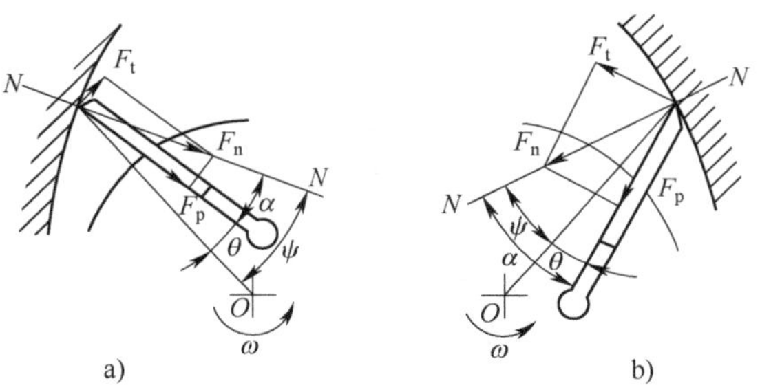

图 4-16　叶片前倾时的压力角

a）压油区　b）吸油区

上述传统观点的不足之处在于：

1）忽视了双作用叶片泵的叶片在吸油区和压油区的受力情况大不相同，特别是吸油区叶片受力比压油区大得多，错误地把改善叶片受力的着眼点放在压油区而不是吸油区。叶片向前倾斜 θ 角有利于减小压力角的结论实际上只适用于压油区。相反，如图 4-16b 所示，在吸油区叶片前倾反而会使压力角 α 增大，变为 $\alpha=\psi+\theta$，使受力情况更加恶化。

2）在分析定子对叶片顶部的作用力时，未考虑摩擦力的影响，计算有害的横向分力 F_t 时，不是以反作用合力 F 为依据，而是以法向接触反力 F_n 为依据，因而得出压力角 α 越小越好的错误结论。实际上，由于存在摩擦力 F_f，当压力角 $\alpha=0$ 时，定子对叶片顶部的反作用合力 F 并不沿叶片方向作用，即并非处于最有利的受力状态，这时转子槽对叶片的接触反力和摩擦力并不为零。

目前，国外一些双作用叶片泵的叶片是径向安放的，因此，关于叶片泵安放角的问题仍值得进行深入的研究与探讨。

4. 转子

（1）转子半径 r_0　转子半径 r_0 应考虑花键轴孔尺寸和叶片长度 l，然后校核转子槽根部的强度。初选时可取

$$r_0=(0.9\sim 1)d \tag{4-50}$$

式中　d——花键轴直径。

（2）转子轴向宽度 B　转子轴向宽度 B 与流量成正比。进行系列设计时，确定了径向尺寸 R、r、r_0 之后，取不同的宽度 B，可获得一组排量规格不同的叶片泵。对于径向尺寸相同的叶片泵，B 大则流量大，端面泄漏所占比例相对减小，容积效率较高；但 B 增大会使配流窗口的过流速度增大，导致流动阻力增大。根据统计资料，一般可取 $B=(0.45\sim 1)r$，式中 r 为定子的短半径。

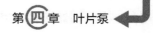

5. 配流盘

（1）配流盘封油区夹角 β_0　配流盘吸油、压油窗口之间封油区的间隔应大于相邻叶片的间隔，以防吸油区、压油区相通。考虑叶片厚度 s 后，可取封油区夹角为

$$\beta_0 = \frac{2\pi}{z} - \left(0 \sim \frac{s}{2R_0}\right) \tag{4-51}$$

式中　R_0——V 形槽分布圆半径，如图 4-17 所示。

　　配流盘上的 V 形槽（图 4-18）一般只开设在压油窗口的入口端。当封闭容积离开吸油窗口后，通过 V 形槽逐渐与压油窗口相通，随着转角的增加，使得 V 形槽通流面积逐渐增大，从而使两叶片间容腔内的压力逐步升高，直到完全接通压油窗口时，才升压达到压油腔的压力，这样就基本上消除了高压回流冲击。

　　封闭容积的升压过程与 V 形槽的几何尺寸有关。一般 V 形槽所占幅角 $\phi_1 = 6° \sim 17°$，V 形槽深度角 $\zeta = 3° \sim 7°$，具体数值要通过试验确定。最理想的情况是，当转子转过角度 ϕ_1 时，两叶片间容腔内的压力恰好升高到接近压油压力。

　　由于封闭容积突然泄压对叶片泵性能的影响不太直接，所以一般在吸油窗口并不开设 V 形槽。

　　高性能叶片泵常常同时采用 V 形槽和预压缩定子曲线这两种方法来解决封闭容积的高压回流冲击问题。在这种情况下，进行 V 形槽尺寸参数的设计以及预压缩定子过渡曲线的设计时，应同时考虑上述两种升压作用的叠加。

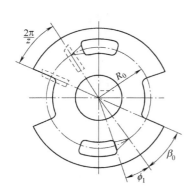

图 4-17　配流盘的封油区夹角

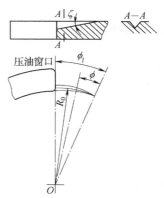

图 4-18　V 形槽尺寸参数

　　（2）配流窗口及流速限制　在结构尺寸许可的情况下，配流窗口面积应尽可能大，过流速度最好限制在 6m/s 以下，最大不得超过 9m/s。值得注意的是，有效通流面积并非配流盘整个窗口的面积，因为组装后窗口靠外侧一部分要被定子环的边缘所遮盖，使有效通流面积有所减小。

第六节　变量叶片泵

　　变量叶片泵与柱塞式变量泵相比，具有噪声低、结构紧凑、容易组成多联泵等优点。由于高性能变量叶片泵的发展已将其额定压力提高到 16MPa 或更高，因而使其应用领域遍及各类工业设备。

　　由于单作用叶片泵能够很方便地通过改变其定子环与转子之间的偏心量来实现变排量调节，所以现有变量叶片泵产品绝大多数均采用单作用叶片泵结构。

一、单作用叶片泵的工作原理及排量、流量计算

1. 工作原理

　　单作用叶片泵的工作原理如图 4-19 所示，它由转子 1、定子 2、叶片 3 和端盖等组成。定子具有圆柱形内表面，定子和转子间有偏心距 e，叶片装在转子槽中，并可在槽内滑动。当转子回转时，由于离心力的作用，使叶片紧靠在定子内壁上，这样在定子、转子、叶片和端盖间就构成若干个密封的工作空间。当转子

按图示的方向回转时，在图的右部，叶片逐渐伸出，叶片间的工作空间逐渐增大，从吸油口吸油，这是吸油腔。在图的左部，叶片被定子内壁逐渐压进槽内，工作空间逐渐缩小，将工作油液从压油口压出，这是压油腔。在吸油腔和压油腔之间有一段封油区，它把吸油腔和压油腔隔开。

这种叶片泵在转子每转一周的过程中，每个工作空间完成一次吸油和压油，因此称为单作用叶片泵。它的缺点是转子受到来自压油腔作用的单向压力，使轴承上所受载荷较大，所以也称为非平衡式叶片泵。这种叶片泵的压力不宜太高。

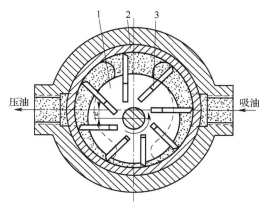

图 4-19　单作用叶片泵工作原理图
1—转子　2—定子　3—叶片

2. 排量及流量计算

假设配油盘的吸油、压油窗口对称分布，吸油、压油窗口间的密封角等于两相邻叶片间的夹角 $2\pi/z$。如图 4-20 所示，转子每转一周，单作用叶片泵所排出的液体体积应为

$$V = zB(A-A') \tag{4-52}$$

式中　z——叶片数；

　　　B——叶片宽度；

　　　A——腔 $ABCD$ 的面积；

　　　A'——腔 $A'B'C'D'$ 的面积。

如果叶片在转子槽中径向布置，并且近似地把 A 及 A' 看成是两扇形面积之差。即

$$A \approx \frac{1}{2}\left[(R+e)^2 - R_0^2\right]\frac{2\pi}{z} - (R+e-R_0)s \tag{4-53}$$

$$A' \approx \frac{1}{2}\left[(R-e)^2 - R_0^2\right]\frac{2\pi}{z} - (R-e-R_0)s \tag{4-54}$$

将式（4-53）、式（4-54）代入式（4-52），可得排量和理论流量的近似计算公式为

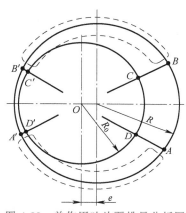

图 4-20　单作用叶片泵排量分析图

$$V = 2Be(2\pi R - zs) \tag{4-55}$$

$$q_t = 2Ben(2\pi R - zs) \tag{4-56}$$

式（4-55）和式（4-56）右边第二项表示叶片所占据的体积，式中 s 为叶片厚度。

如果叶片在转子叶片槽中倾斜安放，倾角为 θ，则其排量与理论流量的近似计算公式应修正为

$$V = 2Be\left(2\pi R - \frac{zs}{\cos\theta}\right) \tag{4-57}$$

$$q_t = 2Ben\left(2\pi R - \frac{zs}{\cos\theta}\right) \tag{4-58}$$

若不考虑叶片厚度的影响，则单作用叶片泵排量和理论流量的近似计算公式为

$$V = 4\pi BRe \tag{4-59}$$

$$q_t = 4\pi BRen \tag{4-60}$$

由于排量的精确推导过程较为复杂，这里不做介绍，比较准确的单作用叶片泵的排量和理论流量计算公式为

$$V = 2Bze\left(2R\sin\frac{\pi}{z} - \frac{s}{\cos\theta}\right) \tag{4-61}$$

$$q_t = 2Bzen\left(2R\sin\frac{\pi}{z} - \frac{s}{\cos\theta}\right) \tag{4-62}$$

上述公式表明，单作用叶片泵的排量、流量与叶片泵的偏心距 e 成正比，只要改变定子与转子的偏心距即可实现叶片泵的变量，这是除轴向柱塞泵以外其他液压泵所难以实现的宝贵变量特性。

二、单作用变量叶片泵的变量方式及原理

由上述分析可知，叶片泵的排量随偏心距 e 的改变而变化。要改变偏心距 e，只能靠移动定子来实现，因为转子的位置已被原动机的轴所固定。改变偏心距的方式可分为手动调节控制或自动调节控制。目前使用最多的方法是依靠叶片泵本身的油压力来推动定子移动。

根据液压力作用方式的不同，单作用叶片泵的变量方式可分为内反馈式和外反馈式两类。

1. 利用定子内侧不平衡液压力实现变量（内反馈式）

这种变量控制方法的基本结构原理如图 4-21 所示。定子 3 的左边是调压弹簧 2，初始状态时，弹簧力将定子环推到最右边位置，这时偏心量 e 最大，叶片泵的排量最大。定子环的最大偏心量由定子右边的流量调节螺栓 5 调节限定。定子上方是支承滑块 6。

定子、转子的右上部是压油区，左下部是吸油区。当叶片泵工作时，由于负载压力的作用，定子环内侧表面将产生一个倾斜向上作用的不平衡径向液压力 F_0，该力可分解为相互垂直的两个分力 F_1 和 F_2，其中垂直向上的分力 F_1 由支承滑块 6 承受，水平向左的分力 F_2 由调压弹簧 2 承受。当叶片泵的工作压力升高到使水平分力 F_2 超过弹簧预紧力时，定子环将克服弹簧力向左移动，使偏心量 e 自动减小，从而减小叶片泵的排量。工作压力越高，则偏心量越小，叶片泵的输出流量也越小，直至偏心量等于零，此时叶片泵的排量变为零。实际使用时，不允许偏心量减小为零，当偏心量减小到很小时应停止变量，使叶片泵保持微小排量运转，以维持叶片泵的泄漏。这时叶片泵虽然处于有压状态，但其输出流量实际上已为零。

为了使作用于定子环内侧的不平衡径向液压力 F_0 不是垂直向上，而是向调压弹簧所在方位偏斜，以产生足够的水平分力 F_2，变量叶片泵的吸油腔、压油腔不应相对于转子、定子的水平中心线上下对称布置，而是应如图 4-21 所示那样沿逆时针方向偏转一个角度。

这种变量控制方法，是直接利用叶片泵工作容腔内的压力来推动定子的运动，以达到变量的目的，称为内反馈式。内反馈式变量叶片泵的 q-p 特性曲线如图 4-22 所示，图中 p_c 是开始变量的压力，称为截流压力，由调压弹簧和压力调节螺栓调整设定。p_d 是输出流量为零时的截止压力，即变量机构调整限定的最大压力。压力未达到截流压力 p_c 以前，叶片泵以全排量工作，输出流量随压力升高有微小下降，这是由于叶片泵的内泄漏逐渐增大而造成的。一旦压力超过 p_c，叶片泵即进入截流状态，输出流量随着压力的进一步升高而迅速减小。曲线下降特性段的斜率取决于调压弹簧的刚度。当压力升高到截止压力 p_d 时，液压系统将停止运动，但保持最大压力 p_d。

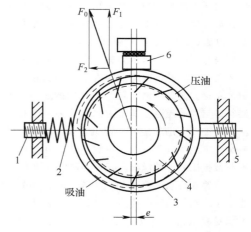

图 4-21 内反馈式变量叶片泵原理图
1—压力调节螺栓 2—调压弹簧 3—定子
4—转子 5—流量调节螺栓 6—支承滑块

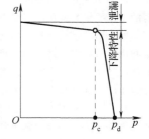

图 4-22 内反馈式变量叶片泵的 q-p 特性曲线

图 4-23 所示为调压弹簧刚度不同时，所得到的三种典型的流量-压力特性及相应的功率特性。曲线 A 的弹簧刚度较弱，近似为恒压型特性；曲线 C 的弹簧刚度最强，近似为恒功率型特性；曲线 B 的弹簧刚度稍强，为中间型特性。

上述内反馈式变量叶片泵的变量操纵力完全由调压弹簧承受，故变量控制的动态响应性能较差，且压力越大，响应性能越差。另外，由于吸油腔、压油腔偏转，使叶片泵的有效排量减少，流量脉动增大。因此，这种内反馈方式一般只用于压力小于 7.0MPa 的经济型小排量叶片泵。国产 YBN 型限压式变量泵属于

内反馈式变量泵，其最大压力为 7.0MPa，最大排量为 40mL/r。

2. 利用叶片泵出口压力和控制活塞实现变量（外反馈式）

这种变量控制方法的基本结构原理如图 4-24 所示。定子 7 外圆左、右两侧分别作用有大、小不等的两个活塞，二者面积比约为 2∶1。其中右边的小活塞 2 称为偏置活塞，其右侧常通叶片泵出口压力油。定子左边的大活塞 1 称为控制活塞，其左侧接控制油路，经压力补偿器 4 与叶片泵出口或油箱相连。定子上方仍设有支承块 6。

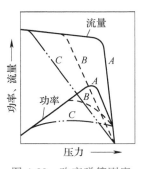

图 4-23　改变弹簧刚度
时的变量特性

与内反馈式叶片泵不同的是，外反馈式叶片泵的压油区和吸油区相对于水平中心线上、下对称分布。压油区作用在定子内表面的不平衡径向液压力垂直向上，由支承块 6 承受。

叶片泵运转时，若其工作压力较低，则调压弹簧 9 使压力补偿器阀芯处于图示位置，叶片泵的出口压力通过控制油路同时作用于定子左、右两边的大、小活塞上。由于左边活塞的作用面积大于右边活塞，所以定子被推向右边，并被两个活塞的液压力差可靠地固定在最大偏心位置上，此时叶片泵的排量最大。最大偏心量 e 由流量调节螺栓 10 调整限定。

当叶片泵的工作压力升高到压力补偿器调压弹簧所限定的压力时，补偿器的阀芯在右端压力油的作用下克服弹簧力左移，使大活塞左端原来作用的压力油通过压力补偿器阀口与油箱连通，其压力降低为零。于是定子在右侧小活塞的推动下迅速左移，使偏心量 e 减小，叶片泵的排量减小，直至接近于零偏心位置。这时叶片泵仅以微小排量补充截止压力下的泄漏，其对外输出流量为零。

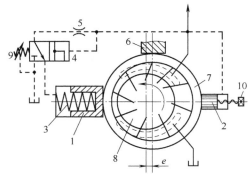

弹簧 3 是刚度很小的软弹簧，其作用只是当叶片泵停止工作或刚起动时，使定子环固定在最大偏心位置上，并不承受液压力。一旦叶片泵建立起压力，定子环便在大、小活塞的液压力作用下稳固地保持自己的位置。

图 4-24　外反馈式变量叶片泵原理图

1—控制活塞（大活塞）　2—偏置活塞（小活塞）
3—弹簧（软弹簧）　4—压力补偿器　5—阻尼孔
6—支承块　7—定子　8—转子
9—调压弹簧　10—流量调节螺栓

固定阻尼孔 5 的作用是在压力补偿器 4 阀芯左移、控制活塞 1 左腔卸压的情况下，维持阀芯右端的控制压力，并改善控制回路的稳定性。

这种实现变量运动的方法是将叶片泵的出口压力引到定子外侧的变量活塞上，从而产生使定子移动所需的变量操纵力，所以习惯上称为外反馈式。

外反馈式带压力补偿器变量叶片泵的 q-p 特性曲线与图 4-22 所示的特性曲线相似。但由于定子的移动是利用压力补偿器通过对变量活塞回油进行控制的液压方式来实现的，而不是如前述内反馈式变量叶片泵那样由弹簧来直接平衡变量操纵力，所以变量运动非常灵敏，q-p 曲线下降段具有垂直特性，起始截流压力与截止压力非常接近。这种特性称为恒压变量特性。

利用图 4-24 中的流量调节螺栓 10 可以调节定子的最大偏心量，从而可以实现 q-p 曲线的上、下平移。通过调整压力补偿器中调压弹簧 9 的预紧力，可以实现 q-p 曲线垂直下降段的左、右平移。

外反馈式变量控制由于利用压力补偿器实现对变量活塞的先导控制作用，调压弹簧 9 只需平衡作用于压力补偿器阀芯右端的控制压力，故该阀芯直径很小，并且移动行程很短，所以即使叶片泵的工作压力等级较高，需要平衡的液压力也不是很大，弹簧不致太硬。而且该弹簧的刚度并不直接影响 q-p 特性曲线下降段的斜率。这种变量控制的方法能用于较高的压力等级，而且其动态响应性能较好。

实践证明，如果不采用压力补偿器进行先导控制，只是简单地进行直接控制，即由弹簧直接平衡使定子移动的液压力，结果是变量控制很不灵敏，动态响应性能差，而且不能承受高压。

目前高性能单作用变量叶片泵几乎毫无例外地采用外反馈式带压力补偿器的变量控制方案。德国力士乐公司生产的 V4、V5 型高压变量叶片泵（国内已引进）均属于外反馈式变量泵，它们具有工作压力高、

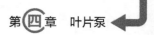

噪声较低、变量调节功能多、动态响应性能好等优点。

思考题和习题

4-1 试分别说明双作用叶片泵及单作用叶片泵的工作原理、结构特点及优缺点。

4-2 提高双作用叶片泵性能所存在的主要技术难题是什么？应采取的技术措施有哪些？

4-3 为什么双作用叶片泵的叶片数应为偶数？而单作用叶片泵的叶片数应为奇数？

4-4 传统观点认为，双作用叶片泵的叶片应相对转动方向前倾安放，而单作用叶片泵的叶片应后倾安放，其理论依据是否正确？为什么？

4-5 双作用叶片泵的定子过渡曲线有什么作用？它对叶片泵的性能有何影响？比较图 4-5 和图 4-7 中各种过渡曲线的优缺点。

4-6 为什么说 8 次定子过渡曲线是完全无冲击的低噪声曲线？

4-7 试说明单作用叶片泵的变量控制方式及其原理。

4-8 内反馈式变量叶片泵的 q-p 特性曲线应如何调节？

4-9 外反馈式变量叶片泵的 q-p 特性曲线应如何调节？

4-10 国产某 YB 型双作用叶片泵的最大工作压力 $p_{max} = 6.3\text{MPa}$，叶片宽度 $B = 24\text{mm}$，叶片厚度 $s = 2.25\text{mm}$，叶片数 $z = 12$，叶片倾角 $\theta = 13°$，定子曲线长径 $R = 49\text{mm}$，短径 $r = 43\text{mm}$，叶片泵的容积效率 $\eta_V = 0.90$，机械效率 $\eta_m = 0.90$，叶片泵轴的转速 $n = 960\text{r/min}$。试求：

（1）叶片泵的实际流量是多少？

（2）叶片泵的输出功率是多少？

4-11 单作用变量叶片泵的转子半径 $R_0 = 41.5\text{mm}$，定子半径 $R = 44.5\text{mm}$，叶片宽度 $B = 30\text{mm}$，转子与定子间的最小间隙 $\delta = 0.5\text{mm}$。试求：

（1）当排量 $V = 16\text{cm}^3/\text{r}$ 时，其偏心量是多少？

（2）此叶片泵允许的最大排量是多少？

4-12 某机床液压系统采用限压式变量叶片泵，其 q-p 特性曲线如图 4-22 所示。该叶片泵的总效率 $\eta = 0.7$。如机床在工作进给时，叶片泵的压力 $p = 4.5\text{MPa}$，输出流量 $q = 2.5\text{L/min}$；在快速移动时，叶片泵的压力 $p = 2\text{MPa}$，输出流量 $q = 20\text{L/min}$。试问：

（1）该限压式变量泵的 q-p 特性曲线应调节成何种图形？

（2）该叶片泵所需的最大驱动功率为多少？

第五章

轴向柱塞泵

柱塞式液压泵（简称柱塞泵）是靠柱塞在缸孔内的往复运动改变柱塞缸内的容积来实现吸液和压液的液压泵。与其他容积式泵相比，它具有以下优点：

1）工作参数高。常用压力达 20~40MPa，超高压泵可达 70MPa 以上；常用排量为每转几毫升到数百毫升，大排量泵可达每转数千毫升；常用柱塞泵的驱动功率在 200kW 以下，大功率柱塞泵可达 500kW 以上。

2）效率高。其容积效率可达 95% 以上，总效率可达 90% 以上。

3）变量方便，变量形式较多。利用变量柱塞泵可较容易地实现液压系统的功率调节和无级变速。

4）使用寿命长。柱塞泵内轴承的设计寿命一般为 2000~5000h，柱塞泵的使用寿命可达 10000h 以上。

5）可以使用不同的工作介质。

6）单位功率的质量比较轻。

柱塞泵主要有以下缺点：

1）结构较复杂，零件数量多。

2）制造工艺要求高，价格较贵。

3）除阀配流柱塞泵外，一般对液压介质的污染比较敏感，因此，对使用和维护的技术水平要求较高。

按柱塞在缸孔中排列方式的不同，可将柱塞泵分为径向式和轴向式两大类。由于径向柱塞泵的结构比较复杂，径向尺寸大，自吸能力差，并且配流轴受液压不平衡力的影响，易于磨损，限制了其转速和工作压力的提高，因此在许多场合已逐渐被轴向柱塞泵所代替。但低速大转矩液压马达主要采取径向柱塞式（见第六章）。

本章主要介绍轴向柱塞泵。在高压、大流量、大功率的系统中以及流量需要调节的场合，轴向柱塞泵得到了广泛应用。

第一节　轴向柱塞泵的工作原理及结构特点

轴向柱塞泵按其配流方式可分为端面配流（即配流盘配流）和阀配流两类。配流盘配流的轴向柱塞泵又可按其结构特点分为斜盘式（又称直轴式）和斜轴式（又称摆缸式）两类。斜盘式泵又有点接触型和带滑靴型之分，还有非通轴（半轴）型和通轴型之分。

一、阀配流轴向柱塞泵

图 5-1 所示为阀配流轴向柱塞泵的工作原理图。斜盘 1 的旋转迫使柱塞 2 做轴向往复运动。当柱塞 2 在行程终点改变运动方向时，单向阀 4 和 5 会随吸入过程泵腔中压力的降低和排出过程泵腔中压力的升高而

自动地开起和关闭，实现配流。这种配流方式的优点是阀门的配流可自动进行，压力越高，阀门关闭得越紧，泄漏少，而且对液体的润滑性能要求低。实际上，阀配流轴向柱塞泵在油压传动中并不常用，原因如下：

1）配流阀的单向性使柱塞泵失去了可逆性，不能作为液压马达使用。

2）液压泵由高速原动机带动。在其高速工作时，阀门在启闭过程中容易产生撞击和动作滞后现象。

3）为了使结构紧凑、流量均匀，柱塞式液压泵均为多柱塞结构。由于要求所配备的配流阀数为柱塞数的二倍，使得结构比较复杂。

但当需要提供超高压或输送黏度低、润滑性能差的介质（如水、高水基介质等）时，阀配流轴向柱塞泵有非常好的适应性；另外，它还具有较好的抗污染性能。目前国内外所生产的超高压海（淡）水液压泵几乎都采用阀配流形式。

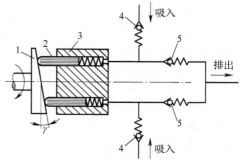

图 5-1　阀配流轴向柱塞泵工作原理图
1—斜盘　2—柱塞　3—缸体
4—单向阀（吸入阀）　5—单向阀（排出阀）

二、斜盘式（直轴式）轴向柱塞泵

1. 工作原理

斜盘式轴向柱塞泵的工作原理如图 5-2 所示。柱塞 3 安装在缸体 4 内均匀分布的柱塞孔中，柱塞 3 的头部安装有滑靴 2，由于回程机构（图中未画出）的作用，迫使滑靴底部始终贴着斜盘 1 的表面运动。斜盘表面相对于缸体平面（A—A 面）有一倾斜角，当缸体 4 带动柱塞旋转时，柱塞在柱塞孔内做直线往复运动。为了使柱塞的运动和吸油路、压油路的切换实现准确的配合，在缸体的配流端面和泵的吸油通道、压油通道之间安放了一个固定不动的配流部件——配流盘 5。配流盘上开有两个弧形通道，即腰形配流窗口。配流盘的正面和缸体配流端面紧密贴合，并且相对滑动；而在配流盘的背面，应使两腰形配流窗口分别和泵的吸油路、压油路相通。

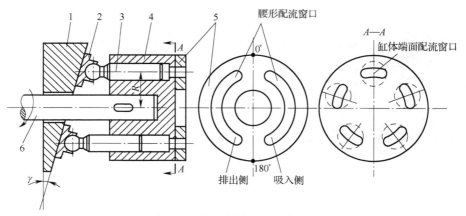

图 5-2　端面配流斜盘式轴向柱塞泵工作原理图
1—斜盘　2—滑靴　3—柱塞　4—缸体　5—配流盘　6—传动轴

如果缸体按图示方向旋转，在 0°～180° 范围内，柱塞由上死点（对应 0° 位置）开始伸出，柱塞腔容积不断扩大，直至下死点（对应 180° 位置）为止。在这一过程中，柱塞腔刚好与配流盘 5 的吸油窗口相通，油液被不断地吸入柱塞腔内，这就是吸油过程。随着缸体的继续旋转，在 180°～360° 范围内，柱塞在斜盘的约束下由下死点开始缩回腔内，柱塞腔容积不断减小，直至上死点为止。在这一过程中，柱塞腔刚好与配流盘 5 的压油窗口相通，油液通过压油窗口排出，这就是压油过程。由此可见，缸体每转一周，每个柱塞进行半周吸油和半周压油。如果柱塞泵不断旋转，便可连续不断地吸油和压油。改变斜盘倾角即可改变柱塞泵的排量。

2. 滑靴及回程机构

在图5-1所示的阀配流轴向柱塞泵中，柱塞头部以球面点接触的方式工作，这必然会产生较大的接触应力，所以这种结构只适用于压力不太大的情况。对于高压斜盘式轴向柱塞泵，一般都在柱塞头部加放一个比柱塞直径稍大的平面做支承，这就是所谓的滑靴（图5-3中件2）。滑靴与斜盘是轴向柱塞泵中重要的摩擦副。

为了进一步减小滑靴底部的接触应力，如图5-3所示，在滑靴2底面开有油室，将柱塞泵中的压力油引入其中，使来自柱塞腔的推力与该油室中的油压力相平衡。这种方法称为静压平衡。静压平衡是液压技术中非常重要而且有效的方法，对减小接触应力和磨损起着重要作用，是液压元件设计中经常使用的基本方法。

斜盘式轴向柱塞泵中，压油过程可借助斜盘推动柱塞强制缩回，但吸油过程必须依靠其他的回程机构使柱塞外伸。图5-3和图5-4所示为斜盘式轴向柱塞泵中常见的弹簧回程机构和机械强制回程（定隙回程）机构。

图5-3所示为非通轴泵的弹簧回程机构，它用中心弹簧4将缸体5压向配流盘（图中未画出），保证缸体与配流盘的初始密封。另外，以缸体为支承的弹簧4通过钢球3推压回程盘1，回程盘通过滑靴2强制柱塞回程，同时和柱塞、滑靴一起转动，迫使滑靴底面紧紧地压在斜盘表面上滑动。

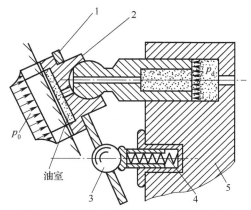

图 5-3 滑靴和非通轴泵的弹簧回程机构
1—回程盘 2—滑靴 3—钢球 4—弹簧 5—缸体

图5-4a所示为通轴泵弹簧回程机构。中心弹簧5通过垫圈6把缸体压向配流盘，同时通过垫圈4推动推杆3把球铰2压向回程盘1，回程盘再通过滑靴带动柱塞回程。

图5-4b所示为定隙回程机构。使用螺钉将压板固定在斜盘上，用恒定间隙 Δs 控制回程盘的自由度，使滑靴带动柱塞回程。通常 $\Delta s=0.01\sim0.02$mm。定隙回程机构在通轴泵和非通轴泵中均可使用。

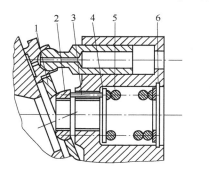 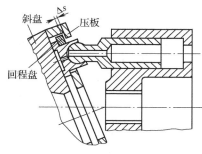

a)   b)

图 5-4 斜盘式轴向柱塞泵柱塞回程机构
a）通轴泵弹簧回程机构 b）定隙回程机构
1—回程盘 2—球铰 3—推杆 4、6—垫圈 5—弹簧

3. 典型结构

图5-5所示为国产手动变量斜盘式轴向柱塞泵结构图。其额定工作压力达32MPa。它由主体结构和手动变量机构两部分组成。柱塞头部采用滑靴结构，柱塞回程采用中心弹簧回程机构。当传动轴6带动缸体4做高速旋转时，在弹簧8、回程盘3、滑靴9等部件的作用下，柱塞5在缸孔中既随缸体高速旋转，又做轴向往复运动，使缸孔内的封闭容积发生周期性变化，并通过配流盘7完成吸油和压油。

图5-5所示的柱塞泵为非通轴（半轴）结构，所以必须安装大轴承10对缸体加以支承。由于安装在缸体头部的大轴承不宜用于高速，所以使柱塞泵转速的提高受到限制，同时维护也比较困难。这个大轴承不

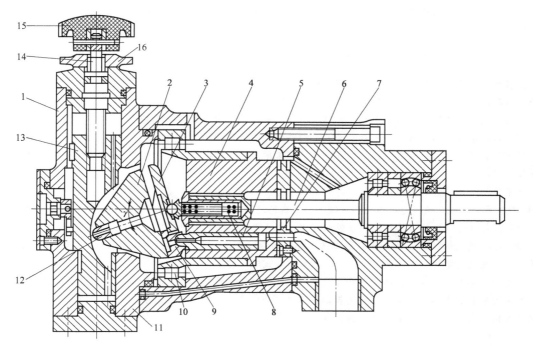

图 5-5　SCY14—1B 型斜盘式轴向柱塞泵结构图

1—变量机构　2—斜盘　3—回程盘　4—缸体　5—柱塞　6—传动轴　7—配流盘
8—弹簧　9—滑靴　10—缸外大轴承　11—泵后盖　12—轴销
13—变量活塞　14—阀杆　15—手轮　16—螺母

仅是一个巨大的噪声源，而且是影响柱塞泵寿命和工作可靠性的薄弱环节。

为了避免非通轴泵的上述缺点，可采用图 5-6 所示的通轴型斜盘式轴向柱塞泵结构：去掉缸体外大轴承，将半轴改为通轴，通轴两端由滚动轴承支承。这样不仅改善了传动轴的受力状态，又为柱塞泵转速的提高创造了有利条件。当通轴泵用于闭式回路时，在传动轴的另一端还可以安装摆线泵或齿轮泵作为补油泵。

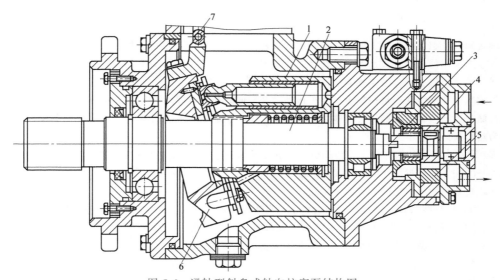

图 5-6　通轴型斜盘式轴向柱塞泵结构图

1—缸体　2—传动轴　3—联轴器　4、5—辅助泵内、外转子　6—斜盘　7—变量机构

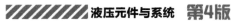

上述端面配流斜盘式轴向柱塞泵的结构相对比较简单，工作可靠，具有可逆性，可作为液压马达使用，因此应用广泛。

三、斜轴式（摆缸式）轴向柱塞泵

斜轴式轴向柱塞泵是指缸体轴线与传动轴轴线相交成一定夹角的轴向柱塞泵。这类泵通常采用配流盘配流，其配流盘一般为球面配流盘，但也有采用平面配流盘结构的。

根据传动轴驱动缸体方式的不同，斜轴式轴向柱塞泵可分为双铰型和无铰型两类。早期多采用铰式传动，即在传动轴和缸体上各有一个万向轴，传动轴通过万向轴驱动缸体转动。由于万向轴传动的结构和制造工艺复杂，成本高，现在应用很少，只在要求缸体角速度和输出轴角速度完全保持同步的少数液压传动中采用。

当前广泛采用的是用连杆传动代替万向轴传动的无万向轴型端面配流斜轴式轴向柱塞泵，其工作原理如图 5-7 所示。柱塞 3 通过连杆 6 上的球铰 2 固接在传动轴的法兰盘上。当传动轴旋转时，带动连杆 6、柱塞 3 以及缸体 4 一同旋转。传动轴的轴线和缸体 4 的轴线相交成一个角度 β，在转动中，位于法兰盘上的连杆球铰中心 A 至缸体端面 m 的距离在每一转中都周期性地变化一次，柱塞则相应地完成一次往复运动。由于传动轴轴线相对缸体轴线是倾斜的，所以称为斜轴式轴向柱塞泵。

在斜轴式轴向柱塞泵中，球铰中心 A 在法兰盘上的轨迹圆在缸体轴线垂直面上的投影是一个椭圆，而柱塞上球铰中心 B 的轨迹在这个方向的投影仍为其分布圆本身（图 5-7）。因此，不允许将柱塞与法兰盘直接刚性连接，而应采用两端都是球铰的、可在空间自由摆动的连杆 6 将它们连接起来。

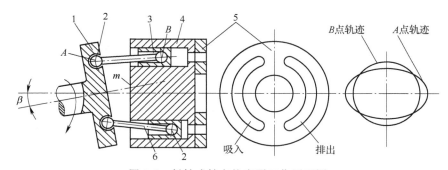

图 5-7　斜轴式轴向柱塞泵工作原理图

1—传动轴法兰盘　2—球铰　3—柱塞　4—缸体　5—配流盘　6—连杆

斜轴式轴向柱塞泵传动轴上的法兰盘除了要通过连杆推动柱塞往复运动外，还要带动缸体与之同步转动。目前普遍采用的传动方式是使连杆在推动柱塞运动的同时，本身略有倾斜，与缸孔内壁接触，克服作用在缸体上的摩擦阻力矩，强制推动缸体转动。

斜轴式轴向柱塞泵在变量过程中，由于传动轴是与原动机轴连接在一起的，所以不能靠改变传动轴上法兰盘的倾角进行变量，只能通过缸体摆动来改变 β 角，从而达到变量的目的。所以变量斜轴式轴向柱塞泵又称为摆缸泵。

图 5-8 所示为我国从德国力士乐公司引进的 A2F 型斜轴式定量轴向柱塞泵，其额定压力为 35MPa，排量为 $9.4 \sim 500 \text{mL/r}$，转速为 $1200 \sim 5000 \text{r/min}$。

与斜盘式泵相比，斜轴式泵有如下特点：

1）由于连杆轴线与柱塞轴线之间的夹角小，有效地改善了柱塞与缸孔之间的摩擦磨损状况。

2）由于柱塞副受力状况的改善，允许斜轴式泵有较大的倾角，一般为 25°，最大可达 45°，可实现较大范围内的变速。而斜盘式泵的倾角受径向力的限制，一般小于 20°。

3）缸体所受的倾覆力矩小，缸体端面与配流盘贴合均匀，泄漏及摩擦损失小，容积效率及机械效率较高。作为液压马达时，起动特性较好。

斜轴式泵具有以下缺点：

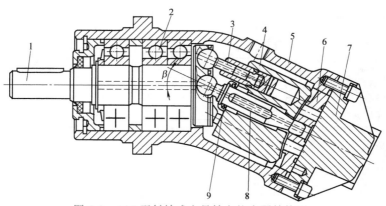

图 5-8　A2F 型斜轴式定量轴向柱塞泵结构图

1—主轴　2—轴承组　3—连杆柱塞副　4—缸体
5—壳体　6—球面配流盘　7—后盖　8—中心轴　9—碟形弹簧

1）斜轴式泵的传动轴要承受很大的轴向力和径向力，轴承寿命成为其薄弱环节。

2）体积较大，结构比较复杂。特别是作为变量泵时，缸体需要较大的摆动空间。

3）变量机构需要驱动缸体摆动来实现变量，由于惯性大，变量响应速度较慢，而且变量泵的噪声较大。

4）斜轴式泵不能做成通轴泵，所以难以做成双联泵或多联泵。

因此，在相当长的一段时间内，对于中小排量（250mL/r 以下）的需求，斜盘式泵占有优势；对于大排量（500mL/r 以上）的需求，斜轴式泵则占有优势。

第二节　斜盘式轴向柱塞泵的运动学分析及流量计算

斜盘式轴向柱塞泵运动学分析的主要内容是分析柱塞的运动规律。掌握柱塞的运动规律是进一步分析轴向柱塞泵排量、流量及其变化规律的基础。这些分析结果又是设计斜盘式轴向柱塞泵的依据。

一、柱塞运动学分析

柱塞泵在一定斜盘倾角下工作时，柱塞一方面与缸体一起旋转，沿缸体平面做圆周运动，另一方面又相对缸体做往复直线运动。这两个运动的合成使柱塞轴线上任一点的运动轨迹呈一个椭圆。此外，柱塞还可能因摩擦产生相对于缸体绕其自身轴线的自转运动，但此运动使柱塞的磨损和润滑趋于均匀。

1. 柱塞行程（位移）s

图 5-9 所示为带滑靴的斜盘泵柱塞运动学分析简图，其柱塞分布圆半径为 R、斜盘倾角为 γ。如果以柱塞腔容积最大（即行程最大）时的上死点（$\varphi = 0°$）作为柱塞位移的计算起点，那么对应于任一旋转角度 φ 时，柱塞位移 s 可表示为

$$s = h\tan\gamma$$

将 $h = R - R\cos\varphi$，代入上式得

$$s = R(1 - \cos\varphi)\tan\gamma \tag{5-1}$$

当柱塞旋转到下死点（$\varphi = 180°$）位置时，柱塞位移最大，有

$$s_{max} = 2R\tan\gamma \tag{5-2}$$

2. 柱塞在缸体中的轴向运动速度 v 及加速度 a

将式（5-1）对时间求导，可得柱塞的运动速度 v 为

$$v = \frac{ds}{dt} = \frac{ds}{d\varphi}\frac{d\varphi}{dt} = R\omega\tan\gamma\sin\varphi = \frac{s_{max}\omega}{2}\sin\varphi \tag{5-3}$$

式中　ω——缸体旋转角速度（rad/s）。

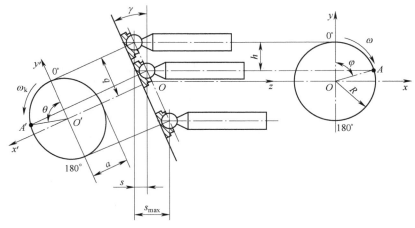

图 5-9　斜盘泵柱塞运动学分析简图

当 $\varphi = 90°$ 及 $270°$ 时，$\sin\varphi = \pm1$，柱塞的轴向速度达到最大值，故得

$$|v_{max}| = R\omega\tan\gamma \tag{5-4}$$

将式（5-3）对时间求导，可得柱塞相对缸体的轴向运动加速度为

$$a = \frac{\mathrm{d}v}{\mathrm{d}t} = R\omega^2\tan\gamma\cos\varphi = \frac{s_{max}\omega^2}{2}\cos\varphi \tag{5-5}$$

当 $\varphi = 0°$ 及 $180°$ 时，$\cos\varphi = \pm1$，故得柱塞轴向加速度的最大值为

$$|a_{max}| = R\omega^2\tan\gamma \tag{5-6}$$

柱塞的位移 s、速度 v、加速度 a 与转角 φ 的关系如图 5-10 所示，它们都是按简谐运动规律变化的。

3. 滑靴运动分析

研究滑靴的运动主要是分析滑靴球窝中心 A（即柱塞球头中心）在斜盘 $x'O'y'$ 平面上的运动规律（图 5-9）。

设柱塞球头中心 A 在缸体平面 xOy 上的坐标为

$$x = R\sin\varphi$$
$$y = R\cos\varphi \tag{5-7}$$

那么，A 点在斜盘 $x'O'y'$ 平面上的对应位置 A' 的坐标为

$$x' = R\sin\varphi$$
$$y' = \frac{R}{\cos\gamma}\cos\varphi \tag{5-8}$$

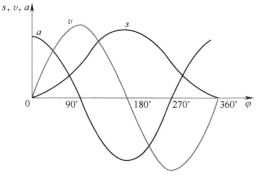

图 5-10　斜盘泵柱塞运动特性图

A' 点的运动轨迹为一椭圆，椭圆轴的短半径及长半径分别为：

当 $\theta = 90°$ 和 $270°$（对应 $\varphi = 90°$ 和 $270°$）时，$x' = R = a$（椭圆短轴半径）

当 $\theta = 0°$ 和 $180°$（对应 $\varphi = 0°$ 和 $180°$）时，$y' = R/\cos\gamma = b$（椭圆长轴半径）

椭圆的大小决定了回程盘的几何尺寸。

二、斜盘式轴向柱塞泵的排量及流量计算公式

斜盘式轴向柱塞泵的缸体每旋转一周，每个柱塞往复一次，完成一次吸油和压油。设柱塞泵的柱塞数为 z，每个柱塞的最大位移为 s_{max}，则柱塞泵每转的排量 V（单位为 $\mathrm{cm^3/r}$）为

$$V = Azs_{max} = \frac{\pi d^2}{2}zR\tan\gamma \tag{5-9}$$

柱塞泵的理论流量 q_t（单位为 cm^3/min）及实际流量 q（单位为 cm^3/min）分别为

$$q_t = 2AznR\tan\gamma = \frac{\pi d^2}{2}znR\tan\gamma \tag{5-10}$$

$$q = \frac{\pi d^2}{2}znR\eta_V\tan\gamma \tag{5-11}$$

式中　A——柱塞横截面面积（cm^2）；

　　　d——柱塞直径（cm）；

　　　z——柱塞数；

　　　R——柱塞分布圆半径（cm）；

　s_{max}——柱塞轴向最大位移（cm）；

　　　γ——斜盘倾角；

　　　n——缸体转速（r/min）；

　　η_V——柱塞泵的容积效率，$\eta_V = q/q_t$。

三、斜盘式轴向柱塞泵的流量分析

由式（5-3）可知，斜盘式泵柱塞的轴向运动速度是按照正弦规律随缸体转角变化的，所以单个柱塞排出的流量也同样是按照正弦规律变化的，并且是间断排液。实际上，轴向柱塞泵为多柱塞结构，多个在缸体上均匀分布的柱塞同时工作，它们排出的流量汇合在一起，叠加出一个比较均匀的总流量。通过以下分析计算后可知，增加柱塞数 z 可使流量均匀，采用奇数柱塞比偶数柱塞能得到更均匀的流量。

柱塞泵的瞬时流量 q_{sh} 可表示为

$$q_{sh} = \sum_{i=1}^{z_0} Av_i = AR\omega\tan\gamma \sum_{i=1}^{z_0} \sin\varphi_i \tag{5-12}$$

式中　z_0——同时处于压液位置的柱塞数；

　　　φ_i——第 i 个处于压液位置的柱塞相对于上死点的转角；

　　　v_i——第 i 个处于压液位置的柱塞的轴向运动速度。

显然，计算瞬时流量的关键是求出式（5-12）中的正弦函数的和。即

$$\sum_{i=1}^{z_0} \sin\varphi_i = \sin\varphi_1 + \sin(\varphi_1 + 2\alpha) + \cdots + \sin[\varphi_1 + 2\alpha(z_0 - 1)] \tag{5-13}$$

式中　2α——缸体内两相邻柱塞间所夹圆心角，$2\alpha = \frac{2\pi}{z}$。

对于式（5-13）中的正弦函数之和，可以采用数学解析法或图解法求出。前者通过对正弦函数的数学运算，求出柱塞泵瞬时流量的计算式，但比较繁杂。这里将采用比较简单、直观的图解法来求解式（5-13）中正弦函数之和。两种方法所得结果相同。

如图 5-11 所示，当柱塞孔处于上死点时，设缸体转角 $\varphi = 0$。以缸体中心 O 为圆心作 $r = 1$ 的单位圆，并由 O 向缸体柱塞孔中心方向引出单位矢径 $\overrightarrow{O1}$、$\overrightarrow{O2}$、$\overrightarrow{O3}$、$\cdots$、$\overrightarrow{Oz}$。显然，它们在 x 轴上的投影长度分别等于 $\varphi = 0$ 时各单位矢径与 y 轴夹角的正弦值。将各单位矢量首尾相接，矢量相加。由于它们将圆周角等分，所以构成了封闭的、边数为 z 的正多边形。

现对 z 为偶数和奇数的两种情况分别进行讨论：

1. z 为偶数时瞬时流量的计算公式

z 为偶数时，矢量多边形的边数为偶数，同时参加压液的柱塞数 $z_0 = \frac{z}{2}$，即 $i = 1$、2、$\cdots$、$z/2$，其单位矢量之和 $\overrightarrow{OO'}$ 把矢量多边形平均分为两部分。当缸体从 $\varphi = 0$ 开始转动时，各单位矢量连同整个矢量多边形随之一起转动。为方便计算，取 O 点为转动中心，使矢量之和 $\overrightarrow{OO'}$ 绕 O 点转动，转过角度 φ。因矢量投影之和等于矢量和的投影，所以，此 φ 角对应的 $\overrightarrow{OO'}$ 在 x 轴上的投影长度正是式（5-13）所表示的正弦函数之和。

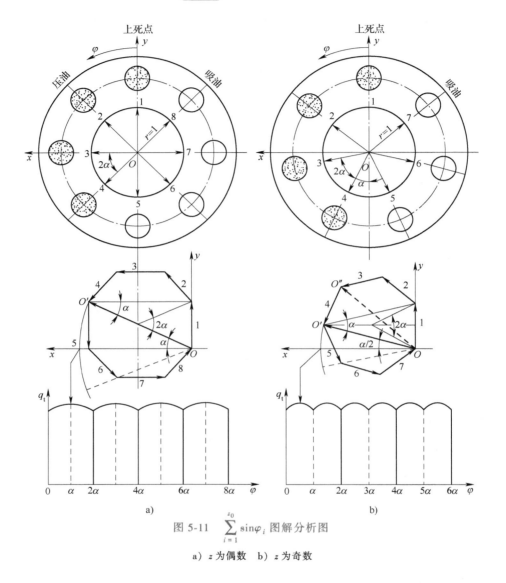

图 5-11 $\sum\limits_{i=1}^{z_0}\sin\varphi_i$ 图解分析图

a）z 为偶数　b）z 为奇数

当 $\varphi=0$，$\overrightarrow{OO'}$ 和 x 轴的夹角为 α 时，缸体转过角度 φ 后其夹角变为 $\alpha-\varphi$，所以

$$\sum_{i=1}^{z_0}\sin\varphi_i=\overrightarrow{OO'}\cos(\alpha-\varphi)=\frac{\cos(\alpha-\varphi)}{\sin\alpha} \tag{5-14}$$

将式（5-14）代入式（5-12），得出 z 为偶数时的瞬时流量计算公式为

$$q_{sh}=AR\omega\tan\gamma\,\frac{\cos(\alpha-\varphi)}{\sin\alpha} \tag{5-15}$$

显然，当 $\varphi=\alpha$ 时，瞬时流量 q_{sh} 达到最大值；当 $\varphi=2\alpha$ 时，q_{sh} 为最小值。q_{sh} 以 2α 为周期波动（图 5-11a）。

2. z 为奇数时瞬时流量的计算公式

z 为奇数时，矢量多边形的边数为奇数，同时参加压液的柱塞数 z_0 有以下两种情况：

1）在 $0\leqslant\varphi<\alpha$ 的前半周期角内，有 $z_0=\dfrac{z+1}{2}$ 个柱塞参与压液。当 $\varphi=0$ 时，它们的单位矢量之和 $\overrightarrow{OO'}$ 与 x 轴的夹角为 $\alpha/2$，缸体转过角度 φ 后，其夹角变为 $\alpha/2-\varphi$，所以

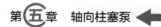
$$\sum_{i=1}^{z_0} \sin\varphi_i = \overrightarrow{OO'}\cos\left(\frac{\alpha}{2}-\varphi\right) = \frac{\cos(\alpha/2-\varphi)}{2\sin\frac{\alpha}{2}} \tag{5-16}$$

将式 (5-16) 代入式 (5-12)，得出其瞬时流量的计算公式为

$$q_{sh} = AR\omega\tan\gamma\,\frac{\cos(\alpha/2-\varphi)}{2\sin\frac{\alpha}{2}} \tag{5-17}$$

2) 在 $\alpha \le \varphi \le 2\alpha$ 的后半周期角内，有 $z_0 = \dfrac{z-1}{2}$ 个柱塞参与压液，它们的单位矢量之和 $\overrightarrow{OO''}$ 与 x 轴的夹角为 $\dfrac{3}{2}\alpha$，当缸体转过角度 φ 后，其夹角为 $\dfrac{3}{2}\alpha-\varphi$，所以

$$\sum_{i=1}^{z_0} \sin\varphi_i = \overrightarrow{OO''}\cos\left(\frac{3}{2}\alpha-\varphi\right) = \frac{\cos\left(\dfrac{3}{2}\alpha-\varphi\right)}{2\sin\dfrac{\alpha}{2}} \tag{5-18}$$

将式 (5-18) 代入式 (5-12)，得出其瞬时流量的计算公式为

$$q_{sh} = AR\omega\tan\gamma\,\frac{\cos\left(\dfrac{3}{2}\alpha-\varphi\right)}{2\sin\dfrac{\alpha}{2}} \tag{5-19}$$

显然，当 z 为奇数，$\varphi = \dfrac{\alpha}{2}$ 及 $\dfrac{3\alpha}{2}$ 时，瞬时流量 q_{sh} 达到最大值；当 $\varphi = 0$ 及 α 时，q_{sh} 为最小值。q_{sh} 以 α 为周期波动（图 5-11b）。

3. 瞬时流量的品质分析

1) 流量脉动频率 f_q。对于偶数柱塞泵，$f_q = zn/60$；对于奇数柱塞泵，$f_q = 2zn/60$。

2) 流量不均匀系数 δ_q。δ_q 可定义为瞬时流量最大值 q_{shmax} 和最小值 q_{shmin} 之差与理论平均流量 q_t 的比值。即

$$\delta_q = \frac{q_{shmax}-q_{shmin}}{q_t} \tag{5-20}$$

对于偶数柱塞泵，利用式 (5-15) 求出 q_{shmax} 和 q_{shmin}，利用式 (5-10) 得出 q_t，将它们代入式 (5-20)，即可得出偶数柱塞泵的瞬时流量不均匀系数为

$$\delta_q = \frac{\pi}{z}\tan\frac{\alpha}{2} = \frac{\pi}{z}\tan\frac{\pi}{2z} \tag{5-21}$$

对于奇数柱塞泵，利用式 (5-17) 或式 (5-19) 以及式 (5-10)，同样可得出其瞬时流量不均匀系数为

$$\delta_q = \frac{\pi}{2z}\tan\frac{\alpha}{4} = \frac{\pi}{2z}\tan\frac{\pi}{4z} \tag{5-22}$$

斜盘式轴向柱塞泵的流量不均匀系数 δ_q 与柱塞数的关系见表 5-1。可见，奇数柱塞泵的流量不均匀系数明显优于柱塞数相近的偶数柱塞泵，这即为轴向柱塞泵采用奇数柱塞的原因。从表 5-1 还可以看出，随着柱塞数的增加，流量不均匀系数 δ_q 逐渐减小。但当柱塞数较大时，δ_q 的减小并不显著。大多数轴向柱塞泵采用 7 个或 9 个柱塞，有些小排量柱塞泵采用 5 个柱塞。

表 5-1 斜盘式轴向柱塞泵的流量不均匀系数 δ_q 与柱塞数 z 的关系

z	奇 数					偶 数			
	5	7	9	11	13	6	8	10	12
δ_q（%）	4.98	2.53	1.53	1.02	0.73	13.9	7.8	4.98	3.45

由于柱塞泵内部或系统管路中存在液阻，流量脉动必然要引起压力脉动。这些脉动将使系统工作不稳定。另外，当流量脉动频率与管路系统的固有频率相近时，可能产生谐振。谐振时压力脉动可能很大，这

对系统的构件有极大的破坏性。因此，在设计液压泵和液压系统时，应采取必要的措施来抑制或吸收压力脉动，避免产生谐振。

第三节　斜盘式轴向柱塞泵的摩擦副之一——柱塞和缸体孔

摩擦副是轴向柱塞泵的关键部位，它对柱塞泵能否正常工作及其寿命有决定性影响，也是柱塞泵设计中的难点。由于结构上的不同，斜盘式轴向柱塞泵的摩擦副受力情况要比斜轴式轴向柱塞泵恶劣，在下面的几节中将以斜盘式轴向柱塞泵的摩擦副为重点，分析柱塞和缸体孔、滑靴和斜盘以及配流盘和缸体配流端面的工作情况。

一、柱塞和缸体孔间的密封间隙

柱塞和缸体孔形成的工作容腔是靠它们之间的环形间隙密封的。如图 5-12 所示，在侧向力 F_T 的作用下，柱塞在缸体孔内倾斜，使轴截面上环形间隙的偏心量在零和最大值间变化。由流体力学知识可知，当不考虑柱塞运动产生的剪切流动，并假定为层流时，每个柱塞密封间隙处的泄漏量 Δq 正比于密封间隙的三次方及密封长度的一次方。所以，减小密封间隙 δ 是减少泄漏的非常有效的措施。另外，增大密封长度 l_0 也可以成比例地减少泄漏。轴向柱塞泵在结构上允许 l_0 有足够的长度，依靠这一结构优势，实际上即使不采用过小的密封间隙 δ，也能保持较高的容积效率，这样还可以提高柱塞泵的抗污染能力，改善润滑条件，减小柱塞在缸体孔内运动时受到的黏性剪切阻力。

对于斜盘式轴向柱塞泵，通常取密封间隙 δ 为柱塞直径 d 的 0.5% 左右，为 $10 \sim 15\mu m$。另外，柱塞及其缸体孔的几何精度对其工作状况影响很大，应严格控制其圆度、圆柱度公差在 4 级以内，通常为 $2 \sim 3\mu m$。

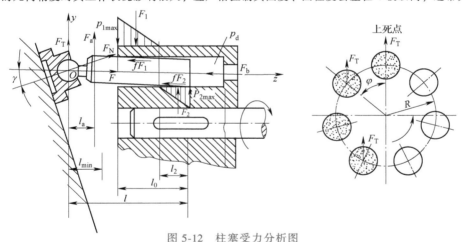

图 5-12　柱塞受力分析图

二、柱塞受力分析

柱塞和缸体孔构成了柱塞泵最基本的工作容腔。除此之外，斜盘式轴向柱塞泵的柱塞还要通过其圆柱表面在柱塞和缸体之间传递径向力，并且这种传力过程是在柱塞悬臂外伸状态下进行的，所以其受力情况要比斜轴式轴向柱塞泵恶劣。

1. 作用在柱塞上的力

柱塞在吸油过程和压油过程中的受力情况是不同的。下面主要分析柱塞在压油过程中的受力情况。如图 5-12 所示，作用在柱塞上的力有：

1）作用在柱塞底部的轴向液压力 F_b。F_b 的计算公式为

$$F_b = \frac{\pi}{4}d^2 p_d \tag{5-23}$$

式中 d——泵的柱塞直径；

　　　p_d——柱塞泵的压油压力。

2）轴向运动惯性力 F_g（图中未标出）。柱塞相对缸体做往复直线运动时，如有直线加速度 a，则柱塞的轴向惯性力 F_g 为

$$F_g = -m_z a = -\frac{G_z}{g} R\omega^2 \tan\gamma \cos\varphi \tag{5-24}$$

式中 m_z——柱塞和滑靴的总质量；

　　　G_z——柱塞和滑靴所受的总重力。

惯性力 F_g 的方向与加速度 a 的方向相反，随缸体旋转角 φ 按余弦规律变化。当 $\varphi = 0°$ 和 $180°$ 时，惯性力达到最大值，为

$$|F_{gmax}| = \frac{G_z}{g} R\omega^2 \tan\gamma \tag{5-25}$$

3）离心反力 F_a。柱塞随缸体绕主轴做等速圆周运动，存在向心加速度 a_r，产生的离心反力 F_a 为通过柱塞重心垂直于柱塞轴线的径向力，其值为

$$F_a = m_z a_r = \frac{G_z}{g} R\omega^2 \tag{5-26}$$

4）斜盘反力 F_N。斜盘反力 F_N 通过柱塞球头中心垂直作用于滑靴底面，可以分解为轴向力 F 及径向力 F_T，其值为

$$F = F_N \cos\gamma \tag{5-27}$$

$$F_T = F_N \sin\gamma \tag{5-28}$$

轴向力 F 与作用于柱塞底部的液压力 F_b 及其他轴向力相平衡；而径向力 F_T 不仅对主轴形成负载转矩，同时还使柱塞受到弯矩作用，与缸体孔产生很大的接触应力。

5）柱塞与柱塞腔之间的接触力 F_1 和 F_2。它们是接触应力 p_1 和 p_2 产生的合力。考虑到柱塞与柱塞腔壁的径向间隙远小于柱塞直径及柱塞在柱塞腔内的接触长度，因此，由垂直于柱塞轴线的径向力 F_T 和离心反力 F_a 引起的接触应力 p_1 和 p_2 可以近似看成是连续的呈直线分布的应力。

6）由 F_1、F_2 引起的摩擦力 F_f。F_f 的计算公式为

$$F_f = (F_1 + F_2)f \tag{5-29}$$

式中 f——摩擦因数，其值取决于对偶材料，如青铜与钢之间，$f = 0.1 \sim 0.15$，铸铁与钢之间，$f = 0.15 \sim 0.3$。

2. 求解 F_1、F_2 及 F_N

由图 5-12 可知，径向力 F_T 是悬臂地作用在柱塞头部，因此，在计算 F_1、F_2 及 F_N 时，应按柱塞在缸体孔中具有最小接触长度，即柱塞处于上死点位置时的最危险情况进行计算。此时计算 F_1、F_2 及 F_N 的方程组为

$$\sum F_y = 0 \quad F_N \sin\gamma - F_1 + F_2 + F_a = 0 \tag{5-30}$$

$$\sum F_z = 0 \quad F_N \cos\gamma - fF_1 - fF_2 - F_b - F_g = 0 \tag{5-31}$$

$$\sum M_O = 0 \quad F_1\left(l - l_0 + \frac{l_0 - l_2}{3}\right) - F_2\left(l - \frac{l_2}{3}\right) - fF_1\frac{d}{2} + fF_2\frac{d}{2} - F_a l_a = 0 \tag{5-32}$$

式中 l_0——柱塞在缸体孔中的最小接触长度；

　　　l——柱塞的名义长度；

　　　l_a——柱塞（含滑靴）重心至球心 O 的距离。

以上三个方程中，除 F_N、F_1 及 F_2 未知外，l_2 也未知，所以还需增加一个方程才能求解。

根据力分布三角形的相似原理可得出

$$\frac{p_{1max}}{p_{2max}} = \frac{l_0 - l_2}{l_2} \quad 或 \quad \frac{F_1}{F_2} = \frac{(l_0 - l_2)^2}{l_2^2} \tag{5-33}$$

将式（5-33）代入式（5-32）求解 l_2。为简化计算，因离心反力 F_a 相对很小，故略去式（5-32）中

$F_a l_a$ 一项，则可得出

$$l_2 = \frac{6l_0 l - 4l_0^2 - 3fdl_0}{12l - 6fd - 6l_0} \qquad (5\text{-}34)$$

将式（5-33）代入式（5-30）可得

$$F_1 = (F_N \sin\gamma + F_a) \left[1 + \frac{1}{\dfrac{(l_0 - l_2)^2}{l_2^2} - 1} \right] \qquad (5\text{-}35)$$

$$F_2 = (F_N \sin\gamma + F_a) \left[\frac{(l_0 - l_2)^2}{l_2^2} - 1 \right] \qquad (5\text{-}36)$$

将式（5-35）和式（5-36）代入式（5-31）可得

$$F_N = \frac{F_b + F_g + f\Phi F_a}{\cos\gamma - f\Phi\sin\gamma} \qquad (5\text{-}37)$$

式中　Φ——结构参数，其值为

$$\Phi = \left[\frac{(l_0 - l_2)^2}{l_2{}^2} + 1 \right] \bigg/ \left[\frac{(l_0 - l_2)^2}{l_2{}^2} - 1 \right]$$

三、柱塞设计

1. 柱塞的结构形式

轴向柱塞泵均采用圆柱形柱塞。根据柱塞头部结构不同，柱塞可分为以下三种形式：

1）点接触式柱塞。如图 5-13a 所示，这种柱塞头部为一球面，与斜盘成点接触。由于接触应力大，易磨损，不能承受较大工作压力，因此现在很少应用。

2）线接触式柱塞。如图 5-13b 所示，柱塞头部装有摆动头，摆动头下部球体可绕柱塞球窝中心摆动。摆动头上部是球面或平面，与斜盘保持线接触或面接触，以降低接触应力，提高柱塞泵的工作压力。摆动头与斜盘的接触面之间靠壳体腔内的油液润滑，相当于普通滑动轴承，其 pv 值必须限制在规定的范围内。

3）带滑靴的柱塞。如图 5-13c 所示，柱塞头部同样装有一个摆动头，称为滑靴，它可绕柱塞球头中心摆动。滑靴与斜盘间为面接触，接触应力小，能承受较高的工作压力。高压油液还可以通过柱塞中心孔及滑靴中心孔沿滑靴平面泄漏，保持与斜盘之间有一层油膜润滑，从而减少了摩擦和磨损，使寿命大大提高。目前此种形式在轴向柱塞泵中使用广泛。

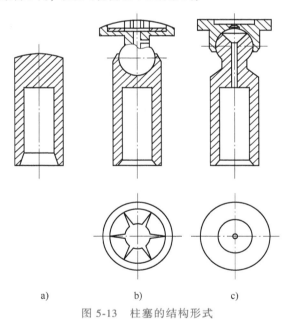

图 5-13　柱塞的结构形式

a）点接触式柱塞　b）线接触式柱塞　c）带滑靴的柱塞

从图 5-13 可见，三种形式的柱塞大多做成空心结构，以减轻柱塞质量，减小柱塞运动时的惯性力。但空心结构无疑增加了柱塞在吸油、压油过程中的剩余无效容积。在高压泵中，由于液体可压缩性的影响，无效容积会降低柱塞泵的容积效率，增加其压力脉动，影响调节过程的动态品质。为了减少柱塞中无效容积的危害，有的制造者在空心柱塞中填充塑料，有的则采用端部封闭的空心柱塞。

2. 柱塞直径 d 及柱塞分布圆直径 D

柱塞直径 d、柱塞分布圆直径 D 和柱塞数 z 是互相关联的。根据统计资料，在缸体上各柱塞孔直径 d 所占的弧长约为分布圆周长 πD 的 $50\% \sim 80\%$，即 $\dfrac{zd}{\pi D} = 0.5 \sim 0.8$，由此可得出

$$m = \frac{D}{d} \approx \frac{z}{(0.5 \sim 0.8)\pi}$$

当柱塞泵的理论流量 q_t 和转速 n 根据使用工况条件选定之后，根据理论流量公式（5-10），初步得出柱塞直径 d 及柱塞分布圆直径 D：

$$d = \sqrt[3]{\frac{4q_t}{m\pi zn\tan\gamma}} \tag{5-38}$$

$$D = \frac{4q_t}{\pi d^2 zn\tan\gamma} \tag{5-39}$$

3. 柱塞名义长度 l

由于柱塞球头中心作用有很大的径向力 F_T，为使柱塞不致被卡死以及保持足够的密封长度，应保证柱塞有足够的留孔长度 l_0。当工作压力 $p_d \leqslant 20\text{MPa}$ 时，一般取 $l_0 = (1.4 \sim 1.8)d$；当 $p_d \geqslant 30\text{MPa}$ 时，取 $l_0 = (2 \sim 2.5)d$。d 为柱塞直径，过大的 l_0 值，会使泵的轴向尺寸增大。

因此，柱塞名义长度 l 应满足 $l \geqslant l_0 + s_{\max} + l_{\min}$。其中，$s_{\max}$ 为柱塞最大行程；$l_{\min}$ 为柱塞最小外伸长度，一般取 $l_{\min} = 0.2d$。

根据经验数据，当 $p_d \leqslant 20\text{MPa}$ 时，一般取 $l = (2.7 \sim 3.5)d$；当 $p_d \geqslant 30\text{MPa}$ 时，取 $l = (3.2 \sim 4.2)d$。d 为柱塞直径。

4. 柱塞球头直径 d_h 及均压槽

柱塞球头直径比柱塞直径略小，一般取 $d_h = (0.7 \sim 0.8)d$。柱塞颈部直径一般比柱塞球头直径还要小一些，选取后要进行强度校核。对于高压泵，颈部直径经常是其薄弱环节。

以前通常要在柱塞表面加工深 $0.3 \sim 0.8\text{mm}$、宽 $0.3 \sim 0.7\text{mm}$、间距 $2 \sim 10\text{mm}$ 的环形均压槽，希望它能起均衡侧向力、改善润滑条件及储存污染物的作用。

实际上，由于柱塞所受的径向力很大，均压槽的作用并不明显，反而容易划伤缸体孔内表面。因此，目前许多高压柱塞泵的柱塞表面不再开设均压槽。

5. 柱塞—缸体孔摩擦副比压 p、比功 pv 的验算

对于柱塞与缸体孔这对摩擦副，过大的接触应力不仅会增加摩擦副之间的磨损，甚至经常使缸体孔口被磨成喇叭形，导致泄漏增加，而且还可能压伤柱塞或缸体。因此，其比压应控制在摩擦副材料允许的范围内。验算时，应取柱塞伸出最长时的最大接触应力作为计算值，其值应满足

$$p_{\max} = \frac{2F_1}{d(l_0 - l_2)} \leqslant [p] \tag{5-40}$$

柱塞相对缸体的最大运动速度 $v_{\max}$ 应在摩擦副材料的允许范围内，由式（5-4）可得

$$v_{\max} = R\omega\tan\gamma \leqslant [v] \tag{5-41}$$

由式（5-40）、式（5-41）可得柱塞—缸体孔摩擦副的最大比功 $p_{\max}v_{\max}$ 为

$$p_{\max}v_{\max} = \frac{2F_1}{d(l_0 - l_2)}R\omega\tan\gamma \leqslant [pv] \tag{5-42}$$

式（5-40）~式（5-42）中的许用比压 $[p]$、许用速度 $[v]$ 及许用比功 $[pv]$ 的值均根据所选摩擦副材料而定。

正确地选择摩擦副对偶材料及热处理条件是保证摩擦副工作可靠的前提。摩擦副应当有高硬度的工作表面，而且配对的两种材料的硬度应有明显的差别，以利于保护表面润滑膜。柱塞材料多为渗碳钢，在渗碳、淬火后得到高硬度、耐磨的表面和较软、冲击韧度好的心部，以防止柱塞折断。缸体材料可相应地选用相对较软的青铜，有时也采用球墨铸铁。

第四节　斜盘式轴向柱塞泵的摩擦副之二——滑靴和斜盘

滑靴和斜盘是斜盘式轴向柱塞泵中比较关键的一对摩擦副。滑靴不仅承受的压紧力 F_N 比柱塞的液压

推力 F_b 大，而且还要在斜盘上高速滑动，如果设计不当，则可能导致严重磨损和泄漏，对柱塞泵的工作可靠性有很大影响。

一、滑靴的静压平衡原理

为了减小接触比压和磨损，在滑靴的设计上广泛采用静压平衡方法。如图 5-14 所示，通过柱塞中心的小孔将排出侧的压力油引入滑靴底面的油室，使其所产生的液压支承力 F_0 和压紧力 F_N 相平衡。这种基于柱塞泵本身供油压力的支承方式的优点是 F_0 的变化基本上与 F_N 的变化同步，在工况变化时，不会因为柱塞泵工作压力的变化而破坏滑靴的受力平衡状态。

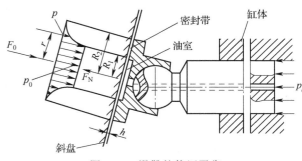

图 5-14 滑靴的静压平衡

在结构上，油室外圈是环形的密封带，在密封带与斜盘间形成极薄的油膜，通过改变油膜厚度 h，可以控制油室中压力油的泄漏。

试验表明，滑靴的液压支承力 F_0 是由半径为 R_1 的中间油室的液压支承力 F_1 和密封带下的液压支承力 F_2 共同形成的。由图 5-14 可得

$$F_0 = F_1 + F_2 = \pi R_1^2 p_0 + \int_{R_1}^{R_2} p 2\pi r dr \tag{5-43}$$

式中　p_0——中间油室内的压力；

R_1、R_2——密封带的内半径和外半径；

　　　r——密封带宽度上的某一半径；

　　　p——在半径 r 处的压力。

为了计算出式（5-43）所表示的 F_0，必须知道密封带中沿半径方向压力 p 的变化规律。为此，假定油膜厚度是均匀的，即密封带和斜盘表面间构成均匀的环形间隙 h。根据流体力学知识可知，如果假设为层流，那么环形平行平板间隙中离心流动的流量为

$$q = \frac{\pi h^3}{6\mu \ln(R_2/R_1)} p_0 \tag{5-44}$$

式中　μ——油液的动力黏度。

这里认为滑靴外部 R_2 处的压力为零。根据流动的连续性原理，式（5-44）应对任一半径 r 都成立，即有

$$q = \frac{\pi h^3}{6\mu \ln(R_2/r)} p \tag{5-45}$$

由式（5-44）和式（5-45）可以得出

$$p = p_0 \frac{\ln(R_2/r)}{\ln(R_2/R_1)} \tag{5-46}$$

式（5-46）表明，密封带中的压力按对数规律分布，并且这种分布规律具有固定性，不受间隙 h 大小的影响。

将式（5-46）代入式（5-43），经过积分运算后可得出滑靴液压支承力的计算公式为

$$F_0 = \frac{\pi(R_2^2 - R_1^2)}{2\ln(R_2/R_1)} p_0 \tag{5-47}$$

根据 F_0 相对于 F_N 的大小不同，滑靴存在以下两种不同的平衡状态：

（1）不完全平衡型静压支承　在 $F_0 < F_N$ 的情况下，压紧力 F_N 的大部分被 F_0 平衡掉，但还有一小部分剩余压紧力（$F_N - F_0$）将滑靴压在斜盘上，使滑靴紧贴斜盘表面滑动。从实现液压力平衡的角度看，这种存在剩余压紧力的平衡状态称为欠平衡状态。在欠平衡状态下，摩擦副表面仍然存在油膜，只不过其厚度

较薄，不足以防止金属表面的微凸体穿过油膜而产生金属表面的直接接触，使摩擦副处于边界润滑状态。在这种情况下，滑靴和斜盘间的名义间隙为零，摩擦损失较大，机械效率会降低。但如果能选择适当的剩余压紧力，由它所产生的接触应力也不会太大，仍能保持较高的总效率和较长的工作寿命。

（2）完全平衡型静压支承（或简称静压支承）

1）静压支承的工作原理。如果把滑靴的尺寸 R_1、R_2 增大到一定程度，就会出现 $F_0 \geqslant F_N$，从而不再保持欠平衡的情况。在这种情况下，假如不采取措施，滑靴将被油压推离斜盘，出现大量泄漏而无法工作。另外，由式（5-47）可知，对于一定几何尺寸的滑靴而言，其支承力 F_0 是一定的，如果油室压力 p_0 不变，则 F_0 也不会变。但在实际工作中，压紧力 F_N 是经常变化的，这样就会使滑靴处于受力不平衡状态而无法正常工作。

如果像图 5-15 所示的那样，在通向滑靴底面油室的油路上设置一个固定阻尼器（细长管或节流小孔），使滑靴具有双重阻尼，即进口固定阻尼及出口可变间隙阻尼，情况就完全不同了。

由图 5-15 可知，当压紧力 F_N 增大时，密封间隙 h 减小，泄漏量减少。因为通过固定阻尼器的流量与通过密封间隙 h 的泄漏量是相等的，所以，泄漏量的减少会使通过固定阻尼器的压降减小，从而导致油室中的压力 p_0 增加，F_0 增加，直到与压紧力 F_N 相等时，达到新的平衡。反之，当压紧力 F_N 减小时，情况类似。这样就可以保证当压紧力 F_N 发生变化时，支承力 F_0 也随之发生相应的变化，这两个力始终在允许的油膜厚度下保持平衡，既不会使支承面发生固体接触，也不会使支承面产生过大的间隙而造成大量泄漏。这就是所谓完全平衡型滑靴的工作原理。

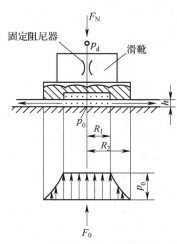

图 5-15 静压支承的工作原理图

2）静压支承的工作特性。既然静压支承可以看成是进口固定阻尼与支承面可变间隙阻尼的串联组合，那么就可以利用阻尼器的压力-流量特性方程来分析静压支承的工作特性。

静压支承滑靴中的固定阻尼器多采用细长阻尼管，设其长度为 l，半径为 r_0，流动状态为层流，根据圆管层流流量计算公式，可得到通过阻尼管的流量为

$$q = R_c(p_d - p_0) \tag{5-48}$$

$$R_c = \frac{\pi r_0^4}{8\mu l}$$

式中　p_d、p_0——供油压力及油室压力。

对于通过图 5-15 中环形间隙 h 的泄漏量，如果认为出口压力为零，则可以按式（5-44）计算，即

$$q = kh^3 p_0 \tag{5-49}$$

其中

$$k = \frac{\pi}{6\mu \ln(R_2/R_1)}$$

根据流量连续性原理，由式（5-48）和式（5-49）可以得出

$$\frac{p_0}{p_d} = \frac{F_0}{F_d} = \frac{1}{1 + \dfrac{k}{R_c}h^3} = \frac{1}{1 + mh^3} \tag{5-50}$$

式中　F_0——间隙为 h 时的支承力；

$\quad\quad F_d$——当 $h = 0$，$p_0 = p_d$ 时的支承力；

$\quad\quad m$——静压支承滑靴的结构参数，$m = \dfrac{k}{R_c} = \dfrac{4l}{3r_0^4 \ln(R_2/R_1)}$，对于一个既定的静压支承而言，$m$ 为

　　常数。

由式（5-50）可知，对于既定的静压支承，在输入压力 p_d 不变的情况下，由于外负载力增加而使油膜

厚度 h 减小时，油室压力 p_0 及支承力 F_0 将按式（5-50）的定量关系增大；反之亦然。式（5-50）称为静压支承的特性方程。

为了更清楚地表达静压支承的工作特性，可按式（5-50）画出如图 5-16 所示的曲线。由图 5-16 可知，m 值越大，曲线越陡，这说明油膜厚度 h 的少量变化会带来 F_0/F_d 值的显著变化，即油室压力 p_0 的显著变化。这对为了适应外负载力的改变，在新的油膜厚度下相应改变支承面的承载能力是十分有利的。由图 5-16 所示曲线还可看出，在油膜厚度 h 小于 0.01mm 和大于 0.04mm 的范围内，曲线较平坦，这说明适应外负载力变化的能力较弱。这即为静压支承的油膜厚度一般应选择在 $h = 0.01 \sim 0.04$mm 范围内的原因。

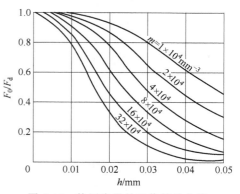

图 5-16 静压支承的工作特性曲线

二、滑靴设计

（1）剩余压紧力法 上述的完全平衡型静压支承滑靴多年来颇受人们重视，但目前主要限于理想状态，在实际的柱塞泵中较少采用。其原因如下：

1）滑靴上的作用力计算不准，其摩擦力、离心力、惯性力等都是随滑靴的运动轨迹而变化的。

2）滑靴既有沿斜盘的滑动，也有绕柱塞球头的自转运动，这使滑靴由于受到本身离心力的作用而可能产生倾斜。滑靴底部的油膜及油室中的存油也受到离心力的作用。因此，滑靴底面的油膜不是平行的，而往往是楔形油膜，其外侧厚、内侧薄。所以，关于滑靴底面油膜为平行油膜的假定是不符合实际情况的。

3）柱塞泵在实际运转中经常受到冲击负荷的作用，并且还包括起动和停止的工作状态，因此，要保持稳定的油膜，实际上是不可能的。

4）阻尼管制造困难，而且容易堵塞，这样会使静压平衡失去作用，造成运动副烧伤。

5）即使能使负载力与支承力基本达到平衡，但仍无法平衡作用于滑靴上的倾覆力矩，无法解决滑靴在倾覆力矩作用下发生的偏磨。

因此，目前广泛采用的仍然是剩余压紧力设计法，完全平衡型静压支承滑靴是一种理想的润滑状况，虽然国内外已有大量研究成果，但仍值得开展进一步研究和探索，使它可能在斜盘式柱塞泵中得到成功应用。关于静压平衡滑靴的设计，详见参考文献［11］。

剩余压紧力设计法的实质是将柱塞缸中的压力油直接（没有阻尼）引入滑靴底部，使滑靴底部的液压支承力平衡掉 95% 左右的压紧力，剩余 5% 左右的压紧力使滑靴始终压向斜盘而不脱开。用这种方法设计的滑靴，虽然不像静压平衡滑靴那样能达到完全静压平衡，但由于滑靴底面存在泄漏，能够形成一定的润滑条件，可使柱塞泵的机械效率高达 95% 以上。

用剩余压紧力法设计滑靴比较简单，其步骤如下：

1）根据经验，初选 $R_1 + R_2 = d$。其中 R_1 和 R_2 为滑靴底部密封带的内、外半径，d 为柱塞直径。

2）推荐取 $R_2 - R_1 \approx (0.1 \sim 0.15)d$，直径较大的滑靴取较小值，直径较小的滑靴取较大值。

3）压紧系数的确定。压紧力 F_N 与液压支承力 F_0 之比定义为压紧系数，记作 ε，即 $\varepsilon = \dfrac{F_N}{F_0}$。为计算简便起见，可以近似地认为 $F_N = \dfrac{\pi d^2}{4} p_d / \cos\gamma$。$F_0$ 可按式（5-47）计算，但应取 $p_0 = p_d$。

压紧系数 ε 直接反映了剩余压紧力的大小，决定了滑靴对斜盘的压紧程度，从而也决定了滑靴的摩擦功率损失。因此，压紧系数是用剩余压紧力法设计滑靴时的主要设计参数。

压紧系数的确定原则：从力矩平衡出发，保证滑靴在不倾斜、不偏磨的条件下，紧贴在斜盘表面上滑动而不脱开。但由于受力分析上的困难，很难从理论上确定最佳压紧系数。在柱塞泵的设计中，往往根据试验和经验数值来确定。

压紧系数 ε 一般推荐取 1.05 左右。设计时可通过调整 R_1 和 R_2 来实现。对于变量泵，当斜盘倾角 $\gamma = 0$

时，取 $\varepsilon=1$ 或略小于 1，即取 $\varepsilon=0.99\sim1.00$。这样，当柱塞泵在斜盘倾角 $\gamma=18°\sim20°$ 范围内工作时，可使 ε 达到 $1.04\sim1.05$。

（2）滑靴的结构形式　图 5-17 所示为按剩余压紧力法设计的三种滑靴结构形式。图 5-17a 所示为滑靴基本结构，它包含密封带 3、通油孔 5 和油室 7。这是早期的滑靴结构形式。实践证明，此种结构的滑靴工作起来并不理想，必须附加一些其他改进措施才能很好地工作。图 5-17b 和图 5-17c 所示分别为国外及国内两种斜盘泵中采用的滑靴结构，其主要特点如下：

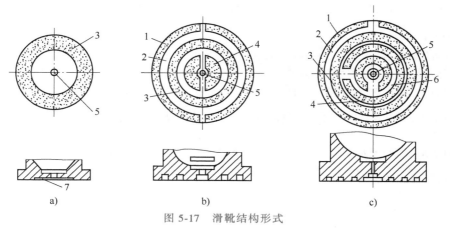

图 5-17　滑靴结构形式

1—外辅助支承　2—泄油槽　3—密封带　4—内辅助支承　5—通油孔　6—通油槽　7—油室

1）增设内辅助支承面，可减小滑靴底面的接触比压。试验证明，滑靴底部油室内压力的建立较柱塞腔内油压的建立有一个滞后时间，在柱塞泵起动期间，密封带将承受柱塞腔油压产生的全部压紧力，而不是剩余压紧力，因此，密封带的接触比压相当大，势必加剧磨损。在密封带内侧加上一个或几个内辅助支承环带后，不仅能降低柱塞泵起动期间的接触比压，在进入正常运转后，同样也能降低由剩余压紧力所产生的接触比压。

在内辅助支承的环形面上，均开有较大的通油缺口，其目的是使环形支承面内外的压力保持一致，即要使辅助支承面上作用的油压与周围油室的压力相同。所以，增加辅助支承后，不会影响油室压力，即增设了内辅助支承后，不会降低液压支承力，只是减小了支承面上的接触比压。

2）增设外辅助支承面，可保护密封带。滑靴可能会出现倾斜而导致密封带产生偏磨，因此在密封带外面加设一道断开的外辅助支承环面，这样即使滑靴倾斜出现某些偏磨时，也不会影响密封带而破坏滑靴的平衡设计，从而延长了滑靴的使用寿命。断开的外辅助支承面周围的压力为零，它不会增大液压支承力。

3）密封带宽度减小。剩余压紧力滑靴的泄漏很少，没必要采用很宽的密封带。特别是在剩余压紧力很大，对磨表面很光滑的情况下，过宽的密封带下面往往不能建立起设计中假定的流体压力场，从而使液压支承力降低，这相当于增大了压紧系数，恶化了工作条件。因此，必须适当减小密封带宽度。密封带宽度减小会使接触比压增加，然而增设辅助支承面后可弥补这一欠缺。

以往滑靴密封带外径与内径之比一般为 $1.6\sim2.0$，现考虑到上述原因，以取 $1.1\sim1.2$ 为宜。

4）进油孔直径加大。对于剩余压紧力滑靴，柱塞球头进油孔和滑靴通油孔不宜过小，否则会产生较大压降，使液压支承力减小，从而加大了剩余压紧力，使磨损加剧。

5）采用耐磨性好的摩擦副材料。剩余压紧力的存在往往使摩擦副在边界润滑条件下工作，一定程度的磨损是难免的，因此，必须采用耐磨性能好的对偶材料。国产柱塞泵的滑靴多采用青铜或高强度黄铜制造，而斜盘多采用球墨铸铁淬火到 $45\sim50\text{HRC}$。

第五节　轴向柱塞泵最关键的摩擦副——配流盘和缸体配流端面

无论是在斜盘式还是斜轴式轴向柱塞泵中，旋转的缸体与配流盘所构成的配流机构都是一对极为关键

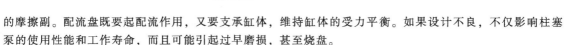

的摩擦副。配流盘既要起配流作用，又要支承缸体，维持缸体的受力平衡。如果设计不良，不仅影响柱塞泵的使用性能和工作寿命，而且可能引起过早磨损，甚至烧盘。

轴向柱塞泵柱塞孔中的液体压力，一方面把柱塞和滑靴（或柱塞和连杆）压向斜盘，另一方面又把缸体压向配流盘；而缸体和配流盘之间的液压支承力又试图把缸体推开。由于缸体与配流盘之间的泄漏边界比滑靴大得多，受力情况比滑靴复杂且恶劣得多，为了使柱塞泵具有较高的效率和较长的使用寿命，要求缸体与配流盘之间具有良好的密封性能和润滑性能，为此，必须正确地进行缸体与配流盘之间的平衡设计。

一、缸体上的轴向压紧力 F_p 及其力矩

1. 压紧力 F_p

压紧力由处在压油区柱塞腔中的高压油液作用在柱塞腔底部台阶面上，使缸体受到轴向力作用，并通过缸体作用到配油盘上。应当指出，除了高压油液产生的轴向压紧力以外，还有柱塞和缸体孔间的摩擦力、弹簧压紧力等。它们和 F_p 相比甚小，可以忽略不计。此外，在计算时近似认为吸油压力为零。

如本章第二节所述，柱塞在缸体中的轴向运动以 $2\alpha = \dfrac{2\pi}{z}$ 为周期变化。由于柱塞泵的柱塞数为奇数，如果缸体转角 φ 从上死点开始计算，那么在 $0 \le \varphi < \alpha$ 的前半周期角内，处于压液位置的柱塞数为 $z_0 = \dfrac{z+1}{2}$，这些柱塞对缸体产生的轴向压紧力为

$$F_{p1} = z_0 F_b = \frac{z+1}{2} F_b \tag{5-51}$$

在 $\alpha \le \varphi \le 2\alpha$ 的后半周期角内，处于压液位置的柱塞数 $z_0 = \dfrac{z-1}{2}$，这些柱塞对缸体产生的轴向压紧力为

$$F_{p2} = z_0 F_b = \frac{z-1}{2} F_b \tag{5-52}$$

式中　F_b——单个柱塞的轴向液压力，见式（5-23）。

平均压紧力 F_{pm} 为

$$F_{pm} = \frac{1}{2}(F_{p1} + F_{p2}) = \frac{1}{2} z F_b \tag{5-53}$$

2. 压紧力的作用点及力矩

轴向柱塞泵工作时，由于处于压油区的柱塞数和位置均随缸体转角 φ 变化，所以压紧力 F_p 的大小、作用点及其力矩也都随转角 φ 变化。

图 5-18 所示为在缸体转动过程中，柱塞轴向压紧力 F_p 作用点位置的运动轨迹。对这个轨迹可以作如下设想：在缸体转动的前、后两个半周期角内，z_0 各保持为常数，单个柱塞的轴向压紧力 F_b 的作用位置是柱塞孔中心，而各柱塞孔中心间的相对位置又是固定不变的，所以可以把合力 F_p 的作用位置想象成固定在缸体之上，并且随缸体一起转动，画出圆弧轨迹。轨迹圆弧共有两个，在前半周期角内的 $z_0 = \dfrac{z+1}{2}$

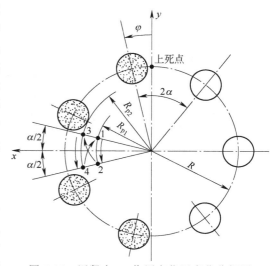

大于后半周期角内的 $z_0 = \dfrac{z-1}{2}$，对于压液柱塞所占圆周角，则前者大于后者。所以，前半周期角内 F_{p1} 的圆弧轨迹半径 R_{p1} 要小于后半周期角内的相应半径 R_{p2}。显然，在这两个半周期角内，z_0 个柱塞总是对称于 x 轴运动。所以，R_{p1}、R_{p2} 两个轨迹圆弧也都对

图 5-18　压紧力 F_p 作用点位置变化分析图

称于 x 轴，并且对应于圆心角 α。

为了求出 R_{p1}、R_{p2}，写出对 y 轴的力矩平衡方程式，即处于压油区的所有柱塞的轴向液压力 F_b 对 y 轴的力矩之和应等于其合力对 y 轴的力矩，所以得出

$$\sum_{i=1}^{z_0} F_b R \sin\varphi_i = z_0 F_b x \tag{5-54}$$

式中 R——柱塞分布圆半径；

x——合力 F_p 的作用点在 x 轴上的坐标。

有关 $\sum_{i=1}^{z_0} \sin\varphi_i$ 的求解，在本章第二节关于柱塞泵的瞬时流量分析中已经介绍过，如式（5-13）所示。

偶数柱塞泵与奇数柱塞泵的计算结果是不一样的，奇数柱塞泵在前、后半周期角内的结果也不一样。下面仅针对奇数柱塞泵进行讨论。

1）在 $0 \leqslant \varphi < \alpha$ 的前半周期角内，$z_0 = \dfrac{z+1}{2}$，将式（5-16）代入式（5-54），可得

$$x = \frac{R\cos(\alpha/2-\varphi)}{(z+1)\sin\alpha/2} \tag{5-55}$$

当 $\varphi = \alpha/2$ 时，$x = R_{p1}$，故得

$$R_{p1} = \frac{R}{(z+1)\sin\alpha/2} \tag{5-56}$$

2）在 $\alpha \leqslant \varphi \leqslant 2\alpha$ 的后半周期角内，$z_0 = \dfrac{z-1}{2}$，将式（5-18）代入式（5-54），可得

$$x = \frac{R\cos\left(\dfrac{3\alpha}{2}-\varphi\right)}{(z-1)\sin\alpha/2} \tag{5-57}$$

当 $\varphi = 3\alpha/2$ 时，$x = R_{p2}$，故得

$$R_{p2} = \frac{R}{(z-1)\sin\alpha/2} \tag{5-58}$$

由式（5-56）和式（5-58）可知，确实如前面分析的那样，$R_{p1} < R_{p2}$。当缸体旋转时，处于压油区的柱塞合力作用点从点 1 开始，经转角 $\alpha = \dfrac{\pi}{z}$，沿弧 $\overset{\frown}{12}$ 运动到点 2。当 $\varphi = \dfrac{\pi}{z}$ 时，合力作用点从点 2 跳到点 3，再经转角 $\dfrac{\pi}{z}$，沿弧 $\overset{\frown}{34}$ 运动到点 4，再跳回到点 1，如此反复循环摆动。因此，在一个完整的周期角内，合力作用点 1、2、3、4 的运动轨迹呈 "∞" 形（图 5-18）。

利用式（5-51）、式（5-56）及式（5-52）、式（5-58）即可分别求出在前、后半周期角内的压紧力矩。

二、配流盘对缸体的液压支承力 F_0 及其力矩

1. 液压支承力 F_0

配流盘是轴向柱塞泵的主要零件之一，用来隔离和分配吸油、压油以及承受由高速旋转缸体传递来的轴向载荷。不同类型的轴向柱塞泵使用的配流盘是有差别的，但其功用和基本结构相同。图 5-19 所示为常用配流盘基本结构图。

液压泵工作时，高速旋转的缸体与配流盘之间作用有一对方向相反的力，即前述的缸体柱塞腔中的高压油液所产生的对配流盘的压紧力 F_p，以及由配流窗口及密封带油膜力所产生的对缸体的液压支承力 F_0。

如图 5-20 所示，配流盘对缸体的液压支承力由三部分组成，即外密封带液压支承力、内密封带液压支承力和压油窗口高压油对缸体的液压支承力。下面的计算中，假设配流盘吸油窗口的压力为零，压油窗口的压力为柱塞泵的工作压力 p_d。

（1）外密封带中的压力分布 外密封带中的压力分布和前述滑靴密封带中的压力分布相同，参考式

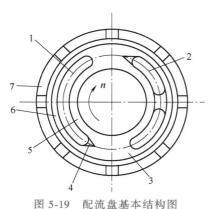

图 5-19　配流盘基本结构图

1—吸油窗口　2—压油窗口　3—过渡区
4—减振槽　5—内密封带　6—外密封带
7—辅助支承面

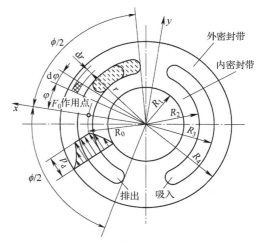

图 5-20　配流盘液压支承力的分布

（5-46）可知，外密封带中的压力在半径方向按对数规律分布。即

$$p = p_d \frac{\ln(R_4/r)}{\ln(R_4/R_3)} \tag{5-59}$$

式中　r——压力为 p 处的半径。

（2）内密封带中的压力分布　内密封带中的压力分布和外密封带相似，但内密封带中的间隙流动不是外密封带的源流流动，而是汇流流动，即向心收缩流动。在流动方向上是加速的，阻力逐渐增加，其压力分布图形上表现出 $\dfrac{\mathrm{d}^2 p}{\mathrm{d}r^2} < 0$ 的特点，压力分布规律为

$$p = p_d \frac{\ln(r/R_1)}{\ln(R_2/R_1)} \tag{5-60}$$

（3）配流盘对缸体作用的液压支承力 F_0　把配流盘压油窗口处的液压支承力以及内、外两密封带中的液压支承力加起来，即可得出配流盘对缸体作用的全部液压支承力 F_0。配流盘压油窗口处的压力为压油压力 p_d。另外，假设配流盘上压力区包角为 ϕ（图 5-20），利用式（5-59）及式（5-60）即可得到支承力 F_0 为

$$F_0 = \int_{R_2}^{R_3} p_d \phi r \mathrm{d}r + \int_{R_1}^{R_2} p_d \frac{\ln(r/R_1)}{\ln(R_2/R_1)} \phi r \mathrm{d}r + \int_{R_3}^{R_4} p_d \frac{\ln(R_4/r)}{\ln(R_4/R_3)} \phi r \mathrm{d}r$$

将上式整理后可得出 F_0 的计算公式为

$$F_0 = \frac{\phi}{4} \left[\frac{R_4^2 - R_3^2}{\ln(R_4/R_3)} - \frac{R_2^2 - R_1^2}{\ln(R_2/R_1)} \right] p_d \tag{5-61}$$

式中的 ϕ 是以 rad（弧度）为单位的配流盘压力区包角。需要注意的是，这里的 ϕ 角并不是指配流盘腰形配流窗口本身的包角大小，而是由配流盘的腰形配流窗口和缸体端面的小腰形配流窗口共同形成的扩大了的压力区包角。图 5-20 中虚线部分表示的就是一个缸体端面的配流窗口，整个缸体配流端面的形状如图 5-21 所示。

2. 液压支承力的力矩及作用点

求出配流盘对缸体的液压支承力 F_0 还不够，还要知道 F_0 的

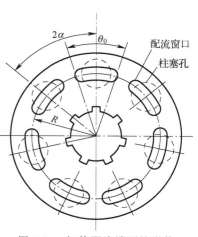

图 5-21　缸体配流端面的形状

作用位置，才能对缸体的受力平衡进行计算。由于对称性，F_0 的作用点肯定落在图 5-20 中 ϕ 角的角平分线上。为了确定 F_0 作用点的径向位置，取 ϕ 角的角平分线为 x 轴，并假设 F_0 作用点的半径为 R_0。根据合力的力矩等于分力力矩之和的原理，可得出

$$M_y = F_0 R_0 = M_{y1} + M_{y2} + M_{y3} \tag{5-62}$$

式中　M_y——F_0 对 y 轴的力矩；

M_{y1}、M_{y2}——外密封带、内密封带中的液压力对 y 轴的力矩；

M_{y3}——由包角为 ϕ 的配流盘窗口中的油压力所产生的液压支承力对 y 轴的力矩。

如图 5-20 所示，将密封带及配流盘窗口处微小扇形面积上的液压力对 y 轴的力矩积分，即可分别求出 M_{y1}、M_{y2} 和 M_{y3}。

对于外密封带

$$M_{y1} = 2\int_0^{\frac{\phi}{2}}\int_{R_3}^{R_4} pr^2 \,\mathrm{d}\varphi\,\mathrm{d}r\cos\varphi$$

将式（5-59）的 p 值代入上式，运算后可得

$$M_{y1} = 2p_d\left[\frac{R_4^3 - R_3^3}{9\ln(R_4/R_3)} - \frac{R_3^3}{3}\right]\sin\frac{\phi}{2} \tag{5-63}$$

对于内密封带，用类似方法，利用式（5-60）可得

$$M_{y2} = 2p_d\left[\frac{R_1^3 - R_2^3}{9\ln(R_2/R_1)} + \frac{R_2^3}{3}\right]\sin\frac{\phi}{2} \tag{5-64}$$

对于配流窗口处，同样可得

$$M_{y3} = 2p_d\left(\frac{R_3^3 - R_2^3}{3}\right)\sin\frac{\phi}{2} \tag{5-65}$$

将上面计算得出的 M_{y1}、M_{y2}、M_{y3} 相加，可得出

$$M_y = \frac{2}{9}p_d\left[\frac{R_4^3 - R_3^3}{9\ln(R_4/R_3)} - \frac{R_2^3 - R_1^3}{\ln(R_2/R_1)}\right]\sin\frac{\phi}{2} \tag{5-66}$$

将式（5-66）及式（5-61）代入式（5-62），即可得出配流盘对缸体液压支承力 F_0 的作用点半径为

$$R_0 = \frac{8}{9\phi}\left[\frac{(R_4^3 - R_3^3)\ln(R_2/R_1) - (R_2^3 - R_1^3)\ln(R_4/R_3)}{(R_4^2 - R_3^2)\ln(R_2/R_1) - (R_2^2 - R_1^2)\ln(R_4/R_3)}\right]\sin\frac{\phi}{2} \tag{5-67}$$

这样，利用式（5-61）、式（5-67）和后面将要介绍的式（5-68），即可计算出配流盘对缸体液压支承力 F_0 的大小和它的作用点。需要注意的是，在缸体转动过程中，配流盘上压力区包角 ϕ 由于受缸体端面柱塞腔吸油、压油窗口的影响而变化，所以 F_0 的大小及作用点并不是固定不变的。

3. 配流盘压油侧压力区包角 ϕ 的计算

由上述分析可以看出，液压支承力 F_0 及其力矩均与实际压力区包角 ϕ 有关。ϕ 应由配流盘腰形压油窗口和与其相连通的缸体端面小腰形配流窗口共同组成，如图 5-22 所示（图中的阴影线表示缸体端面的配流窗口）。

ϕ 是缸体转角 φ 的函数。图 5-22 所示为在缸体转动的前半周期过程中压力区包角 ϕ 的变化情况。图中缸体端面柱塞腔吸油、压油配流窗口的夹角为 θ_0，配流盘上吸油、压油窗口间的间隔角为 θ，两柱塞之间的夹角为 $2\alpha = \dfrac{2\pi}{z}$。当认为 $\theta \approx \theta_0$，$\theta_0 \geqslant \dfrac{3}{2}\alpha$，且柱塞数为奇数时，根据参考文献 [50]，可知 ϕ 的计算公式如下：

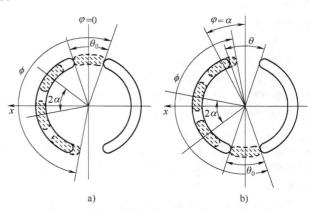

图 5-22　前半周期角内压力区包角 ϕ 的变化

a）$\varphi = 0$　b）$\varphi = \alpha$

当 $0 \leqslant \varphi < \alpha$ 时，　　　　　　　　　　$\phi = \pi + \theta_0 - \alpha$

当 $\alpha \leqslant \varphi < 3\alpha - \theta_0$ 时，　　　　　　　$\phi = \pi - \varphi$

当 $3\alpha - \theta_0 \leqslant \varphi < \theta_0$ 时，　　　　　$\phi = \pi - 3\alpha + \theta_0$

当 $\theta_0 \leqslant \varphi \leqslant 2\alpha$ 时，　　　　　　　$\phi = \pi - 3\alpha + \varphi$ 　　　　　　(5-68)

当 $\theta_0 = \theta$ 时，无论 z 为奇数或偶数，ϕ 的平均值均为

$$\phi_{\mathrm{m}} = \pi - \theta_0 \left(1 - \frac{\theta_0}{2\alpha} \right) \tag{5-69}$$

三、缸体的受力平衡分析

如前所述，配流盘要起配流和支承缸体的双重作用。因此在设计中，要始终注意维持缸体的受力平衡，不仅要保证缸体端面与配流盘之间相互贴紧，还要使其具有良好的润滑条件和适当的挤压受力状态。

前述的压紧力 F_{p} 将缸体压向配流盘，而液压支承力 F_0 将缸体推离配流盘。如果能使 $F_{\mathrm{p}} \approx F_0$，而且作用位置重合，那么缸体就处于理想的受力平衡状态。实际上，要保证 $F_{\mathrm{p}} \approx F_0$ 是可能的，但要使两者的作用位置永远重合是无法做到的。一旦 F_{p} 和 F_0 的作用线不重合，必然形成使缸体倾覆的力矩。而一般结构的斜盘式轴向柱塞泵的缸体是浮动的，柱塞泵的轴和轴承都没有支承和平衡外力矩的功能。倾覆力矩的存在将使柱塞泵无法正常地稳定工作。

下面分析奇数柱塞泵缸体的受力平衡状态，并且假设缸体端面配流窗口与配流盘吸油、压油窗口之间为零遮盖（无搭接、无重合），即 $\theta_0 = \theta$。缸体的运动是以 $2\alpha = \dfrac{2\pi}{z}$ 为周期变化的，2α 为相邻两柱塞间的夹角。

1. 当 $0 \leqslant \varphi < \alpha$ 时

图 5-22 所示为在缸体转动的前半周期过程中压力区包角 ϕ 的变化情况。图中缸体配流窗口（阴影线表示）的夹角为 θ_0，它直接影响到 ϕ 的变化。在结构上，必须使 $\theta_0 \leqslant 2\alpha$，否则缸体配流窗口将连通而失去密封性。另一方面，在设计中又要求尽量扩大 θ_0 以减少流动造成的压力损失和改善柱塞泵的吸油性能，因此在所有柱塞泵中，几乎都做成 $\theta_0 > \alpha$，即 $\theta_0 - \alpha > 0$。

由图 5-22 可知，在缸体转动的前半周期角内，包角为 ϕ 的压油区首、尾均被缸体端面的配流窗口所控制，因而 ϕ 的大小保持不变，并且整个压油区包角 ϕ 可看成随同缸体同步转动。这表明，液压反推力 F_0 在前半周期角内保持不变，并且其作用点随缸体同步转动，画出图 5-23a 所示的圆弧轨迹，其半径为 R_{01}。由于包角 ϕ 位置的变动对称于 x 轴，所以 F_0 和 F_{p} 的作用点轨迹是同相位、同步运动的。这样一来，在缸体转动的前半周期角内，缸体受力情况非常理想，只要在设计配流盘时适当地调整图 5-20 中的 R_1、R_2、R_3、R_4 等尺寸，不难做到使 F_{p} 与 F_0、$R_{\mathrm{p}1}$ 与 R_{01} 基本相等，从而保证缸体受力平衡，没有倾覆力矩出现。但在缸体转动的后半周期角内，受力情况则发生了很大变化。

2. 当 $\alpha \leqslant \varphi \leqslant 2\alpha$ 时

由图 5-22b 可知，当 $\varphi < \alpha$，即缸体继续旋转进入后半周期角以后，压油区包角 ϕ 的一端仍被缸体端面配流窗口所控制，而另一端则被配流盘的腰形配流窗口所限定，这时，不但 ϕ 角和 F_0 不断变化，而且 F_0 的作用点再也不能和缸体同步旋转。由式（5-67）可知，F_0 作用点半径 R_{02} 将随 ϕ 角的减小而外伸（图 5-23b）。

在缸体旋转的后半周期内，ϕ 角的变化情况比较复杂，根据式（5-67）和式（5-68）可算出对应于不同 φ 角的 R_{02}，如图 5-23b 所示。在这种情况下，R_{02} 不断变化，而 $R_{\mathrm{p}2}$ 沿圆弧运动，其值基本不变，因此，由于 F_{p} 和 F_0 的作用必将产生倾覆力矩。

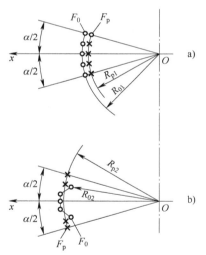

图 5-23　F_0 和 F_{p} 作用点轨迹的比较

a) $0 \leqslant \varphi < \alpha$　b) $\alpha \leqslant \varphi \leqslant 2\alpha$

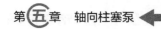

综上所述，在缸体旋转的前半周期角内，缸体平衡条件很好。困难的是在后半周期角内，F_0 和 F_p 的作用点轨迹不同步，两者之间有一定距离，虽然这个距离并不大，但 F_0 是一个很大的力，所产生的倾覆力矩也是较大的，而且是变化的。为了平衡这一倾覆力矩，实际上都采用剩余压紧力的设计方法，即依靠剩余压紧力 $\Delta F = F_p - F_0$ 所形成的反力矩去平衡其倾覆力矩，使缸体处于平衡状态。

四、配流盘的设计

1. 配流盘的剩余压紧力设计方法

关于配流盘设计的理论并不完善，设计出的配流盘必须经试验检验后方可使用。配流盘的剩余压紧力设计方法可参考以下步骤进行：

1）根据柱塞泵的设计要求，在确定了柱塞数 z、柱塞直径 d 和柱塞在缸体中的分布圆半径 R 后，可按下列经验方式初步确定配流盘的有关尺寸。

① 缸体和配流盘腰形槽中心的半径应小于（或等于）柱塞分布圆半径 R，两者之比可以在 0.7~1.0 之间选择（斜轴式泵选较小值）。

② 腰形槽宽度可选为柱塞直径的 1/3~1/2。

③ 配流盘内、外密封带的宽度可选为柱塞直径的 1/10~1/5。

④ 配流盘吸油和压油腰形槽之间的过渡区间隔角 θ 应等于或略大于缸体端面小腰形配流窗口夹角 θ_0。

2）验算通过腰形窗口的流速。自吸时，推荐通过配流盘腰形窗口的流速不大于 1~3m/s，缸体端面小腰形窗口中的流速应不大于 1.5m/s。

3）按上述经验方式初步确定配流盘尺寸后，用剩余压紧力方法进行配流盘与缸体之间的平衡设计。

① 按式（5-53）、式（5-61）及式（5-69）计算出作用于缸体上的平均压紧力 F_{pm} 及平均支承力 F_{0m}。

② 计算压紧系数 ε，其计算公式为

$$\varepsilon = \frac{(F_{pm} + F_s)}{F_{0m}} \tag{5-70}$$

式中　F_s——中心弹簧的预压紧力，为保证柱塞泵起动时能把缸体紧压在配流盘上，一般取弹簧力为 300~500N，也可取 $F_s = (0.03~0.05)F_{pm}$；

ε——缸体对配流盘的压紧系数，推荐 $\varepsilon = 1.05~1.10$。该值不能过大，否则将导致严重磨损，甚至"烧盘"。该值应根据计算，结合材质、表面处理等情况综合决定，最后通过试验修正。

③ 在初定配流盘尺寸及压紧系数 ε 后，验算在缸体旋转的后半周期角内的压紧力系数及压紧力矩系数，使这些系数的值均不小于 1。

在设计过程中，很难一下就能满足上述要求，一般要反复修正、调整各相关尺寸后，才能得出令人满意的结果。

4）缸体和配流盘材料的选择。

① 缸体材料。由于缸体受高速、交变的高压作用，因此对其材料有以下特殊要求：高强度，特别是高的疲劳强度；高耐磨性；较好的抗气蚀性能；良好的切削加工性能。

缸体材料应综合上述要求、柱塞泵的工作参数、制造成本等因素进行选择。例如，对于工作压力小于 16MPa 的轻型柱塞泵，可用球墨铸铁或粉末冶金制作缸体；对于工作压力为 16~32MPa 的重负荷轴向泵，可采用锡磷青铜、铝青铜或锰的质量分数为 2%~3% 的高强度黄铜，也可以采用双金属作为缸体材料；对于工作压力在 32MPa 以上的轴向柱塞泵，则宜采用双金属作为缸体材料。双金属缸体可以采用 35 钢或 45 钢做基体，在缸体孔或配流端面上浇铸或镶嵌铜合金，该铜合金可以用强度较低但耐磨性较好的锡铅青铜。

② 配流盘材料及热处理。由于和配流盘对偶的摩擦副零件是青铜缸体（个别情况为球墨铸铁），所以配流盘应当有很高的表面硬度，经常采用淬火钢和氮化钢。配流盘是一个很薄的盘形零件，在热处理过程中容易变形。尺寸较大的配流盘最好采用处理温度低、变形小的渗氮处理方法，这样可以得到较薄（通常厚度约为 0.3mm）但硬度较高（65HRC 以上）的耐磨表面，并且可防止变形过大。

5）验算比压 p、比功 pv。为了尽可能减小配流盘与缸体端面的接触应力，改善缸体与配流盘之间的润滑状态，配流盘应有足够大的支承面积。为此，可以在配流盘上设置由低压油液包围的外辅助支承

（图5-24），这样可以增大支承面积，减小接触比压。

在确定了缸体和配流盘这对摩擦副的材料和结构尺寸后，应验算其接触比压 p 和比功 pv，其值应在对偶材料的允许范围之内。

2. 配流盘过渡区设计

为了使配流盘吸油、压油窗口之间有可靠的隔离和密封，以前大多数配流盘均采用间隔角 θ 等于或略大于缸体端面柱塞通油孔包角 θ_0 的结构，称为零遮盖或正重叠型配流盘。对于这种结构的配流盘，当柱塞从低压腔接通高压腔时，柱塞腔内封闭的油液会受到瞬间压缩而产生冲击压力 Δp_d；当柱塞从高压腔接通低压腔时，封闭的油液会瞬间膨胀而产生一个类似的卸压冲击过程，如图5-25a所示。这种高、低压交替的压力冲击是柱塞泵产生噪声的主要原因，同时也会降低泵的流量脉动品质，影响泵的使用寿命。

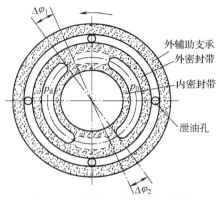

图 5-24　配流盘的外辅助支承

为了减少压力冲击，降低泵的噪声，希望柱塞腔在接通高、低压时，腔内压力能平稳过渡，从而避免压力冲击，如图5-25b所示。最常用的方法是偏转配流盘腰形窗口，如图5-24所示。

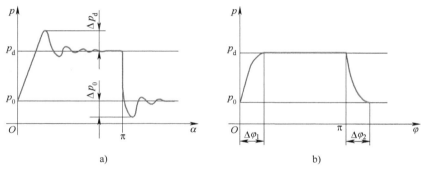

图 5-25　柱塞腔内压力的变化

（1）非对称型配流盘（图5-24）　由于配流窗口的偏转，使完成吸液后处于上死点位置的柱塞腔不立即和压液的腰形配流窗口接通，而是在缸体转过角度 $\Delta\varphi_1$ 的过程中，利用柱塞腔中的困油，使其压力由吸油压力 p_0 逐渐升到压油压力 p_d，然后再接通压油窗口，从而避免了压力的突变，减小了噪声。

设柱塞在上死点位置时腔内油液体积为 V，压力由 p_0 升到 p_d 时体积压缩量为 ΔV，则

$$\Delta V = V\frac{p_d - p_0}{E_0} = \frac{p_d - p_0}{E_0}\left(V_0 + \frac{\pi}{4}d^2 s_{max}\right) \tag{5-71}$$

式中　V_0——下死点位置柱塞腔内的封闭容积；

s_{max}——柱塞最大行程，由式（5-2）可知 $s_{max} = 2R\tan\gamma$；

E_0——油液的弹性模量，矿物型液压油的 $E_0 = (1.4 \sim 2) \times 10^3 \mathrm{MPa}$，水的 $E_0 = 2.4 \times 10^3 \mathrm{MPa}$。

为了使体积压缩量为 ΔV 时柱塞的必要行程为 Δs，根据式（5-1）可得

$$\Delta V = \frac{\pi}{4}d^2 \Delta s = \frac{\pi}{4}d^2 R\tan\gamma(1 - \cos\Delta\varphi_1) \tag{5-72}$$

将式（5-71）代入式（5-72），整理后可得

$$\cos\Delta\varphi_1 = 1 - 2\left(1 + \frac{2V_0}{\pi d^2 R\tan\gamma}\right)\frac{p_d - p_0}{E_0} \tag{5-73}$$

当柱塞处于下死点位置由压液转向吸液时，也同样会产生压力冲击和噪声，所以也应当使吸油腰形窗口偏离角度 $\Delta\varphi_2$，使柱塞腔中的高压液体经过预膨胀降压后再和低压的吸油腰形窗口接通。此时柱塞腔内的油液体积就是残留的封闭容积 V_0'。同理可求出

$$\cos\Delta\varphi_2 = 1 - \frac{4V_0'}{\pi d^2 R \tan\gamma} \frac{p_d - p_0}{E_0} \tag{5-74}$$

从式（5-74）可以看出，柱塞腔中残留的封闭容积 V_0' 越大，所需预膨胀角也越大，所以，减小 V_0' 是降低压力冲击的有效手段。另外，$\Delta\varphi_2$ 比 $\Delta\varphi_1$ 小得多。

上述偏转配流盘配流窗口方法的不足之处是，在柱塞泵的结构尺寸确定以后，$\Delta\varphi_1$ 和 $\Delta\varphi_2$ 的大小取决于吸油、压油压力差。然而柱塞泵的压油压力是经常随负载的变化而变化的。为了减少压力冲击，要求 $\Delta\varphi_1$ 和 $\Delta\varphi_2$ 也能随工作压力的变化而变化，这实现起来很困难。

（2）带卸荷槽或阻尼孔的非对称配流盘（图5-26）　实际中经常采用的方法是在腰形配流窗口偏转的闭死角 $\Delta\varphi$ 内，加工出如图5-26a所示的 V 形断面三角槽或如图5-26b所示的阻尼孔。

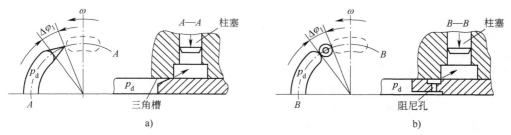

图 5-26　带卸荷槽或阻尼孔的非对称配流盘

a）V 形断面三角槽　b）阻尼孔

在缸体转过角度 $\Delta\varphi$ 的过程中，一方面靠封闭容积的预压缩使柱塞腔中的液体升压，另一方面靠配流盘排出侧的高压油经 V 形断面三角槽或阻尼孔倒灌入柱塞孔腔，使压缩腔中的油液升压。即

$$Av + q = \frac{V}{E_0} \frac{\mathrm{d}p}{\mathrm{d}t} \tag{5-75}$$

式中　A——柱塞横截面面积；

　　　　v——柱塞运动速度；

　　　　q——倒灌流量；

　　　　V——柱塞腔的容积。

由于倒灌作用的强弱随压力的高低变化，所以，将它和预压缩（或预膨胀）并用时，可以很好地起到调节作用，使其能适应工作压力变化的工况。

$\Delta\varphi$ 的大小可以通过理论计算得出，但最主要的还是要通过试验最后确定。$\Delta\varphi$ 通常取 $3° \sim 9°$。

配流盘腰形窗口偏移后使配流盘失去了对称性，所以，采用这种配流盘结构的柱塞泵不宜反转工作，也不能作为液压马达使用。

五、改进型配流盘

为了改善缸体和配流盘之间的受力平衡状况，在常规配流盘的基础上，有一些新的设计对配流盘的受力方式和润滑条件进行了改进。

1. 采用具有静压支承的配流盘

采用剩余压紧力方法设计配流盘，使它与缸体端面之间始终处于边界润滑状态，摩擦副材料受临界 $[pv]$ 值限制，当柱塞泵（马达）的压力或转速较高时，有可能出现严重磨损，甚至"烧盘"现象。

为了使缸体端面和配流盘之间形成流体动力油膜，实现流体润滑，自20世纪60年代以来，人们一直在进行新的探索，出现了一些新的配流盘机构。

最早出现的是图5-27所示的全周槽多油腔间歇供油配流盘。其工作原理是缸体在转动过程中，开关不通孔1周期性地将通油孔2与阻尼槽4接通，从压油腔3引入通油孔的压力油，经阻尼槽进入一系列的圆形压力平衡油腔5中，从而在摩擦副间建立起大于压紧力的支承力，使缸体浮起。当不通孔离开通油孔时，则依靠挤压效应保持一定的油膜厚度。

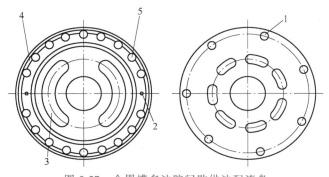

图 5-27　全周槽多油腔间歇供油配流盘

1—开关不通孔　2—通油孔　3—压油腔　4—阻尼槽　5—压力平衡油腔

图 5-28 所示为半周槽双油腔间歇供油配流盘。其工作原理与全周槽结构类似。

除上述间歇供油的结构外，还有可连续供油的结构。实际上，只要将间歇供油结构中的通油孔与阻尼槽接通，即为连续供油的静压支承形式。

静压支承配流盘和静压滑靴一样，目前在实际柱塞泵中仍然使用得较少，其主要原因是：①它没有考虑载荷激烈变化所引起的冲击负荷的影响，也没有考虑起动和停车的情况；②不可能产生附加力矩来消除缸体所受力矩不平衡的问题；③由于柱塞泵制造精度的提高和对偶摩擦副材料的不断改进，使采用剩余压紧力方法设计的

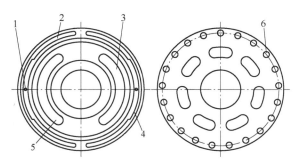

图 5-28　半周槽双油腔间歇供油配流盘

1—通油孔　2—压力平衡油腔　3—吸油腔
4—阻尼槽　5—压油腔　6—开关不通孔

配流盘同样能保证柱塞泵具有较高的效率和较长的使用寿命。

但采用静压平衡的配流盘能使摩擦副处于较理想的流体润滑状态，值得对其进行进一步的研究和探讨。关于静压支承配流盘的详细理论分析和设计方法，在此不做介绍，有兴趣的读者请参阅参考文献［11］。

2. 浮动配流盘

在一般斜盘式轴向柱塞泵中，缸体是浮动的，存在力和力矩的不平衡问题。在有些轴向柱塞泵结构中，将缸体刚性地固定在轴上，使配流盘处于浮动状态，故称为浮动配流盘，其结构原理如图 5-29 所示。

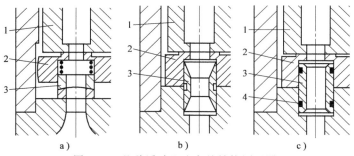

a）　　　　　　　　　b）　　　　　　　　　c）

图 5-29　几种浮动配流盘的结构原理图

a）连通套为球面结构　b）连通套为薄刃结构　c）连通套为配有 O 形密封圈的结构

1—缸体　2—配流盘　3—连通套　4—O 形密封圈

图 5-29 中的配流盘 2 通过一组连通套 3 与泵体端盖上的油孔相通。配流盘和泵体端盖间保持一浮动间隙。当缸体 1 发生微小倾斜时，由于连通套的作用，使配流盘在贴紧缸体的同时也产生相应的微小倾斜。图 5-29a 中的连通套为球面结构，允许连通套产生微小摆动；图 5-29b 中的连通套为薄刃结构；图 5-29c 中的连通套

采用较大配合间隙和 O 形密封圈相结合的方法来保证配流盘"浮动"。

通常，在配流盘的吸油、压油侧各均匀设置 2~3 个连通套，以产生足够的压紧力，使配流盘紧贴缸体端面。连通套室中的油压对配流盘的轴向作用力略大于缸体对配流盘的推力。这个不大的剩余推力通过缸体和主轴轴肩，由主轴上的轴承承受。

在这种结构中，虽然解决了缸体受力和力矩不平衡的问题，但出现了配流盘本身的受力和力矩不平衡的问题。通过对连通套位置和大小的适当调整，配流盘的平衡问题还是比较容易解决的。另外，由于配流盘质量小，即使在个别工况下失去平衡，也容易恢复。

3. 球面配流盘

斜盘式轴向柱塞泵一般都采用平面配流盘。实际上球面配流盘早已开始使用，尤其是在斜轴式轴向柱塞泵中已广泛应用。

球面配流盘的加工和修复都很困难，但它的优点不仅是对缸体的倾斜有自位作用，更主要的是它能以不同于平面配流盘的方式平衡作用在缸体上的倾覆力矩，从而改善了配流盘的受力状况。

如图 5-30 所示，球面配流盘总的支承力 F（包括液压支承力和机械支承力）必然通过球的中心 O，其径向分量为 F_y，轴向分量为 F_x。来自柱塞的推力 F_p 和 F_x 构成了倾覆力偶矩，而 F_y 和缸体中心支承心杆上（斜轴式轴向柱塞泵中有此心杆）的径向支承力 F'_y 则构成了恢复力偶矩。只要选择适当的球面曲率半径，让支承力 F 和推力 F_p 的交点落在缸体中心支承心杆的支承范围 l 内，使作用在缸体上的力 F_p、F、F'_y 汇交于一点，就可以消除倾覆力偶矩的作用。F_y、F'_y 间的力臂 ΔL 很大，所以球面配流盘保持

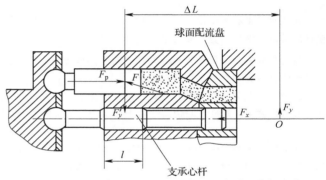

图 5-30　球面配流盘及缸体力矩平衡图

缸体平衡的能力远大于平面配流盘那种单纯依靠剩余压紧力维持缸体力矩平衡的能力。

斜轴式轴向柱塞泵在结构上非常适合采用球面配流盘，因为它的缸体中心无传动轴穿过，允许安置支承心杆。在结构上也允许将配流盘腰形配流窗口移近中心轴线，这样一来，加宽配流窗口就不会使液压支承力 F_0 过大而推开缸体，对于因此出现的液压倾覆力矩，由于采用球面配流盘而不难被平衡，从而可得到理想的配流窗口。

第六节　无铰型斜轴式轴向柱塞泵

前面几节重点分析了斜盘式轴向柱塞泵，而斜轴式轴向柱塞泵中的许多问题与斜盘式泵是类似的，但也有一些不同之处。本节将对斜轴式泵中的一些特殊问题进行讨论。

由于几乎所有的斜轴式泵都采用连杆传动，而铰式传动的斜轴式泵已基本上被淘汰。所以本节讨论的对象是无铰型连杆传动的斜轴式轴向柱塞泵。

一、无铰型斜轴式泵的运动学特点

无铰型斜轴式泵依靠连杆侧面与柱塞腔内壁接触，迫使柱塞拨动缸体一起转动。在工作中，各连杆周期地、轮流地进入和退出与柱塞内壁的接触状态，带动缸体连续不断转动，所以缸体的转动速度也是周期性波动的。为了分析无铰泵运动学上的这些特点，必须首先弄清连杆、柱塞、缸体间的传动关系。

如图 5-31 所示，B 圆是柱塞在垂直于缸体轴线的 yOz 平面上的分布圆，A 圆是连杆球铰中心 A 在传动轴法兰盘上的分布圆。它们原本不在同一平面上，但为了便于比较，把 A 圆转移到 B 圆所在的 yOz 平面上。而 A' 椭圆则是法兰盘上的 A 圆在 yOz 平面上的投影。可以这样想象，在法兰盘倾斜角由 β 逐渐减小到零的过程中，椭圆上的 A' 点将沿着 $A'A$ 移向 A 点，A' 椭圆则成为 A 圆。

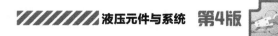

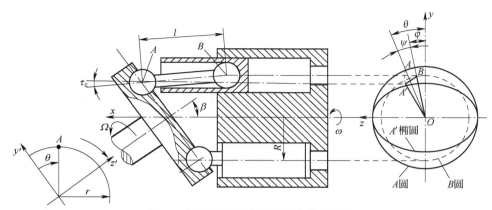

图 5-31　无铰型斜轴式泵运动学分析图

无铰泵通常有 5 个或 7 个柱塞和连杆，在分析无铰泵的运动学特点时，首先研究假设只有一个柱塞和连杆的情况，然后再分析多柱塞的实际情况。

拨动缸体旋转的那个连杆必须和柱塞孔内壁接触，假设这时连杆和柱塞轴线间夹角为 τ_c，而 $\overline{A'B}$ 则是这个处于啮合状态连杆的轴向投影长度。

球铰 A 从上死点位置转过角度 θ（应在 A 圆上计算转角 θ，而不能在投影椭圆 A' 上按 OA' 计算），缸体相应转过角度 φ。但缸体的转动落后于传动轴一个转角差 ψ。即

$$\psi = \theta - \varphi \tag{5-76}$$

从下面的分析将会知道，ψ 是随传动轴转角 θ 而变化的。正是由于 ψ 的变化形成了无铰运动学上的主要特点，因而以分析 ψ 的变化为中心，进行无铰泵的运动学分析。

设连杆 AB 处于啮合状态，连杆倾斜角度为 τ_c，连杆长度为 l，连杆在缸体轴向的投影长度则为

$$\overline{A'B} = l\sin\tau_c = \sqrt{(y_B - y_{A'})^2 + (z_{A'} - z_B)^2} \tag{5-77}$$

式中　y_B——B 点在 y 轴上的坐标值，$y_B = R\cos\varphi$，R 为柱塞在缸体中的分布圆半径；

z_B——B 点在 z 轴上的坐标值，$z_B = R\sin\varphi$；

$y_{A'}$——A' 点在 y 轴上的坐标值，$y_{A'} = r\cos\theta\cos\beta$，$r$ 为 A 点在传动轴法兰盘上的分布圆半径，β 为传动轴相对缸体的倾斜角；

$z_{A'}$——A' 点在 z 轴上的坐标值，$z_{A'} = r\sin\theta$。

则式（5-77）可变为

$$\sin\tau_c = \frac{1}{l}\sqrt{(R\cos\varphi - r\cos\theta\cos\beta)^2 + (r\sin\theta - R\sin\varphi)^2} \tag{5-78}$$

现以柱塞分布圆半径 R 作为基准表示 l 和 r，则可写成 $K = \dfrac{r}{R}$ 和 $L = \dfrac{l}{R}$。把它们代入式（5-78），同时将由式（5-76）得出的 $\varphi = \theta - \psi$ 代入式（5-78），则式（5-78）可写成

$$\sin\tau_c = \frac{1}{L}\sqrt{2K(1-\cos\beta)\cos\theta\cos(\theta-\psi) - 2K\cos\psi - K^2\sin^2\beta\cos^2\theta + 1 + K^2} \tag{5-79}$$

为了简化式（5-79），考虑到 ψ 角不大（$\psi_{max} < 10°$），可以近似地认为

$$\cos(\theta-\psi) \approx \cos\theta + \psi\sin\theta$$

$$\cos\psi \approx 1 - \frac{\psi^2}{2!} + \cdots$$

将它们代入式（5-79），经整理后可得

$$\psi = \sqrt{(B + A^2\sin^2\theta)\cos^2\theta + C^2} - A\sin\theta\cos\theta \tag{5-80}$$

其中 $A = 1 - \cos\beta$，$B = K\sin^2\beta - 2(1-\cos\beta)$，$C = \sqrt{\dfrac{1}{K}\left[(L\sin\tau_c)^2 - (K-1)^2\right]}$。

在确定了无铰泵的主要几何参数 K、L、τ_c、β 后，式（5-80）表示了转角差 ψ 和泵轴转角 θ 的关系。按式（5-80）画出的 $\psi = f(\theta)$ 曲线，代表单连杆驱动缸体时，转角差 ψ 随 θ 的变化关系，如图 5-32 所示。

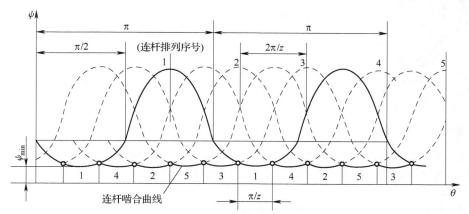

图 5-32　单连杆驱动缸体时转角差 ψ 随 θ 的变化

实际上缸体是由多个连杆推动的，但是同时进入啮合的只有一个，其余的处于随行状态，不参与驱动。参与驱动的应当是所有连杆中 ψ 最小且首先靠近柱塞腔内壁的那个连杆。因此，图 5-32 中所有连杆的 $\psi = f(\theta)$ 曲线下部的包络线才是实际的连杆啮合曲线。

从图 5-32 可以看出，ψ 的变化是以 π 为周期的，因而柱塞泵每转一周，每个连杆有两次机会达到 $\psi = \psi_{min}$，即有两次进入啮合的机会，每次啮合过程的 θ 角范围为 $0 \sim \dfrac{\pi}{z}$。这样一来就出现了一个有趣的现象：连杆并不按其在圆周上的排列顺序 1、2、3、…进入或退出啮合；如果柱塞泵以逆时针方向转动，则 ψ_{min} 分别处于象限Ⅱ和Ⅳ对称的位置（图 5-33），这两个位置所对应的 $\Delta\theta = \dfrac{\pi}{z}$ 是所有连杆能进入啮合的工作区域。当 1 号连杆退出象限Ⅱ啮合区域后，接着进入啮合的并非 2 号连杆，而是象限Ⅳ中的 4 号连杆（这里取 $z=5$），如果以括号内的罗马数字表示连杆的工作象限，则连杆的工作顺序是 1（Ⅱ）→4（Ⅳ）→2（Ⅱ）→5（Ⅳ）→3（Ⅱ）→1（Ⅳ）→4（Ⅱ）→2（Ⅳ）→5（Ⅱ）→3（Ⅳ）。

转角差 ψ 随 θ 的变化和连杆的交替工作给无铰斜轴式泵的工作带来了很坏的影响。由式（5-76）可知，$\varphi = \theta - \psi$，所以

$$\frac{d\varphi}{dt} = \frac{d\theta}{dt} - \frac{d\psi}{dt} = \frac{d\theta}{dt} - \frac{d\theta}{dt}\frac{d\psi}{d\theta}$$

$$\omega = \Omega - \Omega\frac{d\psi}{d\theta} = \Omega - \Delta\omega \tag{5-81}$$

式中　Ω——传动轴法兰盘的角速度；
　　　ω——缸体的角速度；

　　　$\Delta\omega$——缸体相对传动轴法兰盘的转速差，$\Delta\omega = \Omega\dfrac{d\psi}{d\theta}$。

显然，当传动轴以角速度 Ω 匀速转动时，缸体并不做匀速转动。为了清楚地表示出 ω 的变化，从图 5-32 连杆啮合曲线的斜率变化及 $\Delta\omega = \Omega\dfrac{d\psi}{d\theta}$ 的关系中不难看出，ω 的变化规律应当如图 5-34 所示。从图 5-34 中可明显看出，连杆驱动缸体转动的速度是以 $\dfrac{\pi}{z}$ 为周期脉动的，并且在连杆交替工作的瞬间出现了缸体角速度 ω 的跃变。因此，连杆在进入啮合时要和缸体发生撞击，这是非常不利的，这就要求将连杆做得很粗，以保证其强度和防止疲劳破坏。

二、无铰型斜轴式泵柱塞的运动学分析

对于图 5-31 所示的无铰型斜轴式泵，其连杆中心线与柱塞中心线之间存在夹角，因此，其柱塞的运动

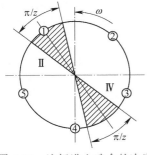

图 5-33　连杆进入啮合的次序

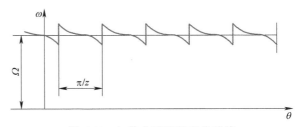

图 5-34　缸体角速度的变化规律

规律比斜盘式泵要复杂得多。柱塞的运动是由传动轴通过有限长度的连杆强制进行的，因此，柱塞相对缸体的位移应由两部分组成：一部分是由传动轴法兰盘引起的强制位移 s，另一部分是由夹角 τ 的变化所引起的附加位移 Δs。

首先研究强制位移 s，以 y' 轴为传动轴法兰盘转角 θ 的基准线。当传动轴法兰盘上连杆球铰中心 A 处于轴线 y' 上，即 $\theta = 0$ 时，A 点在 x 轴上的坐标为

$$x_0 = r\sin\beta$$

式中　r——连杆球铰中心 A 在传动轴法兰盘上的分布圆半径；

　　　β——缸体中心线与传动轴中心线之间的夹角，即缸体倾斜角。

当 A 点转过 θ 角时，其在 x 轴上的坐标为

$$x_\theta = r\sin\beta\cos\theta$$

由此得出强制位移 s 为

$$s = x_0 - x_\theta = r\sin\beta(1 - \cos\theta) \tag{5-82}$$

然后研究附加位移 Δs。如图 5-31 所示，连杆两端球铰中心 A、B 在 yOz 平面上的距离为 $\overline{A'B}$，根据式 (5-77) 及式 (5-78)，可得 $\overline{A'B}$ 的计算公式为

$$\overline{A'B} = \sqrt{(R\cos\varphi - r\cos\theta\cos\beta)^2 + (r\sin\theta - R\sin\varphi)^2} \tag{5-83}$$

当连杆长度 l 确定以后，根据 l、τ 与 $\overline{A'B}$ 之间的三角关系（图 5-35），可求出附加位移 Δs 为

$$\Delta s = l(\cos\tau - \cos\tau_0) = \sqrt{l^2 - \overline{A'B}^2} - \sqrt{l^2 - \overline{A'B_0}^2}$$

$$= \sqrt{l^2 - (R\cos\varphi - r\cos\theta\cos\beta)^2 - (r\sin\theta - R\sin\varphi)^2} - \sqrt{l^2 - \overline{A'B_0}^2} \tag{5-84}$$

式中　τ_0——当 $\theta = 0$ 时，连杆与柱塞之间的夹角；

　　　$\overline{A'B_0}$——当 $\theta = 0$ 时，连杆两端球铰中心 A 和 B 在 yOz 平面上的距离。

为简化计算，令 $\theta = \varphi$。对于早期用万向铰传动的双铰型斜轴式泵而言，由于缸体能和传动轴同步运转，故能完全满足该条件；但对于本节讨论的无铰型斜轴式泵，由于缸体不能与传动轴同步旋转，即存在转角差 ψ，故不能完全满足该条件。由于 ψ 一般比较小，令 $\theta = \varphi$ 是一种近似的假设条件。于是式 (5-84) 可写为

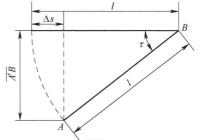

图 5-35　l、τ 与 $\overline{A'B}$ 之间的三角关系图

$$\Delta s = \sqrt{l^2 - (R\cos\theta - r\cos\theta\cos\beta)^2 - (r\sin\theta - R\sin\theta)^2} - \sqrt{l^2 - (R - r\cos\beta)^2} \tag{5-85}$$

为了消除附加位移对柱塞位移的影响，应使 $\Delta s = 0$，由此可导出

$$\frac{r}{R} = \frac{2}{1 + \cos\beta} \tag{5-86}$$

如果在结构设计上能满足这一几何关系，则柱塞的相对位移就只由强制位移所确定，即 $s = r\sin\beta(1 - \cos\theta)$。

此时，柱塞的轴向相对运动速度和加速度分别为

$$v = \frac{ds}{dt} = r\Omega\sin\beta\sin\theta \tag{5-87}$$

$$a = \frac{dv}{dt} = r\Omega^2\sin\beta\cos\theta \tag{5-88}$$

三、无铰型斜轴式泵理论排量和理论流量的计算

连杆与柱塞腔内壁接触时，由于连杆与柱塞轴线之间的夹角很小（约为2°），缸体与传动轴的转角差也很小，因此，连杆摆动所产生的附加位移很小，可以忽略不计。柱塞的轴向运动速度可用式（5-87）表示，由此可得出斜轴式泵的瞬时流量为

$$q_{sh} = Ar\Omega\sin\beta\sum_{i=1}^{z_0}\sin\theta_i = \frac{\pi d^2}{4}r\Omega\sin\beta\sum_{i=1}^{z_0}\sin\theta_i \tag{5-89}$$

式中　Ω——传动轴的角速度；

$\sum_{i=1}^{z_0}\sin\theta_i$ 可由式（5-14）或式（5-16）、式（5-18）求得。

将斜轴式泵的瞬时流量计算公式与斜盘式泵的瞬时流量计算公式相比较不难发现，它们的变化规律是一样的，因而其流量不均匀系数的计算公式也可通用。

斜轴式泵每转理论排量 V 和理论流量 q_t 的计算公式分别为

$$V = 2Azr\sin\beta = \frac{\pi d^2}{2}zr\sin\beta \tag{5-90}$$

$$q_t = \frac{\pi d^2}{2}znr\sin\beta \tag{5-91}$$

式中　A——柱塞横截面面积；

　　d——柱塞直径；

　　n——传动轴转速；

　　z——柱塞数；

　　r——连杆端球头 A 在传动轴法兰盘上的分布圆半径；

　　β——缸体倾斜角。

四、无铰型斜轴式泵的结构和结构参数

1. β 角的选择

虽然在斜轴式泵中允许采用较大的倾斜角 β，但 β 值并不是不受限制的。这个限制来自连杆和柱塞的结构。由于连杆啮合时会产生撞击，因此必须把连杆做得较粗。另一方面从图5-31中可以看出，β 角越大，则 A' 椭圆离开 B 圆的程度越大，连杆的投影长度 $\overline{A'B}$ 也越长，连杆摆动的范围越大。因此，要为连杆在柱塞孔内留有足够的摆动空间，以防连杆和柱塞孔内壁产生干涉。由此可见，连杆直径和柱塞壁厚都限制了 β 角的增加。如果采用图5-36a所示的铰接式连杆，其 β 角应在25°~28°之间。

有些制造商在大摆角的无铰型斜轴式泵中，将柱塞与连杆做成一体，如图5-36b所示。实际上是采用粗大的圆锥形柱塞，使其兼顾连杆的功能，因此有很好的抗撞击性。这种柱塞伸入缸筒内的头部为球面，并装有1~2个球面弹性柱塞密封环，构成滑动密封系统。柱塞的锥面段则用来拨动缸体转动。采用这种柱塞-连杆副后可使缸体摆角增加到40°。

2. $K = r/R$ 的选择

在相同的尺寸下，为了使转角差 ψ 最小，柱塞的附加

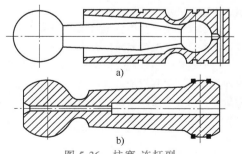

图 5-36　柱塞-连杆副

a）铰接式连杆　b）一体化连杆

位移小，r/R 的取值应满足式（5-86）的要求，即 $K = \dfrac{r}{R} = \dfrac{2}{1+\cos\beta}$。当 $\beta = 25°$ 时，$K = 1.05$。

例如，德国某公司生产的斜轴泵选择 $z = 7$，$r = 1.049R$，$\beta = 25°$，$r/l = 1/2$（l 为连杆长度），连杆相对柱塞中心线的最小夹角 $\tau_{\min} = 1°42'$。

3. 斜轴式泵缸体支承方式

斜轴式泵的缸体用连杆传动，所受的倾覆力矩要比斜盘式泵小得多，但仍需考虑缸体的支承问题。一方面是因为连杆对柱塞作用有侧向力；另一方面是因为缸体与配流盘之间的压紧力与支承力的合力点并不重合，这会对缸体产生附加倾覆力矩。斜轴式泵缸体的支承方式有两种：

1）早期产品中，采用轴承支承缸体。因为斜轴式泵的缸体所受径向力小，没有必要像斜盘式泵那样采用承载力很大的径向轴承，而是采用在缸体四周安装一对滚针轴承来支承缸体的结构。采用双排滚针轴承来承受缸体上的径向力及力矩是不成问题的，但缸体的自位性差，很难保持缸体与配流盘之间的紧密接触。所以这种支承方式已被淘汰。

2）目前广泛采用的是利用球面配流盘、支承心杆的支承方式，如图5-8所示。在这种结构中，充分地利用了斜轴式泵适合采用球面配流盘的有利条件，使缸体具有良好的自位性。但缸体和配流盘的加工比较困难。

4. 斜轴式泵泵轴及驱动盘的支承

斜轴式泵各柱塞所受到的液压力的合力要完全由旋转着的泵轴系统承受（而斜盘式泵的泵轴是可以对轴向力进行卸载的）。因此，必须对斜轴式泵配置承载能力很大的径向及轴向推力轴承系统，有些产品还采用特制的专用滚动轴承甚至静压轴承，如图5-37所示。

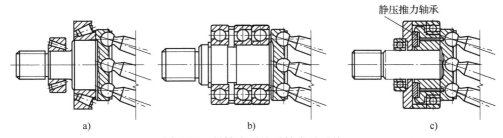

图 5-37 斜轴式泵的泵轴支承系统

a）圆锥滚子轴承组　b）球轴承组　c）静压轴承组

第七节　轴向柱塞泵的变量调节机构

对于轴向柱塞泵，只要改变斜盘倾角或缸体摆角即可改变其排量和输出流量，从而实现液压马达或液压缸的调速要求，这是轴向柱塞泵的重要特点。这种调节可以是连续、无级的，也可以在液压系统工作过程中不停车地进行。

通过改变排量来实现调速称为容积调速，这种方法和节流调速方法相比，功率损失小，避免了系统发热，很适合大功率系统。

容积式泵刚性的压力-流量特性对液压传动虽然是很宝贵的，但是往往和流量调节的要求有矛盾，因而有必要将容积式泵的原始压力-流量特性加以改造。这就是变量调节机构的任务。

轴向柱塞泵中推动变量机构动作的动力源及控制方式是多种多样的，但大体上可以分成两类：一类是由外力或外部信号对变量机构进行直接调节或控制；另一类是用泵本身的流量、压力、功率等工作参数作为信号，通过改变和控制泵的排量，实现对其流量、压力、功率的反馈控制，进行自动调节。

一、由外力或外部指令信号调节的变量机构

1. 手动变量机构

图5-5所示为具有手动变量机构的国产 SCY—1B 型斜盘式轴向柱塞泵。当转动手轮15时，使阀杆14

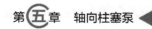

转动，带动变量活塞 13 做轴向移动（因导向键的作用，变量活塞 13 不能转动，只能做轴向移动），再通过轴销 12 带动斜盘 2 绕其耳轴转动（斜盘通过两侧的耳轴支承在泵后盖 11 上），从而使斜盘倾斜角改变，达到变量的目的。当变量达到要求时，可用锁紧螺母 16 锁紧。

这种变量机构结构简单，但操纵不轻便，往往因人的操纵力不够而要求在停车或卸载后进行调节，故只适用于不频繁调节流量的场合。

2. 手动伺服变量机构

为了克服手动变量机构的缺点，一般多采用机液伺服机构来放大操纵力，并且使斜盘的倾斜角跟随操纵阀杆运动，从而实现调节流量的目的。

图 5-38a 所示为轴向柱塞泵的伺服变量机构，以此机构代替图 5-5 所示的轴向柱塞泵中的手动变量机构，即成为手动伺服变量泵。其工作原理为：泵输出的高压油 p_d 由通道经单向阀 a 进入变量机构壳体 5 的下腔 b，液压力作用在变量活塞 4 的下端。当与控制滑阀 1 相连接的阀杆 6 不动时（图示状态），变量活塞 4 的上腔 d 处于封闭状态，变量活塞不动，斜盘 3 处于图示位置。当阀杆 6 向下移动时，推动控制滑阀 1 一起向下移动，使 b 腔的压力油经通道 c 进入上腔 d。由于变量活塞上端的有效面积大于下端的有效面积，向

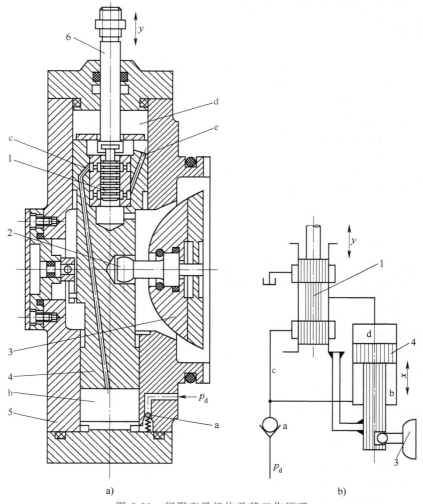

a)   b)

图 5-38 伺服变量机构及其工作原理

a）伺服变量机构 b）伺服机构工作原理图

1—控制滑阀 2—球铰 3—斜盘 4—变量活塞 5—壳体 6—阀杆

a—单向阀 b—下腔 c、e—通道 d—上腔

下的液压力大于向上的液压力，故变量活塞 4 也随之向下移动，直到将通道 c 的油口封闭为止。变量活塞的移动量等于阀杆的位移量。当变量活塞向下移动时，通过轴销带动斜盘 3 摆动，斜盘倾斜角增加，泵的输出流量随之增加。当阀杆 6 带动控制滑阀 1 向上运动时，将通道 e 打开，上腔 d 通过卸压通道 e 接通油箱卸压，变量活塞向上移动，直到控制滑阀 1 将卸压通道关闭为止。变量活塞的移动量也等于阀杆的移动量。这时斜盘也被带动做相应的摆动，使其倾斜角减小，泵的流量也随之减小。图 5-38b 所示为该伺服机构的工作原理图。

上述伺服变量机构实际上是机液位置控制系统，输入信号是控制滑阀的位移 y，而操纵滑阀上下移动的力只需要几十牛顿。工作中不仅实现了力的放大，而且通过位置反馈，能精确地控制排量的变化。这种调节排量的方法比较方便，控制灵敏度也比较高。

对阀杆的操纵可以是手动、液动或电动，可用于远程无级变量控制。这种变量方式已广泛应用于频繁变速的工程机械、行走车辆、机床等的液压系统中。

二、以泵的输出参数为指令实现自动调节的变量机构

前述利用外力或外部指令信号进行调节的变量泵，其调节完成之后的工作即和定量泵相同。如果把泵本身的输出参数（功率、压力、流量）作为变量控制的指令信号反馈到泵的变量调节机构中去，并在其中经检测且与给定信号比较之后，以其偏差量作为控制泵变量的输入信号对泵进行调节，则可以得到预期的功率、压力和流量等工作参数。最常见的是要求泵在工作中保持功率、压力、流量恒定不变，这就是所谓的恒功率变量泵、恒压变量泵和恒流量变量泵。很明显，这些泵的控制变量机构本身构成了功率、压力、流量的自动控制系统。

1. 恒功率变量泵

恒功率变量泵根据出口压力调节泵的输出流量，使泵的输出流量与压力的乘积近似保持不变，从而使原动机输出功率大致保持恒定。

恒功率变量机构也称为压力补偿变量机构，它使液压泵的流量随出口油压近似地按恒功率特性变化。图 5-39a 所示为这种变量机构的结构和工作原理，图 5-39b 所示为伺服（控制）滑阀放大图。图中变量活塞 1 是一个上大下小的差动活塞，内装伺服滑阀 2，并且变量活塞 1 受伺服滑阀 2 的控制。滑阀上部通过 T 形槽和阀杆 3 相连，并受到安装在阀杆上的内、外弹簧 4 和 5 的作用，下部环槽 d 受到泵出口油压的作用。泵出口压力油（油压为 p_d）经单向阀进入变量活塞 1 下腔 a，再经通道 b 进入环槽 c，连通活塞上腔室 e；泵出口压力油同时进入环槽 d，作用在滑阀下端的环形面积上，作用方向向上。当油压作用力小于弹簧预紧力时，伺服滑阀 2 处于最低位置，使环槽 c 敞开，于是变量活塞

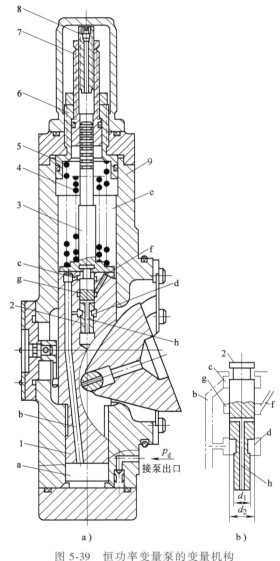

图 5-39　恒功率变量泵的变量机构
a）结构图　b）伺服滑阀放大图
1—变量活塞　2—伺服滑阀　3—阀杆　4—内弹簧
5—外弹簧　6、7—弹簧套　8—调节螺钉　9—壳体
a—活塞下腔室　b、f—通道　c、d、g—环槽
e—活塞上腔室　h—滑阀中心孔

p_d
接泵出口

在油压作用下也处于最低位置，这时斜盘倾斜角达到最大值 γ_{max}。当 p_d 增大，使油压作用力大于滑阀上端的弹簧力时，滑阀 2 就压缩弹簧上升，将环槽 c 封闭，环槽 g 打开，使活塞上腔室 e 内的油液经右侧通道 f、环槽 g 和滑阀中心的小孔 h 回油，从而使变量活塞 1 在下腔油液压力的作用下上升，使倾斜角 γ 减小，q 减小，直到作用在滑阀上的油压作用力和弹簧力恢复平衡为止。反之，当出口油压 p_d 降低，其油压作用力小于弹簧力时，弹簧就推动滑阀下降，把环槽 c 打开，于是差动变量活塞 1 就随之下降，使倾斜角 γ 增大，q 增大。因此，泵流量就随油压增大而减小，随油压减小而增大。通过改变弹簧 4、5 的刚度及预压缩量，可以使泵的输出功率基本不变，即 $pq=$ 常数，即可使原动机能稳定地在高效率工况下运转。

对于这种变量机构，泵的压力-流量特性是可以调节的，泵的最小流量由阀杆 3 上端与调节螺钉 8 之间的距离确定。外弹簧 5 的预紧力由弹簧套 6 调节，而弹簧套 7 则用以调节内弹簧 4 是否参与调控。图 5-40 所示为这种恒功率变量泵的压力-流量特性曲线。

恒功率变量是常用的变量形式之一，它能充分发挥原动机的功率效能，使液压设备体积小、质量轻。它常用于压力经常变化的压力机、重型设备、工程机械等液压系统中。

2. 恒压变量泵

恒压变量机构是通过泵出口压力与变量机构压力调定值之间的差值来调节泵的输出流量，使泵保持出口压力为定值。

这种泵在系统压力未达到调定值之前为定量泵，向系统提供泵的最大流量；当系统压力达到调定值后，不管输出流量如何变化，其输出压力恒定，故称为恒压变量泵。其压力-流量特性如图 5-41a 所示。

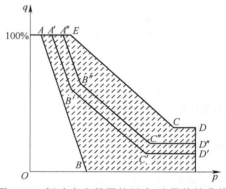

图 5-40　恒功率变量泵的压力-流量特性曲线

图 5-41b 所示为恒压变量机构的工作原理图。泵出口压力 p_d 被引入先导控制滑阀 1 的左端，形成液压推力 $p_d A_c$，和右端压力控制弹簧的作用力 F_s 相比较。弹簧力 F_s 代表了恒压泵的给定压力 p_0，即 $p_0 = F_s/A_c$。

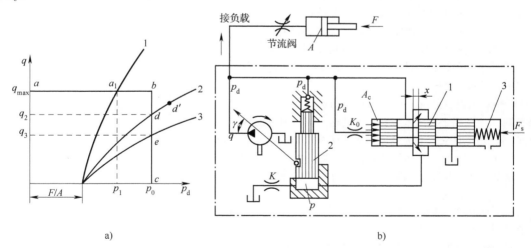

图 5-41　恒压变量泵的压力-流量特性及其变量机构

a）压力-流量特性　b）变量机构原理图

1—控制滑阀　2—差动变量活塞　3—压力控制弹簧

当泵的工作压力 $p_d<p_0$ 时，控制滑阀 1 的开度 $x=0$，差动变量活塞 2 大直径端的压力 $p=0$，在小直径端油压 p_d 的推动下，活塞 2 将斜盘推向 γ 角最大的位置，使泵保持最大流量 q_{max}，在图 5-41a 中表现为水平线 ab。

当泵的工作压力增大到恒压变量泵的给定值，即 $p_d = p_0$ 时，控制滑阀 1 左端的液压推力 $p_d A_c$ 将克服右端的弹簧力 F_s，把阀口打开，形成一个开度为 x 的可变节流口，它和固定节流器 K 构成串联阻力回路。利用这个阻力回路可以控制差动变量活塞 2 的大端压力 p：随着开度 x 的增大，压力 p 升高，当 x 增大到一定程度时，压力 p 便能推动差动变量活塞 2 向上移动，带动斜盘，使 γ 角减小，泵的流量也随之减小。

控制滑阀 1 右端的弹簧 3 是一个力的比较元件，它应有稳定的弹簧力 F_s，以保证稳定的控制压力 p_0，所以要求它的刚度很小，主要依靠弹簧的预压缩得到 F_s。因为先导控制滑阀 1 不直接推动斜盘，只是对推动斜盘的差动变量活塞 2 起控制作用，所以它的尺寸可以做得非常小，因此弹簧 3 的刚度也很小，这就是采用先导控制的原因。

这样一来，当 $p_d = p_0$ 时，控制滑阀 1 的阀口开度 x 在理论上可以是任意的，差动变量活塞 2 的位置及斜盘的 γ 角也都具有任意性。这表示当 $p_d = p_0$ 时，泵可能在 $q = 0 \sim q_{max}$ 之间的任一流量下工作，反映在图 5-41a 中则为 $p = p_0$ 的恒压线 bc。

如果外部负载过大，要求泵的压力 $p_d > p_0$，则泵是不能工作的。因为当 p_d 达到 p_0 并有继续升高的趋势时，控制滑阀 1 的开度 x 早已达到最大，差动变量活塞大端压力也达到最大，将斜盘推到 $\gamma = 0$ 的位置，使输出流量为零。

当泵在 $p_d < p_0$ 的水平线 ab 段上工作时，和普通定量泵工况相同。但在恒压区 bc 段内，并不是所有负载都能与之配合工作。因为恒压特性 bc 要求负载阻力永远和 p_0 相同，并且在这个压力下有稳定的流量，这对一般负载是不容易实现的。在实际应用中，采用带节流阻力的负载与恒压泵在恒压区匹配工作。图 5-41a 中的曲线 1、2、3 是三条节流负载的阻力-流量特性曲线，它们和 bc 恒压线交于 d、e。节流负载的特点是不要求有固定的压力，一个工作压力便对应一个确定的流量，而且流量随压力的升高而增大。这样一来，节流阻力-流量特性曲线 2、3 和恒压泵的恒压特性线 bc 的交点 d、e 便是稳定的工况点。形成这些工况点的过程：假如受干扰，工作点偏移，例如工作点 d 沿阻力-流量特性曲线移到 d' 点，流量增大，泵的工作压力也随之升高至 p_0，这样就破坏了控制滑阀 1 的受力平衡状态，接着阀口开度 x 增大、差动变量活塞大端压力增大、斜盘的 γ 角减小使流量减少。这个反馈过程一直要到工况点恢复到原来的 d 点为止。由此可见，恒压变量泵确实能提供一个压力为 p_0 的恒压油源。

恒压变量机构是一个反馈控制的自动控制系统。作为一个自动控制系统，总会存在稳态和动态两方面的问题。图 5-42 所示为恒压变量泵的实际特性曲线。随着工作压力升高，泵的泄漏量 Δq 也增大，所以其流量特性曲线并不保持水平，而是稍向下倾斜。Δp 是恒压变量机构控制压力的偏差。在额定压力下，Δp 为额定压力的 2% ~ 3%。调节控制弹簧改变 F_s，则可得到压力不同的恒压特性。

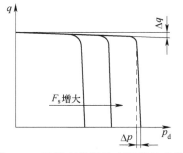

图 5-42　恒压变量泵的实际特性曲线

由于恒压变量泵具有保持泵出口压力恒定的特点，因此其应用范围较广：① 用于液压系统保压，其输出流量只补偿液压系统的泄漏；② 用作自动调节的电液伺服系统中的恒压油源，具有动态响应特性好的特点；③ 用于节流调速系统。在以上三种用途中，恒压变量泵均具有节省功率消耗、减少系统发热的优点。

3. 恒流量变量泵

这种变量形式是使泵在其转速和容积效率发生变化时，保持输出流量不变，以满足液压设备执行机构速度恒定的要求。

当泵的转速变化，但又要保持流量不变时，就必须及时地调节泵的排量。如果要使这一调节能自动地进行，应当以流量为输入信号构成一个自动控制系统。但在控制系统中直接检测流量是困难的，通常是利用节流原理，通过检测节流口将流量信号转变为压差信号。图 5-43 所示为一个恒流量变量机构工作原理图。将这个原理图同图 5-41b 中的恒压变量机构原理图相比较，不难看出它们的区别仅是输送到控制滑阀 1 的压力信号来源不同。在恒压变量机构中，取泵出口压力 p_d 为信号对泵的流量进行调节和控制，使 p_d 保持给定的数值，形成恒压特性。在恒流量变量机构中，取检测节流口 4 前后的压差 Δp 为信号，对泵的流量进行调节和控制，使 Δp 保持为给定的数值。从流体力学关于固定节流口的计算公式可知，如果能使节流

口前后压差 Δp 保持不变，就意味着泵的流量在受到转速变化、泄漏等干扰而发生变化后，经过恒流量变量机构的调节，又恢复到原来的数值，就可形成恒流量特性。恒流量泵的具体工作过程：当泵的流量受干扰偏离了调定值，如大于调定值后，检测节流口上的压差信号 Δp 增大，控制滑阀 1 两端的液压推力 $\Delta p A_c$ 大于压差控制弹簧 3 的弹簧力 F_s，即 $\Delta p > F_s / A_c$，滑阀右移，使开度 x 增大，差动变量活塞 2 大端压力 p 随之上升，推动斜盘，γ 角减小，流量减少。反之，当泵的流量受干扰而小于调定值后，检测节流口压差 Δp 减小，$\Delta p < F_s / A_c$，弹簧力 F_s 推动滑阀左移，使开度 x 减小，差动变量活塞 2 大端压力 p 下降，在小端高压作用下，推动斜盘，γ 角增大，流量增加。这一过程一直自动进行到

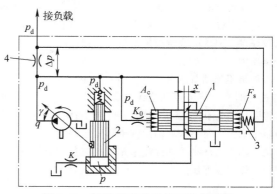

图 5-43 恒流量变量机构工作原理图

1—控制滑阀 2—差动变量活塞
3—压差控制弹簧 4—检测节流口

$\Delta p = F_s / A_c$，使控制滑阀 1 重新平衡为止，也就是恒流量变量机构在克服了外部干扰后又使流量恢复到了调定值。

所谓流量调定值，是指在检测节流口上产生压力降 $\Delta p = F_s / A_c$ 时的流量。如果泵的转速过低，泵的排量被调到最大时流量仍然小于调定值，恒流量变量泵已无法维持流量的恒定，流量将沿图 5-44 中的斜线 ab 随转速上升。图 5-44a、b 分别表示当转速 n 和负载压力 p_d 变化时，恒流量变量泵的理论特性。

恒流量变量泵可用于要求液压执行元件速度恒定的设备中，如船舶、车辆、运输机械等的液压系统中。但这种泵的流量控制精度不高，误差达 3%~5%，这就限制了它的推广应用。

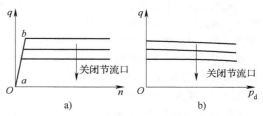

图 5-44 恒流量变量泵的特性

a) 转速变化 b) 负载变化

4. 适应性控制变量泵

目前，变量泵发展的重要趋势是各种形式的复合控制不断出现，并且向系列化、标准化、模块化和专业化方向发展。其目的是使泵的变量特性曲线尽可能与液压设备工作时的实际工艺曲线相符。即使泵输出的压力、流量、输入功率接近于工艺过程中实际需要的压力（满足工艺力的要求）、流量（满足液压设备的速度要求）和消耗的功率，以利于节省功率消耗，减少系统发热。因此，人们就把这类变量泵称为适应性控制变量泵。

适应性控制变量泵实际上是对前述的流量、压力、功率等控制功能进行不同的组合及改进。例如，在前述恒流量变量泵的基础上，可以发展出性能更为完善的功率适应性变量泵。

图 5-45 所示便是这种泵的工作原理图。与图 5-43 不同的是，这里有一可调流量检测节流口，通常还增加一个压力比例控制阀（将在第十三章中介绍），使这种泵不仅可随意调节流量，而且可以消除转速、泄漏等的干扰，保持流量的稳定。除此之外，它还比恒流量变量泵多了一个压力控制阀，即图中的 PC 阀。当外负载过大或在保压工况下，PC 阀的滑阀被油压克服弹簧力 F_s 推向右端时，压力为 p_d' 的控制油液不经开口 x，而是按图示虚线路径进入差动变量活塞的大端，将斜盘 γ 角推到近似于零的位置，只保留能补偿泄漏、维持压力恒定的微小流量。实际

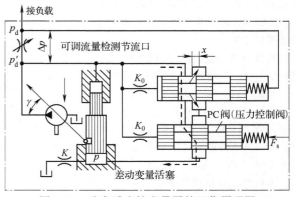

图 5-45 功率适应性变量泵的工作原理图

上，这样可同时起到限压、安全保护、卸荷、保压等多种作用而基本上无功率消耗。

由此可知，功率适应的意义是指这种泵能高效率地向负载提供所要求的稳定流量及与负载相适应的工作压力和安全压力。

如果不仅调节流量检测节流口，也对 PC 阀的弹簧力 F_s 进行调节，将会得到连续变化的恒流量特性，同时还能得到连续变化的限压特性，从而得到图 5-46 所示的遍布整个泵工作特性区域的恒流量和限压特性的网络，在这个范围内可实现高效率的流量调节、流量定值控制、安全限压、卸荷及保压。

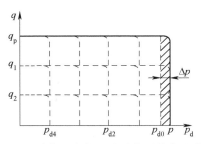

图 5-46 功率适应性变量泵的调节特性曲线

第八节 柱塞式水液压泵

水液压泵是水液压系统中最关键的元件，多年来，国内外液压界对水液压泵进行了深入的研究和广泛的产品开发工作，并且已有一系列产品投入市场。水液压泵在现场应用中显示出了十分突出的优越性。

一、柱塞式水泵（马达）对水介质具有更好的适应性

传统的液压泵有齿轮泵、叶片泵和柱塞泵等多种结构形式，这为水液压泵的结构选型提供了重要参考和依据。但由于水与矿物型液压油相比，具有黏度低、润滑性能差、腐蚀性强等特点，因此，在选材和结构形式方面，对水液压泵的要求与油压泵相差较大，适用于液压油的泵不一定适用于水。

柱塞泵是靠柱塞在缸体孔中的往复运动来实现吸液及压液功能的。从制造工艺方面考虑，比较容易获得圆柱形柱塞与缸体孔之间的小间隙配合；从设计方面考虑，很容易保证柱塞在缸体孔内有足够的密封长度。所以，柱塞泵比较适于用低黏度液体作为工作介质。

另外，从 pv 值角度看，在相同工况下，柱塞泵中对偶摩擦副的 pv 值要比其他两种泵小。美国 NCEL（美国海军工程实验室）曾对齿轮泵、叶片泵及轴向柱塞泵的受力情况进行了深入的分析计算，发现轴向柱塞泵（马达）摩擦副中的 pv 值要比其他两种泵小得多。因此，柱塞泵（马达）的结构比齿轮泵（马达）和叶片泵（马达）更有利于降低对材料耐磨性的要求。几十年来，虽然国内外对各种类型的水液压泵进行了广泛的研究和探讨，但实际应用比较多的主要还是柱塞式水泵。

二、几种典型的水液压柱塞泵

1. 曲轴式三柱塞轴向水泵

这是一种早期广泛应用的水液压泵，其单柱塞的工作原理如图 5-47 所示：当曲柄转动时，带动连杆驱动柱塞在缸筒中往复运动，并通过吸入阀和压出阀进行配流，从而实现泵的吸水和压水。当曲柄带动三个柱塞同时工作时，可提高泵的输出流量，并减少流量脉动。

曲轴泵一般都采用阀配流和油、水分离结构。曲柄-连杆及轴承采用油润滑。驱动电动机与泵轴之间采用减速器减速。

曲轴泵的曲柄-连杆机构比较笨重，所以转速较低。由于采用阀配流，使其工作压力可以很高，并且特别适用于低黏度工作介质。

这种泵在国内外均有产品供应，如德国 Hauhinco 公司生产的 EHP—3K 系列曲轴式三柱塞水泵，其输出压力最大可达 80MPa，输出流量最大可达 700L/min。它已广泛用于采矿、冶金、橡胶、木材加工及纺织等各类机械的水液压系统中。日本三菱重工于 20 世纪 80 年代研制出的流

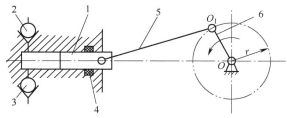

图 5-47 曲轴泵的工作原理图
1—柱塞 2—压出阀 3—吸入阀
4—密封圈 5—连杆 6—曲柄

量为 4L/min、额定压力为 63MPa（最大可达 75.5MPa）的曲柄-连杆型三柱塞轴向水泵，已成功地用在 6000m 深潜调查船上进行浮力调节。

2. 阀配流径向柱塞式海水泵

德国 Hauhinco 公司在原来以 HF—A 液压油为工作介质的五柱塞径向柱塞定量泵的基础上，改变关键摩擦副的配合间隙和对偶材料后，可改用海水作为工作介质。如图 5-48 所示，五个径向柱塞在周向上等距分布，采用平板阀配流，通过偏心轴的旋转使柱塞在径向上往复运动，通过吸入阀和压出阀来实现吸水、压水过程。每个柱塞都配有一个弹簧使柱塞球头和滑靴能紧贴偏心轴。原动机直接驱动泵工作而不需中间减速机构。该泵的滑动轴承、配流阀体、柱塞头部滑靴及柱塞套均用碳素纤维增强的工程塑料制成，对偶材料为耐蚀合金，所有运动部件全用海水润滑。

该径向柱塞水泵的流量达 242L/min，最大压力达 32MPa。它已应用于海底管道铺设、维修等海洋开发机械中。该泵工作比较可靠，抗污染能力强；但体积比较大，不能变量。

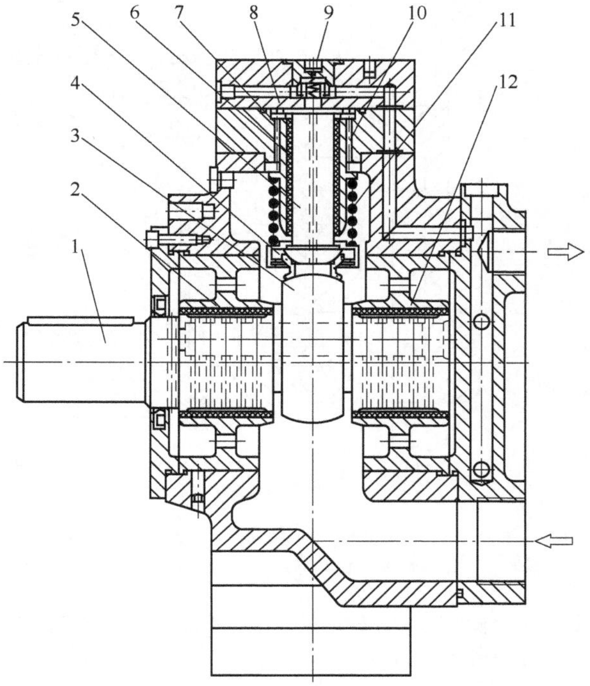

3. 阀配流斜盘式轴向柱塞海水泵

图 5-49 所示为华中科技大学研制出的阀配流、油水分离的斜盘式轴向柱塞海水泵结构图。该泵的主要特点是：

1）采用油水分离结构，使轴承、斜盘/滑靴等主要摩擦副浸在油池中，由润滑油润滑，只有柱塞-缸体孔及配流阀直接与水接触。海水或淡水均可作为工作介质。但运行时发热严重，对泵的性能产生了许多不良影响。

图 5-48　Hauhinco 径向柱塞水泵结构简图

1—主轴　2、12—滑动轴承　3—偏心凸轮　4—滑靴
5—柱塞　6—缸套　7—缸体　8—吸入阀
9—压出阀　10—吸水通道　11—柱塞回程弹簧

2）采用阀配流，具有很好的抗污染性能。

3）配流阀采用增强的高分子复合材料与奥氏体不锈钢配对的方案，减少了冲击。特别是通过优化设计后，显著提高了阀的响应速度及泵的吸入性能。

4）根据安装及检修的需要，配流阀可以轴向安装（图 5-49），也可以改为径向安装。

5）该泵的另一薄弱环节是由侧向力引起的柱塞与缸体孔口之间的磨损。为了减小侧向力，往往使斜盘倾斜角小于 10°，但这又使泵的体积增大。因此，对于柱塞-缸体孔这对摩擦副，必须从选材及设计两方面加以改进，这样才可以大大提高其工作寿命。

该泵于 1996 年研制成功，并成功地用于国产深潜救生艇。获我国发明专利后，已相继研制出流量为 100L/min、200L/min、330L/min（额定压力均为 3.5MPa，最大压力为 6.3MPa）及 40L/min（额定压力为 10MPa，最大压力为 14MPa）的一系列同类型产品。这些泵均已成功应用于国产海洋装备、水雾灭火系统及水下作业工具系统中，其工作可靠，性能较好。

由于多年来国内外已研制出许多高性能的新型高分子材料、耐蚀合金及陶瓷轴承等，人们在充分利用材料学这些新成果的基础上，研制出了多种完全用水润滑的新型海（淡）水液压泵来代替上述油水分离结构的水泵。

4. 端面配流斜盘式轴向柱塞水泵

丹麦 Danfoss 公司生产的 PAH 系列轴向柱塞水泵的结构如图 5-50 所示，它有 5 个或 9 个柱塞，采用端面配流结构。缸体由安装在壳体上的滑动轴承来支承。为了补偿缸体所受倾覆力矩，在缸体与配流盘之间

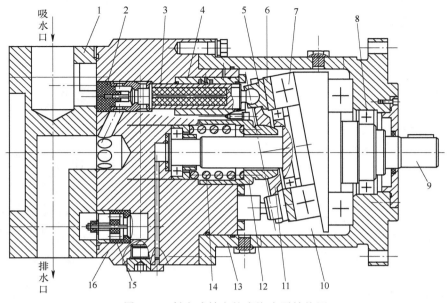

图 5-49 斜盘式轴向柱塞海水泵结构图

1—泵后盖 2—压出阀 3—柱塞 4—缸孔套 5—滑靴 6—斜盘 7—止推轴承 8—径向球轴承 9—主轴
10—油池 11—回程盘 12—球铰 13—泵前盖 14—中心弹簧 15—吸入阀 16—缸体

增加了一个随缸体一起转动的浮动止推。中心弹簧既推动止推盘与固定的配流盘紧密接触,又通过回程盘在吸水过程中强制柱塞外伸、吸水。

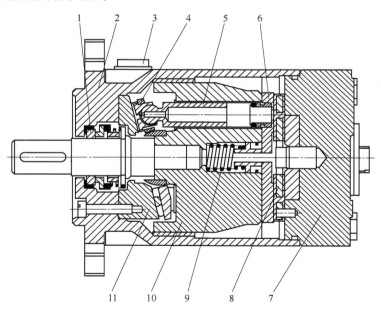

图 5-50 Danfoss 轴向柱塞水泵结构图

1—轴封 2—泵前盖、泵壳及滑动轴承 3—泄水塞 4—回程盘 5—柱塞及滑靴
6—止推盘 7—泵后盖 8—配流盘 9—中心弹簧 10—缸体 11—斜盘

PAH 系列泵要求使用符合欧洲饮用水标准的自来水或经过特殊处理的淡水作为工作介质,其价廉、使用方便、无污染。但是,这类泵有两个缺点,在选用时必须注意:一是抗污染能力差,必须在泵的进水管

路上安装绝对过滤精度为 $10\mu m$ 的精过滤器，以使水的清洁度达到 $\beta_{10} = 5000$（相当于过滤效率达到 99.98%）的水平，这样才能保证泵的工作可靠性和使用寿命；二是吸入性能较差，要求泵的入口有 $0.9 \sim 5bar$ 的（绝对）倒灌压力，否则很容易产生气蚀和吸空。

该泵已有系列产品并得到广泛应用。其排量范围为 $2 \sim 80cm^3/r$，转速范围为 $700 \sim 1800r/min$，最大工作压力为 10MPa（排量为 $2cm^3/r$ 时）、14MPa（排量为 $4cm^3/r$ 及 $6.3cm^3/r$ 时）或 16MPa（排量大于 $10cm^3/r$ 时）。其容积效率一般可达 90%，大排量泵的总效率可达 90%。该系列泵已广泛用于带钢生产线、食品工业、医疗器械、林业机械、园林机械、环卫机械等众多领域。

除上述 PAH 型淡水泵以外，Danfoss 公司还生产大排量、包括九种规格的 APP 系列海水液压泵，其排量范围为 $256 \sim 444cm^3/r$，最大转速为 $1200r/min$ 或 $1500r/min$，最小工作压力 3.0MPa，最大工作压力为 8.0MPa，主要用于海水淡化。APP 泵除了结构材料改用超级双相不锈钢以及在前端盖上安装了一台单向旁通清洗阀以外，其整体结构与 PAH 泵基本相同。它的结构紧凑、尺寸小、重量轻，但同样存在抗污染性能差及吸入性能不好的缺点。所以也要在进水管路上安装一套绝对过滤精度为 $10\mu m$ 的精密而且复杂的过滤系统，以保证入口海水的清洁度。对于开式海水淡化系统或其他任何开式系统而言，精过滤器的滤芯很快就会堵塞并报废。另外，还要求泵的入口有 $2 \sim 5bar$ 的（绝对）倒灌压力，这就要求必须安装补水泵。

思考题和习题

5-1　简述轴向柱塞泵的分类、工作原理及结构特点。

5-2　试述阀配流轴向柱塞泵的工作原理、优缺点及应用领域。

5-3　试比较斜盘式和斜轴式轴向柱塞泵的工作原理与结构特点，并分别说明其优缺点。

5-4　轴向柱塞泵中有哪几对关键的摩擦副？分别说明每一对摩擦副的结构形式、受力情况、工作特点、设计方法以及其对偶材料的选择原则。

5-5　试述手动伺服变量泵、恒功率变量泵、恒压变量泵、恒流量变量泵以及功率适应性变量泵的工作原理、压力-流量特性及应用范围。

5-6　已知某斜盘式轴向柱塞泵的柱塞直径 $d = 18mm$，柱塞数 $z = 9$，斜盘倾斜角 $\gamma = 20°$，柱塞分布圆半径 $R = 30mm$，泵转速 $n = 2000r/min$。试求：

（1）泵最大瞬时流量是多少？

（2）泵最小瞬时流量是多少？

（3）泵的流量不均匀系数是多少？

（4）泵的流量脉动频率是多少？

5-7　某斜盘式轴向柱塞泵的柱塞直径 $d = 35mm$，斜盘倾斜角 $\gamma = 18°$，工作压力 $p_d = 32MPa$，其滑靴尺寸如图 5-51 所示。试问：

（1）假如不采用静压平衡措施（即不向中心油室通压力油），滑靴底面的接触比压是多少？

（2）采用静压平衡措施后，滑靴底面接触比压是多少？

（3）如果去掉辅助支承，接触比压将会发生怎样的变化？

（4）采用静压平衡措施后，剩余压紧力系数是多少？

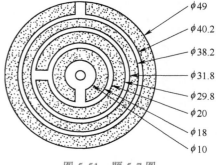

图 5-51　题 5-7 图

5-8　某斜盘式泵数据如下：斜盘最大倾斜角 $\gamma_{max} = 20°$，柱塞直径 $d = 32mm$，柱塞分布圆直径 $D = 1.2d/\tan\gamma_{max}$，转速恒为 $1500r/min$，机械效率 $\eta_m = 0.95$。对该泵进行试验后得出：试验一，测得液压泵空载时（工作压力为零）的出口流量为 $416.9L/min$；试验二，当液压泵驱动负载时，测得出口流量为 $400L/min$，输入轴上的转矩为 $442.4N \cdot m$。

试确定：

（1）斜盘式泵的柱塞数。

（2）斜盘式泵的容积效率和工作压力（吸入压力为大气压力）。

（3）斜盘式泵的输出功率。

（4）当转速增至 2250r/min 时，它的容积效率和工作压力（外负载无变化）。

（5）当负载减为原来负载的 50%时泵的容积效率。

（6）转速仍为 1500r/min，在条件（5）下的输入功率和输入转矩。

5-9　回答以下有关恒压变量泵的问题：

（1）恒压变量泵是否只能在恒压下工作？

（2）恒压变量泵在哪些工况下会保持恒压特性？这一特性有何实用意义？

（3）恒压变量泵为什么不能在超过调定压力的条件下工作？

（4）请比较恒压变量泵和定量泵并联溢流阀的异同（此问题可以留在学过压力控制阀后考虑）。

5-10　研制水液压泵的技术难点是什么？应如何解决？

第六章

液压马达

　　将液压能转换为机械能的液压元件称为液压执行元件。实现连续旋转运动的液压执行元件称为液压马达；实现直线往复运动的液压执行元件称为液压缸，而完成往复回转运动（摆动）的液压缸是摆动液压缸。本章主要介绍液压马达。液压马达可分为高速小转矩和低速大转矩两大类。

　　高速液压马达的基本形式有齿轮式、叶片式、轴向柱塞式和螺杆式等。它们的主要特点是工作转速比较高，输出转矩不大，转动惯量小，具有较高的调节灵敏度。齿轮液压马达的功率和转矩一般较小，适用于小功率，能用于转速为 3000r/min 左右的高速旋转，但最低转速在 150~500r/min 之间，不适用于更低转速。叶片式液压马达也不适用于转速为 50~150r/min 的低速回转，但其输出功率与转矩比齿轮式液压马达略大一些。轴向柱塞式液压马达允许有较高转速，可达 6000r/min，工作压力一般可达 32MPa。

　　低速液压马达的基本形式有曲轴连杆式、静力平衡式和内曲线多作用式，此外还有摆线式、多作用轴向柱塞式等。低速液压马达的主要特点是输出转矩大，转速低，低速稳定性好（一般可在 5~10r/min 的转速下平稳工作，少数可低至 1r/min 以下），因此能直接与工作机构连接，不需要减速装置，使得传动机构大为简化。此外，低速液压马达具有较高的起动效率，广泛应用于工程机械、船舶、冶金、采矿、起重以及塑料加工机械等领域。

第一节　高速液压马达

　　高速液压马达主要有外啮合齿轮式、叶片式、螺杆式及轴向柱塞式等。与低速大转矩液压马达相比，高速液压马达具有以下特点：

　　1）它在结构上和液压泵相同或相近，二者的零部件通用程度高，易于组织批量生产和降低成本。

　　2）排量为 V 的高速液压马达，在配以不同速比 i 的机械减速器后，从输出转矩的能力看，相当于排量为 iV 的多种液压马达，因而扩大了液压马达的工作能力和范围。尤其是行星齿轮减速器的推广和普及，为利用高速液压马达提供了非常有利的条件。

　　3）高速液压马达的转动惯量小，能高速起动，可高频率地换向；其工作转矩小，易于制动。

　　4）高速液压马达本身的低速稳定性并不好，但在配置减速器之后，可以得到比低速大转矩液压马达更好的低速稳定性。

　　5）高速液压马达的可靠性不一定比低速大转矩液压马达好，但其价格便宜、重量轻、易于现场更换，所以相对地提高了机器整体的可靠性。

　　6）在正常工况下，负载是液压马达的阻力。但在某些情况下，负载可能转变成推动液压马达的动力，使马达进入泵工况工作。高速液压马达具有和液压泵基本相同的结构，在这种情况下仍然可以安全可靠地工作。而低速大转矩液压马达则难以做到这一点。

一、外啮合齿轮液压马达

齿轮液压马达分为外啮合和内啮合两类。前者为高速小转矩马达，后者为低速大转矩马达。

图 6-1 所示为外啮合齿轮液压马达工作原理图。图中 k 为 I 、II 两齿轮的啮合点，h 为齿轮的全齿高。啮合点 k 到齿轮 I 、II 的齿根距离分别为 h_{fI} 和 h_{fII}，齿宽为 b。当压力为 p 的高压油进入马达的高压腔时，处于高压腔的所有轮齿均受到压力油的作用，其中相互啮合的两个轮齿只有一部分齿面受高压油的作用。由于 h_{fI} 和 h_{fII} 均小于全齿高 h，所以在齿轮 I 、II 上分别产生作用力 $pb(h-h_{fI})$ 和 $pb(h-h_{fII})$。在这两个力的作用下，齿轮产生转矩，随着齿轮按图示方向旋转，油液被带到低压腔排出。

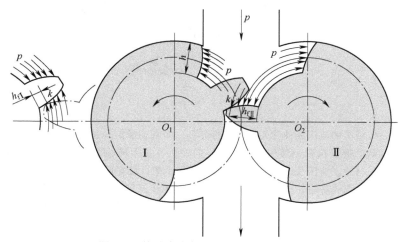

图 6-1 外啮合齿轮液压马达工作原理图

齿轮马达的结构与齿轮泵几乎相同。但因马达需正反转，所以其进、出油通道应对称布置，孔径相同；壳体上应设置外泄漏油孔；困油的卸荷槽需对称布置；轴向间隙自动补偿的浮动侧板结构应能适应正反转工作的要求。为改善起动性能，齿轮马达多采用滚动轴承。为了改善运转的平稳性，齿轮马达的齿数要比齿轮泵多，通常取 $z \geqslant 14$。

齿轮马达的转矩是脉动的，当转速较高时，由于齿轮连同负载的飞轮效应，能使脉动得到一定的补偿，但当转速较低时，脉动十分突出，所以齿轮马达不宜作为低速马达使用。

另外，齿轮马达的泄漏量也是变化的。当齿轮的两个啮合点 k_1、k_2 对称于啮合节点 P 时（参见图3-6a），高、低压卸荷槽处于封闭容积连通的临界状态，很容易出现瞬时泄漏量增加的现象。图 6-2 所示为齿轮液压马达在起动时，泄漏量 Δq 和转矩 T_s（图中 T_t 为理论值）随转角 φ 变化的实验曲线。由该曲线可知：泄漏量和转矩都是脉动的；当转矩最小时，马达的泄漏量最大，这时可能会出现难以起动的状况。另外，在低速运转时，轮齿的滑动部分往往处于边界润滑状态，当回转速度减小且摩擦损失转矩增加时，有可能使齿轮产生爬行现象。由此可见，齿轮马达的低速稳定性很差。

与柱塞式液压马达相比，齿轮液压马达具有结构简单、紧凑、重量轻、体积小、价格便宜、耐污染、适合在恶劣工况下使用的突出优点。但由于齿轮液压马达密

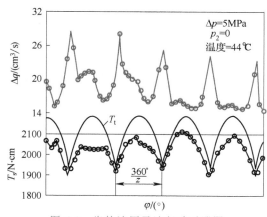

图 6-2 齿轮液压马达起动时泄漏量和转矩随转角的变化曲线

封性差，容积效率较低，所以输入油压力不能过高，不能产生较大转矩，并且瞬时转速和转矩随着啮合点位置的变化而变化。因此，齿轮液压马达仅适用于高速小转矩的场合，一般用于工程机械、农业机械以及对转矩均匀性要求不高的机械设备上。

二、双作用叶片式液压马达

1. 叶片式液压马达的分类及优缺点

现有的叶片式液压马达几乎全都采用平衡式结构。按平衡式结构进行设计具有以下优点：一是增加了叶片在每转中产生转矩的次数，在马达径向尺寸相同的情况下，成倍地增大了输出转矩；二是作用在转子上的径向液压力处于平衡状态，轴承负荷小，提高了可靠性和使用寿命。

根据结构与性能的不同，叶片马达可分为高速小转矩马达和低速大转矩马达。其中高速小转矩叶片马达的结构类似于双作用平衡式叶片泵，属双作用定量式。低速大转矩叶片马达为了增大排量和输出转矩，其叶片在转子每转中做多次伸缩，属多作用式，可以实现有级变量。除此之外还有特殊结构的叶片马达，如凸轮转子叶片马达及滚动叶片马达。本节只介绍高速叶片马达。

叶片式液压马达具有以下优点：

1）结构简单，尺寸紧凑，重量轻。在所有液压马达中，叶片式液压马达属于能够以较小尺寸输出较大功率的马达，其单位功率的重量小于柱塞式液压马达。

2）运转平稳，噪声低，转矩脉动小。

3）转子径向液压力平衡，轴承负荷小，工作可靠，寿命长。

4）转动部分惯性小，回转跟随性好，起动和制动迅速，能承受频繁的正反转切换。因此，在带载情况下能从零速迅速加速到最高转速。

5）叶片顶部磨损后能自动伸出补偿，保持与定子内表面的接触，一般不影响正常工作。

由于以上优点，叶片式液压马达在各种工业设备和车辆液压系统中都获得广泛应用，其输出转矩范围一般在齿轮马达和柱塞马达之间，属中型液压马达。

叶片式液压马达的缺点是：

1）叶片顶端对定子内表面的摩擦磨损大，此缺点与叶片泵相同。为了提高叶片式马达的工作压力等级，需要解决减轻叶片对定子压紧力的问题。

2）泄漏量较大。其原因是泄漏环节较多。叶片式液压马达的泄漏量比柱塞式液压马达大，也比叶片泵大。

3）高速叶片式液压马达在起动和低速时效率低，低速性能不好。

4）加工精度要求高，对油液清洁度要求较高。

2. 双作用叶片式液压马达的工作原理及结构特点

图6-3所示为双作用叶片式液压马达工作原理图。当压力油通入压油腔后，叶片1、3（或5、7）的一侧作用有压力油，另一侧作用有低压油。由于叶片3伸出的面积大于叶片1伸出的面积，因此作用于叶片3上的总液压力大于作用于叶片1上的总液压力，于是该压力差使叶片带动转子沿逆时针方向旋转。其他叶片（如叶片5、7）上的液压力的作用原理相同。叶片2、6的两侧同时受到压力油作用，受力平衡，对转子不产生作用转矩。叶片式液压马达的输出转矩与液压马达的排量以及进、出油口之间的压力差成正比，其转速取决于输入液压马达的流量。

叶片马达虽然与叶片泵非常相似，但由于它们所完成的功能不同，因此仍然存在一些差异。其主要区别为：

1）叶片马达必须具有叶片压紧机构，以保证起动时叶片能紧贴定子内表面，形成密闭的工作容腔。

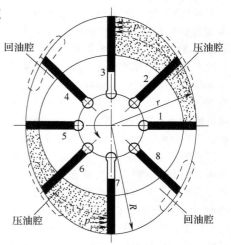

图6-3　双作用叶片式液压马达工作原理图

因为叶片马达不同于叶片泵，它要依靠压力油作用在分隔高、低压腔的叶片上，才能产生回转运动，所以必须依靠压紧机构将叶片从转子槽中顶出，使它贴紧定子内表面，形成密闭的压力容腔。否则，即使液压油进入马达，由于进、出油腔之间没有分隔开，也不可能建立起压力推动叶片、转子旋转，而只能从出口直接流回油箱，马达将永远不能起动。

2) 叶片泵只需单方向回转，而叶片马达常需正、反向回转，为此对叶片马达提出以下要求：①在壳体上设有单独的泄漏口。由于叶片泵只沿规定方向做单向回转，其吸油口恒为低压，所以叶片泵常将内泄漏油在泵体内引回至吸油口。而当叶片马达反转时，其进、出油口要对换，原来低压的回油腔将变为高压的进油腔，故不能将泄漏油引到回油腔，而必须从泄漏口引出，经外部配管流回油箱。②需采取措施使叶片根部和压力侧板背面无论在马达正转还是反转时，都有压力油作用，不受正、反转切换的影响。③叶片一律沿转子半径方向放置，叶片顶端形状左右对称，常采用对称倒角形、圆弧形或双刃边形的顶廓。④进、出油口大小相同。

116

三、轴向柱塞式液压马达

1. 工作原理

轴向柱塞式液压马达按其结构特点可分为斜盘式和斜轴式两大类。图6-4所示为斜盘式轴向柱塞马达的工作原理图。压力为 p 的高压油通过配流盘的配流窗口进入柱塞底部，推动柱塞外伸，使滑靴压向斜盘。其反作用力 F_N 分解成与柱塞液压力平衡的轴向分力 F_f 与柱塞轴线垂直的力 F，F 对缸体轴心形成转矩，驱动缸体克服负载转动。

轴向柱塞马达的结构与轴向柱塞泵基本相同，两者在原理上是互逆的。但也有一部分轴向柱塞泵，为防止柱塞腔在高、低压转换时产生压力冲击，采用非对称配流盘；另外，为了提高泵的吸油能力，有时使泵的吸油口尺寸大于压油口尺寸。这两种结构形式的泵就不能作为液压马达使用。为了适应液压马达正、反转的要求，其配流盘的腰形配流窗口必须对称布置，进、出油口的通道大小及形状也要完全相同。

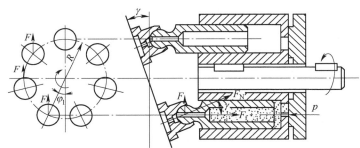

图6-4　斜盘式轴向柱塞马达工作原理图

2. 轴向柱塞马达的结构

图6-5所示为从美国Vickers公司引进的MFB型斜盘式轴向柱塞定量液压马达结构图。排量不同时，其工作参数略有不同。例如，对于MFB5型定量马达，其几何排量为10.55mL/r，最高转速为3600r/min，最低转速为100r/min，最大工作压力为21MPa，最大输出转矩为31N·m，质量为5kg。当排量增加时，其最高转速降低到2400r/min。

图6-6所示为从德国HYDROMATIK公司引进的A2FM型斜轴式定量马达结构图。它又称为无铰式轴向柱塞液压马达。这种马达的额定压力为35MPa（最大为40MPa）；最高转速按排量从大到小的变化范围为：在开式系统中使用时为5000~1200r/min，在闭式系统中使用时为7500~2000r/min。这种马达

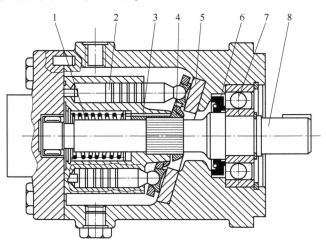

图6-5　MFB型斜盘式轴向柱塞定量液压马达结构图

1—中心弹簧　2—柱塞　3—三根顶针　4—球铰
5—斜盘　6—油封　7—轴承　8—输出轴

的连杆做成圆锥形,依靠连杆的圆锥体与柱塞内壁接触,迫使缸体转动。由于连杆轴线与缸体孔中心线间的夹角很小,从而大大减小了柱塞与缸体孔间的侧向力,使柱塞与缸体孔之间的摩擦磨损大为减小,因此,斜轴式马达可以适应更大的缸体摆角。

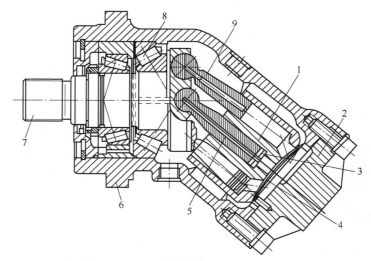

图 6-6 A2FM 型斜轴式定量马达结构图

1—缸体 2—后盖 3—弹簧 4—球面配流盘 5—中心连杆 6—壳体 7—输出轴 8—圆锥滚子轴承 9—柱塞

斜盘式马达的最大斜盘倾斜角一般为 20°左右,而斜轴式马达的最大缸体摆角为 25°~28°。如果采用图 5-36b 所示的球端锥杆形柱塞,可使最大缸体摆角达 40°。因此,缸体孔直径相同的斜轴式马达要比斜盘式马达有更大的排量及输出转矩。另外,斜轴式马达的效率略高于斜盘式马达,且允许有更高的转速。但是,由于斜轴式马达的变量要靠缸体摆动来完成,因此马达外形体积较大,快速变量时需要克服较大的惯性矩,动态响应要比斜盘式马达慢。

3. 变量控制

和变量泵一样,轴向柱塞马达也可以做成变排量形式,即成为变量马达。它和液压泵组成的液压容积调速系统具有很好的节能效果。在马达进口流量或马达进出口压差不变的情况下,通过调节马达的排量也可改变马达的转速或输出转矩。

轴向柱塞马达和部分径向马达都可以通过调节其变量机构来进行变排量控制。和泵的变量控制一样,由于推动变量机构的力比较大,通常都是用控制阀控制变量活塞去推动变量机构,从而实现排量调节。已有产品中包括恒功率控制变量马达、恒转矩控制变量马达及恒转速控制变量马达等多种形式。

轴向柱塞马达具有结构紧凑、体积小、重量轻、功率密度大、效率高、易实现变量等优点,在工程机械、运输机械、矿山机械、冶金机械、船舶、舰艇、飞机等领域得到广泛应用。但轴向柱塞马达的结构较复杂,抗油液污染能力差,价格贵;另外,在使用中一定要注意其维护保养。

第二节 曲轴连杆式径向柱塞液压马达

曲轴连杆式径向柱塞液压马达是应用较早的一种单作用低速大转矩液压马达,国外称之为 Staffa 液压马达。这类马达的结构简单、工作可靠、转速适中、价格较低,直到现在仍然得到广泛应用。其缺点是质量和体积较大,转矩脉动较大,低速稳定性较差。但由于其主要摩擦副采用静压支承或静压平衡结构,使其性能有很大改善。

一、工作原理和典型结构

图 6-7 所示为曲轴连杆式径向液压马达工作原理图。壳体 1 内沿径向圆周均匀分布了五只液压缸,形

成星形壳体。液压缸内装有柱塞 2，柱塞中心是球窝，与连杆 3 的球头铰接。连杆大端做成鞍形圆柱面，紧贴在曲轴 4 的偏心圆上（圆心为 O_1，它与曲轴旋转中心 O 的偏心距为 $OO_1 = e$）。液压马达的配流轴 5 通过十字头与曲轴连接在一起。曲轴（输出轴）转动时，配流轴由十字头带动一起转动。配流轴上的"隔墙"两侧分别为进油腔和排油腔。

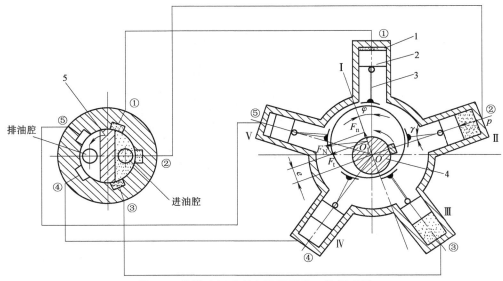

图 6-7 曲轴连杆式径向液压马达工作原理图

1—壳体 2—柱塞 3—连杆 4—曲轴 5—配流轴

压力油经过配流轴上的通道，由配流轴颈分配到对应的柱塞液压缸（图中的液压缸 Ⅱ 顶部），使柱塞受到压力油的作用。其余的柱塞液压缸，有的处于过渡状态（图中的液压缸 Ⅰ 和 Ⅲ）；有的和排油窗口连接（图中的液压缸 Ⅳ 和 Ⅴ），因此没有高压油的作用。高压油产生的液压力作用于柱塞顶部，并通过连杆传递到曲轴的偏心轮上。例如，液压缸 Ⅱ 作用在偏心轮上的力为 F_N，这个力的方向沿着连杆的轴线指向偏心轮的中心 O_1。作用力 F_N 可分解为两个力：法向力 F_n（作用线和连心线 OO_1 重合）和切向力 F_t。切向力 F_t 对曲轴的旋转中心 O 产生转矩，使曲轴绕中心 O 沿逆时针方向旋转。液压缸 Ⅰ、Ⅲ 也与此相似，只是由于它们相对于主轴的位置不同，所以产生转矩的大小与液压缸 Ⅱ 不同，使曲轴旋转的总转矩等于与高压油腔相通的所有液压缸所产生的转矩之和。

曲轴旋转时，液压缸 Ⅰ、Ⅱ 和 Ⅲ 的容积增大，液压缸 Ⅳ 和 Ⅴ 的容积减小，低压油通过壳体内油道④和⑤经配流轴的排油腔排出。

当配流轴随曲轴转过一个角度后，配流轴的隔墙恰好封闭了油道③（此时液压缸 Ⅲ 中的柱塞已向内移到最里面），使之与高、低压腔均不相通，仅液压缸 Ⅰ 和 Ⅱ 通高压油，使马达产生转矩，液压缸 Ⅳ 和 Ⅴ 仍继续排油。当曲轴连同配流轴再转过一个角度后，液压缸 Ⅴ、Ⅰ 和 Ⅱ 通高压油，使马达产生转矩，液压缸 Ⅲ 和 Ⅳ 排油。这样，进油腔和排油腔分别依次与各液压缸接通，从而保证曲轴连续旋转，因此称之为轴转马达。

将进油口、排油口对换后，可使马达反转。

前面讨论的是壳体固定、曲轴旋转的情况，如果将曲轴固定，而把进油管、排油管直接连接到配流轴上，就能达到使外壳旋转的目的。这种壳转马达可用来驱动车轮、卷筒等，它是一种理想的传动方式。

图 6-8 所示为国产 1JM—F 型（单作用）连杆式径向柱塞马达结构图，其额定工作压力为 20MPa（最大可达 25MPa），转速范围为 10～500r/min，输出转矩为 68.6～16010N·m。图中连杆 3 与柱塞 9 用球头铰接，并用卡环 8 锁住。连杆另一端的鞍形圆柱面与曲轴的偏心轮贴紧，并用两个挡圈 4 夹持住。曲轴支承在两个圆柱滚子轴承上，一端外伸作为输出轴，另一端与配流轴用十字形联轴器连接，使配流轴与曲轴同

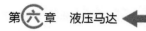

步回转。为了减小摩擦磨损，该配流轴采用静压平衡结构。由剖面 B—B 进来的高压油，经轴向通路流入剖面 C—C 右半部，一方面进入相应的缸体孔，另一方面又借助轴向小孔 G 将其引至剖面 A—A 和剖面 E—E 的左半部。与此同时，由相应缸体孔排出到剖面 C—C 左半部的低压油，一方面经轴向通路进入剖面 D—D 后排出，另一方面借助轴向小孔 F 将其引至剖面 A—A 和剖面 E—E 的右半部。由此可见，只要剖面 C—C 的轴向宽度是剖面 A—A（或 E—E）轴向宽度的两倍，配流轴所受的不平衡径向力就大为减小。另外，缸体孔内的高压油经连杆中部的节流器 1 引入到连杆的鞍形圆柱面与曲轴偏心轮之间的油室，形成静压支承，可避免滑动副间直接的金属接触，大大降低了机械摩擦损失。但在马达起动和停车时，因为响应滞后等原因，静压支承油室内的压力无法建立起来，仍难以避免金属表面的接触。

实际上，由于作用在配流轴上的液压径向力的方向随配流轴转动而不断变化，且存在周期性的突变，所以上述平衡油槽中的液压力还是不能完全平衡掉液压径向力。

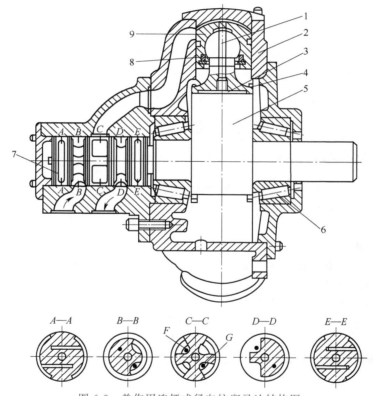

图 6-8 单作用连杆式径向柱塞马达结构图

1—节流器 2—壳体 3—连杆 4—挡圈 5—曲轴 6—圆柱滚子轴承 7—配流轴 8—卡环 9—柱塞

二、柱塞的运动规律及马达的排量

曲轴连杆式液压马达是按曲柄连杆机构的动作原理进行工作的，因此，可以将液压马达的运动规律及其受力情况简化为曲柄连杆机构进行分析，如图 6-9 所示。

图中 O 为液压马达曲轴的旋转中心，O' 为偏心轮中心，O'' 为连杆球头中心，e 为偏心距（相当于曲柄长度），R 为曲轴半径，l 为连杆球头中心至底部鞍形圆柱面中心的长度，$R+l$ 相当于连杆长度。

现假设以柱塞上死点为计算起始点位置（此时 O''、O'、O 呈一直线）。当偏心轴转过角度 φ_i 后，连杆中心线相对起始位置的偏转角为 β_i，则柱塞 y 向位移为

$$s_y = (e+R+l) - [e\cos\varphi_i + (R+l)\cos\beta_i]$$
$$= e(1-\cos\varphi_i) + (R+l)(1-\cos\beta_i)$$

$$(6-1)$$

考虑到

$$1-\cos\beta_i = 2\sin^2\frac{\beta_i}{2}（根据三角函数的倍角公式）\qquad(6\text{-}2a)$$

$$\sin\beta_i/e = \sin\varphi_i/(R+l)（根据正弦定理）\qquad(6\text{-}2b)$$

由于这类马达连杆的最大摆角 β_i 一般不超过 $12°$，因此可以近似地认为 $\sin\beta_i \approx \beta_i$（误差不大于 1%），则有 $\sin\dfrac{\beta_i}{2} \approx \dfrac{\beta_i}{2}$。

所以

$$\sin\frac{\beta_i}{2} \approx \frac{1}{2}\sin\beta_i \qquad(6\text{-}2c)$$

将式（6-2a）及式（6-2c）代入式（6-1），则可得出柱塞在其轴线 y 方向上的位移为

$$s_y = e(1-\cos\varphi_i)+(R+l)\left(\frac{1}{2}\sin^2\beta_i\right)$$

令 $K = e/(R+l)$（称为偏心率，约为 0.2），并考虑式（6-2a）及式（6-2b），可将上式化简为

$$
\begin{aligned}
s_y &= e(1-\cos\varphi_i)+\frac{1}{2}Ke\sin^2\varphi_i \\
&= e(1-\cos\varphi_i)+\frac{1}{4}Ke(1-\cos2\varphi_i)
\end{aligned}
\qquad(6\text{-}3)
$$

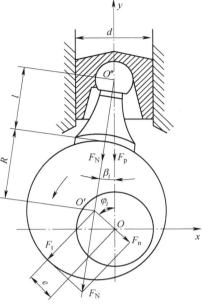

图 6-9　柱塞运动学分析简图

根据式（6-3）可以得出柱塞的运动速度 v 及加速度 a 分别为

$$v = \frac{\mathrm{d}s_y}{\mathrm{d}t} = e\omega\sin\varphi_i + \frac{1}{2}Ke\omega\sin2\varphi_i \qquad(6\text{-}4)$$

$$a = \frac{\mathrm{d}v}{\mathrm{d}t} = e\omega^2\cos\varphi_i + Ke\omega^2\cos2\varphi_i \qquad(6\text{-}5)$$

式中　ω——曲轴的旋转角速度，$\omega = \mathrm{d}\varphi_i/\mathrm{d}t$。

由以上各式可知，柱塞运动速度和加速度的第一项分别按正弦和余弦规律变化，而第二项是由于连杆长度的影响所产生的修正值，由于 K 值很小，可忽略不计。因此，可近似认为柱塞运动速度以接近正弦规律变化，而柱塞的加速度以接近余弦规律变化。

由图 6-9 及式（6-1）可知，当 $\varphi_i = 180°$ 时，柱塞运动到下死点，位移达到最大值，其行程为

$$s_{y\max} = 2e \qquad(6\text{-}6)$$

由式（6-6）可得马达每转的排量 V（单位为 $\mathrm{m^3/r}$）及每转一弧度的排量 V_r（单位为 $\mathrm{m^3/rad}$）分别为

$$V = \frac{\pi d^2}{4}2ez = \frac{\pi d^2}{2}ez \qquad(6\text{-}7)$$

$$V_r = \frac{1}{4}d^2ez \qquad(6\text{-}8)$$

式中　d——柱塞直径（m）；

　　　z——柱塞数；

　　　e——偏心轮的偏心距（m）。

三、转矩及其均匀性分析

液压马达每一瞬时的转矩称为瞬时转矩，而在每转所需时间间隔内按时间平均计算的转矩称为平均转矩，由高、低压腔压差和有关几何尺寸确定的转矩为理论转矩，理论转矩减去摩擦转矩后得到的转矩为输出转矩。

对于连杆式马达这样的单作用液压马达，由于有限柱塞数的影响，在压差一定时，其理论瞬时转矩不可避免地要出现周期性的变化。转矩脉动会引起转速脉动，造成低速旋转不均匀现象。如果液压泵的供油

量一定，则转矩脉动还会引起输入压力的脉动。

评价液压马达理论瞬时转矩的品质，一般用理论转矩不均匀系数 δ_T 来衡量，其定义为

$$\delta_T = \frac{T_{shmax} - T_{shmin}}{T_t} \times 100\% \qquad (6\text{-}9)$$

式中　T_{shmax}——最大理论瞬时转矩；

　　　T_{shmin}——最小理论瞬时转矩；

　　　　T_t——理论平均转矩。

若 δ_T 小，则表明马达理论瞬时转矩的品质好。

1. 理论平均转矩

设马达背压为零时，其理论平均转矩 T_t（单位为 N·m）为

$$T_t = pV_r = p\left(\frac{1}{4}d^2 ez\right) = \frac{z}{\pi}F_p e \qquad (6\text{-}10)$$

式中　p——作用在柱塞上的液压力（Pa）；

　　　V_r——每转一弧度的排量（m³/rad）；

　　　F_P——作用在一个柱塞上的液压力合力（N），$F_P = \frac{\pi d^2}{4}p$。

可见，当 p 一定时，连杆式马达的理论平均转矩与其几何参数 e、z 及 d 的平方成正比，即与马达的排量成正比。

2. 理论瞬时转矩

（1）单个柱塞产生的瞬时转矩　设下标 $i(i=1,2,\cdots,z)$ 表示第 i 个柱塞，则由图 6-9 可知，单个柱塞所产生的瞬时转矩为

$$T_i = F_{ti}e = F_{Ni}\sin(\varphi_i + \beta_i)e = \frac{F_P}{\cos\beta_i}\sin(\varphi_i + \beta_i)e \qquad (6\text{-}11)$$

$$= F_P e(\sin\varphi_i + \cos\varphi_i \tan\beta_i)$$

式中　F_{Ni}——柱塞 i 作用于曲轴上的力；

　　　F_{ti}——柱塞 i 作用于曲轴上的切向分力；

　　　φ_i——OO' 连线与柱塞 i 中心线夹角；

　　　β_i——连杆中心线与柱塞 i 中心线夹角。

一般 $\beta_i < 12°$，所以 $\tan\beta_i \approx \sin\beta_i$。又根据式（6-2b）可知，$\sin\beta_i = \dfrac{e\sin\varphi_i}{R+l} = K\sin\varphi_i$，故由式（6-11）可得

$$T_i = F_P e\left(\sin\varphi_i + \frac{1}{2}K\sin2\varphi_i\right) \qquad (6\text{-}12)$$

（2）整个马达所产生的瞬时转矩　马达总的瞬时转矩是与高压油相通的各柱塞（数目为 z_0）的瞬时转矩之和，其表达式为

$$T_{sh} = \sum_{i=1}^{z_0} T_i = F_P e\left(\sum_{i=1}^{z_0}\sin\varphi_i + \frac{K}{2}\sum_{i=1}^{z_0}\sin2\varphi_i\right) \qquad (6\text{-}13)$$

由于各柱塞间的夹角相等，为 $2\alpha = \dfrac{2\pi}{z}$，且设 $i=1$ 时的 $\varphi_1 < \dfrac{2\pi}{z}$，则依次可得 $\varphi_2 = \varphi_1 + 2\alpha$、$\varphi_3 = \varphi_1 + 4\alpha$、$\cdots$、$\varphi_i = \varphi_1 + 2(i-1)\alpha$，再参照轴向柱塞泵瞬时流量分析中的有关公式，即可针对柱塞数为奇数或偶数的情况，分别计算出 $\displaystyle\sum_{i=1}^{z_0}\sin\varphi_i$ 和 $\displaystyle\sum_{i=1}^{z_0}\sin2\varphi_i$，代入式（6-13）即可计算出 T_{sh}。

当柱塞数为奇数，且 $0 \leq \varphi_1 < \alpha$ 时，有 $z_0 = \dfrac{z+1}{2}$ 个柱塞产生转矩，此时

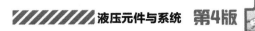

$$T_{sh} = F_P e \left[\frac{\cos\left(\dfrac{\alpha}{2} - \varphi_1\right)}{2\sin\dfrac{\alpha}{2}} + \frac{K}{2} \frac{\sin(2\varphi_1 - \alpha)}{2\cos\alpha} \right] \tag{6-14}$$

当柱塞数为奇数，且 $\alpha \leqslant \varphi_1 \leqslant 2\alpha$ 时，有 $z_0 = \dfrac{z-1}{2}$ 个柱塞产生转矩，此时

$$T_{sh} = F_P e \left[\frac{\cos\left(\dfrac{3}{2}\alpha - \varphi_1\right)}{2\sin\dfrac{\alpha}{2}} + \frac{K}{2} \frac{\sin(3\alpha - 2\varphi_1)}{2\cos\alpha} \right] \tag{6-15}$$

当柱塞数为偶数，且 $0 \leqslant \varphi_1 \leqslant 2\alpha$ 时，始终有 $z_0 = \dfrac{z}{2}$ 个柱塞产生转矩，此时

$$T_{sh} = F_P e \frac{\cos(\alpha - \varphi_1)}{\sin\alpha} \tag{6-16}$$

根据式 (6-12)、式 (6-14) 及式 (6-15) 可以绘出如图 6-10 所示的五柱塞连杆式径向柱塞马达（$K = 0.2$）的瞬时转矩脉动曲线。横坐标 φ 表示曲轴的相位角。下面几条曲线表示单个柱塞所产生的转矩 T_i 的变化规律，近似按正弦曲线规律变化，相邻曲线的相位差为 2α（72°）。上面的曲线表示总输出转矩 $\sum T_i$ 的变化规律。上面的水平线是马达的理论转矩，即平均转矩。

经计算，当 $z = 5$ 时，$T_{shmax} = 1.622F_P e$，$T_{shmin} = 1.503F_P e$，转矩不均匀系数 $\delta_T = 7.5\%$；当 $z = 7$ 时，$T_{shmax} = 2.241F_P e$，$T_{shmin} = 2.178F_P e$，$\delta_T = 2.8\%$。

对于偶数柱塞，$T_{shmax} = F_P e/\sin\alpha$，$T_{shmin} = F_P e/\tan\alpha$。经计算，当 $z = 6$，$K = 0.2$ 时，$\delta_T = 14\%$。

由此可见，当柱塞数接近时，偶数柱塞的 δ_T 比奇数柱塞的约大一倍。所以，连杆式马达均采用奇数柱塞。增加柱塞数，能有效地改善其低速稳定性。

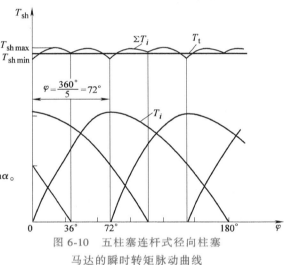

图 6-10　五柱塞连杆式径向柱塞马达的瞬时转矩脉动曲线

第三节　静力平衡式液压马达

静力平衡式液压马达是从曲轴连杆式液压马达发展而来的。它的特点是取消了将柱塞推力传递给偏心轮的连杆，而由五星轮代替。并且在主要对偶摩擦副间基本上实现了油压的静力平衡，因此称为静力平衡式液压马达，或称为无连杆式液压马达。国外将这类马达称为 Roston 马达。国内已有不少产品，并且已在船舶机械、挖掘机、钻探机械及工程机械中推广应用。

一、工作原理

图 6-11 所示是五缸静力平衡式液压马达结构原理图。曲轴 4 既是输出轴，又是配流轴，五星轮 3 与曲轴的偏心轮 5 之间滑动配合，五星轮 3 的五个孔中各嵌装一个压力环 6，其底部装有弹性的密封圈，使压力环与柱塞底平面在任意工况下都能保持接触密封。五星轮平移时，为使压力环始终保持与柱塞底平面接触，柱塞底平面面积应大于压力环上端平面面积。

五星轮平面、压力环和柱塞都开有对应的中间通油孔。如图 6-11 所示，压力油从油孔 A 输入，经曲轴中的轴向流道进入偏心轮配流窗口，通过五星轮中的孔、压力环和柱塞的中心孔进入液压缸 II、III。图示

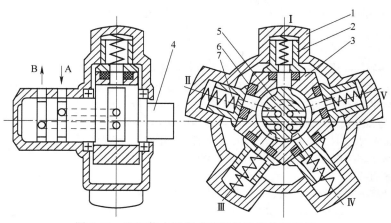

图 6-11 五缸静力平衡式液压马达结构原理图

1—壳体 2—柱塞 3—五星轮 4—曲轴 5—偏心轮 6—压力环 7—弹簧

位置的液压缸 Ⅰ 处于"困油"状态，这时只有液压缸 Ⅱ、Ⅲ 通入高压油。缸体孔中的高压油产生的液压力通过五星轮作用到曲轴的偏心轮上。由机构学知识可知，如果忽略曲轴偏心圆表面和五星轮内圆表面之间的摩擦力，它们之间的作用力必然通过偏心轮的圆心，这个作用力对曲轴的回转中心产生力矩，推动曲轴旋转。处于高压区的柱塞对曲轴回转中心的力矩之和即为输出轴的驱动转矩。借助偏心轮与五星轮之间的自行配流作用，能保证两个或三个柱塞处于高压油作用下使曲轴连续旋转。另一方面，随着曲轴的旋转，其余缸体孔内的油液在柱塞推动下，通过五星轮内的通油孔经 B 口流出。

静力平衡式液压马达可以设计成轴转，也可做成壳转。为了增大转矩，还可以设计成双排柱塞（两个偏心轮）的静力平衡马达。但为了使曲轴所受的径向力能相互平衡，应使两个偏心轮的偏心方向相差 180°。

图 6-12 所示为轴转马达的转动原理图。压力油从偏心轮的配流窗口经过五星轮、压力环和柱塞的中间通孔，形成压力油柱。合力为 F_P 的高压油直接作用于曲轴的偏心轮上，合力通过偏心轮中心 O_1，对曲轴旋转中心 O 形成转矩。若同时有几个缸体孔通高压油，则马达的输出转矩为各缸的合力对 O 点形成的转矩之和。

壳转马达的转动原理如图 6-13 所示，马达曲轴固定，高压油通过空心柱塞进入缸体孔，作用于缸壁两侧的液压力相互平衡；作用于缸体孔顶端的液压力，由于其合力正好通过旋转中心 O，因此不能形成转矩。但如果考虑柱塞本身的受力，情况就不同了：作用于柱塞上部的液压力 F_P 方向向下，通过曲轴回旋中心 O；而作用于柱塞下部的液压力 F'_P 方向向上，通过五星轮的中心 O_1。这两个力大小相等，方向相反，对柱塞形成一个逆时针方向的力矩，引起柱塞对缸壁的侧向力 F_N。该侧向力对马达回转中心 O 形成转矩，使壳体沿逆时针方向旋转，成为壳转静力平衡马达。此时，可以在轴端直接开设进、出油口与外管路相通，液

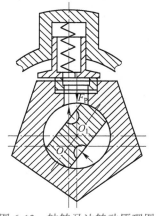

图 6-12 轴转马达转动原理图

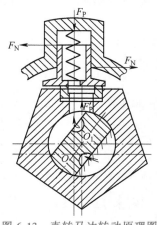

图 6-13 壳转马达转动原理图

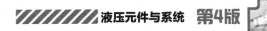

压油通过轴中间的轴向通道与柱塞腔相通，在结构上比轴转马达更简单。

二、运动学分析及排量计算

图 6-14 所示为轴转马达主要运动部件的运动学分析简图。O 为曲轴旋转中心，O_1 为偏心轮（及五星轮）中心。$OO_1 = e$，为马达曲轴的偏心距。马达运转时，柱塞做上下往复运动，五星轮则做平面平行移动。

显然，偏心轮中心 O_1 的运动规律决定了柱塞与五星轮的运动规律。O_1 到五星轮与柱塞接触表面间的距离为 O_1O_2，在运动中 O_1O_2 做平面平行移动，即 O_2 点随 O_1 点一起下降或上升，O_1O_2 的长度在工作中保持不变。

设柱塞位于最上端时作为计算位移的起始点，此时 O、O_1、O_2 点及柱塞中心线在同一条直线上，即 $\varphi_i = 0$。

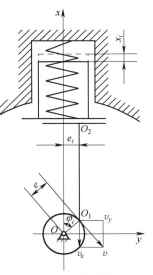

图 6-14　静力平衡轴转马达运动学分析简图

当曲轴以角速度 ω 转过角度 φ_i 时，柱塞与五星轮向下的位移为

$$x_i = e - e\cos\varphi_i = e(1 - \cos\varphi_i) \tag{6-17}$$

柱塞运动速度为

$$v_{xi} = \frac{\mathrm{d}x_i}{\mathrm{d}t} = e\omega\sin\varphi_i \tag{6-18}$$

柱塞运动的加速度为

$$a_{xi} = \frac{\mathrm{d}v_{xi}}{\mathrm{d}t} = e\omega^2\cos\varphi_i \tag{6-19}$$

当 $\varphi_i = \pi$ 时，柱塞位于下死点，此时柱塞的位移即为柱塞行程，即

$$x_{\max} = 2e \tag{6-20}$$

静力平衡马达每转的排量 V（单位为 $\mathrm{m^3/r}$）为

$$V = \frac{\pi}{4}d^2 2ezy = \frac{\pi}{2}d^2 ezy \tag{6-21}$$

式中　d——柱塞直径（m）；

e——偏心距（m）；

z——每排的缸数；

y——缸的排数，静力平衡马达常取 $y = 1$ 或 2。

与其他容积式液压马达一样，静力平衡式马达的排量仅与马达的基本结构参数有关。由式（6-18）和式（6-19）可知，当 $\varphi_i = 0$ 或 π 时，$v_{xi} = 0$，$a_{xi} = e\omega^2$，柱塞分别位于上死点和下死点，柱塞在该点的运动速度最小，而加速度最大。

当 $\varphi_i = \dfrac{\pi}{2}$ 或 $\dfrac{3\pi}{2}$ 时，$v_{xi} = e\omega$，$a_{xi} = 0$，柱塞在该点的运动速度最大，而加速度最小，柱塞的位移为 e。

五星轮除与柱塞做同步上下运动外，同时还做横向平移运动，其位移、速度和加速度为

$$y_i = e\sin\varphi_i \tag{6-22}$$

$$v_{yi} = \frac{\mathrm{d}y_i}{\mathrm{d}t} = e\omega\cos\varphi_i \tag{6-23}$$

$$a_{yi} = \frac{\mathrm{d}v_{yi}}{\mathrm{d}t} = -e\omega^2\sin\varphi_i \tag{6-24}$$

五星轮与柱塞的同步上下运动，从运动学上保证了柱塞与嵌装于五星轮中的压力环在马达工作过程中始终紧密贴合，速度 v_{yi} 是压力环相对于柱塞底面的滑动速度。

五星轮的合成运动速度为

$$v = \sqrt{v_{xi}^2 + v_{yi}^2} = e\omega \tag{6-25}$$

即表示静力平衡马达在工作中，其五星轮中心 O_1 相对于回转中心 O 做等速圆周运动。

三、瞬时转矩及其脉动率

假设输入马达的压力恒定。工作中，五星轮相对于柱塞平移滑动，形成偏心距 e_i（图 6-14 和图 6-15）。

e_i 表示当转角为 φ_i 时，曲轴旋转中心 O 与五星轮通油孔中心线之间的垂直距离，其计算公式为 $e_i = e\sin\varphi_i$。若五星轮与偏心轮间基本处于静压平衡，则液压推力将以合力 F_P 直接作用在曲轴上，因此，一个柱塞产生的瞬时转矩（忽略回油压力）为

$$T_i = F_P e\sin\varphi_i \tag{6-26}$$

整台马达中与高压腔相通的柱塞缸在 φ_i 角形成的瞬时合成转矩 T_{sh} 为

$$T_{sh} = F_P e \sum \sin\varphi_i \tag{6-27}$$

工作中，间或有 2 或 3 个液压缸与高压油接通。因此，采用与分析连杆式径向马达转矩相同的方法可以得出：

1）当 $0 \leqslant \varphi_1 < \alpha$ 时，进油缸数 $i = \dfrac{z+1}{2} = 3$，则

$$T_{sh} = F_P e \frac{\cos\left(\dfrac{\alpha}{2} - \varphi_1\right)}{2\sin\dfrac{\alpha}{2}} \tag{6-28}$$

2）当 $\alpha \leqslant \varphi_1 \leqslant 2\alpha$ 时，进油缸数 $i = \dfrac{z-1}{2} = 2$，则

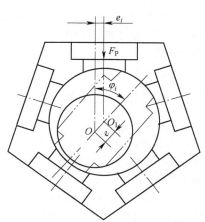

图 6-15　五星轮与偏心轮的位置关系图

$$T_{sh} = F_P e \frac{\cos\left(\dfrac{3\alpha}{2} - \varphi_1\right)}{2\sin\dfrac{\alpha}{2}} \tag{6-29}$$

3）最大瞬时转矩为

$$T_{shmax} = 1.618 F_P e \tag{6-30}$$

4）最小瞬时转矩为

$$T_{shmin} = 1.539 F_P e \tag{6-31}$$

瞬时转矩的变化曲线如图 6-16 所示。各液压缸的转矩波形图相差 $2\pi/5$，形成了由交流正弦曲线正值部分组成的半波整流的合成脉动曲线。

5）一个液压缸在一周中的瞬时转矩的平均值为

$$T_{iav} = \frac{1}{2}\int_0^\pi T_i\varphi_i = \frac{F_P e}{2\pi}\int_0^\pi \sin\varphi_i \mathrm{d}\varphi_i = \frac{F_P e}{\pi} \tag{6-32}$$

6）整台马达在一周中的瞬时合成转矩的平均值为

$$\sum T_{iav} = \frac{F_P e z}{\pi} = 1.592 F_P e \tag{6-33}$$

7）瞬时转矩的不均匀系数 $\delta_T = 4.9\%$。

与曲轴连杆式径向马达相比，静力平衡马达的瞬时转矩不均匀系数有所减小。令分析式（6-14）和式（6-15）中的 $K=0$，即可得到与式（6-28）和式（6-29）完全相同的 T_{sh} 计算公式。因为 $K = \dfrac{e}{R+l}$，只有当 $(R+l) \to \infty$ 时，才存在 $K=0$ 的情况。这相当于马达旋转时，连杆的偏摆角 β_i 始终等于零，这正符合静力平衡马达的运动特点。因此，

图 6-16　五缸静力平衡马达瞬时转矩变化曲线

静力平衡马达的五星轮相当于一个连杆长度为无限长的曲柄连杆机构，这是静力平衡马达脉动减小的原因。

静力平衡马达的脉动率虽然有所减小，但其柱塞所受的侧向力增大，使柱塞与缸壁之间的摩擦力增大。这就导致静力平衡马达在起动或负载突变时，由于静、动摩擦因数产生突变，如果压紧系数选取不当，可能引起柱塞底面与压力环上表面脱开或者压力环与柱塞底面之间的磨损加剧。

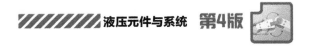

第四节　多作用内曲线径向柱塞式液压马达

内曲线径向柱塞式液压马达是一种多作用低速大转矩液压马达。在每一转中，每个柱塞沿曲线导轨往复多次。其多作用的特点使它具有单位功率重量轻、体积小、液压径向力平衡、效率高、起动特性好、可以设计成理论上无脉动输出以及可以在较低的转速下平稳运转等优点，所以，它是目前国内外应用较多的一种低速大转矩液压马达。

一、工作原理及结构

1. 工作原理

图 6-17 所示为六作用单排十柱塞轴转内曲线液压马达（NJM）结构图。凸轮环（也称定子）9 内壁的导轨由 x 条（图中 $x=6$）均布的、形状完全相同的曲线组成，每个曲线凹部顶点将曲线分成对称的两个区段，一侧为进油区段（即工作区段），另一侧为回油区段（即空载区段）。每个柱塞在马达的每一转中往复的次数即为 x，x 称为该马达的作用次数。缸体 13 在圆周方向均布着 z 个（图中 $z=10$）柱塞缸孔，每个缸孔底部有一配流窗孔，这些孔与相配合的配流轴 3 的配流窗口相通。配流轴中间有进油和回油孔道，其配流窗口位置与凸轮环导轨曲面的进油区段和回油区段的位置相对应，所以在配流轴圆周上有 $2x$ 个均布的配流窗口。

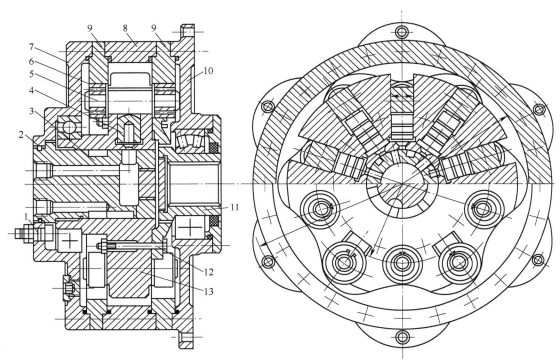

图 6-17　六作用单排十柱塞轴转内曲线液压马达（NJM）结构图
1—微调螺钉　2—O 形密封圈　3—配流轴　4—柱塞　5—横梁　6—滚轮
7—后端盖　8—壳体　9—凸轮环　10—前端盖　11—输出轴　12—螺栓　13—缸体

配流轴上的配流窗口与凸轮环曲线上进油区段和回油区段对应相位角间产生的误差可通过微调螺钉 1 来调整。

当高压油经配流轴 3 进入柱塞底部时，推动柱塞 4 顶着横梁 5，再通过两端的滚轮 6 压向凸轮环 9 的导轨曲面。由于导轨曲面的反作用力通过滚轮中心，因而其切向分力通过横梁，推动缸体 13 旋转，最后经轴 11 输出转矩。所以，柱塞在外伸的同时还随缸体一起旋转。当柱塞到达曲面的凹部顶点（外死点）时，柱

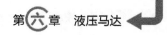

塞底部油孔被配流轴的隔墙封闭，与高压油、低压油都不相通。当柱塞越过曲面外死点进入凸轮环曲面的回油区段时，柱塞的配油窗孔与配流轴的回油通道相通，此时柱塞被曲面压回，柱塞缸内容积缩小，将油液经配流轴排出。当柱塞运动到内死点时，柱塞的配流窗孔也被配流轴的隔墙封闭，与高压油、低压油都不相通。

通过前端盖 10 将马达固定在支架上，而配流轴 3 则与外部进油、回油管道相连，这是轴转式马达的连接方式。此外，还有壳转式马达和车轮马达。

将进油、回油换向时，马达将反转。

这种内曲线的特殊结构，使得在柱塞直径、数目和行程均相同的情况下，多作用马达比单作用马达的排量增大若干倍。因此，当排量相同时，多作用马达的体积和质量将大大小于单作用马达。

2. 排量计算公式

多作用内曲线马达排量 V（单位为 m^3/r）的计算公式为

$$V = \frac{\pi d^2}{4} hxyz \tag{6-34}$$

式中　d——柱塞直径（m）；

　　　h——柱塞行程（m）；

　　　x——作用次数；

　　　y——柱塞排数；

　　　z——每排柱塞数。

3. 结构形式

内曲线马达的结构形式多种多样，有轴转、壳转之分，单排、双排及多排之分，还有柱塞马达、球塞马达及滚柱马达之分。但不论何种内曲线马达，一般都具有柱塞、横梁（或其他传力部件）和滚轮，称统为柱塞副。柱塞副用来传递曲线导轨与缸体之间的力。按柱塞副传力方式的不同，内曲线马达可分为以下结构形式。

（1）柱塞直接传递切向力的内曲线马达　如图 6-18a 所示，横梁 2 置于柱塞 1 顶端的槽中，用销子松动联接。横梁上一对滚轮 3 与导轨相互作用所产生的切向力 F_t 通过横梁 2 传给柱塞，再由柱塞传给缸体 5（转子）形成转矩。由于柱塞与缸体间要承受较大的侧向力，因此易于磨损，间隙也随之增加，会影响马达的容积效率。目前这种形式的马达已较少采用。

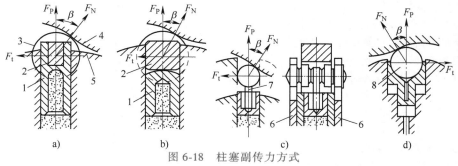

图 6-18　柱塞副传力方式

a）柱塞传力　b）横梁传力　c）导向滚轮传力　d）钢球传力

1—柱塞　2—横梁　3—滚轮　4—导轨　5—缸体　6—导向侧板　7—连杆　8—钢球

（2）横梁传递切向力的内曲线马达　如图 6-18b 所示，两端装有一对滚轮的矩形横梁 2 安装在缸体的槽中，它与柱塞之间无刚性连接。在液压作用下，柱塞顶端的球面与横梁底面相接触。导轨与滚轮间产生的切向力 F_t 通过横梁传递给缸体，形成转矩。

横梁传力增加了作用面积，使得接触应力比柱塞传力小。另外，在横梁传力过程中，柱塞不受侧向力作用，柱塞在缸体孔中浮动良好，磨损少。

目前这种传力方式在内曲线轴转式马达中最为多见。图 6-17 所示的 NJM 系列马达即采用横梁传力形

式。这种传力方式具有结构简单、耐冲击、磨损少、工作可靠、效率高（机械效率可达 0.93~0.96）等优点，可以用在负载变化幅度较大、冲击频率较高的主机上。

但横梁与槽间为滑动摩擦，起动时存在较大的静摩擦力，起动转矩效率为 0.93~0.95，低于滚轮传力形式。与柱塞传力相比，马达的外形尺寸与加工量有所增加，柱塞副的质量增加，增大了惯性力，在相同转速下，需要提高马达的回油背压。

（3）滚轮传递切向力的多作用马达　如图 6-18c 所示，柱塞与横梁之间利用连杆 7 连接，在横梁上装有两组滚轮，中间的两个滚轮与导轨相接触，外侧的两个滚轮分别嵌装在缸体两侧导向侧板 6 的槽中，而导向侧板通过销子和螺栓与缸体联成一体。工作滚轮与导轨相互作用所产生的切向力 F_t，由导向滚轮通过导向侧板传递给缸体形成转矩。

由于传力机构为滚动摩擦，因此与横梁传力相比，提高了机械效率和起动转矩效率（0.95~0.98），且柱塞不受侧向力作用；但加工工艺及装配工艺都比较复杂。在一定排量下，滚轮传力结构限制了柱塞数的增加，因此只能增加柱塞直径，这又导致接触应力增大。所以，滚轮传力的液压马达具有较大的外形尺寸，但对于壳转式马达，外形尺寸增加反而可以减小制动力。

（4）钢球传力的球塞式内曲线马达　如图 6-18d 所示，柱塞设计成有大小端的阶梯形，钢球 8 与导轨相互作用所产生的切向力 F_t，通过柱塞的大直径侧面传递给缸体形成转矩。

球塞式马达可分为径向式和轴向式两种。这种马达具有体积小、重量轻、制造成本低等优点，特别是球塞副采用静压支承结构后，马达效率和起动性能有了较大提高，同时延长了工作寿命，耐冲击性能也得到改善。此种马达特别适用于外形体积要求较小，而输出转矩要求较大的机械。其主要缺点是当油温较高时，容积效率下降较快。

二、柱塞组的运动学分析

柱塞与滚轮的运动情况由凸轮环导轨曲线所决定，不同的导轨曲线，其柱塞组的位移、速度、加速度和受力也不相同。因此，导轨曲线的形状直接影响到柱塞运动的平稳性、转速的均匀程度、受力情况和凸轮环工作寿命。

图 6-19 所示的曲线 δ-δ 表示滚轮中心的运动轨迹，它真实地反映了柱塞副的运动规律。曲线 δ-δ 称为导轨的理论曲线。设计中绘出的即为曲线 δ-δ，而导轨的实际轮廓曲线是曲线 δ-δ 的外包络线，即图中的曲线 a-a。

为了讨论方便，通常采用极坐标系。设滚轮中心到缸体中心的距离为 ρ，它与起始位置之间的夹角为 φ。在讨论中将采用在分析叶片泵子曲线时曾使用过的"度速度"和"度加速度"的概念。

度速度 v_φ（单位为 m/rad）的计算公式为

$$v_\varphi = \frac{d\rho}{d\varphi} \tag{6-35}$$

其物理意义为缸体转过一弧度角时，柱塞径向移动的距离。v_φ 与马达转速无关，它表示了凸轮环曲线的性质。马达转速的平稳性、凸轮环曲线压力角的变化及滚轮与凸轮环曲面的触接应力等都与 v_φ 有关。

度加速度 a_φ（单位为 m/rad²）的计算公式为

$$a_\varphi = \frac{dv_\varphi}{d\varphi} = \frac{d^2\rho}{d\varphi^2} \tag{6-36}$$

柱塞相对于缸体的速度 v 和加速度 a 分

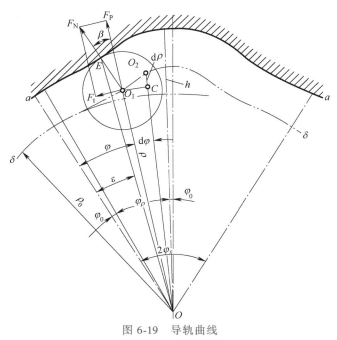

图 6-19　导轨曲线

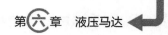

别为

$$v = \frac{\mathrm{d}\rho}{\mathrm{d}t} = \frac{\mathrm{d}\rho}{\mathrm{d}\varphi}\frac{\mathrm{d}\varphi}{\mathrm{d}t} = \omega v_\varphi \tag{6-37}$$

$$a = \frac{\mathrm{d}v}{\mathrm{d}t} = \omega\frac{\mathrm{d}v_\varphi}{\mathrm{d}t} = \omega\frac{\mathrm{d}v_\varphi}{\mathrm{d}\varphi}\frac{\mathrm{d}\varphi}{\mathrm{d}t} = \omega^2\frac{\mathrm{d}^2\rho}{\mathrm{d}\varphi^2} = \omega^2 a_\varphi \tag{6-38}$$

牵连运动速度、牵连运动加速度及哥氏加速度分别为

$$v_n = \rho\omega \tag{6-39}$$

$$a_n = \rho\omega^2 \tag{6-40}$$

$$a_k = 2\omega v = 2\omega^2 v_\varphi \tag{6-41}$$

由上述各式可知，当马达角速度 ω 一定时，柱塞组的运动学特性只取决于凸轮环导轨曲线的性质 $\rho = f(\varphi)$。

三、瞬时转矩和角速度的不均匀性分析

如果不考虑液压泵供油流量的波动以及各类阀工作的不稳定性、泄漏、摩擦、油液压缩性等外部因素，内曲线马达转速和转矩的脉动主要取决于导轨曲线。柱塞副的运动规律受导轨曲线影响，对输出特性起决定性作用。

由图 6-19 可知，单个柱塞所产生的理论瞬时转矩为

$$T_i = F_{ti}\rho_i = F_P\tan\beta_i\rho_i = A\Delta p\tan\beta_i\rho_i \tag{6-42}$$

式中　F_{ti}——单个柱塞产生的切向分力，$F_{ti} = F_P\tan\beta_i$；

　　　β_i——压力角，如图 6-19 所示，有

$$\tan\beta_i = \frac{O_2C}{O_1C} = \frac{\mathrm{d}\rho_i}{\rho_i\mathrm{d}\varphi_i} = \frac{v_{\varphi i}}{\rho_i} \tag{6-43}$$

　　　Δp——马达进、出口压力差；

　　　A——柱塞面积，$A = \pi d^2/4$。

把式（6-43）代入式（6-42），得

$$T_i = \Delta p A v_{\varphi i} \tag{6-44}$$

已知马达的柱塞总数为 z，设位于进油区段的柱塞数为 z_0，则内曲线马达的理论瞬时转矩为

$$T_{sh} = \Delta p A \sum_{i=1}^{z_0} v_{\varphi i} \tag{6-45}$$

理论瞬时角速度为

$$\omega_{sh} = q\Big/\Big(A\sum_{i=1}^{z_0} v_{\varphi i}\Big) \tag{6-46}$$

式中　q——输入马达的流量，q = 常数。

另外，理论平均转矩为

$$T_t = \Delta p V_r = \Delta p A h x y z \frac{1}{2\pi} \tag{6-47}$$

式中　V_r——马达每弧度排量；

　　　Δp——马达进、出口压力差。

而理论平均角速度为

$$\omega_t = \frac{q}{V_r} = \frac{q}{Ahxyz/(2\pi)} \tag{6-48}$$

于是，转矩不均匀系数为

$$\delta_T = \frac{T_{shmax} - T_{shmin}}{T_t} = \frac{2\pi}{hxyz}\Big[\Big(\sum_{i=1}^{z_0} v_{\varphi i}\Big)_{max} - \Big(\sum_{i=1}^{z_0} v_{\varphi i}\Big)_{min}\Big] \tag{6-49}$$

角速度不均匀系数为

$$\delta_\omega = \frac{\omega_{shmax} - \omega_{shmin}}{\omega_t} = \frac{hxyz}{2\pi} \frac{\left(\sum_{i=1}^{z_0} v_{\varphi i}\right)_{max} - \left(\sum_{i=1}^{z_0} v_{\varphi i}\right)_{min}}{\left(\sum_{i=1}^{z_0} v_{\varphi i}\right)_{max} \left(\sum_{i=1}^{z_0} v_{\varphi i}\right)_{min}} \tag{6-50}$$

由式（6-49）和式（6-50）可知，要想使内曲线马达的理论瞬时转矩和角速度绝对均匀（即 $\delta_T = 0$，$\delta_\omega = 0$），其必要条件是在任一瞬时各柱塞的度速度之和等于常数。即

$$\left(\sum_{i=1}^{z_0} v_{\varphi i}\right)_{max} = \left(\sum_{i=1}^{z_0} v_{\varphi i}\right)_{min} = \sum_{i=1}^{z_0} v_{\varphi i} = 常数 \tag{6-51}$$

对式（6-51）两端求导，有

$$\sum_{i=1}^{z_0} a_{\varphi i} = 0 \tag{6-52}$$

式（6-52）说明，脉动性取决于柱塞副的相对运动规律。对于多作用马达，这一条件的满足是导轨曲线合理设计的重要依据。

四、导轨曲线设计及多作用内曲线马达研究方法

1. 导轨曲线类型

当滚轮与凸轮环导轨相对运动时，滚轮中心的运动轨迹称为理论导轨曲线，如图 6-19 所示的曲线 $\delta\text{-}\delta$，简称为导轨曲线。而实际的导轨轮廓曲线为支承滚轮的导轨曲线，即图中的曲线 $a\text{-}a$。

单个作用曲线的中心角称为作用幅角，以 $2\varphi_x$ 表示，则有

$$2\varphi_x = \frac{2\pi}{x} \quad \text{或} \quad \varphi_x = \frac{\pi}{x} \tag{6-53}$$

在内、外死点附近对应于配流轴的隔墙部分，导轨曲线制成同心圆弧，以保证柱塞径向速度为零。此径向速度为零的区段的幅角为 φ_0，一般 $\varphi_0 = 0.75° \sim 2.5°$。内、外死点两个零速区段幅角的数值通常取为相等。

在内、外两个零速区段之间的作用幅角称为工作幅角 φ_ρ。即

$$\varphi_\rho = \varphi_x - 2\varphi_0 \tag{6-54}$$

在工作幅角 φ_ρ 内，柱塞的径向速度应由零开始逐渐增大到最大值，然后又逐渐减小到零，其速度的变化规律则决定了导轨曲线的类型及组成。而导轨曲线的类型及组成在很大程度上决定了整个马达的性能和寿命。在选择和设计导轨曲线时，除了满足柱塞的给定行程这个基本要求外，还应考虑以下要求：

1）使转矩和角速度的脉动小或无脉动。

2）柱塞径向运动加速度不能过大，而且应均匀变化，以减小回油背压、冲击和噪声。

3）滚轮和导轨间的接触应力不能过大，而且应变化均匀，以延长使用寿命。

4）便于加工制造。

导轨曲线类型有等加速导轨曲线（原始型、阶梯型和修正型）、变加速导轨曲线（正弦加速度、余弦加速度和抛物线加速度）及等应力导轨曲线等。其中原始等加速导轨曲线是目前我国使用最多的一种导轨曲线，它实际上是由等加速曲线、阿基米德螺旋线、等减速曲线三区段组成的。

2. 工作过程的研究方法

从绘制的 $v_\varphi = f(\varphi)$ 和 $a_\varphi = f(\varphi)$ 曲线可以得到柱塞在导轨曲线上任一位置时的速度和加速度。但用这种方法分析柱塞副的运动比较复杂，而且它所反映的只是单个柱塞的运动，难以得到整台马达的特性。

为了便于分析，将 $x = 8$、$z = 10$ 的马达的导轨曲线展开，填充剖面线的部分为进油区段，未填充剖面线的部分为回油区段（图 6-20）。

设柱塞①位于曲线段 1 进油区段的起点处。因柱塞沿圆周均布，故可将其余九个柱塞的位置绘于展开图上。相邻柱塞的间距为 $2\pi/z$，一个导轨曲线段的幅角为 $2\pi/x$。

由图 6-20 可知，图中共有五对柱塞，它们分别为①和⑥、②和⑦、③和⑧、④和⑨及⑤和⑩，每对柱塞

分别位于所在曲线段进、回油区段的相同位置上，即在对应曲线的相应位置上有两个相位角相同的柱塞。对于 8 作用 10 柱塞马达，存在着两组对应相同的柱塞。若将 8 段曲线重叠在一起，即可得到相位角完全相同的两组柱塞副（图 6-20）。

事实上，当 $x = 8$、$z = 10$ 时，存在最大公约数 $m = 2$，m 是可以分成的柱塞组数，每组中对应柱塞在曲线上的位置相同。

由此可得出以下结论：如果液压马达的作用数 x 和柱塞数 z 之间存在最大公约数 m，则可以将柱塞分成相位角对应相同的 m 个柱塞组，每组的柱塞数应为

$$z' = \frac{z}{m} \qquad (6\text{-}55)$$

如图 6-20 所示，若把每一组柱塞所在的曲线重叠在一起，则可以得到一组柱塞将作用幅角 $2\varphi_x$ 等分为 z' 个区段，相邻两个柱塞的间隔角为 $\Delta\varphi$，则有

$$\Delta\varphi = \frac{2\varphi_x}{z'} = \frac{2\pi m}{xz} \qquad (6\text{-}56)$$

$\Delta\varphi$ 称为周期角（又称角模数或角节距）。

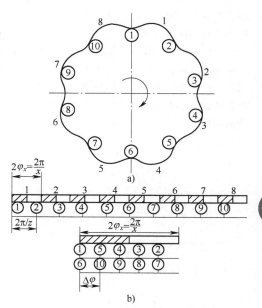

图 6-20　导轨曲线的展开及叠加图

$\Delta\varphi$ 的物理意义：每当液压马达缸体转动角度 $\Delta\varphi$，则柱塞又回到起始的分布状态，即每一组柱塞的工作过程以 $\Delta\varphi$ 为周期而变化。

这样就可将对上述 $2\varphi_x$ 内一组柱塞运动规律的研究简化为研究该组柱塞在周期角 $\Delta\varphi$ 内的运动规律。显然，这是一种十分简便的研究方法，液压马达的角速度和转矩均按 $\Delta\varphi$ 周期性地变化。

m 越小，周期角 $\Delta\varphi$ 也越小。分析表明，周期角 $\Delta\varphi$ 越小，一组的柱塞数越多，可供选择的幅角分配方案就越多。因此，在保证液压马达径向力平衡的条件下，m 越小越好。

应当指出，对任意 x、z 组合的液压马达，柱塞在导轨曲线上的位置均可用上述方法形象地加以表示。用这种方法研究多作用马达的工作过程比较直观，可以很方便地得到输出转矩和角速度的变化规律，从而便于分析液压马达工作的平稳性、确定转矩及其脉动性、研究配流轴的工作过程、分析径向力的平衡等。

3. 导轨曲线的设计方法

导轨曲线的设计有以下两种方法：

1）给定导轨曲线的几何尺寸，由此绘制导轨曲线；然后用数学分析的方法，求出沿导轨曲线运动的滚轮中心运动轨迹方程，得出柱塞的运动规律；最后对它进行性能分析。按此方法设计的导轨曲线称为第 I 类曲线。

2）根据设计要求，给出柱塞的加速度变化规律，通过运动学分析，求出位移变化规律（滚轮中心运动轨迹），并由此绘制导轨曲线。按此方法设计的导轨曲线称为第 II 类曲线。

目前国内主要采用第二种设计方法，即给定柱塞的加速度运动规律 $a_\varphi = f(\varphi)$ 和边界条件，通过积分求得 $v_\varphi = f(\varphi)$ 和滚轮中心运动轨迹 $\rho = f(\varphi)$，然后用作图法得到滚轮运动的包络线，即实际的导轨曲线。因为第一种设计方法不能预知所设计曲线的性能，故很少采用。

对内曲线马达的详细分析和设计方法有兴趣的读者，请参阅参考文献 [12]。

第五节　其他低速大转矩液压马达

除了前述的几种低速大转矩液压马达外，在工程上还应用有一些其他形式的低速大转矩液压马达，较为常见的有以下三种。

一、摆线内啮合齿轮液压马达（或称行星摆线齿轮液压马达）

这种马达在结构上和图 3-18 所示的摆线内啮合齿轮泵有相似之处，但并非将它反过来即可当马达使

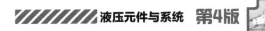

用。本节介绍的是形成了多作用的内啮合回转式液压马达，因而能输出比其他高速液压马达大得多的转矩，颇具特点和使用价值。

如图 6-21a 所示，外齿圈（定子，齿数为 z_2）比内齿轮（转子，齿数为 z_1）多一个齿，即 $z_2 - z_1 = 1$，且全部进入啮合，形成 z_2 个封闭腔。通常 $z_2 = 7$，$z_1 = 6$。如果将外齿圈固定，去掉内部齿轮的固定支承轴，而让它在和外齿圈啮合中做行星运动，即摆线齿轮中心 O_1 既绕固定齿圈中心 O_2 公转，本身又以 O_1 为中心自转，这就大大加强了内、外齿轮的相对运动，增大了马达排量，成为一种新型的以体积小、转矩大为特点的液压马达——行星摆线齿轮液压马达。

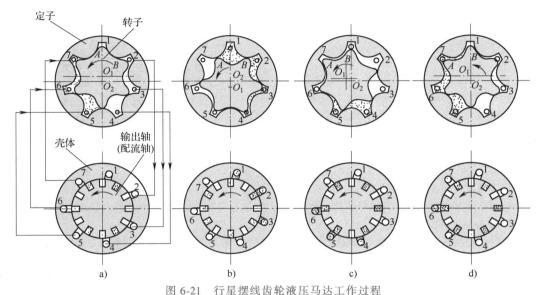

图 6-21　行星摆线齿轮液压马达工作过程

a）零位　b）轴转 1/14 转　c）轴转 1/7 转　d）轴转 1/6 转

现对这种马达的工进行原理和基本结构进行简要说明。由图 6-21 可知，在油压力推动下，转子在定子内做行星运动时，当由初始位置（图 6-21a）绕其中心 O_1 自转过一个齿之后，到达了和初始位置同相位的位置（图 6-21d），即齿 B 占据了齿 A 的原始位置。在上述过程中，定子和转子之间形成的 z_2 个封闭容腔各完成一次进油和排油的封闭腔容积变化的工作循环。在转子自转一个齿的过程中，转子中心 O_1 绕定子中心 O_2 以偏心距 e 为半径转过一周后，又回到图 6-21a 所示的位置上，即转子自转一个齿的同时，转子中心 O_1 绕定子中心 O_2 公转一周。

从运动学角度分析，公转是平移运动，输出转矩的运动是转子的自转。

行星摆线齿轮液压马达的转子有 z_1 个齿，自转一周中，马达总的容腔工作次数为 $z_1 z_2$，当 $z_1 = 6$、$z_2 = 7$ 时，每转总的容腔工作次数为 42，而同参数的内外转子摆线马达的容腔工作次数仅为 6。因此，如果后者的排量为 V'，则同样结构参数的行星摆线齿轮液压马达的排量应为 $V = z_2 V'$。很显然，行星摆线齿轮液压马达采用了多作用的工作方式，增加了马达的排量，在回转啮合式液压马达中是很具特色的。

在结构设计上的另一个重要问题是如何实现配流。从图 6-21 可知，z_2 个工作容腔的位置是由定子齿槽确定的，是固定的。因此，配流机构应当是转动的，并且要保证在输出轴每转过 $1/z_1$ 周，即转子自转一个齿的过程中完成一次配流动作。图 6-22 所示的结构中采用的是轴配流。配流轴的结构如图 6-23 所示，轴上开有 12 条轴向配流槽（对应 $z_1 = 6$），其中各有 6 条相间地和环形汇流槽 A、B 分别相通。A、B 两槽又分别和马达的进油口、出油口相通（图 6-22），使 12 条配流槽中的高、低压相间地、周期地和壳体 6 上的 7 个轴向孔 C 相接通，其剖面如图 6-21 的下部所示。这 7 个轴向孔又直接和马达工作容腔相连，使 3 个或 4 个工作腔成为连续分布的高压腔，其余的则为低压腔或过渡腔（困油腔），从而推动马达连续旋转。此外，配流轴兼做传动轴，和转子连在一起同步运动，保证在配流中不出现错配问题。

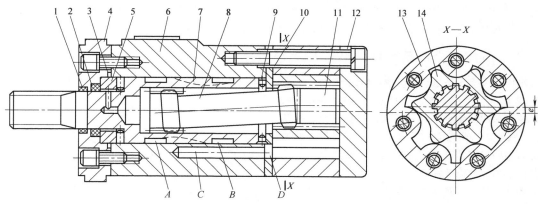

图 6-22　行星转子内啮合摆线齿轮液压马达

1、2、3—密封圈　4—前盖　5—止推环　6—壳体　7—配流轴　8—花键联轴器　9—推力轴承
10—辅助配流板　11—限制块　12—后盖　13—定子　14—摆线转子　A、B—横槽　C、D—孔

　　总之，行星摆线齿轮液压马达由于以多作用方式工作，已成为一种小巧而又能输出较大转矩的液压马达。此外，多作用的工作方式使这种马达有较好的低速稳定性，可以在转速为 2~5r/min 的低速下工作。

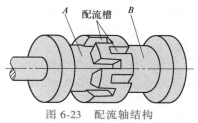

图 6-23　配流轴结构

A、B—汇流槽

　　但由于结构上的原因，这种马达的排量远不能和连杆式马达、内曲线马达以及轴向柱塞式大转矩马达的大排量相比，只是考虑分类的方便，才勉强将它列入低速大转矩马达之列。

　　行星摆线齿轮马达也有严重的缺点，即转子受力不平衡，转子和定子间的磨损无法补偿，效率低，允许的使用压力不高。

　　近年来，这种马达已得到改进。采用轴配流方式，其效率可达 75%；而采用端面配流方式，其效率则可达 80% 以上，使用压力也提高到 14~21MPa。在使用范围上也改变了过去以完成辅助工作（如转向助力器等间断工况）为主的情况，现已在农业机械、煤矿机械、纺织机械等行业作为主传动马达使用。

二、双斜盘轴向柱塞大转矩液压马达

　　图 6-24 所示为双斜盘轴向柱塞定量液压马达结构图。该马达沿用了高速轴向柱塞马达的结构，只是为了增大排量而做了一些相应的变动。例如，采用对称的两个斜盘和两组柱塞，不仅增大了马达的排量，而且平衡了作用在转子上的来自柱塞的液压力，使支承缸体的轴承免受过大的轴向力；由于大排量马达缸体的质量大，浮动困难，所以采用缸体固定而配流盘浮动的工作方式；低速马达的流量不大，不要求其具有很大的过流面积，有可能把配流盘做得较小；在柱塞—滑靴副中，铰接球头在滑靴上而不在柱塞上，不仅减小了柱塞外伸的悬臂长度，改善了柱塞与缸体孔间的受力情况，而且缩短了柱塞长度和缸体的轴向尺寸。

　　如果利用变量活塞改变斜盘倾角，则可以得到变排量双斜盘轴向柱塞马达。

　　和径向柱塞式大转矩马达相比，轴向

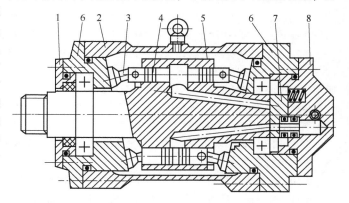

图 6-24　双斜盘轴向柱塞定量液压马达结构图

1—油封盖　2—壳体　3—连杆　4—柱塞　5—转子轴
6—斜盘　7—配流盘　8—配流盖

柱塞马达的排量不宜太大，否则将增大马达的体积和质量。在中等排量情况下，轴向柱塞马达的径向尺寸小，结构紧凑，容积效率高，转速范围广，因此经常被称为中速马达。

三、多作用轴向柱塞球塞式液压马达

轴向柱塞液压马达也可以像内曲线径向柱塞马达那样，以多作用方式来增大排量，提高输出转矩，而又不增大外形尺寸。图 6-25 所示即为其中的一种，它用波浪形的凸轮盘 5 代替常规的平面斜盘，柱塞 3 通过钢球 2 与凸轮盘表面接触，并通过沿着圆弧形剖面沟槽的滚动来实现往复运动。凸轮盘的波浪形状多采用等加速或减速曲线。

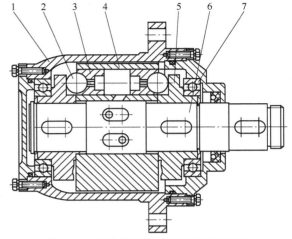

多作用轴向柱塞球塞式液压马达可分为轴转式和壳转式两类，有轴配流和端面配流之分。图 6-25 所示为一种壳转式马达，它采用轴配流，其配流轴 6 和凸轮盘 5 固定不动，缸体 4 和壳体 1 连接在一起共同转动。轴向马达的径向尺寸本来就小，做成多作用马达后，其径向尺寸就更小了。因此，将这种尺寸小、转矩大的马达做成壳转的形式，作为车轮马达是非常理想的。

这类马达具有结构简单，容积效率高，运动平稳等优点。但钢球与凸轮盘以点接触方式工作，不宜在高压高速下工作（国产马达的额定工作压力为 16MPa，额定转速在 200r/min 以下）。它在起重、船舶、矿山及建筑等各类机械中被广泛用作卷扬、行走、旋转执行元件。

图 6-25　多作用轴配流壳转式液压马达
1—壳体　2—钢球　3—柱塞　4—缸体
5—凸轮盘　6—配流轴　7—轴承

思考题和习题

6-1　高速小转矩马达有哪几种类型？各类型马达的主要特点是什么？

6-2　低速大转矩马达有哪几种类型？各类型马达的主要特点是什么？

6-3　将一个普通的外啮合齿轮泵作为马达使用，在工作中会出现什么问题？为保证齿轮马达能正常运转，在结构上要进行哪些修改？

6-4　试说明叶片马达的工作原理。叶片泵和叶片马达在结构上有何差别？

6-5　目前叶片马达产品有高速小转矩与低速大转矩两种类型。这两类产品的主要差异是后者增加了叶片的作用次数，即在定子内表面圆周上有 4 段（如国产 YM 型）或 6 段（如日本的 HVK 及 HVL 型）突起曲线，在转子每转一周中，使叶片伸缩作用 4 次或 6 次。试分析增加叶片作用次数的原因。

6-6　试比较和分析斜盘式和斜轴式轴向柱塞马达的结构特点与优缺点。

6-7　试述曲轴连杆式液压马达及静力平衡式液压马达的工作原理。并分析静力平衡式液压马达的转矩脉动量比曲轴连杆式液压马达转矩脉动量小的原因。

6-8　当曲轴连杆式液压马达、静力平衡式液压马达及内曲线液压马达采用壳转形式时，哪一种马达的轴配流结构最简单？并说明原因。

6-9　试述内曲线液压马达的工作原理。解释下列名词的物理概念：度速度、度加速度、理论导轨曲线、实际导轨曲线（即轮廓曲线）。

6-10　选择多作用内曲线马达的导轨曲线时，应考虑哪些基本要求？

6-11　什么是周期角（又称角模数或角节距）？它的物理意义是什么？它在内曲线液压马达的研究中有什么意义？

第七章

液压缸

液压缸是将液压能转换为机械能，实现往复直线运动或往复摆动的执行元件。它具有结构简单、工作可靠、传递功率大、制造容易等突出优点，在各类液压系统中应用十分广泛。

第一节　液压缸的分类及安装方式

一、液压缸的工作原理及分类

图 7-1 所示为采用拉杆连接的双作用液压缸结构图。当缸筒 4 固定时，油液从 A 口输入，如果压力升高到足以克服外界负载，则活塞 2 开始向右移，回油从 B 口流出。反之，当油液从 B 口流入时，活塞左移返回。所以，液压缸输入的是压力 p（取决于负载）和流量 q，即液压功率；而输出的是力 F 和速度 v（取决于流量 q），即机械功率。

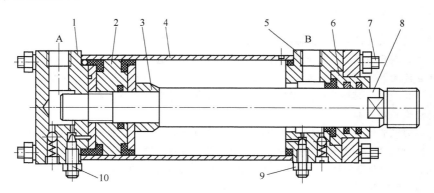

图 7-1　双作用液压缸结构图

1—后缸盖　2—活塞　3—缓冲套　4—缸筒　5—前缸盖　6—导向套
7—拉杆　8—活塞杆　9、10—缓冲调节器

根据工作特点，液压缸可分为单作用液压缸、双作用液压缸及摆动液压缸三类。但为满足不同主机的需要，液压缸有多种不同的结构形式。表 7-1 为常见液压缸的分类。

表 7-1　液压缸的分类

类别和名称		符　号	说　明
单作用式	活塞式液压缸		液压力推动活塞正向运动,反向运动依靠外力或弹簧力复位
	柱塞式液压缸		液压力推动活塞正向运动,反向运动依靠外力,其行程比较长
	伸缩式单作用液压缸		有多个依次运动的柱塞,动作顺序按作用面积的大小而定,由外力使柱塞返回,各级速度不同
	多级同步液压缸		有多个同步运动的柱塞,除了行程长以外,液压缸的总速度是各级柱塞速度之和
双作用式	单活塞杆液压缸		液压力使活塞实现双向运动,带或不带缓冲功能,缓冲装置有可调式和固定式
	双出杆液压缸		液压力使活塞实现双向运动,带或不带缓冲功能,缓冲装置有可调式和固定式
	伸缩式柱塞液压缸		有多个依次运动的柱塞,行程比较长,采用特殊设计时也可同步伸缩
增压器	增压液压缸		由两个不同的压力室组成,提高小活塞腔中的压力值
摆动液压缸	叶片式		液压力驱动叶片带动输出轴往复摆动
	活塞式		液压力驱动活塞带动输出轴往复摆动

注:单作用式的说明栏为"液压力单向作用";双作用式的说明栏为"液压力双向作用"。

二、液压缸的安装方式

液压缸的安装方式是指液压缸缸体与机架的固定或连接方式。GB/T 9094—2006《液压缸气缸安装尺寸和安装型式代号》规定液压缸的安装方式有 53 种,可分为液压缸轴线固定和轴线摆动两大类。轴线固定式的安装结构包含前端盖或后端盖安装（E 型,E1 表示活塞杆端,即前端安装）、可拆式法兰安装（F 型）、螺纹端头安装（R 型）、脚架安装（S 型）及双头螺柱或加长连接杆安装（X 型）五种方式。轴线摆动式安装结构包括耳环安装和耳轴安装两种方式。

液压缸安装方式的代号由两个或三个字母和一个数字组成。例如,MF1：M——安装,F1——前端矩形法兰安装；MDF1：M——安装,D——双活塞杆缸,F1——前端矩形法兰安装。

在选购或自行设计液压缸时,要根据安装条件、受外负载作用力的情况以及液压缸稳定性的优劣等各方面条件,参照 GB/T 9094—2006 来选择合适的安装方式。

第二节　液压缸的设计计算

一、设计计算的一般步骤

1）根据主机工作机构的运动和结构要求,按 GB/T 9094—2006 的规定选择液压缸的类型和安装方式。

2）根据工作机构对驱动力的要求，确定液压缸的驱动力。

3）根据液压系统给出的工作压力和往复速比，确定液压缸的主要尺寸，如缸径、活塞杆直径等，并按有关标准（如 GB/T 2348—2018《液压气动系统及元件　缸径及活塞杆直径》）规定的标准尺寸系列选择适当的尺寸。

4）根据工作机构对行程和速度的要求，确定缸的长度和流量，并确定油孔尺寸。

5）根据工作压力和液压缸材料，进行缸的结构设计，确定缸的壁厚、活塞杆尺寸、螺栓尺寸及端盖结构等。

6）选择适当的密封结构。

7）根据缓冲要求，设计液压缸的缓冲装置。

二、主要参数和结构尺寸的确定

本节以双作用单活塞杆液压缸为例（图7-2），介绍有关的设计计算内容。

1. 工作负载与液压缸推力

液压缸的工作负载 F_R 是指工作机构在满负载下，以一定速度起动时对液压缸产生的总阻力。即

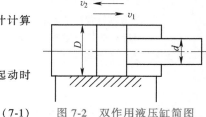

图 7-2　双作用液压缸简图

$$F_R = F_1 + F_f + F_g \tag{7-1}$$

式中　F_1——工作机构的负载、自重等对液压缸产生的作用力；

　　　F_f——工作机构在满负载下起动时的静摩擦力；

　　　F_g——工作机构满负载起动时的惯性力。

液压缸的推力 F 应等于或略大于其工作时的总阻力。

2. 液压缸活塞杆的平均速度

活塞杆推出时的平均速度 v_1（单位为 m/s）的计算公式为

$$v_1 = q\eta_{cV} / \left(\frac{\pi D^2}{4} \right) \tag{7-2}$$

活塞杆缩回时的平均速度 v_2（单位为 m/s）的计算公式为

$$v_2 = q\eta_{cV} / \left[\frac{\pi(D^2 - d^2)}{4} \right] \tag{7-3}$$

差动推出是指向单杆活塞缸的左右两腔同时通压力油，此时活塞杆的平均速度 v_3（单位为 m/s）的计算公式为

$$v_3 = q\eta_{cV} / \left(\frac{\pi d^2}{4} \right) \tag{7-4}$$

式中　q——输入液压缸的流量（m³/s）；

　　　D——活塞直径（m）；

　　　d——活塞杆直径（m）；

　　　η_{cV}——液压缸容积效率，当有密封件密封时，泄漏量很小，可近似取 $\eta_{cV} = 1$。

由式（7-4）可见，采用差动连接时，液压缸是以两腔有效作用面积之差而动作，所以在同样的输入流量下，可获得较大的活塞杆推出速度。

3. 液压缸的作用时间和储油量

以双作用单活塞杆液压缸（图7-2）为例，液压缸的作用时间 t（单位为 s）（油液从无杆腔输入时）的计算公式为

$$t = \pi D^2 L / (4q\eta_{cV}) \tag{7-5}$$

式中　D——液压缸内径（m）；

　　　L——行程（m）；

　　　q——输入流量（m³/s）；

η_{cV}——液压缸容积效率。

液压缸的储油量 V（单位为 m^3）的计算公式为

$$V = \frac{\pi D^2 L}{4} \tag{7-6}$$

4. 缸筒的内径

缸筒内径即活塞外径，是液压缸的主要参数，可根据液压缸推力（工作驱动力）或运动速度的要求确定。

1）按推力 F 要求计算缸筒内径。为得到所要求的推力 F（单位为 N），应使

$$pA\eta_{cm} = F \tag{7-7}$$

式中 A——液压缸的有效工作面积（m^2），对于无杆腔，$A = \pi D^2/4$，对于有杆腔，$A = \pi(D^2 - d^2)/4$；

p——作用在活塞上的有效压力（Pa），当无背压时，p 为系统工作压力，当有背压时，p 为系统工作压力与背压之差；

η_{cm}——液压缸的机械效率，一般取 $\eta_{cm} = 0.95$。

对于无杆腔，当要求推力为 F_1 时，缸筒内径 D_1（单位为 m）为

$$D_1 = \sqrt{\frac{4F_1}{\pi p \eta_{cm}}} \tag{7-8}$$

对于有杆腔，当要求推力为 F_2 时，缸筒内径 D_2（单位为 m）为

$$D_2 = \sqrt{\frac{4F_2 \varphi}{\pi p \eta_{cm}}} \tag{7-9}$$

式中 φ——活塞返回与伸出速度之比，$\varphi = D^2/(D^2 - d^2)$，在设计液压系统时给定。

按上述公式计算出缸筒内径后，取其较大者并按照 GB/T 2348—2018 圆整为标准值。圆整后，液压缸的工做压力应做相应的调整。

2）按运动速度要求计算缸筒内径。当液压缸的运动速度 v 有要求时，可根据输入液压缸的流量 q 来计算缸筒内径。

对于无杆腔，当要求运动速度为 v_1，进入液压缸的流量为 q_1 时，则

$$D_1 = \sqrt{\frac{4q_1}{\pi v_1} \eta_{cV}}$$

式中 η_{cV}——容积效率，当液压缸有密封件密封时，泄漏量很小，可近似取 $\eta_{cV} = 1$。

对于有杆腔，当运动速度为 v_2，进入液压缸的流量为 q_2 时，则

$$D_2 = \sqrt{\frac{4q_2}{\pi v_2} \eta_{cV} + d^2}$$

缸筒的内径应取 D_1、D_2 中的较大值圆整为标准值。

3）推力 F 和运动速度 v 同时给定时，确定缸筒内径。如果液压系统中液压泵的类型和规格已定，则液压缸的工作压力和流量已知，可分别根据推力和工作速度计算液压缸缸筒的内径。若计算结果相差不多，可用调整液压系统工作压力的方法来解决；若计算结果相差较大，应重新选择液压泵。液压泵的额定压力应大于液压缸的工作压力与系统总的压力损失之和。

5. 缸筒壁厚 δ

当 $\delta/D \leq 0.25$ 时，可按第一强度理论，即按薄壁圆筒的中径公式计算，则有

$$\delta \geq \frac{p_{max} D}{2[\sigma]} \tag{7-10}$$

当 $\delta/D > 0.25$ 时，对于脆性材料（如淬硬中碳钢），可按第二强度理论计算，则有

$$\delta \geq \frac{D}{2}\left(\sqrt{\frac{[\sigma] + 0.4p_{max}}{[\sigma] - 1.3p_{max}}} - 1\right) \tag{7-11}$$

当 $\delta/D > 0.25$ 时，对于塑性材料（如低碳钢、非淬硬中碳钢），可按第四强度理论计算，则有

$$\delta \geqslant \frac{D}{2}\left(\sqrt{\frac{[\sigma]}{[\sigma]-\sqrt{3}\,p_{max}}}-1\right) \tag{7-12}$$

令 $p_{max}=1.5p_n$，$[\sigma]=\sigma_b/n_b$（脆性材料）或 $[\sigma]=\sigma_s/n_s$（塑性材料）。

式中　δ——缸筒壁厚；

$\quad\quad p_{max}$——液压缸瞬间能承受的最高压力；

$\quad\quad p_n$——液压缸的额定工作压力；

$\quad\quad [\sigma]$——缸筒材料的许用应力；

$\quad\quad \sigma_b$——缸筒材料的强度极限（抗弯强度）；

$\quad\quad \sigma_s$——缸筒材料的屈服强度；

$\quad\quad n_b$——缸筒强度安全系数，取 3.5~5；

$\quad\quad n_s$——缸筒屈服安全系数，取 2~3.5。

实际上，当 $\dfrac{\delta}{D}>0.25$ 时，材料使用不够经济，最好改用屈服强度高的材料。在超高压液压缸中，为使应力沿壁厚方向分布得更均匀些，以减轻内壁负载，更好地利用缸筒外层的材料，常采用双层缸筒。双层缸筒中，由内缸筒和外缸筒的过盈配合（常通过加热外缸筒来装配）所产生的应力与液压力产生的应力叠加后所得的总应力，沿壁厚方向分布得较均匀，从而提高了缸筒承压能力。双层缸筒的许用应力一般比单层缸筒高 2 倍左右。

6. 活塞杆直径

活塞杆的直径通常是按照液压缸的速度或速比的要求来确定的，然后再校核结构强度和稳定性。

（1）活塞杆直径的确定　对于双作用单活塞杆液压缸，可按照活塞往复运动的速比来确定活塞杆的直径。即

$$d=D\sqrt{\frac{\varphi-1}{\varphi}} \tag{7-13}$$

当 $\varphi=2$ 时，$d/D=\sqrt{1/2}$。$\varphi=2$ 的液压缸常用作差动式液压缸，可使活塞往复运动的速度相等。

如果对活塞往复运动的速比无要求，可以先取 $d=(1/5\sim1/3)D$，然后校核活塞杆的强度，最后将尺寸 d 圆整为标准值。

（2）按强度条件校核　当活塞杆长度 $l\leqslant10d$ 时，属短行程液压缸，主要按强度条件校核活塞杆直径 d（单位为 m）。即

$$d\geqslant\sqrt{\frac{4Fn_s}{\pi\sigma_s}} \tag{7-14}$$

式中　F——活塞杆的最大推力（或拉力）（N）。

（3）按弯曲稳定性校核　当活塞杆全部伸出后，活塞杆外端到液压缸支承点之间的距离（即活塞杆计算长度）$l>10d$ 时，应进行稳定性校核。

按材料力学理论，当一根受压直杆的轴向载荷 F 超过临界受压载荷 F_K 时，即可能失去原有直线状态的平衡，称为失稳。对于液压缸，其稳定条件为

$$F\leqslant\frac{F_K}{n_K} \tag{7-15}$$

式中　F——活塞杆的最大推力（N）；

$\quad\quad F_K$——液压缸的临界受压载荷（N）；

$\quad\quad n_K$——稳定安全系数，一般取 $n_K=2\sim4$。

液压缸临界受压载荷 F_K 与活塞杆和缸体的材料、长度、刚度以及两端支承状况等因素有关。F_K 可按不受偏心载荷与承受偏心载荷两种情况进行计算。

1）不受偏心载荷的情况。当细长比 $\dfrac{l}{K}>m\sqrt{n}$ 时，可按欧拉公式计算临界载荷 F_K（单位为 N）。即

$$F_K = \frac{n\pi^2 EJ}{l^2} \tag{7-16}$$

当细长比 $\dfrac{l}{K} \leqslant m\sqrt{n}$ 时，可用戈登·兰金公式计算临界载荷 F_K。即

$$F_K = \frac{fA}{1 + \dfrac{a}{n}\left(\dfrac{l}{K}\right)^2} \tag{7-17}$$

式中　l——活塞杆的计算长度（m），其取值见表7-2；

K——活塞杆横截面回转半径（m），实心杆的 $K = \sqrt{\dfrac{J}{A}} = \dfrac{d}{4}$，$d$ 为活塞杆直径，空心杆的 $K = \dfrac{\sqrt{d^2 + d_1^2}}{4}$，$d_1$ 为空心杆内径；

J——活塞杆横截面转动惯量（m^4），实心杆的 $J = \dfrac{\pi d^4}{64}$，空心杆的 $J = \dfrac{\pi(d^4 - d_1^4)}{64}$；

A——活塞杆横截面面积（m^2）；

m——柔性系数，其值按表7-3选取；

n——端点安装形式系数，其值见表7-2；

E——材料弹性模量（Pa），钢材的 $E = 2.1 \times 10^{11} Pa$；

f——材料强度试验值（Pa），其值按表7-3选取；

a——试验常数，按表7-3选取。

表7-2　安装方式及有关系数

类　　型	一端固定，一端自由	两端铰接	一端固定，一端铰接	两端固定
安装方式	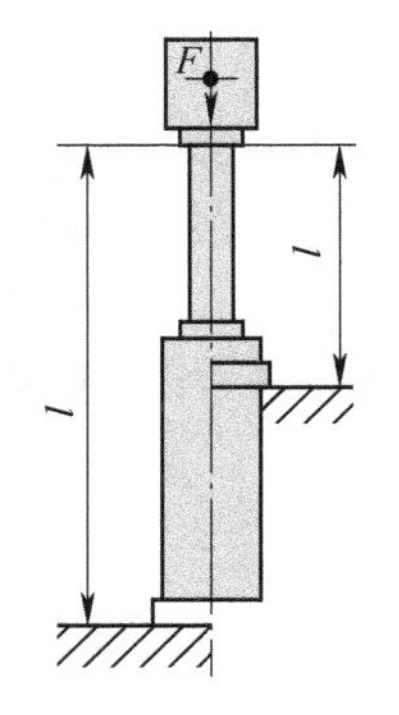 	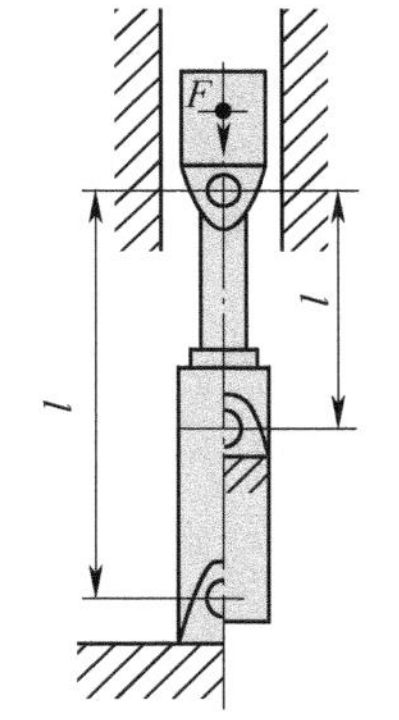	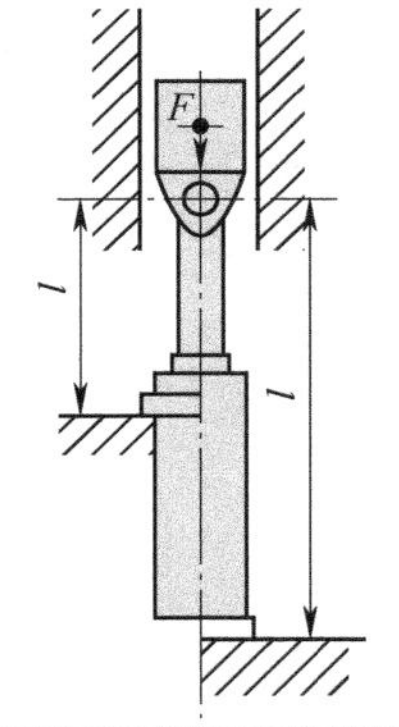	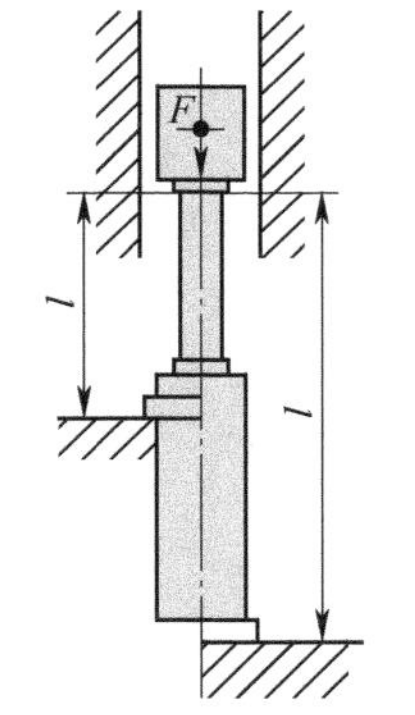
n	0.25	1	2	4
C	1	0.5	0.36	0.25
附注	—	基本安装方式	应正确引导负载，否则可能出现侧向负载	不太适用，容易出现侧向负载
	根据实际安装情况，计算长度分别取图中左半部或右半部的 l 值			

表7-3　试验常数

材　　料	铸　铁	锻　钢	低碳钢	中碳钢
f/MPa	560	250	340	490
a	1/1600	1/9000	1/7500	1/5000
m	80	110	90	85

　　由式（7-16）、式（7-17）及表7-2可知，当液压缸固定在缸筒前端时，l 较小，因而 F_K 较大。所以在可能时应采取前端固定方式，以获得较大的弯曲稳定性。

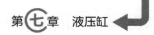

2）承受偏心载荷状况。这时临界受压载荷 F_K（单位为 N）的计算公式为

$$F_K = \frac{\sigma_s A}{1 + 8\frac{e}{d}\sec\beta}$$ (7-18)

$$\beta = Cl\sqrt{\frac{F_K}{EJ}}$$

式中　d——活塞杆直径（m）；

　　　A——活塞杆横截面面积（m²）；

　　　σ_s——活塞杆材料屈服强度（Pa）；

　　　e——载荷偏心量（m）；

　　　C——系数，其值见表 7-2。

7. 最小导向长度

当活塞杆全部外伸时，从活塞支承面中点到导向套滑动面中点的距离称为最小导向长度（图 7-3）。导向长度过小，将使液压缸的初始挠度（由间隙引起的挠度）增大，影响液压缸的稳定性。对于一般液压缸，其最小导向长度 H（单位为 mm）应满足

$$H \geq \frac{L}{20} + \frac{D}{2}$$ (7-19)

式中　L——液压缸最大行程（mm）；

　　　D——缸筒内径（mm）。

一般取活塞的宽度 $B = (0.6 \sim 1.0)D$；当 $D < 80mm$ 时，取导向套滑动面长度 $A = (0.6 \sim 1.0)D$，当 $D > 80mm$ 时，取 $A = (0.6 \sim 1.0)d$。当导向长度不足时，不应过分增大 A 和 B，在必要时可在导向套与活塞之间安装隔套。隔套长度 C 由最小导向长度 H 决定，即 $C = H - \frac{1}{2}(A+B)$。

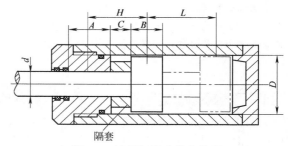

图 7-3　液压缸最小导向长度

第三节　液压缸主要零部件结构分析

一、缸体组件

缸体组件指的是缸筒与缸盖（包括前端盖和后端盖）。缸体组件与活塞组件构成密封的容腔，承受油压。因此，缸体组件要有足够的强度、较高的表面精度和可靠的密封性。缸体组件的使用材料、连接方式均与工作压力有关，当工作压力 $p < 10MPa$ 时，一般使用铸铁缸筒；当工作压力为 $10MPa \leq p < 20MPa$ 时，一般使用无缝钢管；当工作压力 $p \geq 20MPa$ 时，一般使用铸钢或锻钢。

缸筒与缸盖之间常用的连接方式及零件有拉杆、法兰、焊接、外螺纹、外半环、内螺纹、内半环和挡圈等，其中焊接只用于缸筒与后端盖之间的连接。

采用法兰连接（图 7-4a），结构简单，加工方便，连接可靠，但要求缸筒端部有足够的壁厚，用以安装螺栓或旋入螺钉。缸筒端部一般用铸造、镦粗或焊接方式制成粗大的外径。采用半环连接（图 7-4b），工艺性好，连接可靠，结构紧凑，但削弱了缸筒强度，这种连接方式常用于无缝钢管缸筒与缸盖的连接。采用螺纹联接（图 7-4c），体积小，重量轻，结构紧凑，但缸筒端部结构复杂，常用于无缝钢管或铸钢的缸筒上。采用拉杆连接（图 7-1），结构简单，工艺性好，通用性强，但端盖的体积和质量较大，拉杆受力后会变形，影响密封效果，适用于长度较小的中低压缸。焊接式连接强度高，制造简单，但焊接时容易引起缸筒变形，且无法拆卸。

141

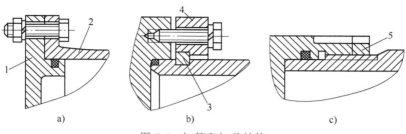

图 7-4 缸筒和缸盖结构

a）法兰连接　b）半环连接　c）螺纹联接

1—缸盖　2—缸筒　3—半环（两个）　4—套环　5—锁紧螺母

二、活塞组件

活塞组件由活塞、密封件、活塞杆和连接件等组成。活塞一般用耐磨铸铁制造，活塞杆不论空心的或实心的，大多用钢料制造。活塞和活塞杆的连接方式很多，但无论采用哪种连接方式，都必须保证连接可靠。整体式和焊接式活塞结构简单，轴向尺寸紧凑，但损坏后需整体更换。锥销式联接加工容易，装配简单，但承载能力小，且需要采取必要的防止脱落的措施。螺纹联接（图 7-5a、c）结构简单，装拆方便，但需备有螺母防松装置。半环连接（图 7-5b）强度高，但结构复杂，装拆不便。

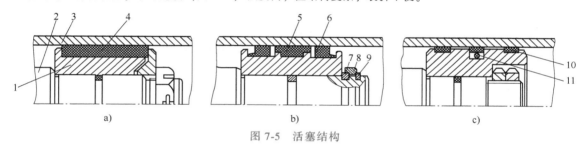

图 7-5 活塞结构

a）分体活塞螺纹联接　b）半环连接　c）螺纹联接

1—活塞　2—活塞杆　3—缸筒　4—V 形密封圈　5、10—支承环　6—小 Y 形密封圈
7—半环（两个半环）　8—套环　9—弹簧卡圈　11—组合密封圈

三、密封装置

密封装置可用来阻止油压工作介质的泄漏，防止外界空气、灰尘、污垢与异物的侵入。其中起密封作用的元件称为密封件。为保证液压缸工作的可靠性及延长使用寿命，密封装置与密封件不容忽视。液压缸的密封主要指活塞、活塞杆处的动密封和缸盖等处的静密封。

液压缸的密封方法除了间隙密封（只适用于直径较小、压力较低的场合）及弹性金属环密封（如铸铁环或铜环，泄漏大，适用于高温高速场合）外，主要用 O 形密封圈、V 形密封圈、Y 形密封圈及组合密封圈密封。有关密封装置的结构、材料、安装及使用等内容详见第二十一章。

四、缓冲装置

当运动部件的质量较大，运动速度较高（$v > 0.2\text{m/s}$）时，由于惯性力较大，因此具有很大的动量。在这种情况下，当活塞运动到缸筒的终端时，会与端盖发生机械碰撞，产生很大的冲击和噪声，严重影响控制精度，甚至会引起事故。所以，大型、高速或高精度液压设备中的液压缸应配有缓冲装置。

缓冲装置的工作原理：利用活塞或缸筒在其运动至行程终端时，在活塞和缸盖之间封住一部分油液，强迫它从小孔或缝隙中挤出，以产生很大的阻力，使工作部件受到制动而逐渐减慢运动速度，达到避免活塞和缸盖相互撞击的目的。液压缸常见的缓冲装置如图 7-6 所示。

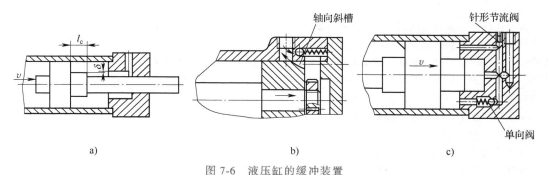

图 7-6 液压缸的缓冲装置
a）固定间隙缓冲装置 b）可变节流缓冲装置 c）可调节流缓冲装置

1. 固定间隙缓冲装置

图 7-6a 所示为固定间隙缓冲装置。当活塞移近缸盖时，活塞上的凸台进入缸盖的凹腔，迫使封闭在回油腔中的油液从凸台和凹腔之间的环状间隙 δ 中挤压出去，使回油腔中压力升高而形成缓冲压力，从而使活塞减慢移动速度。这种缓冲装置结构简单，但缓冲压力不可调节，且实现减速所需行程较长，适用于移动部件惯性不大、移动速度不太高的场合。

2. 可变节流缓冲装置

图 7-6b 所示为可变节流缓冲装置。它在活塞上开出横截面为三角形的轴向斜槽，当活塞移近液压缸缸盖时，活塞与缸盖间的油液需经轴向斜槽流出，从而在回油腔中形成缓冲压力，使活塞受到制动作用。由图可知，这种缓冲装置在缓冲过程中能自动改变其节流口大小（随着活塞运动速度的降低而相应关小节流口），使得缓冲作用均匀，冲击压力小，制动位置精度高。

3. 可调节流缓冲装置

图 7-6c 所示为可调节流缓冲装置。它不但有凸台和凹腔等结构，而且在缸盖中还装有针形节流阀和单向阀。当活塞移近缸盖时，凸台进入凹腔，由于凸台和凹腔间的间隙较小（有时还使用 O 形密封圈挡油），所以回油腔中的油液只能经针形节流阀阀口流出，从而在回油腔中形成缓冲压力，使活塞受到制动作用。这种缓冲装置可以根据负载情况调整节流阀开口的大小，从而改变缓冲压力的大小，因此适用范围较广。

五、排气装置

由于液压油中混入空气，以及液压缸在安装过程中或长时间停止使用时渗入空气，导致液压缸在运动过程中会因气体压缩性而出现低速爬行、噪声等不正常现象。所以，液压缸一般应配有排除缸内空气的装置。

对于速度稳定性要求不高的液压缸，一般不设置专门的排气装置，只是将油口设置在缸筒两端的最高处，这样空气将随回油排回油箱，再从油箱逸出。对于速度稳定性要求较高的液压缸，可在液压缸的最高处设置如图 7-7 所示的排气塞或排气阀。拧开排气塞或排气阀，驱动活塞全行程往返数次，使缸内空气排出后再拧紧排气塞，液压缸便可正常工作。

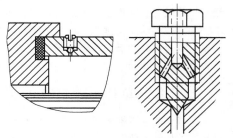

图 7-7 液压缸排气装置

第四节 几种特殊液压缸

液压缸的应用领域十分广泛。在某些领域中，除了大量采用普通的标准液压缸外，还广泛采用一些特殊的液压缸。

一、摆动液压缸

摆动液压缸又称摆动液压马达，是一种输出轴能带动负载做往复摆动运动的液压执行元件。摆动液压缸的突出优点是无需任何变速机构就可使负载直接获得往复摆动运动。它已广泛应用于船舶舵机的驱动、舰载雷达天线稳定平台的驱动、鱼雷发射架的启闭，以及大型火炮的输弹机、自动生产线、液压机械手、机床、冶金机械、矿山机械及石化机械中的回转摆动。目前，摆动液压缸的工作压力可达 20MPa 以上，输出转矩可达数万牛·米，最低稳定转速可达 0.001rad/s。

摆动液压缸主要分为叶片式和活塞式两大类。

1. 叶片式摆动液压缸

叶片式摆动液压缸可分为单叶片式、双叶片式和三叶片式三种。图 7-8a 所示为单叶片式摆动液压缸的工作原理图。其叶片把工作腔分隔成两腔，当压力油进入其中一腔时，使该腔容积增大，叶片旋转，另一腔容积减小，进行排油，并通过与叶片相连的输出轴带动负载转动。压力油反向输入时，叶片就反转。其最大摆角能达到310°。

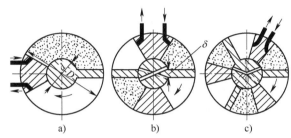

图 7-8　叶片式摆动液压缸工作原理图
a）单叶片式　b）双叶片式　c）三叶片式

单叶片式摆动液压缸结构简单紧凑，轴向尺寸小，质量小，安装方便，便于整机布局，机械效率较高。但其密封较困难，加工难度较大；两端盖受压面积大，刚度不易保证；输出轴受不平衡径向力较大。

双叶片式摆动液压缸如图 7-8b 所示，其叶片和挡块对称布置，有对称的两个进油腔和排油腔，其间由输出轴中的流道连通。对称的油腔同时进油和排油。与单叶片式摆动液压缸相比，其输出转矩增大一倍，而且由于消除了作用在输出轴上的不平衡液压径向力，使机械效率得到提高（达到 90%～95%）。但其内泄漏较大，容积效率降低。最大摆角≤100°。

三叶片式摆动液压缸如图 7-8c 所示，其三个叶片沿圆周均布，输出转矩为单叶片式的三倍，机械效率与双叶片式相同。但泄漏增大，容积效率更低。最大摆角≤60°。

2. 活塞式摆动液压缸

活塞式摆动液压缸由压力油推动活塞做直线往复运动，通过齿条齿轮传动，将直线往复运动转变为输出轴的往复回转摆动。另外，还有通过螺旋齿轮传动的摆动缸。

如图 7-9 所示，压力油进入液压缸推动活塞做直线运动，通过与活塞相连的齿条齿轮副转换为输出轴的回转摆动。压力油反向进入，输出轴反转。其优点是结构简单，密封容易，泄漏少，位置精度容易控制和保持，摆角可以超过360°；但制造和安装精度要求较高。

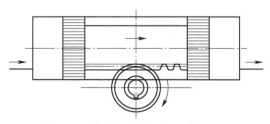

图 7-9　活塞式摆动液压缸工作原理图

二、多级单作用伸缩液压缸

多级伸缩液压缸适用于以较短的缸筒实现长行程的场合。例如，用于工程和矿山用自卸汽车和特种车辆车厢的后卸、侧卸及三向卸。图 7-10 所示为国产 TG 型多级单作用伸缩液压缸结构图，它只有一个通油口，液压缸靠油压力伸出，靠载荷和自重返回。来自系统的液压油从油口 A 进入液压缸 B 腔，在压力油作用下，各节缸筒由外到里依次伸出，直至升到所需位置。与此同时，原存于缸筒之间的油液经油孔 D 及导向环 11 上的纵向槽流回 B 腔。液压缸返回时，油口 A 与回油路相通，在载荷及自重作用下，各节缸筒由里到外依次缩回，B 腔中的油液经油口 A 流回油箱。

这种结构用在倾斜或垂直方向动作的场合，能保证正常工作；但在要求水平方向动作的场合，因为没有载荷和自重形成的推力，这种单作用液压缸不能自动返回，这时就必须改用双作用伸缩液压缸。

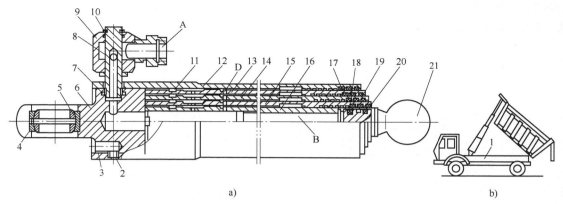

图 7-10 TG 型多级单作用伸缩液压缸结构图

a) 结构图 b) 安装示意图

1—安装底架 2—弹性圆柱销 3—卡环 4—孔用弹性挡圈 5—球铰轴承 6—下连接头 7—密封垫
8—管接头铰接用螺栓 9—铰接管接头体 10—轴用弹性挡圈 11—导向环 12—外缸筒 13~15—1~3 级套筒
16—柱塞 17—O 形密封圈加挡圈 18—防松塞 19—防尘圈 20—O 形密封圈 21—上连接头

多级伸缩液压缸与单级液压缸相比，具有结构紧凑、长度尺寸小等优点，但级数越多，其纵向弯曲强度越低，制造成本越高。另外，由于各级受压面积不相等，因此动作速度是变化的。

三、增压液压缸

图 7-11 所示的增压液压缸由两个大小不同的压力容腔组成，利用它可增大小活塞腔的压力。由于 $p_2A_2 = p_1A_1$，可得 $p_2 = p_1A_1/A_2$，因为图中 $A_1 > A_2$，所以 $p_2 > p_1$，即具有增压功能。

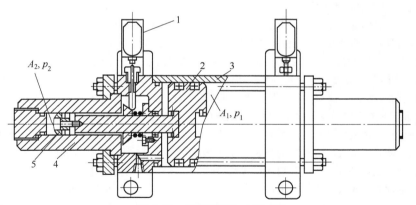

图 7-11 增压液压缸结构图

1—限位开关 2—低压腔活塞 3—低压缸 4—高压缸 5—高压腔活塞

如果大活塞腔采用气压传动，小活塞腔采用液压传动，则不仅可将气压力转换为液压力，还可实现压力放大功能。因此，这种液压缸称为气液增压缸。

四、数字液压缸

利用数字信号控制的液压缸称为数字液压缸。电液步进液压缸是数字液压缸的一种，常用于直线运动数控系统中。

图 7-12a 所示为采用步进电动机控制的数字液压缸结构简图。电液步进液压缸的步进电动机接收来自数字控制电路的脉冲信号，进行信号转换与功率放大，驱动液压缸输出与脉冲数成比例的位移或速度。其

控制系统主要由步进电动机和液压力放大器组成。为便于选择速比和增大转矩，二者之间可以加设减速齿轮。数字液压缸的工作原理框图如图 7-12b 所示。

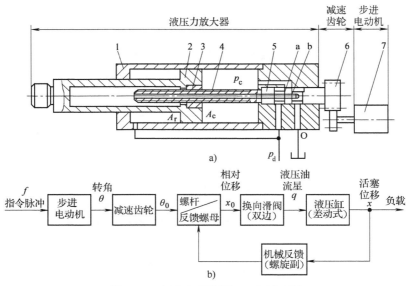

图 7-12　电液步进液压缸工作原理图
a）结构图　b）工作原理框图
1—液压缸体　2—活塞　3—反馈螺母　4—螺杆　5—三通阀阀芯　6—减速齿轮　7—步进电动机

步进电动机又称脉冲电动机，它可将数控电路输入的电脉冲信号转换为角位移量输出，是一种数/模（D-A）转换装置。对步进电动机输入一个电脉冲，其输出轴转过一步距角（或称脉冲当量）。由于步进电动机功率较小，因此必须通过液压力放大器进行功率放大后才可驱动负载。

液压力放大器是一个直接位置反馈式液压伺服机构，它由控制阀、活塞缸和螺杆/反馈螺母组成。图 7-12a 中电液步进液压缸为单杆差动连接液压缸，可采用三通双边滑阀来控制。压力油 p_d 直接引入有杆腔，活塞腔内压力 p_c 受阀芯 5 的棱边所控制，若差动液压缸两腔的面积比 $A_r : A_c = 1 : 2$，则空载稳态时，$p_c = p_d/2$，活塞 2 处于平衡状态，阀口 a 处于某个稳定状态。在输入的指令脉冲 f 作用下，步进电动机带动阀芯 5 旋转，活塞 2 及反馈螺母 3 尚未动作，螺杆 4 对螺母 3 做相对运动，阀芯 5 右移，阀口 a 开大，$p_c > p_d/2$，于是活塞 2 向左运动，活塞杆外伸，与此同时，与活塞 2 连成一体的反馈螺母 3 带动阀芯 5 左移，实现了直接位置负反馈，使阀口 a 关小，开口量及 p_c 值又恢复到初始状态。如果输入连续的脉冲，则步进电动机连续旋转，活塞杆便连续外伸；反之，输入反转脉冲时，步进电动机反转，活塞杆内缩。

活塞杆外伸运动时，棱边 a 为工作边；活塞杆内缩时，棱边 b 为工作边。如果活塞杆上存在着外负载力 F_L，则稳态平衡时，$p_c \neq p_d/2$。通过螺杆螺母的间隙泄漏到空心活塞杆腔内的油液，可经螺杆 4 的中心孔引至回油腔。

五、带位移传感器的液压缸

目前市场上有带超声波位移传感器的液压缸和带磁电感应式传感器的液压缸。现以应用比较广的后者为例加以说明。图 7-13 所示为带磁电感应式传感器的液压缸的结构示意图。在由碳钢或低合金钢制成的活塞杆（呈铁磁性）表面刻有宽度和间距相等的槽（如宽 1mm，深度为数十微米），然后将呈磁性的铬或呈逆磁性的陶瓷涂在活塞杆表面（不仅填满槽，而且有数十微米厚的表面保护层），之后在活塞杆旁边设置一永久磁铁，则磁路中的磁阻将随活塞杆的运动周期性地变化。在活塞杆和永久磁铁间设置一薄膜磁阻传感器，并用适当的电子器件记录磁阻变化的次数，即可得到活塞杆的位移。带有这种行程测量系统的液压缸结构紧凑，可靠性高，适用于条件较恶劣的场合。

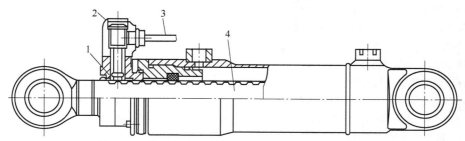

图 7-13 带磁电感应式传感器的液压缸的结构示意图

1—位移传感器 2—放大器 3—输出接口 4—活塞杆

思考题和习题

7-1 试述活塞式、柱塞式、伸缩式及摆动式液压缸的工作原理及工作特点。

7-2 图 7-14 所示为三种结构形式的液压缸，其缸筒直径为 D，活塞杆直径为 d，进入液压缸的流量为 q，压力为 p。试分析和比较各液压缸所能产生的推力大小、运动速度、运动方向以及活塞杆的受力状况（受拉或受压）。

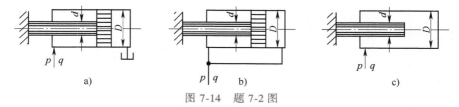

图 7-14 题 7-2 图

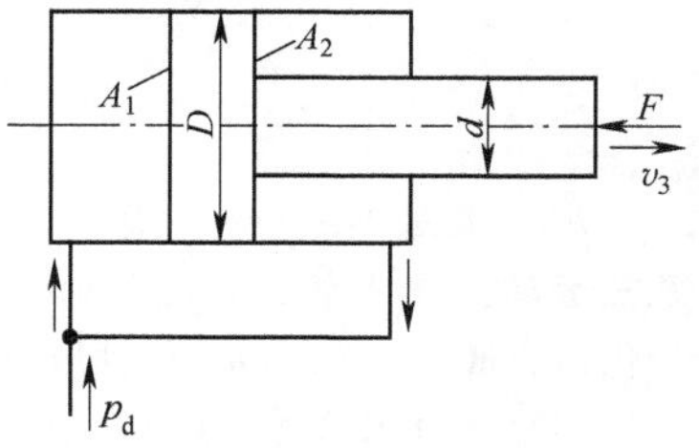

7-3 差动液压缸如图 7-15 所示，若无杆腔面积 $A_1 = 50\text{cm}^2$，有杆腔面积 $A_2 = 25\text{cm}^2$，负载 $F = 27.6 \times 10^3\text{N}$，机械效率 $\eta_\text{m} = 0.92$，容积效率 $\eta_V = 0.95$。试求：

（1）供油压力是多少？

（2）当活塞以 $v_3 = 1.5 \times 10^{-2}\text{m/s}$ 的速度运动时，所需的供油量是多少？

（3）液压缸的输入功率是多少？

图 7-15 题 7-3 图

7-4 图 7-16 所示为两个结构相同且串联的液压缸。设无杆腔面积 $A_1 = 100\text{cm}^2$，有杆腔面积 $A_2 = 80\text{cm}^2$，液压缸 1 输入压力 $p_1 = 9 \times 10^6\text{Pa}$，输入流量 $q_1 = 12\text{L/min}$，不计损失和泄漏。试问：

（1）两液压缸承受相同负载时（$F_1 = F_2$），该负载的数值及两液压缸的运动速度各为多少？

（2）液压缸 2 的输入压力是液压缸 1 的一半时 $\left(p_2 = \dfrac{1}{2}p_1\right)$，两液压缸能承受的负载分别为多少？

（3）液压缸 1 不承受负载时（$F_1 = 0$），液压缸 2 能承受的负载为多少？

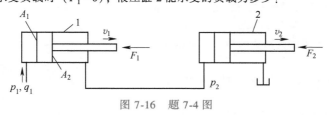

图 7-16 题 7-4 图

7-5 已知一石油勘探船，其提升船体液压缸（图 7-17）的安装长度 $l = 9\text{m}$，两端铰接，液压缸内径

$D=1\mathrm{m}$，活塞杆直径 $d=0.4\mathrm{m}$，液压缸最大负载质量 $m=10^6\mathrm{kg}$，忽略液压缸密封处的摩擦力，当活塞杆和缸体的材料为硬钢时，许用应力 $[\sigma]=1177\times10^5\mathrm{N/m^2}$。要求：

（1）校核活塞杆的强度。

（2）确定液压缸体的壁厚。

（3）校核该液压缸的稳定性。

7-6 图7-18所示的柱塞缸，其缸筒和工作台连接在一起，自重共为9800N，摩擦阻力为1960N，$D=100\mathrm{mm}$，$d=70\mathrm{mm}$，$d_0=30\mathrm{mm}$，工作台在0.2s内从静止加速到最大稳定速度 $v=7\mathrm{m/min}$，试求起动液压缸时所需的最大流量及泵的供油压力。

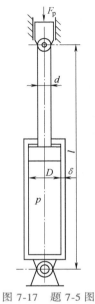

图7-17 题7-5图

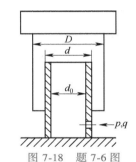

图7-18 题7-6图

7-7 如图7-19所示，用一对柱塞缸实现工作台的左右往复运动，两柱塞的直径分别为 $d_1=120\mathrm{mm}$、$d_2=100\mathrm{mm}$，当供油流量 $q=10\mathrm{L/min}$、供油压力 $p=2\mathrm{MPa}$ 时，试求：

（1）当分别向A、B口供油时，工作台两个方向运动的速度 v_1、v_2 和推力 F_1、F_2 各为多少？

（2）若液压泵通过A、B口同时向两个柱塞缸通压力油，工作台向哪个方向运动？其速度 v_3 和推力 F_3 为多少？

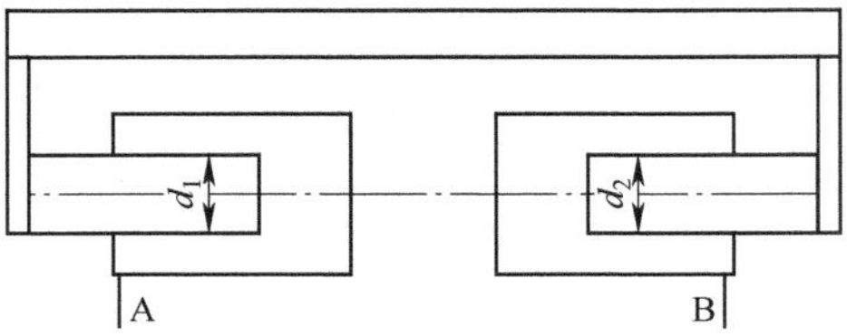

图7-19 题7-7图

7-8 如图7-8a所示的单叶片式摆动液压缸，其供油压力 $p_1=10\mathrm{MPa}$，流量 $q=25\mathrm{L/min}$，回油压力 $p_2=0.5\mathrm{MPa}$，若输出角速度 $\omega=0.7\mathrm{rad/s}$，$D=200\mathrm{mm}$，$d=80\mathrm{mm}$，忽略容积损失和机械损失，试求叶片宽度和输出转矩。

7-9 在何种情况下，液压缸需要设置缓冲装置？试述液压缸缓冲装置的类型、工作原理及工作特点。

7-10 如图7-20所示的增速缸，已知 $D=200\mathrm{mm}$，$d_1=150\mathrm{mm}$，$d=50\mathrm{mm}$，泵的流量 $q=25\mathrm{L/min}$。试求：

（1）若流量从a口输入，则活塞的最大运动速度 v_1 为多少？

（2）若流量同时从a口、b口输入，则活塞的运动速度 v_2 为多少？

（3）若流量从c口输入，则活塞的退回速度 v_3 为多少？

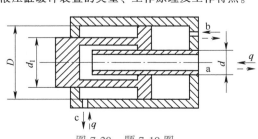

图7-20 题7-10图

第二篇

液压控制阀

第八章

液压控制阀概述

在液压系统中，用于控制系统中液流压力、流量和方向的元件总称为液压控制阀。液压控制阀是液压技术中品种规格最多、应用最广泛、最灵活的元件。通过液压控制阀的不同组合，可以组成多种类型的液压系统以实现所需的设备功能，同时液压控制阀的性能优劣以及与系统其他元件参数的匹配是否合理在很大程度上决定了液压系统的性能。因此，液压控制阀在液压系统中起着非常重要的作用。

第一节 液压控制阀的分类

液压控制阀的种类繁多，除了不同品种、规格的通用阀外，还有许多专用阀和复合阀。就液压控制阀的基本类型来说，通常可按以下方式进行分类。

一、根据在液压系统中的功用分类

1. 压力控制阀

压力控制阀是指用来控制和调节液压系统中液流的压力或利用压力进行控制的阀类，如溢流阀、减压阀、顺序阀、电液比例溢流阀、电液比例减压阀等。

2. 流量控制阀

流量控制阀是指用来控制和调节液压系统中液流流量的阀类，如节流阀、调速阀、分流阀、电液比例流量阀等。

3. 方向控制阀

方向控制阀是指用来控制和改变液压系统中液流方向的阀类，如单向阀、换向阀等。

二、根据控制信号的形式分类

1. 开关或定值控制阀

这是最常见的一类液压控制阀，又称为普通液压控制阀。此类阀采用手动、机动、电磁铁和压力油等控制方式定值控制液流的压力和流量、起闭液流通路或控制液流方向。

2. 伺服控制阀

这是一种根据输入信号（电气、机械、气动等）及反馈量成比例地连续控制液压系统中液流的流量和流动方向或压力的阀类，又称为随动阀。伺服控制阀具有很高的动态响应和静态性能，但价格昂贵、抗污染能力差，主要用于控制精度和频响要求很高的场合。

3. 比例控制阀

比例控制阀又可分为普通比例阀和高性能比例阀。普通比例阀可以根据输入信号的大小连续、成比例、远距离地控制液压系统中液流的压力、流量和流动方向。它要求保持调定值的稳定性，一般具有对应于10%～30%最大控制信号的零位死区，多数用于开环控制系统。高性能比例阀是一种以比例电磁铁为电—机转换器的高性能比例方向节流阀，与伺服阀一样没有零位死区，其频响介于普通比例阀和伺服阀之间，可用于闭环控制系统。

4. 数字控制阀

数字控制阀的输入信号是脉冲信号，它根据输入的脉冲数或脉冲频率来控制液压系统的流量或压力。数字控制阀具有抗污染能力强、重复性好、工作稳定可靠等优点。其额定流量较小，常用作小流量控制阀或作为先导级控制阀。

三、根据阀芯结构形式分类

液压控制阀一般由阀芯、阀体、操纵控制机构等主要零部件组成。根据阀芯结构形式的不同，液压控制阀又可以分为以下三类。

1. 滑阀类

滑阀类的阀芯为圆柱形，通过阀芯在阀体孔内的滑动来改变液流通路开口的大小，以实现对液流压力、流量及方向的控制。

2. 提升阀类

提升阀类有锥阀、球阀、平板阀等，利用阀芯相对阀座孔的移动来改变液流通路开口的大小，以实现对液流压力、流量及方向的控制。

3. 喷嘴挡板阀类

喷嘴挡板阀是利用喷嘴和挡板之间的相对位移来改变液流通路开口的大小，以实现控制的阀类。该类阀主要用于伺服阀和比例阀的先导级。

四、根据连接和安装方式分类

1. 管式阀

管式阀阀体上的进出油口通过管接头或法兰与管路直接连接。其连接方式简单，重量轻，在移动式设备或流量较小的液压元件中应用较广。其缺点是阀只能沿管路分散布置，装拆维修不方便。

2. 板式阀

板式阀由安装螺钉固定在过渡板上，阀的进出油口通过过渡板与管路连接。过渡板上可以安装一个或多个阀。当过渡板安装有多个阀时，又称为集成块，安装在集成块上的阀与阀之间的油路通过块内的流道沟通，可减少连接管路。板式阀由于集中布置且装拆时不会影响系统管路，因而操纵、维修方便，应用十分广泛。

3. 插装阀

插装阀主要有二通插装阀、三通插装阀和螺纹插装阀。二通插装阀是将其基本组件插入特定设计加工的阀体内，配以盖板、先导阀组成的一种多功能复合阀。因插装阀基本组件只有两个油口，因此称为二通插装阀，简称插装阀。该阀具有通流能力大、密封性好、自动化和标准化程度高等特点。三通插装阀具有压力油口、负载油口和回油箱油口，起到两个二通插装阀的作用，可以独立控制一个负载腔，但其通用化、模块化程度不及二通插装阀。螺纹插装阀是二通插装阀在联接方式上的变革，由于采用螺纹联接，使安装简捷方便，整个体积也相对减小。

4. 叠加阀

叠加阀是在板式阀基础上发展起来的、结构更为紧凑的一种形式。阀的上下两面为安装面，并开有进出油口。同一规格、不同功能的阀的油口和安装连接孔的位置、尺寸相同。使用时根据液压回路的需要，将所需的阀叠加并用长螺栓固定在底板上，系统管路与底板上的油口相连。

第二节　液压阀上的作用力

液压阀的阀芯在工作过程中所受到的作用力是多种多样的，掌握各种作用力的特点及计算方法是设计液压阀的基础。下面将介绍液压阀设计分析中常见的几种作用力。

一、液压力

在液压元件中，由于液体重力引起的液体压力差相对于液压力而言是极小的，可以忽略不计。因此，在计算时认为同一容腔中液体的压力相同。

作用在容腔周围固体壁面上的液压力 F_p 的大小为

$$F_p = \iint_A p\,\mathrm{d}A \tag{8-1}$$

当壁面为平面时，液压力 F_p 等于压力 p 与作用面积 A 的乘积，即 $F_p = pA$。

对于图 8-1 所示的外流式锥阀，作用在锥阀上的液压力 F 等于锥阀底面的液压力 F_1 与阀座倒角 s 上的压力积分 F_2 之和，其中

$$F_1 = p_1 \frac{\pi d_1^2}{4} \tag{8-2}$$

$$F_2 = \int_s p\,2\pi r\,\mathrm{d}r = \frac{\pi}{4}p_1 \left[1 - \left(\frac{d_2}{d_1}\right)^2 \right](d_m^2 - d_1^2) \tag{8-3}$$

式中　d_1——锥阀阀座孔直径；

d_2——阀座锥面大端直径；

d_m——阀座倒角的平均直径，$d_m = (d_1 + d_2)/2$；

p_1——锥阀入口处的压力；

p——锥阀倒角处的压力。

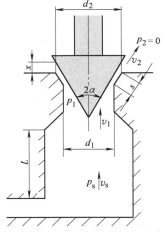

图 8-1　作用在锥阀上的液压力

二、液动力

液流经过阀口时，由于流动方向和流速的变化造成液体动量的改变，使阀芯受到附加的作用力，这就是液动力。

在阀口开度一定的稳定流动情况下，液动力为稳态液动力；当阀口开度发生变化时，还有瞬态液动力的作用。

1. 稳态液动力

如图 8-2 所示，取进出口之间的阀芯与阀体孔所构成的环形通道作为控制体积。对于某一固定的阀口开度 x 而言，根据动量定律，控制体积对阀芯轴线方向的稳态液动力 F_s 的计算公式为

$$F_s = \rho q v_2 \cos\alpha = 2C_d C_v W x \cos\alpha \Delta p = Kx\Delta p \tag{8-4}$$

式中　ρ——油液密度；

q——流经阀口的流量；

α——阀口射流角，一般 $\alpha = 69°$；

v_2——阀口处流速；

C_d——阀口流量系数；

C_v——阀口流速系数；

W——阀口梯度，即阀口的过流周长；

Δp——阀口前后压力差；

K——液动力系数，$K = 2C_d C_v W \cos\alpha$。

由于稳态液动力 F_s 正比于 x，所以液动力相当于刚度为 $K\Delta p$ 的液压弹簧。

图 8-2a 和图 8-2b 中，F_s 的方向分别与 $v_2\cos\alpha$ 的方向相反或相同，即 F_s 均指向阀口关闭的方向。

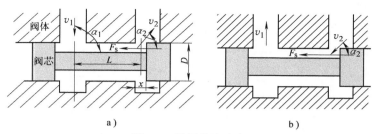

图 8-2　滑阀的液动力

a）液流经环形通道从阀口流出　b）液流经阀口流入环形通道

对于图 8-3 所示的锥阀，其稳态液动力 F_s 为

$$F_s = \rho qv\cos\alpha = C_d C_v \pi d_m \sin(2\alpha) x\Delta p = Kx\Delta p \tag{8-5}$$

式中　K——液动力系数，$K = C_d C_v \pi d_m \sin(2\alpha)$；

d_m——平均直径，$d_m = (d_1 + d_2)/2$。

图 8-3 中稳态液动力 F_s 的方向始终使锥阀阀芯趋于关闭。

图 8-4 所示为二通插装阀稳态液动力的实测曲线，图中虚线为计算值。试验结果表明，随着阀口开度增大，液动力增大到某一最大值后逐渐变小，F_s 并不是 x 的单调函数。因此，式（8-4）只适用于稳态液动力达到最大值以前，其值并不总是随阀芯位移增大而增大。此外，阀口结构不同，其稳态液动力最大值所对应的阀芯位移差别很大。例如图 8-4a 所示的全周阀口，当通过一定流量时，最大稳态液动力所对应的阀芯行程较小（小于 0.4mm）；而图 8-4b 所示的非全周阀口，当阀芯行程达到2mm 以上时，稳态液动力才升至最大值。

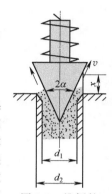

图 8-3　锥阀的稳态液动力

在分析阀芯受力情况时，稳态液动力往往是一个不可忽视的重要因素。从式（8-4）可以看出，当阀的工作压力高、流量大时，稳态液动力较大，从而使阀芯的操纵困难。这时可采取两级或多级控制方式，必要时应采取有效措施来补偿稳态液动力。有多种结构措施可对稳态液动力进行补偿。

1）采用具有特殊阀腔形状的负力窗口补偿稳态液动力，如图 8-5 所示。因油腔的回流在阀芯两端颈部锥面上发生动量变化，使从阀腔流出的液流所具有的轴向动量设计得比流入动量大，而产生一个开起力（负力）；另外，在阀腔中还产生一股顺时针方向的回流，也使负力有所增加。此负力可抵消一部分由矩形台肩节流窗口所产生的使阀芯关闭的稳态液动力。如果两端颈部的锥角选择得当，可获得较好的补偿效果。这种方法常用于对控制要求较高的伺服阀中。

2）在阀套上开斜孔补偿稳态液动力。如图 8-6 所示，通过在阀套上开斜孔来改变液流流入或流出的方向角，使流出与流入的液体动量互相抵消，从而减小轴向液动力。其缺点是斜孔不便于加工。

3）开多个径向小孔补偿稳态液动力。由于当窗口完全开起后液流的射流角就成为 90°，不会产生轴向液动力，所以可采用图 8-7a 所示的结构，将阀套上的通油孔用多个小孔来代替。小孔之间重叠一个尺寸 s，以适当保证流量与位移的线性关系。由于只有还未完全开起的那一个小孔的液流会产生液动力，所以稳态液动力就大为减小，如图 8-7b 所示。这种补偿方法的缺点是阀芯位移较小时难以实现多个小孔的布置。

4）利用压降补偿稳态液动力。如图 8-8 所示，增大阀芯两端颈部的直径 d_2 后，由于液体流经这一过流面积较小的环状通道时会产生一定的压降，所以在阀的台肩上产生了一个液压作用力。该液压力的方向与稳态液动力相反，因此具有一定的补偿作用。这种方法仅当流量较大时才有效。

2. 瞬态液动力

除稳态液动力外，作用在阀芯上的液流力还有瞬态液动力。所谓瞬态液动力，是指由于阀口开度变化引起流经阀口的液流速度变化，导致流道中液体动量变化而产生的液动力。或者说，瞬态液动力是指在非稳态或瞬态情况下，由于流经阀腔的流量不稳定，流体的加速度所产生的液动力。

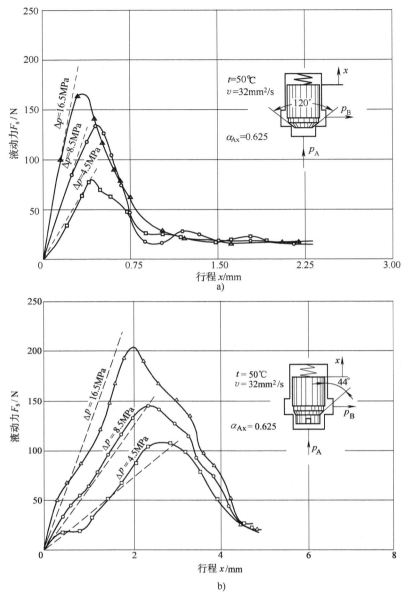

图 8-4 二通插装阀稳态液动力实测曲线

a) 全周阀口   b) 非全周阀口

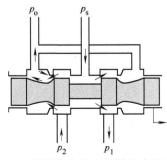

图 8-5 利用负力窗口补偿稳态液动力

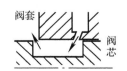

图 8-6 在阀套上开斜孔补偿稳态液动力

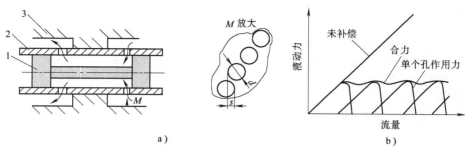

图 8-7　开多个径向小孔补偿稳态液动力

1—阀芯　2—阀套　3—阀体

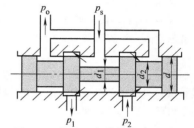

图 8-8　利用压降补偿稳态液动力

　　瞬态液动力的作用方向始终与阀腔内液体的加速度方向相反。如图 8-9a 所示，当阀口增大且流体向外流动时，由于流量增大，阀腔内液体的加速度指向右，因此作用在阀芯上的瞬态液动力 F_i 指向左，使阀口趋于关闭。若阀口增大时流体向内流动（图 8-9b），则阀腔内液体的加速度指向左，因此作用在阀芯上的瞬态液动力 F_i 指向右，使阀口趋于开起，此时，瞬态液动力对阀芯的运动是一个不稳定因素。从滑阀工作稳定性的角度出发，这种情况应尽量避免。

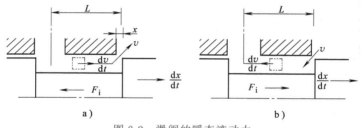

图 8-9　滑阀的瞬态液动力

　　瞬态液动力 F_i 可根据动量定律进行计算。即

$$F_i = \frac{d(mv)}{dt} \tag{8-6}$$

式中　m——阀腔内环形流道中液体的质量，$m = \rho A L$；

　　　A——阀腔有效横截面积；

　　　L——阀腔进油中心与回油中心之间的轴向长度。

将 m 的表达式代入式（8-6），则

$$F_i = \rho L \frac{d(Av)}{dt} = \rho L \frac{dq}{dt} \tag{8-7}$$

根据流量连续性原理，当压差 Δp 为常数时，将 $q = C_d \pi d x \sqrt{\dfrac{2}{\rho}\Delta p}$ 代入式（8-7），经整理可得

$$F_i = C_d \pi d L \sqrt{2\rho\Delta p}\,\frac{dx}{dt} = K_L \frac{dx}{dt} \tag{8-8}$$

　　由式（8-8）可见，瞬态液动力 F_i 与滑阀的移动速度 $\dfrac{dx}{dt}$ 成正比，因此它起到黏性阻尼力的作用。黏性阻尼系数 K_L 的大小与阀腔长度 L 及压差 Δp 有关。

　　在阀芯所受的各种作用力中，瞬态液动力的数值所占的比例不大，在一般液压控制阀中通常可忽略不计，只在频响较高的阀（如伺服阀或高响应的比例阀）的动态特性分析中才予以考虑。

155

三、液压侧向力与摩擦力

如果滑阀的阀芯与阀体孔都是完全精确的圆柱形，而且径向间隙中不存在任何杂质，径向间隙处处相等，则配合间隙中压力沿圆周是均布的，阀芯上没有不平衡的径向液压力。但由于制造误差以及阀在实际工作中不可能保持精确的同心位置，因此，阀芯将由于径向液压力分布不均匀而被推向一侧，形成数值相当可观的液压侧向力与摩擦力。

液压侧向力的近似表达式为

$$F_r = \alpha L d \Delta p \tag{8-9}$$

式中　α——系数，当按最大值估算时，可取 $\alpha = 0.27$；

　　　L——滑阀阀芯配合长度；

　　　d——阀芯直径；

　　　Δp——阀芯与阀套配合间隙两端的压差。

液压侧向力使阀芯紧贴阀孔内壁，使阀芯运动时受到摩擦力的作用。摩擦力的计算公式为

$$F_f = \alpha f L d \Delta p \tag{8-10}$$

如图 8-10a 所示，当阀芯两端存在锥度，且大端压力大于小端压力时，称为倒锥。倒锥时侧向力使阀芯偏心增大，阀芯大端与阀体孔内壁接触，使阀芯受到较大的摩擦力而影响它的运动。当侧向力过大时，甚至会出现"卡死"现象。

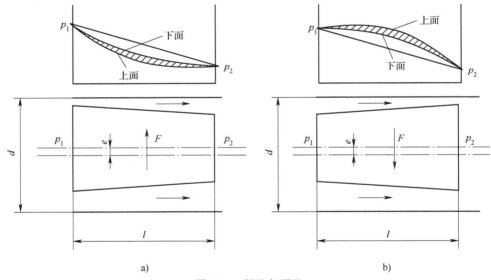

a)　　　　　　　　　　　　　　　　　　b)

图 8-10　倒锥与顺锥

a）倒锥　b）顺锥

当阀芯的小端为高压时，称为顺锥，如图 8-10b 所示。此时侧向力与偏心方向相反，可使阀芯自动定心。然而因滑阀工作时阀芯两端的压力不可避免地会发生交变，因此单纯的顺锥是难以保证的。

为减小或消除液压侧向力，常用的措施有：

1）提高加工精度。

2）在阀芯台肩上开圆周方向的均压槽，均压槽内的液体压力处处相等，起到平衡径向力的作用。均压槽的深度和宽度一般为 0.3~1mm。与不开均压槽相比，开一道均压槽可使液压阀的侧向力减小到 40%，开三道均压槽可使液压侧向力减小到 6%，开七道均压槽可减小到 2.7%。

3）在保证密封要求的前提下减小配合长度。

4）对于比例阀或伺服阀，可在控制信号中加入高频小振幅的颤振信号。

四、弹簧力

在液压控制阀中，弹簧的应用极为普遍。与弹簧相接触的阀芯及其他构件所受的弹簧力 F_t 为

$$F_t = k(x_0 \pm x) \tag{8-11}$$

式中　　k——弹簧刚度系数；

　　　　x_0——弹簧预压缩量；

　　　　x——弹簧变形量。

液压元件中所使用的弹簧主要为圆柱螺旋压缩弹簧，其弹簧力与变形量为线性关系，因此弹簧刚度为常数。某些液压控制阀也使用碟形弹簧，通常将单片碟形弹簧重叠成弹簧组，其弹簧力和变形量之间为非线性关系，弹簧刚度是变化的，用于对变形量和弹簧力特性有特殊要求的液压控制阀（如远程调压阀等）中。

五、重力和惯性力

一般液压控制阀的阀芯等运动件所受的重力与其他作用力相比可以忽略不计。除了有时在设计阀芯上的弹簧时要考虑阀芯自重及摩擦力的影响外，一般分析计算通常不考虑重力。

惯性力是指阀芯在运动时，因速度发生变化所产生的阻碍阀芯运动的力，它也是一种质量力。在分析阀的静态特性时可不考虑；但在进行动态分析时必须计算运动件的惯性力，有时还应考虑相关的液体质量所产生的惯性力，包括管道中液体质量的惯性力。

以喷嘴挡板先导级控制的滑阀（图 8-11 中阀芯以圆柱体简化表示）为例，当阀芯运动时，产生的惯性力的总当量质量为

$$m' = m + V_f\rho + \sum V_1\rho\left(\frac{A_f}{A_1}\right)^2 \tag{8-12}$$

式中　　m——阀芯质量，当阀芯端部有弹簧时，考虑到弹簧也部分地处于运动状态，所以在计算 m 时除了阀芯的质量外，还应加上 1/3 的弹簧质量；

　　　　V_f——阀芯两端油腔中的液体总体积；

　　　　A_f——阀芯端面面积；

　　　　V_1——连接管道的容积；

　　　　A_1——管道的横截面面积。

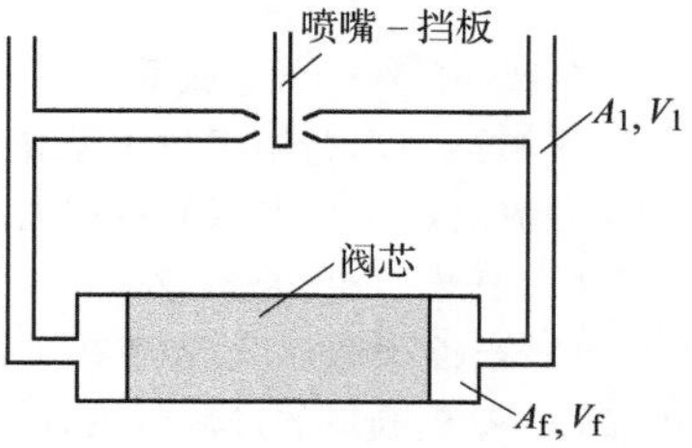

图 8-11　喷嘴挡板控制
的滑阀的当量质量

由于管道中液体的当量质量与面积比值的平方成正比，因此数值较大，在计算液压固有频率时，若忽略这部分惯性力，会造成较大的误差。

除上述几种力之外，作用在阀芯上的力还有操作力（如电磁吸力、手柄推力）等，在此不作细述。最后需指出，在计算阀芯上的总作用力时，并非只是把各种作用力简单地相加。因为往往会出现这种情况：一种作用力最大时，另一种作用力并非最大，甚至会由于两种作用力方向相反而有所抵消。因此，必须对具体情况进行具体分析。

第三节　阀口压力流量特性

一、滑阀的压力流量特性

滑阀的压力流量特性是指流经滑阀的流量与阀口压力差以及阀口开度三者之间的关系。

如图 8-12 所示，设滑阀开口长度为 x，阀芯与阀体内孔之间的径向间隙为 Δ，阀芯直径为 d，阀口压力差为 $\Delta p = p_1 - p_2$，根据流体力学中流经节流小孔的流量公式，可得到流经滑阀的流量 q 的表达式为

$$q = C_d A \sqrt{\frac{2}{\rho}\Delta p} \tag{8-13}$$

式中　C_d——阀口流量系数，与雷诺数 Re 有关；

　　　A——滑阀阀口的过流面积，$A = W\sqrt{x^2 + \Delta^2}$。

W 为滑阀过流面积梯度，表示滑阀阀口过流面积随滑阀位移的变化率，是滑阀最重要的参数。圆柱滑阀的 $W = \pi d$。如果滑阀为理想滑阀（即 $\Delta = 0$），则其过流面积 $A = \pi dx$。因此，式（8-13）又可写成

$$q = C_d \pi dx \sqrt{\frac{2}{\rho} \Delta p} \tag{8-14}$$

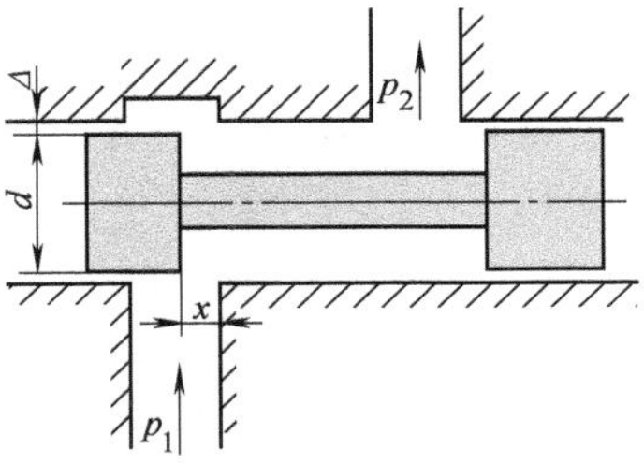

图 8-12　圆柱滑阀示意图

圆柱滑阀雷诺数 Re 的计算公式为

$$Re = \frac{D_h u}{\nu} \tag{8-15}$$

式中　u——阀口平均流速；

　　　ν——油液运动黏度；

　　　D_h——阀口的水力直径，它等于 4 倍的阀口面积除以湿周。

圆柱滑阀中，$D_h = \dfrac{4Wx}{2(W+x)} = \dfrac{2Wx}{W+x}$。当 $W = \pi d \gg x$ 时，$D_h = 2x$，于是

$$Re = \frac{2xu}{\nu} \tag{8-16}$$

二、锥阀和球阀的压力流量特性

与圆柱滑阀一样，锥阀和球阀也是应用较为广泛的结构形式。

图 8-13 所示为锥阀和球阀结构示意图。流经锥阀类阀口的流量 q 也可用式（8-13）计算，只是过流面积 A 和流量系数 C_d 与滑阀有较大差别。

1. 阀口过流面积 A

1）当锥阀阀座孔无倒角（重叠量 $s = 0$）时（图 8-13a），锥阀阀口的过流面积为

$$A = \pi d_1 x \sin\alpha \left(1 - \frac{x}{2d_1}\sin 2\alpha\right) \tag{8-17}$$

式中　d_1——阀座孔直径；

　　　x——阀芯位移；

　　　α——锥阀半锥角。

如果 $x \ll d_1$，则

$$A = \pi d_1 x \sin\alpha \tag{8-18}$$

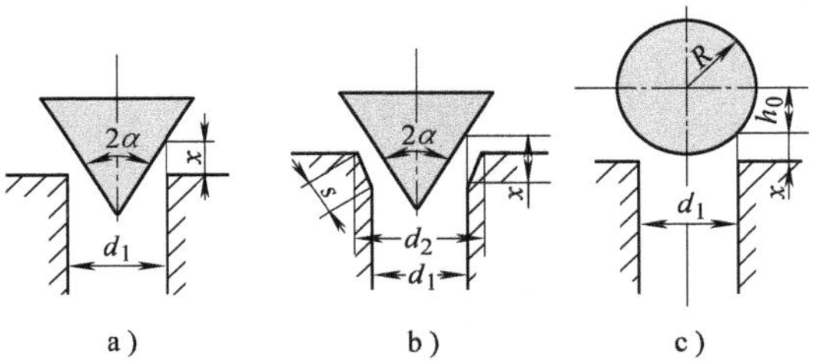

图 8-13　锥阀和球阀结构示意图

a）、b）锥阀　c）球阀

2）当锥阀阀座孔有不大的倒角时（图 8-13b），因为重叠量 $s \neq 0$，这时应取阀座孔大、小直径的平均值 $d_m = (d_1 + d_2)/2$ 进行计算。锥阀阀口的过流面积为

$$A = \pi d_m x \sin\alpha \left(1 - \frac{x}{2d_m}\sin 2\alpha\right) \tag{8-19}$$

如果 $x \ll d_m$，则

$$A = \pi d_m x \sin\alpha \tag{8-20}$$

3）球阀（图 8-13c）阀口的过流面积为

$$A = \pi d_1 h_0 x \frac{1 + \dfrac{x}{2h_0}}{\sqrt{\left(\dfrac{d_1}{2}\right)^2 + (h_0 + x)^2}} \tag{8-21}$$

式中　d_1——阀座孔直径；

　　　x——阀芯位移；

$$h_0 = \sqrt{R^2 - \left(\frac{d_1}{2}\right)^2};$$

R——球体半径。

当 $x \ll d_1/2$、$x \ll R$ 时，$\sqrt{\left(\frac{d_1}{2}\right)^2 + (h_0 + x)^2} \approx R$，$\frac{x}{2h_0} \approx 0$，于是

$$A = \pi d_1 h_0 x / R \tag{8-22}$$

2. 流量系数 C_d

锥阀的流量系数 C_d 与雷诺数 Re、阀座倒角长度 s、阀芯与阀座的距离 $x\sin\alpha$ 有关。

锥阀雷诺数 Re 的计算公式为

$$Re = \frac{4q}{\pi d_1 \nu} \tag{8-23}$$

当雷诺数较大时，锥阀的流量系数为 $0.77 \sim 0.82$。

第四节 液压阀的级间耦合

除了应用于小流量情况下的液压阀有时采用结构简单的单级阀以外，大多数液压阀都采用具有不同功能的分级组合形式，以便实现预期的性能。多级阀的每一级都有其特定的功能，如先导控制、功率放大、流量调节、压力检测及补偿、流量检测及反馈、逻辑判断等。级与级之间的物理量（流量、压力、位移、速度、力等）采用某种耦合方式进行联系，以构成一个完整的控制器件。

各级阀的物理量中，某些量由于存在固有的联系而使级与级之间有耦合作用，级间耦合方式对于液压控制阀的控制性能有重要影响。

一、液压力耦合

对于液压控制阀，直接利用液压力进行级间耦合最为简便，因此这种耦合方式经常应用于各种阀中。

图 8-14a 所示的先导式溢流阀中，当入口压力超过先导阀弹簧的调定压力时，锥阀开起而产生流动。固定节流孔 R_F 两端的压差使主阀上腔的压力减小，随之主阀开起而溢流。这种先导式溢流阀实质上是由固定节流孔 R_F 和先导阀口可变液阻 R_A 所构成的串联支路与主阀阀口的可变液阻组成为并联支路（图 8-14b）。两级间靠控制压力 p_x 进行联系。这种耦合作用最简单，压力控制阀一般都采用这种耦合方式。

这种耦合方式能在主阀端部产生相当大的调节压力来克服干扰影响。不过主阀的输出压力只能被间接反馈到先导阀上，所以，阀的整体控制性能的提高受到一定限制。

图 8-15 所示为具有压力补偿功能的流量阀，其中节流阀与定差减压阀之间所采用的液压力耦合方式具有反馈作用。节流阀进口压力 p_1 或出口压力 p_2 变化时都将对定差减压阀的阀口开度起调节作用，以保证节流阀的进出口压差为定值。但是，由于没有对输出流量 q 直接引出反馈耦合，因此，这种阀只能形成局部闭环，其流量控制精度不高。

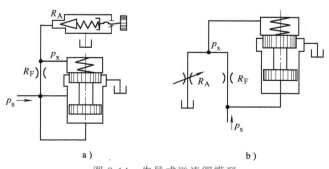

a)   b)

图 8-14　先导式溢流阀模型

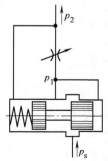

图 8-15　压力补偿型流量阀原理图

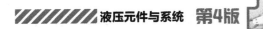

二、位置耦合

最简单的位置耦合是将前一级与后一级直接相连。例如，在图 13-20 所示的直接位置反馈型比例节流阀中，主级阀的位移被反馈到先导级，当先导阀移动时，主阀一直跟踪先导阀移动，直到主阀与先导阀间的单控制边阀口保持在一个微小开度的稳定位置时为止，此时主阀芯上的液压力与弹簧力平衡。

由于用一个不大的力来控制先导阀的运动即可获得很大的液压输出功率来控制主阀的运动，所以，这种耦合配置方式实际上起到了功率放大作用。

三、位移-力耦合

在电液控制阀中，电-机械转换器的输入信号是电流（电压），输出量是力或力矩。为了使先导级获得相应的位移，就要使先导阀与电-机械转换器采用位移-力耦合方式。只要增加某种弹性构件（弹簧、弹性杆）作为力-位移的转换器，即可将电-机械转换器的输出力或力矩转换为位移量。

四、电信号耦合

在电液控制阀中，将输出物理量（流量、压力、位移等）由传感器进行检测并转换成电信号后，直接馈送到放大器输入端以构成全程闭环系统，可为显著提高液压阀的静态、动态性能创造有利条件，并且有可能灵活地采用各种电量校正和控制方法。但采用这种反馈耦合方式时需要使用性能优良、工作可靠的传感器，因此价格较贵。此方式主要用于某些电液伺服阀和电液比例阀中。

五、复合耦合

当液压阀的级间耦合采用单一的耦合方式不能达到要求时，可采用几种方式相复合的方法。具有代表性的示例是新型电液比例流量阀所采用的流量-位移-力反馈耦合（参见图 13-23）。

流量阀的最终输出是流量。为了能完美地实现输出流量与输入电信号之间的线性比例关系，有效地克服负载压力变化及其他扰动的影响，最好将输出流量信息直接反馈耦合到比例电磁铁上去，以构成闭环控制。这种流量-位移-力反馈型电液比例流量阀不是仅采用传统的流量控制阀中对节流器前后的压差进行补偿的局部反馈形式，而是采用特殊设计的阀作为流量传感器，将输出流量转换为与之成比例的阀芯位移量，并随即借助流量传感器上的弹簧将位移转换为力信号，通过先导阀芯馈送到比例电磁铁上去，从而使这种比例流量阀获得了优异的性能。

综上所述，液压阀的级间耦合方式很多，在设计选择时，除了要分析其控制性能的完善程度外，还要考虑具体的设计性能要求、结构的复杂程度、造价、可靠性等因素。

第五节　液压阀的控制输入装置

各种液压阀的操纵、控制都是通过力（力矩）、位移形式的机械量来实现的。它可以用手动、机动、气动、液动或电动等方式来进行。当控制规律比较复杂或要求达到较高的控制性能时，一般都需要采用电控的方式。由于这时的控制输入信号是微弱的电量，所以应经过控制放大器的处理和功率放大后，由某种形式的电-机械转换器，将电量转换成控制液压阀运动所需的机械量。

因此，液压阀的控制输入装置包括控制放大器和电-机械转换器两部分。当输入控制信号足以满足电-机械转换器的驱动要求时（如由继电器输出的电量去控制开关式阀用电磁铁），可以不采用控制放大器。

一、控制放大器

控制放大器的作用主要是驱动、控制电-机械转换器，满足系统的工作性能要求。同时，在闭环控制的场合，控制放大器还承担着反馈检测器件的测量放大和系统性能的控制校正作用。

对控制放大器有以下基本要求：

1）线性度好，精度高，具有较宽的控制范围和较强的带载能力。

2）动态响应快，频带宽。

3）功率放大级的功耗小。

4）抗干扰能力强，有很好的稳定性和可靠性。

5）控制功能强，能实现控制信号的生成、处理、综合、调节、放大。

6）输入输出参数、连接端口和外形尺寸标准化、规范化。

控制放大器的构成与电-机械转换器的形式密切相关。图8-16所示为控制放大器的典型构成，它一般包含以下几个部分：

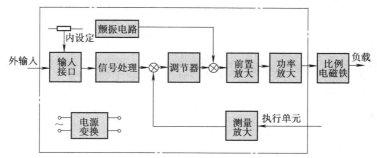

图 8-16 控制放大器的典型构成

1）用以产生各处电路所需直流电压的电源变换电路。

2）满足各种外部设备需要的输入接口，如模拟量输入接口、数字量输入接口等。

3）用于改善电液控制阀或系统动态品质的调节器，如 PI、PD、PID 调节器等。

4）为适应不同控制对象与工况要求的信号处理电路，如斜坡发生器、阶跃发生器、平衡电路、初始电流设定电路等。

5）为减小摩擦力等因素导致的滞环而设置的颤振信号发生器。

6）功率放大电路和测量放大电路等。

不同类型的控制放大器在结构上有一定差别，尤其是信号处理单元，需要根据系统进行专门设计。此外，根据使用要求，也常省略某些单元以简化结构，提高工作可靠性。

控制放大器应根据电-机械转换器的形式、规格来设计选用。例如，用于直流伺服电动机的控制放大器采用具有输出电压负反馈的功率放大级来提高伺服电动机转速控制时的响应性能；对于线圈电感较大的比例电磁铁、伺服型力马达（力矩马达），则采用电流负反馈形式的伺服放大器，以免由于线圈转折频率低而限制电-机械转换器的频宽。

二、电-机械转换器

电-机械转换器是电液控制阀的直接控制输入器件，它将控制放大器输入的电信号转换为力或力矩输出，进而操纵液压阀的阀芯移动或转动。它的性能对液压阀乃至整个液压系统的特性有十分重要的影响，无论是稳态控制精度、动态性能或抗干扰能力和工作可靠性，都在很大程度上取决于电-机械转换器的性能。

对电-机械转换器的一般要求为：

1）具有足够的输出力和位移，结构简单，制造方便。

2）稳态特性好，线性度好，死区小，灵敏度高，滞回小。

3）动态性能好，响应速度快。

4）在某些情况下，要求能在特殊的环境中使用，如耐高温、高压、低温，抗腐蚀，防爆，抗振动冲击等。

电-机械转换器的种类很多。例如，按照作用原理和磁系统的特征来区分，有电磁式、感应式、电动力式、电磁铁式、永磁式、极化式、动圈式、动铁式、直流式、交流式等。为简明起见，以下直接针对电液控制器件中较为常用的几种结构形式，如阀用开关型电磁铁、比例电磁铁（动铁式力马达）、动铁式力矩马达、动圈式力马达、伺服电动机、步进电动机，分别予以概要叙述。

1. 阀用开关型电磁铁

阀用开关型电磁铁习惯上简称为阀用电磁铁。它多数情况下与方向阀配用，组成电磁换向阀或电液换向阀。阀用电磁铁实质上是一种特定结构的牵引电磁铁，它根据线圈电流的"通""断"而使衔铁吸合或释放，因此只有"开"与"关"两个工作状态。

阀用电磁铁的品种很多，可归纳为交流型、直流型和交流本整型，每一种又有干式和湿式之分。

不论是交流电或直流电，都能使电磁铁产生吸力，但是交流电产生的是交变磁场，因此，交流电磁铁与直流电磁铁在结构、材料、性能上具有各自的特点，见表8-1。

表 8-1　交流电磁铁与直流电磁铁的特点比较

特点　形式	结 构 特 点	快速性及冲击、噪声	启动电流及功耗	允许的切换频率	可　靠　性	寿　命
阀用交流电磁铁	外壳有时具有散热肋，内部衔铁与挡铁相对面一般为平面。磁性材料常用硅钢片叠合结构	吸合、释放快，动作时间为0.01~0.03s，工作时的冲击和噪声较大	起动电流达正常吸持电流的3~5倍，有无功损耗	不能太高，通常为每分钟数十次，以免线圈过热	当由于阀芯卡阻等原因而不能正常吸合时，会因电流过大而使线圈烧毁	数百次至一千万次
阀用直流电磁铁	外壳常为无散热肋的圆筒形，衔铁与挡铁相对面一般为圆锥形或盆口形。磁性材料常用工业纯铁，整体结构	吸合、释放较平缓，动作时间为0.05~0.08s，工作较平缓	起动电流与吸持电流接近。功耗较小，但需直流供电	一般允许120次/min，甚至可达300次/min	安全可靠性较好，不会因不能正常吸合而烧毁，并且可在安全低压下工作	可达一千万次以上

图 8-17 所示为干式直流电磁铁的基本结构，图 8-18 所示为湿式交流电磁铁的基本结构。它们都是装甲螺管型，主要由线圈、导磁套、挡铁（或称轭铁）、衔铁及推杆等组成。线圈通电后在上述零件中产生闭合磁回路，衔铁与挡铁间或与盆口间的工作气隙中产生磁力作用而吸合衔铁，使推杆移动。断电时电磁吸力消失，衔铁靠阀芯的弹簧力（图中未画出）复位。

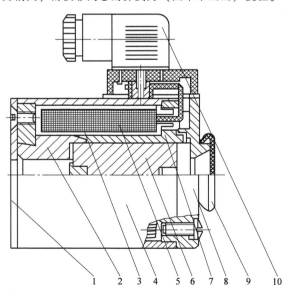

图 8-17　干式直流电磁铁

1—连接板　2—挡铁　3—线圈护箔　4—外壳　5—线圈
6—衔铁　7—导磁套　8—后盖　9—防尘套　10—插头组件

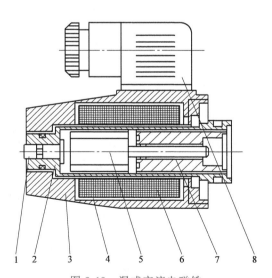

图 8-18　湿式交流电磁铁

1—手动推杆　2—导磁套　3—外壳　4—线圈框
5—衔铁　6—线圈　7—挡铁　8—插头座

图 8-19a 和图 8-19b 所示分别为直流和交流阀用电磁铁的吸力特性曲线。由图可见，交流电磁铁的起动电流值相当高，而动作时间则较直流电磁铁短得多。

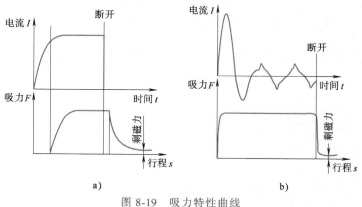

图 8-19 吸力特性曲线

a) 直流电磁铁　b) 交流电磁铁

所谓"干式"或"湿式"，是指衔铁工作腔中是否有油液。干式电磁铁与方向阀连接时，在推杆的外周有密封圈（图 8-20），因此可以避免油液进入电磁铁。这种电磁铁的各部分均不受液压力的作用，油液中的污物不会进入电磁铁，并且线圈的绝缘性能也不受油液的影响。但是由于推杆上受密封圈摩擦力的作用而会影响电磁铁的换向可靠性。湿式电磁铁（图 8-18）避免了这一缺点，由于它的导磁套是一个密封筒状结构，与方向阀连接时仅套内的衔铁工作腔与滑阀部分直接连通，推杆上没有任何密封。因此套内是"湿式"的，并可承受一定的液压力。线圈部分仍处于干的状态。

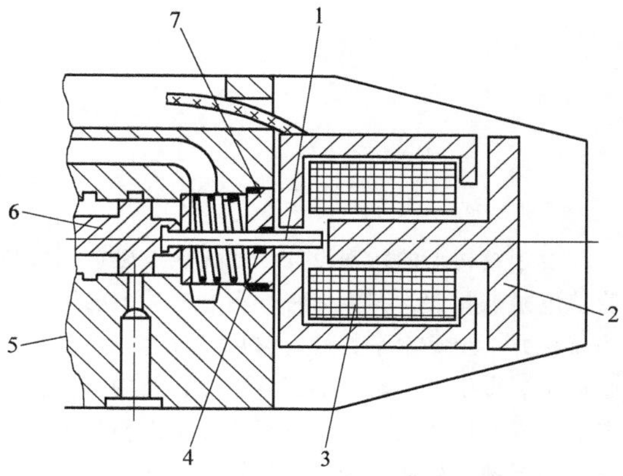

湿式电磁铁由于取消了推杆上的密封而提高了可靠性，衔铁工作时处于润滑状态，并受到油液的阻尼作用而使冲击减弱，因此已逐步取代传统的干式电磁铁。

图 8-20 干式交流电磁铁与阀的连接

1—推杆　2—叠层铁心　3—线圈　4—动密封
5—阀体　6—滑阀　7—静密封

阀用开关型电磁铁除了交流型、直流型外，还有交流本整型，即本机整流型。这种电磁铁本身带有半波整流器件，可以在直接使用交流电源的同时，具有直流电磁铁的结构和特性。

2. 比例电磁铁

比例电磁铁作为电液比例控制元件的电-机械转换器件，其功能是将比例控制放大器输出的电流信号转换成力或位移信号输出。比例电磁铁推力大，结构简单，对油质要求不高，维护方便，成本低廉，其衔铁腔可做成耐高压结构，是电液比例阀应用最广泛的电-机械转换器。它有单向和双向两种，常用的为单向型。比例电磁铁的特性及工作可靠性对电液比例控制系统和元件有十分重要的影响，是电液比例控制技术的关键部件之一。

电液比例控制技术对比例电磁铁的性能主要有以下要求：

1）水平的位移-力特性，即在比例电磁铁有效工作行程内，当线圈电流一定时，其输出力保持恒定，与位移无关。

2）稳态电流-力特性具有良好的线性度，较小的死区和滞环。

3）阶跃响应快，频响高。

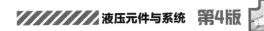

（1）单向比例电磁铁 图8-21a所示为典型的耐高压直流比例电磁铁结构。它主要由衔铁4、导套7、极靴9、壳体2、线圈3、推杆1等组成。导套的前后两段由导磁材料制成，中间为一段非导磁材料（隔磁环）。导套具有足够的耐压强度，可承受35MPa的静压力。导套前段和极靴组合，形成带锥形端部的盆形极靴；隔磁环前端斜面角度及隔磁环的相对位置决定了比例电磁铁稳态特性曲线的形状。导套与壳体之间配置同心螺线管式控制线圈。衔铁前端装有推杆，用以输出力或位移；后端装有弹簧和调节螺钉组成的调零机构，可在一定范围内对比例电磁铁乃至整个比例阀的稳态特性曲线进行调整。

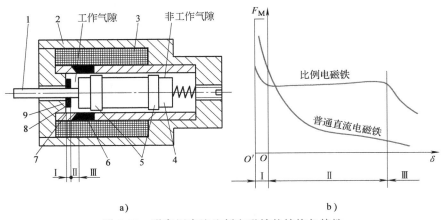

图8-21 耐高压直流比例电磁铁的结构与特性

a）结构 b）特性

1—推杆 2—壳体 3—线圈 4—衔铁 5—轴承环 6—隔磁环 7—导套 8—限位片 9—极靴

由于结构上的特殊设计，使比例电磁铁形成特殊的磁路，从而可获得水平的位移-力特性曲线。与普通直流电磁铁相比，其吸力特性有着本质上的区别，如图8-21b所示。由图可见，在其整个行程区内，位移-力特性并不全是水平特性。它可以分为三个区段。在工作气隙接近于零的区段，输出力急剧上升，称为吸合区Ⅰ。由于这一段不能正常工作，结构上用加不导磁的限位片的方法将其排除，使衔铁不能移动到该区段。当工作气隙较大时，电磁铁输出力明显下降，称为空行程区Ⅲ。这一区段虽然也不能正常工作，但有时是需要的。例如，用于直接控制式比例方向阀的两个比例电磁铁中，当通电的比例电磁铁工作在工作行程区时，另一端不通电的比例电磁铁则处于空行程区。除吸合区Ⅰ和空行程区Ⅲ外，具有近似水平特性的区段称为工作行程区（有效行程区）Ⅱ。空行程区和工作行程区之和称为总行程区。

由于比例电磁铁在工作行程区具有与位移无关的水平位移-力特性，所以一定的控制电流对应于一定的输出力，即输出力与输入电流成比例。

以上述典型结构为基础的比例电磁铁，根据使用情况和调节参数的不同，可分为力控制型、行程控制型和位置调节型三种基本类型。

力控制型比例电磁铁直接输出力，它的工作行程较短，一般用在比例阀的先导控制级上。在工作区内具有水平的位移-力特性。

行程控制型比例电磁铁是由力控制型比例电磁铁与负载弹簧共同工作而形成的。电磁铁的输出力通过弹簧转换成输出位移，即行程控制型比例电磁铁实现了电流-力-位移的线性转换。其输出量是与电流成比例的位移，工作行程较大，多用在直接控制型比例阀上。行程控制型比例电磁铁与力控制型比例电磁铁的控制特性曲线是一致的，都具有水平的位移-力特性和线性的电流-力特性。

位置调节型比例电磁铁带有位移传感器以检测衔铁的位置，构成位置电反馈闭环。电磁铁中衔铁的位置或由其推动的阀芯位置，可通过闭环调节回路进行调节。只要电磁铁运行在允许的工作区域内，其衔铁就保持与输入电信号相对应的位置不变，而与所受的反力无关，即它的负载刚度很大。位置调节型比例电磁铁多用于控制精度要求较高的直接控制式比例阀上。在结构上，除了衔铁的一端与位移传感器的动杆固接外，其余部分与力控制型和行程控制型比例电磁铁是相同的。图8-22所示为位置调节型比例电磁铁的结构。

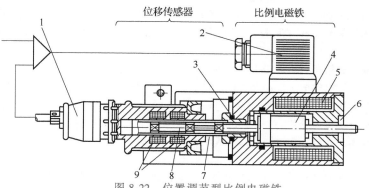

图 8-22　位置调节型比例电磁铁

1—传感器插头　2—电磁铁插头　3—密封圈　4—衔铁　5—线圈　6—密封圈槽　7—隔套　8—铁心　9—差动线圈

（2）双向极化式比例电磁铁　双向极化式比例电磁铁采用了左右对称的平头—盆形动铁结构，如图8-23所示。它的左、右线圈2中各有一个励磁线圈和一个控制线圈。当励磁线圈通以固定的励磁电流后，在左右两侧产生极化磁场。磁路由壳体1、导向套3、衔铁6和导向套锥端以及轭铁5的端部再回到壳体。与单向比例电磁铁类似，通过电磁铁的磁通分为两部分：衔铁与导向锥角之间的磁通 Φ_2 产生斜面力，衔铁和轭铁之间的磁通 Φ_1 产生表面力。仅有励磁电流时，由于电磁铁左右两端的结构及线圈绕组的参数都对称相同，所以左右两端的电磁吸力大小相等、方向相反，衔铁处于平衡状态，输出力为零。当控制线圈中通入差动控制电流后，左右两端的总磁通分别发生变化，衔铁两端受力不相等而产生与控制电流相对应的输出力。

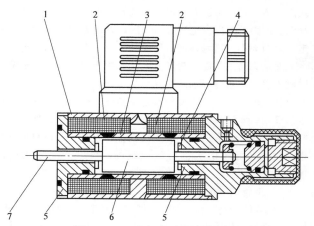

图 8-23　双向极化式比例电磁铁

1—壳体　2—左、右线圈　3—导向套
4—隔磁环　5—轭铁　6—衔铁　7—推杆

该比例电磁铁把极化式原理与合理的平头—盆形动铁式结构相结合，使它不仅具有良好的位移-力水平特性，而且无零位死区，线性好，滞环小，动态响应较快（幅频宽100Hz以上）。不但可以用来控制比例阀，还可以作为动铁式力马达来控制工业用伺服阀。

3. 动铁式力矩马达

上述衔铁做直线运动且输出力的电磁铁又可称为动铁式力马达。而动铁式力矩马达将输入的电信号转换为力矩输出，它只产生微小的转角运动，常用作电液伺服阀的电-机械转换器。

图 8-24 所示是动铁式永磁力矩马达的结构原理图。它由上下两块导磁体3、左右两块永久磁铁2、带扭轴（弹簧管）的衔铁4以及套在衔铁上的两个控制线圈组成。衔铁悬挂在扭轴上，它可以绕着扭轴在 a、b、c、d 四个气隙中摆动。当线圈控制电流为零时，四个气隙中均为由永久磁铁所产生的固定磁场的磁通，因此作用在衔铁上的吸力相等，衔铁处于中位平衡状态。通入控制电流后，产生控制磁通。由于四个气隙构成了桥式磁路，控制磁通与固定磁通叠加后，在两个气隙中（如气隙a和d）磁通增大，在

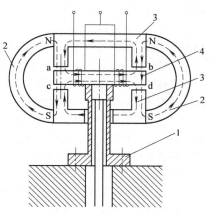

图 8-24　动铁式永磁力矩马达

1—弹簧管　2—永久磁铁
3—导磁体　4—衔铁

165

另外两个气隙中（如气隙 b 和 c）磁通减小，因此作用在衔铁上的吸力失去平衡，产生力矩而使衔铁偏转。当作用在衔铁上的电磁力矩与扭轴的弹性变形力矩及外负载产生的力矩平衡时，衔铁处于平衡的某一扭转位置上。

动铁式力矩马达是一种输出力矩或转角的电-机械转换器，它的输出力矩较小，适用于控制喷嘴挡板之类的先导级阀。动铁式力矩马达的主要优点是自振频率高，功率质量比大，抗加速度零漂性能好。但限于气隙的形式，它的工作行程很小（一般小于 0.2mm），制造精度要求高，价格贵。此外，其抗干扰能力不如动铁式比例电磁铁和动圈式力马达。

力矩马达也有不用永久磁铁，而由励磁线圈来产生磁场的结构形式。

4. 动圈式力马达

动圈式力马达也是一种直线移动式电-机械转换器，它的运动件不是衔铁，而是线圈。图 8-25 所示为动圈式力马达，其永久磁铁 1、内导磁体 2 和外导磁体 3 构成闭合磁路，在其环状工作气隙中安放了可移动的控制线圈 4。当线圈中通入控制电流时，按照载流导线在磁场中受力的原理而移动。此力的方向由电流方向及固定磁通方向按左手定则来确定，力的大小与磁场强度、导线长度及电流大小成比例。

图示力马达的固定磁场由永久磁铁产生。此外，还有采用励磁方式来产生磁场的动圈式力马达。

动圈式力马达的主要特点是控制电流较大，可达几百毫安至几安培，输出行程也较大 [±(2~4)mm]，并且静特性线性好、滞环小。但它的功率质量比较小，频响不高。目前多数用来控制中、低频的比例阀或伺服阀，可以产生较大的流量输出。

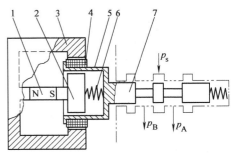

图 8-25　动圈式力马达

1—永久磁铁　2—内导磁体　3—外导磁体
4—可动控制线圈　5—线圈骨架
6—对中弹簧　7—滑阀阀芯

5. 伺服电动机

对于可以连续旋转的电-机械转换器来说，伺服电动机的应用最普遍。伺服电动机的形式很多，在电液控制器件中，伺服电动机仅作为液压阀的控制电动机使用，属于功率很小的微特电动机，以永磁式直流伺服电动机和并励式直流伺服电动机最为常用。

直流伺服电动机具有起动转矩大，调速范围广，机械特性和调节特性的线性度好，控制方便等优点，但换向电刷的磨损和易产生火花会影响其使用寿命。

图 8-26 所示为不同控制电压时直流伺服电动机的典型转矩-转速机械特性，理论上它们是一系列斜率相同的等间距直线。

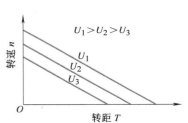

图 8-26　不同控制电压时直流伺服电动机的机械特性

为了提高直流伺服电动机的动态响应，在普通直流伺服电动机的基础上发展出了多种低惯量直流伺服电动机，如空心杯转子型、印制绕组型、无槽型。直流伺服电动机的输出转速-输入电压的传递函数可视为一阶滞后环节，其机电时间常数一般在十几毫秒到几十毫秒之间。低惯量型直流伺服电动机的机电时间常数仅为几毫秒到一二十毫秒。

直流伺服电动机的额定转速比较高，小功率规格的转速在 3000r/min 以上，甚至大于 10000r/min。因此，作为液压元件的控制器件时需要配用高速比的减速器。齿轮式减速器的齿隙会对电液控制器件的性能产生不利影响，对此应予以注意。

直流力矩电动机作为一种低速直流伺服电动机，可以在每分钟数十转的低速下，甚至在长期堵转的条件下工作，因此可以不需要减速而直接驱动被控件。但力矩电动机的盘状转子的惯量较大，因此其动态响应性能的提高受到了一定限制。

6. 步进电动机

步进电动机是一种数字式的回转运动电-机械转换器，它可以将脉冲电信号变换为相应的角位移。每输入一个脉冲信号，电动机就转过一个步距角。因此，步进电动机既可以按输入脉冲指令进行位置控制，也可以进行速度控制。由于它直接用数字量控制，不必经过数模转换就能与计算机连用，而且控制方便，调速范围较宽，位置精度较高（误差在一个步距角以内），工作时的步数或转速不易受电压波动和负载变化的影响，因此不但可用来作为数字式液压元件的控制器件，也能作为一般的转角转换器件。

每一脉冲信号对应的步进电动机转角称为步距角。要求步距角越小，则驱动电源和电动机的结构越复杂。比较常见的步距角为 0.75°、1.5° 和 3°。

步进电动机需要专门的驱动电源。一般的驱动电源包括变频信号源、脉冲分配器和功率放大器。步进电动机的功率放大器形式较多，它们对步进电动机性能的影响各不相同，选用时应予以注意。

步进电动机在使用不当时会产生丢步现象：当起动频率超过规定的起动频率时，由于惯量的影响会使电动机的转速跟不上定子磁场的旋转速度而丢步或振荡；步进电动机的工作频率增高时会由于绕组中的平均电流减小、铁心中的涡流损失增大而使输出转矩下降，所以输入信号频率超过允许的运行频率后，有可能产生振荡、失步甚至停转。负载转矩和负载惯量的大小都对上述现象有影响，所以具体使用时应详细了解所选用的步进电动机的各项性能是否符合工作要求。

思考题和习题

8-1 滑阀的稳态液动力对阀的工作性能有何影响？哪些措施可减小稳态液动力？

8-2 一滑阀的结构如图 8-27 所示。已知阀口两端的压降 $\Delta p_1 = 3.5 \times 10^5 \mathrm{Pa}$，阀腔中由 a 到 b 的压降为 $\Delta p_2 = 0.5 \times 10^5 \mathrm{Pa}$，$d = 16\mathrm{mm}$，$D = 22\mathrm{mm}$，$x_v = 2.5\mathrm{mm}$，油液的密度 $\rho = 900\mathrm{kg/m}^3$，射流角 $\alpha = 69°$。求油液对阀芯的作用力。

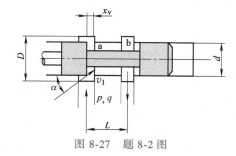

图 8-27　题 8-2 图

8-3 阀用交流电磁铁和直流电磁铁在结构、材料、性能上各有何特点？

8-4 液压控制阀产生噪声的原因主要有哪几个方面？

第九章

压力控制阀

压力控制阀（以下简称压力阀）是用来控制液压系统中液流压力的阀类。压力阀按功能和用途可分为溢流阀、减压阀、顺序阀、平衡阀等。它们的共同特点是根据阀芯受力平衡的原理，利用受控液流的压力对阀芯的作用力与其他作用力的平衡条件，来调节阀的开口量以改变液阻的大小，从而达到控制液流压力的目的。

第一节　溢　流　阀

溢流阀在不同的场合有不同的用途。如在定量泵节流调速系统中，溢流阀用来保持液压系统的压力（即液压泵出口压力）恒定，并将液压泵多余的流量溢流回油箱，这时溢流阀作定压阀用。在容积节流调速系统中，溢流阀在液压系统正常工作时处于关闭状态，只有在系统压力大于或等于溢流阀调定压力时才开起溢流，对系统起过载保护作用，这时溢流阀作安全阀用。在需要卸荷回路的液压系统中，溢流阀还可以作卸荷阀用，这时只需通过电磁换向阀将先导式溢流阀的遥控口与油箱接通，液压泵即可卸荷，从而降低液压系统的功率损耗和发热量。若将先导式溢流阀的遥控口接远程调压阀，则可实现远程控制并能多级调压。溢流阀也可串联于执行元件出口的回油路上，使执行元件的出口侧形成一定的背压（一般小于0.6MPa），以改善执行元件运动的平稳性。

一、溢流阀的结构和工作原理

常用的溢流阀按其结构形式可分为直动式和先导式两类。下面将分别介绍其工作原理。

1. 直动式溢流阀

直动式溢流阀是依靠系统中的油液直接作用在阀芯上的液压力与弹簧力等相平衡，以控制阀芯的起闭动作。直动式溢流阀的结构主要有滑阀、锥阀、球阀和喷嘴挡板等形式，其基本工作原理相同。图 9-1 所示为滑阀型直动式溢流阀的结构。该阀由滑阀阀芯 7、阀体 6、调压弹簧 3、上盖 5、调节杆 1、调节螺母 2等零件组成。在图示位置，阀芯在调压弹簧力 F_t 的作用下处于最下端位置，阀芯台肩的封油长度 S 将进、出油口隔断，压力油从进口 P 进入阀后，经孔 f 和阻尼孔 g 后作用在阀芯 7 的底面 C 上，阀芯 7 的底面 C 上受到油压的作用形成一个向上的液压力 F。当进口压力 p 较低，液压力 F 小于弹簧力 F_t 时，阀芯在调压弹簧的预压力作用下处于最下端，由底端螺塞 8 限位，阀处于关闭状态。当液压力 F 等于或大于调压弹簧力 F_t 时，阀芯向上运动，上移行程 S 后阀口开起，进口压力油经阀口溢流回油箱，此时阀芯处于受力平衡状态。

图 9-1 中 L 为泄漏油口。图中回油口 T 与泄漏油流经的弹簧腔相通，L 口堵塞，这种连接方式称为内泄式。内泄时，回油口 T 的背压将作用在阀芯上端面，这时与弹簧相平衡的将是进出口压差。若将上盖 5 旋

转 180°，卸掉 L 口螺塞，直接将泄漏油引回油箱，这种连接方式称为外泄式。

阀口刚开起时的进口压力称为开起压力 p_k，若忽略阀芯自重和阀芯与阀体之间的摩擦力，则有

$$p_k A = k(x_0 + S)$$

即

$$p_k = \frac{k(x_0 + S)}{A} \qquad (9\text{-}1)$$

式中 A——滑阀端面面积，$A = \pi d^2 / 4$；

　　　d——滑阀直径；

　　　k——弹簧刚度；

　　　x_0——弹簧预压缩量；

　　　S——滑阀与阀体之间的封油长度。

由式（9-1）可知，调节弹簧的预压缩量 x_0，可以改变阀的开起压力 p_k。由于作用在滑阀上端的弹簧力直接与滑阀底部的液压力相平衡，同时滑阀直径由溢流阀的额定流量确定，因此，溢流阀的开起压力取决于调压弹簧的刚度。若阀的工作压力较高，必然要加粗弹簧，以增大弹簧刚度，这样在相同的滑阀位移下，弹簧力的变化较大。这意味着，只有在溢流阀进口压力变化量较大时，阀芯才能移动，即阀控制的压力灵敏度较低。因而，这种滑阀型直动式溢流阀主要用于低压小流量场合。

直动式溢流阀采取适当的措施后也可用于高压大流量场合。例如，德国 Rexroth 公司开发的直径为 6~20mm，压力为 40~63MPa；直径为 25~30mm，压力为 31.5MPa 的 DBD 型直动式溢流阀，其最大流量可达 330L/min。其中较为典型的锥阀式结构如图 9-2a 所示，

图 9-2b 所示为锥阀式结构的局部放大图。图中在锥阀的右端有一阻尼活塞 3，阻尼活塞的侧面铣扁，以便将压力油引到阻尼活塞底部。该阻尼活塞除了能增加运动阻尼以提高阀的工作稳定性外，还可以为锥阀导向而在开起后不会倾斜。此外，锥阀左端有一个偏流盘 1，盘上的环形槽用来改变液流方向，一方面可以补偿锥阀 2 的液动力，另一方面由于液流方向的改变，产生一个与弹簧力方向相反的射流力，当通过溢流阀的流量增加时，虽然因锥阀阀口增大引起弹簧力增大，但由于与弹簧力方向相反的射流力同时增大，结果抵消了弹簧力的增量，有利于提高阀的通流流量和工作压力。

2. 先导式溢流阀

先导式溢流阀由先导阀和主阀两部分组成。先导式溢流阀有多种结构，较常见的结构形式有三节同心式和二节同心式。

图 9-3 和图 9-4 所示分别为 YF 型三

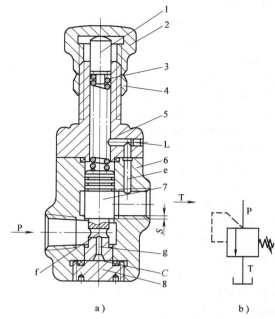

图 9-1　滑阀型直动式溢流阀
a）结构　b）图形符号
1—调节杆　2—调节螺母　3—调压弹簧　4—锁紧螺母
5—上盖　6—阀体　7—阀芯　8—螺塞

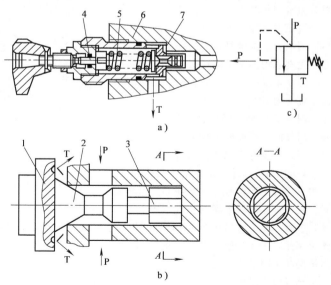

图 9-2　DBD 型直动式溢流阀（插装式）
a）结构图　b）局部放大图　c）图形符号
1—偏流盘　2—锥阀　3—阻尼活塞　4—调节杆
5—调压弹簧　6—阀套　7—阀座

169

节同心式和 DB 型二节同心式溢流阀的结构图。其先导阀为锥阀结构，实际上是一个小流量的直动式溢流阀，主阀也为锥阀。

在图 9-3 所示的 YF 型先导式溢流阀中，主阀芯 6 有三处分别与阀盖 3、阀体 4 和主阀座 7 有同心配合要求，因此称为三节同心式。图中当溢流阀的主阀进口通压力油（油压为 p）时，压力油除直接作用在主阀芯的下腔作用面积 A 外，还经过主阀芯上的阻尼孔 5 至主阀芯上腔和先导阀芯的前端，并对先导阀芯施加一个液压力 F_x。当液压力 F_x 小于先导阀芯另一端的弹簧力 F_{t2} 时，先导阀关闭，主阀上腔为密闭静止容腔，阻尼孔 5 中无液流流过，主阀芯上下两腔压力相等。因上腔作用面积 A_1 稍大于下腔作用面积 A（$A_1/A = 1.03 \sim 1.05$），因此作用于主阀芯上下腔的液压力差与弹簧力共同作用将主阀芯紧压在主阀座 7 上，主阀阀口关闭。随着溢流阀的进口压力 p 增大，作用在先导阀芯上的液压力 F_x 也随之增大，当 $F_x \geq F_{t2}$ 时，先导阀阀口开起，压力油经主阀芯上的阻尼孔 5、阀盖上的

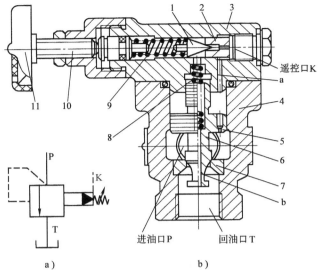

图 9-3　YF 型先导式溢流阀（管式）
a）图形符号　b）结构图
1—先导锥阀　2—先导阀座　3—阀盖　4—阀体
5—阻尼孔　6—主阀芯　7—主阀座　8—主阀弹簧
9—调压弹簧　10—调节螺钉　11—调节手轮

流道 a、先导阀阀口、主阀芯中心泄油孔 b 流回油箱。由于液流通过阻尼孔 5 时将在两端产生压力差，使主阀上腔压力 p_1（先导阀前腔压力）低于主阀下腔压力 p（主阀进口压力）。当压差 $p-p_1$ 足够大时，因压差形成向上的液压力克服主阀弹簧力推动阀芯上移，主阀阀口开起，溢流阀进口压力油经主阀阀口溢流至回油口 T，然后流回油箱。主阀阀口开度一定时，先导阀芯和主阀芯均处于平衡状态。

在图 9-4 所示的 DB 型先导式溢流阀中，为使主阀关闭时有良好的密封性，要求主阀芯 1 的圆柱导向面、圆锥面与阀套 11 配合良好，两处的同心度要求较高，故称二节同心。主阀芯上没有阻尼孔，而将三个阻尼孔 2、3、4 分别设在阀体 10 和先导阀体 6 上。其工作原理及图形符号与三节同心式溢流阀相同，只不过油液从主阀下腔到主阀上腔需

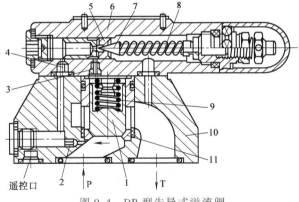

图 9-4　DB 型先导式溢流阀
1—主阀芯　2、3、4—阻尼孔　5—先导阀座　6—先导阀体
7—先导阀芯　8—调压弹簧　9—主阀弹簧　10—阀体　11—阀套

经过三个阻尼孔。阻尼孔 2 和 4 串联，相当于三节同心式溢流阀主阀芯中的阻尼孔，其作用是在主阀下腔与先导阀前腔之间产生压力差，再通过阻尼孔 3 作用于主阀上腔，从而控制主阀芯开起；阻尼孔 3 的主要作用是提高主阀芯的稳定性。

与三节同心式结构相比，二节同心式结构具有以下特点：

1）主阀芯的圆柱导向面和圆锥面与阀套的内圆柱面和阀座有同心度要求，与先导阀无配合要求，故结构简单，加工和装配方便。

2）过流面积大，在流量相同的情况下，主阀开度小；或者在主阀开度相同的情况下，其通流能力大。

3）主阀芯与阀套可通用化，便于批量生产。

　　上述传统的先导式溢流阀中，先导阀输入弹簧力与主阀上腔压力相平衡，由于先导阀的流量及作用在先导阀芯上的液动力和弹簧力变化均较小，因而先导阀直接控制的压力可视为恒定。但先导阀对主阀受控压力的控制则是开环的。流经主阀的液流流量变化所引起的主阀芯液动力的变化将影响主阀芯的受力平衡状态，从而使输出压力随流量增大而升高，产生调压偏差。虽然主阀流量变化引起的主阀芯位移和主阀弹簧力变化以及先导阀液动力和弹簧力变化等均会引起调压偏差，但这些因素与主阀液动力变化的影响相比均不是主要的。对先导式溢流阀在控制原理上进行改进，采用受控压力与先导阀输入力直接比较反馈的闭环控制，可抑制主阀液动力等扰动的影响，使输出的受控压力基本不受主阀流量变化的影响。该原理已在先导式比例溢流阀上实现（详见图13-12）。

3. 电磁溢流阀

　　电磁溢流阀是小规格的电磁换向阀与溢流阀构成的复合阀。此类阀除了具有溢流阀的全部功能外，还可以通过电磁阀的通、断控制，实现液压系统的卸荷或多级压力控制；还可以在溢流阀与电磁阀之间加装缓冲阀以适应不同的卸荷要求。电磁溢流阀中的先导式溢流阀可采用上述二节同心或三节同心式结构；电磁溢流阀中的电磁阀有二位二通、二位四通和三位四通等形式，以实现不同的功能要求。

　　图9-5所示为二位二通电磁换向阀与二节同心先导式溢流阀构成的电磁溢流阀。电磁阀安装在先导式溢流阀的阀盖6上。P、T、K分别为溢流阀的进油口、回油口和遥控口，电磁阀的两个通口P_1、T_1分别接溢流阀的主阀弹簧腔和先导阀弹簧腔。图中电磁阀为常闭阀，当电磁铁未通电时，P_1与T_1不通，系统在溢流阀的调定压力下工作；当电磁阀通电换向时，P_1与T_1相通，进入主阀弹簧腔及先导阀前腔的油液便通过P_1、T_1和先导阀弹簧腔以及主阀体上的流道d，经主阀回油口T排回油箱，使溢流阀在很低的进口压力下就能获得推动主阀芯所需的压差，从而使系统卸荷。这种常闭型电磁溢流阀适用于卸荷时间短，而系统带压工作时间长的场合；反之，则应选用常通型电磁阀。

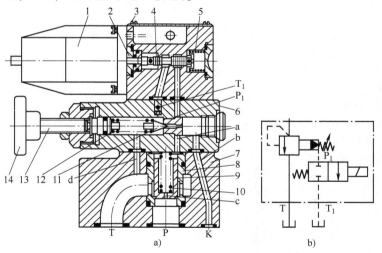

图9-5　二位二通电磁换向阀与二节同心先导式溢流阀构成的电磁溢流阀

a）结构图　b）图形符号

1—电磁铁　2—推杆　3—电磁阀体　4—电磁阀阀芯　5—电磁阀弹簧　6—阀盖　7—阀体　8—阀套
9—主阀芯　10—复位弹簧　11—先导阀芯　12—调压弹簧　13—调节螺钉　14—调压手轮

　　在高压大流量系统中，使用电磁溢流阀使系统卸荷时，为防止短时间内迅速泄压而产生的剧烈冲击和振动，可在电磁阀与先导阀之间设置一缓冲阀，其局部结构原理和图形符号如图9-6所示。

　　当电磁阀P口与T口不通时，溢流阀的先导阀前腔压力经缓冲阀芯1上的沟槽a作用在缓冲阀芯的左端面，压缩弹簧2使阀芯右移，并将阀口x关小，直至阀芯被弹簧座3和调节螺钉4限位，此时系统在溢流阀的调定压力下工作；当电磁阀P口与T口接通时，缓冲阀芯左端面的压力被卸掉，阀芯在弹簧力作用下左移时受槽a的节流作用而形成一缓冲过程，这样可减小因突然泄压而形成的冲击和振动。调整调节螺钉4可改变缓冲阀芯行程和弹簧预压缩力，从而改变卸荷时间。当调节螺钉4完全拧紧时，缓冲阀全开，

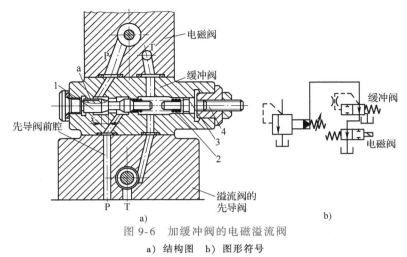

图 9-6　加缓冲阀的电磁溢流阀

a）结构图　b）图形符号

1—缓冲阀芯　2—弹簧　3—弹簧座　4—调节螺钉

节流口开度和弹簧力最大，卸荷时间短，基本不起缓冲作用；反之，完全松开调节螺钉 4，节流口开度和弹簧力最小，卸荷时间长，卸荷过程较平稳。

4. 卸荷溢流阀

卸荷溢流阀是在二节同心或三节同心先导式溢流阀的基础上加先导阀控制活塞和单向阀而构成的复合阀，又称单向溢流阀。由于它主要用于带蓄能器的系统中泵的自动卸荷和加载，以及高低压双泵系统中低压大流量泵的卸荷，所以有时又简称为卸荷阀。

图 9-7 所示为国产联合设计系列中的 HY 型卸荷溢流阀，它由二节同心溢流阀与锥阀式单向阀组成。锥阀式单向阀设在先导式溢流阀的下端，单向阀体下端面上有溢流阀的进油口 P（接液压泵）、回油口 T（接油箱）以及单向阀出油口 A（或控制口），出油口 A 接液压系统回路（如系统设有蓄能器，则蓄能器与 A 口连接的油路并联）。单向阀阀口右端的容腔通过主阀体上的流道与控制活塞 6 右端相通，控制活塞 6 左端与先导阀前腔和主阀弹簧腔相通。控制活塞左右两端的液压力与调压弹簧力的大小决定了控制活塞的位置以及先导阀的起闭。当系统压力达到溢流阀的调定压力时，控制活塞左移将先导阀打开，并使主阀芯 12 开起，液压泵卸荷，同时单向阀关闭，防止系统中的油液倒流；当系统压力降至一定值时，先导阀关闭，致使主阀关闭，液压泵向系统加载，从而实现自动控制液压泵的卸荷或加载的目的。

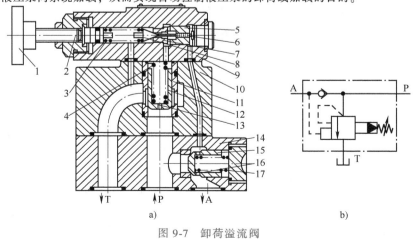

图 9-7　卸荷溢流阀

a）结构图　b）图形符号

1—调压手轮　2—调节螺钉　3—调压弹簧　4—主阀弹簧　5—活塞套　6—控制活塞　7—先导阀座　8—先导阀芯　9—阀盖
10—主阀体　11—主阀套　12—主阀芯　13—阻尼孔　14—单向阀体　15—单向阀芯　16—单向阀座　17—单向阀弹簧

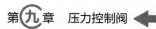

5. 超高压溢流阀

目前，溢流阀的最高压力一般不超过 40MPa。对于要求超高压控制的应用场合，超高压溢流阀可通过以下措施实现：

1）对于小流量的安全阀，可采用直动式锥阀或球阀结构，阀座通流孔径可取 1.5~3mm，阀芯上带有导向面以增加运动阻尼，提高稳定性。

2）若流量较大，可采用差动锥阀式结构，如图 9-8 所示。其直径差 $D_1 - D_2$ 可在 0.1~0.5mm 之间选取，以减小超高压作用下阀芯所受的液压力。

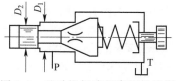

图 9-8 差动锥阀式超高压溢流阀

3）也可采用溢流阀串联或定差减压阀与溢流阀串联的方式，以实现超高压控制。

二、溢流阀的性能指标

1. 静态性能指标

（1）压力-流量特性（p-q 特性） 压力流量特性又称溢流特性，表示溢流阀在某一调定压力下工作时，溢流量的变化与阀的实际进口压力之间的关系。

图 9-9a 所示为直动式和先导式溢流阀的压力-流量特性曲线。p_n 称为溢流阀的额定压力，是指溢流量为额定值 q_n 时所对应的压力。p_k 称为开起压力，是指溢流阀刚开起时（溢流量为 $0.01q_n$ 时），阀的进口压力。额定压力与开起压力之差称为调压偏差（$p_n - p_k$），也即溢流量变化时溢流阀入口压力的变化范围。调压偏差越小，溢流阀的调压精度就越高。由图 9-9a 可知，先导式溢流阀的压力-流量特性曲线比直动式溢流阀的平缓，调压偏差也小，故先导式溢流阀的稳压性能比直动式溢流阀好。

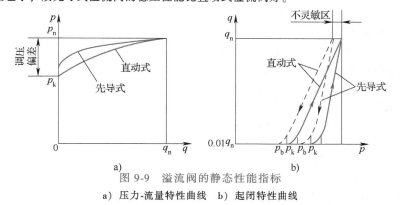

图 9-9 溢流阀的静态性能指标

a）压力-流量特性曲线 b）起闭特性曲线

（2）起闭特性 起闭特性是指溢流阀从开起到通过额定流量，再由额定流量到闭合的整个过程中，通过溢流阀的流量与其控制压力之间的关系。它是衡量溢流阀性能好坏的一个重要指标。一般用溢流阀处于额定流量 q_n、额定压力 p_n 情况下，开始溢流时的开起压力 p_k 以及停止溢流时的闭合压力 p_b 与额定压力 p_n 的百分比来衡量。前者称为开起压力比 $\overline{p_k}$，后者称为闭合压力比 $\overline{p_b}$。即

$$\overline{p_k} = \frac{p_k}{p_n} \times 100\% \tag{9-2}$$

$$\overline{p_b} = \frac{p_b}{p_n} \times 100\% \tag{9-3}$$

开起压力比和闭合压力比越大且二者越接近，则溢流阀的起闭性能越好。一般应使 $\overline{p_k} \geqslant 90\%$，$\overline{p_b} \geqslant 85\%$。图 9-9b 所示为溢流阀的起闭特性曲线，图中实线为开起特性曲线，虚线为闭合特性曲线。在某溢流量下，两曲线压力坐标的差值称为不灵敏区。

对于同一个溢流阀，其开起特性总是优于闭合特性。这主要是由于溢流阀的阀芯在移动过程中要受到摩擦力的作用，阀口在开起和闭合两种运动过程中，摩擦力的作用方向相反所致。此外，先导式溢流阀的

起闭特性优于直动式溢流阀，这主要是由于直动式溢流阀内的弹簧力直接与溢流阀的进口压力所产生的液压力相平衡，弹簧刚度大，当溢流量波动而引起阀芯开口量变化时，弹簧力的变化量较大，从而使调定压力也产生较大的变化。而先导式溢流阀中，主阀弹簧力主要用于克服阀芯的摩擦力，弹簧刚度小，当溢流量变化引起主阀弹簧压缩量变化时，弹簧力变化较小，因此阀进口压力变化也较小。

（3）压力调节范围　压力调节范围是指调压弹簧在规定的范围内调节时，系统压力能平稳地上升或下降，且压力无突跳及迟滞现象时的最高和最低调定压力之间的值。

（4）压力稳定性　溢流阀工作压力的稳定性由两个指标来衡量：一是在额定流量 q_n 和额定压力 p_n 下，进口压力在一定时间（一般为3min）内的偏移值；二是在整个调压范围内，通过额定流量 q_n 时进口压力的振摆值。如果溢流阀的稳定性不好，就会产生剧烈的振动和噪声。

（5）卸荷压力　当溢流阀作为卸荷阀使用时，额定流量下溢流阀进、出油口的压力差称为卸荷压力。它反映了卸荷状态下系统的功率损失以及因功率损失而转换成的油液发热量。显然，卸荷压力越小越好。卸荷压力的大小与阀的结构形式、阀内部的流道以及阀口尺寸大小有关。

（6）最小稳定流量和许用流量范围　当溢流阀通过的流量很小时，阀芯容易产生振动和噪声，同时进口压力也不稳定。溢流阀控制压力稳定，工作时无振动、噪声时的最小溢流量即为最小稳定流量。最小稳定流量与额定流量之间的范围便称为许用流量范围。显然，最小稳定流量越小，许用流量范围越大，溢流阀的性能越好。溢流阀的最小稳定流量一般规定为额定流量的15%。

（7）内泄漏量　内泄漏量是指溢流阀处于关闭状态，当进口压力调至调压范围的最高值时，从溢流口处测得的泄漏流量。内泄漏量反映了溢流阀阀口及配合面的密封和配合状况，内泄漏量过大将会使溢流阀的压力控制性能降低。

2. 动态性能指标

当溢流阀的溢流量是由零阶跃变化至额定流量时，其进口压力按图9-10所示迅速升高并超过其调定压力值，然后逐步衰减到最终的稳定压力，这一过程就是溢流阀的动态响应过程。溢流阀的动态响应过程通常可采用两种方法实现：一种是将与溢流阀并联的电液（或电磁）换向阀突然接通或断开；另一种是将连接溢流阀遥控口的电磁换向阀突然通电或断电。其动态性能指标主要有：

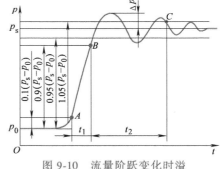

图 9-10　流量阶跃变化时溢流阀的进口压力响应特性

（1）压力超调量　最高瞬时压力峰值与调定压力值 p_s 的差值称为压力超调量 Δp，并将 $(\Delta p/p_s)\times100\%$ 称为压力超调率。压力超调量是衡量溢流阀动态定压误差及稳定性的重要指标，一般要求压力超调率小于30%。

（2）响应时间　响应时间是指从起始稳态压力 p_0 与最终稳态压力 p_s 之差的10%上升到90%的时间 t_1，即图9-10中 A、B 两点间的时间间隔。t_1 越小，溢流阀的响应速度越快。

（3）过渡过程时间　过渡过程时间是指从 $0.9(p_s-p_0)$ 的 B 点到瞬时过渡过程的最终时刻 C 点之间的时间 t_2。C 点是输出量进入并保持在最终稳态压力的 $\pm5\%$ 范围内所对应的时刻。t_2 越小，溢流阀的动态过渡过程时间越短。

（4）升压时间　升压时间是指流量阶跃变化时，从 $0.1(p_s-p_0)$ 升至 $0.9(p_s-p_0)$ 的时间 Δt_1，即图9-11中 A、B 两点间的时间。它与上述响应时间一致。

（5）卸荷时间　卸荷时间是指卸荷信号发出后，从 $0.9(p_s-p_0)$ 降至 $0.1(p_s-p_0)$ 的时间 Δt_2，即图9-11中 E、D 两点间的时间。

升压时间 Δt_1 和卸荷时间 Δt_2 的值越小，溢流阀的动态性能越好。

在此应指出，试验所获得的响应特性实际上是阀

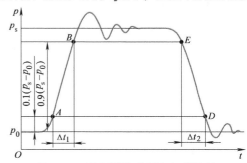

图 9-11　溢流阀的升压与卸荷特性

与试验系统的综合性能。阀的动态响应过渡过程与试验系统有密切关系，尤其是阀前容腔大小和油液、管道等的当量弹性模量等会对试验结果产生显著影响。因此，阀的动态性能试验应按照相关试验规范进行。

三、溢流阀的静态特性分析

1. 直动式溢流阀的静态特性分析

（1）数学模型 图 9-1 所示的直动式溢流阀的开起压力 p_k 由式（9-1）确定。实际上，由于滑阀开起后流经阀口液流的稳态液动力的影响，溢流阀的进口压力 p 还要升高，直到所有作用在阀芯上的力完全平衡为止。假定溢流阀出口压力为零，并忽略阀芯自重和阀芯所受的摩擦力，这时溢流阀的静态特性可用下列方程表示：

1）阀芯受力平衡方程为

$$pA = k(x_0 + S + x) + 2C_d \pi dx p \cos\alpha \tag{9-4}$$

式中　x——阀口开度；

　　C_d——阀口流量系数；

　　α——滑阀阀口射流角，$\alpha = 69°$。

其他符号的意义同式（9-1）。

2）阀口压力流量方程为

$$q = C_d \pi dx \sqrt{\frac{2}{\rho} p} \tag{9-5}$$

式中　ρ——油液的密度。

（2）性能分析 联立式（9-4）和式（9-5），可求得溢流阀进口压力（被控压力）p 和阀口开度 x 的表达式为

$$p = \frac{k(x_0 + S + x)}{A - 2C_d \pi dx \cos\alpha} \tag{9-6}$$

$$x = \frac{q}{C_d \pi d \sqrt{2p/\rho}} \tag{9-7}$$

若记额定流量 q_n 时阀的进口压力为 p_s，则式（9-6）和式（9-7）可表示为

$$p_s = \frac{k(x_0 + S + x_s)}{A - 2C_d \pi dx_s \cos\alpha} \tag{9-8}$$

$$x_s = \frac{q_n}{C_d \pi d \sqrt{2p_s/\rho}} \tag{9-9}$$

比较式（9-1）和式（9-8），显然 $p_s > p_k$。若定义 $\delta_p = p_s - p_k$ 为调压偏差，则调压偏差越小，压力阀的性能越好。从数学上看，造成 $p_s \neq p_k$ 的原因是 $x_s \neq 0$；而从物理特性上看，是因为有液流流经阀口时，调压弹簧因阀芯位移进一步压缩而增加了一个附加的弹簧力 kx_s，以及阀口液流对阀芯产生了一个稳态液动力 $F_s = 2C_d \pi dx_s \cos\alpha p_s$。所增加的弹簧力和液动力的大小都随流量增大而增大，其方向与弹簧预压缩力的方向相同，因此导致阀的控制压力增大，即不可避免地存在着调压偏差。

为减小直动式溢流阀的调压偏差，设计时应尽可能减小额定流量下阀的开口长度 x_s，应满足 $x_s \ll (x_0 + S)$、$A \gg 2C_d \pi dx_s \cos\alpha$。但这一条件在高压大流量情况下是难以满足的。因此，图 9-1 所示的直动式溢流阀的调压偏差较大，额定压力较低。

2. 先导式溢流阀的静态特性分析

若忽略阀芯自重和阀芯所受的摩擦力，则图 9-3 所示的先导式溢流阀的静态特性可用下列五个方程来描述：

1）作用在先导阀芯上的液压力、弹簧力和稳态液动力的受力平衡方程为

$$p_1 A_x = k_x(x_0 + x) + C_{d2} \pi dx \sin(2\beta) p_1 \tag{9-10}$$

式中　p_1——先导阀前腔（主阀上腔）压力，先导阀出口压力为零；

　　A_x——先导阀受力面积，$A_x = \pi d^2/4$；

　　d——先导阀座孔直径；

k_x——先导阀调压弹簧刚度；

x_0——先导阀调压弹簧预压缩量；

x——先导阀阀口开度；

C_{d2}——先导阀阀口流量系数；

β——先导阀芯半锥角，$\beta = 12°$ 或 $20°$。

2）先导阀阀口压力流量方程为

$$q_x = C_{d2}\pi dx\sin\beta\sqrt{\frac{2}{\rho}p_1} \tag{9-11}$$

式中　q_x——先导阀阀口流量。

3）作用在主阀芯上的液压力、弹簧力和稳态液动力的受力平衡方程为

$$pA = p_1A_1 + k_y(y_0+y) + C_{d1}\pi Dy\sin(2\alpha)p \tag{9-12}$$

式中　p——主阀进口压力（阀控压力），主阀出口压力为零；

A——主阀芯下腔受力面积；

A_1——主阀芯上腔受力面积；

k_y——主阀复位弹簧刚度；

y_0——主阀复位弹簧预压缩量；

y——主阀阀口开度；

C_{d1}——主阀阀口流量系数；

α——主阀芯半锥角，$\alpha = 46° \sim 47°$；

D——主阀座孔直径。

4）主阀阀口压力流量方程为

$$q = C_{d1}\pi Dy\sin\alpha\sqrt{\frac{2}{\rho}p} \tag{9-13}$$

式中　q——流经主阀阀口的流量。

5）流经固定阻尼孔的流量方程。根据液体流动的连续性，在不计主阀芯径向泄漏的情况下，流经阻尼小孔的流量等于流经先导阀的流量。假定流经小孔的液流的流动状态为层流，则阻尼小孔的压力流量方程为

$$q_1 = q_x = \frac{\pi d_0^4}{128\mu l}(p-p_1) \tag{9-14}$$

式中　d_0——固定阻尼孔直径；

l——固定阻尼孔长度；

μ——油液动力黏度。

从理论上讲，在阀的几何尺寸、油液的密度和黏度、阀口流量系数已知的情况下，联立上述五个方程可求得先导式溢流阀的压力-流量特性，即主阀进口压力 p 与流量 q 之间的函数关系（阀口开度 x、y 和先导阀流量 q_x 为中间变量）。因为方程为高次方程，可以将其在某一工作点附近线性化处理为一阶方程后求解；也可利用仿真工具，如 Matlab 等建立上述方程的模块图，然后求解出进口压力 p 与流量 q 的关系曲线。下面仅定性地分析造成先导式溢流阀调压偏差的原因，并探讨减小偏差的措施。

由式（9-10）可求解出先导阀的开起压力为

$$p_{1k} = \frac{k_x x_0}{A_x} = \frac{4k_x x_0}{\pi d^2} \tag{9-15}$$

随着先导阀阀口开起，流经先导阀的流量 q_x 增大，即流经阻尼孔的流量造成的压力损失增大，当阻尼孔前后压力差作用在主阀芯上下两端的液压力足以克服主阀复位弹簧力时，主阀开起，其开起压力为

$$p_k = \frac{p_1A_1 + k_y y_0}{A} \tag{9-16}$$

式中，$p_1 > p_{1k}$。

主阀阀口开起后，随着流经阀口的流量 q 增大，阀口开度 y 增大。当流量为额定流量 q_n 时，主阀阀口开度为 y_s，此时先导阀进口压力为 p_{1s}，开口长度为 x_s，主阀进口压力为 p_s。由式（9-10）和式（9-12）可求得

$$p_{1s} = \frac{k_x(x_0+x_s)}{A_x - C_{d2}\pi dx_s\sin2\beta} \tag{9-17}$$

$$p_s = \frac{p_{1s}A_1}{A - C_{d1}\pi Dy_s\sin2\alpha} + \frac{k_y(y_0+y_s)}{A - C_{d1}\pi Dy_s\sin2\alpha} \tag{9-18}$$

先导式溢流阀总的调压偏差为 p_s-p_{1k}。比较 p_{1k}、p_{1s}、p_k 和 p_s 可知，如设计时取 $x_s = 0.01x_0$，$q_{xn} = 0.01q_n$，则作用在先导阀芯上的液动力和附加弹簧力可以忽略不计，即 $p_{1s} \approx p_{1k}$。另外，在设计主阀时取 $y_0 \gg y_s$，$A \gg C_{d1}\pi Dy_s\sin2\alpha$，可减小作用在主阀芯上的附加弹簧力和液动力的影响，减小主阀部分的调压偏差 p_s-p_k。因此，先导式溢流阀的定压精度较高，调压偏差可降为 $\delta_p = (0.05 \sim 0.10)p_s$。

当先导式溢流阀的额定压力较高时，如 $p_n = 32\text{MPa}$，若仅用一根调压弹簧，则调定压力较低时，弹簧的预压缩量 x_0 将相应减小，由先导阀芯位移引起的附加弹簧力的影响加大，即先导阀的调压偏差 $p_{1s}-p_{1k}$ 增大，阀的定压精度降低。为解决这一问题，一般将调压范围分成四级，按分级压力设计四根自由高度和内径相同而弹簧刚度、簧丝直径不同的调压弹簧 H_a、H_b、H_c、H_d，分别实现 $0.6 \sim 8\text{MPa}$、$4 \sim 16\text{MPa}$、$8 \sim 20\text{MPa}$、$16 \sim 32\text{MPa}$ 四级调压。使用时根据工作压力进行选取，以保证在每一级调压时调压偏差尽可能小。对其他类型的先导式压力阀，其先导阀调压弹簧的压力分级也遵从这一规定。

先导式溢流阀与直动式溢流阀相比，虽然有效地减小了调压偏差，但从本质上讲，仍受到附加弹簧力和液动力的影响，调压偏差始终存在。

四、溢流阀的动态特性分析

1. 溢流阀动态数学模型的建立

与静态数学模型相同，溢流阀的动态数学模型同样建立在阀芯力平衡方程和流量连续性方程两个基本原理之上。不同的是，在阀芯受力平衡方程中要加上由阀芯加速运动而产生的质量惯性力和由阀芯运动速度引起的黏性摩擦阻力；在流量连续性方程中要考虑容腔中压力变化时油液的压缩性对流量的影响，以及阀芯位移变化对流量的影响。

图 9-4 所示的先导式溢流阀的物理模型可用图 9-12 表示。为简化起见，忽略阀芯自重和阀芯所受的摩擦力以及主阀芯圆柱配合面的泄漏量，则其动态数学模型可用下列方程描述。

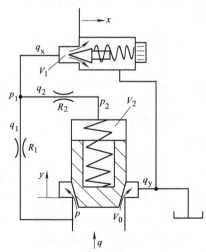

图 9-12　先导式溢流阀模型

1）先导阀芯受力平衡方程为

$$p_1 A_x = m\frac{\mathrm{d}^2x}{\mathrm{d}t^2} + f_x\frac{\mathrm{d}x}{\mathrm{d}t} + k_x(x_0+x) + K_{ex}xp_1 \tag{9-19}$$

式中　p_1——先导阀进口压力；

A_x——先导阀座孔受力面积，$A_x = \pi d^2/4$，d 为阀座孔直径；

m——先导阀芯当量质量，等于阀芯质量加调压弹簧质量的 $1/3$；

x——先导阀芯位移，以阀口开起方向为正；

f_x——先导阀芯黏性阻尼系数；

k_x——调压弹簧刚度；

x_0——调压弹簧预压缩量；

K_{ex}——先导阀口液动力刚度，$K_{ex} = C_{d2}\pi d\sin2\beta$。

2）先导阀阀口流量连续性方程为

$$q_1 + q_2 = \frac{V_1}{E}\frac{\mathrm{d}p_1}{\mathrm{d}t} + q_x \tag{9-20}$$

$$q_1 = G_{R_1}(p - p_1) \tag{9-21}$$

$$q_x = C_{d2} \pi dx \sin\beta \sqrt{\frac{2}{\rho}} \sqrt{p_1} \approx K_{qx}x + K_{cx}p_1 \tag{9-22}$$

式中　q_1——流经阻尼孔 R_1 的流量；

　　　G_{R_1}——阻尼孔 R_1 的液导（液阻的倒数）；

　　　p——主阀进口压力，即控制压力；

　　　q_2——主阀上腔来油流量；

　　　V_1——先导阀前腔容积；

　　　E——油液弹性模量；

　　　q_x——先导阀阀口流量；

　　　C_{d2}——先导阀阀口流量系数；

　　　β——先导阀芯半锥角；

　　　K_{qx}——先导阀阀口流量增益（或流量放大系数），$K_{qx} = \dfrac{\partial q_x}{\partial x}$；

　　　K_{cx}——先导阀阀口流量压力系数，$K_{cx} = \dfrac{\partial q_x}{\partial p_1}$。

3）主阀芯受力平衡方程为

$$pA_1 - p_2A_2 = M\frac{\mathrm{d}^2 y}{\mathrm{d}t^2} + f_y\frac{\mathrm{d}y}{\mathrm{d}t} + k_y(y_0 + y) + K_{ey}yp \tag{9-23}$$

式中　p_2——主阀芯上腔压力；

　　　A_1——主阀芯下腔受力作用面积；

　　　A_2——主阀芯上腔受力作用面积；

　　　M——主阀芯当量质量，$M = M_v + \dfrac{1}{3}M_t$，$M_v$ 为主阀芯质量，M_t 为主阀复位弹簧质量；

　　　y——主阀芯位移，以阀口开起时为正；

　　　f_y——主阀芯黏性阻尼系数；

　　　k_y——主阀复位弹簧刚度；

　　　y_0——主阀复位弹簧预压缩量；

　　　K_{ey}——主阀阀口液动力刚度，$K_{ey} = C_{d1}\pi D \sin 2\alpha$。

4）主阀进口受控腔流量连续性方程为

$$q = q_1 + q_y + \frac{V_0}{E}\frac{\mathrm{d}p}{\mathrm{d}t} + A_1\frac{\mathrm{d}y}{\mathrm{d}t} \tag{9-24}$$

$$q_y = C_{d1}\pi Dy\sin\alpha\sqrt{\frac{2}{\rho}}\sqrt{p} \approx K_{qy}y + K_{cy}p \tag{9-25}$$

式中　q——进入溢流阀的流量；

　　　q_y——主阀阀口流出的流量；

　　　C_{d1}——主阀阀口流量系数；

　　　D——主阀座孔直径；

　　　α——主阀芯半锥角；

　　　V_0——主阀进口受控腔容积；

　　　K_{qy}——主阀阀口流量增益，$K_{qy} = \dfrac{\partial q_y}{\partial y}$；

　　　K_{cy}——主阀阀口流量压力系数，$K_{cy} = \dfrac{\partial q_y}{\partial p}$。

5）主阀上腔流量连续性方程为

$$q_2 = G_{R_2}(p_2 - p_1) = A_2 \frac{dy}{dt} - \frac{V_2}{E} \frac{dp_2}{dt} \tag{9-26}$$

式中　G_{R_2}——阻尼孔 R_2 的液导（液阻的倒数）；

　　　V_2——主阀上腔容积。

2. 线性化并进行拉氏变换

将以上动态方程在额定工况点附近线性化，并进行拉氏变换可得

$$p_1(s) = \left[G_{R_1} p(s) + q_2(s) - K_{qx} x(s) \right] \frac{1}{\dfrac{V_1}{E}s + K_{cx} + G_{R_1}} \tag{9-27}$$

$$x(s) = \frac{A_x}{ms^2 + f_x s + k_x + K_{sx}} p_1(s) \tag{9-28}$$

式中，$K_{sx} = K_{ex} p_{1s}$，因 $A_x \gg C_{d2}\pi d \sin(2\beta) x_s$，所以 $A_x - C_{d2}\pi d \sin(2\beta) x_s \approx A_x$。令 $K_{sy} = K_{ey} p_s$，则

$$y(s) = \frac{A_1 p(s) - A_2 p_2(s)}{Ms^2 + f_y s + k_y + K_{sy}} \tag{9-29}$$

$$p(s) = \left[q(s) - q_1(s) - (A_1 s + K_{qy}) y(s) \right] \frac{1}{\dfrac{V_0}{E}s + K_{cy}} \tag{9-30}$$

$$p_2(s) = \left[A_2 s y(s) + G_{R_2} p_1(s) \right] \frac{1}{G_{R_2} + \dfrac{V_2}{E}s} \tag{9-31}$$

$$q_1(s) = G_{R_1}\left[p(s) - p_1(s) \right] \tag{9-32}$$

$$q_2(s) = G_{R_2}\left[p_2(s) - p_1(s) \right] \tag{9-33}$$

3. 得到整体框图

按式（9-27）~式（9-33）画传递函数框图，然后将相应点连接，可得到先导式溢流阀的整体框图（图 9-13）。

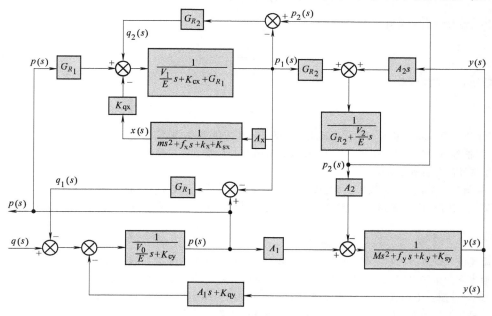

图 9-13　先导式溢流阀整体框图

在得到整体框图之后，理论上可通过框图运算法则求得先导式溢流阀的开环传递函数及特征方程，然后用稳定性判据讨论阀的动态稳定性，或求出阀的幅相频率特性以及幅值裕量和相位裕量。然而，由于图

9-13 所示的传递函数是一种多回路、交叉反馈的系统，求解阀的总传递函数相当困难。因此，一般将其分解为先导阀和主阀两部分，分别进行定性分析。

（1）先导阀部分 先导阀部分的传递函数由式（9-27）、式（9-28）描述，以 $p(s)$ 为输入，$p_1(s)$ 为输出，其控制回路由一个惯性环节和一个振荡环节组成。回路的开环增益为

$$K_2 = \frac{K_{qx}}{K_{cx}} \frac{1}{(k_x + K_{sx})\left(\frac{G_{R_1}}{K_{cx}} + 1\right)} \tag{9-34}$$

一阶惯性环节的转折频率为

$$\omega_v = \frac{E}{V_1}(G_{R_1} + K_{cx}) \tag{9-35}$$

二阶振荡环节的频率为

$$\omega_x = \sqrt{\frac{k_x + K_{sx}}{m}} \tag{9-36}$$

1）因先导阀芯当量质量 m 小，而调压弹簧刚度 k_x 大，故先导阀的固有频率 ω_x 相当高，对阀的动态特性影响相当大。为此，设置固定阻尼 R_2 作为滞后环节起抑制作用。

2）减小先导阀芯的半锥角 β 和阀座孔直径 d，可减小阀口的流量压力系数 K_{cx} 和流量增益 K_{qx}，提高阀的动态稳定性。

（2）主阀部分 主阀部分的传递函数由式（9-29）和式（9-30）描述，以 $q(s)$ 为输入，$y(s)$ 为输出，其控制回路包括一个一阶惯性环节，一个二阶振荡环节和一个一阶微分环节。

回路的开环总增益为

$$K_1 = \frac{K_{qy}}{K_{cy}} \frac{1}{k_y + K_{sy}} \tag{9-37}$$

一阶惯性环节的转折频率为

$$\omega_v = \frac{EK_{cy}}{V_0} \tag{9-38}$$

二阶振荡环节的频率为

$$\omega_x = \sqrt{\frac{k_y + K_{sy}}{M}} \tag{9-39}$$

一阶微分环节的频率为

$$\omega_a = \frac{K_{qy}}{A_1} \tag{9-40}$$

1）由于主阀流量增益 K_{qy} 较大，因此一阶微分环节的频率 ω_a 相当高，远离工作区域。

2）阀前控制腔容积 V_0 很大，因此一阶惯性环节频率较低，一阶惯性环节起主导作用。为此，V_0 的选取对动态特性的分析有很大的影响。

3）主阀芯的当量质量 M 较大、复位弹簧刚度 k_y 较小，液动力刚度 K_{ey} 不大，因此二阶振荡环节的固有频率 ω_x 也不高，二阶振荡环节的影响不容忽视，固定阻尼 R_2 作为动压反馈可有效抑制二阶环节的振荡作用。

五、溢流阀的设计计算

溢流阀设计计算的内容主要包括以下几个方面：①根据已知的额定工作压力要求，合理选择阀的结构形式（绘出阀的结构草图）；②根据已知的额定流量以及其他静态性能指标要求，确定阀的主要结构尺寸（绘出阀的零件图及工作总图）；③根据已经确定的阀的结构尺寸和参数，对阀的静态和动态特性进行计算机仿真，根据静、动态特性分析结果，对有关参数进行必要的修改。

下面以三节同心先导式溢流阀为例（图 9-14），介绍其设计计算方法。

1. 主要结构尺寸的初步确定

1）阀的进出油口直径 D_0（单位为 m）为

$$D_0 \geqslant \sqrt{\frac{4q_n}{\pi[v_s]}} \qquad (9\text{-}41)$$

式中　q_n——阀的额定流量；

$[v_s]$——进出油口处油液的许用流速，一般取 $[v_s] = 6\text{m/s}$。

2）主阀座孔直径 d_0（单位为 m）。适当增大 d_0 有利于提高阀的灵敏度，但 d_0 过大会使阀不易稳定。一般先根据经验公式确定主阀芯过流部分的直径 D_2（单位为 m），然后确定 d_0，一般取

$$D_2 = (0.5 \sim 0.82)D_0 \qquad (9\text{-}42)$$

$$d_0 = D_2 - (1 \sim 2) \times 10^{-3} \qquad (9\text{-}43)$$

式中的系数在高压、大流量时取大值，反之取小值。

3）主阀芯大直径 D 及上端小直径 D_1。适当增大主阀芯大直径 D，可以提高阀的灵敏度，降低压力超调量；可以提高开起压力，保证阀的压力稳定。但 D 值过大将使阀的结构尺寸和阀芯质量加大、主阀上腔容积增加，导致动态过渡时间延长。一般取

$$D = (1.6 \sim 2.3)D_2 \qquad (9\text{-}44)$$

式中的系数在额定流量小时取大值，反之取小值。

主阀上腔受压面积 A_1 稍大于下腔受压面积 A。一般取上下腔面积比 $A_1/A = 1.04$，因此有

$$\frac{D^2 - D_1^2}{D^2 - D_2^2} = 1.04$$

或　　　　$$D_1 = \sqrt{1.04D_2^2 - 0.04D^2} \qquad (9\text{-}45)$$

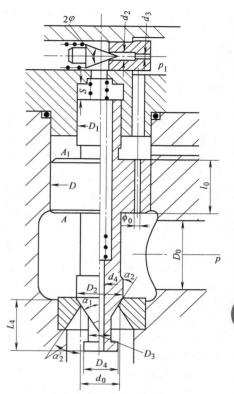

图 9-14　阀的结构尺寸

4）主阀芯半锥角 α_1、主阀座孔半锥角 α_2 和扩散角 α_2'。一般取

$$\alpha_1 = 46° \sim 47° \qquad (9\text{-}46)$$

$$\alpha_2 = 43° \qquad (9\text{-}47)$$

$$\alpha_2' = 22°30' \sim 35° \qquad (9\text{-}48)$$

增大主阀座孔半锥角 α_2，有利于减小压力波动和噪声。但实践证明，α_2 角的增大还要受 α_1 角的影响，当 $(\alpha_2 - \alpha_1) > 3°30'$ 时，噪声很大。如果 α_1 角和 α_2 角同时取大，一方面将使主阀芯锥面长度变小，降低阀口的密封性；另一方面将使阀口过流截面面积梯度增大，使阀在高压时的压力稳定性变差。另外，选择 α_1 和 α_2 还必须保证阀芯与阀座为线接触。

5）主阀防振尾直径 D_4、长度 L_4 以及过渡直径 D_3。增大 D_4 有利于消除噪声，提高阀的稳定性。但 D_4 不能太大，否则会影响溢流截面积。防振尾的尺寸与 L_4 一般参照现有的阀来确定。

防振尾与主阀芯锥部过渡直径 D_3 的大小直接影响主阀口下面环形回油道的截面积，一般要求该处的液流速度 v_0 不得超过许用流速 $[v_0]$。过渡直径 D_3 的计算公式为

$$D_3 \geqslant \sqrt{d_0^2 - \frac{4q_n}{\pi[v_0]}} \qquad (9\text{-}49)$$

式中许用流速 $[v_0]$ 一般取 $10 \sim 20\text{m/s}$。

由于主阀芯中部要钻卸油孔 d_4，因此在应用式（9-49）计算所得的 D_3 值太小时，需要增大 d_0 和 D_2，重新进行计算。

6）主阀阻尼小孔直径 ϕ_0（单位为 m）及长度 l_0（单位为 m）。设计时一般根据经验选取

$$\phi_0 = (0.8 \sim 1.2) \times 10^{-3} \qquad (9\text{-}50)$$

$$l_0 = (7 \sim 19)\phi_0 \qquad (9\text{-}51)$$

额定流量大时，ϕ_0、l_0 取大值，否则取小值。

7）主阀芯的最大升程 h。可按所要求的卸荷压力 p_x 来确定主阀芯的最大升程 h。即阀芯的最大抬起高度

$$h = \frac{q_n}{C_{d1} \pi d_0 \sin\alpha_1 \sqrt{\frac{2}{\rho}p_x}} \tag{9-52}$$

式中　　p_x——卸荷压力，一般取 $p_x = 0.15 \sim 0.35 \text{MPa}$；

　　　　C_{d1}——主阀阀口流量系数。

8）先导阀锥角 2φ 的选定。适当减小先导阀锥角 2φ，除了可以减小先导阀的液动力刚度、提高先导阀的稳定性外，还可以增大阀芯与阀座接触的支反力 F_R，提高密封性能，以免在外界油压发生变化时，由于密封性能不良导致先导阀振动，如图9-15所示。但是先导阀锥角 2φ 也不宜取得过小，因为锥角过小，一方面影响阀的溢流性能，另一方面会导致支反力 F_R 过大。一般取 $2\varphi = 40°$，较新的溢流阀取 $2\varphi = 24°$。

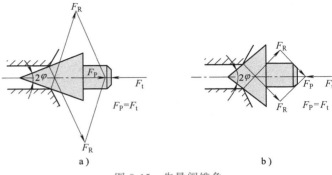

图 9-15　先导阀锥角

9）主阀弹簧的设计。主阀弹簧的作用有两个方面：一方面在主阀芯关闭时作为复位力；另一方面在主阀芯关闭后作为密封力的一部分（密封力还包括主阀上下油腔作用面积不等而引起的向下的液压力），保证阀的密封性能。为此，主阀的弹簧刚度很小，因此又称为弱弹簧。

减小主阀弹簧刚度 k_1，有利于提高溢流阀的起闭特性，提高阀的压力稳定性。但 k_1 过小会使溢流阀动态过渡时间延长，降低阀的动态性能。所以，合理地选择主阀弹簧刚度 k_1 很重要。

根据已有的性能良好的溢流阀资料统计，主阀弹簧的预压紧力 F_{t10} 可按以下范围选取：对于工作压力为 $21 \sim 31.5 \text{MPa}$ 的溢流阀，当额定流量小于 250L/min 时，主阀弹簧的预压紧力 $F_{t10} = 19.6 \sim 45 \text{N}$；当额定流量 $q_n = 250 \sim 500 \text{L/min}$ 时，主阀弹簧的预压紧力 $F_{t10} = 58.8 \sim 78.4 \text{N}$；当额定流量 $q_n > 1000 \text{L/min}$ 时，主阀弹簧的预压紧力 $F_{t10} = 196 \sim 294 \text{N}$。主阀弹簧的预压缩量 y_0 的推荐计算公式为

$$y_0 = (2 \sim 5)h \tag{9-53}$$

式中的系数在大流量时取大值，反之取小值。

在主阀弹簧的预压紧力 F_{t10} 和预压缩量 y_0 选定之后，其刚度 k_1 为

$$k_1 = \frac{F_{t10}}{y_0} \tag{9-54}$$

k_1 值确定后，主阀弹簧的钢丝直径、弹簧中径、弹簧有效圈数等可根据结构要求，按弹簧计算公式确定，此处从略。

10）主阀阀芯上端与阀盖之间的距离 S。S 应不小于阀在卸荷时主阀芯的最大升程 h，即 $S \geqslant h$。

11）先导阀座孔直径 d_2 及 d_3 的确定。d_2 取得太大，则阀座孔截面积 A_2 就大，因此要求先导阀弹簧刚度大，这给弹簧设计带来了困难；d_2 取得太小，则阀的压力稳定性变差。一般取 $d_2 = (4 \sim 6)\phi_0$。d_3 取得太大，会使溢流阀在工作时出现尖叫声和振动，一般取 $d_3 \approx 1.6 \text{mm}$。

12）先导阀弹簧的设计。先导阀弹簧预压紧力的大小决定了溢流阀的开起压力，因为对于先导式溢流阀，一般要求 $p_{1k} \geqslant 90\% p_s$，因此对额定工况，要求先导阀弹簧的预压紧力 $F_{t20} = k_2 x_0 \geqslant 0.90 \times \frac{\pi}{4} d_2^2 p_s$。

一般取先导阀弹簧预压缩量 $x_0 = 100x$，x 为主阀刚开起时先导阀的开口长度。x 的计算公式为

$$x = \frac{\frac{\pi\phi_0^4}{128\mu l_0} \cdot \frac{p_k(A_1 - A) + k_1 y_0}{A_1}}{C_{d2} \pi d_2 \sin\varphi \sqrt{\frac{2(p_k A - k_1 y_0)}{\rho A_1}}} \tag{9-55}$$

式中 p_k——主阀的开起压力，取 $p_k = 0.95p_s$ ；

$\quad\quad C_{d2}$——先导阀阀口流量系数；

$\quad\quad \mu$——油液的动力黏度。

当 x_0 确定之后，先导阀弹簧刚度 k_2 则为

$$k_2 = 0.90 \times \frac{\pi d_2^2}{4x_0} p_s \tag{9-56}$$

至此，溢流阀的主要结构尺寸确定完毕，其他参数可根据结构情况而定。在阀的结构尺寸确定之后，还必须对阀的静态性能进行估算，检验其是否满足设计要求。

2. 溢流阀静态性能的估算

溢流阀的静态性能估算主要包括以下内容：

1）预算额定工况下先导阀的开起压力 p_{1k} 。根据式（9-15）可求得先导阀的开起压力 $p_{1k} = \dfrac{4k_2x_0}{\pi d_2^2}$ ，要求 $p_{1k} \geqslant 90\% p_s$ 。

2）预算主阀开起压力 p_k 。在先导阀弹簧预压缩量 x_0 已知的情况下，要计算主阀开起压力 p_k ，关键在于求出主阀刚开起溢流时的先导阀开口长度 x 。通常以通过主阀的溢流量 $q = 0$ 来计算。这时溢流阀的静态方程为

$$k_1 y_0 = p_k A - p_1 A_1 \tag{9-57}$$

$$q_1 = C_{d2} \pi d_2 x \sin\varphi \sqrt{\frac{2}{\rho} p_1} \tag{9-58}$$

$$k_2(x_0 + x) = p_1 A_2 - C_{d2} \pi d_2 x p_1 \sin 2\varphi \tag{9-59}$$

$$q_1 = \frac{\pi \phi_0^4}{128 \mu l_0}(p_k - p_1) \tag{9-60}$$

联立式（9-57）和式（9-60），消去中间变量 p_1 ，可得主阀刚开起时流经主阀阻尼孔的流量为

$$q_1 = \frac{\pi \phi_0^4}{128 \mu l_0} \frac{p_k(A_1 - A) + k_1 y_0}{A_1} \tag{9-61}$$

联立式（9-57）和式（9-59），可求得主阀开起压力 p_k 与先导阀开口 x 之间的关系式为

$$p_k = \frac{k_2(x_0 + x)A_1}{A(A_2 - C_{d2} \pi d_2 x \sin 2\varphi)} + \frac{k_1 y_0}{A} \tag{9-62}$$

为简化起见，视 $A_1/A \approx 1$ 、$A_2 \gg C_{d2} \pi d_2 x \sin 2\varphi$ ，于是式（9-62）可写成

$$p_k \approx p_{1k} + \frac{k_2 x}{A_2} + \frac{k_1 y_0}{A} \tag{9-63}$$

由此可见，主阀开起压力 p_k 大于先导阀开起压力 p_{1k} ，二者的差值由式（9-63）中后两项决定。因为 k_1 很小且 $x/x_0 \leqslant 0.01$ ，因此 p_k 与 p_{1k} 的差值很小。p_k 应满足 $p_k/p_s \geqslant 95\%$ 。

3）预算卸荷压力 p_x 。在溢流阀作为卸荷阀使用时，主阀上腔油压 $p_2 \approx 0$ ，主阀具有最大升程 h ，这时有

$$q_n = C_{d1} \pi d_0 h \sin\alpha_1 \sqrt{\frac{2}{\rho} p_x} \tag{9-64}$$

$$k_1(y_0 + h) = p_x A - C_{d1} \pi d_0 h \sin(2\alpha_1) p_x \tag{9-65}$$

联立式（9-64）和式（9-65），消去中间变量 h ，即可求得卸荷压力 p_x 。

4）预算溢流阀的最小稳定流量 q_{min} 。溢流阀的最小稳定流量 q_{min} 取决于其最小稳定开度 y_{min} 。一般情况下 $y_{min} \geqslant 0.05mm$ ，小于此值时阀的工作稳定性将变差。如果将额定工作压力 p_n 及最小稳定开度 y_{min} 代入式（9-13），即可求得溢流阀的最小稳定流量 q_{min} 。显然，溢流阀的额定工作压力 p_n 越高，最小稳定流量 q_{min} 越大。

关于溢流阀的动态特性分析方法可参见本节第四部分，通过动态特性仿真分析后尚需对溢流阀的结构尺寸和参数做进一步的调整，使其具有较好的动态特性。

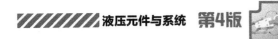

第二节 减 压 阀

减压阀是一种利用液流流过缝隙产生压力损失，使其出口压力低于进口压力的压力控制阀。按调节要求不同，减压阀可分为定压减压阀、定比减压阀和定差减压阀。定压减压阀用于控制出口压力为定值，使液压系统中某一部分得到较供油压力低的稳定压力，如机床液压系统的夹紧或定位装置中要求得到比主油路低的恒定压力时，可采用定压减压阀。定比减压阀用来控制它的进、出口压力保持调定不变的比例。定差减压阀则用来控制进、出口压力差为定值，可与其他阀组成调速阀、定差减压型电液比例方向流量阀等复合阀，实现节流阀口两端压差补偿以输出恒定的流量。

一、定压减压阀

1. 定压减压阀的结构和工作原理

定压减压阀有直动式和先导式两种结构形式。

（1）直动式定压减压阀 图 9-16 所示为直动式定压减压阀的结构原理图。在阀上有三个油口：进油口 P_1（一次压力油口）、出油口 P_2（二次压力油口）和外泄油口 L。高压油从 P_1 口进入减压阀，经滑阀阀芯与阀体之间形成的节流口（其开度为 x）后，从出油口 P_2 流向低压回路，同时 P_2 口的压力通过流道 a 反馈至阀芯 3 底部，对阀芯产生向上的液压力，该力与调压弹簧力进行比较。当出油口压力未达到阀的设定压力时，阀芯 3 处于最下端，阀口全开，此时减压阀基本不起减压作用；当出油口压力达到阀的设定压力时，阀芯 3 上移，并稳定在某个平衡位置，此时阀口开度 x 减小，实现减压作用，同时维持出口压力基本不变。由于出油口 P_2 接系统回路，因此其外泄油口 L 必须单独接回油箱。

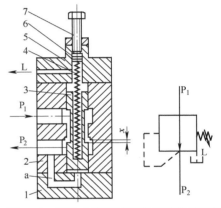

图 9-16 直动式定压减压阀的结构原理图
1—下盖 2—阀体 3—阀芯 4—调压弹簧
5—上盖 6—弹簧座 7—调节螺钉

（2）先导式减压阀 在先导式减压阀中，根据先导级供油的引入方式不同，有先导级由减压阀出油口供油和先导级由减压阀进油口供油两种结构形式。

1）先导级由减压阀出油口供油的减压阀。图 9-17 所示为 JF 型定压减压阀的结构图。该阀由先导阀调压，主阀减压。先导阀和主阀分别为锥阀和滑阀结构。该阀的工作原理：进油口压力 p_1 经减压口减压后变为出油口压力 p_2，出油口压力油经过阀体 6 下部和端盖 8 上的通道进入主阀芯 7 的下腔，再经主阀芯上的阻尼孔 9 进入主阀上腔和先导阀前腔，然后通过锥阀座 4 中的阻尼孔后，作用在锥阀 3 上。当出油口压力低于调定压力时，先导阀口关闭，阻尼孔 9 中没有油液流动，主阀芯上、下两端的液压力相等，主阀在弹簧力的作用下处于最下端位置，减压口全开，不起减压作用，$p_2 \approx p_1$。当出油口压力超过调定压力时，出油口部分油液经阻尼孔 9、先导阀口、阀盖 5 上的泄油口 L 流回油箱。阻尼孔 9 有油液通过，使主阀上下腔产生压差 （$p_2 > p_3$），当此压差所产生的作用力大于主阀弹簧力时，主阀上移，使节流口（减压口）关小，减压作用增强，直到主阀芯稳定在某一平衡位置，此时出油口压力 p_2 取决于先导阀弹簧所调定的压力值。

如果外来干扰使进油口压力 p_1 升高，则出油口压力 p_2 也升高，主阀芯上移，节流口减小，p_2 又降低，主阀芯在新的位置上处于平衡状态，而出油口压力 p_2 基本保持不变；反之亦然。

2）先导级由减压阀进油口供油的减压阀。先导级供油既可从减压阀口的出油口 P_2 引入，也可从减压阀口的进油口 P_1 引入，各有其特点。

先导级供油从减压阀的出油口引入时，该供油压力 p_2 是减压阀稳定后的压力，波动不大，这样有利于提高先导级的控制精度，但会导致先导级的控制压力（主阀上腔压力）p_3 始终低于主阀下腔压力 p_2，若减压阀主阀芯上、下有效面积相等，为使主阀芯平衡，不得不加大主阀弹簧刚度，这又会使得主阀的控制精度降低。

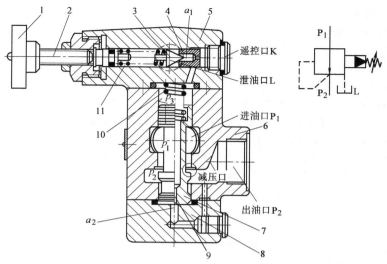

图 9-17　JF 型定压减压阀（先导级由减压阀出油口供油）

1—调压手轮　2—调节螺钉　3—锥阀　4—锥阀座　5—阀盖　6—阀体
7—主阀芯　8—端盖　9—阻尼孔　10—主阀弹簧　11—调压弹簧

　　先导级供油从减压阀进油口引入时，其优点是先导级的供油压力较高，先导级的控制压力（主阀上腔压力）p_3 也可以较高，故不需要加大主阀芯的弹簧刚度即可使主阀芯平衡，可提高主阀的控制精度。但减压阀进油口压力 p_1 未经稳压，压力波动可能较大，又不利于先导级控制。为了减小 p_1 波动可能带来的不利影响，保证先导级的控制精度，采取的措施是在先导级进油口处用一个小型控制油流量恒定器代替原固定阻尼孔，通过控制油流量恒定器的调节作用使先导级的流量及先导阀的开口量近似恒定，这样有利于提高主阀上腔压力 p_3 的稳压精度。

　　图 9-18 所示为一种先导级由减压阀进油口供油的减压阀。在该阀的控制油路上设有控制油流量恒定器 6，它由一个固定阻尼 I 和一个可变阻尼 II 串联而成。可变阻尼借助于一个可以轴向移动的小活塞来改变通油孔 N 的过流面积，从而改变液阻。小活塞左端的固定阻尼孔使小活塞两端产生压力差，小活塞在此压力差和右端弹簧的共同作用下处于某一平衡位置。

　　当由减压阀进油口引入的压力油的压力达到调压弹簧 8 的调定值时，先导阀 7 开启，液流经先导阀口和外泄油口 L 流回油箱。这时，控制油流量恒定器 6 前部的压力为减压阀进油口压力 p_1，其后部的压力为先导阀控制压力（即主阀芯上腔的压力 p_3）。p_3 由调压弹簧 8 调定。由于 $p_3 < p_1$，主阀芯 2 在上、下腔压力差的作用下克服主阀弹簧力向上抬起，减小主阀开口，起减压作用，使主阀出油口压力降为 p_2。由于主阀芯 2 采用了对称设置许多小孔的结构作为主阀阀口，因此液动力大大减小。如果忽略主阀芯的自重、摩擦力以及稳态液动力，则主阀芯的受力平衡方程为

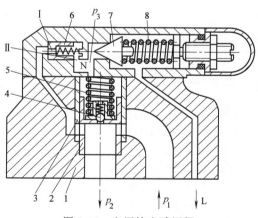

图 9-18　定压输出减压阀
（先导级由减压阀进油口供油）

1—阀体　2—主阀芯　3—阀套　4—单向阀
5—主阀弹簧　6—控制油流量恒定器　7—先导阀
8—调压弹簧　Ⅰ—固定阻尼　Ⅱ—可变阻尼

$$p_2 A = p_3 A + k_1 (y_0 + y_{max} - y) \tag{9-66}$$

式中　　A——主阀芯油压作用面积；

　　　　k_1——主阀弹簧刚度；

y_0、y、y_{max}——主阀弹簧预压缩量、主阀开口量和最大开口量。

由于主阀弹簧刚度 k_1 很弱，且 $y \ll y_0 + y_{max}$，故 $k_1(y_0 + y_{max} - y) \approx k_1(y_0 + y_{max}) = C$（常数），则式（9-66）可写成

$$p_2 A = p_3 A + C \tag{9-67}$$

由式（9-67）可知，要使减压阀出油口压力 p_2 恒定，就必须使先导阀控制压力 p_3 稳定不变。在调压弹簧预压缩量一定的情况下，这取决于通过先导阀的流量是否恒定。

在图 9-18 中，当控制油流量恒定器 6 处于某一平衡位置时，其总液阻为一定值，在进油口压力 p_1 不变的条件下，通过先导阀的流量也恒定，与流经主阀阀口的流量无关。若因 p_1 的上升而引起通过控制油流量恒定器 6 的流量增大，则将因总液阻来不及变化而导致小活塞两端压力差增大，使小活塞右移，导致通油孔 N 的面积减小，即控制油流量恒定器 6 的总液阻增大，通过它的流量反而减小，力图恢复到原来的值，从而使通过控制油流量恒定器 6 的流量得以恒定。因此，该阀的出油口压力 p_2 与进油口压力 p_1 以及流经主阀的流量无关。

如果阀的出油口压力出现冲击，主阀芯上的单向阀 4 将迅速开启卸压，使阀的出油口压力很快降低。在出油口压力恢复到调定值后，单向阀重新关闭，故单向阀在这里起压力缓冲作用。

作为定压输出的减压阀是各种减压阀中应用最多的一种，其作用是降低液压系统中某一回路的油液压力，以达到用一个油源同时输出两种或两种以上不同油压的目的。必须说明的是，减压阀的出油口压力还与出油口的负载有关，若负载建立的压力低于调定压力，则出油口压力由负载决定，此时减压阀不起减压作用，进出油口压力相等，即减压阀保证出油口压力恒定的条件是先导阀开启。此外，当减压阀出油口负载很大，以至于减压阀出油口油液不流动时，仍有少量油液通过减压阀口经先导阀至泄油口 L 流回油箱，阀处于工作状态，减压出口压力保持在调定压力值。

减压阀还经常与单向阀组合构成单向减压阀。单向减压阀允许油液反向流过而不起减压作用。

2. 定压减压阀的静态特性分析

图 9-17 所示的 JF 型定压减压阀，若忽略阀芯自重和摩擦力，则其静态特性可用下列方程表示：

1）主阀流量方程为

$$q = C_{d1} \pi D y \sqrt{\frac{2(p_1 - p_2)}{\rho}} \tag{9-68}$$

式中　q——通过主阀阀口的流量；

　　　C_{d1}——主阀阀口流量系数；

　　　D——主阀芯直径；

　　　y——主阀阀口减压缝隙长度；

　　　p_1——减压阀进油口压力；

　　　p_2——减压阀出油口压力；

　　　ρ——油液密度。

2）主阀芯的受力平衡方程为

$$(p_2 - p_3)A = k_1(y_0 + y_{max} - y) - 2C_{d1}\pi D y \cos\alpha(p_1 - p_2) \tag{9-69}$$

式中　p_3——主阀上腔（即先导阀前腔）压力；

　　　A——主阀芯油压作用面积，$A = \pi D^2 / 4$；

　　　k_1——主阀弹簧刚度；

　　　y_0——主阀弹簧预压缩量；

　　　y_{max}——主阀阀口最大开口量；

　　　α——阀口射流角，$\alpha = 69°$。

3）主阀阻尼孔流量方程为

$$q_1 = \frac{\pi d_0^4}{128\mu l_0}(p_2 - p_3) \tag{9-70}$$

式中　d_0——固定阻尼孔直径；

l_0——固定阻尼孔长度；

μ——油液动力黏度。

4）先导阀流量方程为

$$q_1 = C_{d2}\pi dx\sin\varphi\sqrt{\frac{2}{\rho}p_3} \tag{9-71}$$

式中 C_{d2}——先导阀阀口流量系数；

d——先导阀座孔直径；

x——先导阀开口量；

φ——先导阀半锥角。

5）先导阀芯的受力平衡方程为

$$p_3 A_2 = k_2(x_0 + x) + C_{d2}\pi dx\sin(2\varphi)p_3 \tag{9-72}$$

式中 x_0——先导阀弹簧预压缩量；

k_2——先导阀弹簧刚度；

A_2——先导阀座孔截面积，$A_2 = \pi d^2/4$。

联立式（9-69）和式（9-72），消除中间变量 p_3，可得

$$p_2 = \frac{k_1(y_0 + y_{max} - y)}{A} + \frac{k_2(x_0 + x)}{A_2 - C_{d2}\pi dx\sin2\varphi} - \frac{8C_{d1}y\cos\alpha(p_1 - p_2)}{D} \tag{9-73}$$

式（9-73）表明，减压阀的出油口压力 p_2 由下列三项组成：① 为克服主阀弹簧力所建立的油压值，其中 y 为变量；② 为克服先导阀弹簧力所建立的油压值，其中 x 为变量；③ 为主阀阀口液动力所建立的油压值。

以上说明，减压阀的出油口压力 p_2 受开口量 x、y 以及阀口液动力等因素的影响，而这些因素与流经阀的流量有关。因此，减压阀的流量变化将引起出油口压力 p_2 的波动。为了减少流量变化对出油口压力 p_2 的影响，在选择阀的结构参数时，一般取 $x \ll x_0$、$y \ll y_0 + y_{max}$、$A_2 \gg C_{d2}\pi dx\sin2\varphi$，并适当增大主阀芯直径 D，这样式（9-73）又可写成

$$p_2 \approx \frac{k_1(y_0 + y_{max})}{A} + \frac{k_2 x_0}{A_2} \tag{9-74}$$

在采取上述结构措施后，可以保证在流经减压阀的流量发生变化时，出口压力 p_2 基本不变。

当减压阀的流量和先导阀弹簧预压缩量不变时，随着进口压力的增大，式（9-73）等号右边第三项数值增大。由于在确定结构参数时已使 $x \ll x_0$、$y \ll y_0 + y_{max}$，因此 y 和 x 值的变化对第一、二项数值的影响不及第三项大，结果是出口压力 p_2 随进口压力 p_1 的增加而略有下降。适当增大主阀芯直径 D，可以减小进口压力变化对出口压力的影响。

二、定差减压阀

定差减压阀可使进出油口压力差保持为定值。如图 9-19 所示，高压油（压力为 p_1）经节流口 x 减压后以低压 p_2 输出，同时低压油经阀芯中心孔将压力 p_2 引至阀芯上腔，其进出油压在阀芯上、下两端有效作用面积上产生的液压力之差与弹簧力相平衡，阀芯受力平衡方程为

$$p_1 \frac{\pi}{4}(D^2 - d^2) = p_2 \frac{\pi}{4}(D^2 - d^2) + k(x_0 + x) \tag{9-75}$$

式中 D、d——阀芯大端外径和小端外径；

k——弹簧刚度；

x_0、x——弹簧预压缩量和阀芯开口量。

由式（9-75）可求出定差减压阀进出油口压差 Δp 为

$$\Delta p = p_1 - p_2 = \frac{k(x_0 + x)}{\pi(D^2 - d^2)/4} \tag{9-76}$$

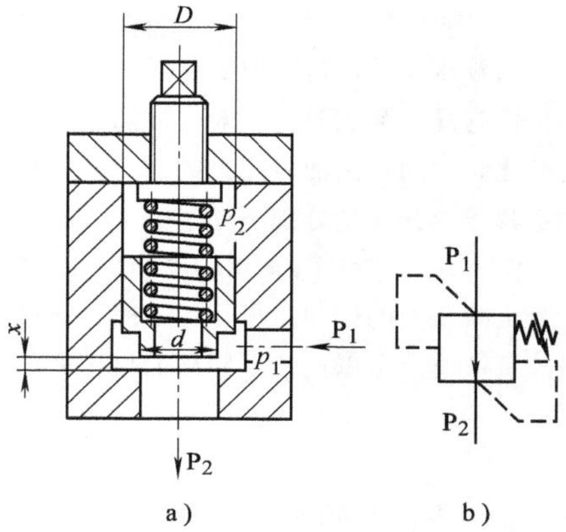

图 9-19 定差减压阀

a）结构图 b）图形符号

由式（9-76）可知，只要尽量减小弹簧刚度 k，并使 $x \ll x_0$，就可使压力差 Δp 近似保持为定值。

定差减压阀主要用来和其他阀组成复合阀，如定差减压阀和节流阀串联组成调速阀。

三、定比减压阀

定比减压阀可使进出油口压力的比值保持恒定。如图 9-20 所示，在稳态时，若忽略阀芯所受到的稳态液动力、阀芯的自重和摩擦力，则可得到阀芯受力平衡方程为

$$p_1 A_1 + k(x_0 + x) = p_2 A_2 \tag{9-77}$$

式中 k——弹簧刚度；

x_0、x——弹簧预压缩量及阀口开度。

其他符号如图 9-20 所示。若忽略弹簧力（因弹簧刚度较小），则有

$$\frac{p_2}{p_1} = \frac{A_1}{A_2} \tag{9-78}$$

由式（9-78）可知，只要适当选择阀芯的作用面积 A_1 和 A_2，便可得到所要求的压力比，且比值近似恒定。

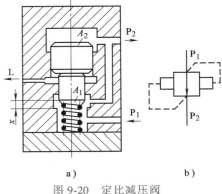

图 9-20　定比减压阀

a）结构图　b）图形符号

四、减压阀的主要静态性能指标

减压阀的主要静态性能指标有调压范围、压力稳定性、压力偏移、进油口压力变化引起的出油口压力变化量、流量变化引起的出油口压力变化量、外泄漏量、反向压力损失和动作可靠性等。

1. 调压范围

减压阀的调压范围是指减压阀的调压手轮从全松到全闭时，阀出油口压力的可调范围。减压阀的出油口压力应随调压手轮的调节而平稳地上升和下降，不应有突跳和迟滞现象。在实际应用时，减压阀的最低调整压力一般不能低于 0.5MPa，最高调整压力一般至少比系统压力低 0.5MPa。

2. 压力稳定性

压力稳定性是指出油口压力的振摆。对于额定压力为 16MPa 以上的减压阀，一般要求压力振摆值不超过 ±0.5MPa；对于额定压力为 16MPa 以下的减压阀，要求其压力振摆值不超过 ±0.3MPa。

3. 压力偏移

压力偏移是指出油口的调定压力在规定时间（一般按 1min 计算）内的偏移量。对于采用 H_a、H_b、H_c、H_d 四根不同调压弹簧的减压阀，其压力偏移值一般对应要求为 0.2MPa、0.4MPa、0.6MPa 和 1.0MPa。

4. 进油口压力变化引起的出油口压力变化量

当减压阀进油口压力变化时，必然会对出油口压力产生影响，出油口压力的波动值越小，减压阀的静态特性越好。测试时，一般使被测减压阀的进油口压力在比调压范围的最低值高 2MPa 至额定压力的范围内变化时，测量出油口压力的变化量。对于采用 H_a、H_b、H_c、H_d 四根不同调压弹簧的先导式减压阀，一般规定其压力变化量分别不超过 0.2MPa、0.4MPa、0.6MPa 和 0.8MPa。

5. 流量变化引起的出油口压力变化量

当减压阀的进油口压力恒定时，通过阀的流量变化往往会引起出油口压力的变化，使出油口压力不能保持调定值。可以用减压阀出油口压力的变化率 δ 表示。即

$$\delta = \frac{p_{20} - p_{2s}}{p_{2s}} \times 100\% \tag{9-79}$$

式中，p_{20} 和 p_{2s} 分别为通过减压阀的流量为零和额定流量时减压阀的出油口压力。δ 越小，减压阀的稳压性能越好。

6. 外泄漏量

外泄漏量是指当减压阀起减压作用时，每分钟从泄油口流出的先导流量，其数值一般应小于 1.5 ~ 2.0L/min。测试时，将被测减压阀的进油口压力调为额定压力，出油口压力为调压范围的最低值，测得的

泄油口流量即为外泄漏量。

7. 反向压力损失

对于单向减压阀，当反向通过额定流量时，减压阀的压力损失即为反向压力损失。一般规定反向压力损失应小于 0.4MPa。

第三节　顺　序　阀

顺序阀的作用是利用液流压力作为控制信号来控制油路的通断，因用于控制多个执行元件的动作顺序而得名。

顺序阀有直动式和先导式之分。根据控制压力来源的不同，有内控式和外控式之分；根据泄油方式的不同，有内泄式和外泄式两种。通过改变控制压力的来源、泄油方式以及二次油路的连接形式，顺序阀可实现多种用途，如内控内泄式顺序阀在系统中可用作背压阀，外控内泄式顺序阀可用作卸荷阀等。

一、直动式顺序阀

图 9-21 所示是具有控制活塞的 XF 型直动式顺序阀。它的阀芯通常为滑阀结构，其进油腔与控制活塞腔相连，外控口用螺塞 1 堵住，外泄油口单独接回油箱。当压力油通入进油腔后，经过阀体 4 和底盖 2 上的孔，进入控制活塞 3 的底部。当进油压力 p_1 低于调压弹簧 6 的预调压力时，阀芯 5 处于图示的关闭位置，将进、出油口隔开；当压力 p_1 增至大于调压弹簧 6 的预调压力时，阀芯 5 升起，将进、出油口接通。图 9-21 所示的直动式顺序阀中设置横截面面积比阀芯 5 小的控制活塞 3，其目的是减小调压弹簧 6 的刚度。图中控制油直接由进油口引入，泄油口单独接回油箱，这种控制形式即为内控外泄。若将底盖 2 在装配时转动 90° 或 180°，同时去掉螺塞 1，并接入外部控制油，便成为外控顺序阀；当出油口接回油箱时，若将端盖 7 转动 90° 或 180° 安装，并将泄油口堵住，则变为内泄式顺序阀。因此，通过上述方法，可得到内控内泄、外控外泄、外控内泄三种形式。

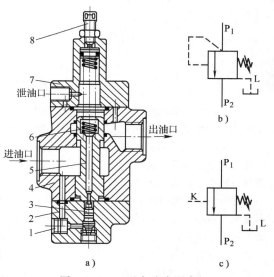

图 9-21　XF 型直动式顺序阀

a）结构图　b）内控外泄式顺序阀的图形符号

c）外控外泄式顺序阀的图形符号

1—螺塞　2—底盖　3—控制活塞　4—阀体

5—阀芯　6—调压弹簧　7—端盖　8—调节螺钉

由上述分析可知，顺序阀的动作原理与溢流阀相似，其主要区别在于：

1）顺序阀的出油口一般与负载油路相通，而溢流阀的出油口要接回油箱。

2）溢流阀的弹簧腔可以与出油口相通，而出油口与负载油路相通的顺序阀的泄油口应单独接回油箱，以免弹簧腔有油压。

3）溢流阀的进油口最高压力由调压弹簧来限定，并且由于液流溢回油箱，所以损失了液体的全部能量。而顺序阀的进油口压力由液压系统工况来定，进油口压力升高时阀口开度将不断增大，直至全开，出油口压力油对负载做功。

直动式顺序阀即使采用较小的控制活塞，其弹簧刚度仍然较大。由于顺序阀工作时的阀口开度大，阀芯的行程较大，因此造成这种顺序阀的启闭特性不够好。所以直动式顺序阀只用在压力较低（8MPa 以下）的场合。

二、先导式顺序阀

图 9-22 所示为先导式顺序阀，P_1 为进油口，P_2 为出油口，其工作原理与先导式溢流阀相似，所不同的

是顺序阀的出油口不接回油箱，而通向某一压力油路，因而其泄油口 L 必须单独接回油箱。

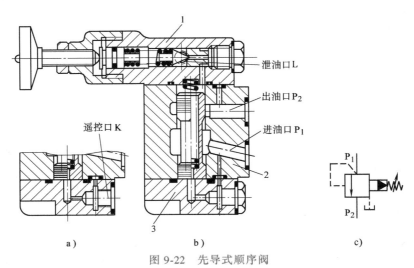

泄油口 L

出油口 P₂

进油口 P₁

遥控口 K

a）   b）   c）

图 9-22　先导式顺序阀

a）外控式　b）内控式　c）内控式先导顺序阀的图形符号

1—先导阀　2—主阀体　3—端盖

　　将先导阀 1 和端盖 3 在装配时相对于主阀体 2 转过一定位置，也可得到内控内泄、外控外泄、外控内泄三种形式。外控式顺序阀阀口开启与否，与阀的进油口压力大小无关，仅取决于外控口处控制压力的大小。

　　图 9-22 所示先导式顺序阀最大的缺点是外泄漏量过大。因先导阀是按顺序阀的压力调整的，当执行元件开始顺序动作后，压力将同时升高，将先导阀口开得很大，导致流量从先导阀处大量外泄。故在小流量液压系统中不宜采用这种结构。

　　图 9-23 所示的 DZ 型先导式顺序阀可使先导阀处的泄漏量大为减小。这种阀的主阀形式与单向阀相似，先导阀为滑阀式。主阀芯 5 在初始位置将进、出油口切断，进油口的压力油通过两条油路：一路经阻尼孔 6 进入主阀芯 5 上腔并到达先导阀芯 3 中部环形腔 a；另一路直接作用在先导阀芯 3 的左端。当进油口压力 p_1 低于先导阀调压弹簧 7 的调定压力时，先导滑阀在弹簧力的作用下处于图示位置。当进油口压力 p_1 大于先导阀调定压力时，先导阀芯 3 在左端液压力作用下右移，将先导阀中部环形腔 a 与通顺序阀出口的油路连通，于是顺序阀进油口压力 p_1 经阻尼孔、主阀上腔、先导阀流往出油口 P₂。由于阻尼孔 6 的作用，主阀上腔的压力低于下端（即进油口）压力 p_1，主阀芯开启，顺序阀进、出油口连通（此时 $p_1 \approx p_2$）。由于主阀芯上阻尼孔 6 的泄漏不流向泄油口 L（该泄油口 L 要单独接回油箱，图中未示出），而是流向出油口 P₂，又因主阀上腔液压力与先导滑阀所调压力无关，仅仅通过刚度很

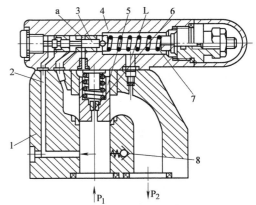

图 9-23　DZ 型先导式顺序阀

1—主阀体　2—先导级测压孔　3—先导阀芯

4—先导阀体　5—主阀芯　6—阻尼孔

7—调压弹簧　8—单向阀

弱的主阀弹簧与主阀芯下端液压力保持主阀芯的受力平衡，故出油口压力 p_2 近似等于进油口压力 p_1，压力损失小，其泄漏量和功率损失与图 9-22 所示的顺序阀相比大为减小。

　　在顺序阀的阀体内并联设置单向阀，可构成单向顺序阀。单向顺序阀也有内控、外控之分。

　　各种顺序阀的图形符号见表 9-1。

　　顺序阀最基本的应用是控制多个执行元件的顺序动作；与溢流阀相似，内控式顺序阀也可作为背压阀

使用；而应用外控式顺序阀可在系统中某处压力达到调定值时实现卸荷。

表 9-1　顺序阀的图形符号

控制与泄油方式	内 控 外 泄	外 控 外 泄	内 控 内 泄	外 控 内 泄	内控外泄加单向阀	外控外泄加单向阀
名称	顺序阀	外控顺序阀	背压阀	卸荷阀	内控单向顺序阀	外控单向顺序阀
图形符号						

第四节　平　衡　阀

　　为了防止负载自由下落而保持背压的压力控制阀称为平衡阀。它通常用来防止液压缸活塞因负载自重而快速下落，即限制液压缸活塞的运动速度。由顺序阀和单向阀简单组合而成的平衡阀，由于顺序阀有泄漏，长期停留时活塞将缓慢下降，因而它仅适用于支承自重不大且停留时间较短的系统。并且由于没有过流断面的精细控制和各种阻尼的配置等原因，其性能往往不够理想，不能应用于工程机械，如起重机、汽车吊、水工闸门启闭机等液压系统。由单向节流阀加液控单向阀构成的平衡回路，虽然泄漏量小、闭锁性能好，但因节流阀本身固有的流量负载特性，其活塞运动速度受负载变化的影响较大，负载变化大时甚至会发生振动。因此，这两种方式构成的平衡回路都有不足之处。

　　图 9-24 所示的液控限速平衡阀（也称单向截止调速阀或减速阀、制动阀），是在工程机械领域得到广泛应用的一种平衡阀结构。它具有超速自动调节功能，既能使工作部件平稳运行，又有很好的闭锁性能，适用于功率较大、负载变化而又要求下降平稳和能长时间锁紧的机构中。

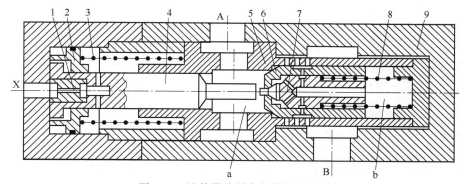

图 9-24　液控限速平衡阀结构原理图
1—阻尼孔　2—阻尼活塞　3、8—弹簧　4—控制活塞　5—阀套　6—主阀芯　7—先导阀芯　9—阀体

　　图 9-24 中油口 X 为控制油口，油口 B 为负载油口，油口 A 接动力源或油箱。其工作原理与带卸荷阀芯的液控单向阀相似，但反向开启时液控限速平衡阀的阀口具有节流调速功能；同时，其开口的大小又与控制压力相关，使得该阀具有超速自动调节能力。图中所示为该阀处于初始位置，在弹簧 3 和 8 的作用下，控制活塞 4 处于最左端位置，主阀芯 6 和先导阀芯 7 将 A、B 口之间的通道切断。此时 a 腔与 A 口相通，b 腔通过先导阀芯 7 内的轴向孔及先导阀芯 7、主阀芯 6、阀套 5 上的径向小孔与 B 口相通。当油液从 A 口流向 B 口时，a 腔油压克服 b 腔油压、弹簧 8 的弹簧力及主阀芯 6 的摩擦阻力，主阀芯 6 即被推开，压力油从 A 口进入 B 口，实现正向流动。在液压缸活塞上升过程中，如果 A 口压力因某种意外事故（例如与 A 口连

接的管路破裂或管接头拔脱）突然下降，由于此时 b 腔仍与 B 口相通，在 b 腔油压即负载压力的作用下，主阀芯 6 可立即关闭，防止重物坠下。当需要油液从 B 口流向 A 口（如活塞下行工况）时，在控制油口 X 无压力或压力未达到反向开启平衡阀所需的最小控制压力时，主阀芯 6 和先导阀芯 7 一直关闭。当达到所需值时，控制油压通过阻尼孔 1 缓冲后推动控制活塞 4 右移并顶开先导阀芯 7，使 b 腔通过先导阀芯内的轴向孔、斜向小孔及主阀芯的轴向孔与 A 口相通。同时，先导阀芯在主阀芯中右移，切断了 b 腔与 B 口的通路，由于此时 A 口为低压腔（通常接油箱），因而 b 腔卸荷，控制活塞继续右移，顶开主阀芯 6，使 B 口与 A 口相通，实现反向流动。反向开启时的控制压力主要取决于 b 腔（即 B 口）的液压力和控制活塞与先导阀芯的面积比，由于控制活塞一般比先导阀芯大很多，因而其最小控制压力不大。随着控制活塞 4 的右移，主阀芯 6 的控制棱边逐渐打开阀套 5 上的节流孔，阀口过流面积逐渐增大。同时，随着弹簧 3、8 被压缩，弹簧力也逐渐增大。当弹簧力与液压力平衡时，控制活塞 4 停止移动，处于某一平衡位置。平衡位置处的节流开口面积取决于控制压力的大小，即对应于一定的控制压力，得到一定的开口面积。在某一开口面积下，如果某种原因使负载运动速度突然加快，则通过阀口的流量立即增大，势必引起阀口前后压差迅速增大，即背压力迅速增大，以阻止活塞加速运动。由于节流口面积、控制油压以及从 B 口到 A 口的压差三者互相制约，并且决定了从 B 口至 A 口的流量即执行元件排出的流量，而这个流量又与输入执行元件的流量直接相关，因此可防止执行元件速度失控，这是液控限速平衡阀的独特之处。液控限速平衡阀反向开启时，可借助控制活塞 4 中的阻尼孔 1 和阻尼活塞 2 产生阻尼，使开启过程平稳、无冲击，而关闭时几乎无阻尼。实际应用中，在某些场合为了延缓关闭时间，改善闭合特性，可在 X 口油路上设置单向节流阀加以调整。

第五节　压力继电器

压力继电器又称为压力开关，是利用液体的压力信号来启闭电气触点的液压—电气转换元件。当系统某处的液压力上升或下降到由弹簧力调定的启、闭压力时，使微动开关通、断，发出电信号，控制电气元件（如电动机、电磁铁、各类继电器等）动作，实现液压泵的加载或卸荷，执行元件的顺序动作或系统的安全保护及连锁控制等功能。

一、压力继电器的结构和工作原理

压力继电器由压力—位移转换机构和电气微动开关等组成。前者通常包括感压元件、调压复位弹簧和限位机构等。按感压元件不同，压力继电器有柱塞式、薄膜式（膜片式）、弹簧管式和波纹管式四种结构形式。按照微动开关的结构，压力继电器有单触点式和双触点式之分。

1. 柱塞式压力继电器

柱塞式压力继电器如图 9-25 所示。当从控制油口 P 进入柱塞 1 下端的油液压力达到弹簧 5 预调设定的开启压力时，作用在柱塞 1 上的液压力克服弹簧力推动顶杆 2 上移，使微动开关 4 切换，发出电信号。当 P 口的液压力下降到闭合压力时，柱塞 1 和顶杆 2 在弹簧力作用下复位，同时微动开关 4 也在触点弹簧力作用下复位，压力继电器恢复至初始状态。调节螺钉 3 可调节弹簧的预紧力即压力继电器的启、闭压力。由 P 口通过柱塞泄漏的油液经外泄油口 L 接回油箱。柱塞式压力继电器结构简单，但灵敏度和动作可靠性较低。

2. 薄膜式压力继电器

薄膜式（膜片式）压力继电器如图 9-26 所示。当控制油口 P 的油液压力达到调压弹簧 10 的调定压力时，液压力通过薄膜 2 使柱塞 3 上移。柱塞 3 压缩调压弹簧 10，直至弹簧座 9 达到限位位置。同时柱塞 3 的锥面推动钢球 4 和 6 水平移动，钢球 4 使杠杆 1 绕销轴 12 转动，杠杆的另一端压下微动开关 14 的触点，发出电

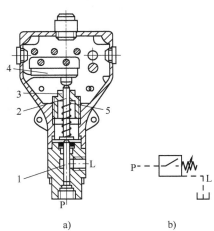

图 9-25　柱塞式压力继电器
a）结构图　b）图形符号
1—柱塞　2—顶杆　3—调节螺钉
4—微动开关　5—弹簧

信号。通过调节螺钉 11 可调节调压弹簧 10 的预紧力，即调节发出信号的液压力。当油口 P 的压力降到一定值时，调压弹簧 10 通过钢球 8 将柱塞 3 压下，钢球 6 靠弹簧 5 的力使柱塞定位，微动开关触点的弹簧力使杠杆 1 和钢球 4 复位，电路切换。由于柱塞 3 在上移和下移时存在摩擦力且方向相反，使压力继电器的开启和闭合压力并不重合。调节螺钉 7 可调节柱塞 3 移动时的摩擦力，从而使压力继电器的启闭压力差可在一定范围内改变。

薄膜式压力继电器的位移小，反应快，重复精度高；但工作压力低，且易受控制压力波动的影响。

3. 弹簧管式压力继电器

图 9-27 所示为弹簧管式压力继电器的结构。弹簧管 1 既是感压元件，又是弹性元件。当从 P 口进入弹簧管的油液压力升高或降低时，弹簧管伸展或复原，与其相连的压板 4 产生位移，从而启、闭微动开关 2 的触点 3 发出信号。

弹簧管式压力继电器的特点是调压范围大，启闭压力差小，重复精度高。

4. 波纹管式压力继电器

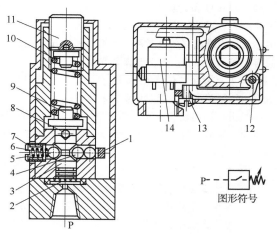

图 9-26　薄膜式压力继电器

1—杠杆　2—薄膜　3—柱塞　4、6、8—钢球　5—钢球弹簧　7、11—螺钉　9—弹簧座　10—调压弹簧　12—销轴　13—联接螺钉　14—微动开关

波纹管式压力继电器的结构如图 9-28 所示。P 口的油液压力作用在波纹管底部，当液压力达到调压弹簧 7 的设定压力时，波纹管被压缩，通过心杆推动杠杆 9 绕铰轴 2 转动，通过固定在杠杆上的微调螺钉 3 控制微动开关 8 的触点，发出电信号。

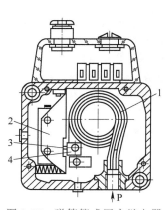

图 9-27　弹簧管式压力继电器

1—弹簧管　2—微动开关　3—触点　4—压板

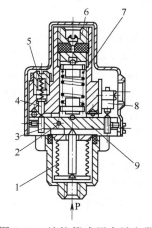

图 9-28　波纹管式压力继电器

1—波纹管组件　2—铰轴　3—微调螺钉　4—滑柱　5—副弹簧　6—调压螺钉　7—调压弹簧　8—微动开关　9—杠杆

由于杠杆有位移放大作用，心杆的位移较小，因而重复精度高。但因波纹管的侧向耐压性能差，因此波纹管式压力继电器不宜用于高压系统。

二、压力继电器的主要性能

压力继电器的主要性能包括调压范围、灵敏度和通断调节区间、重复精度以及升、降压动作时间等。

（1）调压范围　调压范围是指压力继电器能发出电信号的最低和最高工作压力之间的范围。

（2）灵敏度和通断调节区间 系统压力升高到压力继电器的调定值时，使其动作接通电信号的压力称为开启压力；系统压力降低，使压力继电器复位切断电信号的压力称为闭合压力。开启压力与闭合压力的差值称为压力继电器的灵敏度。为避免系统压力波动时压力继电器频繁通、断，要求开启压力与闭合压力之间有一可调的差值，称为通断调节区间。

（3）重复精度 在一定的调定压力下，多次升压（或降压）过程中，开启压力（或闭合压力）自身的差值称为重复精度。差值小则重复精度高。

（4）升、降压动作时间 压力继电器入口压力由卸荷压力升至调定压力，微动开关触点接通发出电信号的时间，称为升压动作时间。压力降低，微动开关触点断开发出断电信号的时间，称为降压动作时间。

思考题和习题

9-1 为什么溢流阀的弹簧腔泄漏油采用内泄，而减压阀的弹簧腔的泄漏油必须采用外泄？

9-2 现有三个外观形状相似的溢流阀、减压阀和顺序阀，铭牌已脱落，请根据其特点做出准确判断。

9-3 为什么说弹簧加载式压力阀不可避免地存在调压偏差？

9-4 先导式溢流阀中主阀阻尼小孔有何作用？若将阻尼小孔堵塞或加工成大的通孔，会出现什么问题？

9-5 将两个调整压力分别为5MPa和3MPa的溢流阀串联在液压泵的出口（第二个阀的出口接回油箱），则液压泵的出口压力是多少？若将两个调整压力分别为5MPa和3MPa的内控外泄顺序阀串联在液压泵的出口（第二个阀的出口接回油箱），则液压泵的出口压力是多少？

9-6 将两个调整压力分别为3MPa和5MPa的减压阀并联，并串接在液压泵出口与夹紧液压缸之间，若泵的出口压力为10MPa，则夹紧液压缸的夹紧压力为多少？若将上述两个减压阀串联接在液压泵与夹紧液压缸之间（3MPa在前，5MPa在后），泵的出口压力仍为10MPa，则夹紧液压缸的夹紧压力为多少？

9-7 有一滑阀结构的直动式溢流阀，已知：滑阀大直径$D=16$mm，阀口密封长度$L=2$mm，调压弹簧刚度$k=41.7$N/mm，弹簧预压缩量$x_0=6.5$mm，求阀的开启压力p_k及流经阀的流量$q=25$L/min时阀的进口压力p_s。阀口流量系数$C_d=0.65$，油液密度$\rho=900$kg/m^3，阀口开启后作用在阀芯上的稳态液动力不可忽略。

9-8 图9-14所示的YF型溢流阀中，已知主阀口过流通道直径$d_0=12$mm，主阀芯活塞直径$D=25$mm，主阀芯上端小直径$D_1=14.5$mm，下端小直径$D_2=15$mm，活塞宽度$l_0=10$mm，主阀弹簧刚度$k_1=4$N/mm，主阀芯半锥角$\alpha_1=45°$，阻尼孔直径$\phi_0=1$mm。先导阀座直径$d_2=5$mm，先导阀弹簧刚度$k_2=80$N/mm，先导阀芯半锥角$\varphi=20°$。当供油压力$p_1=16$MPa时，溢流阀处于工作状态。假定供油量$q=125$L/min时，阻尼小孔两端压力差$\Delta p=p_1-p_2=1.2$MPa，油液密度$\rho=900$kg/m^3，运动黏度$\nu=40$mm^2/s。试求：

（1）通过先导阀的过流量。

（2）先导阀芯的开口量。

（3）先导阀弹簧的预压缩量。

（4）主阀弹簧的预压缩量。

9-9 设计一先导式溢流阀，要求：额定工作压力为32MPa，调压范围为16~32MPa，额定工作压力下的压力变动量不大于5%，卸荷压力小于0.5MPa，采用板式连接方式。

第十章

流量控制阀

　　流量控制阀（以下简称流量阀）是在一定的压力差下，依靠改变节流口液阻的大小来控制通过节流口的流量，从而调节执行元件（液压缸或液压马达）运动速度的阀类。流量阀包括节流阀、调速阀、溢流节流阀和分流集流阀等。

　　对流量控制阀的主要性能要求是有足够的流量调节范围，速度刚度大，压力损失小，能保证稳定的最小流量，调节方便，泄漏小等。

第一节　节流口概述

一、节流口的流量特性

　　根据液压流体力学知识可知，液流流经薄壁孔、细长孔或狭缝等节流口时会遇到阻力，如果改变它们的通流面积或长度，则可以调节通过的流量。节流口根据形成液阻的原理不同分为三种基本形式：薄壁孔节流（以局部阻力损失为主）、细长孔节流（以沿程阻力损失为主）以及介于两者之间的节流（由局部阻力和沿程阻力混合组成的损失）。不同节流口流量特性的通用表达式为

$$q = KA\Delta p^m \tag{10-1}$$

式中　A——孔口或缝隙的通流面积；

　　　Δp——孔口或缝隙的前后压力差；

　　　K——节流系数，由节流口几何形状及流体性质等因素决定；

　　　m——由节流口形状和结构决定的指数，$0.5 \leqslant m \leqslant 1$，当节流口近似于薄壁刃口时，$m$ 接近于 0.5，当节流口近似于细长小孔时，m 接近于 1。

　　液流流经薄壁（或锐边）小孔（当小孔的长径比 $\dfrac{l}{d} \leqslant 0.5$ 时，可以看作薄壁小孔）的流量特性公式为

$$q = C_d A \sqrt{\frac{2\Delta p}{\rho}} \tag{10-2}$$

　　当小孔的长径比 $\dfrac{l}{d} > 0.5$ 时，可以看作细长孔。液流通过细长孔时多为层流，其流量特性公式为

$$q = \frac{\pi d^4 \Delta p}{128\mu l} \tag{10-3}$$

式中　d——小孔直径；

　　　μ——油液的动力黏度；

　　　l——小孔长度。

当液流流过平行缝隙时，通常为层流，其流量特性公式为

$$q = \frac{b\delta^3 \Delta p}{12\mu l} \tag{10-4}$$

式中　b——平行缝隙宽度；

　　　l——平行缝隙长度；

　　　δ——平行缝隙厚度。

对于采用淡水、海水或高水基等低黏度介质的节流口，流体在细长小孔或平行缝隙中的流态可能不是层流，则其流量特性需根据试验确定。

由式（10-1）可知，在一定压差 Δp 下，改变阀芯开口量可改变阀的通流面积 A，从而可改变通过阀的流量 q。这就是流量控制的基本原理。节流口的流量-压差特性曲线如图10-1所示。

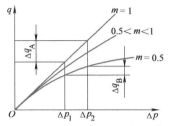

图 10-1　节流口流量-压差特性曲线

二、影响流量稳定性的因素

液压系统在工作时，希望节流口的通流面积调定后，流量 q 稳定不变。但实际上流量总会有变化，特别是小流量时流量不稳定的情况更加严重。由式（10-1）~式（10-4）可知，流量稳定性与节流口前后压差、油温及节流口形状等因素密切相关。

1. 压差 Δp 对流量稳定性的影响

在使用中，当节流口前后压差变化时，流量不稳定。式（10-1）中的 m 越大，Δp 的变化对流量的影响越大，因此阀口制成薄壁孔（$m = 0.5$）的流量阀的流量稳定性较好。

2. 温度对流量稳定性的影响

油温的变化会引起油液黏度的变化，从而对流量大小产生影响。这对细长孔式节流口是十分明显的。而对锐边或薄壁孔口而言，当雷诺数 Re 大于临界值时，流量系数不受油温影响；但当压差小，通流面积小时，流量系数与雷诺数 Re 有关，流量要受到油温变化的影响。因而阀口应采用锐边或薄壁孔口为好。

3. 最小稳定流量和流量阀调节范围

当阀口压差 Δp 一定，阀口面积调小到一定值时，流量将出现时断时续现象；进一步调小阀口面积，则可能断流，这种现象称为节流阀的阻塞。每个节流阀都有一个能正常工作的最小稳定流量，其值一般在 0.5L/min 左右。

节流口发生阻塞的主要原因是油液中的杂质、油液高温氧化后析出的胶质以及极化分子等附在节流阀口表面上。当阀口开度很小，这些附着层达到一定厚度时，就会使油液时断时续，甚至断流。

为减小阻塞现象，可采用水力直径大的节流口；另外，选择化学稳定性和抗氧化稳定性好的油液，精细过滤，定期换油，都有助于防止阻塞，降低最小稳定流量。

流量调节范围是指通过阀的最大流量和最小流量之比，一般在 50 以上，高压流量阀则在 10 左右。

三、常用节流口的形式

节流口是流量阀的关键部位。节流口形式及其特性在很大程度上决定着流量控制阀的性能。几种常用的节流口形式如图10-2所示。

1. 针阀式节流口（图10-2a）

当针阀做轴向移动时，即可改变环形节流开口的大小以调节流量。这种结构加工简单，但节流口长度大，水力半径小，易堵塞，流量受油温影响较大。一般用于对性能要求不高的场合。

2. 偏心式节流口（图10-2b）

这种形式的节流口在阀芯上开有一个截面为三角形（或矩形）的偏心槽，当转动阀芯时，就可以改变节流口的大小，以调节流量。这种节流口的性能与针阀式节流口相似，但容易制造。其缺点是阀芯上的径

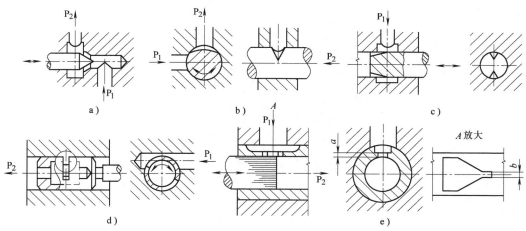

图 10-2　节流口的形式

a）针阀式　b）偏心式　c）轴向三角槽式　d）周边缝隙式　e）轴向缝隙式

向力不平衡，旋转阀芯时较费力，一般用于压力较低、流量较大和流量稳定性要求不高的场合。

3. 轴向三角槽式节流口（图 10-2c）

这种节流口在阀芯端部开有一个或两个斜的三角槽，轴向移动阀芯就可以改变三角槽通流面积从而调节流量。在高压阀中有时在轴端铣削斜面来代替三角槽以改善工艺性。这种节流口的水力半径较大，小流量时的稳定性较好。当三角槽对称布置时，液压径向力得到平衡，因此适用于高压。

4. 周边缝隙式节流口（图 10-2d）

这种节流口在阀芯上开有狭缝，油液可以通过狭缝流入阀芯内孔再经左边的孔流出，旋转阀芯可以改变缝隙节流开口的大小。周边缝隙式节流口可以做成薄刃结构，从而获得较小的最低稳定流量。但是阀芯径向受力不平衡，故只在低压节流阀中采用。

5. 轴向缝隙式节流口（图 10-2e）

这种节流口在套筒上开有轴向缝隙，轴向移动阀芯就可以改变缝隙的通流面积大小。这种节流口可以做成单薄刃或双薄刃式结构，因此流量对温度变化不敏感。此外，这种节流口的水力半径大，小流量时稳定性好，因而可用于对性能要求较高的场合。

第二节　节　流　阀

节流阀是一种最简单又最基本的流量控制阀，它是借助于控制机构使阀芯相对于阀体孔运动，以改变阀口的通流面积从而调节输出流量的阀类。节流阀有普通节流阀、单向节流阀、行程节流阀、单向行程节流阀等多种类型。按其调节功能，又可将节流阀分为简式和可调式两种。所谓简式节流阀，通常是指在高压下调节困难的节流阀，由于它没有对作用于节流阀芯上的液压力采取平衡措施，当在高压下工作时，调节力矩很大，因而必须在无压（或低压）下调节。相反，可调式节流阀由于在阀芯上采取了平衡措施，因而无论在何种工况下进行调节，其调节力矩都很小。

一、节流阀的结构与工作原理

1. 普通节流阀

图 10-3 所示为一种典型的节流阀结构图。压力油从进油口 P_1 流入，经节流口后从出油口 P_2 流出。节流口的形状为轴向三角槽式。阀芯 1 右端开有小孔，使阀芯左右两端的液压力抵消掉一部分，因而调节力矩较小，便于在高压下进行调节。当调节节流阀的手轮 3 时，可通过推杆 2 推动节流阀芯 1 左右移动。节流阀芯的复位靠弹簧 4 的弹力来实现。通过节流阀芯左右移动改变节流口的开口量，从而实现对流量的

调节。

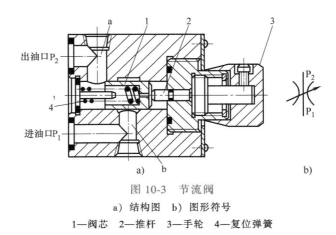

图 10-3　节流阀

a）结构图　b）图形符号

1—阀芯　2—推杆　3—手轮　4—复位弹簧

2. 单向节流阀

图 10-4 所示为 LA 型带压可调单向节流阀。当油液从 P_1 口流入，经过节流口从 P_2 口流出时，压力油经阀体 5 上的斜孔和阀芯 4 上的径向孔分别进入活塞 3 上腔和阀芯 4 下腔，使作用在阀芯及活塞上的轴向液压力基本平衡，以减小手轮的调节力矩。因此，该阀在带压下也能调节节流口的大小，进而调节流经阀的流量。当油液从 P_2 口反向流入时，液压力克服弹簧 6 的弹簧力，使阀芯 4 下移，节流口全开，油液从 P_1 口流出而不起节流作用，此时相当于单向阀的功能。

图 10-5 所示为力士乐公司的 MK 型单向节流阀。正向流动（由 B 到 A）时，起节流阀的作用，通过调节套 3，可以改变节流口面积，实现流量调节，但流量调节必须在无压力的条件下进行；反向流动（由 A 到 B）时，起单向阀的作用，由于有部分油液在环形缝隙中流动，因此可以清除节流口上的沉积物。

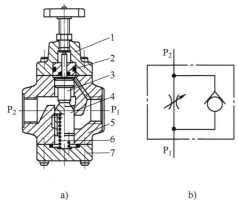

图 10-4　LA 型带压可调单向节流阀

a）结构图　b）图形符号

1—阀盖　2—顶杆套　3—活塞　4—阀芯

5—阀体　6—弹簧　7—底盖

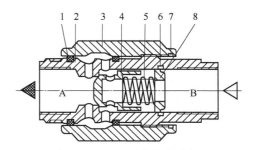

图 10-5　MK 型单向节流阀

1—密封圈　2—阀体　3—调节套　4—单向阀

5—弹簧　6、7—卡环　8—弹簧座

3. 行程节流阀

图 10-6 所示为 CF 型行程节流阀。压力油由进油口 P_1 进入，经节流后由出油口 P_2 流出。在行程挡块未接触滚轮前，节流口的面积最大，流经阀的流量也最大。当行程挡块接触滚轮时，推动阀芯逐渐往下移动，使节流口面积逐渐减小，流经阀的流量也逐渐减少，执行机构的速度也越来越慢，直到挡块将节流口完全关闭，执行机构停止运动。这种阀能使执行机构实现快速前进、慢速进给；也可用来使执行机构在行程末

端减速，起缓冲作用。行程节流阀的另一种形式是常闭式，随着阀芯下移，节流口开度从零逐渐增大，流经阀的流量逐渐增加，执行机构的速度也越来越快。

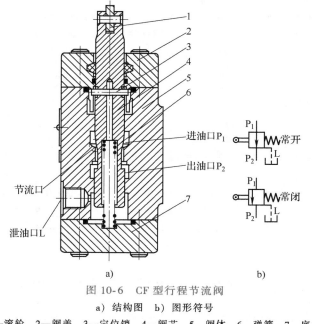

图 10-6　CF 型行程节流阀

a）结构图　b）图形符号

1—滚轮　2—阀盖　3—定位销　4—阀芯　5—阀体　6—弹簧　7—底盖

4. 单向行程节流阀

图 10-6 所示的行程节流阀与单向阀组合可构成单向行程节流阀，如图 10-7 所示。当压力油从进油口 P_1 流入，从出油口 P_2 流出时，起行程节流阀的作用；当压力油反向从出油口 P_2 流入，从进油口 P_1 流出时，起单向阀的作用。其节流口也有常开和常闭两种形式。

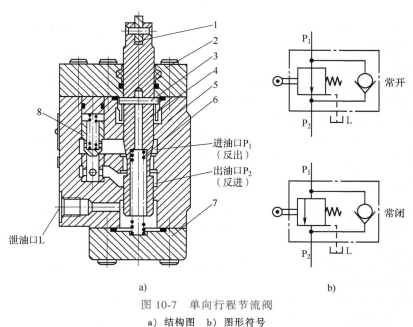

图 10-7　单向行程节流阀

a）结构图　b）图形符号

1—滚轮　2—阀盖　3—定位销　4—阀芯　5—阀体　6—弹簧　7—底盖　8—单向阀

二、节流阀的刚度

图 10-8 所示为节流阀在不同开口时的流量-压差特性曲线。由图 10-8 可知，即使节流阀开口面积 A 不变，也会因负载波动引起阀口前后压差 Δp 发生变化，从而导致流经阀口的流量 q 不稳定。一般定义节流阀开口面积一定时，节流阀前后压差 Δp 的变化量与流经阀的流量变化量之比为节流阀的刚度。即

$$T = \frac{\partial \Delta p}{\partial q} \qquad (10\text{-}5)$$

将式（10-1）代入式（10-5），得

$$T = \frac{\Delta p^{1-m}}{KAm} \qquad (10\text{-}6)$$

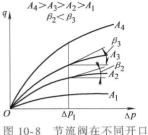

图 10-8 节流阀在不同开口时的流量-压差特性曲线

节流阀的刚度 T 相当于其流量-压差特性曲线上某点的切线与横坐标夹角 β 的余切。

显然，刚度 T 越大，节流阀的性能越好；减小 m 值，可提高节流阀的刚度。因此，目前使用的节流阀多采用 $m = 0.5$ 薄壁小孔作为节流口。此外，加大节流阀两端的压差 Δp 也有利于提高节流阀的刚度。但 Δp 过大，不仅会造成压力损失增加，而且可能导致阀口面积太小而出现堵塞。

三、节流阀的主要性能指标

节流阀的性能指标除了上述流量-压差特性外，主要有流量调节范围、流量变化率、内泄漏量、压力损失等。

1. 流量调节范围

流量调节范围是指当节流阀的进出油口压差为最小值（一般为 0.5MPa）时，由小到大改变节流口的通流面积，它所通过的最小稳定流量和最大流量之间的范围。

2. 流量变化率

当节流阀进出油口压差为最小值时，将节流阀的流量调至最小稳定流量，并保持进油腔油温为 (50 ± 5)℃，每隔 5min 用流量计测量一次流量，共测量六次，将测得的最大和最小流量的差值与流量的平均值之比称作流量变化率。节流阀的最小流量变化率一般不大于 10%。

3. 内泄漏量

内泄漏量是指节流阀全关闭，进油腔压力调至额定压力时，油液由进油口经阀芯和阀体之间的配合间隙泄漏至出油口的流量。

4. 压力损失

正向压力损失是指节流口全开，通过额定流量时，进油口与出油口之间的压力差。对于单向节流阀而言，油液反向流过单向阀时的压力差称为阀的反向压力损失。

节流阀常与定量泵、溢流阀和执行元件一起组成节流调速回路。若执行元件的负载不变，则节流阀前后压差一定，通过改变节流阀的开口面积，可调节流经节流阀的流量（即进入执行元件的流量），从而调节执行元件的运动速度。此外，在液压系统中，节流阀还可起到负载阻力以及压力缓冲等作用。

四、节流阀的设计要点

节流阀设计的主要内容是根据液压系统对节流阀的要求（包括工作压力范围、最大流量、最小稳定流量、允许的压力损失等）选择节流口的形式，计算节流阀开口面积，具体设计步骤如下。

1. 结构形式的选择

节流阀的结构形式主要根据工作压力和调节特性的要求来确定。如工作压力较高时，可选用轴向三角槽式节流口；工作压力较低但要求调节灵敏时，可选用缝隙式节流口；要求油温变化对流量的影响小时，应采用薄刃结构，必要时可采用温度补偿的方式；当要求带压进行流量调节时，应考虑阀芯上液压力的平衡问题。

2. 节流阀进出油口压差 Δp 的确定

在工作状态下，节流阀进出油口压差将随系统中执行元件负载的变化在很大范围内变动。在设计节流

阀时要确定一个 Δp 值，以此作为计算节流阀开口大小以及通过的最小稳定流量和最大流量的依据。

由式（10-1）可知，对于一定的流量，阀进出油口压差 Δp 取值越大，阀的开口面积就越小，阀口就越容易堵塞。因此，从获得较小的稳定流量和不易堵塞的角度考虑，Δp 应取小一些。但从节流阀的刚度来看〔式（10-6）〕，为了得到较大的刚度，Δp 应取大一些。这两个要求相互矛盾，在设计确定 Δp 时应根据具体情况而定。一般取 $\Delta p = 0.15 \sim 0.4\text{MPa}$，要求获得较小稳定流量的节流阀取小值，对刚度要求较大的节流阀取大值。

3. 节流阀最大和最小开口面积的确定

节流阀的最大开口面积 A_{max} 应保证在最小的进出油口压差 Δp_{min} 作用下能够通过要求的最大流量 q_{max}；节流阀的最小开口面积 A_{min} 应保证在最大的进出油口压差 Δp_{max} 作用下能够通过最小流量 q_{min}，且不会出现堵塞现象。即

$$A_{\text{max}} = \frac{q_{\text{max}}}{K\Delta p_{\text{min}}^m} \tag{10-7}$$

$$A_{\text{min}} = \frac{q_{\text{min}}}{K\Delta p_{\text{max}}^m} \geqslant [A_{\text{min}}] \tag{10-8}$$

式中　$[A_{\text{min}}]$——节流口不发生堵塞的最小开口面积，其值与节流口的结构形式有关。

4. 节流阀通流部分的尺寸

节流阀通流部分任意过流断面（节流口除外）的液流速度应不超过液压管路内的流速，一般不超过 6m/s。同时，应使流道局部阻力尽量减小。

节流阀的设计还包括阀芯受力分析、弹簧设计、内泄漏量的计算、手轮调节力矩的计算、零件强度校核等，在此不作讨论。

第三节　调　速　阀

节流阀由于刚性差，在节流开口一定的条件下通过它的工作流量受工作负载（即其出油口压力）变化的影响，不能保持执行元件运动速度的稳定。因此，它仅适用于负载变化不大和对速度稳定性要求不高的场合。由于工作负载的变化很难避免，在对执行元件速度稳定性要求较高的场合，采用节流阀调速不能满足要求。

为了改善调速系统的性能，通常是对节流阀进行压力补偿。一种补偿方法是将定差减压阀与节流阀串联起来组合成调速阀，另一种方法是将溢流阀与节流阀并联起来组合成溢流节流阀。这两种压力补偿方式是利用流量的变化引起油路压力的变化，通过阀芯的负反馈作用，来自动调节节流阀口两端的压差，使其基本保持不变。

油温的变化也必然会引起油液黏度的变化，从而导致通过节流阀的流量发生改变。为了减小温度变化对流量的影响，出现了温度补偿型调速阀。

一、调速阀的结构及工作原理

调速阀是一种由节流阀与定差减压阀串联组成的流量控制阀。图10-9a所示是定差减压阀在前、节流阀在后的一种调速阀形式，一般的调速阀均采用这种结构。图10-9b、c所示分别为该调速阀的详细图形符号和简化图形符号。调速阀由于有两个外接油口，故又称为二通型流量阀。阀的进油口压力 p_1 经定差减压阀阀口减压为 p_2，然后经节流阀阀口降为 p_3 输出，节流阀的进出油口压力 p_2 与 p_3 经阀体内部流道反馈作用在定差减压阀阀芯的两端，与作用在阀芯上的弹簧力 F_t 相比较，阀芯两端的作用面积相等，记为 A。若忽略液动力等因素的影响，则定差减压阀阀芯受力平衡处于某一位置时，该阀芯两端的压力差，即节流阀进出油口压力差 $\Delta p = p_2 - p_3 = F_t/A$ 为一确定值，定差减压阀的开口一定，使压力 p_1 降至 p_2。因此，流经调速阀（或节流阀）的流量与节流阀的开口面积成正比。

在节流阀开口面积一定时，若系统的负载变化引起调速阀的进油口或出油口压力 p_1 与 p_3 变化，因为有定差减压阀的压力补偿作用，可以保证节流阀的进出油口压力差 $\Delta p = F_t/A$ 基本不变，从而保证流经调速阀的流量不变。定差减压阀的压力补偿原理如下：

1）若系统工作负载增大导致调速阀的出油口压力 p_3 增大，在调速阀进油口压力 p_1 不变的情况下，流

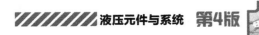

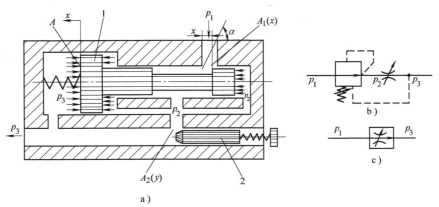

图 10-9 定差减压阀在前节流阀在后的调速阀的结构原理图
a）结构图　b）详细图形符号　c）简化图形符号
1—定差减压阀　2—节流阀

经调速阀的流量因总压差有减小的趋势；但 p_3 增大的同时，使定差减压阀阀芯的受力平衡状态被破坏，阀芯向阀口增大的方向移动，使定差减压阀的减压作用减弱，于是 p_2 增大，直到 p_2-p_3 恢复到原来的值，定差减压阀阀芯在新的位置达到受力平衡状态为止。

2）若调速阀的进油口压力 p_1 增大，则在调速阀出油口压力 p_3 不变的情况下，流经调速阀的流量有增大的趋势；但流量增大将导致节流阀的进油口压力 p_2 增大，于是定差减压阀阀芯的受力平衡状态被破坏，阀芯向阀口减小的方向移动，使定差减压阀的减压作用增强，阀口的压力差增大，使节流阀进油口压力 p_2 降低并恢复到原来的值，因此节流阀进出油口压力差保持不变。

图 10-10 所示为力士乐公司的一种调速阀结构原理图。油液从 A 口流入，经节流口 8、弹簧腔、减压阀口后，从 B 口流出。通过调节旋钮 1 可以调节节流口的开度。弹簧 7 分别压紧节流阀芯 9 和压力补偿器 6（定差减压阀）的阀芯。当没有油液流过时，压力补偿器阀芯在弹簧力作用下处于最下端，减压阀口全开。当 A 口有油液流入时，压力油通过阻尼孔 5 作用在压力补偿器阀芯底部，与节流口 8 的出油口压力及弹簧力平衡，由于弹簧 7 的弹簧力较小，可保证节流口 8 的进出油口压力差基本不变，进而实现对节流口的压力补偿，保证调速阀流量的稳定性。阻尼孔 5 除了将 A 口的压力引入压力补偿器阀芯底部外，还会增加补偿器阀芯动态运动过程的阻尼，以提高其工作稳定性。该阀的节流阀芯与压力补偿器阀芯共用阀套和弹簧，不仅改善了加工工艺性，而且使整体结构简单、紧凑。

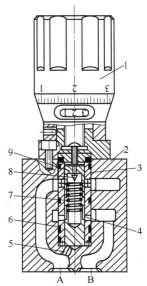

图 10-10 调速阀结构原理图
1—调节旋钮　2—阀体　3—阀套
4—减压阀口　5—阻尼孔
6—压力补偿器　7—弹簧
8—节流口　9—节流阀芯

二、调速阀的静态特性分析

对于图 10-9 所示的调速阀，其静态特性可用下列静态特性方程来描述：

1）流经定差减压阀阀口的流量 q_1 为

$$q_1 = C_{d1}A_1(x)\sqrt{\frac{2}{\rho}(p_1 - p_2)} \tag{10-9}$$

式中　C_{d1}——定差减压阀阀口流量系数；

$A_1(x)$——定差减压阀阀口面积；

　　p_1——定差减压阀进油口压力；

　　p_2——定差减压阀出油口、节流阀进油口压力。

2）定差减压阀阀芯受力平衡方程为

$$p_2A - p_3A - k(x_0 + \delta - x) + 2C_{d1}Wx\cos\alpha(p_1 - p_2) = 0 \qquad (10\text{-}10)$$

式中　A——定差减压阀阀芯的受力面积；

　　p_3——节流阀出油口压力；

　　k——定差减压阀的弹簧刚度；

　　δ——定差减压阀的预开口长度；

　　x_0——定差减压阀的弹簧预压缩量；

　　W——定差减压阀阀口的面积梯度；

　　x——定差减压阀的阀口开度；

　　α——定差减压阀的阀口射流角。

3）流经节流阀阀口的流量为

$$q_2 = C_{d2}A_2(y)\sqrt{\frac{2}{\rho}(p_2 - p_3)} \qquad (10\text{-}11)$$

式中　C_{d2}——节流阀阀口流量系数；

　　$A_2(y)$——节流阀阀口面积。

4）根据流量连续性原理，并且不计泄漏，则调速阀的流量为

$$q = q_1 = q_2$$

联立以上四个方程，理论上可求得节流阀阀口面积 $A_2(y)$ 调定后流经调速阀的流量 q 与调速阀进油口压力 p_1（出油口压力 p_3 为定值）或出油口压力 p_3（进油口压力 p_1 为定值）之间的关系，即调速阀的压力-流量特性。但因为方程为高次方程，直接求解困难，因此，一般根据节流阀进出油口压力差的表达式来间接分析调速阀的压力-流量特性。

由式（10-10）可求得节流阀进出油口压力差的表达式为

$$p_2 - p_3 = \frac{1}{A}\left[kx_0\left(1 + \frac{\delta - x}{x_0}\right) - 2C_{d1}Wx\cos\alpha(p_1 - p_2)\right] \qquad (10\text{-}12)$$

由于定差减压阀在调速阀中起比较和补偿两方面的作用，因此，当负载干扰引起节流阀的流量波动被节流阀检测为压差信号后，一方面与设定的压差比较，另一方面通过定差减压阀阀芯的位移（阀口开度变化）进行压力补偿，以保证节流阀进出油口压力差 $p_2 - p_3$ 不变。显然，在定差减压阀对压力进行补偿时，因阀口开度 x 的变化，在导致弹簧压缩量变化并引起弹簧力变化的同时〔变化量为 $k(\delta - x)$〕，还会引起液动力 $2C_{d1}Wx\cos\alpha(p_1 - p_2)$ 的变化。因此由式（10-12）可知，节流阀进出油口压力差 $p_2 - p_3$ 不可能完全保证恒定，而只能基本不变。为了减小 $p_2 - p_3$ 的变动量，设计调速阀时应尽量加大弹簧预压缩量，使 $x_0 \gg \delta - x$，同时增大定差减压阀的受力面积 A，以减小液动力变化的影响。

由于定差减压阀的压力补偿功能，调速阀的流量稳定性与节流阀相比有了质的提高，性能良好的调速阀在负载波动引起压力变化时，其流量变动量不大于 $\pm5\%$。

为保证定差减压阀能发挥压力补偿作用，使用调速阀调节流量时应注意以下几点：

1）调速阀可以是定差减压阀在前、节流阀在后，也可以是节流阀在前、定差减压阀在后。图 10-11a 所示为节流阀在前、定差减压阀在后的调速阀的结构原理图，图 10-11b、c 所示分别为该调速阀的详细图形符号和简化图形符号。在结构设计确定了调速阀的进出油口之后，安装时不能将进出油口接反，否则定差减压阀将始终处于最大开口，不起减压补偿作用。

2）节流阀进出油口的压力差不得小于 kx_0/A，否则定差减压阀将处于最大开口，而不起减压补偿作用。为此，应限定调速阀的进出油口压力差的最小值。一般调速阀正常工作时，进出油口压力差不能低于最小工作压差。

3）当调速阀出油口负载很小时，定差减压阀阀口将承担较大的压力差，此时液压功率几乎全部损失在

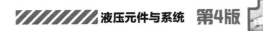

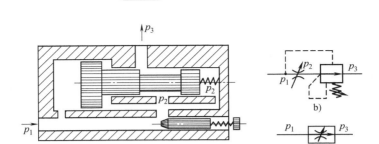

图 10-11 节流阀在前、定差减压阀在后的调速阀的结构原理图

a）结构图 b）详细图形符号 c）简化图形符号

压力补偿器上，所消耗的功率将产生无效的热能，使油液温度升高。

三、调速阀的主要性能指标

1. 最小工作压差

最小工作压差即调速阀进出油口的最小压力差，是指将节流口全开，流过额定流量时，调速阀进油口和出油口的压力力差（即 p_1-p_3）。压力差过低，减压阀部分不能正常工作，就不能对节流阀进行有效的压力补偿，影响流量的稳定性。

2. 最小稳定流量

最小稳定流量是指调速阀能正常工作的最小流量，要求流量变化率不大于 10%，不出现断流等现象。

3. 流量调节范围

流量调节范围是指当调速阀处于最小工作压差状态时，由小到大地改变节流口的通流面积，它所通过的最小稳定流量和最大流量之间的范围。

4. 内泄漏量

内泄漏量是指节流口全关时，将调速阀的进油口压力调节至额定压力，从出油口流出的流量。

5. 进油口压力变化对流量的影响

进油口压力变化对流量的影响是将流经阀的流量调整至比最小稳定流量高 1~2 倍，使出油口的流量直接回油箱，然后测量进油口在最低（由最小工作压差决定）和最高工作压力时流量的变化率。一般要求其流量变化率应小于 10%。

6. 出油口压力变化对流量的影响

出油口压力变化对流量的影响是将流经阀的流量调整至比最小稳定流量高 1~2 倍，使进油口压力为额定压力，然后测出出油口在最低（直接回油箱的压力）和最高（额定压力减去最小工作压差）工作压力时，流经阀的流量变化率，一般应小于 10%。

进油口或出油口压力变化对流量的影响可以统一用流量变化率 η_q 表示。即

$$\eta_q = \frac{q_{max} - q_{min}}{\bar{q}} \times 100\% \tag{10-13}$$

式中 q_{max}、q_{min}——在某一调定流量下，当调速阀的进油口压力或出油口压力变化时，偏离调定流量的流量最大值和偏离调定流量的流量最小值；

$\bar{q}$——流量平均值，$\bar{q} = \dfrac{q_{max}+q_{min}}{2}$。

四、调速阀的设计计算

（一）结构设计

1. 定差减压阀部分

图 10-12 所示是较为典型的几种定差减压阀结构。下面将对阀芯、阀套和阀口进行分析。

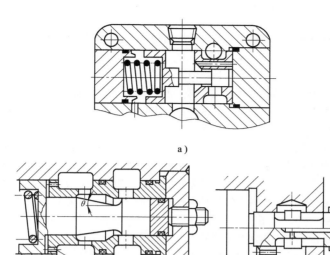

a)

b)　　　　　　　　　　　　　c)

阻尼小孔

图 10-12　调速阀中定差减压阀的典型结构

a) 阀套较短　b) 阀套有阻尼小孔　c) 无阀套

（1）阀芯　图 10-12 所示的阀芯均为大小头两级同心结构，其中图 10-12b 中的阀芯在中部呈锥形，这是为了减小稳态液动力的影响，从而改善调速阀调节流量的稳定性。从理论上讲，设计合理的出油口流速并选定恰当的角度 θ，就可以消除液动力的影响。但油液流过锥形阀腔的流动很复杂，要精确计算稳态液动力很困难。另外，考虑到减压阀的动态特性，完全消除稳态液动力反而不会起到好的作用，因此，阀芯的半锥角 θ 常要通过试验来确定。

（2）阀套　定差减压阀中阀芯配合面有加阀套和不加阀套（图 10-12c）两种类型。若不加阀套，可以使阀的体积减小，但难以保证有关零件的加工精度，这对减压阀阀芯的动作是不利的，所以常采用加阀套的结构。图 10-12b 中的阀套上有阻尼小孔，用于改善减压阀的动态稳定性。图 10-12a 中的阀套较短，虽然可以减小阀芯与阀套间的摩擦阻力，但减压阀阀口的出油口压力直接作用在阀芯大端右侧，使阀芯动作的稳定性较差。

（3）阀口　减压阀阀口有圆柱形和弓形两种形状。图 10-13a 所示为圆柱形阀口，图 10-13b~d 所示为弓形阀口。圆柱形阀口由于阀芯有微小位移时，通流面积会有较大的变化，即面积梯度大，因而减压阀灵敏度高，但阀芯的稳定性稍差；弓形阀口阀芯的稳定性则较好，但灵敏度稍低。不过，只要采用多个弓形阀口，如图 10-13d 所示为四个对称弓形阀口，在阀芯位移量相同时，就可比图 10-13b 所示的单弓形阀口和图 10-13c 所示的双弓形阀口有较大的通流面积，从而使减压阀获得较好的稳定性和较高的灵敏度。

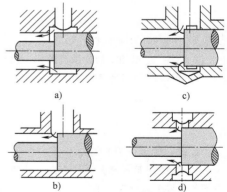

图 10-13　调速阀中减压阀阀口的结构

a) 圆柱形阀口　b)~d) 弓形阀口

减压阀阀口处要设法消除油液对阀芯的径向不平衡力，以避免阀芯移动时由此力引起的附加摩擦阻力，这就是常在阀体或阀套出口处开沉割槽的原因，如图 10-13a、b 所示。图 10-13d 中，沉割槽开在阀套的外侧，这时应尽量使四个径向小孔的中心线与阀芯的轴线垂直相交，并且径向小孔的直径要一致。

此外，减压阀部分常设置限位螺钉，可以根据需要限制阀口的最大开口量，使减压阀进入减压状态时能有较快的响应速度。

2. 节流阀部分

节流阀部分主要是确定适宜的节流口形式,并设计出结构简单、指示清晰的调节机构。这里只讨论节流口形式的确定。

在调速阀中,节流阀部分的节流口是由阀芯运动的形式来确定的。调节时,节流阀阀芯的运动有旋转运动、轴向移动和螺旋运动三种。旋转运动的阀芯多采用偏心式节流口,如图 10-2b 所示。这种节流口结构简单、加工方便,但径向力不平衡,在高压下使用时调节力较大;同时,由于其从全开到全闭的转角不大,故难以实现微量调节。轴向移动的阀芯与调节手轮部分分体,节流口多采用薄刃式结构,如图 10-14a ~ e 所示。螺旋运动的阀芯与调节手轮部分连成一体,节流口也采用薄刃式结构,如图 10-14f 所示。

采用薄刃式节流口可以提高调节流量的稳定性,特别是在小开口量的场合,这对于调速阀而言是尤为重要的。根据加工的可能性,薄刃式节流口制成单薄刃和双薄刃结构。单薄刃结构只在阀芯的节流边处加工成薄刃状,如图 10-14a、b、f 所示。双薄刃结构只在有阀套时才能采用,这时在阀芯和阀套的节流边处均加工成薄刃状,如图 10-14c ~ e 所示。由于加了阀套以后加工比较方便,节流口通流面积的形状除了弓形外,还可以采用其他更复杂的形状以适应调节流量的要求,如图 10-15 所示。图 10-15a 所示结构容易加工,能获得较小的最小稳定流量,但能通过的最大流量不大,常用在额定流量较小且最小稳定流量要求也较小的场合。图 10-15b 所示结构不易加工,它能通过的最大流量较大,常用在额定流量较大而最小稳定流量没有严格要求的场合。图 10-15c 所示结构加工更加困难,但它能通过的最大流量较大,而且可以获得很小的最小稳定流量。

当调速阀在出油口压力较高的情况下工作时,还应考虑作用于阀芯上的轴向力。图 10-14a、e、f 所示结构因为节流阀阀芯的左端通外泄油口,所以消除了作用在阀芯上的轴向力,使手轮的调节力很小。

(二) 计算方法

调速阀的计算包括几何尺寸的确定、减压阀弹簧的设计计算、性能计算和强度计算,其中强度计算部分从略。

1. 几何尺寸的确定 (图 10-16)

(1) 进出油口直径 d、减压阀阀芯台肩大直径 D、中直径 D_1、小直径 d_1,节流阀阀芯台肩大直径 D_2、小直径 d_2(单位均为 m)

1) 阀的进出油口直径 d 应满足

$$d \geqslant \sqrt{\frac{4q_n}{\pi [v_s]}} \tag{10-14}$$

式中　q_n——阀的额定流量;

　　$[v_s]$——进出油口的许用流速,一般取 $[v_s] = 6\text{m/s}$。

2) 节流阀阀芯台肩大直径 D_2、小直径 d_2 一般按经验取。即

$$D_2 \geqslant 2.2 \times 10^{-3} \sqrt{q_n} \tag{10-15}$$

$$d_2 \geqslant 0.5 D_2 \tag{10-16}$$

此时 q_n 的单位为 L/min。

3) 减压阀阀芯台肩中直径 D_1、小直径 d_1 的确定方法与 D_2、d_2 一样。减压阀阀芯台肩大直径 D 可按照下面的经验公式确定。即

$$D = (2 \sim 2.5) D_1 \tag{10-17}$$

(2) 减压阀阀套沉割槽宽度 B 和尺寸 H　B 和 H 可根据结构布置确定,在结构允许的范围内,应适当加大 B 和 H,使油液在沉割槽中的流速小于许用流速。即

$$BH \geqslant \frac{q_n}{2[v_s]} \tag{10-18}$$

(3) 减压阀阀套径向孔直径 d_{j1} 和孔数 z_{j1}　通常取径向孔的孔数 $z_{j1} = 4$。阀套径向孔 d_{j1} 处的流速应小于

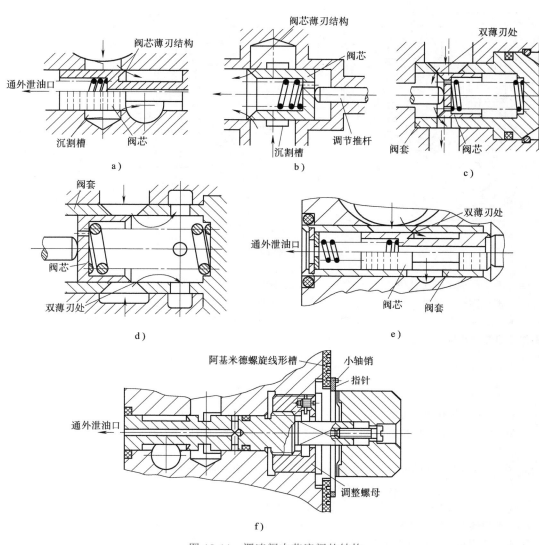

图 10-14 调速阀中节流阀的结构

a）~e）轴向移动的阀芯与调节手轮部分分体　f）螺旋运动的阀芯与调节手轮部分连成一体

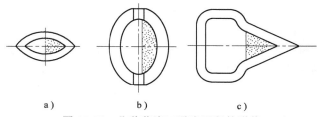

图 10-15 几种节流口通流面积的形状

许用流速 $[v_s]$。即

$$d_{j1} \geqslant \sqrt{\frac{4q_n}{\pi z_{j1} [v_s]}}$$

（10-19）

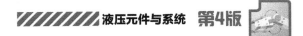

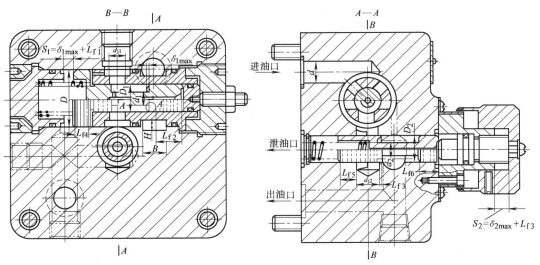

图 10-16 调速阀的结构图

（4）节流阀进油口孔直径 d_{j2}　d_{j2} 处的流速也应小于 $[v_s]$，其计算方法与式（10-19）类似。

（5）减压阀阀口的最大开口量 $\delta_{1\max}$　在确定减压阀阀口的最大开口量 $\delta_{1\max}$ 时，先要求出调速阀在进出油口压力差为工作压力范围最低值并通过额定流量时应保证的通流面积 A_1，然后根据通流面积的形状转换出相应的最大开口量 $\delta_{1\max}$。即

$$A_1 = \frac{q_n}{z_{j1} C_{d1} \sqrt{\dfrac{2\Delta p_1}{\rho}}} \tag{10-20}$$

式中　C_{d1}——减压阀阀口流量系数；

　　　Δp_1——减压阀阀口在最大开口量并通过额定流量时，阀口前后压力差的设定值，可取

$$\Delta p_1 = [\Delta p_{\min}]_s - \Delta p_2 ;$$

　$[\Delta p_{\min}]_s$——根据调速阀工作压力范围最低值 $[\Delta p_{\min}]$ 而确定的设计值，可取

$$[\Delta p_{\min}]_s = [\Delta p_{\min}] - (0.2 \sim 0.5)\text{ MPa} ;$$

　　　Δp_2——节流阀进出油口压力差，可取 $\Delta p_2 = 0.2 \sim 0.3$ MPa。

（6）节流阀节流口的最大开口量 $\delta_{2\max}$（图中未画出）　先根据节流阀节流口流量压力方程，求出节流口面积 A_2，再根据通流面积的形状转换出相应的最大开口量 $\delta_{2\max}$。即

$$A_2 = \frac{q_n}{z_{j2} C_{d2} \sqrt{\dfrac{2\Delta p_2}{\rho}}} \tag{10-21}$$

式中　C_{d2}——节流阀阀口流量系数；

　　　A_2——在设定的节流口进出油口压力差 Δp_2 及额定流量下，节流口的通流面积；

　　　z_{j2}——节流阀节流口通流面积的个数。

其余符号的含义同式（10-20）。

（7）减压阀阀芯行程 S_1

$$S_1 = \delta_{1\max} + L_{f1} \tag{10-22}$$

式中　L_{f1}——减压阀阀口全关闭时的封油长度。

（8）节流阀阀芯行程 S_2

$$S_2 = \delta_{2\max} + L_{f3} \tag{10-23}$$

式中　L_{f3}——节流阀节流口全关闭时的封油长度。

2. 减压阀弹簧的设计计算

若忽略减压阀阀芯的重力及摩擦力，则减压阀在弹簧力 F_t、液压力和稳态液动力 F_s 的作用下处于平衡状态。即

$$F_t = \frac{\pi D^2}{4} \Delta p_2 + F_s \tag{10-24}$$

$$F_s = \frac{\rho q_n^2 \cos\alpha}{C_{d1} A_1(\delta_1)} \tag{10-25}$$

式中　α——减压阀阀口射流角，对于圆柱滑阀，一般取 $\alpha = 69°$；

$A_1(\delta_1)$——减压阀阀口通流面积，它随阀口开口量 δ_1 的变化而变化。

只要求出减压阀阀口在最大开口量时弹簧的最小工作负荷 F_{t1} 和阀芯行程 $S_1 = \delta_{1max} + L_{f1}$ 时弹簧的最大工作负荷 F_{t2}，就可计算出弹簧刚度及弹簧的其他参数。

3. 性能计算

（1）流量变化率 η_q　调速阀的流量变化率 η_q 反映了在给定的节流口开口量下，当进出油口压力变化时（即 $p_1 - p_3$ 变化时）调节流量的恒定性。节流口的开口量越大，通过调速阀的流量也越大，这时由于作用在减压阀阀芯上的稳态液动力加大，对流量稳定性的影响也较为显著。所以，设计时只要计算节流口在最大开口量 δ_{2max} 时的流量变化率，并校验其值是否满足规定要求即可。

减压阀阀口流量的计算公式为

$$q = C_{d1} A_1(\delta_1) \sqrt{\frac{2(p_1 - p_2)}{\rho}} \tag{10-26}$$

式中　p_1——调速阀进油口压力；

p_2——减压阀出油口压力。

节流阀阀口流量的计算公式为

$$q = C_{d2} A_2(\delta_2) \sqrt{\frac{2(p_2 - p_3)}{\rho}} \tag{10-27}$$

式中　$A_2(\delta_2)$——节流阀阀口通流面积；

p_3——调速阀出油口压力。

减压阀阀芯的受力平衡方程为

$$k(x_0 + \delta_{1max} - \delta_1) = (p_2 - p_3)A + \frac{\rho q^2 \cos\alpha}{C_{d1} A_1(\delta_1)} \tag{10-28}$$

式中　k——减压阀弹簧刚度；

x_0——减压阀弹簧预压缩量；

δ_1——减压阀阀口开口量；

A——减压阀阀芯大端面积。

联立式（10-26）~式（10-28），可求得

$$p_1 - p_3 = \frac{\rho q^2}{2C_{d2}^2 [A_2(\delta_2)]^2} \left\{ 1 + \frac{C_{d2}^2 [A_2(\delta_2)]^2}{C_{d1}^2 [A_1(\delta_1)]^2} \right\} \tag{10-29}$$

$$q = \sqrt{k(x_0 + \delta_{1max} - \delta_1) \Big/ \left\{ \frac{\rho A}{2C_{d2}^2 [A_2(\delta_2)]^2} + \frac{\rho \cos\alpha}{C_{d1} A_1(\delta_1)} \right\}} \tag{10-30}$$

当给定减压阀阀口的开口量 δ_1 时，相应的通流面积 $A_1(\delta_1)$ 也可求出。联立式（10-29）和式（10-30）便可得出 q-$(p_1 - p_3)$ 的关系曲线，从而找出调速阀进出油口压差 $p_1 - p_3$ 在设计要求的工作压力范围内的最大流量 q_{max} 和最小流量 q_{min}，再根据式（10-13）即可求出流量变化率 η_q。

（2）进出油口最低工作压差 Δp_{min}　根据节流阀在最大开口量和最小开口量时的两条 q-$(p_1 - p_3)$ 关系曲线，可找出流量变化率达到设计要求值 $[\eta_q]$ 时调速阀的进出油口最低工作压差 Δp_{min}。前面已经求出节流阀在最大开口量时的 q-$(p_1 - p_3)$ 关系曲线。所谓节流口的最小开口量，是指通过调速阀的流量为最小

稳定流量时的开口量。最小开口量可用试凑法得出：先假定几个较小的节流口开口量，然后对每一假定的开口量再给定不同的减压阀阀口开口量 δ_1，根据式（10-29）和式（10-30）求出每一假定节流口开口量下的 q-(p_1-p_3) 关系曲线，这些曲线中流量变化的平均值 $\overline{q}$ 达到或小于设计要求的最小稳定流量 $[q_{min}]$ 者，就是所求节流口最小开口量时的 q-(p_1-p_3) 曲线。

此外，调速阀的性能计算还包括额定压力下内泄漏量和外泄漏量的计算。可在分析调速阀内、外泄漏通道的基础上，根据偏心环状缝隙公式，分别求出内、外泄漏量，此处不做详细介绍。

第四节　温度补偿调速阀

虽然由于定差减压阀的压力补偿作用，调速阀能够在负载变化的工况下保证节流阀前后压力差不变，从而保证其流量稳定性，但是在油液温度发生变化时，由于油液黏度随之改变，将引起雷诺数和流量系数的变化，从而影响调速阀流量的稳定性。

为了减小温度变化对流量的影响，常采用带温度补偿的调速阀。图 10-17 所示的温度补偿调速阀由减

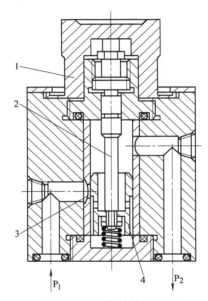

图 10-17　温度补偿调速阀

1—手柄　2—温度补偿杆　3—节流口　4—节流阀阀芯

压阀（图中未画出）和节流阀两部分组成。其特点是在手柄 1 和节流阀阀芯 4 之间采用了温度补偿杆 2。温度补偿杆 2 由热胀系数较大的材料（如聚氯乙烯塑料）制成。当节流口调整好后，节流阀正常工作，此时若温度升高，则油的黏度变小，通过节流口的流量将变大；同时，温度补偿杆 2 变长，使节流口开口量有所减小，流量基本上恢复到原来的调定值。

第五节　溢流节流阀

溢流节流阀由定差溢流阀与节流阀并联而成。当负载压力变化时，定差溢流阀的补偿作用使节流阀两端压力差保持恒定，从而使通过节流阀的流量仅与其通流面积成正比，而与负载压力无关。图 10-18a 所示为溢流节流阀工作原理图。由图可见，从液压泵输出的压力油（压力为 p_1），一部分通过节流阀 4 的阀口由出油口流出，压力降到 p_2，进入液压缸 1 克服负载 F 而以速度 v 运动；另一部分则通过溢流阀 3 的阀口溢回油箱。溢流阀上端的油腔与节流阀出口的压力油（压力为 p_2）相通，下端的油腔与节流阀入口的压力

油（压力为 p_1）相通。溢流节流阀由于有三个外接油口，因而又称为三通型流量阀。图 10-18b、c 所示分别为溢流节流阀的详细图形符号和简化图形符号。

当忽略溢流阀阀芯自重及摩擦力时，溢流阀阀芯受力平衡方程为

$$p_2A + k(x_0 + \delta + x) + F_s = p_1A_1 + p_1A_2 \quad (10\text{-}31)$$

式中　　k——溢流阀弹簧刚度；

　　　　x_0——溢流阀弹簧预压缩量；

　　　　δ——溢流阀开启（$x = 0$）时阀芯的位移（即阀芯的封油长度）；

　　　　x——阀口开口量；

　　　　F_s——溢流阀阀芯所受的稳态液动力；

A、A_1、A_2——面积，如图 10-18a 所示，阀芯面积 $A = A_1 + A_2$。

设计时，使 $x_0 + \delta \gg x$，若忽略稳态液动力 F_s，则有

$$p_1 - p_2 \approx \frac{k(x_0 + \delta)}{A} \quad (10\text{-}32)$$

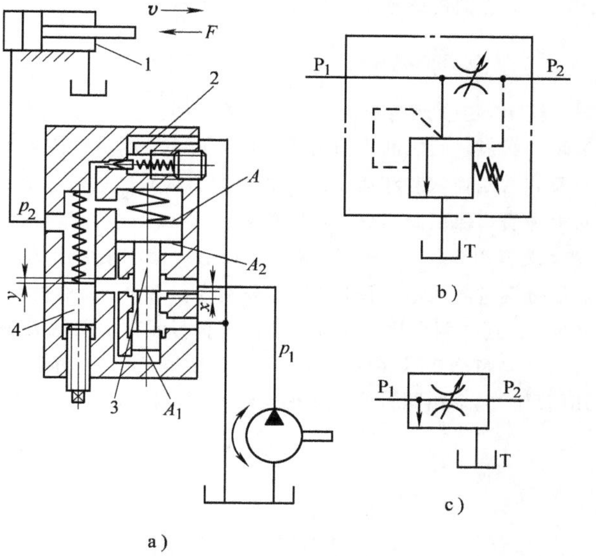

a)

图 10-18　溢流节流阀工作原理图

a) 结构图　b) 详细图形符号　c) 简化图形符号
1—液压缸　2—安全阀　3—溢流阀　4—节流阀

211

即节流阀两端压力差 $p_1 - p_2$ 基本保持恒定。

在稳态工况下，当负载力 F 发生变化，如负载力 F 增加时，使 p_2 升高，溢流阀阀芯因受力平衡状态被破坏而向下运动，溢流阀口开口量 x 将减小，p_1 随即上升，使得节流阀两端压力差 $p_1 - p_2$ 保持不变。同理可分析负载力减小时的情况。

当负载压力 p_2 超过其调定压力时，图 10-18a 中的安全阀 2 将开启。由于定差溢流阀的压力补偿作用，节流阀进出油口压差仍基本保持恒定，因而通过节流阀的流量基本不变。但此时节流阀出油口流量中有一部分通过安全阀回油箱，因此进入执行元件的流量减小，其速度有所降低。

调速阀和溢流节流阀虽然都是通过压力补偿来保持节流阀两端的压力差不变，但两者在性能和应用上有一定差别。调速阀常应用在由液压泵和溢流阀组成的定压油源供油的节流调速系统中，它可以安装在执行元件的进油路、回油路或旁油路上。而溢流节流阀只用在进油路上，泵的供油压力 p_1 将随负载压力 p_2 而改变，因此系统功率损失小、效率高、发热量小，这是其最大优点。此外，溢流节流阀本身具有溢流和安全功能，因而与调速阀不同，进油口处不必单独设置溢流阀。但溢流节流阀中流过的流量比调速阀大（一般为系统的全部流量），阀芯运动时阻力较大，弹簧较硬，其结果是使节流阀前后压力差 Δp 加大（必须达到 $0.3 \sim 0.5$ MPa）。因此，它的流量稳定性稍差，一般用于对速度稳定性要求不太高而功率较大的系统。

第六节　分流集流阀

分流集流阀（简称分流阀）包括分流阀、集流阀及兼有分流、集流功能的分流集流阀。分流阀的作用是实现液压系统中由同一个能量源向两个执行元件供应相同的流量（等量分流），或成一定比例向两个执行元件供应流量（比例分流），以使两个执行元件的速度保持同步或成定比关系。集流阀的作用则是从两个执行元件中收集等流量或成比例的回油量，以使两个执行元件的速度同步或成定比关系。分流集流阀则兼有分流阀和集流阀

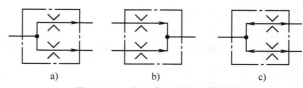

图 10-19　分流集流阀图形符号

a) 分流阀　b) 集流阀　c) 分流集流阀

的功能。它们的图形符号如图 10-19 所示。

一、分流阀

图 10-20 所示为分流阀的结构原理图。它由两个固定节流孔 1 和 2、阀体 5、阀芯 6 和两个对中弹簧 7 等零件组成。阀芯的中间台肩将阀分成完全对称的左右两部分。位于左边的油室 a 通过阀芯上的轴向小孔与阀芯右端弹簧腔相通，位于右边的油室 b 通过阀芯上的另一轴向小孔与阀芯左端弹簧腔相通。装配时由对中弹簧 7 保证阀芯处于中间位置，阀芯两端台肩与阀体沉割槽组成的两个可变节流口 3、4 的通流面积相等（液阻相等）。将分流阀装入系统后，液压泵输出的压力油（压力为 p_0）经过液阻相等的固定节流孔 1 和 2 分别进入油室 a 和 b（压力分别为 p_1 和 p_2），然后经可变节流口 3 和 4 至出油口 I 和 II（压力分别为 p_3 和 p_4），通往两个执行元件。在两个执行元件的负载相等时，两出油口压力 $p_3 = p_4$，即两条支路的进出油口压力差和总液阻（固定节流孔和可变节流口的液阻和）相等，因此输出流量 $q_1 = q_2$。当两个执行元件的几何尺寸完全相同时，可实现运动速度的同步。

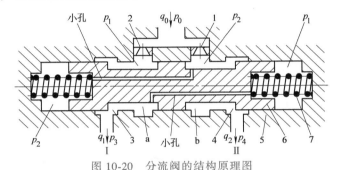

图 10-20　分流阀的结构原理图

1、2—固定节流孔　3、4—可变节流口　5—阀体　6—阀芯　7—弹簧

若执行元件的负载变化导致支路 I 的出油口压力 p_3 大于支路 II 的出油口压力 p_4，在阀芯未动作，两支路总液阻仍相等时，压力差 $p_0 - p_3 < p_0 - p_4$，这势必导致输出流量 $q_1 < q_2$。输出流量的偏差一方面使执行元件的速度出现不同步，另一方面又使固定节流孔 1 的压力损失小于固定节流孔 2 的压力损失，即 $p_1 > p_2$。因 p_1 和 p_2 被分别反馈作用到阀芯的右端和左端，其压力差将使阀芯向左移动，可变节流口 3 的通流面积增大，液阻减小；可变节流口 4 的通流面积减小，液阻增大。于是支路 I 的总液阻减小，支路 II 的总液阻增大。总液阻的改变反过来使支路 I 的流量 q_1 增加，支路 II 的流量 q_2 减小，直至 $q_1 = q_2$，$p_1 = p_2$，阀芯受力重新平衡，阀芯稳定在新的位置工作，两执行元件的速度恢复同步。显然，固定节流孔在这里起检测流量的作用，它将流量信号转换为压力信号 p_1 和 p_2；可变节流口在这里起压力补偿作用，其通流面积（液阻）通过压力 p_1 和 p_2 的反馈作用进行控制。

二、分流集流阀

图 10-21 所示为一螺纹插装、挂钩式分流集流阀的结构及工作原理图。图中二位三通电磁阀通电后在右位接入时起分流阀作用；断电时左位接入，起集流阀作用。

该阀有两个完全相同的带挂钩的阀芯 1，其上有固定节流孔 4，按流量规格不同，固定节流孔直径及数量不同；流量越大，孔数和孔径越大；两侧流量比例为 1:1 时，两阀芯上固定节流孔完全相同。阀芯上还有通油孔及沉割槽，沉割槽与阀套上的圆孔组成可变节流口。用作分流阀时，左阀芯沉割槽右边与阀套孔的左侧，以及右阀芯沉割槽左边与阀套孔的右侧同时起可变节流口的作用；而起集流阀作用时，左阀芯沉割槽左边与阀套孔的右侧，以及右阀芯沉割槽右边与阀套孔的左侧同时起可变节流口的作用。弹簧 5 的刚度比两根完全相同的弹簧 3 的刚度大。

现分析起分流阀作用时的工作原理。假设两缸完全相同，开始时负载力 F_1 和 F_2 以及负载压力 p_1' 和 p_2' 完全相等。供油压力为 p_s，流量 q 等分为 q_1 和 q_2，活塞速度 v_1 与 v_2 相等。由于流量 q_1 和 q_2 流经固定节流孔

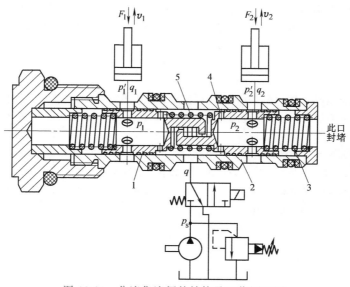

图 10-21 分流集流阀的结构及工作原理图

1—阀芯 2—阀套 3、5—弹簧 4—固定节流孔

产生的压力差作用，两阀芯相离，挂钩互相钩住，两根弹簧 3 产生相同变形。此时，若 F_1 或 F_2 发生变化，则两负载力及负载压力不再相等。假设 F_1 增大，p_1' 升高，则 p_1 也将升高。这时两阀芯将同时右移，使左边的可变节流口开大，右边的可变节流口关小，从而使 p_2 也升高，阀芯处于新的平衡状态。若忽略阀芯位移引起的弹簧力变化等影响，p_1 和 p_2 在阀芯位移后仍近似相等，因而通过固定节流孔的流量即负载流量 q_1 和 q_2 也相等，此时左侧可变节流口两端压差 $p_1 - p_1'$ 虽比原来小，但阀口通流面积增大，而右侧可变节流口两端的压差 $p_2 - p_2'$ 虽增大，但阀口通流面积减小，因此此两侧负载流量 q_1 和 q_2 在 $F_1 > F_2$ 后仍基本相等。但 F_1 增大后，q_1 和 q_2 比原来小，即一侧负载加大后，两侧流量和速度虽仍能保持相等，但比原来的要小。同样的分析可知，当 F_1 减小后，两侧流量和速度也能相等，但比原来的要大。

起集流阀作用时，两缸中的油液经阀集流后回油箱。此时，由于压力差作用两阀芯相抵。同理可知，两缸负载不等时，活塞速度和流量也能基本保持相等。

三、分流精度及其影响因素

分流精度用相对分流误差 ζ 表示。等量分流（集流）阀的分流误差 ζ 表示为

$$\zeta = \frac{q_1 - q_2}{q/2} \times 100\% = \frac{2(q_1 - q_2)}{q_1 + q_2} \times 100\% \tag{10-33}$$

一般分流（集流）阀的分流误差为 2% ~ 5%，其值的大小与进口流量的大小和两出油口油液压差的大小有关。分流（集流）阀的分流精度还与使用情况有关，如果使用方法适当，可以提高其分流精度，使用方法不适当，会降低其分流精度。

影响分流精度的因素有以下几个方面：

1）固定节流孔前后的压力差对分流误差有影响。压力差大时，对流量变化反应灵敏，分流效果好，分流误差小；反之，压力差太小时，分流精度低。因此，推荐固定节流孔的压力差不低于 0.5 ~ 1.0MPa。但压力差不宜过大，否则会使分流阀的压力损失过大。

2）两个可变节流孔处的液动力和阀芯与阀套间的摩擦力不完全相等而产生分流误差。

3）阀芯两端弹簧力不相等会引起分流误差。因此，在能够克服摩擦力，保证阀芯能够恢复中位的前提下，应尽量减小弹簧刚度 k 及阀芯的位移量。

4）两个固定节流孔口的几何尺寸误差会引起分流误差。

由于上述诸多因素的影响，分流（集流）阀即使在稳态工况时，也会引起两路流量的差别，从而给位置同步控制系统带来位置同步误差。由于分流（集流）阀对于位置同步控制而言是一种开环控制，因此，阀本身无法纠正其产生的位置同步误差。

思考题和习题

10-1 绘制节流阀在前、定差减压阀在后串联而成的调速阀的结构原理图，并说明其工作原理。

10-2 在节流调速系统中，如果调速阀的进、出油口接反了，将会出现什么情况？试根据调速阀的工作原理进行分析。

10-3 将调速阀和溢流节流阀分别装在液压缸的回油路上，能否起到稳定速度的作用？

10-4 设计一调速阀，主要技术指标为：额定压力 $p_n = 32\text{MPa}$，工作压力范围 $p = 1 \sim 32\text{MPa}$，额定流量 $q_n = 200\text{L/min}$，流量调节范围为 $20 \sim 200 \text{ L/min}$，最小稳定流量 $q_{min} \leqslant 20 \text{ L/min}$，进口压力变化时的流量变化率不大于 10%。油液密度取 $\rho = 900\text{kg/m}^3$。

第十一章

方向控制阀

方向控制阀是用来使液压系统中的液路通断或改变液体的流动方向，从而控制液压执行元件的起动或停止，改变其运动方向的阀类。如单向阀、换向阀、压力表开关等均为方向控制阀。

第一节 单 向 阀

单向阀是一种只允许液流沿一个方向通过，而反向液流被截止的方向阀。根据它在液压系统中的作用，对单向阀的主要性能要求是：液流正向通过时压力损失要小；反向截止时密封性要好；动作灵敏，工作时无撞击，噪声小。

单向阀包括普通单向阀和液控单向阀两类。

一、普通单向阀

普通单向阀（简称单向阀）主要由阀体、阀芯和弹簧等零件组成。阀芯可以是球阀，也可以是锥阀。按进出油口流道的布置形式，单向阀可分为直通式和直角式两种。直通式单向阀进油口和出油口流道在同一轴线上；而直角式单向阀进出油口流道则成直角布置。图 11-1 所示为管式连接的钢球式直通单向阀和锥阀式直通单向阀的结构及图形符号。液流从 P_1 口（压力为 p_1）流入时，克服弹簧力而将阀芯顶开，再从 P_2 口流出（压力 $p_2 = p_1 - \Delta p$，Δp 为阀口压力损失）。当液流反向流入时，由于阀芯被压紧在阀座密封面上，所以液流被截止不能通过。

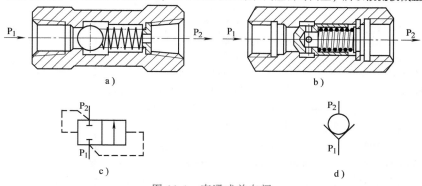

图 11-1 直通式单向阀

a）钢球式直通单向阀 b）锥阀式直通单向阀 c）详细图形符号 d）简化图形符号

钢球式直通单向阀的结构简单，但密封性不如锥阀式，并且由于钢球没有导向部分，所以工作时容易产生振动和噪声，一般用在流量较小的场合。锥阀式应用最多，虽然结构比钢球式复杂一些，但其导向性好，密封可靠。

图 11-2 所示为板式连接的直角式单向阀。在该阀中，液流从 P_1 口流入，顶开阀芯后，直接经阀体的铸造流道 P_2 口流出，压力损失小，而且只要打开端部螺塞即可对内部进行维修，十分方便。

单向阀中的弹簧主要用来克服摩擦力、阀芯的重力和惯性力，使阀芯在反向流动时能迅速关闭，所以单向阀中的弹簧较软。单向阀的开启压力一般为 0.03～0.05MPa，并可根据需要更换弹簧。如将单向阀中的软弹簧更换成合适的硬弹簧，即成为背压阀，这种阀通常安装

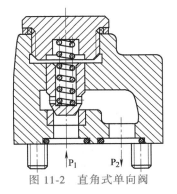

图 11-2　直角式单向阀

在液压系统的回油路上，用以产生 0.3～0.5MPa 的背压。此外，单向阀常被安装在液压泵的出口，一方面防止系统的压力冲击影响液压泵的正常工作，另一方面在液压泵不工作时防止系统的油液倒流经液压泵回油箱。单向阀还被用来分隔油路以防止干扰，并可与其他阀并联组成复合阀，如单向顺序阀、单向节流阀等。

二、液控单向阀

液控单向阀是可以用来实现逆向流动的单向阀，它有不带卸荷阀芯的简式液控单向阀和带卸荷阀芯的卸载式液控单向阀两种结构形式，如图 11-3 所示。

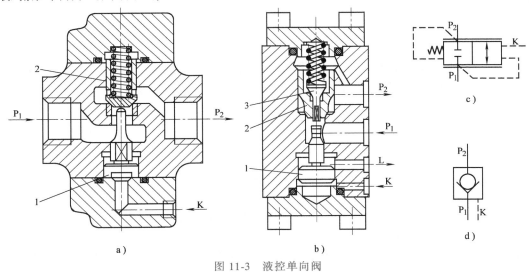

图 11-3　液控单向阀

a）简式液控单向阀　b）卸载式液控单向阀　c）详细图形符号　d）简化图形符号
1—控制活塞　2—单向阀芯　3—卸荷阀芯

图 11-3a 所示为简式液控单向阀的结构。当控制口 K 无压力油时，其工作原理与普通单向阀一样，压力油只能从进油口 P_1 流向出油口 P_2，反向流动被截止。当控制口 K 有控制压力 p_K 作用时，在液压力作用下，控制活塞 1 向上移动，顶开阀芯 2，使油口 P_1 和 P_2 相通，油液就可以从 P_2 口流向 P_1 口。在图示形式的液控单向阀中，控制压力 p_K 最小应为主油路压力的 30%～50%。

图 11-3b 所示为带卸荷阀芯的卸载式液控单向阀。当控制油口 K 通入压力油（压力为 p_K），控制活塞 1 上移，先顶开卸荷阀芯 3，使主油路卸压，然后再顶开单向阀芯 2。这样可大大减小控制压力，使其控制压力约为主油路工作压力的 5%，因此可用于压力较高的场合。同时可避免简式液控单向阀中当控制活塞推开单向阀芯时，高压封闭回路内油液的压力突然释放所产生的较大的冲击和噪声。

上述两种结构形式的液控单向阀，按其控制活塞处的泄油方式，又均有内泄式和外泄式之分。图 11-3a 所示为内泄式，其控制活塞的背压腔与进油口 P_1 相通。图 11-3b 所示为外泄式，其控制活塞的背压腔直接通油箱，这样反向开启时就可减小 P_1 腔压力对控制压力的影响，从而可减小控制压力。故一般在液控单向阀反向工作时，如出油口压力较低，可采用内泄式；反之，则应采用外泄式。

三、双液控单向阀

双液控单向阀（又称双向液压锁）的结构原理如图 11-4 所示。两个相同结构的液控单向阀共用一个阀体，在阀体 6 上开有四个主油孔 A、A_1 和 B、B_1。当液压系统中某一油路从 A 腔流入该阀时，液压力自动顶开阀芯 2，使 A 腔与 A_1 腔连通，油液从 A 腔向 A_1 腔正向流通；同时，液压力将控制活塞右推，顶开阀芯 4，将 B_1 腔与 B 腔连通，使原来封闭在 B_1 腔中的油液能够从 B 腔反向流出。反之，如果 B 腔通压力油路，则油液一方面从 B_1 口流出，另一方面推动控制活塞左移并顶开阀芯 2，使封闭在 A_1 腔中的油液能够从 A 口反向流出。

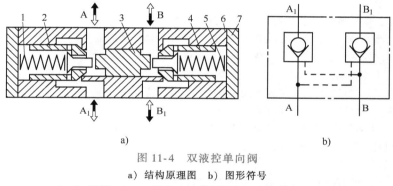

图 11-4　双液控单向阀
a）结构原理图　b）图形符号
1、5—弹簧　2、4—阀芯　3—控制活塞　6—阀体　7—端盖

总之，双液控单向阀的工作原理是当一个单向阀正向进油时，可使另一个单向阀反向导通。而当 A 口或 B 口都没有压力油时，A_1 腔与 B_1 腔的反向油液被阀芯与阀座封闭。

双液控单向阀多用于液压缸两腔均需保压或在行程中需要锁紧的液压系统中。与采用两个独立的液控单向阀相比，双液控单向阀具有安装使用简便、不需要外接控制油路等优点。

四、主要性能

单向阀的主要性能指标是正向最小开启压力、正向流动压力损失和反向泄漏量。

1. 正向最小开启压力

正向最小开启压力是指使阀芯刚开启时进油口的最小压力。作为单向阀或背压阀使用时，因弹簧刚度不同，其正向最小开启压力有较大差别。

2. 正向流动压力损失

正向流动压力损失是指单向阀通过额定流量时所产生的压力降。压力损失包括由于弹簧力、摩擦力等产生的开启压力损失和液流的流动损失。为了减小压力损失，可以选用开启压力小的单向阀。

3. 反向泄漏量

反向泄漏量是指当液流反向进入单向阀时，通过阀口的泄漏流量。一个性能良好的单向阀应做到反向无泄漏或泄漏量极微小。当系统有较高的保压要求时，应选用泄漏量小的结构，如锥阀式单向阀。

对液控单向阀而言，除了上述性能指标要求外，还有反向最小开启控制压力，即能使单向阀反向开启的控制口的最小压力。一般外泄式单向阀的反向最小开启控制压力比内泄式小，卸载式比简式的反向最小开启控制压力小。

此外，当液控单向阀在控制活塞作用下开启时，不论是正向流动还是反向流动，它的压力损失仅仅是

由油液的流动阻力产生的，而与弹簧力无关。因此，在相同流量下，其压力损失比控制活塞不起作用时的正向流动压力损失小。

第二节 换 向 阀

换向阀是利用阀芯和阀体间相对位置的不同，来变换阀体上各主油口的通断关系，实现各油路连通、切断或改变液流方向的阀类。换向阀是液压系统中用量最大、品种和名称最复杂的一类阀。根据换向阀的作用，对换向阀性能的基本要求有：液流通过换向阀时压力损失要小；液流在各关闭油口之间的缝隙泄漏量小；换向可靠，动作灵敏；换向平稳无冲击。

一、换向阀的分类及结构介绍

换向阀可以按不同的方法进行分类。

1. 按结构特点分类

按照结构特点，换向阀可分为滑阀型、锥阀型和转阀型。

（1）滑阀型 滑阀型换向阀的阀芯为圆柱滑阀，相对于阀体做轴向运动。由于滑阀的液压轴向力和径向力容易平衡，因此操纵力较小。此外，滑阀型结构容易实现多种机能，因而在换向阀中应用最广。

（2）锥阀型 锥阀型通过锥阀芯相对于阀座的开启或闭合来实现换向。它的密封性好，动作灵敏，但单个锥阀只能实现二位二通机能。如果要得到较复杂的机能，必须采用多个阀组合。此外，由于锥阀的液压轴向力不能平衡，因此需要较大的操纵力。

（3）转阀型 因阀芯相对于阀体转动而得名。由于作用在阀芯上的液压径向力不易平衡，加之密封性较差，因此这种阀只适用于低压小流量的场合。

2. 按换向阀的"位"和"通"分类

换向阀按照工作位置和控制的通道数，可分为二位二通、二位三通、二位四通、三位四通、三位五通等类型。

若换向阀的阀体上分布有两个、三个、四个或五个主油口，则该主油口称为"通"。具有两个、三个、四个或五个主油口的换向阀分别称为"二通阀""三通阀""四通阀"或"五通阀"。

阀芯相对于阀体有两个或三个不同的稳定工作位置，则该稳定的工作位置称为"位"。所谓"二位阀"或"三位阀"，是指换向阀的阀芯相对于阀体有两个或三个稳定的工作位置。当阀芯在阀体中从一个"位"移动到另一个"位"时，阀体上各主油口的连通形式即发生了变化。"通"和"位"是换向阀的重要概念，不同的"通"和"位"构成了不同类型的换向阀。

表11-1所示是几种不同的"通"和"位"的滑阀型换向阀主体部分的结构原理图和图形符号。以三位五通阀为例，阀体上有 P、A、B、T_1、T_2 五个通口，阀芯在阀体中有左、中、右三个稳定的工作位置。当阀芯处在图示中间位置（即中位）时，五个通口都关闭；当阀芯移向左端时，通口 T_2 关闭，通口 P 和 B 相通，通口 A 和 T_1 相通；当阀芯移向右端时，通口 T_1 关闭，通口 P 和 A 相通，通口 B 和 T_2 相通。这种结构形式由于具有使五个通口都关闭的工作状态，故可使受它控制的执行元件在任意位置上停止运动。

表 11-1 滑阀型换向阀主体部分的结构原理图和图形符号

名　　称	结构原理图	图形符号	使 用 场 合
二位二通阀	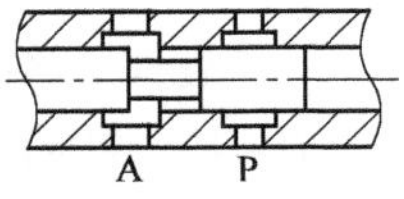	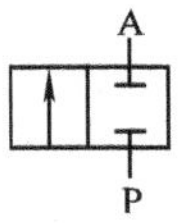	控制油路的接通与切断（相当于一个开关）
二位三通阀	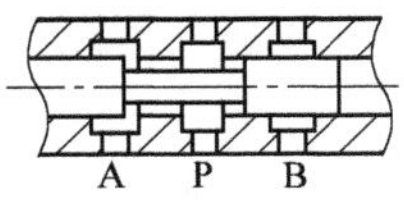	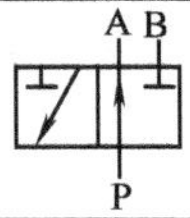	控制油液方向（从一个方向变换成另一个方向）

（续）

名　称	结构原理图	图形符号	使用场合	
二位四通阀		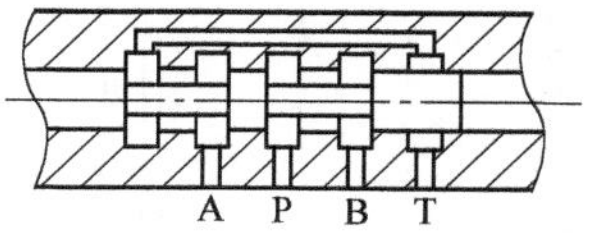 A B / P T	不能使执行元件在任一位置停止运动	执行元件正反向运动时回油方式相同
三位四通阀		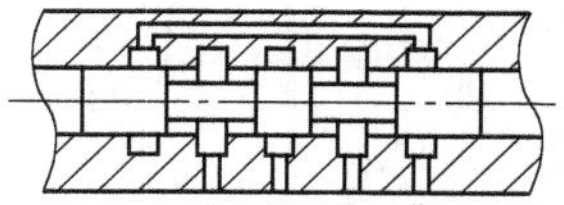 A B / P T	能使执行元件在任一位置停止运动	
二位五通阀		A B / T₁ P T₂	不能使执行元件在任一位置停止运动	执行元件正反向运动时可以得到不同的回油方式
三位五通阀		A B / T₁ P T₂	能使执行元件在任一位置停止运动	

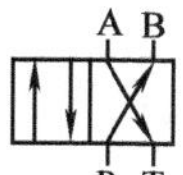

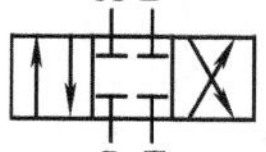

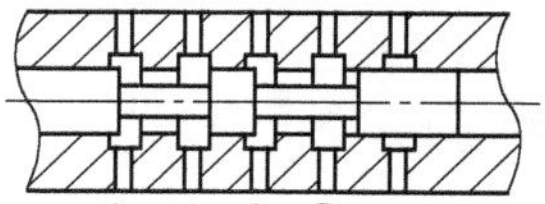

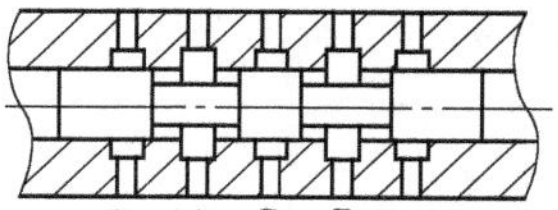

中间列"控制执行元件换向"

表 11-1 中图形符号的含义如下：

1）用方框表示阀的工作位置，有几个方框就表示几"位"。

2）一个方框上与外部相连接的主油口数有几个，就表示几"通"。

3）用方框内的箭头表示该位置上油路处于接通状态，但箭头方向不一定表示液流的实际流向。

4）方框内的符号"┳"或"┻"表示此通路被阀芯封闭，即不通。

5）通常换向阀与系统供油路连接的油口用 P 表示，与回油路连接的回油口用 T 表示，而与执行元件相连接的工作油口用字母 A、B 表示。

6）换向阀都有两个或两个以上的工作位置，其中一个为常态位，即阀芯未受到操纵力作用时所处的位置。图形符号中的中位是三位阀的常态位，利用弹簧复位的二位阀则以靠近弹簧的方框内的通路状态为其常态位。绘制液压系统图时，油路一般应连接在换向阀的常态位上。

3. 按换向阀的操纵方式分类

按照换向阀的操纵方式，可将其分为手动、机动、电磁、液动、电液动和气动等类型。

（1）手动换向阀　手动换向阀是利用手动杠杆等机构来改变阀芯和阀体的相对位置从而实现换向的阀类。图 11-5b 所示为弹簧自动复位式三位四通手动换向阀的结构。操纵手柄 1 通过杠杆使阀芯 3 在阀体 2 内从图示位置向左或向右移动，以改变油路的连通形式或液压油流动的方向。松开操纵手柄后，阀芯在弹簧 4 的作用下恢复到中位。这种换向阀的阀芯不能在两端工作位置上定位，故称为自动复位式手动换向阀。它适用于动作频繁、持续工作时间较短的场合，操作比较安全，常用于工程机械。

若将图 11-5b 所示的手动换向阀的左端改为图 11-5a 所示的结构，当阀芯向左或向右移动后，就可借助钢球 5 使阀芯保持在左端或右端的工作位置上，故称为弹簧钢球定位式手动换向阀。它适用于机床、液压机、船舶等需保持工作状态时间较长的场合。手动换向阀还可改造成脚踏操纵的形式。

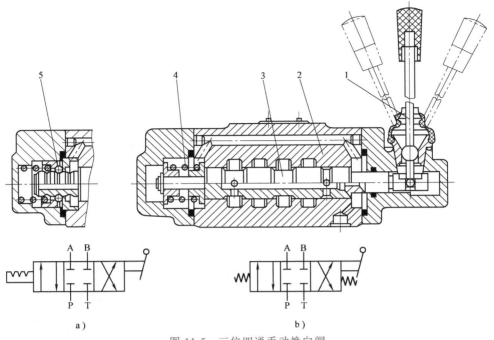

图 11-5　三位四通手动换向阀

a）弹簧钢球定位式结构及图形符号　b）弹簧自动复位式结构及图形符号

1—手柄　2—阀体　3—阀芯　4—弹簧　5—钢球

图 11-6 所示为一种手轮操作换向阀，旋转手轮 1 可通过螺杆 3 推动阀芯 4 改变工作位置，从而对油路进行切换。图示位置是其中间位置，若将手轮沿顺时针方向旋转 90°，手轮会带动螺杆旋转，并通过推杆使阀芯右移换向；若将手轮沿逆时针方向旋转，则会使阀芯左移换向。中间位置和换向位置都可由钢球定位机构 2 定位。

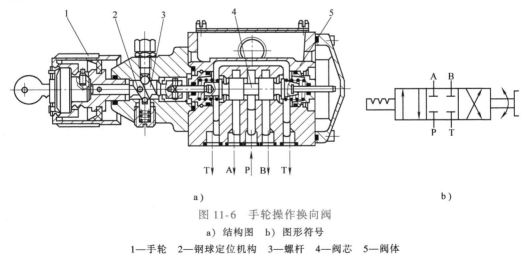

图 11-6　手轮操作换向阀

a）结构图　b）图形符号

1—手轮　2—钢球定位机构　3—螺杆　4—阀芯　5—阀体

这种结构具有体积小，调节方便等优点。由于这种阀的手轮上带有锁，不打开锁不能调节，因此使用安全。

（2）机动换向阀　机动换向阀是用挡铁或凸轮推动阀芯从而实现换向的阀类。它常用来控制机械运动部件的行程，故又称为行程换向阀。

如图 11-7 所示，当挡铁 1 的运动速度 v 一定时，可通过改变挡铁 1 的斜面角度 α 来改变换向时阀芯 3 的移动速度，调节换向过程的快慢。

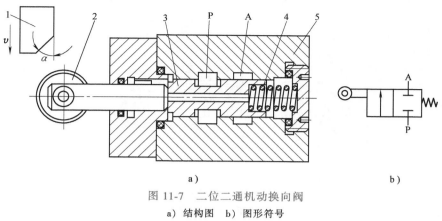

a)   b)

图 11-7 二位二通机动换向阀

a) 结构图 b) 图形符号

1—挡铁 2—滚轮 3—阀芯 4—弹簧 5—阀体

（3）电磁换向阀 电磁换向阀是利用电磁铁通电吸合后产生的吸力推动阀芯来改变阀的工作位置。它是电气系统与液压系统之间的信号转换元件，可借助于按钮开关、行程开关、限位开关、压力继电器等发出的信号进行控制，易于实现动作转换的自动化，因此应用广泛。

换向阀按电磁铁使用电源的不同，有交流型和直流型两种。还有一种本整型，它采用交流电源进行本机整流后，由直流电进行控制，电磁铁仍为一般的直流型。

按电磁铁内部是否有油浸入，又分为干式和湿式两种。干式电磁铁与阀体之间由密封件隔开，电磁铁内部没有油。湿式电磁铁则相反。

图 11-8 所示为交流干式二位三通电磁换向阀，阀体左端也可安装直流型或交流本整型电磁铁。图中推杆处设置了动密封，铁心与轭铁间隙中的介质为空气，故该交流电磁铁为干式电磁铁。在电磁铁不通电，无电磁吸力时，阀芯在右端弹簧力的作用下处于最左端位置（常态位），油口 P 与 A 通，与 B 不通。若电磁铁通电产生一个向右的电磁吸力通过推杆推动阀芯右移，则阀左位工作，油口 P 与 B 通，与 A 不通。

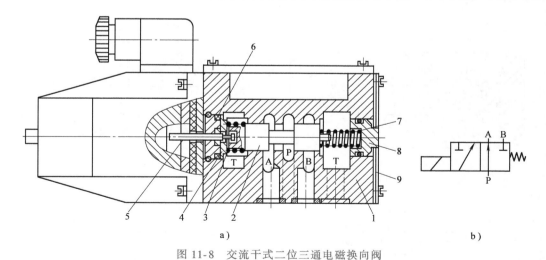

a)   b)

图 11-8 交流干式二位三通电磁换向阀

a) 结构图 b) 图形符号

1—阀体 2—阀芯 3、7—弹簧 4、8—弹簧座 5—推杆 6—O 形密封圈 9—后盖

图 11-9 所示为直流湿式三位四通电磁换向阀。当两边电磁铁都不通电时，阀芯 3 在两边对中弹簧 4 的作用下处于中位，P、T、A、B 油口互不相通；当右边电磁铁通电时，推杆将阀芯 3 推向左端，P 与 A 通，B 与 T 通；当左边电磁铁通电时，P 与 B 通，A 与 T 通。

221

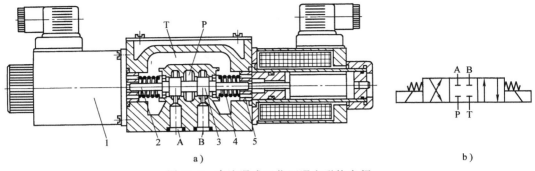

图 11-9　直流湿式三位四通电磁换向阀

a）结构图　b）图形符号

1—电磁铁　2—推杆　3—阀芯　4—弹簧　5—挡圈

　　电磁换向阀由于受到电磁铁吸力较小的限制，所以只适用于流量不大的场合。对于流量较大的换向阀，就必须采用液压驱动、电液驱动等方式。

　　（4）液动换向阀　液动换向阀是利用控制油路的压力油在阀芯端部所产生的液压力来推动阀芯移动，从而改变阀芯位置的换向阀。对于三位阀而言，按阀芯的对中形式，液动换向阀可分为弹簧对中型和液压对中型两种；按其换向时间的可调性，可分为可调式和不可调式两种。图 11-10a 所示为不可调式三位四通液动换向阀（弹簧对中型）。阀芯两端分别接通控制油口 K_1 和 K_2。当 K_1 通压力油，K_2 通回油时，阀芯右移，P 与 A 通，B 与 T 通；当 K_2 通压力油，K_1 通回油时，阀芯左移，P 与 B 通，A 与 T 通；当 K_1 和 K_2 都通回油时，阀芯在两端对中弹簧的作用下处于中位。当对液动换向阀换向平稳性要求较高时，应采用可调式液动换向阀，即在滑阀两端 K_1、K_2 控制油路中加装阻尼调节器，如图 11-10b 所示。阻尼调节器由一个单向阀和一个节流阀并联组成，单向阀用来保证滑阀端面进油畅通，而节流阀用于滑阀端面回油的节流。调节节流阀开口大小，即可调整阀芯的动作时间。

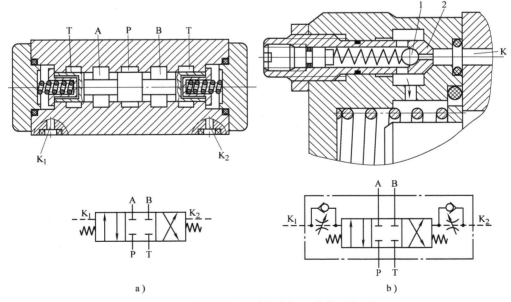

图 11-10　三位四通液动换向阀（弹簧对中型）

a）换向时间不可调式液动换向阀　b）换向时间可调式液动换向阀阻尼调节器

1—单向阀钢球　2—节流阀阀芯

（5）电液换向阀　电液换向阀由电磁换向阀和液动换向阀组合而成。其中，电磁换向阀作为先导阀，用来改变液动换向阀的控制油路的方向，推动液动换向阀阀芯移动。由于控制压力油的流量很小，因此电磁换向阀的规格较小。液动换向阀作为主阀，用来实现主油路的换向，其工作位置由电磁换向阀的工作位置相应确定。由于较小的电磁铁吸力被放大为较大的液压推力，因此主阀芯的尺寸可以做得较大，允许大流量通过。

电液换向阀有弹簧对中和液压对中两种形式。若按控制压力油及其回油方式进行分类，则有外部控制、外部回油，外部控制、内部回油，内部控制、外部回油，内部控制、内部回油四种类型。

图 11-11a 所示为液压对中型不可调式三位四通电液换向阀（外部控制、外部回油）。图中先导阀 4 为一小通径的电磁换向阀，主阀（液动换向阀）为液压对中型。设 A_1 为柱塞 3 的截面积，A_2 为主阀芯 5 圆柱面的截面积，A_3 为缸套 2 的环形截面积，且各面积设计成 $A_1 : A_2 : A_3 = 1 : 2 : 2$，即 $A_2 = A_3 = 2A_1$。当先导电磁阀处于中位时，控制油经电磁阀通到主阀两端容腔。如果控制油的压力为 p_1，则左端通过柱塞 3 作用在主阀芯上向右的推力为 $p_1 A_1$，右端作用在主阀芯上向左的推力为 $p_1 A_2$，这两个推力作用的结果是使主阀芯受到一个向左的推力 $p_1 A_2 - p_1 A_1 = p_1 A_1$。而缸套 2 在控制油的作用下将产生向右的推力 $p_1 A_3 = 2p_1 A_1$，这个力大于主阀芯向左的推力 $p_1 A_1$，因而缸套右端面将会紧压在阀体的定位面 X 上，而主阀芯左端的台肩也将会紧压在缸套的右端面上，此时，主阀芯就牢靠地停在中间位置上了。当先导电磁阀工作在左位，使 K'' 油口通控制压力油且使 K' 油口接回油箱时，主阀芯右端的压力油推动主阀 5、柱塞 3 和缸套 2 一起左移，P 与 A 通，B 与 T 通；当先导电磁阀工作在右位，使 K' 油口通控制压力油且使 K'' 油口接回油箱时，主阀芯左端的压力油推动柱塞 3 和主阀芯与右移，P 与 B 通，A 与 T 通，实现了换向。液压对中型电液换向阀两端的弹簧不起复位作用，只是在安装时使阀芯和缸套等零件保持在初始位置，刚度不需要很大。液压对中的最大优点是中位定位的可靠性高，但其结构复杂、轴向尺寸长。

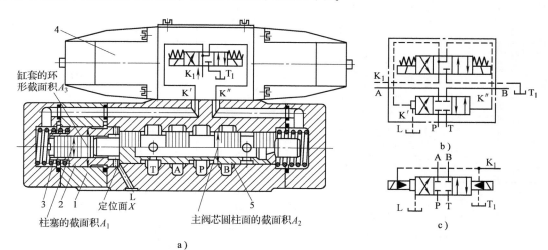

图 11-11　液压对中型不可调式三位四通电液换向阀
a）结构图　b）详细图形符号　c）简化图形符号
1—中盖　2—缸套　3—柱塞　4—先导阀　5—主阀芯

为保证电液换向阀工作可靠且具有良好性能，应注意以下几点：

1）当液动换向阀为弹簧对中型时，电磁换向阀必须采用 Y 型或 H 型中位机能，以保证主阀芯左右两端油室通回油箱，否则主阀芯无法回到中位。

2）控制压力油口 K_1 可以取自主油路的 P 口（内控），也可以另设独立油源（外控）。采用内控而主油路又需要卸载时，必须在主阀的 P 口安装一预控压力阀（如开启压力为 0.4MPa 的单向阀）；采用外控时，独立油源的流量不得小于主阀最大通流量的 15%，以保证换向时间要求。

3）为防止先导阀工作时受到回油压力的干扰，一般应将先导阀的回油口 T_1 直接引回油箱（外泄），只将主阀回油口 T 直接接回油箱，回油背压接近于零时，才可将控制油回油经阀内流道引到主阀回油口（内泄）。

223

二、滑阀机能

三位四通和三位五通换向阀中，滑阀在中位时各油口的连通方式称为滑阀机能（也称中位机能）。不同的滑阀机能可满足系统的不同要求。表11-2中列出了三位换向阀常用的十种滑阀机能，而其左位和右位各油口的连通方式均为直通或交叉相通，所以只用一个字母来表示中位的形式。不同的滑阀机能，是在阀体尺寸不变的情况下，通过改变阀芯的台肩结构、轴向尺寸以及阀芯上径向通孔的个数得到的。

表 11-2　三位换向阀的滑阀机能

滑阀机能	中位时的滑阀状态	中位符号		中位时的性能特点
		三位四通	三位五通	
O	T(T₁)　A　P　B　T(T₂)	A B P T	A B T₁ P T₂	各油口全部关闭，系统保持压力，执行元件各油口封闭
H	T(T₁)　A　P　B　T(T₂)	A B P T	A B T₁ P T₂	各油口全部连通，泵卸荷，执行元件两腔与回油连通
Y	T(T₁)　A　P　B　T(T₂)	A B P T	A B T₁ P T₂	A、B、T口连通，P口保持压力，执行元件两腔与回油连通
J	T(T₁)　A　P　B　T(T₂)	A B P T	A B T₁ P T₂	P口保持压力，A口封闭，B口与回油口T连通
C	T(T₁)　A　P　B　T(T₂)	A B P T	A B T₁ P T₂	执行元件A口通压力油，B口与回油口T不通
P	T(T₁)　A　P　B　T(T₂)	A B P T	A B T₁ P T₂	P口与A、B口都连通，回油口T封闭
K	T(T₁)　A　P　B　T(T₂)	A B P T	A B T₁ P T₂	P、A、T口连通，泵卸荷，执行元件B口封闭
X	T(T₁)　A　P　B　T(T₂)	A B P T	A B T₁ P T₂	P、T、A、B口半开启接通，P口保持一定压力
M	T(T₁)　A　P　B　T(T₂)	A B P T	A B T₁ P T₂	P、T口连通，泵卸荷，执行元件A、B两口都封闭

（续）

滑阀机能	中位时的滑阀状态	中位符号		中位时的性能特点
		三位四通	三位五通	
U	T(T₁)　A　P　B　T(T₂)	A B ⊓ P T	A B ⊓ T₁ P T₂	A、B口接通，P、T口封闭，执行元件两腔连通，P口保持压力

三位换向阀除了在中间位置时有各种滑阀机能外，有时也把阀芯在左端或右端位置时的油口连通状况设计成特殊机能，这时分别用第一个字母、第二个字母和第三个字母表示中位、右位和左位的滑阀机能，如图11-12所示。

另外，当对换向阀从一个工位过渡到另一个工位的各油口间通断关系也有要求时，还规定和设计了过渡机能。这种过渡机能被画在各工位通路符号之间，并用虚线与之隔开。图11-13a所示为H型二位四通滑阀的过渡机能，在换向时的过渡状态，P、A、B、T四个油口呈连通状态，这样可避免在换向过程中由于P口突然完全封闭而引起系统的压力冲击。图11-13b所示为O型三位四通换向阀的一种过渡机能。

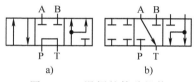

图 11-12　滑阀的特殊机能

a）MP 型　b）NdO 型

图 11-13　滑阀型换向阀的过渡机能

a）一种 H 型二位四通滑阀型换向阀的过渡机能

b）一种 O 型三位四通滑阀型换向阀的过渡机能

三、换向阀的压力损失分析及主要结构尺寸确定

压力损失是换向阀的重要指标之一。液流通过换向阀时的压力损失包括阀口压力损失和流道压力损失。

阀口压力损失与阀的开口长度有关。当阀口处于小开度时，阀口压力损失很大且变化急剧，随阀口开度增大，压力损失减小且变化平缓。

阀的流道压力损失主要为局部压力损失。阀的流道可以采用机加工或铸造等工艺方法。机加工流道不仅加工量大，而且液流局部阻力损失较大；铸造流道工艺复杂，但机加工量少，可以大大减小流道的局部阻力损失。因此相同规格的阀，后者的额定流量可以比前者提高 1~2 倍。

在阀的开口长度、流道形状和尺寸一定时，换向阀的压力损失取决于通过换向阀内的液流速度。流速越大，压力损失越大。为减小压力损失，在设计换向阀时应限制阀内的流速。但流速过小，会使阀的结构尺寸过大。一般限制阀内各流道的流速为 2~6m/s（压力较低时）或 4~8m/s（压力较高时）。根据允许的流速，就可以计算换向阀的主要结构尺寸。下面将以图 11-14 为例进行分析。

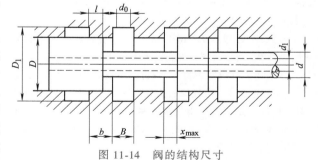

图 11-14　阀的结构尺寸

（1）进、出油口直径 d_0（单位为 m）

$$d_0 = 1.13 \sqrt{\frac{q_n}{v_0}} \tag{11-1}$$

式中　q_n——阀的额定流量（m^3/s）；

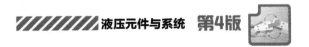
v_0——阀进、出油口的允许流速，一般取 $v_0 = 6\text{m/s}$。

（2）阀芯外径 D、阀杆直径 d 和中心孔直径 d_1 阀芯外径一般按下式确定

$$D = (1.4 \sim 1.7) d_0 \tag{11-2}$$

当阀芯中心无孔时，式（11-2）取系数 1.4；当阀芯中心有孔时，取系数 1.7，并取阀芯中心孔直径 d_1 为

$$d_1 = d_0 \tag{11-3}$$

阀杆直径 d 在阀芯中心无孔时取

$$d = d_0 \tag{11-4}$$

在阀芯中心有孔时取

$$d = 1.4 d_0 \tag{11-5}$$

以上计算所得的 D、d 和 d_1 都要圆整为标准值。

（3）换向阀的最大开口长度 $x_{\max}$

$$x_{\max} = \frac{q_n}{\pi D v} \tag{11-6}$$

式中 v——阀最大开口处的允许流速，一般取 $v = v_0$。

（4）阀体沉割槽直径 D_1 和宽度 B 阀体沉割槽直径 D_1 一般按下式计算

$$D_1 = (1.4 \sim 1.5) D \tag{11-7}$$

阀体沉割槽宽度 B，对电磁换向阀（当进、出油口为钻孔时）为

$$B = 1.1 d \tag{11-8}$$

对液动滑阀为

$$B = (3 \sim 4) x_{\max} \tag{11-9}$$

四、换向阀的换向可靠性及操作力计算

换向阀的换向可靠性主要包括两个方面：在有控制信号输入时，阀芯能可靠地切换至工作位置；控制信号消失后，阀芯在弹簧作用下能可靠地回复到原始位置。为保证换向阀可靠地换向和复位，必须使换向推力和复位弹簧力大于阀芯运动过程中的各种阻力。

下面将针对滑阀型换向阀进行讨论。

1. 换向推力

手动或机动换向阀的推力一般总能适应换向过程的要求。液动阀或电磁阀则不同，它们的换向推力是一个限定的数值。

（1）液动阀   液动阀或电液换向阀中主滑阀的换向推力等于滑阀某一端部的控制面积与控制油压的乘积。为了保证可靠换向，控制油压 p_K 不能低于某一最小值 $p_{K\min}$。但控制油压太高，也会使换向过于迅速而产生冲击。一般 $p_{K\min} = 0.5 \sim 1.5\text{MPa}$。

控制油可以单独从外部引入，也可以直接从主油路分出一路控制油到先导级电磁阀。采用内部控制油时，系统结构简单，可以节省单独的控制油供油装置，但伴有压力油的损耗，并且控制油压将随主油路压力而变动。

当采用具有内控中位卸荷机能的换向阀时，应该设置背压以保证其最低控制压力。

（2）电磁阀   电磁阀的力特性取决于所采用的电磁铁的形式。由于螺管式电磁铁的特点，其电磁吸力（对于滑阀则是推力）随气隙的减小而迅速增大。工作行程越大，起始吸力就越小。为了不致使电磁铁的吸力明显降低，阀的工作行程不能太大，一般为 $3 \sim 6\text{mm}$。

2. 换向阻力

（1）液动力   稳态液动力是换向阻力中的一个重要组成部分。由于换向过程中滑阀的各个阀口在交替变换，所以应该对阀在不同工作位置时的液动力进行仔细分析。尤其要注意判别液动力的方向。

图 11-15b 所示为三凸肩结构的三位四通阀，在图示开口位置时，两个工作阀口的液动力都是使阀口趋于关闭。而图 11-15a 所示的二凸肩结构中，阀口 B 的液动力使阀口趋于开启，它的作用方向与阀口 A 的液动力方向相反。如果换向阀采用电磁铁控制，则图 11-15b 中的液动力有助于使阀芯恢复中位，但它将成为换向时的阻力。图 11-15a 中的液动力一部分（或大部分）相互抵消，所以电磁铁的换向阻力较小。

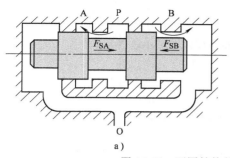 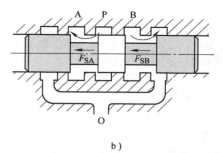

图 11-15 不同结构的三位四通滑阀的液动力

a) 二凸肩结构 b) 三凸肩结构

换向阀在换向过程中，阀的开口量、流量、阀口压降以及射流角都发生变化。阀的开口量不大时，随着开度的增加，流量迅速增大，这时压降几乎等于该阀所接通的两个油口的全部压力差，因此液动力也迅速增加。当阀口继续增大时，流速下降，阀口压力损失减小，液动力也随之降低，并接近于某一常数。其液动力的变化曲线如图 11-16 所示。

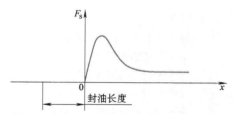

图 11-16 滑阀换向时液动力的变化规律

（2）弹簧力 除了采用液压对中的结构外，一般换向阀的弹簧都起恢复中位的作用（在二位换向阀中是恢复到原始位置），因此是复位弹簧。从复位要求来说，弹簧力越大，复位越可靠。但对于换向过程来说，弹簧力是阻力，所以要求弹簧力小。设计时应在保证能可靠复位的前提下，尽量减小弹簧力，以免增加换向阻力。

（3）卡紧力 滑阀径向液压力分布不均匀会形成液压卡紧力。减小甚至基本消除液压卡紧力的有效措施是在滑阀表面开若干条均压槽（通常不少于三条）。

此外，在可能的条件下，应该减小滑阀阀芯与阀体之间的配合长度（包括封油长度）。这不仅有利于减小不平衡的径向力，也利于减小运动时的摩擦阻力。

（4）摩擦力 滑阀换向时的摩擦力包括径向作用力产生的摩擦力、运动时的黏性摩擦力以及干式电磁阀中推杆上 O 形密封圈的摩擦阻力。

考虑到滑阀表面的润滑条件较好，液压径向力产生的摩擦力可以按摩擦因数 $f = 0.04 \sim 0.08$ 来计算。

黏性摩擦力可以用牛顿公式进行计算。即

$$F_{\tau} = \mu A \frac{\mathrm{d}u}{\mathrm{d}y} \tag{11-10}$$

式中 A——润湿面积；

$\dfrac{\mathrm{d}u}{\mathrm{d}y}$——相对运动速度的梯度；

μ——油液的动力黏度。

阀杆上 O 形密封圈的摩擦阻力 F_{m} 可以按经验公式计算

$$F_{\mathrm{m}} = \pi D F_{\mathrm{f}} + 0.86 f_{\mathrm{t}} D d_0 \Delta p \tag{11-11}$$

式中 F_{f}——O 形密封圈预压缩量产生的单位摩擦力，$F_{\mathrm{f}} \approx 180\mathrm{N/m}$；

D——推杆直径；

f_{t}——O 形密封圈的摩擦因数，$f_{\mathrm{t}} = 0.1 \sim 0.2$；

d_0——O 形密封圈的断面直径；

Δp——O 形密封圈前后的压力差。

阀杆上 O 形密封圈的摩擦阻力 F_{m} 在阀芯开始动作时较大，动作后减小。减小推杆表面粗糙度，严格控制密封圈和密封圈沟槽的尺寸以保证合理的预压缩量，都有利于减小摩擦阻力。

227

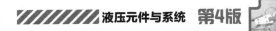

设计时，根据换向滑阀在不同位置上的各种换向阻力的分析结果来设计复位弹簧，选用电磁铁（对于电磁阀）或确定最小控制油压（对于液动阀）。由于换向滑阀各种阻力的数值不易准确算出，因此在设计推力时，应该比运动阻力高出一定数值，以便能在规定的时间内可靠地完成换向动作。关于换向阀的换向过程一般不进行复杂的动态计算。

五、换向阀的泄漏分析

换向阀的泄漏量过大，将导致液压系统发热严重，效率降低，影响执行元件的运动速度。因此，泄漏量是评价换向阀性能好坏的重要指标之一。

对于滑阀型换向阀而言，由于它是利用滑阀阀芯相对于阀体孔做相对运动来工作的，因此阀芯与阀体孔之间必然存在配合间隙，阀口关闭时为间隙密封。滑阀阀芯与阀体孔之间环形间隙中的流动状态一般为层流，其泄漏量 Δq 可按偏心环形间隙泄漏量公式计算。即

$$\Delta q = \frac{\pi D \delta^3 \Delta p}{12 \mu l}(1 + 1.5 \varepsilon^2) \tag{11-12}$$

式中　Δp——配合间隙两端的压力差；

　　　D——阀芯直径；

　　　δ——阀芯与阀体孔的半径间隙；

　　　ε——相对偏心率，$\varepsilon = e/\delta$；

　　　e——阀芯中心线与阀体孔中心线的偏心距；

　　　l——封油长度；

　　　μ——油液动力黏度。

换向阀总的泄漏量应根据阀的结构，找出从高压到低压的密封间隙数，分别求出泄漏量，然后求和得到。一般换向阀总的泄漏量应小于额定流量的 1%。

根据式（11-12），在工作压差一定时，减小阀芯与阀体孔的配合间隙，增大封油长度可以减小泄漏量。考虑到加工条件的限制，一般取半径间隙 $\delta = 0.0035 \sim 0.01$mm。

电液换向阀的封油长度可参照表 11-3 选取，阀芯尺寸大时取大值。此外，滑阀中位是非工作状态，少量泄漏不会影响阀的正常工作，所以中位的封油长度可以设计得较小。

表 11-3　滑阀的封油长度

工作压力/MPa	0.5~2.5	2.5~8.0	8.0~16.0	16.0~32.0	>32.0
封油长度/mm	1.5~2	2~3	3~4	4~5	6~7

电磁换向滑阀由于受电磁铁行程的限制，即使工作压力较高，封油长度一般也不超过 3mm。

六、换向平稳性分析

换向动作迅速与换向平稳性是相互矛盾的。换向时间短，油路的切换就迅速，由此产生的压力冲击就大。因此，在对换向平稳性要求较高的场合，必须采用以下相应的技术措施：

（1）控制换向时间　由于液动换向阀通过的流量较大，当迅速切断油路时引起的液压冲击很大。为了减小液压冲击，可在控制油路的回油路上装阻尼器，如图 11-10b 所示。利用阻尼器中的节流阀来控制端面回油，从而控制换向时间。

图 11-17 所示的方法是在阀芯的回油台肩上开节流槽或做成制动锥（锥角 $\theta = 3° \sim 5°$，锥长 $l = 3 \sim 5$mm），实现回油节流，控制换向时间。

（2）选择合理的滑阀机能　滑阀机能为 H、Y、X、P 型的换向阀，由于中位液压缸两腔互通，因此在滑阀换向到中位时压力冲击值迅速下降。其中，H、Y、X 型因为

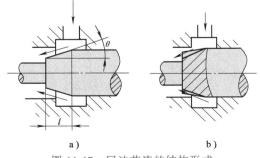

a)　　　　　　b)

图 11-17　回油节流的结构形式

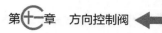

中位通回油，效果更好。上述几种机能虽然压力冲击值不大，但由它控制的液压缸冲击量较大。

第三节　多路换向阀

多路换向阀是以两个以上的换向阀为主体的组合阀。根据不同液压系统的要求，还可将安全阀、单向阀、补油阀等也组合在阀内。与其他类型的阀相比，多路换向阀具有结构紧凑、压力损失小以及安装、操作简便等优点。它主要用于各种起重运输机械、工程机械等行走机械上，可进行多个执行元件的集中控制。

按照阀体的结构形式，多路换向阀分为整体式和分片式。整体式多路换向阀是将各联换向阀及某些辅助阀装在同一阀体内。这种换向阀具有结构紧凑、质量小、压力损失小、压力高、流量大等特点。但阀体铸造技术要求高，比较适合用在大批量生产的机械上。分片式换向阀是用螺栓将进油阀体、各联换向阀体、回油阀体组装在一起，其中换向阀的片数可根据需要加以选择。分片式多路换向阀可按不同使用要求组装成不同的多路换向阀，其通用性较强，但加工面多，出现渗油的可能性也较大。

按照油路连接方式，多路换向阀可分为并联、串联和串并联等形式，如图 11-18 所示。所谓并联连接，

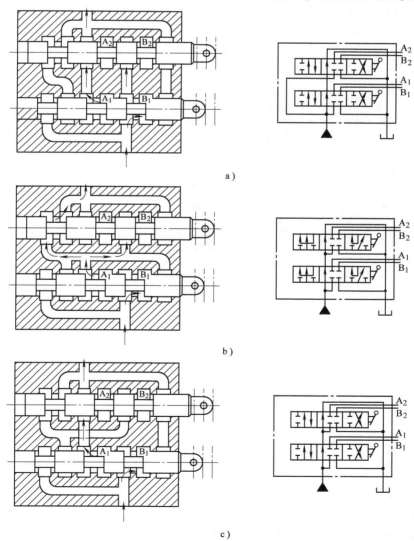

a)

b)

c)

图 11-18　多路换向阀的油路连接方式
a) 并联连接　b) 串联连接　c) 串并联连接

就是从进油口来的油可直接通到各联滑阀的进油腔，各阀的回油腔又直接通到多路换向阀的总回油口。采用这种油路连接方式，当同时操作各换向阀时，负载小的执行元件先动作，并且各执行元件的流量之和等于泵的总流量。并联油路的多路换向阀的压力损失一般较小。

串联连接是每一联滑阀的进油腔都和前一联滑阀的中位回油道相通，其回油腔又都和后一联滑阀的中位回油道相通。采用这种油路连接方式，可使各联滑阀所控制的执行元件同时工作，条件是液压泵输出的油压要大于所有正在工作的执行元件两腔压力差之和。该阀的压力损失一般较大。

串并联连接是每一联滑阀的进油腔均与前一联滑阀的中位回油道相通，而各联阀的回油腔又都直接与总回油道相通，即各滑阀的进油腔串联，回油腔并联。若采用这种油路连接形式，则各联换向阀不可能有任何两联阀同时工作，故这种油路也称互锁油路。操纵上一联换向阀，下一联换向阀就不能工作，从而保证了向前一联换向阀优先供油。

图11-19所示为某叉车上采用的组合式多路换向阀。它是由进油阀体1、回油阀体4和中间两片换向阀2、3所组成，彼此间用螺栓5联接。其油路连接方式为并联连接。在相邻阀体间装有O形密封圈。进油阀体1内装有溢流阀（图中只画出溢流阀的进油口K）。换向阀为三位六通，其工作原理与一般手动换向阀相同。当换向阀2、3的阀芯均未操纵时（图示位置），液压泵输出的压力油从P口进入，经阀体内部通道直通回油阀体4，并经回油口T返回油箱，液压泵处于卸荷状态。当向左扳动换向阀3的阀芯时，阀内卸荷通道截断，油口A、B分别接通压力油口P和回油口T，倾斜缸活塞杆缩回；当反向扳动换向阀3的阀芯时，活塞杆伸出。

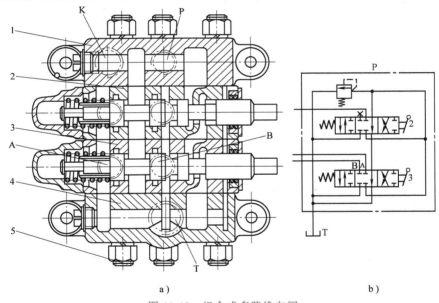

a)   b)

图 11-19   组合式多路换向阀

a) 结构图   b) 图形符号

1—进油阀体   2—升降换向阀   3—倾斜换向阀   4—回油阀体   5—联接螺栓

第四节   其他类型的方向控制阀

一、电磁球阀

电磁球阀属于提升阀类，它以钢球为阀芯，主要由电磁铁、杠杆机构和换向阀主体三部分组成。工作时通过杠杆机构将电磁铁的推力放大，推动钢球实现油路的通断和切换。电磁球阀具有以下特点：

1）密封性好。依靠球面密封切断油路，可在较大压力范围内实现无泄漏。

2）使用压力高，反应灵敏，响应速度快。阀芯无轴向密封长度，在换向过程中不会出现液压卡紧现象，可以适应高压的要求。并且电磁铁推力通过杠杆放大，钢球位移小，换向可靠，换向频率高。

3）对工作介质的适应能力强，既可使用矿物性液压油，也能使用水或难燃液介质，且具有优良的抗污染性能。

4）与滑阀型换向阀相比，电磁球阀的机能变更与组合较为困难和复杂。

电磁球阀多为二位阀，且以二位三通阀为基本结构。二位四通阀可由二位三通阀和附加阀板组合而成。三位四通电磁球阀则需要由两个二位三通球阀组成。

图 11-20 所示为常开式二位三通电磁球阀结构原理图。当电磁铁 1 断电时，复位弹簧 3 通过复位杆 4 将钢球 6 压在左阀座 8 上，切断 A 口与 T 口的通路，而 P 口与 A 口相通；当电磁铁 1 通电时，其推力经杠杆机构 13 放大后，通过推杆 16 将钢球 6 压在右阀座 5 上，使 A 口与 T 口相通，而将 P 口切断。

图 11-21 所示为常闭式二位三通电磁球阀结构原理图。与常开式不同，常闭式电磁球阀有两个钢球，它们放置在左右阀座的两侧。当电磁铁断电时，弹簧通过复位杆 1 将右侧钢球压紧在右阀座上，同时通过中间推杆 2 将左侧钢球推离左阀座，使 P 口封闭，而 A 口与 T 口相通；当电磁铁通电时，电磁力通过杠杆机构和推杆 4 将左侧钢球压紧在左阀座上，并推开右侧钢球，使 P 口与 A 口相通，而 T 口封闭。

图 11-22 所示为常开式二位三通电磁球阀与附加阀板组成的二位四通电磁球阀的工作原理图。当电磁铁断电时（图 11-22a），油口 P 与 A 口相通，附加阀板上活塞 1 左端与阀芯 2 右端压力相等，但活塞 1 左端的面积较大，使阀芯 2 紧贴右阀座，将 P 口与 B 口封闭，B 口与 T 口连通。当电磁铁通电时（图 11-22b），球阀芯在

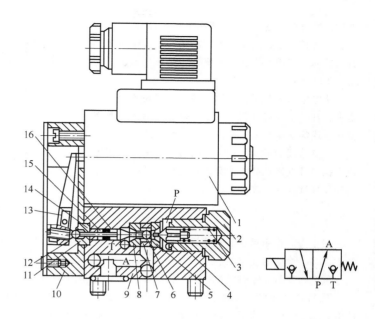

a)   b)

图 11-20　常开式二位三通电磁球阀

a）结构图　b）图形符号

1—电磁铁　2—导向螺母　3—复位弹簧　4—复位杆　5—右阀座　6、12—钢球

7—隔环　8—左阀座　9—阀体　10—杠杆盒　11—定位球套

13—杠杆机构　14—衬套　15—Y 形密封圈　16—推杆

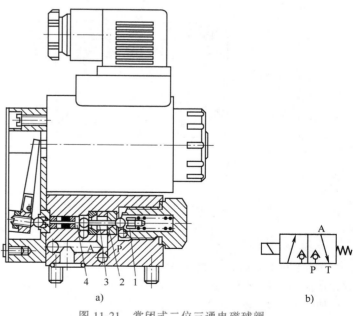

a)   b)

图 11-21　常闭式二位三通电磁球阀

a）结构图　b）图形符号

1—复位杆　2—中间推杆　3—隔环　4—推杆

电磁推力作用下紧压在右阀座上，A 口与 P 口断开，与 T 口接通，由于活塞 1 左端失压，阀芯 2 受右端面油压作用而压在左阀座上，使 B 口与 T 口封闭，B 口与 P 口接通。

从电磁球阀的工作原理可知，在球阀的换向过程中，其三个油口（P、A、T）是互通的，因此在特殊应用场合应注意其过渡位置对系统的影响。

电磁球阀的通径一般为 6mm 或 10mm，在小流量系统中可直接控制主油路，在大流量系统中可作为先导控制元件，多用于控制二通插装阀。

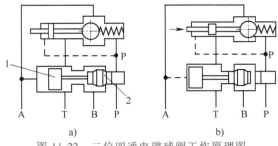

图 11-22　二位四通电磁球阀工作原理图
a）电磁铁断电　b）电磁铁通电
1—活塞　2—阀芯

二、截止阀

截止阀的作用是在液压管路中通过手动机构切断或接通油路，可用于需要改变系统回路的结构或需要经常拆卸、检修的油路中。

截止阀的调节机构可采用手轮或手柄，按其工作压力有低压和高压之分，其连接方式多为管式或法兰式。

图 11-23 所示为一种高压球形截止阀的结构原理图，它主要由阀体 1、球体 2、密封圈 3 和手柄 8 等零件组成。图示位置为球阀处于封闭状态。当将手柄 8 按规定方向旋转 90°时，球体 2 中间的通孔将进出油口接通。调整螺套 4 可以调节球体与密封圈之间的预紧力，以获得较好的密封效果和合适的手柄调节力。由于作用在球体上的液压力不平衡，故该结构在高压下转动手柄较困难。

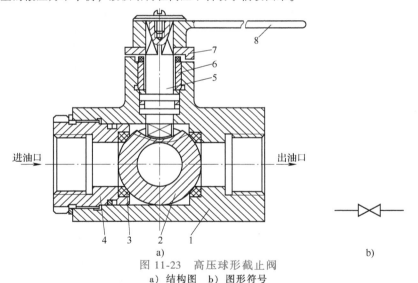

进油口　出油口

图 11-23　高压球形截止阀
a）结构图　b）图形符号
1—阀体　2—球体　3—密封圈　4—螺套　5—调节杆　6—压套　7—定位板　8—手柄

三、压力表开关

压力表开关的作用是切断或接通压力表与油路的连接，以便在需要时通过压力表测量系统中某一油路的压力。通过压力表开关的阻尼作用，可减小压力表在压力脉动下的跳动，也可防止压力表受液压冲击而损坏。

根据结构形式和工作原理，压力表开关可分为单点式、多点式、卸荷式和限压式等，如图

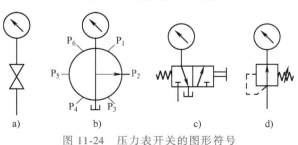

图 11-24　压力表开关的图形符号
a）单点式　b）多点式　c）卸荷式　d）限压式

11-24 所示。按照连接方式，压力表开关又分为管式和板式。

1. 单点式压力表开关

图 11-25 所示为 KF 型单点式压力表开关结构图。图 11-25a 所示的结构能够直接与压力表相连，通过接头螺母 5 可任意调整压力表表盘的方向，以便于观测压力，故称为直接连接式。图 11-25b 中无接头螺母，需通过管接头和管路与压力表连接，故称为间接连接式。

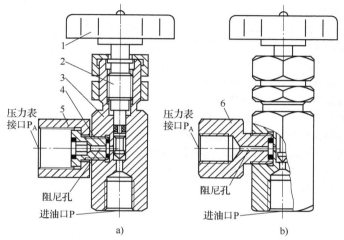

图 11-25　KF 型单点式压力表开关

a）直接连接式　b）间接连接式

1—手轮　2—阀杆　3—阀体　4—中间接头　5—接头螺母　6—接头

调节手轮 1，不但可通过阀杆 2 改变压力表开关的通断状态，还可以调节锥阀阀口开度的大小以改变阻尼，减小压力表指针的跳动，防止压力表损坏。

2. 多点式压力表开关

图 11-26 所示为 K 型多点式压力表开关结构图。它采用转阀式结构，$P_A \sim P_F$ 是各测压点的接口，P_1 是压力表接口，T 口接回油路。图中所示为非测量位置，压力表与测量点被阀杆 2 隔断，压力表内的油液通过槽 a 回油箱。若将手轮 1 推入，阀杆 2 右移，槽 a 便将压力表和测量点 P_A 连通，同时切断 P_1 与回油口 T 的通路，便可以测量 P_A 的压力。若将手轮转动到另一测量点，便可测量该测点的压力。

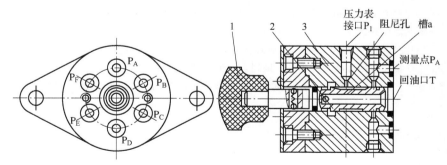

图 11-26　K 型多点式压力表开关

1—手轮　2—阀杆　3—阀体

在该转阀式结构中，各测点的压力靠阀体与阀杆之间的间隙密封。当压力高时，一方面各测点的压力容易串通，使测量不准；另一方面阀杆所受的径向力很大，不易操纵，故它只适用于低压系统。

3. 卸荷式压力表开关

图 11-27 所示为卸荷式压力表开关结构原理图。它实际上是一个按钮式二位三通手动换向阀。在图示

位置，压力表接口与回油口 T 接通，压力表处于卸荷状态。当按下按钮 1 时，压力表接口与进油口 P 相通，而与回油口 T 断开，便可测量油路的压力。当松开按钮后，在复位弹簧 2 的作用下，阀杆 3 回到初始位置，压力表又处于卸荷状态，从而使压力表受到保护。但该开关不适用于需要长时间或频繁观测油路压力的场合。

4. 限压式压力表开关

图 11-28 所示为限压式压力表开关结构原理图。当进油口的压力大于调压弹簧 2 设定的压力时，阀杆 3 左移，进油口与压力表接口之间的通道封闭，使压力表不会由于承受过高的压力而损坏。当进油口的压力低于调压弹簧 2 设定的压力时，进油口与压力表接口相通，压力表可以测量油路的压力。当被测量的油路压力高且压力变化大时，可将多个限压式压力表开关装于一个测量点，每一个压力表开关配一个量程不同的压力仪表，其限定压力略低于所配仪表的最大量程。当被测点压力低时，读取量程小的仪表的读数，以保证测量结果的精度；当被测点压力高时，量程小的仪表与被测点之间的通路被限压式压力表开关切断，可避免小量程的仪表被高压损坏。

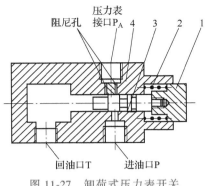

图 11-27　卸荷式压力表开关

1—按钮　2—复位弹簧
3—阀杆　4—阀体

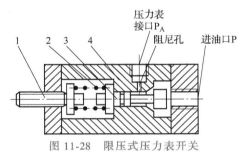

图 11-28　限压式压力表开关

1—调节螺钉　2—调压弹簧　3—阀杆　4—阀体

思考题和习题

11-1　单向阀有哪些功用？

11-2　单向阀与普通节流阀是否都可以作为背压阀使用？它们的功用有何不同之处？

11-3　换向阀在液压系统中起什么作用？通常有哪些类型？

11-4　试说明中位机能为 M、H、P、Y 型的三位滑阀型换向阀的特点及应用场合。

11-5　试设计 O 型三位四通液动换向阀。该阀采用弹簧对中方式，板式安装，油液密度取 $\rho = 900\text{kg/m}^3$。要求：额定压力 $p_n = 32\text{MPa}$，额定流量 $q_n = 40\text{L/min}$，阀口压力损失 $\Delta p = 0.4\text{MPa}$，内泄漏量 $\Delta q \leqslant 400\text{mL/min}$。

第十二章

插装阀

插装阀的主流产品是二通插装阀，它是在 20 世纪 70 年代初，根据各类控制阀阀口在功能上都可视作固定的、或可调的，或可控液阻的原理发展起来的一类覆盖压力、流量、方向以及比例控制等的新型控制阀类。它的基本构件为标准化、通用化、模块化程度很高的插装式阀芯、阀套、插装孔和适应各种控制功能的盖板组件，具有通流能力大、密封性好、自动化程度高等特点，已发展成为高压大流量领域的主导控制阀品种。三通插装阀具有压力油口、负载油口和回油箱油口，可以独立控制一个负载腔。但由于其结构的通用化、模块化程度远不及二通插装阀，因此未能得到广泛应用。螺纹式插装阀原先多为工程机械用阀，且往往作为主要阀件（如多路阀）的附件形式出现；近些年来，在二通插装阀技术的影响下，逐步在小流量范畴内发展成为独立体系。

第一节　二通插装阀控制技术的发展及特点

一、二通插装阀控制技术的形成和发展

二通插装阀最初被称为座阀控制技术、流体逻辑元件、液压逻辑阀等，国内曾有锥阀、逻辑阀、插入式阀等叫法，现已统一为二通插装阀，简称插装阀。

二通插装阀控制技术大约经历了以下几个发展阶段：

（1）发展初期（1970—1974）　这一期间德国的 Rexroth、Bosch 和英国的 Towler 等公司开始研究二通插装阀，但主要工作着重于对基本结构形式和控制原理的探讨。

（2）发展中期（1975—1979）　经过各公司的前期努力，在一些产品上试用并获得成功。比较典型的应用是在注塑机、锻压机和冶金机械中，开始形成初步的系列并投入市场。

（3）现期（1979 年至今）　主要标志有两个：

1）1979 年 7 月，德国标准化研究所正式颁布了世界上第一个关于二通插装阀控制技术的标准，意味着该技术已经成熟。

2）亚琛工业大学在 Backe 教授液阻理论的基础上对二通插装阀控制技术进行了比较系统的研究，并取得了很大进展。

二、二通插装阀控制技术的特点

传统的液压控制元件大多设计成采用标准连接方式（板式、管式、法兰式）的结构，并根据它们独立

的控制功能分为压力控制阀、流量控制阀和方向控制阀三类。这种传统结构的控制元件称为"单个元件"。在设计液压回路或系统时，则根据负载功能要求选择一定规格和功能的标准元件进行组合。随着工业技术的不断进步和发展，对液压控制技术提出了更高的要求。不仅在控制的功率和速度上大大提高了，而且提出了实现合理控制和控制过程的柔性连接等要求。若依靠传统的结构和控制原理显然难以满足这些要求。

二通插装阀具有以下技术特征：

1）二通插装阀的单个控制组件都可以按照液阻理论做成一个单独受控的阻力。这种结构称为单个控制阻力。

2）这些"单个控制阻力"由主级和先导级组成，根据先导控制信号独立地进行控制。这些控制信号可以是开关式的，也可以是位置调节、流量调节和压力调节等连续信号。

3）根据对每一个排油腔的控制主要是对它的进油和回油阻力进行控制的基本准则，原则上可以对一个排油腔分别设置一个输入阻力和一个输出阻力。按照这种原理工作的控制回路称为单个控制阻力回路。

正是由于这些技术特征，使液压系统的设计发生了很大的变化。二通插装控制技术具有以下优点：

1）通过组合插件与阀盖，可构成方向、流量以及压力等多种控制功能。

2）流动阻力小，通流能力大，特别适用于大流量的场合。插装阀的最大通径可达 200 ~ 250mm，通过的流量可达 10000L/min。

3）由于绝大部分是锥阀式结构，内部泄漏非常小，无卡死现象。

4）动作速度快。因为它靠锥面密封和切断油路，阀芯稍一抬起，油路马上接通。此外，阀芯的行程较小，动作灵敏，特别适合于高速开启的场合。

5）抗污染能力强，工作可靠。

6）结构简单，易于实现元件和系统的"三化"，并简化系统。

第二节　盖板式二通插装阀的结构和工作原理

一、盖板式二通插装阀的组成

典型的盖板式二通插装阀由插装件、控制盖板和先导控制阀三部分组成，如图 12-1 所示。

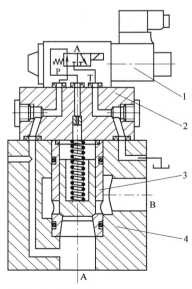

图 12-1　盖板式二通插装阀的组成

1—先导元件　2—控制盖板　3—插装件　4—插装块体

1. 插装件

插装件又称主阀组件或功率组件，它通常由阀芯、阀套、弹簧和密封件四部分构成，如图 12-2 所示。

有时根据需要，阀芯内还可设置节流螺塞或其他控制元件，阀套内可设置弹簧挡环等。将其插装在插装块体（或称集成块体）中，通过它的开启、关闭动作和开启量的大小来控制液流的通断或压力的高低、流量的大小，以实现对液压执行机构的方向、压力和速度的控制。

2. 控制盖板

控制盖板由盖板体、节流螺塞、内嵌先导控制元件以及其他附件等构成。它主要用来固定插装件并保证密封，内嵌先导控制元件和节流螺塞，安装先导控制阀以及位移传感器，行程开关等电气附件，沟通插装块体内控制油路和主阀组件的连接并实施控制。

控制盖板按其控制功能的不同分为方向控制盖板、压力控制盖板、流量控制盖板三大类。当盖板具有两个以上的功能时，称为复合控制盖板。

3. 先导控制阀

先导控制阀是用于控制主阀组件动作的较小通径规格的控制阀。常用的先导控制阀主要有 $\phi6mm$ 和 $\phi10mm$ 通径的电磁换向阀以及以它为基础的叠加阀组。先导控制阀和控制盖板一起实施对主阀的控制，构成控制组件。先导控制阀除了以板式连接或叠加式连接安装在控制盖板上以外，还经常以插入式连接方式安装在控制盖板内部，有时也固定在阀体上。

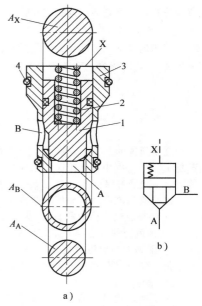

图 12-2　插装件基本结构形式
a）结构图　b）图形符号
1—阀芯　2—弹簧
3—阀套　4—密封件

二、盖板式二通插装阀的工作原理

图 12-2 所示的插装阀插装件由阀芯、阀套、弹簧和密封件组成。图中 A、B 为主油路接口，X 为控制油腔，三者的油压分别为 p_A、p_B 和 p_X，各油腔的有效作用面积分别为 A_A、A_B、A_X，由图可知

$$A_X = A_A + A_B \tag{12-1}$$

插装阀的工作状态是由作用在阀芯上的合力大小和方向来决定的。当不计阀芯自重和摩擦阻力时，阀芯所受的向下的合力 $\sum F$ 为

$$\sum F = p_X A_X - p_A A_A - p_B A_B + F_1 + F_2 \tag{12-2}$$

式中　F_1——弹簧力；

F_2——阀芯所受稳态液动力。

由式（12-2）可知，当 $\sum F > 0$ 时，阀口关闭。即

$$p_X > \frac{p_A A_A + p_B A_B - F_1 - F_2}{A_X} \tag{12-3}$$

当 $\sum F < 0$ 时，阀口开启。即

$$p_X < \frac{p_A A_A + p_B A_B - F_1 - F_2}{A_X} \tag{12-4}$$

由此可见，插装阀的工作原理是依靠控制油腔（X 腔）的压力大小来启闭阀口：控制油腔压力大时，阀口关闭；压力小时，阀口开启。

三、插装件

插装件根据阀芯、阀套的密封配合形式可分为锥阀和滑阀两大类。

绝大部分插装件都采用锥阀结构，只有在减压阀（包括用作二通流量控制阀的压力补偿器组件）等组件中采用滑阀结构。在锥阀组件中，锥形阀芯与阀套通常都呈线状密封配合，但有时也有一定的重叠量。

插装件有以下重要的结构参数和特征。

1. 面积比

面积比是指阀芯处于关闭位置时，阀芯控制油腔液压作用面积 A_X 和阀芯在主油口 A、B 处的液压作用面积 A_A、A_B 的比值。面积比有多种表示方式。面积比 α_A、α_B 分别定义为

$$\alpha_A = \frac{A_A}{A_X} \tag{12-5}$$

$$\alpha_B = \frac{A_B}{A_X} \tag{12-6}$$

通常所说的面积比一般指 α_A。根据用途不同，面积比 α_A 有 $\alpha_A < 1$ 和 $\alpha_A = 1$ 两种情况。滑阀的面积比 α_A 都是 1 : 1。锥阀中通常按面积比分为 A（1 : 1.2）、B（1 : 1.5）、C（1 : 1.0）、D（1 : 1.07）、E（1 : 2.0）等类。一般通过保持 A_X 不变，改变面积 A_A 来获得不同面积比。

插装阀的流向和开启压力与面积比有很大的关系。插装阀的基本流动方向一般为 A→B。只有锥阀才可以实现双向通流，而面积比 α_A 为 1 : 1 的滑阀不可能双向通流。对于面积比 α_A 为 1 : 2 的插件，A→B 与 B→A 两种流向的开启压力是相同的。面积比为 1 : 1.07 的插件一般适用于 A→B 的流向，而如果流向为 B→A，则阀的开启压力是 A→B 时的 15 倍。因此，B→A 流动时要求插装阀的面积比取 1 : 2 或 1 : 1.5 等较小值，使 B 腔作用面积加大，以降低开启压力。

2. 阀芯的尾部结构

为了使锥阀组件的阀芯开关过程易受控制，特别是在进行流量控制时能取得不同的压差流量增益特性，常把阀芯设计成带尾部的结构，如图 12-3 所示。由图可见，尾部主要有两种形式：一种是尾部不带窗口，但带有缓冲头，如图 12-3a 所示；另一种是尾部有缓冲头，并且带有不同形状的窗口，如图 12-3b~d 所示。前一种主要用于方向控制中阀芯开关的缓冲；后一种不仅可以具有第一种的功能，而且大量用于流量控制中检测流量，例如流量控制阀中的流量传感器部分等。图 12-3c 所示的带矩形窗口的结构在一定压差下具有相当线性的压差-流量增益曲线。不带缓冲头的阀芯，则具有高速换向功能。

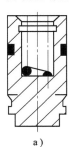 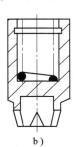 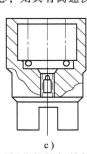 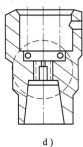

a)　　　　　　　　b)　　　　　　　　c)　　　　　　　　d)

图 12-3　插装阀阀芯的尾部结构

3. 弹簧

弹簧是插装阀的主要组成零件之一。弹簧的设计对插装件的静、动态特性有很大影响。插装阀通常配置不同刚度的弹簧，并用开启压力来表示它们的区别。由于开启压力与面积比有关，一般用面积比 α_A 为 1 : 1.5 时的开启压力来表示。例如，开启压力为 0.05MPa、0.1MPa、0.2MPa、0.3MPa、0.4MPa 等。一般面积比为 1 : 1.5 和 1 : 1.07 的插装阀配备相同的弹簧。

表 12-1 所列为典型的插装件。

表 12-1　典型的插装件

插装件类型	面　积　比	流　向	机能符号	剖　面　图	用　途
A 型基本插装件	1 : 1.2	A→B	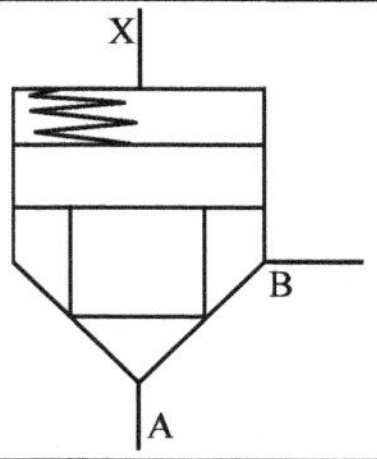	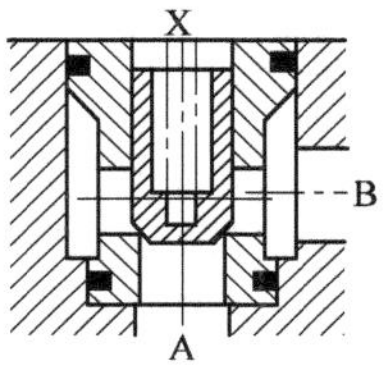	方向控制

（续）

插装件类型	面 积 比	流 向	机 能 符 号	剖 面 图	用 途
B 型基本插装件	1：1.5	A→B B→A	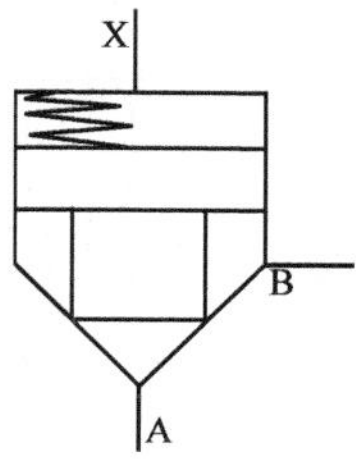	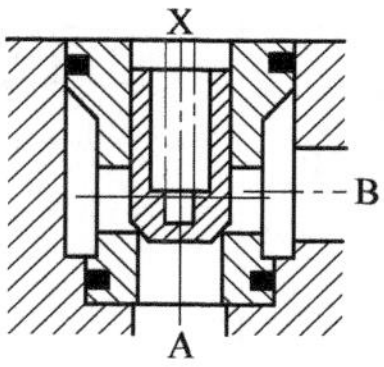	方向控制
B 型插装件阀芯带密封圈	1：1.5	A→B B→A	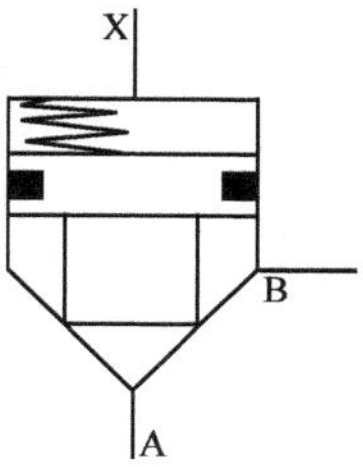	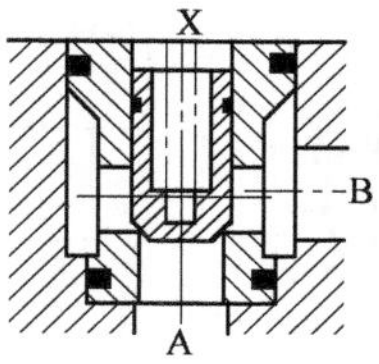	方向控制。阀芯带密封件,适用于水-乙二醇、乳化液
B 型带缓冲头插装件	1：1.5	A→B B→A	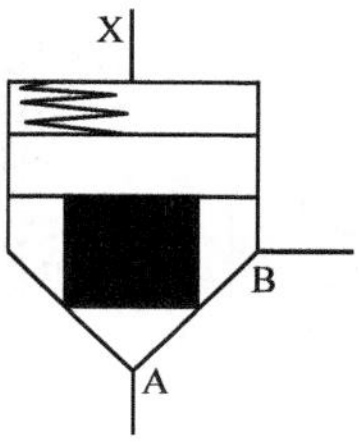	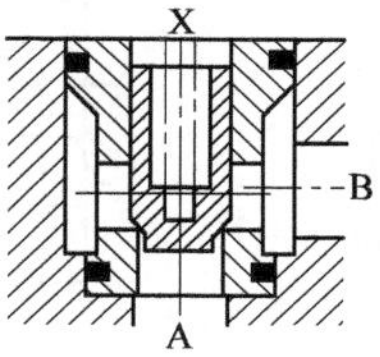	要求换向冲击力小的方向控制,流通阻力较 B 型基本插装件大
B 型节流插装件	1：1.5	A→B B→A	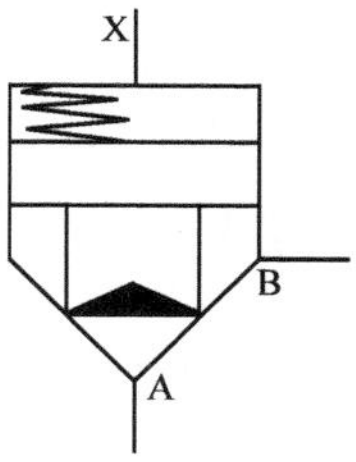	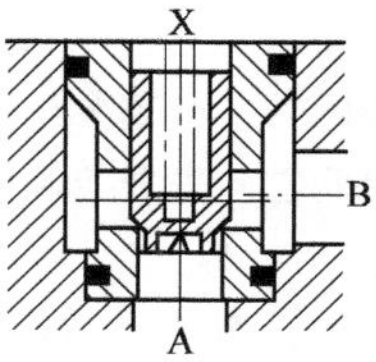	与节流控制盖板合用,可构成节流阀;与方向控制盖板合用,用于对换向瞬时有特殊要求的场合
E 型阀芯内钻孔使 B、X 腔相通插装件	1：2	A→B	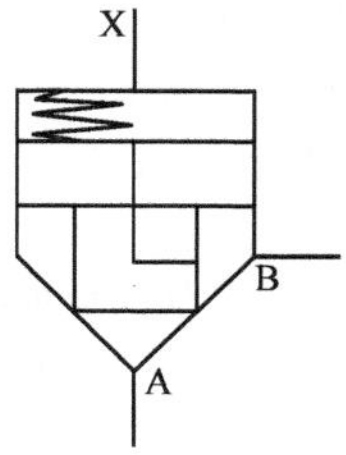	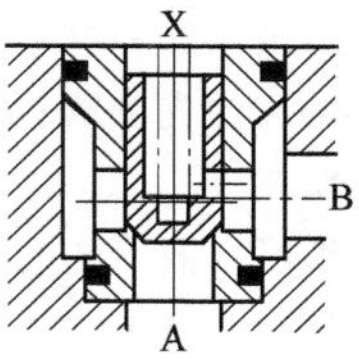	单向阀
C 型带阻尼孔插装件	1：1	A→B	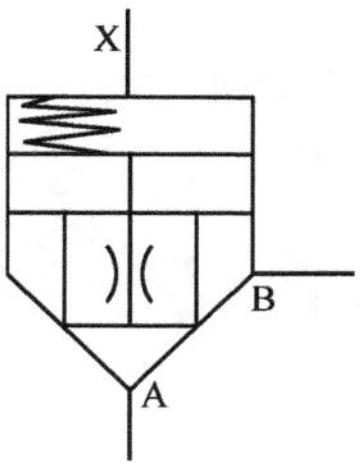	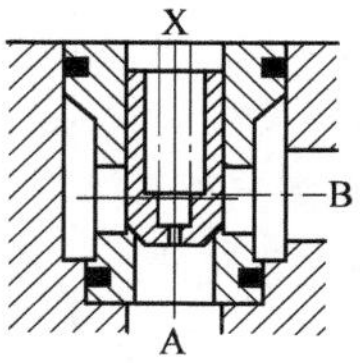	用于 B 口有背压工况,防止 B 口压力反向打开主阀

239

（续）

插装件类型	面 积 比	流 向	机 能 符 号	剖 面 图	用 途
D 型基本插装件	1：1.07	A→B			仅用于方向和压力控制
D 型带阻尼孔插装件	1：1.07	A→B			压力控制
常开滑阀型插装件	1：1	A→B			A、B 口常开,可用作减压阀;与节流插装件串联可构成调速阀

240

四、控制盖板

控制盖板是二通插装阀的另一个重要组成部分。由于控制盖板主要参与对插装件的先导控制,赋予插装件以指定的控制功能,因此它和先导控制阀一起构成了先导控制部分,即先导级。

1. 盖板体

盖板体是控制盖板的主体,其基本结构形式有方形和圆形之分,方形中有带凸肩和不带凸肩（平盖板）之分。

盖板体内的控制通道用来沟通先导控制部分和主油路及主阀芯控制腔的连接,控制通道的通径通常按相关标准的规定进行设计。盖板体的一个重要用途是安装先导电磁换向阀或叠加阀组。通径 $\phi40mm$ 以下的二通插装阀大都采用通径 $\phi6mm$ 的先导阀;通径在 $\phi50mm$ 以上时,大都采用通径 $\phi10mm$ 的先导阀。

2. 内嵌先导控制元件

根据控制要求,控制盖板可内嵌不同的微型先导控制元件。常见的先导控制元件有:

（1）梭形阀元件　梭形阀元件主要用来对两种不同压力进行比较和选择,也常称"选择阀"元件,它实际上是一种液动二位三通阀。

当先导阀的通径为 $\phi6mm$ 和 $\phi10mm$ 时,大部分梭形阀都采用钢球阀芯,如图 12-4 所示。

（2）单向阀元件　单向阀元件是控制盖板中大量采用的内嵌先导元件,其基本结构有球形和锥形两种,它是一种二位二通阀。采用多个单向阀元

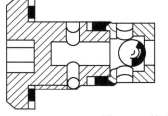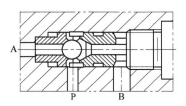

图 12-4　梭形阀（球形）元件

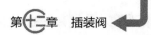

件后，可以使控制盖板具有二通道、三通道、四通道等多种通道的压力选择功能。

（3）先导液控单向阀元件　在图 12-4 中，如果利用一个小控制活塞，由外部或内部引入控制压力油驱动，推动钢球，则可构成先导液控单向阀元件。一般应使控制活塞的液压作用面积大于钢球右端的液压作用面积，以降低控制活塞所需的控制压力。

（4）压力控制元件　压力控制元件主要用作溢流阀、减压阀和其他压力阀的二通插装阀控制组件的控制盖板中。其典型结构如图 12-5 所示，它主要由锥阀芯、锥阀座、弹簧、弹簧座及调节机构等组成。

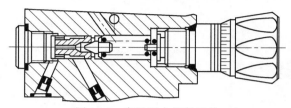

图 12-5　先导压力控制元件

在进行减压阀控制时，还在压力控制组件的前部嵌入微流量控制器，如图 12-6 所示。该结构能较恒定地将流量控制在 1L/min 左右。

五、先导控制阀

先导控制阀是二通插装阀控制中一个非常重要的组成部分。先导控制阀的结构很多，常用的有滑阀型电磁换向阀、球式电磁换向阀、叠加阀、手动换向阀、机动换向阀及先导比例阀等。这里主要介绍前面两种。

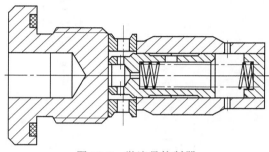

图 12-6　微流量控制器

1. 滑阀型电磁换向阀

滑阀型电磁换向阀中最常用的是 $\phi6mm$ 的微型电磁换向阀和 $\phi10mm$ 的小型电磁换向阀。它们在结构上具有如下特点：

1）阀芯为多台肩结构，和五槽式阀体配合构成"四边控制节流口"。

2）电磁铁多采用"湿式"结构，有直流、交流和本整型等种类。

滑阀型电磁换向阀有二位三通、二位四通、三位三通、三位四通等类型。滑阀位置及其同各油口的连接状态有很多种变化，其中常用于二通插装阀控制的位置机能有 O 型、P 型、Y 型等。

2. 球式电磁换向阀

球式电磁换向阀也称为电磁球阀，有二位三通和二位四通等类型。球式电磁换向阀的结构、工作原理及特点可参见本书第十一章第四节的相关内容。

第三节　盖板式二通插装阀的控制组件

一、盖板式二通插装阀的方向控制组件

盖板式二通插装阀的方向控制组件，是在二通插装阀控制系统中应用最多，变化也最多的一种组件。这些控制组件无论在控制原理上，还是结构组成上，都完全不同于传统的换向阀。它的位置机能极其丰富，并具有一系列优良的控制性能和特点。

常用的方向控制组件有单向阀组件、带先导控制单向阀的液控单向阀组件、带压力选择阀（梭阀）的单向阀组件、带压力选择阀（锥阀）的单向阀组件、带先导电磁换向阀（滑阀）的方向阀组件、带先导电磁换向阀和压力选择阀的方向阀组件、带先导电磁换向阀（球阀）的方向阀组件、带先导电磁换向阀和压力选择阀的方向阀组件。

概括起来，这些方向控制组件有两种基本的组成方式：由控制盖板加插装件组成的不带先导控制型、由先导控制阀加控制盖板加插装件组成的带先导控制型。

图 12-7 所示的基本型单向阀组件是典型的控制盖板加方向阀插装件。在控制盖板内含一控制通道 h，

其内设置一节流螺塞 f，以调节油液的液阻值。控制通道可单独接外控压力油，也可直接与主油口 A 或 B 相通。控制通道与 A 或 B 相通的图形符号如图 12-8 所示。

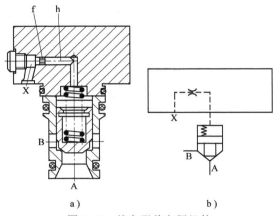

图 12-7　基本型单向阀组件

a）结构　b）图形符号

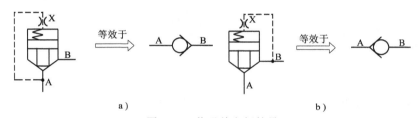

图 12-8　普通单向阀符号

a）控制通道与 A 油口相连通的单向阀符号　b）控制通道与 B 油口相连通的单向阀符号

图 12-9 所示的方向阀组件由二位四通电磁换向阀与控制盖板、方向阀插装件组成。与传统方向控制阀相比，其位置机能有很大的不同，它的位置机能与先导阀的先导控制方式、主油口 A 和 B 的流向均有关。

方向阀组件的位置机能可以通过先导阀的滑阀机能或者通过改变控制盖板内控制通道的布置来改变。图 12-10a 所示为外控式方向控制组件，图 12-10b 所示为通过改变控制盖板的通道来改变位置机能的内控式方向控制组件。

图 12-11 所示为用一个二位四通电磁先导阀对四个方向阀插装件进行控制，组成了一个四通阀，该四通阀相当于一个二位四通电液换向阀。

图 12-12a 所示为由一个三位四通电磁先导阀与四个方向阀插装件组成的具

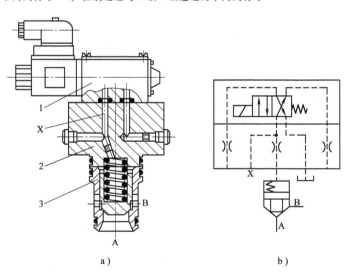

图 12-9　带滑阀式先导电磁阀的方向控制组件

a）结构　b）图形符号

1—先导元件　2—控制盖板　3—插装件

有 O 型中位机能的三位四通插装换向阀及换向回路，图 12-12b 所示为其等效回路。当电磁先导阀的电磁铁 1YA 和 2YA 均断电时（图示位置），四个插装件的 X 腔都与 P 口压力油接通，因此 CV_1、CV_2、CV_3、CV_4

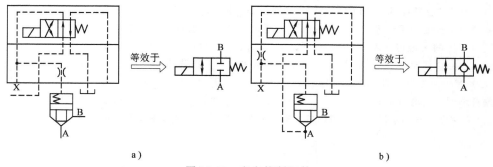

图 12-10　方向控制组件

a) 外控式方向控制组件　b) 内控式方向控制组件

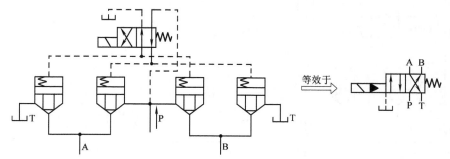

图 12-11　一个先导阀与四个方向阀插装件组成的二位四通阀

均关闭。当 1YA 通电，2YA 断电时，先导阀 1 切换至左位，插装件 CV_1 和 CV_3 的 X 腔与 P 口接通，而 CV_2 和 CV_4 的 X 腔接回油箱，使 P 口与 A 口接通，B 口与 T 口接通，液压缸无杆腔通压力油，使活塞杆伸出。当 1YA 断电，2YA 通电时，先导阀 1 切换至右位，插装件 CV_1 和 CV_3 的 X 腔接回油箱，而 CV_2 和 CV_4 的 X 腔与 P 口接通，使 P 口与 B 口接通，A 口与 T 口接通，液压缸有杆腔通压力油，使活塞杆缩回。

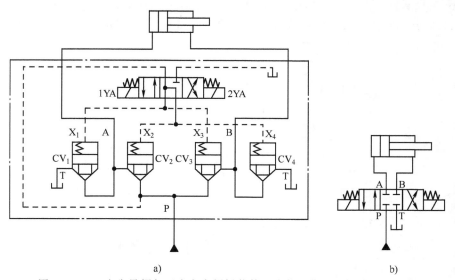

图 12-12　一个先导阀与四个方向阀插装件组成的三位四通阀及换向回路

a) 插装阀回路　b) 等效回路

图 12-13a 所示为两个电磁先导阀与四个方向阀插装件组成的四位四通插装阀及换向回路，图 12-13b 所示为其等效回路。当电磁铁 1YA 和 2YA 均断电时（图示位置），插装件 CV_2 和 CV_3 的 X 腔与 P 口接通，

243

CV$_1$ 和 CV$_4$ 的 X 腔接回油箱，则 CV$_2$ 和 CV$_3$ 关闭，CV$_1$ 和 CV$_4$ 开启，这样 P 口被封闭，A 口和 B 口均与 T 口相通，使液压缸处于浮动状态。当电磁铁 1YA 通电，2YA 断电时，插装件 CV$_1$ 和 CV$_3$ 的 X 腔与 P 口接通，CV$_2$ 和 CV$_4$ 的 X 腔接回油箱，则 CV$_1$ 和 CV$_3$ 关闭，CV$_2$ 和 CV$_4$ 开启，P 口与 A 口相通，B 口与 T 口相通，使液压缸活塞杆伸出。当电磁铁 2YA 通电，1YA 断电时，插装件 CV$_2$ 和 CV$_4$ 的 X 腔与 P 口接通，CV$_1$ 和 CV$_3$ 的 X 腔接回油箱，则 CV$_2$ 和 CV$_4$ 关闭，CV$_1$ 和 CV$_3$ 开启，P 口与 B 口相通，A 口与 T 口相通，使液压缸活塞杆缩回。当电磁铁 1YA 和 2YA 均通电时，则 CV$_1$ 和 CV$_4$ 关闭，CV$_2$ 和 CV$_3$ 开启，P 口与 A 口和 B 口相通，T 口封闭，压力油同时进入液压缸的有杆腔和无杆腔，实现差动快速前进。

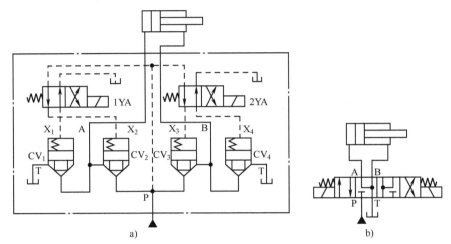

图 12-13　两个先导阀与四个方向阀插装件组成的四位四通阀及换向回路

a）插装阀回路　b）等效回路

二、盖板式二通插装阀的压力控制组件

盖板式二通插装阀的压力控制组件有溢流控制组件、顺序控制组件和减压控制组件三类。

图 12-14a 所示为插装溢流阀组件构成的卸荷回路，图 12-14b 所示为其等效液压回路。插装溢流阀组件由

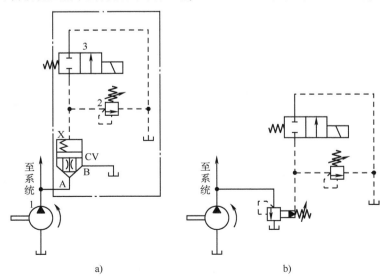

图 12-14　插装溢流阀组件及卸荷回路

a）插装溢流阀回路　b）等效回路

1—液压泵　2—先导调压阀　3—二位二通电磁换向阀

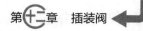

压力控制插装件 CV、先导调压阀 2、二位二通电磁换向阀 3 构成。电磁阀 3 断电时，系统压力由调压阀 2 调定；电磁阀 3 通电切换至右位时，插装件因 X 腔接回油箱而开启，使 A 口与回油口 B 接通，液压泵 1 卸荷。

图 12-15 所示的减压控制组件由滑阀式减压阀插装件 1、先导调压元件 2、控制盖板 3 及微流量调节器 4 组成。其作用分别为：先导调压元件调压，滑阀式减压阀插装件减压，微流量调节器使控制流量不受干扰而保持恒定值，一般为 1.1～1.3L/min。

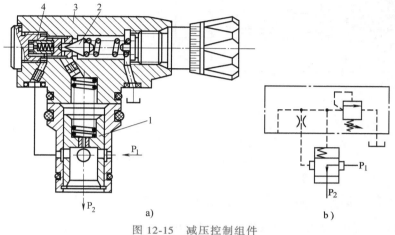

图 12-15　减压控制组件

a）结构　b）图形符号

1—减压阀插装件　2—先导调压元件　3—控制盖板　4—微流量调节器

三、盖板式二通插装阀的流量控制组件

盖板式二通插装阀的流量控制组件有节流式流量控制组件（节流阀）、二通型流量控制组件（调速阀）等。

图 12-16 所示的节流式流量控制组件是用行程调节器来限制阀芯行程的，通过控制阀口开度来达到控制流量的目的，其阀芯尾部带有节流口。

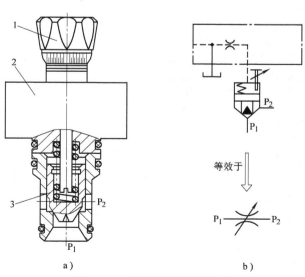

图 12-16　节流式流量控制组件

a）结构　b）图形符号

1—行程调节器　2—控制盖板　3—流量阀插装件

图 12-17 所示的二通型流量控制组件由一个定差减压阀与一个节流阀串联组成，该组件有一个输入油口 P_1 和一个输出油口 P_2，所以称为二通型。其作用是当节流阀的阀口开度调定后，由定差减压阀保持节流阀口两端的压差为一定值，当负载变化时，节流阀输出的流量稳定。

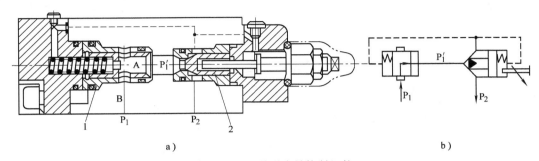

a）

b）

图 12-17　二通型流量控制组件
a）结构　b）图形符号
1—定差减压阀插装件　2—节流阀插装件

四、盖板式二通插装阀的复合控制组件

在大流量液压系统中，可用多个插装件与先导阀、控制盖板组成复合控制阀。图 12-18a 所示为由五个插装件与其他元件组成的复合控制阀。其中，件 1、3 为方向阀插装件，阀口的开启和关闭用于接通或切断油口 P 与 B、A 与 T；件 2 为流量阀插装件，用于接通或切断油口 P 与 A，阀的开口大小可通过行程调节器调节；件 4、5 为压力阀插装件，件 4 与压力先导阀组成背压阀，件 5 与先导阀组成电磁溢流阀。复合控制阀的等效液压系统如图 12-18b 所示。

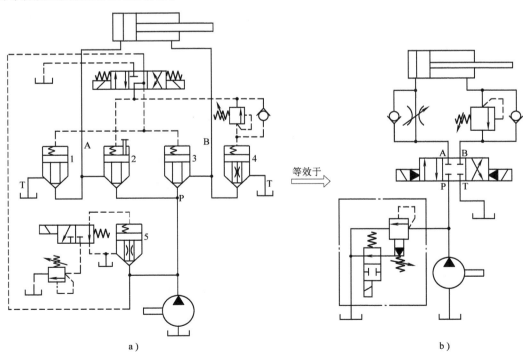

a）

等效于

b）

图 12-18　复合控制阀及其等效液压系统
a）复合控制阀　b）等效液压系统
1、3—方向阀插装件　2—流量阀插装件　4、5—压力阀插装件

第四节　螺纹插装阀

一、螺纹插装阀与盖板式二通插装阀的比较

（1）功能实现　螺纹式插装阀多依靠自身来提供完整的液压阀功能，盖板式二通插装阀一般依靠先导阀来实现完整的液压阀功能。

（2）阀芯形式　螺纹插装阀既有锥阀，也有滑阀；盖板式二通插装阀多为锥阀。

（3）安装形式　螺纹插装阀组件依靠螺纹与块体联接；盖板式二通插装阀的阀芯、阀套等插入阀体，依靠盖板联接在块体上。

（4）标准化与互换性　两种插孔都有相应标准，插件互换性好，便于维修。

（5）适用范围　盖板式二通插装阀适用于 $\phi16mm$ 通径及以上的高压大流量系统，螺纹插装阀适用于小流量系统。

二、螺纹插装阀的功能类别

螺纹插装阀可实现几乎所有压力、流量、方向类型的阀类功能。表 12-2 所列为螺纹插装阀的基本类型。螺纹插装阀及其对应的腔孔有二通、三通、三通短型或四通功能，如图 12-19 所示。这些功能指的是阀及阀的腔孔有两个油口、三个油口及四个油口。三个油口中若有一个用作控制油口，则为三通短型。

表 12-2　螺纹插装阀的基本类型

压 力 阀 类	流 量 阀 类	方 向 阀 类
直动式溢流阀	节流阀（针阀）	二通方向控制阀
先导式溢流阀	定流量阀	三通方向控制阀
先导式比例溢流阀	二通调速阀	四通方向控制阀
直动式三通减压阀	三通调速阀	单向阀
先导式三通减压阀	分流集流阀	液控单向阀
三通型先导式比例减压阀	二位二通常闭滑阀式比例流量阀	梭阀
直动顺序阀	二位二通常闭锥阀式比例流量阀	
外控卸荷阀		

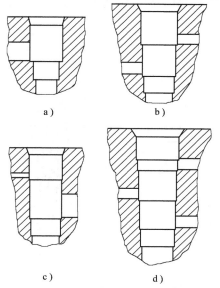

图 12-19　二通、三通和四通螺纹插装阀阀体功能油口的布置

a）二通　b）三通　c）三通短型　d）四通

三、压力控制螺纹插装阀

1. 溢流阀

图 12-20a 所示为直动式螺纹插装溢流阀的典型结构。阀芯采用锥阀形式，当阀芯运动时，弹簧腔油液通过阀芯上开的径向小孔与回油口 T 连通。

图 12-20b 所示为先导式螺纹插装溢流阀的典型结构。其主阀采用滑阀结构，先导阀为球阀。该阀在原理上属于传统的系统压力间接检测式。

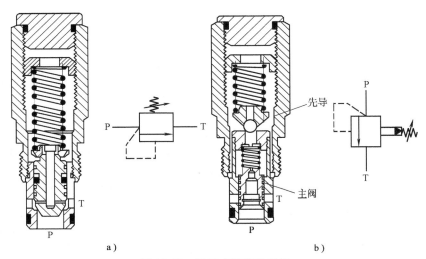

a)　　　　　　　　　　　　　b)

图 12-20　螺纹式插装溢流阀

a) 直动式　b) 先导式

2. 滑阀型三通减压阀

图 12-21 所示为滑阀型三通减压阀的典型结构。其工作原理与传统的三通减压阀相同，可以实现 P→A 或 A→T 方向的流通。通过主阀芯的下部面积，实现阀输出压力（二次压力）的内部反馈，以保持输出压力始终与输入信号相对应。当二次压力油口进油时，实现 A 口至 T 口的溢流功能。

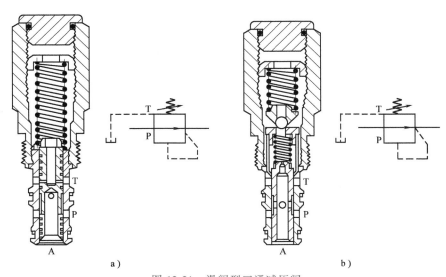

a)　　　　　　　　　　　　　b)

图 12-21　滑阀型三通减压阀

a) 直动式　b) 先导式

3．顺序阀

图 12-22 所示为直动式顺序阀的典型结构。当一次压力油口（P 口）压力未达到阀的设定值时，一次压力油口被封闭，而顺序油口通油箱。当 P 口压力达到阀的设定值时，阀芯上移，实现压力油从 P 口至顺序油口基本无节流的流动。

4．卸荷阀

图 12-23 所示为滑阀型外部控制卸荷阀的结构原理图。当作用在阀芯下端控制油的压力未达到弹簧的设定压力值时，P 口与 T 口间封闭；反之，阀芯上移，P 口与 T 口接通，P 口压力通过 T 口卸荷。

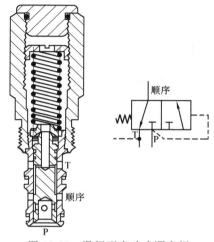

图 12-22　滑阀型直动式顺序阀

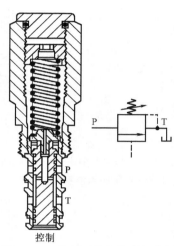

图 12-23　滑阀型外部控制卸荷阀

四、流量控制螺纹插装阀

1．针阀

图 12-24 所示的针阀为可变节流器型的流量控制阀。这种阀没有压力补偿功能，沿两个方向都能节流。

2．压力补偿型流量调节阀

图 12-25 所示为压力补偿型定流量阀，它可提供恒定的流量，不受系统压力或负载压力变化的影响。它是由进油口的控制节流孔（固定液阻）以及阀芯与阀套间的径向可变节流孔（可变液阻）组成的液压回路。当系统压力升高时，阀芯在压力作用下往上移动，减小了可变液阻的通流面积，使阀芯内腔压力升高，从而使控制节流孔两端的压差保持不变，进而在系统压力升高时保持通过阀的流量基本不变。

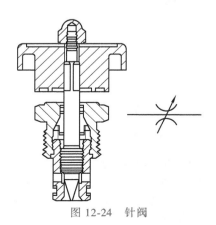

图 12-24　针阀

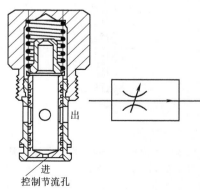

图 12-25　压力补偿型定流量阀

液压元件与系统 第4版

图 12-26 所示为由两个螺纹插装阀组成的二通型流量控制阀。其中一个为常规的可调节流阀，另一个为定差减压阀（压力补偿阀），两者串联运行，其工作原理与常规二通调速阀相同。

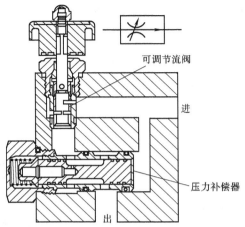

图 12-26　由两个螺纹插装阀组成的二通型流量控制阀

图 12-27 所示为三通型流量控制阀，它由定差溢流阀与可调节流阀组成。与传统的三通型流量控制阀一样，这种流量控制阀能使系统压力适应负载变化。

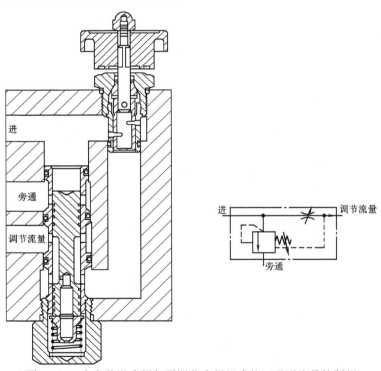

图 12-27　由定差溢流阀与可调节流阀组成的三通型流量控制阀

3. 分流集流阀

图 12-28 所示为压力补偿不可调分流集流阀。该阀能按规定的比例进行分流或集流，不受系统负载或油源压力变化的影响。图 12-28a 所示为阀的中位位置；图 12-28b 所示为分流工况，当流量进入系统压力油口时，固定节流孔产生的压差将左右阀芯拉开并勾在一起，两个阀芯一起工作以补偿负载压力的变化；图 12-28c 所示为集流工况，固定节流孔产生的背压将左右两个阀芯推拢在一起。

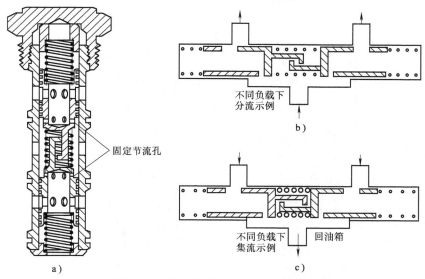

固定节流孔

图 12-28　压力补偿不可调分流集流阀

a）中位　b）分流工况　c）集流工况

五、方向控制螺纹插装阀

1. 二通方向控制阀

在图 12-29a 中，当电磁铁未通电时，衔铁和与它相连的先导阀芯组件在弹簧力作用下处于图示最下端的先导阀口关闭位置。此时，从进口来的压力油通过先导液桥的固定节流孔（开在主阀芯的侧面上），进入先导阀芯及主阀芯的上腔，使主阀口也处于关闭状态；当从出口来的油压作用力大于进口油压作用力及弹簧之和时，油液可以从出口流向进口。当电磁铁通电时，电磁铁吸合衔铁，使与它相连的先导阀芯向上运动，先导阀口打开，进出口可以自由流通。这时有进口进油与出口进油两种情况。当进口进油时，由于先导阀口打开，主阀上腔压力降低，进口油压作用在主阀环形面积上，将主阀口打开；当出油口进油时，主阀芯在出油口压力作用下往上运动，关闭先导阀口，并打开主阀口，从而实现进出油口自由流通机能。

在图 12-29b、d 中，当电磁铁通电时，通过推动滑阀式阀芯，分别使阀口打开和关闭，从而实现电磁常闭二通阀和电磁常开二通阀的机能。

在图 12-29c 中，电磁铁通电时，先导阀口关闭，油液从进油口流入时，进出油口不通；油液从出油口流入时，压力油使主阀芯及先导阀芯上移，主阀口打开，油液从出油口向进油口单向通流。而当电磁铁断电时，先导阀芯在弹簧力作用下处于开启状态，使油液能够双向通流。

2. 三通方向控制阀

图 12-30 所示为二位三通电磁滑阀。当电磁铁不通电时，弹簧将阀芯推至下端位置，B 口与 C 口之间可以双向自由流通。当电磁铁通电时，电磁力使阀芯上移，C 口封闭，而允许 B 口和 A 口之间自由流通。

图 12-31 所示为弹簧复位二位三通液控滑阀，阀芯有两个工作位置。弹簧腔通过阀芯上的小孔及沉割槽与 A 油口始终相通。当控制油压的作用力不能克服弹簧力及弹簧腔液压作用力之和时，阀芯处于最下端位置，C 口封闭，A、B 之间的油口接通；反之，则阀芯上移，阀的工作位置切换，使 A 口封闭，B、C 口接通。

3. 四通方向控制阀

图 12-32 所示为二位四通电磁滑阀，与三通滑阀式方向控制阀（图 12-30、图 12-31）相比，阀套侧面由两个油口增加到三个油口。

4. 单向阀与液控单向阀

图 12-33a 所示的单向阀可通过更换不同的弹簧来改变单向阀的开启压力。图 12-33b 所示的液控单向阀中，控制活塞的面积一般为阀座面积的 4 倍。当控制油的作用力能克服弹簧力及弹簧腔的液压作用力之和时，油液可以从 C 口向 V 口反向流动。

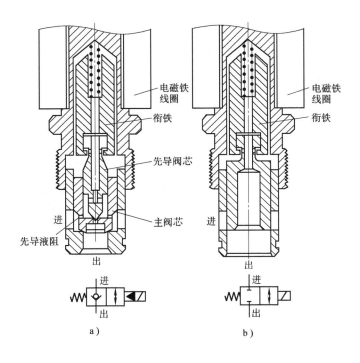

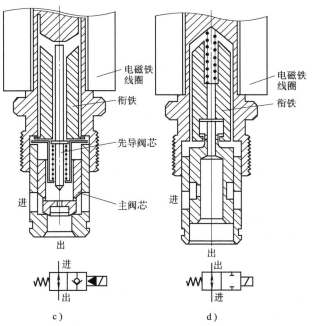

图 12-29　二通方向控制阀

a）锥阀型电液常闭二通阀　　b）滑阀型电磁常闭二通阀

c）锥阀型电液常开二通阀　　d）滑阀型电磁常开二通阀

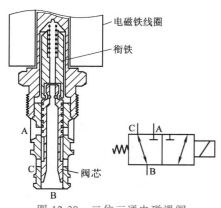

图 12-30　二位三通电磁滑阀

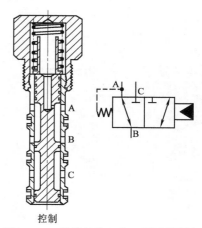

控制

图 12-31　弹簧复位二位三通液控滑阀

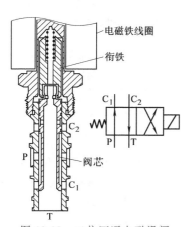

图 12-32　二位四通电磁滑阀

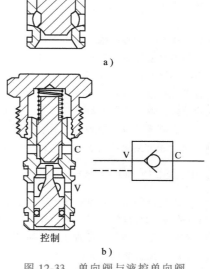

a)

控制

b)

图 12-33　单向阀与液控单向阀
a）单向阀　b）液控单向阀

253

思考题和习题

12-1　与传统液压控制元件相比，盖板式二通插装控制元件有何特点？

12-2　典型的盖板式二通插装阀由哪几部分组成？各组成部分有何功用？

12-3　利用两个插装阀插装件组合起来作为主级，以适当的电磁换向阀作为先导级，分别实现二位三通、三位三通和四位三通电磁换向阀的功能。

12-4　利用四个插装阀插装件组合起来作为主级，以适当的电磁换向阀作为先导级，分别实现二位四通、O 型三位四通、H 型三位四通和四位四通电液换向阀的功能。

第十三章

电液比例阀

第一节 概　　述

电液比例阀是一种根据输入的电气信号，连续地、按比例地对油液的压力、流量等参量进行控制的阀类。它不仅能实现复杂的控制功能，而且具有抗污染能力较强、成本较低、响应较快等优点，在液压控制工程中获得了越来越广泛的应用。

一些自动化程度较高的液压设备可能要求对压力或流量等参数实现连续控制或远程控制，如果采用普通开关或定值控制阀，会使系统过于复杂，或不可能实现。这时往往需要采用比例阀或伺服阀。在比例控制系统中，比例阀既是电—液转换元件，同时也是功率放大元件，因此，它是比例控制系统的核心元件。为了正确地设计和使用电液比例阀，应对比例阀的类型和性能有深入了解。

一、电液比例阀的分类和组成

在介绍电液比例阀的分类和组成之前，有必要了解比例阀的技术发展状况。其发展大致可分为三个阶段：

1）第一阶段（20 世纪 60 年代到 20 世纪 70 年代）是用比例电磁铁代替普通液压阀的开关型电磁铁或调节手柄，液压阀部分的结构原理和设计准则几乎没有变化，大多不含受控参数的反馈闭环。其工作频宽小（为 1~5Hz），稳态滞环在 4%~7% 之间，多用于开环控制。

2）1975 年到 1980 年，比例阀的发展进入第二阶段。采用各种内反馈原理的比例元件大量问世，耐高压比例电磁铁和比例放大器在技术上也日趋成熟。比例阀的工作频宽达 5~15Hz，稳态滞环减小到 3% 左右。其应用领域日渐扩大，不仅用于开环控制，也应用于闭环控制。

3）20 世纪 80 年代以后，比例阀的发展进入第三阶段。比例阀的设计原理进一步完善，采用压力、流量、位移内反馈和动压反馈及电校正等手段，使阀的稳态精度、动态响应和稳定性都有了进一步提高。另一项重大进展是比例技术开始和插装阀相结合，开发出各种不同功能和规格的二通、三通型比例插装阀，形成了电液比例插装技术。同时，由于传感器件和电子器件的小型化，使电液比例技术逐步形成了集成化的趋势。此外，各类电液比例控制泵和执行元件的出现，为大功率电液比例控制系统的节能奠定了技术基础。

电液比例阀有多种分类方法。根据控制功能可以分为电液比例压力阀、电液比例流量控制阀、电液比例方向阀和电液比例复合阀（如比例压力流量阀）。前两种为单参数控制阀，后两种为多参数控制阀。电液比例方向阀能同时控制流体的方向和流量，比例压力流量阀能同时对压力和流量进行比例控制。有些比例复合阀能对单个执行机构或多个执行机构实现压力、流量和方向的同时控制。

按液压放大级的级数，电液比例控制阀又可分为直动式和先导式。直动式是由电—机械转换元件直接推动液压功率级。由于受电—机械转换元件输出力的限制，直动式比例阀能控制的功率有限。先导控制式比例阀由直动式比例阀与能输出较大功率的主阀级构成。前者称为先导阀或先导级，后者称为主阀功率放大级。

按比例控制阀是否含级间反馈来分，又可分为带反馈型和不带反馈型，不带反馈型是在开关型或定值控制型传统阀的基础上加以改进，用比例电磁铁代替手轮调节部分而成。带反馈型是借鉴伺服阀的各种反馈控制发展起来的。它保留了伺服阀的控制部分，降低了液压部分的精度要求，或对液压部分进行重新设计而成。因此有时也称为廉价伺服阀。反馈型又可分为流量反馈、位移反馈和力反馈。也可以把上述量转换成相应的其他量或电量再进行级间反馈，从而构成多种形式的反馈型比例阀，如流量—位移—力反馈、位移—电反馈、流量—电反馈等。凡带有电反馈的比例阀，控制它的电控器需要带能对反馈电信号进行放大和处理的附加电子电路。

此外，按控制信号的形式来分，又可分为模拟信号控制式、脉宽调制信号控制式和数字信号控制式等。

电液比例阀从组成来看，可以分成三大部分：电—机械比例转换装置、液压阀本体和检测反馈元件。电—机械比例转换装置将小功率的电信号转换成阀芯（或喷嘴挡板）的运动，然后又通过液压阀中阀芯的运动去控制流体的压力与流量，完成了电—机械—液压的比例转换。为了提高电液比例阀的性能，可采用检测反馈元件构成级间反馈回路，它有机械、液压、电气反馈等多种方案。

二、电液比例阀的特点

电液比例阀具有以下特点：

1）能方便地实现自动控制、远程控制和程序控制。

2）把电的快速性、灵活性等优点与液压传动功率大等优点结合起来，能连续、按比例地控制执行元件的力、速度和方向，并能防止压力或速度发生变化时的冲击现象。

3）简化了系统，减少了元件使用量。

4）制造简便，价格比伺服阀低廉，但比普通液压阀高。

5）使用条件、保养和维护与普通液压阀相当，抗污染性能较好。

6）电液比例阀可以用于没有反馈的开环控制系统，如图 13-1 所示；对有些场合需要进行位置控制或提高系统性能时，电液比例阀也可以组成闭环控制系统，如图 13-2 所示。

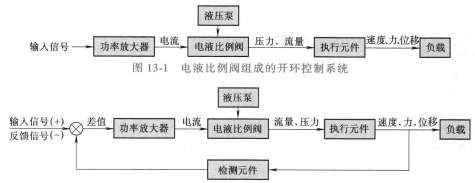

图 13-1　电液比例阀组成的开环控制系统

图 13-2　电液比例阀组成的闭环控制系统

由此可见，电液比例控制阀是介于开关型液压阀与伺服阀之间的一种液压元件。与伺服阀相比，其优点是价廉、抗污染能力强。除了在控制精度和响应快速性方面不如伺服阀外，其他方面的性能和控制水平与伺服阀相当，其动、静态性能可以满足大多数工业应用的要求。与传统的液压控制阀相比，虽然价格较贵，但由于其良好的控制性能而得到补偿。因此在控制较复杂，特别是对控制性能要求较高的场合，传统开关阀正逐渐被比例阀等元件所替代。

三、电液比例阀的基本性能要求

电液比例阀的基本性能包括静态性能和动态性能两个方面，通常用以下指标来衡量。

1. 静态性能指标

（1）滞环 H_Z 电液比例阀的滞环反映了被试阀内存在的磁滞、运动时的摩擦、弹性元件的弹性滞环等因素对稳态控制性能的影响程度。当输入电流在正负额定值之间做一次往复循环时，同一输出值（压力或流量）对应的输入电流存在差值 ΔI，如图 13-3 所示。通常规定差值中的最大值 ΔI_{max} 与额定电信号 I_n 的百分比为电液比例阀的滞环误差。即

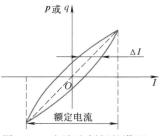

$$H_Z = \frac{\Delta I_{max}}{I_n} \times 100\% \qquad (13-1)$$

滞环误差越小，电液比例阀的静态性能越好。

图 13-3 电液比例阀的滞环

（2）非线性度 非线性度 L 通常定义为稳态名义控制特性曲线与其名义控制增益线之间的最大偏移电流 ΔI_{max} 相对于额定输入电流 I_n 与起始电流 I_0 之差的百分比。即

$$L = \frac{\Delta I_{max}}{I_n - I_0} \times 100\% \qquad (13-2)$$

名义控制特性曲线是指控制特性曲线中心点的轨迹。名义控制增益线是指从名义控制特性曲线上最小控制输出量对应的点开始，所作的与名义控制特性曲线偏差最小的直线。通常可采用端点法、平均选点法或最小二乘法等方法获得名义控制增益线，进而求得非线性度。对于电液比例阀而言，非线性度越小越好。

（3）分辨率 电液比例阀输出的流量或压力发生微小变化时，所需要的输入电流的最小变化率与额定输入电流的百分比，称为分辨率。对于电液比例阀，分辨率小时静态性能好，但分辨率不能过小，否则会使阀的工作不稳定。

（4）重复精度 在负载和油温不变的条件下，连续三次作同方向重复扫描所得到的特性曲线之间，相同的输出量所对应的输入电流的最大差值 ΔI_{max} 与额定输入电流的百分比称为重复精度，如图 13-4 所示。

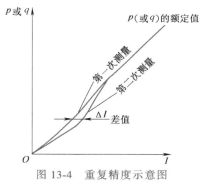

需要指出的是，对于采用电反馈的电液比例控制元件而言，其输入电信号为电压信号。此时，应将上述静态性能评价指标中的各电流物理量变为电压。

图 13-4 重复精度示意图

2. 动态性能指标

（1）阶跃响应特性 阶跃响应特性用于反映电液比例阀在时域的动态特性，其响应时间、过渡过程时间、最大超调量等性能指标的定义与溢流阀阶跃响应特性中的相关指标相同或相近，可参见本书第九章第一节的相关内容。

（2）频域响应特性 频域响应特性是被测系统对一组不同频率的等幅正弦输入信号的响应特性。当输入一组幅值不变、频率不同的正弦控制输入信号时，不同频率控制输出量的幅值相对于起始频率时控制输出量的幅值比称为幅频特性，不同频率控制输出量的相位相对于输入信号的相位差称为相频特性。

需要说明的是，在相同的试验工况下，同一电液比例阀在输入不同幅值的电信号时所测得的频率响应特性也不同。图 13-5 所示为某一电液比例流量阀在分别输入额定信号的 $\pm 75\%$、$\pm 25\%$ 和 $\pm 5\%$ 时所测得的频率响应特性曲线。由图中可知，输入电信号的幅值越大，被试阀的频率响应越低。

频率响应特性的主要技术指标有：

1）幅频宽 f_{-3db}。幅频宽是指控制输出量与控制输入量的幅值比下降到 0.707 时的频率。

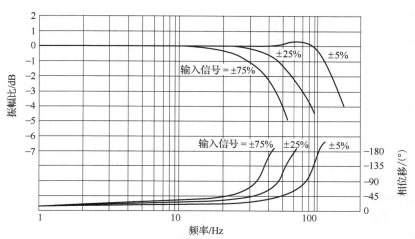

图 13-5 输入不同幅值的电信号时电液比例流量阀的频率响应特性曲线

2）相频宽 $f_{-90°}$。相频宽是指控制输出量相对于控制输入量的相位达到 90° 时的频率。

3）最大幅值比 M_r。最大幅值比是指幅频特性上的最大幅值比，工程应用中规定最大幅值比必须小于 2dB。

第二节　电液比例压力阀

电液比例压力阀按用途不同可分为比例溢流阀和比例减压阀；按照结构形式可分为滑阀式、锥阀式、插装式等；按照反馈方式可分为不带反馈式、压力—电反馈式、位移—电反馈式等；按照控制原理可分为直接检测式和间接检测式；按照控制功率的大小不同可分为直动式和先导式。直动式的控制功率较小，通常控制流量为 1 ~3L/min，低压力等级的最大流量可达 10L/min。直动式溢流阀可用于小流量系统的溢流阀或安全阀，更主要的是作先导阀，控制功率放大级主阀，构成先导式压力阀。

一、直动式电液比例溢流阀

1. 不带反馈的直动式电液比例溢流阀

（1）工作原理　图 13-6 所示为一种不带反馈的直动式电液比例溢流阀。比例电磁铁 1 通电后产生的吸力经推杆 2 和传力弹簧 3 作用在锥阀芯 4 上，当锥阀芯左端的液压力大于电磁吸力时，锥阀芯被顶开溢流。连续地改变控制电流的大小，即可连续、按比例地控制锥阀的开启压力。

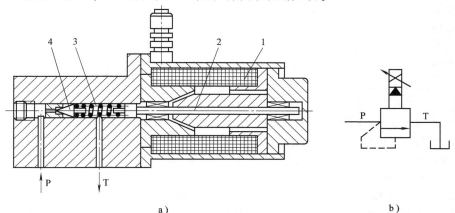

a）　　　　　　　　　　　　　　　b）

图 13-6　不带反馈的直动式电液比例溢流阀

a）结构图　b）图形符号

1—比例电磁铁　2—推杆　3—传力弹簧　4—锥阀芯

锥阀开启后，将在某一位置处于平衡。与开关控制型溢流阀不同的是，这种直动式电液比例溢流阀的弹簧3在先导阀的整个工作过程中不是用来调压的，而是起传力作用，故称之为传力弹簧。作用在锥阀上的力平衡关系式为

$$F_{m} = \frac{\pi}{4}d^2 p - C_{d}\pi dy\sin 2\alpha p \pm F_{f} \qquad (13\text{-}3)$$

式中　F_{m}——比例电磁铁的吸力；

　　　d——锥阀座孔直径；

　　　p——锥阀前腔压力；

　　　C_{d}——锥阀流量系数；

　　　y——锥阀开度；

　　　α——锥阀半锥角；

　　　F_{f}——运动摩擦力，当电磁铁吸力从小到大变化时，F_{f}取负–号，反之取正+号。

由于电磁铁产生的吸力取决于输入的电流，阀前腔的压力 p_s 与输入的电流 I 之间的关系曲线如图13-7所示。图中，I 表示输入电流与额定电流的百分比。p_{smin} 为电液比例溢流阀的最低控制压力，它主要是由于阻尼孔 d_0 的存在（图13-8所示），当电磁吸力为零时，由于流体流经阻尼孔时产生了压力损失，使得阀控制压力 p_s 大于先导阀前腔压力 p。

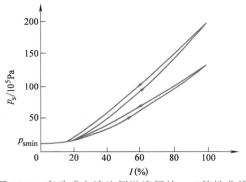

图 13-7　直动式电液比例溢流阀的 p_s-I 特性曲线

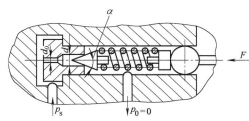

图 13-8　锥阀及阀座

由于摩擦力 F_f 的影响，当输入电流从小到大和从大到小变化时，对于同一电流，阀的控制压力不同，即有滞环存在，从而影响其压力控制精度。

（2）主要结构参数

1）锥阀半锥角 α。α 角一般取值较小（$10° \sim 20°$），因为在流量一定时，较小的 α 角使锥阀的开度 y 较大，有利于提高抗污染能力。但 α 角过小将导致阀口稳态液动力增大，以致需要更大的比例电磁铁。

2）锥阀阻尼孔直径 d_0 和阀座孔直径 d。对于开关控制型溢流阀，阻尼孔直径 d_0 通常取较小值，因为该孔直径太大有可能出现尖叫声和压力振动。而电液比例溢流阀中由于比例电磁铁本身就是一个较好的阻尼器，因此 d_0 可适当加大，以减小该孔造成的压力降，得到较小的最低控制压力。

阀座孔直径 d 的大小直接影响作用在锥阀上的液压力，从而决定了比例电磁铁所需输出电磁力的大小。比例溢流阀的不同压力等级不能像传统压力阀那样，通过更换不同刚度的调压弹簧来实现。由于不同等级的阀外形尺寸相同，加上不同规格的比例电磁铁的最大输出力不是成倍地增大，所以不同压力等级的比例溢流阀常采用相近甚至相同规格的比例电磁铁。这样，就需要依靠改变阀座孔的直径来获得不同的压力等级。阀座孔直径越大，溢流阀的最高调定压力越低，反之越高。

3）传力弹簧。由于传力弹簧只起传力作用，因此与开关控制型溢流阀不同，弹簧刚度对电液比例溢流阀的启闭特性并无影响。因为所采用的力控制型比例电磁铁具有水平的吸力特性，当输入电流给定后，动铁可在工作行程范围内移动，而其输出推力保持不变，弹簧的压缩量就不会改变。因此，弹簧刚度可以取大值，理论上完全可以用一根刚性杆来代替。事实上，无反馈直动式比例溢流阀也有不带传力弹簧的结构，

而是用比例电磁铁的推杆直接推向阀芯，此时阀芯需要用其尾部的圆柱面导向和定位，而且与阀座孔的同心度要求较高。

2. 带反馈的直动式电液比例溢流阀

图 13-9 所示为一种带位置电反馈的直动式比例溢流阀。它主要由锥阀芯、阀体 7、带位移传感器 1 的比例电磁铁 3、阀座 8、调压弹簧 5 和保护性弹簧 6 等组成。带位移传感器的比例电磁铁 3 是一种位置调节型比例电磁铁，其输出控制量是推杆的位置，而不是力。当输入电信号时，比例电磁铁 3 产生的电磁力通过弹簧座 4 作用在调压弹簧 5 和锥阀芯上，并使弹簧 5 压缩。推杆和弹簧座的位置通过位移传感器检测并反馈到比例放大器，构成推杆位移的闭环控制，使弹簧 5 产生与输入信号成比例的精确压缩量。由于弹簧 5 的压缩量决定了溢流压力，而压缩量又正比于输入电信号，所以溢流压力也正比于输入电信号，从而实现了对压力的比例控制。由于有位移反馈闭环控制，可抑制比例电磁铁的摩擦、磁滞等干扰，因而控制精度显著提高。但是，由于流量变化所引起的弹簧压缩量（或弹簧力）以及稳态液动力的变化等干扰因素不能得到抑制，给压力控制精度的提高会带来不利影响。弹簧 6 是阀芯前端的保护性弹簧，当输入电信号为零时，可降低其卸荷压力。

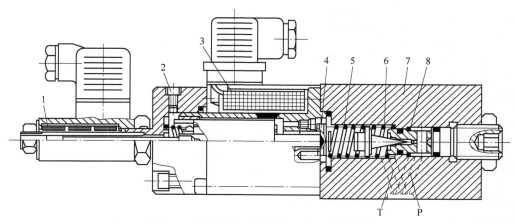

图 13-9　带位置电反馈的直动式比例溢流阀
1—位移传感器　2—排气螺钉　3—比例电磁铁　4—弹簧座　5、6—弹簧　7—阀体　8—阀座

二、先导式比例溢流阀

1. 间接检测先导式比例溢流阀

图 13-10 所示为一种间接检测先导式比例溢流阀的结构图。其上部为先导阀 6，该先导阀是一个直动式比例溢流阀。下部为主阀级 11，中部带有手调限压阀 10，用于防止系统过载。

当比例电磁铁 9 输入电流信号时，它施加一个力直接作用在先导阀芯 8 上。先导压力油从内部先导油口（取下螺塞 13）或外部先导油口 X 处进入，经流道 1 和节流孔 3 后分成两股，一股经先导阀座 5 上的节流孔作用在先导阀芯 8 上，另一股经节流孔 4 作用在主阀芯的上部。只要 P 口的压力不足以使先导阀打开，主阀芯上下腔的压力就保持相等，从而使主阀芯处于关闭状态。

当系统压力超过比例电磁铁的设定值时，先导阀芯开启，使先导阀的油液经油口 Y 流回油箱。主阀芯上部的压力由于节流孔 3 的作用而降低，导致主阀开启，油液从压力口 P 经油口 T 回油箱，实现溢流作用。

与传统的先导式溢流阀不同，比例溢流阀不同压力等级的获得是靠改变先导阀阀座孔径来实现的。这点与直动式比例溢流阀完全相同。阀座孔径通常由制造厂根据阀的压力等级在制造时确定。

为了提高先导阀的灵敏度，要求先导级的回油经外泄口 Y 直接回油箱。如果先导级内部泄油，背压有可能引起阀的误动作。

为了防止系统压力过高，该阀设有内置安全阀（手调限压阀 10），它也起先导阀的作用，与主阀一起构成一个传统的溢流阀。当有较大的电流峰值使系统压力过高时，安全阀立即开启，使系统卸压。安全阀

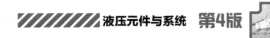
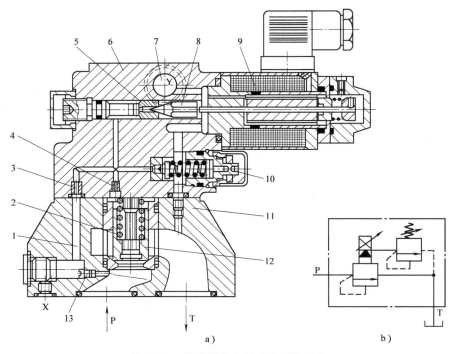

图 13-10　间接检测先导式比例溢流阀

a）结构图　b）图形符号

1—先导油流道　2—主阀弹簧　3、4—节流孔　5—先导阀座　6—先导阀　7—外泄口　8—先导阀芯

9—比例电磁铁　10—手调限压阀　11—主阀级　12—主阀芯　13—内部先导油口螺塞

的设定压力只要略高于可能出现的最高压力即可。

图 13-11 所示为先导式比例溢流阀的原理框图。阀座孔的面积 A 用来检测主阀芯上腔的压力 p_x，当液压力 p_xA 大于电磁力 F_m 时，先导阀开启，间接控制主压力 p_A。显然，p_x 属于中间变量，这种溢流阀的检测方式属于间接检测。从图中可见，主阀在小闭环之外，主阀中的各种干扰量，如摩擦力、液动力等都得不到抑制；比例电磁铁也在小闭环之外。因此，其压力偏差和超调量都较大。改进方法可以采用直接检测式。

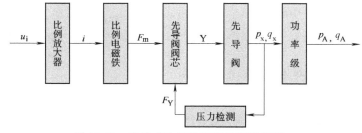

图 13-11　先导式比例溢流阀的原理框图

2. 直接检测先导式比例溢流阀

图 13-12 所示是直接检测式比例溢流阀的工作原理简图。它的先导阀为滑阀结构，溢流阀的进口压力油 p_A 被直接引到先导滑阀反馈推杆 1 的左端（作用面积为 A_0），然后经过固定阻尼孔 R_1 到先导滑阀阀芯 2 的左端（作用面积为 A_1），进入先导滑阀阀口和主阀上腔。主阀上腔的压力油再引到先导滑阀的右端（作用面积为 A_2），在主阀阀芯 4 处于稳态受力平衡状态时，先导滑阀阀口与主阀上腔之间的动压反馈阻尼 R_2 不起作用，因此作用在先导阀阀芯两端的压力相等，即 $p_x = p_y$。先导阀阀芯稳态受力平衡方程为

$$F_m = A_0(p_A - p_y) + A_1 p_y - A_2 p_x - F_y \pm F_f \tag{13-4}$$

式中　F_m——比例电磁铁的吸力；

　　　F_y——稳态液动力；

　　　F_f——摩擦力。

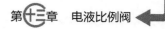

设计时取 $A_0 = A_1 - A_2$，于是稳态时式（13-4）可写成

$$F_m = A_0 p_A - F_y \pm F_f \tag{13-5}$$

当液压力 $F = A_0 p_A$ 大于电磁吸力时，先导阀开启并稳定在某一平衡位置，先导滑阀前腔压力 p_y 为一定值，且 $p_y < p_A$，主阀阀芯在上下两腔压力 p_x 和 p_A 及弹簧力、液动力的共同作用下处于受力平衡状态，主阀开口量一定，保证溢流阀进口压力 p_A 与电磁吸力成正比，调节输入电流的大小，即可调节阀的进口压力。

若忽略液动力及摩擦力，由式（13-5）可知，稳态时先导阀芯右端的电磁力与左端推杆上的液压力 $A_0 p_A$ 直接比较，而 p_A 为受控压力，故为直接检测。这样消除了主阀级中液动力、弹簧力等因素对调压特性的影响，大大减小了调压偏差。但先导阀中的液动力、摩擦力等仍会对阀的特性有影响。不过因先导阀的流量不大，其影响较小。

为了抑制外界干扰对溢流阀工作稳定性

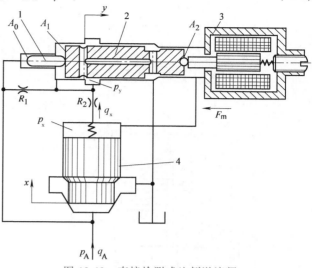

图 13-12　直接检测式比例溢流阀
1—反馈推杆　2—先导阀阀芯　3—比例电磁铁　4—主阀阀芯

的影响，这种直接检测式比例溢流阀中加上了液阻 R_2，起动态压力反馈的作用。式（13-4）可写成

$$F_m = A_0 p_A - A_2 (p_x - p_y) - F_y \pm F_f \tag{13-6}$$

其动态反馈过程如下：当干扰使主阀芯运动时，在主阀芯上腔将产生一个附加的控制流量 Δq_x，该流量流过 R_2 时产生压降，使 $p_x \neq p_y$，先导滑阀两端的压力不等，产生附加的动态调整力 $A_2 (p_x - p_y)$。例如，主阀芯若向下运动，则 $p_y > p_x$，这时动态调整力使先导阀芯向右移动，使导阀开口量增大，从而使 p_y 迅速降低，直到重新达到 $p_x = p_y$ 为止。可见，这是一种负反馈，且只在动态下才会出现，它有利于系统迅速达到稳定，改善了系统的动态特性和抗干扰能力。且由于先导滑阀端面对动态反馈液阻 R_2 上的压差有放大作用，调整液阻值，即可方便地调整阀的动态性能。

需指出的是，若要改变阀的控制压力等级，需改变反馈推杆的横截面面积 A_0。当要获得较高的压力等级时，A_0 就要很小。这将增加制造上的困难，工艺性较差。

由上述分析可知，直接检测式与间接检测式比例压力阀的最大区别是用受控压力 p_A（对溢流阀是进口压力，对减压阀是出口压力）的直接反馈代替间接控制压力 p_x 的反馈，使电磁力 F_m 直接与反馈力 $A_0 p_A$ 进行比较来决定先导阀芯的位移及开度。在结构上的不同是先导阀由原来的锥阀变为差动滑阀。

三、电液比例减压阀

电液比例减压阀的作用是将较高的压力降低到与给定电信号对应的较低压力。与溢流阀类似，电液比例减压阀也有先导式与直动式之分。根据减压阀的通口多少还可分为二通型和三通型。直动式电液比例减压阀一般用作其他电液控制器件的先导级。也有一些特殊场合直接使用直动式电液比例减压阀，如工业汽轮机的调速系统等。

1. 带限压阀的二通先导式比例减压阀

图 13-13 所示为带限压阀的二通先导式比例减压阀。它的先导级是一个比例电磁铁操纵的小型溢流阀，其主阀级也与手调式减压阀一样。限压阀 10 与主阀构成了一个先导手调减压阀。减压阀的调定压力值由先导阀芯所处的位置来决定，而最高压力由限压阀 10 调定。

当阀接收到输入信号时，比例电磁铁 9 产生的电磁力直接作用在先导阀芯 8 上。若电磁力使阀芯保持关闭，先导阀腔油液就不会流动，液阻也不会产生压降，这样主阀芯上下两腔的压力相等。因主阀芯上下面积相等，所以作用在主阀芯上的液压力平衡，主阀芯在弹簧作用下处于最大开口位置。当减压阀出口

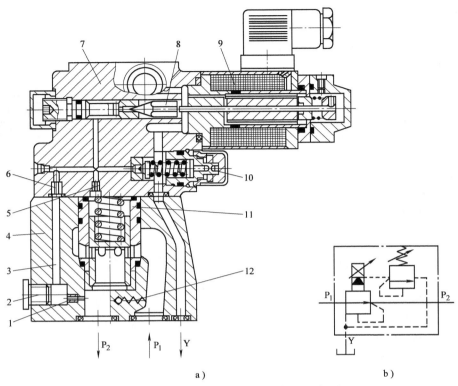

a)   b)

图 13-13　带限压阀的二通先导式比例减压阀

a) 结构图　b) 图形符号

1、5、6—节流孔　2—压力表接口　3—先导油流道　4—主阀　7—先导阀　8—先导阀芯

9—比例电磁铁　10—限压阀　11—主阀芯组件　12—单向阀

压力超过电磁力时，先导阀 7 开启，油液经过先导阀口流回油箱，这导致在节流孔 1 和节流孔 6 处产生压力降，使主阀芯失去平衡而向上运动，减小了主阀减压口的通流面积，于是产生减压作用，使减压阀出口压力低于进口压力。由于主阀芯的调节作用，减压阀出口压力保持为比例电磁铁的设定值。

　　与先导式比例溢流阀相同，先导压力要单独经油口 Y 接回油箱，以避免引起误动作。必要时可以装上单向阀 12，以便油液可从 P₂ 口向 P₁ 口反向流动。

2. 带压力补偿流量控制器的二通先导式比例减压阀

　　图 13-13 所示的二通先导式比例减压阀的先导压力油取自减压阀出口。减压阀工作时，由于主阀口是一个不断进行调整的节流口，使得先导阀的溢流量发生变化，影响了设定压力的稳定性。图 13-14 所示为带压力补偿流量控制器的二通先导式比例减压阀结构原理图。该阀的先导压力油取自减压阀入口，并且在先导级中增加了一个压力补偿流量控制器 5（又称流量稳定器），使通过先导级的流量近似为定值，从而使阀的设定值更加稳定、准确。图 13-14 中，压力油从 B 口经流道 4 和压力补偿流量控制器 5 进入先导阀和主阀芯上腔。当进油压力不足以打开由电磁力压紧的先导阀 6 时，主阀芯在弹簧力作用下处于下位，主阀芯上的径向孔与阀套上的孔对齐，主阀口全开。当先导油的压力大于电磁力时，先导阀开启，压力补偿流量控制器使进入先导阀的流量基本恒定，在主阀芯上、下两端产生压力差。当压差作用力能克服主阀弹簧力时，主阀芯上移，因节流减压作用，A 口压力降低至设定值，主阀芯稳定在受力平衡位置。

　　在该阀的主阀芯内还设有过载保护阀 2，当主阀出口压力过高时，打开过载保护，使油液经先导阀流回油箱，从而防止压力过高。减压阀的主阀口有时需要油液反向流动，因此，在主阀上设置了单向阀 11。

3. 电液比例三通型减压阀

　　电液比例三通型减压阀是在二通型减压阀的基础上增加了一个回油口，变成了一个三通复合功能阀。

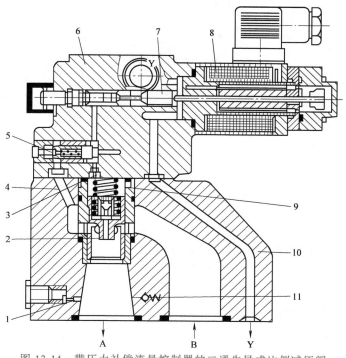

图 13-14 带压力补偿流量控制器的二通先导式比例减压阀

1—节流孔 2—过载保护阀 3—液阻 4—先导油流道 5—压力补偿流量控制器 6—先导阀

7—先导阀芯 8—比例电磁铁 9—主阀芯组件 10—主阀 11—单向阀

当油液从 P 口向 A 口流动时，为减压功能；反向从 A 口向 T 口流动时为溢流功能。因此，它不仅能对进油压力干扰实行补偿，还能对出口负载动压力冲击进行补偿。

图 13-15 所示为直动式三通型比例减压阀的原理简图。当无电流信号时，阀芯 3 在对中弹簧 2 作用下处于中位，各油口互不相通。当比例电磁铁 1 通电时，电磁力使阀芯 3 右移，P 口油液经减压后从 A 口输出。同时，A 口油液经内部带阻尼的通道反馈到阀芯 3 右端，施加一个与电磁力相反的力作用在阀芯上。当油口 A 的压力足以平衡电磁力时，滑阀返回中位。此时 A 口压力保持不变，并与电磁力成比例。如果 A 口油液对阀芯的作用力大于电磁力，则阀芯左移，A 口与回油口 T 接通溢流，使 A 口压力下降，直到阀芯处于新的平衡位置。

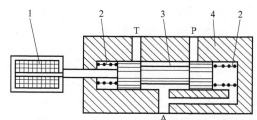

图 13-15 直动式三通型比例减压阀原理简图

1—比例电磁铁 2—对中弹簧 3—阀芯 4—阀体

三通型比例减压阀也有先导式结构，并且其先导阀的比例电磁铁部分有带位移电反馈和不带位移电反馈两种控制方式。

三通型比例减压阀可以用来控制减压阀出口压力油的压力及方向。它成对组合使用时，主要用作比例方向阀的先导阀。

当三通型比例减压阀用作比例方向阀的先导级时，由于需要对两个方向进行控制，应将两个三通型比例减压阀组合成一个双向三通型比例减压阀。图 13-16 所示为双向三通型比例减压阀。它主要由两个比例电磁铁 4 和 6、阀芯 2、测压柱塞 1 和 3 及阀体 5 组成。当两个比例电磁铁都未加电流信号时，控制阀芯在弹簧作用下对中，P 油口封闭，A、B 油口回油箱，即具有 Y 型中位机能。如果电磁铁 6 获得输入信号，则电磁力直接作用在测压柱塞 1 上，并使阀芯 2 右移，使压力油从 P 口流向 A 口，A 口压力上升。同时，A

口油液通过阀芯上的径向孔进入阀芯空腔内，把测压柱塞3推至右端，并压住电磁铁4的操纵杆。另一方面，阀芯内的液压力克服电磁力，沿阀口关闭的方向推动阀芯2，直到两个力达到平衡为止，这时，A口压力保持恒定。当电磁力或A口压力变化时，通过测压柱塞的压力反馈对阀芯进行相应调整，使受控压力始终与电磁力相适应。

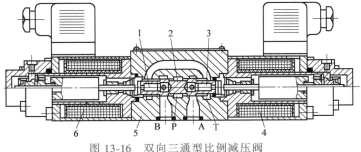

图 13-16　双向三通型比例减压阀

1、3—测压柱塞　2—阀芯　4、6—比例电磁铁　5—阀体

第三节　电液比例流量阀

电液比例流量阀用于控制液压系统的流量，使输出流量与输入的电信号成比例。根据受控的物理量不同，一般意义上的比例流量阀又可细分为比例节流阀和比例流量阀（调速阀）两类。而后者一般由电液比例节流阀加压力补偿器或流量反馈元件组成。压力补偿器有减压型和溢流型两种；根据其通路数又分为二通型和三通型。按电/机械转换器对主功率级控制方式的不同，又可分为直动式和先导式。

一、直动式比例流量阀

最简单的比例流量阀是直动式比例节流阀，它是在常规阀的基础上，利用某种电/机械转换器来实现对节流口开度的控制。例如，移动式节流阀采用比例电磁铁来推动，旋转式节流阀采用伺服电动机经过减速后来驱动。前者称为电磁式，后者称为电动式。在比例节流阀中，通过节流口的流量除了与节流口的通流面积有关以外，还与节流口前后压差有关。为了补偿由负载变化引起的流量偏差，可利用压力补偿控制原理来保持节流口前后压差恒定，从而实现对流量的准确控制。

图 13-17 所示是将直动式比例节流阀与具有压力补偿功能的定差减压阀组合在一起构成的直动式比例调速阀。图中比例电磁铁 1 的输出力作用在节流阀芯 2 上，与弹簧力、液动力、摩擦力相平衡，一定的控制电流对应一定的节流口开度。通过改变输入电流的大小，就可连续、按比例地调节通过调速阀的流量。通过定差减压阀 3 的压力补偿作用来保持节流口前后压差基本不变。

图 13-17 所示的电磁式比例流量阀中，虽然采用了位移-力反馈来改善性能，但实际上在节流阀上还存在液动力、摩擦力等外在因素的干扰，而在位移-力反馈环路外的上述外在因素的干扰会使阀芯的位置发生变化。因此，这种比例流量阀的静、动态性能会受到影响。

如果采用位移传感器将电磁式或电动式节流阀芯的直线位移或角位移直接反馈到放大器的输入端，也可改善其控制性能。

此类比例流量阀的原理框图如图 13-18 所示。图中实线表示利用弹簧来实现的位移-力反

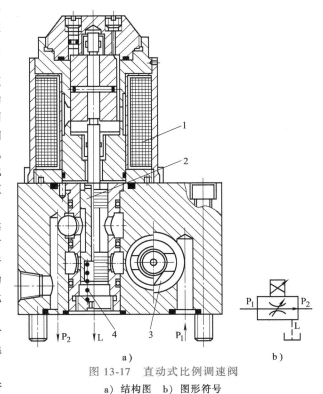

图 13-17　直动式比例调速阀

a）结构图　b）图形符号

1—比例电磁铁　2—节流阀芯　3—定差减压阀　4—弹簧

264

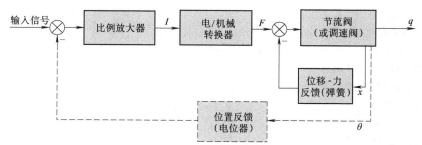

图 13-18　直接控制式比例流量阀原理框图

馈，虚线表示用位移传感器的直接位置反馈。

二、先导式比例流量阀

由于受电/机械转换器推力的限制，直动式比例流量阀只适用于较小通径的阀。当通径大于 $10 \sim 16\text{mm}$ 时，就要采用先导控制的形式。先导式比例流量阀是利用较小的比例电磁铁驱动一个小尺寸的先导阀，再利用先导级的液压放大作用对主节流阀进行控制，适用于高压大流量的液流控制。先导式比例流量阀按反馈类型可分为位置反馈型和流量反馈型。前者的控制对象是节流阀的位移，属于间接检测和控制；后者直接检测和控制节流阀的流量，因而比位置反馈型或传统的压力补偿型有更好的静态和动态性能。

图 13-19 所示为先导式比例流量阀的反馈控制原理框图。图中，比例流量阀的控制量可以是主节流阀的位移，也可以是主节流口的流量。反馈的中间变量可以是力或电量等。图中所示为几种可能的反馈方式，先导式比例流量阀应至少采用其中的一种反馈方式。

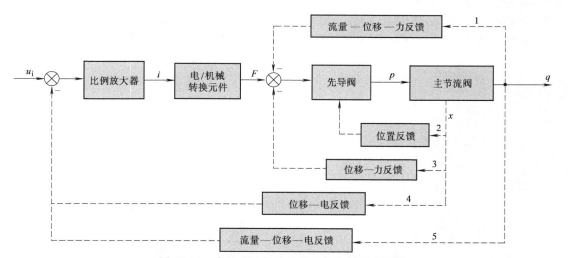

图 13-19　先导式比例流量阀反馈控制原理框图

1. 先导式位置反馈型比例流量阀

（1）直接位置反馈型　这种阀的结构原理简图如图 13-20 所示。图中先导阀 2 为一个单边控制阀。当比例电磁铁 1 接收到输入控制电流时，电磁力作用在先导阀的左端面，并与右端的复位弹簧力相平衡。对于每一输入电流，先导阀有一位移 y。先导阀的控制边是一个可变液阻，R_1 为固定液阻，两者构成液压半桥，用来对主阀差动面积 A 所在的容腔压力进行控制。主阀芯实际上为一差动活塞，它的左端作用着供油压力，右端小面积上也作用着供油压力以及弹簧力。当先导阀打开时，先导液压油经固定阻尼孔 R_1 和先导阀开口流向 B 腔，使作用在差动面积 A 上的压力下降，主阀口右移并稳定在某一开度。可见主阀芯与先导阀芯构成位置负反馈，但是它是一个有差系统，即主阀芯与先导阀芯的位移存在一个误差。

从图 13-19 所示的原理框图可见，这种位置反馈所构成的闭环仅限于先导阀和主阀之间，因此对反馈回

265

路以外的干扰没有抑制能力，但对主
阀芯上液动力的影响有明显减弱。

（2）位移—力反馈型　位移—
力反馈型比例节流阀的先导阀与主
阀之间的定位是通过反馈弹簧来实
现的。它的工作原理如图 13-21 所
示。当输入控制电流时，比例电磁
铁产生相应的推力，使先导阀克服
弹簧力下移，打开可变节流口。由
于固定节流孔 R_1 的作用，使主阀上
腔的压力 p_x 下降。在压差 $\Delta p = p_A - p_x$
的作用下，主阀芯上移，并打开或

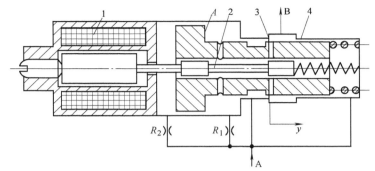

图 13-20　直接位置反馈型比例节流阀

1—比例电磁铁　2—先导阀　3—主节流口　4—主阀

增大主节流口。同时，主阀芯的位移经反馈弹簧转化为反馈力作用在先导阀芯下部，与电磁力相比较，两
者相等时达到平衡。R_2 的作用是产生动态压力反馈。

对照图 13-19 所示的原理框图及上述分析可知，主阀芯上的摩擦力、液动力等干扰都受到位移—力反
馈闭环的抑制。但作用在先导阀上的摩擦力和液动力等干扰仍然存在，未受抑制。可以通过采取合理选配
材料、提高加工精度以及在控制电流上叠加颤振信号等措施减小摩擦力的影响。

（3）位移—电反馈型　图 13-22 所示的位移—电反馈型比例节流阀由带位置检测的插装式主节流阀与
比例先导阀组成。先导阀是一个三通电液比例减压阀，它安装在主节流阀的控制盖板上。

图 13-22 中，A 为进油口，B 为出油口。先导油口 X 与 A 口进油连接，向先导阀供油。先导泄油口 Y 接
回油口时应避免存在较高的背压。当输入信号送入电控器，它与来自位移传感器的反馈信号比较并得出差值。
此差值电流驱动先导阀芯运动，控制主阀芯上部弹簧腔的压力，从而改变主阀芯的位置。位移传感器的检测
杆 1 与主阀芯 8 相连，因而主阀芯的位置被检测到并被反馈到电控器，使阀的开度保持在指定的开启量上。

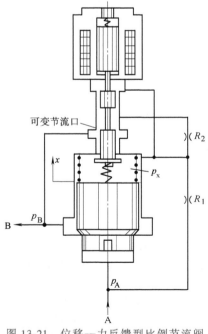

图 13-21　位移—力反馈型比例节流阀

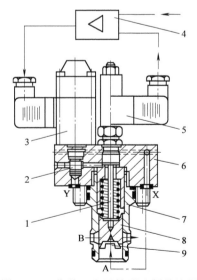

图 13-22　位移—电反馈型比例节流阀

1—位移检测杆　2—比例三通减压先导阀　3—比例电磁铁　4—电控器
5—位移传感器　6—控制盖板　7—阀套　8—主阀芯　9—主节流口

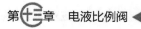

从图 13-19 可知，由位移—电反馈构成的闭环回路，组成了从主阀到放大器的大闭环，除了负载变化外，环内的各种干扰都可以得到抑制。

2. 先导式流量反馈型比例流量阀

图 13-23 所示为流量—位移—力反馈型二通比例流量阀的工作原理图和结构图。它实际上是一个先导式的两级阀。比例电磁铁有控制信号时，先导阀开启形成可控液阻，它与固定液阻 R_1 构成液压半桥，对主节流级弹簧腔的压力 p_2 进行控制。先导阀开启后，先导流量经 R_1、R_2、先导阀和流量传感器至负载，流经 R_1 的液流产生压降使 p_2 下降，在压差 $\Delta p = p_1 - p_2$ 的作用下，主阀开启。流经主阀的流量经流量传感器检测后，也流向负载。流量传感器可将流量线性地转换成阀芯的位移量 z，并通过反馈弹簧转换成力作用在先导阀的左端，使先导阀有关小的趋向，当与电磁力平衡时稳定在某一位置。可见流量与位移 z 成正比，位移 z 又与电磁力成正比，于是受控流量与输入电流成比例的控制得到实现。

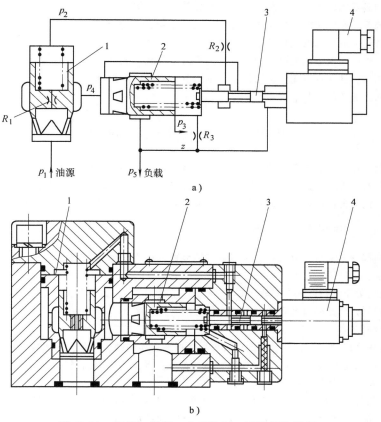

图 13-23 流量—位移—力反馈型二通比例流量阀
a）工作原理图 b）结构图
1—主节流阀 2—流量传感器 3—先导阀 4—比例电磁铁

如果负载压力波动，例如 p_5 下降，则流量传感器右腔压力下降，使阀芯失去平衡，开度有增大的趋势，相应地使弹簧反力增大。这将导致先导阀开口减小，并使主节流级上腔压力 p_2 增大，从而使主节流口关小，流量传感器入口压力 p_4 随之减小，于是使流量传感器重新关小，回复到原来设定的位置上。由上面的分析可知，由于负载的变化引起的流量变化不是依靠压力差来补偿的，而是靠主节流口通流面积的变化来补偿的。这点正是新原理流量阀与传统的压力补偿型流量阀的不同之处。

在图 13-23 中，R_3 是动态压力反馈液阻，用于提高阀的动态性能，R_2 为温度补偿液阻。此外，流量传感器能把流量线性地转化为阀芯位移也是提高控制精度的关键，通常采用特殊的阀口造型使其特性线性化。

从图 13-19 所示的反馈路径可见，由流量—位移—力反馈组成的闭环回路未将比例电磁铁和放大器包含在内，因此，影响这种流量阀的控制精度的因素主要来自比例电磁铁和先导级的摩擦力。在输入信号中加颤振信号可以抑制这些干扰。

在中高压系统中，使用二通流量阀存在较大的节流损失，尤其是在空载工况下。因此，在定量泵供油系统中，可采用三通型比例流量阀。图 13-24 所示是流量—位移—力反馈型三通比例流量阀的结构原理图。从主油路进入 P 口的压力油一路经流量传感器 2 进入与 A 口相连的负载腔，另一路经主调节器 3 接回油口 T。固定液阻 R_1、R_2 与先导阀口可变液阻构成液压半桥，对主调节器上腔的压力 p_2 进行调节，进而控制主阀口的开度。与图 13-23 所示的流量—位移—力反馈型二通比例流量阀不同的是，三通比例流量阀的主调节器与流量传感器是并联布置的。

采用三通比例流量阀的调速系统是一种负载敏感系统，其效率比二通流量阀调速系统高。在图 13-24 中，进入负载的流量由流量传感器 2 检测，并将流量转化为成比例的位移信号，位移信号由反馈弹簧 4 转化为弹簧力，并与比例电磁铁输出的电磁力比较，使输出至负载的流量与输入的电信号成比例，从而构成流量反馈控制。主调节器控制的不是进入负载的流量，而是旁路的流量。

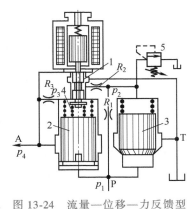

图 13-24　流量—位移—力反馈型
三通比例流量阀
1—电液比例先导阀　2—流量传感器
3—主调节器　4—反馈弹簧
5—限压先导阀

第四节　电液比例方向阀

各种比例阀都是连续控制式液压阀。从单一控制液流换向的要求来说，并不存在连续控制的要求。比例方向阀的"连续控制"，实质上是除了能达到液流换向的作用外，还通过控制换向阀阀芯的位置来调节阀口开度。因此，比例方向阀是一种兼有流量控制和方向控制两种功能的复合控制阀。

一、电液比例方向阀的特点

电液比例方向阀与电液伺服阀类似，可以通过调节输入电流对阀口开度进行连续控制。但两者仍有以下主要的明显区别：

1) 比例方向阀处于零位时阀口有较大的重叠量（正遮盖量）。其目的是在简化阀的制造工艺的前提下，减小中位的泄漏。但是阀口的重叠量会带来较大的零位死区（一般为额定控制电流的 10% ~ 25%）。而伺服阀阀芯在零位时基本上是零遮盖。

2) 比例方向阀阀口的最大开启量设计得较大，接近普通换向阀，因此，比例方向阀在通过全流量时的压力损失小，一般为 0.25 ~ 0.8MPa，有利于降低系统的能耗和温升。而伺服阀的额定开口量很小（一般小于 0.5mm），其阀口压降大大高于比例阀。

3) 比例方向阀可以设计成具有与常规方向阀类似的多种中位机能，以满足不同系统的控制要求。而伺服阀采用了零遮盖的阀芯结构，所以中位时各个油口之间都是被隔开的。

4) 由于现代电液比例方向阀中引入了各种内部反馈控制，因此比例方向阀的静态性能除了零位死区外，其他诸如滞环、线性度、重复精度等，都已经接近或达到电液伺服阀的水平。但是动态性能较伺服阀低。

5) 由于比例方向阀的死区特性以及阀口开启量大的特点，因此设计时不能像伺服阀一样，简单地按零位附近线性化处理，而应充分考虑非线性因素的影响。

二、电液比例方向阀的类型

根据比例方向阀的控制性能，可以将其分为比例方向节流型和比例方向流量型两种。前者具有类似比例节流阀的功能，与输入电信号成比例的输出量是阀口开度的大小，因此，通过阀的流量受阀口压差的影响；后者具有类似于比例调速阀的功能，与输入电信号成比例的输出量是阀的流量，其大小基本不受供油压力或负载压力变动的影响。

比例方向阀也有直动式和先导式两种。直动式是由电/机械转换器直接驱动主功率级。直动式比例方向阀多数仅作为节流型使用，并且采用弹簧力的耦合作用使阀芯的位置与输入电信号成比例。也有采用电反馈的形式，将阀芯位置通过位移传感器馈送到放大器的输入端，以构成反馈，克服摩擦力等干扰而获得良好的控制特性。

当流量较大时，需要采用先导控制方式。先导级与主级之间的耦合方式主要有位移—压力、位移—力、位移—电信号等形式。在具有调速阀功能的比例方向流量阀中，有不同的压力补偿方式（例如与主级串联一个定差减压阀或与主级并联一个溢流阀）或流量检测反馈方式（如流量—压力反馈、流量—力反馈、流量—位移反馈、流量-电反馈等）。

三、直动式比例方向节流阀

直动式比例方向节流阀由比例电磁铁直接推动阀芯运动来工作。最常见的是二位四通和三位四通两种结构。前者只有一个比例电磁铁，由复位弹簧定位；后者有两个比例电磁铁，由两个对中弹簧定位。复位弹簧或对中弹簧同时也是电磁力—位移转换元件。由于电磁力的限制，直动式比例方向节流阀只能用于流量较小的场合。直动式比例方向节流阀也可分为带位置反馈和不带位置反馈两种。

图 13-25 所示是不带位置反馈的直动式三位四通比例方向节流阀结构原理图。它主要由两个比例电磁铁（1 和 6）、两个对中弹簧（2 和 5）、阀芯 4 和阀体 3 组成。当给比例电磁铁 1 输入一定电流信号时，电磁力推动阀芯右移，三位四通阀工作在左位（图 13-25b），此时 P 口与 B 口相通，A 口与 T 口相通。当电磁力与稳态液动力、弹簧力等达到平衡时，阀芯稳定工作在某一开度下。改变输入电流的大小就可以成比例地调节阀口开度，从而控制进入负载的流量。同样，当给比例电磁铁 6 输入电流信号时，三位四通阀工作在右位。由于该阀的四个控制边有较大的遮盖量，使阀的稳态控制特性有较大的零位死区。此外，受摩擦力、稳态液动力等干扰因素的影响，这种直动式比例方向节流阀阀芯的位置控制精度不高。

图 13-26 所示为带位置反馈的直动式比例方向节流阀。位移传感器 1 是一个直线型的差动变压器，它的动铁心与电磁铁的衔铁固定连接，能在阀芯的两个移动方向上移动约±3mm。该阀的工作过程如下：当给比例电磁铁输入电信号时，电磁吸力与弹簧力比较，使阀芯移动相应的距离，同时也带动位移传感器的铁心离开平衡位置。于是传感器感应出一个位置信号，并反馈给比例放大器。输入信号与反馈信号比较，产生一个差值控制信号，以纠正实际输出值与给定值的偏差，最后得到准确的位置。由于有阀芯位置反馈，使阀芯位移取决于输入信号的大小，而与摩擦力、液动力等因素无关。为了确保安全，用于这种阀的比例放大器应有内置的安全措施，使得当反馈一旦断开时，阀芯在对中弹簧的作用下能自动返回中位。

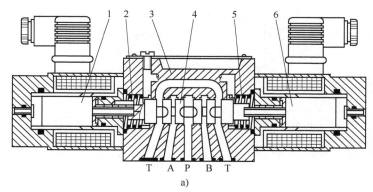

a)

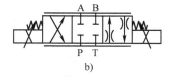

b)

图 13-25　不带位置反馈的直动式三位四通比例方向节流阀

a）结构图　b）图形符号

1、6—比例电磁铁　2、5—对中弹簧　3—阀体　4—阀芯

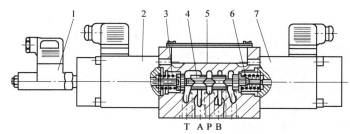

图 13-26　带位置反馈的直动式比例方向节流阀

1—位移传感器　2、7—比例电磁铁　3、6—对中弹簧　4—阀芯　5—阀体

269

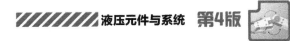
四、先导式比例方向节流阀

图 13-27 所示为一开环控制的先导式比例方向节流阀,其先导阀及主阀均为滑阀。先导阀部分的结构及工作原理可参见图 13-16 所示的双向三通型比例减压阀,其控制油口为 X,回油口为 Y。比例电磁铁未通电时,先导阀芯 3 在左右两对中弹簧(图中未画出)作用下处于中位,使先导阀的两个输出控制口以及与之相连的主阀左右两端的控制腔均与回油相通,主阀芯在复位弹簧的作用下处于中位,因此,主阀的油口 P、A、B、T 均封闭。当比例电磁铁 1 通电时,先导阀芯右移,先导压力油从 X 口经先导阀芯右凸肩的阀口和右固定节流孔 4 作用在主阀芯 8 右端面,压缩主阀对中弹簧 10 使主阀芯左移,主阀口 P、A 及 B、T 油路接通,主阀芯左端面的油液则经左固定节流孔和先导阀芯左凸肩的阀口进入先导阀回油口 Y;同时,进入先导阀芯右凸肩阀口的压力油,又经阀芯右边的径向圆孔作用于阀芯右边轴向孔的底面和右反馈活塞 5 的左端面,右反馈活塞的右端面圆盘由比例电磁铁 A 限位,而作用在先导阀芯右轴向孔底面的压力油形成减压阀的控制输出压力的反馈闭环。若忽略先导阀液动力、摩擦力、阀芯自重和弹簧力的影响,则先导减压阀的输出压力与电磁力成正比。当作用在主阀上的液压力与复位弹簧力、液动力等达到平衡时,主阀稳定工作在某一开度。通过改变输入比例电磁铁的电流,便可控制主阀芯的位移和开度。同理也可分析比例电磁铁 6 通电时的情况。图中两固定液阻仅起动态阻尼作用,目的是提高比例阀的稳定性。

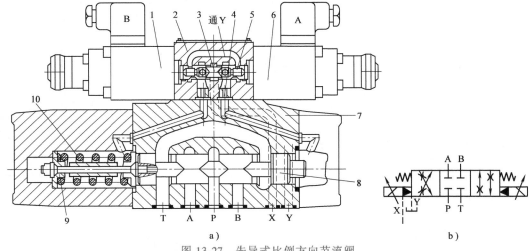

图 13-27 先导式比例方向节流阀

a) 结构图 b) 图形符号

1、6—比例电磁铁 2—先导阀体 3—先导阀芯 4—固定节流孔
5—反馈活塞 7—主阀体 8—主阀芯 9—弹簧座 10—主阀对中弹簧

图中的先导控制油可以采用内部或外部供油。外部供油时,控制油压一般在 10MPa 以下;内部供油时,若油压高于 10MPa,就必须在先导阀进口处加一先导减压阀块,以降低先导阀的进油压力。否则会导致三通比例减压阀阀口的压力-位移增益过高,而使先导阀的工作稳定性变差。

在图 13-27 中,先导阀的输出压力与主阀芯位移之间无反馈联系,属开环控制。因此,主阀芯位移会受到液动力、摩擦力等因素的干扰而影响其控制精度。为解决这一问题,可在主阀芯上设置位移传感器,将主阀芯位移反馈至比例放大器,以构成主阀芯位移的闭环控制。

先导式比例方向节流阀也有采用喷嘴挡板式作为先导级的结构。图 13-28 所示为喷嘴挡板式位移-力反馈型电液比例方向节流阀结构原理图。它采用力矩马达作为电/机械转换器。当给力矩马达输入电流信号时,衔铁在电磁力矩作用下克服弹簧管的弹性反力矩而发生偏转,并带动挡板偏移。于是,由固定液阻和喷嘴挡板构成的液压半桥所控制的容腔(即主阀芯左、右两端容腔)的压力也会发生变化。在主阀芯两端压力差的作用下,主阀芯移动,并使弹簧管发生变形,所产生的反馈力矩与力矩马达的力矩平衡,使挡板又回复到中位附近。这样,主阀芯的位移通过弹簧管的反馈作用构成了位移—力反馈闭环,使一定的输入电流对应一定的主阀芯位移。通过改变输入电流的大小和极性，就能连续、成比例地控制输出流量的大小和方向。

五、比例方向流量阀

前面所述的比例方向节流阀，其受控参数是主阀心的轴向位移（近似为主阀口的开度），当负载压力变化或进油压力变化引起阀口工作压差变化时，通过阀的流量也会发生变化。比例方向流量阀的控制量是通过阀的流量，它可分为压力补偿型和流量检测反馈型两大类。从工作原理的角度来看，它们都是在比例方向节流阀的基础上加上压力补偿器或流量检测反馈装置组合而成的。

在工程应用中，比例方向流量阀以压力补偿型居多。压力补偿型又可分为定差减压型、定差溢流型和负载压力补偿型。由于比例方向阀有进油路阀口（如 P 口到 A 口或 B 口）和回油路阀口（如 B 口或 A 口到 T 口）之分，因此，从补偿不同阀口的角度出发，压力补偿器又可分为进口压力补偿器和出口压力补偿器。流量检测反馈型有流量—压力反馈、流量—力反馈及流量—电反馈等多种形式。

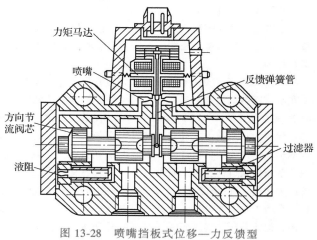

图 13-28　喷嘴挡板式位移—力反馈型
电液比例方向节流阀

图 13-29 所示是定差减压型电液比例方向流量阀结构原理图。在图 13-29a 中，定差减压阀串联于比例节流阀之前，比例节流阀的入口压力和出口压力分别引至减压阀阀芯的左端和右端，若忽略弹簧力和液动力等因素的影响，则比例节流阀的入口和出口压力之差基本不变。由于比例方向阀工作时，可能是 A 口或 B 口接负载，因此，需要在比例方向阀与负载之间加梭阀，以选择压力较高的油口进行压力反馈。这种定差减压型压力补偿器只有当比例流量阀的入口和出口压力差大于其最小工作压差时才能起补偿作用。但是随着通过的流量增大，减压阀口的压力损失也增大，此时只有增大外部压差才能使补偿器正常工作。因此，对于不同的流量，定差减压型比例流量阀的最小工作压差也不同。

271

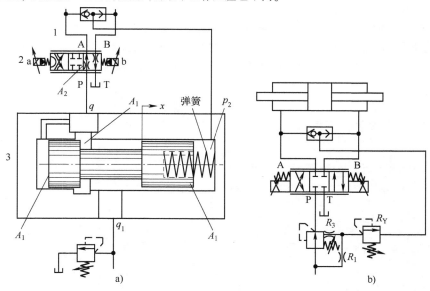

图 13-29　定差减压型电液比例方向流量阀
a）一般形式　b）定差减压阀压差可调形式
1—梭阀　2—电液比例方向节流阀　3—定差减压阀

在图 13-29a 中，由于节流阀阀口的压差基本不变，对应于最大控制电流的最大控制流量也为一确定值，用户不能对它进行调整。这对一些需要增大或减小其最大流量的工程应用系统而言是不合理的。

图 13-29b 所示是一种可使进口定差减压型补偿器的节流口压差在小范围内调节的形式。它在梭阀与定差减压阀之间增加了液阻 R_1 和直动式压力阀 R_Y（可变液阻），使节流口的压差不再由补偿器弹簧的预压缩力来确定，而主要由 R_1 和 R_Y 组成的液压半桥的输出压力来决定。通过调节压力阀 R_Y 的弹簧力，就可以方便地调节节流阀阀口的压差。同时，这种结构还具有限压功能。当系统压力达到 R_Y 的调定值时，R_Y 开启，使补偿器弹簧腔的压力不再随负载的增大而升高，而是一个定值。由于定差减压阀的补偿作用，使负载压力得到限制，不可能再升高，系统中多余的流量将通过与流量阀进油路并联的溢流阀溢流回油箱。

图 13-30 所示是定差溢流型电液比例方向流量阀的工作原理图。它由电液比例节流阀和溢流型补偿器组成，其补偿原理与传统三通比例调速阀相似。液压泵的出口压力与负载压力匹配，仅比负载高出节流口的压差部分，系统效率比采用定差减压型电液比例方向流量阀的系统高。因此，这种阀也称为负载敏感型方向流量阀。

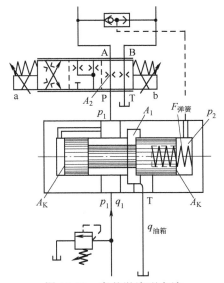

图 13-30　定差溢流型电液比例方向流量阀

第五节　高性能电液比例方向阀

近十几年来，出现了一种性能与价格介于伺服阀和普通比例阀之间的控制阀——高性能电液比例方向阀（又称伺服比例阀、比例伺服阀、高频响比例阀）。它具有传统比例阀的特征，采用比例电磁铁作为电/机械转换器。同时，它又采用伺服阀的加工工艺、零遮盖阀口，其阀芯与阀套之间的配合精度与伺服阀相同。高性能电液比例方向阀对油液的清洁度要求低于电液伺服阀，而它的控制性能则与普通电液伺服阀相当，特别适用于各种工业闭环控制。

图 13-31 所示为四位四通型直动式高性能电液比例阀结构原理图。它采用单电磁铁驱动，用位移传感器检测阀芯的位移，构成阀芯位置的闭环控制。与普通位移—电反馈直动式电液比例方向阀相比，它在结构上也有所不同，采用了阀芯、阀套结构，有利于提高阀口的配合精度，达到零开口。

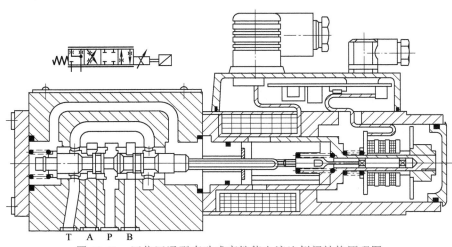

图 13-31　四位四通型直动式高性能电液比例阀结构原理图

需要指出的是，这种高性能电液比例阀还有一个普通伺服阀不易实现的附加特性：当阀的电源失效，电磁铁断电时，由于弹簧的作用，能使阀芯处于一个确定的位置，从而使其四个通口具有固定的断通形式，常见的是 Y 型功能及 O 型功能。四位四通型直动式高性能电液比例阀的主要性能指标见表 13-1。图 13-32～图 13-34 所示分别为这种 $\phi6mm$ 通径直动式高性能电液比例阀的控制特性、压力增益特性和频率响应特性。图 13-32 中的 q 表示比例阀输出流量与额定流量的百分比，V 表示放大器输入到比例电磁铁的电压；图 13-33 中的 V_{IN} 表示比例阀输入电压与额定电压的百分比；图 13-34 中的 L 表示比例阀幅频特性的幅值比（图中虚线部分），ϕ 表示相频特性的相位角（图中实线部分）。

表 13-1　四位四通型直动式高性能电液比例阀的主要性能指标

通径/mm	$\phi6$	$\phi10$
公称流量/(L/min)（节流口压差为 3.5MPa）	4,12,24,40	50,100
公称压力/MPa	31.5	31.5
滞环	<0.2%	<0.2%
压力增益	<2%	<2%
频宽/Hz	120	60

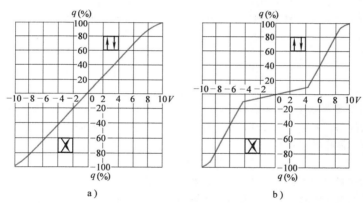

图 13-32　$\phi6mm$ 通径四位四通型直动式高性能电液比例阀的控制特性

a）线性控制特性（增益固定）　b）40%非线性控制特性（增益变化）

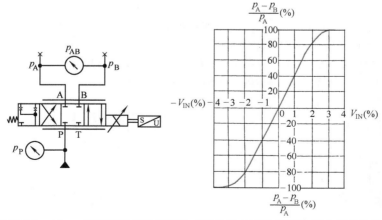

图 13-33　$\phi6mm$ 通径四位四通型直动式高性能电液比例阀的压力增益特性

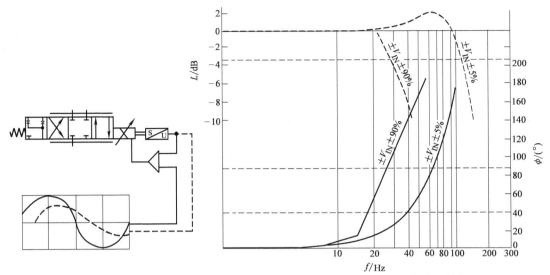

图 13-34　ϕ6mm 通径四位四通型直动式高性能电液比例阀的频率响应特性

除此之外，高性能电液比例方向阀还有二位三通高性能电液比例阀、三位四通先导式高性能电液比例阀等多种类型，它们的共同点都是通过位移传感器检测阀芯位移并将其反馈到放大器，构成阀芯位移闭环控制。

第六节　高速开关阀

电液比例阀或伺服阀等是通过数字量和模拟量（D/A）转换接口，把数字控制信号转换成模拟控制信号，从而实现对阀的控制；高速开关阀则不需要 D/A 转换接口，而是用数字信号直接控制液压阀，是一种电液数字控制液压阀，简称电液数字阀。

1. 工作原理

高速开关阀由电磁式驱动器和液压阀组成，其驱动部件仍以电磁式电—机转换器为主，主要有力矩马达和各种电磁铁。控制液压阀的信号是一系列幅值相等，但在每一周期内宽度不同的脉冲信号。高速开关式数字阀是一个快速切换的开关，只有全开、全闭两种工作状态。传统的开关阀主要用于控制执行元件的运动方向。高速开关阀与脉冲宽度调制（PWM）控制技术结合后，只要控制脉冲频率或脉冲宽度，此阀就能像其他数字流量阀一样对流量或压力进行连续控制。

在图 13-35 中，二位二通高速开关阀在数字信号的作用下有两种工作状态：开或关。以有效通流面积 $a_v(t)$ 作为开关阀的输入，对应的 PWM 输出信号是幅值为 $a_{PWM}(t)$ 和 0 的数字信号。

图 13-36 所示为 V_{PWM} 输入到高速开关阀的 PWM 电压控制信号，这是一种具有固定周期的脉冲信号，在每一个周期内，处于高状态（控制指令电压）的作用时间，即脉冲宽度 $\alpha_i T_s$，其中 $\alpha_i = T_i / T_s \leqslant 1$（$i = 1$，2，$\cdots$，$m$，$m \in N$）。$\alpha_i$ 称为第 i 个周期的脉宽调制比（或占空比）。

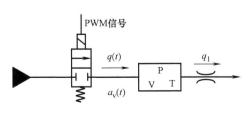

图 13-35　PWM 液压回路

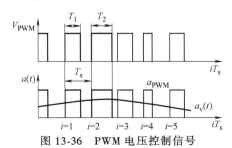

图 13-36　PWM 电压控制信号

在一个周期内，处于高状态时，控制指令电压作用于图 13-35 中的开关阀线圈上，使阀通路打开，有流量 q 通过；其余时间内，无控制指令电压作用在线圈上，开关阀关闭，无流量通过。因此，一个周期内开关阀的平均流量 q_a 可表示为

$$q_a = C_d A \sqrt{\frac{2\Delta p}{\rho}} \alpha_i \tag{13-7}$$

式中　C_d——流量系数；

　　　A——开关阀的通流截面积；

　　　Δp——开关阀进、出口压力差；

　　　ρ——液压油密度。

式（13-7）表明，经过开关阀的流量与脉宽调制的占空比成正比，占空比越大，经过开关阀的平均流量越大，执行元件的运动速度就越快。

2. 高速开关阀的典型结构

图 13-37 所示为美国 BKM 公司与贵阳红林机械厂合作开发的由高速电磁铁驱动的高速开关阀（HSV）。该阀采用球阀结构，通过液压力控制衔铁的复位，阀体和衔铁之间采用螺纹插装形式。在工作压力（14～20MPa）下，阀芯的开启时间为 3ms，关闭时间为 2ms，流量为 2～9L/min。

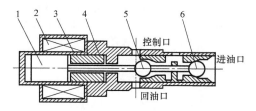

图 13-37　高速开关阀
1—衔铁　2—线圈　3—极靴　4—阀体　5—回油球阀　6—供油球阀

压电晶体—滑阀式数字阀采用压电晶体作为驱动装置，是一种新型结构。压电晶体是一种电致伸缩材料，多片压电晶体叠合，通电时可产生约 0.02mm 的变形，利用该变形可带动阀芯运动。压电晶体—滑阀式数字阀的响应速度非常快，频率可达 20～150kHz，分辨率非常高，可获得极高的位移精度。在图 13-38所示的压电晶体—滑阀式数字阀中，两侧设置有压电晶体叠合元件 3，它们分别施加电压时，阀芯 1 便被驱动。压电晶体叠合元件通过钢球 2 与阀芯连接，通过安装在两侧的测微计进行位置的微调整和预压缩量的调整。

上述高速开关阀的主要优点是结构简单；对油液污染不敏感，工作可靠，维修方便；阀口压降小，功耗低；元件死区对控制性能影响小，抗干扰能力强；与计算机接口连接方便。其主要缺点是高速开关时，衔铁的撞击运动和液流的脉冲运动会产生较大噪声，瞬时流量和压力的脉动较大，影响元件和系统的使用寿命和控制精度。另外，为得到高频开关动作，电—机转换器和阀的行程都受到限制，

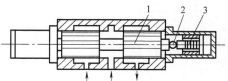

图 13-38　压电晶体—滑阀式数字阀
1—阀芯　2—钢球　3—压电晶体叠合元件

因此流量难以提高，常用于控制小流量，或用作先导级来控制大流量，近年来出现了由多个高速开关阀组合起来实现大流量控制的阀岛。

图 13-39 所示为由浙江工业大学阮健教授发明的一种新型高速开关阀。阀体 10 左端内壁上对称地设置一对螺旋槽 3（螺旋升角为 β），阀芯 7 左凸肩上对称地设有一对高压孔 6 和一对低压孔 2，高压孔 6 通过高压通道 8 与压力腔 9 连通，低压孔 2 通过低压通道 1 与回油腔相通，且高压孔 6 与低压孔 2 分别位于螺旋槽 3 两侧，并与螺旋槽 3 形成面积可变的弓形重叠 4。当阀芯以顺时针方向旋转时（从阀芯右侧观察），低压孔 2 与螺旋槽重叠面积增大，高压孔 6 与螺旋槽重叠面积减小，此时敏感腔 5 压力 p_c 降低，阀芯 7 受到压力腔 9 的作用力大于敏感腔 5 的作用力，阀芯 7 向左移，高压孔 6 与螺旋槽的重叠面积逐渐增大，低压

孔 2 与螺旋槽的重叠面积逐渐缩小，当高、低压孔与螺旋槽的重叠面积相等时，敏感腔的液压力再次升至压力腔压力的 1/2（阀芯敏感腔的作用面积为压力腔作用面积的 2 倍），阀芯受力重新达到平衡状态。反之，当阀芯沿逆时针方向旋转时，以上变化过程恰好相反。该阀阀芯具有双运动自由度，因此命名为 2D 阀，该阀利用旋转电磁铁和拨杆拨叉机构驱动阀芯做旋转运动，实现了导阀功能，由油液压力差推动阀芯做轴向移动，实现阀口的高速开启与关闭。该阀在 28MPa 的工作压力下，其阀芯轴向行程为 0.8mm，开启时间约为 18ms，ϕ6mm 通径阀流量可达 60L/min。

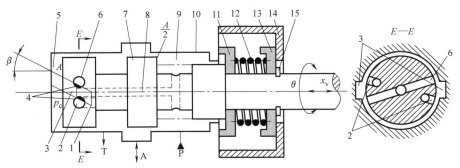

图 13-39　2D 高速开关阀工作原理图

1—低压通道　2—低压孔　3—螺旋槽　4—弓形重叠　5—敏感腔　6—高压孔　7—阀芯　8—高压通道
9—压力腔　10—阀体　11—左弹簧座　12—弹簧　13—右弹簧座　14—右端盖　15—卡圈

思考题和题习

13-1　电液比例阀与普通开关阀、电液伺服阀相比有何特点？

13-2　带位置反馈和不带位置反馈的直动式电液比例溢流阀中，与阀芯相连的弹簧各有何作用？

13-3　直接检测式比例溢流阀与间接检测式比例溢流阀在结构、工作原理、稳态控制性能方面有何区别？

13-4　试分析流量—位移—力反馈型二通比例流量阀的工作原理。

13-5　先导式比例流量阀可以采用哪几种反馈方式？各有何特点？

13-6　定差减压型与定差溢流型电液比例方向流量阀在结构、工作原理和所控制的系统特性等方面有何差异？

第十四章

水压控制阀

第一节　水压控制阀的关键技术难题

随着一些生产领域对安全生产、环境保护、无污染等要求越来越高，以天然淡水或海水（不含任何添加剂）为工作介质的水液压传动技术重新引起人们的关注，并成为本学科领域十分重要的发展方向。水压控制阀是构成水液压系统不可缺少的控制元件。与矿物油相比，水具有黏度低、汽化压力高、腐蚀性强等特点，水压控制阀的研究将面临下列关键技术难题。

1. **腐蚀问题**

由于水（特别是海水）有较强的腐蚀性，同时海水又是一种强电解质，因此阀材料本身不仅要有较强的耐腐蚀性能，而且不同材料组合使用时要有较好的防电偶腐蚀能力。当腐蚀与磨损同时存在时，它们相互促进，将使零件加速失效。

2. **气蚀问题**

气蚀分为气体气蚀和汽化气蚀两种。由于液压油的汽化压力很低，同时空气在液压油中的溶解度较高，所以油压阀的气蚀主要表现为气体气蚀。相同条件下，空气在水中的溶解度约为在液压油中的20%，而水的汽化压力（50℃时为0.012MPa）比液压油（50℃时为1.0×10^{-9}MPa）高10^7倍，因此，水压控制阀中起主导作用的是汽化气蚀。当阀出口处的压力降至水的汽化压力时，就会发生汽化气蚀。为避免气蚀的破坏，必须从液压阀的材料和结构两方面同时进行考虑，即除了采用耐气蚀性能好的材料及其表面处理工艺外，还要研究新型的结构，减少气蚀的发生及其危害。

3. **拉丝侵蚀与泄漏问题**

由于水的黏度低（仅为液压油的1/50~1/40），因而在同样的压力差作用下，水的流速远高于液压油，高速流体将对配合面产生很强的冲刷作用，久而久之会在零件表面形成一条条丝状凹槽，破坏工作表面。当高速流体中携带污染颗粒时，其破坏作用将大大加剧。材料的硬度对拉丝侵蚀有很大影响，一般来说，材料的硬度越高，抗拉丝侵蚀的能力越强。

水的黏度远低于液压油，也意味着水介质在缝隙中更容易发生泄漏。因此，密封结构的设计和间隙的合理控制也是设计水压阀时需要考虑的问题。

4. **压力冲击、振动和噪声**

水的密度比油大10%，弹性模量比油大50%，使得水的压力冲击比矿物油大，易产生水锤现象。加上水的黏度低、黏性阻尼小以及气蚀的作用，使得水压控制阀（尤其是高压、大流量水压阀）中振动、噪声

问题十分突出，必须在结构上进行合理设计，使流体在流场中形成合适的压力和流速变化规律，以减小压力冲击，并增加阀芯的运动阻尼，使水压阀有良好的工作稳定性。

5. 设计理论和设计方法

由于水介质的理化特性与矿物油有很大差别，因而水压控制阀节流口处的流量系数、流量-压力特性、气蚀特性等与油压阀不同。因此，必须在大量的理论分析和试验研究的基础上，建立适合水介质特点的设计理论和方法，以指导水压控制阀的设计。

6. 水介质的污染控制问题

这里的污染控制包含两层含义：一是对水介质中细菌和微生物含量的控制，二是对固体污染物的控制。若水介质中细菌和微生物含量过高，则可能因为外泄漏而污染环境或产品（如食品、药品等）；另外，细菌和微生物附着在元件表面形成一层生物膜，会加剧腐蚀。固体污染物的侵入会使水压阀内的阻尼孔、阀口等发生堵塞，阀芯运动受阻，同时会加剧配合面、密封面的磨损。固体污染物主要来源于外部环境的侵入以及水压系统中元件、管路等发生磨损、锈蚀的产物。污染物的含量过高会影响水压元件和系统的寿命及工作可靠性。

第二节　几种水压控制阀的结构及特点

目前世界各国开展水液压技术研究的单位很多，所研制的水压控制阀的结构、种类也较多，本节主要介绍几种典型结构的水压控制阀在结构设计、材料选配等方面的特点，以供参考。

1. 水压压力控制阀

图 14-1 所示为 Danfoss 公司生产的直动式水压溢流阀结构原理图。它主要由阀芯 2、阀座 1、活塞 7、活塞套 3、调压弹簧 5、调压螺杆 6 和阀体 8 等组成。调节调压螺杆，改变调压弹簧的预压缩量，就可以设定水压溢流阀的工作压力。该阀在结构上具有如下特点：

1）阀芯与阀座采用平板阀结构，且阀芯采用不锈钢进行强化处理，以提高表面硬度，不仅结构简单，加工方便，而且提高了阀的抗气蚀和抗拉丝侵蚀性能。

2）阀芯与活塞接触处采用球面结构，有利于阀芯自动调节平衡位置及保证阀口关闭时的密封性能。

3）活塞与活塞套之间设置了阻尼腔 4，增大了阀芯的运动阻尼，提高了溢流阀的工作稳定性。

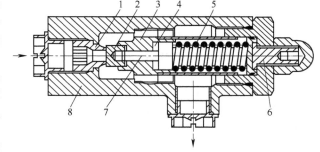

图 14-1　Danfoss 直动式水压溢流阀结构原理图
1—阀座　2—阀芯　3—活塞套　4—阻尼腔
5—调压弹簧　6—调压螺杆　7—活塞　8—阀体

4）活塞套采用高分子材料，活塞采用金属基体表面喷涂陶瓷材料，以减少摩擦，避免该摩擦副发生黏着磨损。

Danfoss 直动式水压溢流阀有三种规格，其额定流量及压力调节范围分别为 30L/min，2.5～14MPa；60L/min，2.5～8MPa 或 8～14MPa；120L/min，2.5～8MPa 或 8～14MPa。

2. 水压流量控制阀

Danfoss 公司研制的水压流量控制阀有不带压力补偿的水压节流阀和带压力补偿的水压调速阀两种。

图 14-2 所示为 Danfoss 水压节流阀结构图。该阀在结构设计上具有以下特点：

1）阀芯与阀体构成两级节流阀口，降低了每个阀口的工作压差，提高了节流阀的抗气蚀性能。

2）在阀芯头部镶嵌了一个塑料锥体，在节流阀关闭时利用塑料锥体与金属阀体的配合面密封，使节流阀在关闭时能实现零泄漏。

由于采取了上述措施，该阀的最大工作压力可达 14MPa，并具有良好的抗气蚀性能和密封性能。

图 14-3 所示为 Danfoss 水压调速阀结构图，它是一种先节流后减压的二通定差减压型流量阀。该阀的

工作原理为：高压水（压力为 p_1）进入调速阀后分成两路，一路经过节流阀阀芯 3 与阀体 1 构成的节流口 a（出口压力为 p_2），再经过压力补偿阀阀芯 2 与阀体 1 构成的节流口 b 后流出（出口压力为 p_3）；另一路经过阻尼螺塞 7，使调速阀入口压力 p_1 作用在压力补偿阀阀芯 2 底端。调节手轮 5 可改变节流阀阀芯 3 的工作位置，从而改变节流口 a 的开度，可调节通过调速阀的流量。若忽略摩擦力、重力、液动力等因素的影响，压力补偿阀阀芯在调速阀入口压力 p_1、节流口 a 的出口压力 p_2 及弹簧力 F_t 作用下处于平衡状态，则节流口 a 进、出口的压力差 Δp 为

$$\Delta p = p_1 - p_2 = \frac{k(x_0 + \delta - x)}{A} \qquad (14\text{-}1)$$

式中　k——弹簧刚度；

　　　x_0——弹簧预压缩量；

　　　δ——节流口 b 的最大开度；

　　　x——节流口 b 的开口量。

设计时使弹簧刚度 k 较小，且 $x \ll x_0 + \delta$，则节流口 a 进、出口的压力差 Δp 基本保持不变，从而使调速阀的流量恒定。

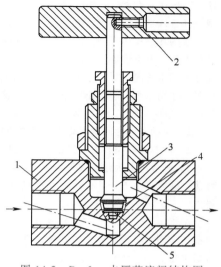

图 14-2　Danfoss 水压节流阀结构图
1—阀体　2—手柄　3—阀芯
4—两级节流阀口　5—塑料锥体

在图 14-3 中，弹簧 8 既是节流阀阀芯 3 的复位弹簧，同时又是压力补偿阀阀芯 2 的力反馈元件。阻尼螺塞 7 起动压反馈作用，用于增加压力补偿阀阀芯的运动阻尼，提高其工作稳定性。节流阀阀芯 3 上开有小孔 4，使节流阀阀芯上、下压力基本平衡，减小了手轮 5 的调节力矩。这种水压调速阀的最高工作压力为 14MPa，最小稳定流量为 2L/min，最小工作压差为 1.5MPa，并有多种流量规格。

3. 水压方向控制阀

图 14-4 所示为 Danfoss 先导式二位二通常闭式水压电磁换向阀结构图。阀体右端接口为入口，下端接口为出口。当电磁铁断电时，装在电磁铁推杆 1 下端的先导阀阀芯在先导阀复位弹簧力作用下将先导阀阀口封

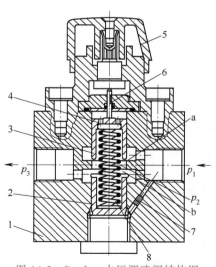

图 14-3　Danfoss 水压调速阀结构图
1—阀体　2—压力补偿阀阀芯　3—节流阀阀芯
4—小孔　5—手轮　6—顶杆
7—阻尼螺塞　8—弹簧

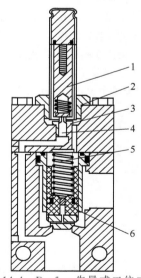

图 14-4　Danfoss 先导式二位二通
常闭式水压电磁换向阀结构图
1—电磁铁推杆　2—密封圈　3—先导阀阀座
4—先导阀　5—弹簧　6—主阀芯

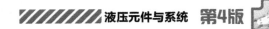

闭，高压水从右侧进入阀体后，一路作用在主阀芯 6 下端的环形面积上，另一路通过主阀芯上的通流孔和阻尼孔进入主阀芯上腔，由于先导阀关闭，主阀芯上腔的压力等于入口压力，而主阀芯上腔的作用面积大于下端的环形作用面积，这样主阀芯在向下的液压力作用下紧贴主阀座，使主阀口处于封闭状态。当电磁铁通电后，电磁铁推杆在电磁吸力作用下克服弹簧力，使推杆上移，先导阀开启，主阀上腔的高压水通过先导阀阀口流向出口，由于主阀芯上的阻尼孔有流量流过，使得主阀芯上腔的压力降低，当压差达到一定值时，作用在主阀芯下端环形面积上的液压力大于主阀芯上腔的液压力与弹簧力之和，推动主阀芯上移，从而使主阀口开启。该阀具有以下特点：

1）主阀和先导阀阀口均为平板阀结构。

2）阀芯与阀座材料分别采用工程塑料和不锈钢（304 或 316 不锈钢），以保证阀口关闭时的密封性能。

3）先导阀芯为浮动式平板结构，具有一定的自位能力，有利于阀芯端面与阀座的贴合，以保证其密封性能；同时，由于先导阀孔的直径很小，因而只需较小的弹簧力就可起密封作用，进而降低了所需的电磁力。

图 14-4 所示的二位二通电磁换向阀是 Danfoss 公司水压电磁换向阀的基本单元，有常闭式和常开式两种基本类型，其额定压力为 14MPa，额定流量小于 120L/min。将这些基本单元集成在一个阀体内，又构成了不同规格和中位机能的三位四通水压电磁换向阀。

此外，德国 Hauhinco 公司研制了滑阀结构的二位三通水压电磁换向阀，阀芯采用陶瓷材料，最高工作压力达32MPa，通过提高加工精度来减少配合面的泄漏。

4. 水压电液控制阀

图 14-5 所示为德国 Hauhinco 公司研制的水压电液比例方向节流阀结构图。它采用滑阀式结构，为抵御水的气蚀和拉丝侵蚀破坏，阀芯和阀套均采用工程陶瓷材料，并且配合间隙控制得很小。该阀的额定压力为 14MPa，最大流量为 60L/min，响应时间为 30ms。

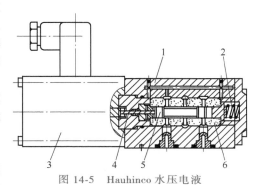

图 14-5 Hauhinco 水压电液比例方向节流阀结构图

1—阀体 2—复位弹簧 3—比例电磁铁 4—顶杆 5—阀芯 6—阀套

图 14-6 所示为日本 Ebara 公司研制的带位置反馈的水压电液比例方向节流阀原理图。位移传感器 1 用于检测阀芯 5 的位移，以构成阀芯位置闭环反馈，可抑制摩擦力、液动力、电磁铁滞环等因素对阀芯位置控制精度的影响。在阀芯两端增加了两个静压支承 6，以减少摩擦，避免阀芯运动发生卡阻现象。同时，在阀体流道上还安装了阻尼孔 3，以增加阀芯运动的平稳性。该阀的额定压力为 7MPa，最大流量为 35L/min，内泄漏量小于 0.7L/min，阀芯遮盖量约为全行程的 5%。

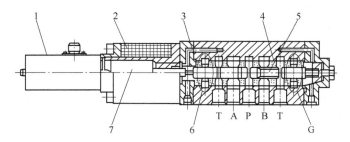

图 14-6 Ebara 带位置反馈的水压电液比例方向节流阀原理图

1—位移传感器 2—比例电磁铁 3—阻尼孔 4—阀套 5—阀芯 6—静压支承 7—推杆

图 14-7 所示为 Ebara 公司研制的两级水压电液伺服阀结构原理图。阀的电/机械转换器采用力矩马达，先导级采用喷嘴挡板阀，主阀为带位移传感器的三位四通阀，其工作原理与传统油压电液伺服阀相同。该阀的阀体采用不锈钢材料，阀芯和阀套采用工程陶瓷材料。阀的额定压力为 14MPa，额定流量为 80L/min。

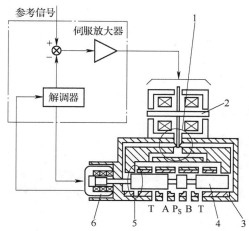

图 14-7　Ebara 两级水压电液伺服阀结构原理图

1—喷嘴挡板阀　2—力矩马达　3—阀套　4—滑阀　5—静压支承　6—位移传感器

思考题和习题

14-1　水压控制阀在研制中存在哪些主要技术难题？

14-2　图 14-1 所示的直动式水压溢流阀在结构上与传统油压溢流阀有何不同？

14-3　分别写出图 14-1 所示的直动式水压溢流阀的静态和动态特性方程。

14-4　图 14-2 所示的水压节流阀在结构和材料选择方面有何特点？

第三篇

液压传动系统

第十五章

液压传动系统的分类与基本回路

现代设备所用的液压传动系统虽然各不相同且较为复杂，但从不同的角度出发，总可以把它们分成几种不同的类型。设备中所用的复杂液压系统，一般是由一些基本回路组合而成的。基本回路是由液压元件组成的，用来完成特定功能的典型油路。因此，了解和掌握液压传动系统的类型以及基本回路的原理和作用，是分析和设计复杂液压系统的基础。

第一节 液压传动系统的分类

通常，液压传动系统按照工作介质的循环方式、执行元件的速度与控制方式、液压泵及执行元件的数量与组合形式等，可分为多种类型。

一、按工作介质的循环方式分类

液压传动系统按工作介质的循环方式不同，可分为开式系统和闭式系统。

1. 开式系统

常见的液压传动系统大部分为开式系统。开式系统的特点：液压泵从油箱吸取油液，经控制阀进入执行元件，执行元件的回油经控制阀返回油箱，工作油液在油箱中冷却、分离空气及沉淀杂质后再进入工作循环。典型的开式系统如图15-1所示。图中液压泵1出口压力由溢流阀5调节，液压缸7的运动方向由电磁换向阀6控制，运动速度由节流阀4调节。开式系统结构简单，但因油箱内的油液直接与空气接触，空气易进入系统，导致工作机构运动不平稳并产生其他不良后果。

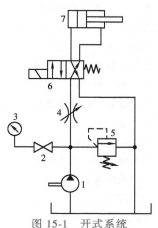

图 15-1 开式系统

1—液压泵　2—压力表开关
3—压力表　4—节流阀　5—溢流阀
6—电磁换向阀　7—液压缸

2. 闭式系统

在闭式系统中，液压泵输出的压力油直接进入执行元件，执行元件的回油直接返回液压泵的吸油腔。常用闭式系统的原理如图15-2所示。图15-2a所示的回路通常采用双向变量泵2，以适应液压马达3的转速和回转方向的要求。回路中的补油泵1用来补充液压泵、液压马达及管路等处的泄漏损失，并通过部分油液的交换来控制系统中油液的温度。如果执行元件是单杆双作用液压缸，则系统原理如图15-2b所示。图中液压缸6做往复运动时，其进回油流量不相等，回路中要采取补油或排油措施。当液压缸活塞杆伸出时，有杆腔的回油不足以满足无杆腔所需的油液，此时由补油泵4补足两腔

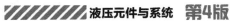

进回油流量的差值。在闭式系统中，由于油液基本上都在闭合回路内循环，故油液温升较高，但所用的油箱容积小，系统结构紧凑。系统中执行元件的回油直接进入泵的吸油口，具有背压的回油能使泵成压力供油状态，降低了对泵的自吸性能要求。闭式系统的结构较复杂，成本较高，通常适用于功率较大的液压系统。

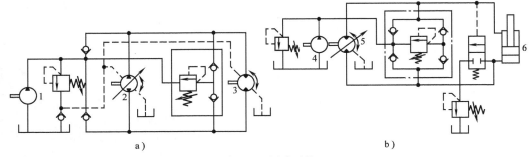

图 15-2　闭式系统

a）执行元件为液压马达的闭式系统　b）执行元件为单杆双作用液压缸的闭式系统
1、4—补油泵　2、5—变量泵　3—液压马达　6—单杆双作用液压缸

二、按一台液压泵向多个执行元件的供油方式分类

液压传动系统按一台液压泵向多个执行元件的供油方式，可分为串联系统、并联系统、独联系统和复联系统等。

1. 串联系统

在具有两个以上执行元件的液压系统中，除第一个执行元件的进油口和最后一个执行元件的回油口分别与液压泵及油箱连通外，其余执行元件的进出油口顺次相连，这样的系统称为串联系统。如图 15-3 所示，当手动换向阀 3、4 换向时，液压缸 5、6 串联工作，液压缸 6 的输入流量等于液压缸 5 的输出流量，两只液压缸可同时动作，互不干扰，其运动速度基本上不随外负载而变。但液压泵的工作压力较高，其值等于各串联液压缸负载（包括液阻及外负载）压力之和，因此，重载时两只液压缸不宜同时工作。

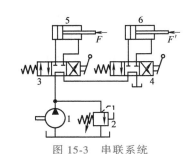

图 15-3　串联系统
1—液压泵　2—溢流阀
3、4—手动换向阀　5、6—液压缸

2. 并联系统

液压泵排出的液压油同时进入两个或两个以上的执行元件，而各执行元件的回油都回油箱，这样的系统称为并联系统。如图 15-4 所示，当手动换向阀 3、4 换向时，液压缸 5、6 并联工作，液压泵的输出流量为两只液压缸输入流量之和。在这种系统中，液压泵的输出流量首先进入管路上的压力损失、各控制阀中的阻力损失与驱动外负载的工作压力之和最小的执行元件中，使这一执行元件先运动。只有当各并联支路上的压力损失与驱动外负载的工作压力之和相等时，系统中各执行元件才能同时动作。因此，并联系统只宜用于外负载变化较小，或对机构运动速度要求不高的场合。当外负载变化较大时，虽可操纵设置在各并联支路上的换向阀，通过调节各换向阀的开口量，使外负载增大的支路上的液阻减小，或使外负载减小的支路上的液阻增加，从而保持各执行元件的运动速度不变。但这种调节方法有可能增大系统的节流损失和发热量，并增加了系统的操纵难度。

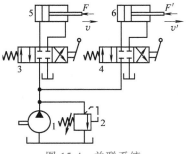

图 15-4　并联系统
1—液压泵　2—溢流阀
3、4—手动换向阀　5、6—液压缸

3. 独联系统

如图 15-5 所示，多路换向阀中的每一联换向阀的进油口与该阀前面的中立位置的回油口相通，而各联换向阀的回油腔又都直接与总回油口连接，使各联换向阀控制的执行元件互不相关，液压泵在同一时刻内只能向一个执行元件供油，这样的系统称为独联系统。

4. 复联系统

复联系统是以上三种系统的组合，如并联—独联、串联—独联、串联—并联等系统。

图 15-6 所示为某液压挖掘装载机所采用的并联—独联系统。该系统使挖掘作业时的一些液压执行机构相并联，并由多路阀 A 控制；同时使装载作业的一些液压执行机构相并联，并由多路阀 B 控制，故它们都具有并联系统的一些特点。但两不同作业机构的液压执行元件间是相独联的。这样，在进行挖掘作业时即使误操作多路阀 B，也不会使装载作业的机构动作。

图 15-7 所示为中小型汽车起重机及高空作业车常用的串联—独联系统。图中前、后支腿液压缸间相串联，并由多路阀 A 控制；伸缩液压缸与变幅液压缸间相串联，并由多路阀 B 控制。故前、后支腿可同时动作，互不干扰；伸缩与变幅机构也能这样。图中两串联系统间由换向阀使它们相独联。这样，在起重或高空作业时，就不致因误操纵阀 A 而使支腿误动作，以防止发生重大事故，而且这种系统比全部液压执行元件都串联时的系统压力损失小。

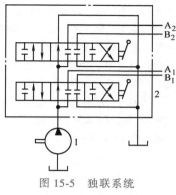

图 15-5　独联系统

1—液压泵　2—多路换向阀

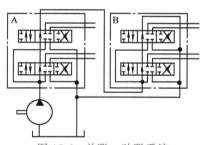

图 15-6　并联—独联系统

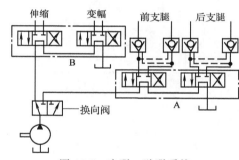

图 15-7　串联—独联系统

三、按系统中所使用液压泵的数量分类

液压传动系统按照所使用液压泵的数量，可分为单泵系统和多泵系统。

1. 单泵系统

单泵系统是由一台液压泵向一个或多个执行元件供油的系统。单泵系统使用普遍，图 15-1、图 15-2 所示均为单泵系统。

2. 多泵系统

多泵系统是由两台或两台以上的液压泵向一个或多个执行元件供油的系统。多泵系统类型较多，以下仅介绍其中的三种。

（1）双泵高低压系统　如果执行元件在工作中具有轻载高速接近工件（常称为快进）和慢速加压（常称为工进）两个过程，则可采用图 15-8 所示的双泵高低压系统。图中溢流阀 3 设定系统的最高工作压力，卸荷阀 5 设定双泵同时供油的工作压力。当系统压力低于卸荷阀 5 的调定压力时，两台泵同时向系统供油；当系统压力超过卸荷阀 5 的调定压力时，低压泵 1 输出的油液通过卸荷阀 5 流回油箱，只有高压泵 2 向系统供油，从而减少了系统的功率损耗。

（2）双泵双回路系统　图 15-9 所示为采用双泵双回路的挖掘机液

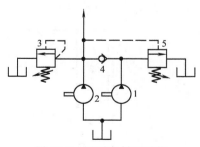

图 15-8　双泵高低压系统

1、2—液压泵　3—溢流阀
4—单向阀　5—卸荷阀

285

压系统。图中泵 1 向动臂液压缸 11、斗杆液压缸 12、回转液压马达 13 及左行液压马达 14 供油，组成一独联回路；泵 2 向铲斗液压缸 16、动臂液压缸 11、斗杆液压缸 12 及右行液压马达 15 供油，组成另一独联回路，故称双泵双回路系统。两回路互不干扰，从而使分属于两回路中的任意两机构在轻载及重载时都能实现无干扰的同时动作，提高了挖掘机的生产率和发动机的功率利用率。挖掘机在一个作业周期内虽以多个机构同时动作为主，但因动臂、斗杆的运动速度对挖掘机的生产率有很大影响，故常需单独快速动作。由于采用了双泵，就能实现双泵合流，达到快速动作的目的。图 15-9 中操纵阀 4 至上位时，由于阀 5、阀 4 的阀芯是机械固定的，则阀 5 也移至上位，泵 1、2 排出的油液在阀外 a 点并联合流，共同向动臂液压缸 11 的下腔供油，动臂液压缸 11 上腔回油到油箱，故动臂液压缸 11 单独快伸。同样操纵阀 6 时，斗杆液压缸 12 能快伸或快缩。

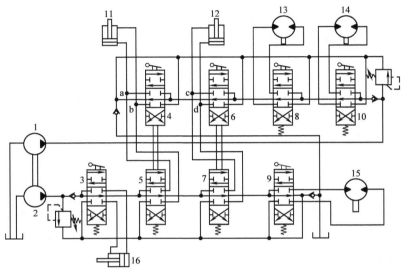

图 15-9 双泵双回路系统

1、2—液压泵 3~10—操纵阀 11—动臂液压缸 12—斗杆液压缸 13—回转液压马达
14—左行液压马达 15—右行液压马达 16—铲斗液压缸

（3）多泵分级恒功率供油系统 多泵分级恒功率供油系统一般由三台或三台以上的定量泵组成，如图 15-10a 所示。图中由原动机驱动三台流量相同的定量泵 1、2、3，三台定量泵的输出流量均为 q_0，溢流阀 4，液动换向阀 5、6 的控制压力 p_A、p_B、p_C 的相互关系为 $p_A = 2p_B = 3p_C$。系统工作时，可根据系统压力来自动切换向系统供油的定量泵数量，达到恒功率输出的目的，以充分利用原动机的功率。系统工作时的压力-流量特性曲线则近似为恒功率曲线，如图 15-10b 所示。

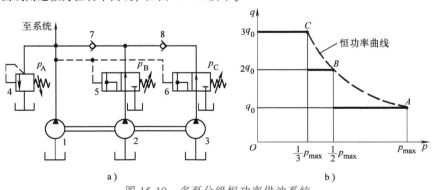

图 15-10 多泵分级恒功率供油系统

a）系统原理图 b）压力-流量特性曲线

1~3—液压泵 4—溢流阀 5、6—液动换向阀 7、8—单向阀

液压传动系统除有上述分类之外，若按所采用液压泵的形式不同，可分为定量系统和变量系统；按调速方式不同，又可分为节流调速系统、容积调速系统以及压力、流量及功率适应系统等，这些内容将在以下章节中逐步介绍。

第二节　液压传动系统的基本回路

液压传动系统的基本回路包括压力控制回路、速度控制回路、方向控制回路以及其他控制回路。

一、压力控制回路

压力控制回路是利用压力控制阀来控制整个液压系统或局部油路的工作压力，以满足执行机构对力或力矩的要求。它包括调压、减压、增压、卸荷、保压与泄压以及工作机构平衡和缓冲等回路。

1. 调压回路

调压回路是用来控制系统的工作压力，使其不超过某一预先调定的数值，或者使工作机构在运动过程的各个阶段具有不同压力的回路。图 15-11 所示是压力控制回路中最基本的调压回路，该回路用溢流阀来调定系统的工作压力。当系统是由定量泵、溢流阀和流量阀组成节流调速回路时，溢流阀通常开启溢流；当系统中无流量阀时，溢流阀作为安全阀使用，只有当执行元件处于行程终点、泵输出油路闭锁或系统超载时，溢流阀才开启。溢流阀的调定压力必须大于执行元件的最大工作压力和管路上各种压力损失之和，用作溢流阀时可大 5%～10%，用作安全阀时则可大 10%～20%。

在图 15-11 中，先导式溢流阀 2 的控制油口 K 上接不同的控制阀，可构成不同的调压回路。如果将 K 口接 A 后的远程调压阀 3，可构成远程调压回路；如果将 K 口接 B 后的二位三通电磁换向阀 4 和调压阀 5，可构成调压卸荷回路；如果将 K 口接 C 后的三位四通 M 型换向阀 6 及不同调定压力的调压阀 7、8，则可构成二级调压和卸荷回路。图中 A、B、C 后的三组阀都是小流量阀，可安装在操作方便的地方，实行远程操作和调压。

大流量液压系统的调压回路大多采用插装阀的结构形式。图 15-12 所示的调压回路是由插装阀基本组件 2、带先导调压阀的控制盖板 3、可叠加的调压阀 4 和三位四通电磁换向阀 5 组成的，该回路具有高低压两级压力选择和卸荷控制功能。三位四通电磁换向阀 5 处于右位时，系统压力由控制盖板 3 上的先导调压阀确定；三位四通电磁换向阀 5 处于左位时，系统压力由调压阀 4 确定；三位四通电磁换向阀 5 处于中位时，系统卸荷。

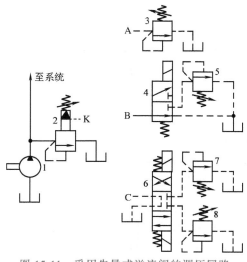

图 15-11　采用先导式溢流阀的调压回路

1—液压泵　2—先导式溢流阀

3、5、7、8—远程调压阀　4、6—电磁换向阀

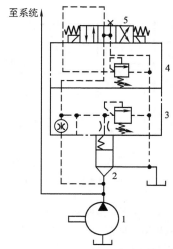

图 15-12　采用插装阀的调压回路

1—液压泵　2—插装阀基本组件

3—带先导调压阀的控制盖板

4—可叠加的调压阀　5—电磁换向阀

287

图 15-13 所示为采用变量泵的调压回路。当回路采用非限压式变量泵时,系统的最高压力由安全阀限定;如果回路采用限压式变量泵,则系统的最高压力由变量泵调节,其数值为变量泵接近无流量输出时的压力值。

对于负载多变或要求工作压力无级变化的系统,可采用比例调压回路,如图 15-14 所示。图中系统通过电液比例溢流阀 2 实现无级调压,调节输入电磁比例溢流阀的电流值,即可调节系统的工作压力。

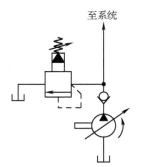

图 15-13 采用变量泵的调压回路

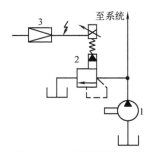

图 15-14 比例调压回路

1—液压泵 2—电液比例溢流阀 3—比例放大器

2. 减压回路

在液压系统中,当某个执行元件或某个支路所需要的工作压力低于溢流阀调定值,或要求有可调的稳定低压输出时,可采用由减压阀组成的减压回路。最常见的减压回路是采用定值减压阀与主回路相连接,如图 15-15 所示。图 15-15a 中主回路的压力由溢流阀 1 调定,定值输出减压阀 2 的出口压力低于主回路压力。在使用这种回路时,由于未达到调定值之前减压阀主阀口常开,当负载压力过低时,要防止减压回路对主回路压力产生影响。图 15-15b 所示是带有先导阀的二级减压回路。先导阀为远程调压阀 5,它与电磁换向阀 4 和减压阀 3 组合使用可使减压回路获得两种压力值。图 15-15c 所示为采用比例减压阀 6 的减压回路,该回路能按要求无级地调整减压后的压力值。由于减压阀工作时阀口有压力降以及泄漏口有漏油,系统总有一定的功率损失,因此,在大流量或压力较高的系统中,不宜采用减压回路。

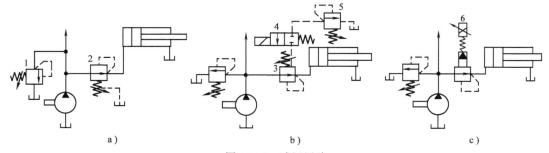

图 15-15 减压回路

a) 一级减压回路 b) 二级减压回路 c) 无级减压回路

1—溢流阀 2、3—减压阀 4—电磁换向阀 5—远程调压阀 6—比例减压阀

图 15-16 所示为采用比例三通减压阀的减压回路。图中当液压缸 4 的活塞杆向右运动时,由液压泵 1 经比例三通减压阀 3 向液压缸 4 供油,用于对外负载加载;当活塞杆在外负载作用下向左运动时,B 口压力升高,使 A 口与 B 口断开,B 口与 T 口接通,无杆腔回油。图中不管活塞杆是向右还是向左运动,总能保持无杆腔的压力(由比例减压阀 3 通过电气系统输入的电流值设定)不变。系统中溢流阀 2 的设定压力应大于减压阀的设定压力。

与采用二通减压阀的减压回路相比,采用三通减压阀的减压回路除了具有克服正向负载流量时的减压功能外，还能在外负载使活塞杆向左运动时，提供一条受控制的直通油箱的通道，这样既能使受控压力的下降变得迅速，还能利用它保持无杆腔的压力稳定不变。

3. 增压回路

增压回路是用来使系统中某一支路的压力高于系统压力的回路。利用增压回路，系统可以采用压力较低的液压泵，甚至可利用压缩空气作为动力源来获得较高的油压，从而可减少能源消耗。增压回路中提高液压力的主要元件是增压缸。

图 15-17 所示是利用单作用增压缸进行增压的回路。图中液压泵 1 输出的低压油进入增压缸 4 的左腔，推动活塞右移，使增压缸的右腔输出高压油，进入工作液压缸 7。如增压缸 4 左腔的油压为 p_1，增压后右腔的油压为 p_2，其增压比等于增压器大小活塞的面积比，即 $p_2/p_1 = A_1/A_2$。当换向阀换向时，油液进入增压缸大缸的右腔，使活塞向左退回。高位油箱 5 中的油液可通过单向阀 6 进入增压缸内，以补充高压油的泄漏。这种增压缸的缺点是不能获得连续的高压。

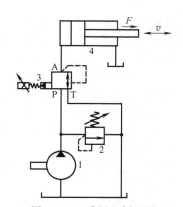

图 15-16　采用比例三通

减压阀的减压回路

1—液压泵　2—溢流阀

3—比例三通减压阀　4—液压缸

为了克服单作用增压缸不能获得连续高压的缺点，可采用由双作用增压缸组成的增压回路。图 15-18 所示的双作用增压回路的工作原理是：当液压缸 4 的活塞向左运动遇到大负载时，系统压力升高，油液经顺序阀 1 进入双作用增压缸 2，增压缸 2 的活塞不论向左或向右运动，均能输出高压油。只要电磁换向阀 3 不断切换，增压缸 2 就可不断地往复运动，连续输出高压油进入液压缸 4 的右腔，使液压缸 4 在向左运动的整个行程内都能获得较大的推力。液压缸向右返回时，增压回路不起作用。

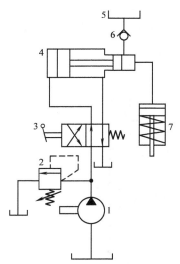

图 15-17　单作用增压回路

1—液压泵　2—溢流阀　3—手动换向阀　4—增压缸

5—高位油箱　6—单向阀　7—工作液压缸

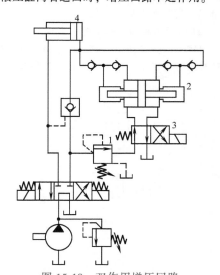

图 15-18　双作用增压回路

1—顺序阀　2—双作用增压缸

3—电磁换向阀　4—液压缸

图 15-19 所示是一种典型的双向型气液增压回路，它能把较低的气压经增压后变为较高的油压输出。该回路由一个活塞式气缸 1，两个柱塞式液压缸 2、3，以及一些气动元件等组成。当气缸活塞带动液压缸柱塞右行时，左边柱塞式液压缸从气液转换器 4 中吸入液压油，液压油从右边柱塞式液压缸输出；当气缸活塞带动液压缸柱塞左行时，右边柱塞式液压缸从气液转换器 4 中吸入液压油，液压油从左边柱塞式液压缸输出。

4. 卸荷回路

液压系统运行时，若执行元件需要短时间停止工作，或执行元件保持很大的输出力（或转矩）而运动

速度极慢甚至不动，此时不需要输入压力油或输入的压力油极少，为了减少功率损失，系统应采用卸荷回路使液压泵卸荷。所谓液压泵的卸荷，就是使液压泵以很小的输出功率运转。液压泵的输出功率为其输出流量 q_p 和排油压力 p_p 的乘积（$P = p_p q_p$），若两者中的任一项近似为零，则液压系统的功率损耗也近似为零。因此，液压系统的卸荷有流量卸荷（$q_p \approx 0$）和压力卸荷（$p_p \approx 0$）两种方式。流量卸荷主要是采用变量泵，使泵仅用于补偿泄漏而以最小流量运行。此方法比较简单，但液压泵仍处在高压状态下运行，磨损比较严重。

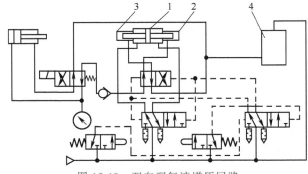

图 15-19 双向型气液增压回路

1—活塞式气缸 2、3—柱塞式液压缸 4—气液转换器

图 15-20 所示的采用压力补偿变量泵的卸荷回路即为流量卸荷。根据变量泵的特性，当手动换向阀 2 处于中位，变量泵 1 的出口压力升高至其补偿装置动作所需的压力时，变量泵的流量便减至只需补足其本身和手动换向阀 2 的内泄漏。虽然变量泵 1 的排油压力仍处于所设定的最高压力，但其输出流量很小，功率损耗大为降低，实现了泵的卸荷。上述流量卸荷回路中可以不设溢流阀 4，但为了防止因压力补偿装置的调零误差或动作滞缓而使泵的压力异常升高，往往装有溢流阀 4 作为系统的安全措施。溢流阀 4 的调整压力一般取系统压力的 1.2 倍。

常见的压力卸荷回路如图 15-3、图 15-11 所示。图 15-3 所示为采用 M 型中位机能的手动换向阀使液压泵卸荷的回路；图 15-11 所示为将先导式溢流阀的 K 口与电磁换向阀的 B（或 C）口连接，通过换向阀使 K 口与油箱相通实现液压泵的卸荷。

图 15-21 所示为采用特殊结构的液压缸使液压泵卸荷的回路。当液压缸 2 活塞向左运动至终点时，缸体上带单向阀 3 的旁通油口开启，液压泵 1 输出的油液从液压缸的有杆腔经过此油口流回油箱，液压泵卸荷。这种卸荷方法适用于压力不高且采用间隙密封的小型液压缸。

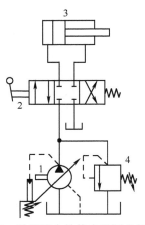

图 15-20 采用压力补偿变量泵的卸荷回路

1—压力补偿变量泵 2—手动换向阀
3—液压缸 4—溢流阀

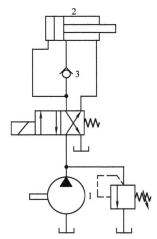

图 15-21 采用特殊结构液压缸的卸荷回路

1—液压泵 2—液压缸 3—单向阀

5. 保压和泄压回路

保压回路是在执行元件停止工作或仅有微小位移的情况下，使系统压力基本保持不变的回路。当高压系统保压时，由于液压缸和管路的弹性变形以及油液受到压缩，储存了一部分弹性势能。如系统保压完毕后，液压缸回程时油液释放过快，将使系统产生冲击、振动和噪声，甚至会导致管道破裂或液压元件损坏。故高压系统保压后必须采用泄压回路缓慢卸压，即保压和卸压是需要同时考虑的两个

问题。

　　最简单的保压方法是利用定量泵使回路压力基本保持不变,即所谓的开泵保压。在这种方法中,定量泵始终以较高的压力(保压所需的压力)工作,此时,定量泵排出的压力油几乎全部经溢流阀流回油箱,系统功率损失大、发热严重,所以这种保压方法只在所需保压时间较短的小功率液压系统中使用。在保压回路中如采用压力补偿变量泵或恒压变量泵,则可实现保压卸荷,且功率损失小,故应用广泛。

　　图 15-22 所示是采用蓄能器的保压回路。图中当三位四通电磁换向阀 5 的电磁铁 1YA 通电时,液压缸 6 的活塞向右运动;当液压缸活塞运动到终点后,液压泵 1 向蓄能器 4 供油,直到供油压力升高到压力继电器 3 的设定值时,压力继电器发出信号使二位二通电磁阀 7 的电磁铁 3YA 通电,泵 1 经溢流阀 8 卸荷,液压缸通过蓄能器保压。当液压缸压力下降至某规定值时,压力继电器动作,使 3YA 断电,液压泵重新向系统供应压力油。液压缸保压时间的长短取决于蓄能器的容量。

　　图 15-23 所示是采用液控单向阀的保压回路。当电磁换向阀 3 的电磁铁 1YA 通电后,液压缸 6 中的活塞杆向下运动;当活塞杆接触工件,液压缸上腔压力上升至电接点压力表 5 的上限值时,压力表上触点通电,电磁铁 1YA 断电,电磁换向阀 3 回到中位,液压泵卸荷,液压缸由液控单向阀保压。当液压缸上腔压力下降到电接点压力表(下触点)设定的下限值时,压力表又发出信号,使 1YA 通电,液压泵 1 向液压缸上腔供油,使压力上升。因此,这一回路能自动保持液压缸上腔的压力处于某一范围内。

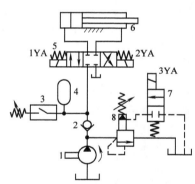

图 15-22　采用蓄能器的保压回路

1—液压泵　2—单向阀　3—压力继电器　4—蓄能器
5、7—电磁换向阀　6—液压缸　8—溢流阀

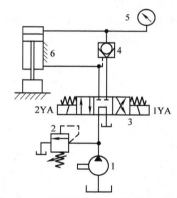

图 15-23　采用液控单向阀的保压回路

1—液压泵　2—溢流阀　3—电磁换向阀
4—液控单向阀　5—电接点压力表　6—液压缸

　　图 15-24 所示是采用顺序阀控制的泄压回路。图中当液压缸 8 保压完毕后,2YA 通电,电液换向阀 3 换向,变量泵 2 输出的油液进入液压缸的下腔,但此时上腔未泄压,上腔的压力油经二位二通电磁换向阀 7 将顺序阀 6 打开,液压泵排出的油液经顺序阀 6 和节流阀 5 回油箱。调节节流阀 5,使液压缸下腔的压力在 2MPa 左右,虽然该压力值还不足以使活塞回程,但能顶开液控单向阀 4 的卸荷阀芯,使上腔泄压。当液压缸上腔压力降低到低于顺序阀 6 的调定压力(一般调至 2~4MPa)时,顺序阀 6 关闭,液压缸下腔压力上升,活塞回程。图中二位二通电磁换向阀 7 的作用是在保压过程中切断顺序阀 6 的控制油路,以使回路具有保压作用。上述泄压方法是在电液换向阀切换时并不马上接通回程油路,只有当上腔压力降低到允许的最低压力时,才能自动回程。如果液压缸没有保压,则能及时回程,这样节约了工作循环时间,提高了生产率。

6. 平衡回路

　　在液压缸或液压马达的回油路上设置能产生一定背压的元件,来防止垂直运动的负载在下降工况时由于自重而自行下落,并起限速作用的回路称为平衡回路。

　　图 15-25a 所示为采用内控式平衡阀的平衡回路。当电磁换向阀 1 的电磁铁 1YA 通电后,液压缸 3 的活

塞向下运动，液压缸下腔的油液经内控式平衡阀 2 流回油箱。只要使平衡阀的设定压力高于由于活塞、活塞杆以及与其相连的工作部件的重力在液压缸下腔产生的压力值，当换向阀处于中位时，活塞、活塞杆以及与其相连的工作部件就能被平衡阀锁住，而不会因自重下降。在下行工况时，限速作用由内控式平衡阀所形成的节流作用来实现。由于这种回路在活塞下行时功率损失较大，且"锁紧"时活塞、活塞杆和与其相连的工作部件会因平衡阀和换向阀的泄漏而缓慢下落，因此，该回路只适用于工作部件质量不大、锁紧定位要求不高的场合。

把内控式平衡阀改成外控式平衡阀即构成外控式平衡回路，如图 15-25b 所示。在该回路中，外控式平衡阀 4 的设定压力基本上与负载大小无关。当液压缸 6 中的活塞向下运动时，外控式平衡阀被其进油路上的控制压力油打开，回油腔背压消失，运动部件的势能得以利用，系统效率较高。为控制活塞因自重而快速下降，在液压缸的回油路上串入单向节流阀 5。假如没有单向节流阀 5，活塞将由于自重而加速下降，液压缸上腔供油不足，进油路上压力消失，外控式平衡阀因控制油路失压而关闭，该阀关闭后控制油路又建立起压力，阀再次打开。由于外控式平衡阀时闭时开，致使活塞向下运动过程中产生振动和冲击，运动不平稳。

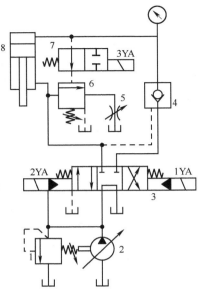

图 15-24　采用顺序阀控制的泄压回路

1—溢流阀　2—变量泵　3—电液换向阀

4—液控单向阀　5—节流阀　6—顺序阀

7—电磁换向阀　8—液压缸

292

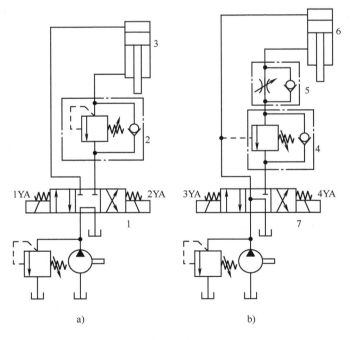

a)　　　　　　　　　　　　b)

图 15-25　采用平衡阀的平衡回路

a）采用内控式平衡阀的平衡回路　b）采用外控式平衡阀的平衡回路

1、7—电磁换向阀　2—内控式平衡阀　3、6—液压缸　4—外控式平衡阀　5—单向节流阀

图 15-26 所示为采用液控单向阀的平衡回路。当电磁换向阀 1 的电磁铁 1YA 通电时，换向阀 1 处于左工位，液压油进入液压缸 5 的上腔，并将液控单向阀 2 打开，液压缸下腔的油液经节流阀 3、液控单向阀 2

和电磁换向阀 1 流回油箱，活塞向下运动。当换向阀处于中位时，液控单向阀迅速关闭，活塞立即停止运动。当电磁铁 2YA 通电时，电磁换向阀 1 处于右工位，压力油经阀 1、阀 2 和阀 4 进入液压缸下腔，使活塞向上运动。由于液控单向阀是锥面密封，泄漏量极小，故这种平衡回路的锁定性好，工作可靠。

图 15-26 中节流阀 3 的作用与图 15-25 中节流阀 5 的作用相同。

7. 缓冲回路

液压执行元件驱动质量和运动速度较大的负载时，在其从运动到突然停止或突然换向的过程中，由于运动部件惯性大，液压回路中会产生很大的冲击和振动，影响运动部件的定位精度，严重时还会妨碍机器的正常工作，甚至损坏设备。为了消除或减少液压冲击，除了在液压元件本身结构上采取措施（如在液压缸端部设置缓冲装置，在溢流阀芯中设置阻尼）外，还可以在系统中采用缓冲回路。缓冲回路是在液压回路中采取某种措施，使工作部件在达到行程终点前预先减速，延缓其停止或换向时的时间，或者延缓系统的卸荷和升压过程来达到缓冲的目的。

图 15-27 所示为采用行程阀的缓冲回路。图中在液压缸 2 有杆腔的油路上接入行程阀 4，当活塞向右运动到预定位置时，活塞杆上的挡块 3 压下行程阀的阀芯，使行程阀中的阀芯与阀体间的节流口逐渐减小直至关闭，从而使运动部件逐渐减速直至停止。这种缓冲回路在缓冲过程中，活塞运动速度逐渐减小，但缓冲行程固定不变。

图 15-28 所示是采用反应灵敏的小型直动式溢流阀的缓冲回路。图中当活塞向右运动而换向阀 2 突然切换至中位时，活塞右侧的压力由于运动部件的惯性而突然升高，当压力超过反应灵敏的小型直动式溢流阀 3 的调定压力时，溢流阀 3 打开溢流，以减缓回路中的液压冲击；同时，通过单向阀 4 向液压缸左腔补油。起缓冲作用的溢流阀 3 的调定压力一般比主油路中溢流阀 1 的设定压力高 5% ~ 10%。由于溢流阀 3 溢出一小部分油液即可减缓冲击，故只需采用反应灵敏的小型溢流阀。

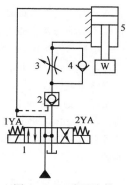

图 15-26　采用液控
单向阀的平衡回路
1—电磁换向阀
2—液控单向阀
3—节流阀
4—单向阀
5—液压缸

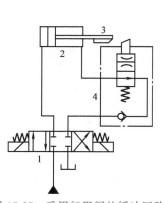

图 15-27　采用行程阀的缓冲回路
1—电磁换向阀　2—液压缸
3—挡块　4—行程阀

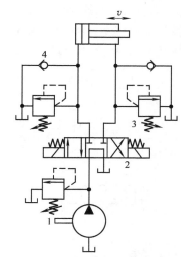

图 15-28　采用小型直动式溢流阀的缓冲回路
1—溢流阀　2—电磁换向阀
3—小型直动式溢流阀　4—单向阀

图 15-29 所示为采用缓冲补油阀的缓冲回路。图 15-29a 所示为将两个溢流阀跨接于液压马达进出油路上的缓冲回路。该回路适用于马达正反转时负载不同的场合。但由于马达本身有内泄漏，故该回路的补油不够充分。图 15-29b 所示是由一个过载保护溢流阀和四个单向阀组成的缓冲补油回路。这种回路适用于正反转时负载相同的场合，而且补油比较充分。图 15-29c 所示是由两个过载溢流阀和两个单向阀组成的缓冲

补油回路。这种回路适用于正反转时负载不同的场合，补油也较充分。

缓冲的方法很多，将小容量的囊式蓄能器装在产生冲击处的附近可以减缓液压冲击。此外，尽量缩短连接液压元件的管路和减少不必要的弯曲，以及在振动的地方接入软管等，都可以有效地减少液压冲击，起到缓冲的作用。

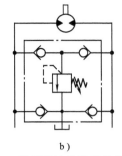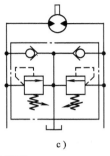

a)　　　　　　　　　b)　　　　　　　　　c)

图 15-29　采用缓冲补油阀的缓冲回路

二、速度控制回路

速度控制回路是对液压执行元件的运动速度进行调节和变换的回路。有关速度调节回路的组成、性能分析及应用将在后续章节中讲述。本节仅介绍速度变换的基本回路，即执行元件从一种速度变换到另一种速度的回路，包括增速回路、减速回路和速度换接回路。

1. 增速回路

增速回路是在不增加液压泵流量的前提下，提高执行元件运动速度的回路。一般采用差动缸或增速缸、自重补油、蓄能器等来实现。

图 15-30 所示为差动连接的增速回路。当电磁换向阀 1 中的电磁铁 1YA 通电时，液压缸 3 的活塞向右运动；当电磁换向阀 1 中的电磁铁 1YA、电磁换向阀 2 中的电磁铁 3YA 同时通电时，液压缸差动连接，活塞快速向右运动。差动连接可以提高液压缸向右空载行程的运动速度，缩短工作循环时间，是实现液压缸快速运动的一种简单经济的有效方法。

图 15-31 所示是采用增速缸的增速回路。当电磁换向阀 5 中的电磁铁 2YA 通电时，液压源只向增速缸中的小腔 1 供给压力油，活塞快速运动，大腔 2 由液控单向阀 4 从油箱吸取油液；当增速缸外伸的活塞杆接触负载后，回路压力升高，顺序阀 3 开启，高压油关闭液控单向阀 4，并进入增速缸中的大腔 2，活塞转换成慢速运动，推力增加。电磁换向阀 5 中的电磁铁 1YA 通电，增速缸回程，压力油打开液控单向阀 4，大腔 2 的回油排回油箱，活塞快速向左退回。

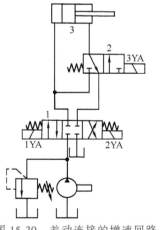

图 15-30　差动连接的增速回路

1、2—电磁换向阀　3—液压缸

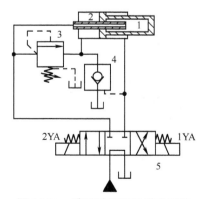

图 15-31　采用增速缸的增速回路

1、2—增速缸中的小腔、大腔　3—顺序阀
4—液控单向阀　5—电磁换向阀

图 15-32 所示为自重补油增速回路。当手动换向阀 5 处于右工位时，液压缸中的活塞及活塞杆因自重而快速下降，此时液压缸上腔所需的流量大于液压泵的供油量，液压缸上腔出现负压，液控单向阀（充液阀）1 打开，高位油箱 2 的油液补入液压缸的上腔，活塞及活塞杆快速下降；当活塞杆接触工件后，上腔

压力升高，液控单向阀 1 关闭，由液压泵继续供油对工件施压。当换向阀 5 切换到左工位时，压力油打开液控单向阀 1、3，液压缸上腔的一部分回油经液控单向阀 1 进入高位油箱 2，活塞及活塞杆上升。该回路结构简单，不需要增设辅助动力源。但活塞快速下降时液压缸上腔吸油不充分，导致加压时升压缓慢。为此，高位油箱常被加压油箱或蓄能器代替，实现强制充油。

图 15-33 所示是带辅助缸的增速回路。大、中型液压机的液压系统为了减少液压泵的容量，在主液压缸 1 的两侧设置成对的辅助液压缸 2。工作部件快速下降时，液压动力源只向辅助液压缸 2 供油，而主液压缸 1 通过液控单向阀 3 从高位油箱 4 补油，直到工作部件触及工件后，油压上升，压力油经顺序阀 5 进入主液压缸 1，此时主液压缸和辅助液压缸同时加压，活塞的有效作用面积增加，工作部件慢速压下，推力增加。回程时，压力油进入辅助液压缸 2 的下腔，主液压缸 1 的回油通过液控单向阀 3 排回高位油箱 4，工作部件快速退回。

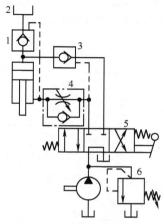

图 15-32 自重补油增速回路

1、3—液控单向阀 2—高位油箱
4—单向节流阀 5—手动换向阀
6—溢流阀

图 15-34 所示为采用蓄能器的增速回路。当电磁换向阀 2 切换到右位后，蓄能器 6 中的压力油经电磁换向阀 2 使液动换向阀 3 和 4 同时切换，蓄能器油路被关闭，由变量泵 1 单独供油至液压缸 5 的左腔，活塞慢速向右运动，运动速度由变量泵 1 调节。当电磁换向阀 2 复位后，液动换向阀 3 和 4 同时复至图示位置，变量泵与蓄能器同时通过液动换向阀 4 供油至液压缸右腔，活塞快速向左退回。当活塞退回到终点后，变量泵继续对蓄能器充液，充液压力由溢流阀调节。

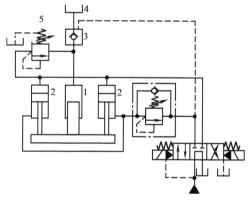

图 15-33 带辅助缸的增速回路

1—主液压缸 2—辅助液压缸 3—液控单向阀
4—高位油箱 5—顺序阀

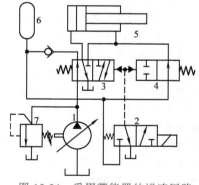

图 15-34 采用蓄能器的增速回路

1—变量泵 2—电磁换向阀 3、4—液动换向阀
5—液压缸 6—蓄能器 7—溢流阀

2. 减速回路

减速回路是使执行元件由快速转变为慢速的回路。常采用行程阀、行程开关等控制换向阀使油路通断，或者利用液压缸本身的结构将快速转为慢速。

图 15-35 所示是行程控制的减速回路。图 15-35a 中液压缸回油路上并联接入行程阀 2 和单向调速阀 3，活塞向右运动时，活塞杆上的挡块 1 碰到行程阀 2 之前，活塞做快速运动；挡块碰上并压下行程阀 2 时，液压缸的回油只能通过调速阀 3 回油箱，活塞做慢速运动。活塞向左返回时，不管挡块是否压下行程阀，液压油均可通过单向阀进入液压缸有杆腔，活塞快速退回。在图 15-35b 所示的回路中，活塞杆上的挡块 4 压下行程开关 5，行程开关 5 发出电信号使电磁换向阀 7 换向，以切换油路，其他原理与图 15-35a 相同。

图 15-36 所示为采用复合缸的减速回路。当复合缸 3 的活塞向右运动时，在活塞上的孔 4 未插入与它配合的凸台 5 之前，回油可通过凸台 5 的油孔回油箱，活塞快速运动；当孔 4 插入凸台 5 之后，回油只能通

过单向调速阀2回油箱，速度变慢。调节凸台5伸入缸内的长度，可改变速度转换的行程。这种回路的密封性较差，适用于中低压液压系统。

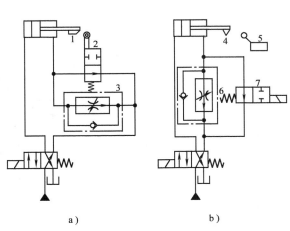

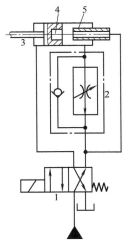

图 15-35　行程控制的减速回路

a）采用行程阀的减速回路　b）采用行程开关的减速回路

1、4—挡块　2—行程阀　3、6—单向调速阀

5—行程开关　7—电磁换向阀

图 15-36　采用复合缸的减速回路

1—电磁换向阀　2—单向调速阀　3—复合缸

4—活塞上的孔　5—凸台

3. 速度换接回路

速度换接回路是使液压执行元件在一个工作循环内从一种运动速度换接到另一种运动速度的回路。这种转换不仅包括从快速转换为慢速，也包括两个慢速之间的换接。

图 15-37 所示为采用两个调速阀来实现不同工进速度的换接回路。图 15-37a 中的两个调速阀1、2并联，由电磁换向阀3实现速度换接。在图示位置，阀3处于左工位，输入液压缸4的流量由调速阀1调节；当换向阀3处于右工位时，输入液压缸4的流量由调速阀2调节。当一个调速阀工作，而另一个调速阀没有油液通过时，没有油液通过的调速阀内的定差减压阀处于最大开口位置。在速度换接开始的一瞬间会有大量油液通过该开口，使工作部件突然前冲。因此，该回路不宜用于工作过程中的速度换接，而适用于预先有速度换接的场合。

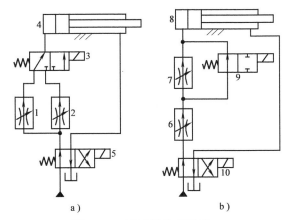

图 15-37　调速阀换接回路

a）两个调速阀并联的速度换接回路

b）两个调速阀串联的速度换接回路

1、2、6、7—调速阀　3、5、9、10—电磁换向阀

4、8—液压缸

在图 15-37b 所示的工作位置，因调速阀7被阀9短接，输入液压缸8的流量由调速阀6控制。当阀9处于右工位时，由于人为调节使通过调速阀7的流量比调速阀6小，所以输入液压缸8的流量由调速阀7控制。在这种回路中，由于调速阀6一直处于工作状态，该阀在速度换接时限制了进入调速阀7的流量，因此速度换接平稳性较好。但由于油液经过两个调速阀，故回路的能量损失较大。

在液压驱动的行走机械中，根据路况往往需要两档速度，在平地行驶时为高速，上坡时输出转矩增加，转速降低。采用两个液压马达串联或并联的方式可以达到上述目的。图 15-38a 所示为液压马达并联回路，两液压马达1、2（一般为同轴双排柱塞式液压马达）的主轴刚性地连接在一起，手动换向阀3处于左位

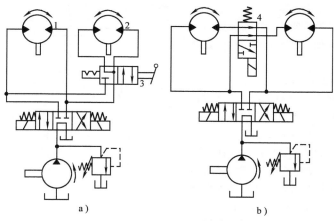

图 15-38　液压马达双速换接回路

a）液压马达并联回路　b）液压马达串、并联回路

1、2—液压马达　3—手动换向阀　4—电磁换向阀

时，压力油只驱动马达 1，马达 2 空转；手动换向阀 3 处于右位时，马达 1 和 2 并联。若两马达排量相等，则并联时进入每个马达的流量减少一半，转速相应降低一半，而转矩增加一倍。手动换向阀 3 用于实现马达速度的切换，不管阀处于何种工位，回路的输出功率均相同。图 15-38b 所示为液压马达串、并联回路，它利用二位四通阀 4 使两马达串联或并联来实现快慢速切换。二位四通阀 4 上位接入回路时，两马达并联；下位接入回路时，两马达串联。串联时为高速，并联时为低速，输出转矩相应增加。串联和并联时，回路的输出功率相同。

三、方向控制回路

方向控制回路用来控制液压系统各油路中液流的接通、切断或变向，从而使各元件按需要相应地实现起动、停止或换向等一系列动作。这类控制回路有换向回路、锁紧回路等。

1. 换向回路

换向回路主要用来变换执行机构的运动方向，一般要求换向时具有良好的平稳性和灵敏性。换向回路可采用换向阀等实现换向，在闭式系统中，可用双向变量泵或双向变量马达控制油液的方向和流量来实现执行机构的换向和调速，如图 15-2 所示。

图 15-39 所示为压力控制式连续换向回路。在图示位置，液压泵 1 输出的压力油经液动换向阀 4 的上位进入液压缸 2 的左腔，活塞右行，右腔排出的低压油经液动换向阀 4 回油箱。在右行程末端，液压缸左腔压力升高，顺序阀 5 开启，由于其出口压力油被液控单向阀 7 封堵而作用于液动换向阀 4 的下端，并使液控单向阀 8 开启，由此，液动换向阀 4 换向并切换至下位，液压缸 2 右腔进油，左腔回油，做反向运动。在反向行程末端顺序阀 6 开启，压力油作用于液动换向阀 4 的上腔，同时液控单向阀 7 开启，液动换向阀 4 换向并处于图示位置。如此循环，实现液压缸的连续换向运动。该回路只适合在执行元件的终端换向。由于它通过顺序阀直接控制液动换向阀，比用压力继电器控制电磁换向阀更为精确和可靠；同时，顺序阀还能起到安全保护的作用。

图 15-40 和图 15-41 所示是用于驱动磨床工作台运动的两种回路。磨床工作台换向时要求能迅速无冲击地制动，换向位置

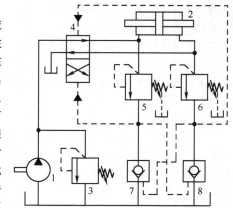

图 15-39　压力控制式连续换向回路

1—液压泵　2—液压缸　3—溢流阀

4—液动换向阀　5、6—顺序阀

7、8—液控单向阀

准确，起动快速平稳。采用普通换向阀不能达到这些要求，需采用特殊设计的液压操纵箱。液压操纵箱由机动控制的先导阀、液动换向阀和单向节流阀等元件组成，按控制方式分为时间控制和行程控制两类。

图 15-40 所示为时间控制制动的连续换向回路。回路中的主油路只受换向阀 1 控制，图示位置活塞向左运动。换向时，向左运动的活塞上的挡块带动拨杆使先导阀 2 由左向右移动，控制压力油换向，通过先导阀 2 和单向阀 3 进入换向阀 1 的左端，换向阀右端的油液经节流阀 6 和先导阀 2 流回油箱，换向阀阀芯向右移动。当阀芯移动到中间位置时，压力油与液压缸两腔和油箱互通，活塞运动失去推动力而迅速减慢；然后，阀芯上的锥面关死进入液压缸右腔的通道，活塞停止运动，并打开压力油进入液压缸左腔的通道，主油

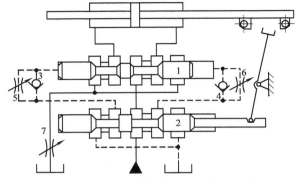

图 15-40　时间控制制动的连续换向回路
1—换向阀　2—先导阀
3、4—单向阀　5、6、7—节流阀

路换向，活塞向右运动。调节回油路上的节流阀 7，即可调节液压缸往复运动的速度。换向阀两端节流阀 5、6 开口大小调定后，换向阀芯从端点位置到阀芯关闭液压缸油路所需的时间（即活塞制动的时间）就确定不变，这种制动方式称为时间控制制动。时间控制制动的连续换向回路通过换向阀中间位置 H 型滑阀机能、制动锥和调节控制换向阀芯移动的节流阀开口可以有效地控制换向冲击。但从挡块推拨杆到换向阀换向，活塞反向起步这段时间内还要冲出一段距离，冲出量受运动部件的速度、惯性和其他一些因素的影响，换向精度不高，只适用于平面磨床的液压系统。

图 15-41 所示为行程控制制动的连续换向回路。它与时间控制制动的连续换向回路的主要区别在于主油路除受换向阀 1 控制外，回油还要通过先导阀 2，受先导阀 2 的控制。先导阀中间部分做了两个制动锥，当行程挡块带动拨杆使先导阀 2 由一端向另一端移动时，其制动锥逐渐关小主回油通道，活塞预先减速，当回油通道关得很小（轴向开口量尚留有 0.2~0.5mm）时，控制油路才开始变换，推动换向阀 1 换向，活塞停止运动，并随即反向起动。由此可见，不论运动部件原来的速度大小，换向时先导阀总是要先移动一段固定行程，将工作部件预先减至差不多相同的低速后，再由换向阀使其换向，从而使换向精度提高，这种制动方式称为行程控制制动。

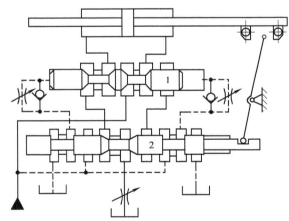

图 15-41　行程控制制动的连续换向回路
1—换向阀　2—先导阀

2. 锁紧回路

锁紧回路可使执行机构在任意位置停止，并可防止其停止后窜动。三位换向阀的中位 O 型或 M 型等滑阀机能，可以使执行机构在行程范围内任意位置停止，但由于滑阀的泄漏，保持其停止位置不动的性能（锁紧精度）不高。为了提高对执行元件的锁紧精度，常采用泄漏极小的座阀结构的液控单向阀作为锁紧元件。

图 15-26 所示为采用一个液控单向阀实现立式液压缸单向锁紧的回路。图 15-42 所示为采用双液控单向阀（液压锁）使卧式液压缸双向锁紧的回路。当电磁换向阀 1 处于中位时，在双液控单向阀 2 的作用下，液压缸 3 中的活塞可以在行程的任何位置锁紧，左右均不能窜动。平衡阀锁紧的回路在图 15-25 中已经提及，为保证锁紧可靠，必须注意平衡阀开启压力的调整，在有外控式平衡阀的回路中，还应注意采用换向机能合适的换向阀。

以上所述的锁紧回路都无法解决因执行元件内泄漏而影响锁紧的问题，特别是在用液压马达作为执行元件的场合。若要求实现完全可靠的锁紧，则可采用制动器。

一般制动器都采用弹簧上闸制动、液压松闸的结构。制动器液压缸与工作油路相通，当系统有压力油时，制动器松开；当系统无压力油时，制动器在弹簧力作用下上闸锁紧。制动器液压缸与主油路的连接方式有三种，如图 15-43 所示。图 15-43a 中，制动器液压缸 4 为单作用缸，它与起升液压马达 3 的进油路相连接。采用这种连接方式时，起升回路必须放在串联油路的最末端，即起升马达的回油直接回油箱。若将该回路置于其他回路之前，则当其他回路工作而起升回路不工作时，起升马达的制动器也会被打开，因而容易发生事故。制动器回路中的单向节流阀的作用：制动时快速，松闸时滞后。这样可防止开始起升负载时出现因松闸过快而造成负载先下滑然后再上升的现象。

图 15-43b 中，制动器 6 为双作用液压缸，其两腔分别与起升马达 7 的进出油路相连接。这种连接方式使起升马达在串联油路中的布置位置不受限制，因为只有在起升马达工作时制动器才会松闸。

图 15-43c 中，制动器液压缸 8 通过梭阀 10 与起升马达 9 的进出油路相连接。当起升马达工作时，不论是负载起升或下降，压力油均会经梭阀与制动器缸相通，使制动器松闸。为使起升马达不工作时制动器液压缸的油与油箱相通而使制动器上闸，回路中的换向阀 11 必须选用 H 型机能的阀。显然，这种回路也必须置于串联油路的最末端。

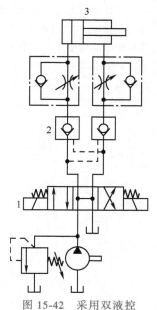

图 15-42　采用双液控
单向阀的锁紧回路
1—电磁换向阀　2—双液
控单向阀　3—液压缸

299

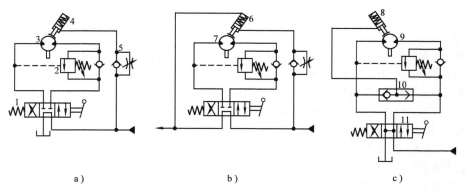

a)　　　　　　　　　　b)　　　　　　　　　　c)

图 15-43　采用制动器的锁紧回路

a）单作用制动器液压缸　b）双作用制动器液压缸　c）通过梭阀与制动器液压缸相连接

1、11—手动换向阀　2—平衡阀　3、7、9—液压马达　4、6、8—制动器液压缸　5—单向节流阀　10—梭阀

四、其他控制回路

在液压系统中如果有多个执行元件，这些执行元件会因压力和流量的彼此影响而在动作上相互牵制，因此，必须采用一些特殊的回路才能实现预定的动作要求。常见的这类回路有顺序动作回路、同步回路、互不干扰回路和多路换向阀控制回路等。此外，某些液压系统为实现特定的功能，在执行元件未工作时要求其处于浮动状态，系统必须采用浮动回路；对于闭式系统来说，为了使其正常工作，必须采取补油和冷却措施。

1. 顺序动作回路

顺序动作回路的功能是使液压系统中的各个执行元件严格地按规定的顺序动作。按控制方式不同，顺序动作回路可分为行程控制、压力控制和时间控制三类。

图 15-44 所示是利用液压系统工作过程中的压力变化来使执行元件先后动作的顺序动作回路。图15-44a 所示是采用顺序阀的顺序动作回路。当手动换向阀左位接入回路时，液压缸 1 活塞向右运动，完成动作①

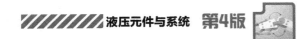

后，回路中压力升高到顺序阀 3 的设定压力，顺序阀 3 开启，压力油进入液压缸 2 的无杆腔，再完成动作②。退回时，换向阀右位接入回路，先后完成动作③和④。图 15-44b 所示是用压力继电器控制的顺序动作回路。回路中用压力继电器发出信号控制电磁换向阀实现顺序动作。当电磁铁 1YA 通电时，液压缸 6 活塞前进到右端终点后，回路压力升高，压力继电器 1K 动作，使电磁铁 3YA 通电，液压缸 7 活塞前进；返回时使 1YA、3YA 断电，4YA 通电，液压缸 7 活塞先退到左端终点，回路中压力升高，压力继电器 2K 动作，使 2YA 通电，液压缸 6 活塞退回，完成图示的 ①—②—③—④ 顺序动作。

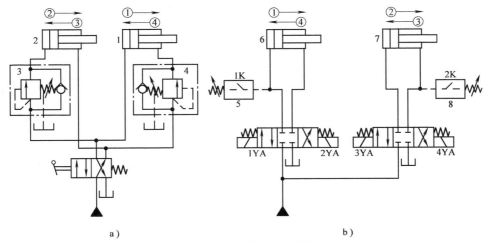

图 15-44 压力控制的顺序动作回路

a）采用顺序阀的顺序动作回路 b）采用压力继电器的顺序动作回路

1、2、6、7—液压缸 3、4—单向顺序阀 5、8—压力继电器

压力控制的顺序动作回路中，顺序阀或压力继电器的设定压力必须大于前一动作液压缸的最高工作压力，一般高出 0.8~1MPa，否则会出现上一动作尚未终止，后一动作的液压缸可能因管路中的压力冲击或波动而先动的现象，甚至会造成设备故障和人身事故。在多液压缸顺序动作中，有时无法在系统最高工作压力范围内安排开各液压缸压力顺序的调定压力。所以，对顺序要求严格或超过三个液压缸的顺序回路，宜采用行程控制方式来实现。

图 15-45 所示是用行程阀或电气行程开关来控制两缸顺序动作的回路。图 15-45a 中，电磁换向阀 3 通电后，液压缸 1 活塞先向右运动，当活塞杆上的挡块压下行程阀 4 后，液压缸 2 活塞才向右运动；电磁阀 3 断电，液压缸 1 活塞先退回，其挡块离开行程阀 4 后，液压缸 2 活塞退回，完成 ①—②—③—④ 的顺序动作。

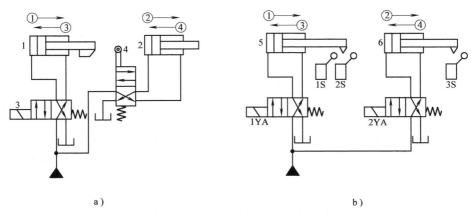

图 15-45 行程控制的顺序动作回路

a）采用行程阀的顺序动作回路 b）采用电气行程开关的顺序动作回路

1、2、5、6—液压缸 3—电磁换向阀 4—行程阀

图 15-45b 中，当电磁铁 1YA 通电时，液压缸 5 活塞先向右运动，当活塞杆上的挡块触动行程开关 2S，使电磁铁 2YA 通电，液压缸 6 活塞向右运动直至触动 3S，使 1YA 断电，液压缸 5 活塞向左退回，而后触动 1S，使 2YA 断电，液压缸 6 活塞退回，完成①—②—③—④ 全部顺序动作，活塞均退回到左端。采用电气行程开关控制电磁阀的顺序回路，调整挡块的位置可调整液压缸的行程，通过改变电气线路可改变动作顺序，而且利用电气互锁性能可使顺序动作可靠，故在液压系统中应用广泛。

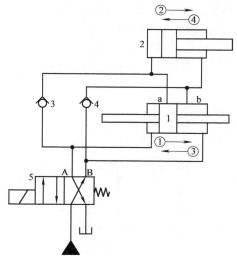

图 15-46 所示是采用顺序缸行程控制的顺序动作回路。顺序缸 1 除了两端开进、出油口外，还在中间开了 a 和 b 两油口，活塞在缸内运动时对 a、b 两油口起开闭作用。顺序缸 1 和液压缸 2 并联接到换向阀 5 的 A、B 两油口，液压缸 2 两侧油路中串入单向阀 3 和 4，只允许液压缸 2 排出的油通过，而进入液压缸 2 的压力油必须通过顺序缸的 a、b 两油口。因此，液压缸 2 活塞必须在顺序缸 1 活塞向右运动打开油口 a 之后才能向右运动，而且必须在顺序缸 1 活塞向左退回打开油口 b 之后才能向左退回。回路结构简单，但动作顺序和行程位置一经

图 15-46　顺序缸行程控制的顺序动作回路
1—顺序缸　2—液压缸　3、4—单向阀
5—电磁换向阀

确定就不能变动。此外，由于在顺序缸 1 中间开油口，活塞不宜采用密封圈密封，故该回路只适用于低压系统。

2. 同步回路

同步回路是实现多个执行元件以相同位移或相等速度运动的回路。某些设备因负载力大或布局的关系，需要多个执行元件同时驱动一个工作部件，同步运动就显得特别突出。同步回路分为速度同步回路和位置同步回路。速度同步是指各执行元件的运动速度相等，而位置同步是指各元件在运动中或停止时都保持相同的位移量。衡量同步运动的指标是同步精度，以其位置的绝对误差 Δ 或相对误差 δ 来表示。以两个同步的液压缸为例，若两液压缸运动到端点时行程分别为 S_A 和 S_B，则其绝对误差为

$$\Delta = |S_A - S_B| \tag{15-1}$$

相对误差为

$$\delta = \frac{2|S_A - S_B|}{S_A + S_B} \times 100\% \tag{15-2}$$

各液压缸负载不均匀、摩擦阻力不等、泄漏量不同、结构弹性变形以及空气的混入等因素，都会对其同步精度产生影响。

图 15-47 所示是通过齿轮齿条机构来保证两活塞杆位置同步的同步回路。该回路结构简单，工作可靠，同步精度取决于机构的刚性。如果两缸负载差别较大，则会因偏载导致活塞和活塞杆卡死的现象。

图 15-48 所示为并联调速阀的同步回路。图中两个工作面积相同的液压缸 5 和 6 的油路并联，分别调节调速阀 1 和 3，可使活塞外伸的速度相同。这种同步方法比较简单，但因两个调速阀的性能不可能完全一致，同时还受到载荷变化和泄漏的影响，致使其同步精度不高。

图 15-49 所示为带补偿措施的串联液压缸同步回路。该回路中，液压缸 1 有杆腔 A 的有效面积与液压缸 2 无杆腔 B 的有效面积相等，因而从 A 腔排出的油液进入 B 腔后，两液压缸便同步下降。回路中的补偿措施使同步误差在每一次下行运动中都能得到消除，以避免误差的积累。其补偿原理为当三位四通换向阀 6 处于右位时，两液压缸活塞同时下行，若液压缸 1 的活塞先运动到底，它就触动行程开关 a 使阀 5 的电磁铁 3YA 通电，阀 5

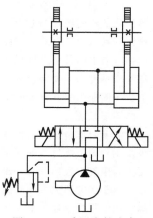

图 15-47　采用齿轮齿条实现位置同步的同步回路

处在右位，压力油经阀5和液控单向阀3向液压缸2的B腔补油，推动活塞继续运动到底，误差即被消除。若液压缸2先运动到底，则触动行程开关b使阀4的电磁铁4YA通电，阀4处于上位，控制压力油使液控单向阀反向通道打开，使液压缸1的A腔通过液控单向阀回油，其活塞即可继续运动到底。这种串联式同步回路只适用于负载较小的液压系统。

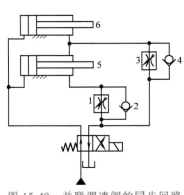

图15-48　并联调速阀的同步回路

1、3—调速阀　2、4—单向阀　5、6—液压缸

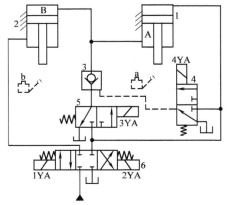

图15-49　带补偿措施的串联液压缸同步回路

1、2—液压缸　3—液控单向阀　4、5、6—电磁换向阀

利用分流集流阀能实现执行元件的速度同步。采用这种同步回路的液压系统结构简单，成本低，纠偏能力强，同步精度为1%~3%。

图15-50所示为采用分流集流阀的同步回路。当液压缸4和5中的活塞上升时，分流集流阀2和3均起分流作用，活塞下降时则起集流作用，即使两液压缸承受不同负载，仍能以近似相等的流量分流或集流，以实现两台液压缸的速度同步。图中采用两个并联的分流集流阀，是为了满足两台液压缸流量的需要。

图15-51a所示为采用同步缸的同步回路。同步缸1中A、B两腔的有效面积相等，当两液压缸2、3的有效面积也相等时，缸2、3可实现同步运动。这种同步回路的同步精度取决于液压缸和同步缸的加工精度和密封性，一般可达到1%~2%。由于同步缸一般不宜做得过大，因此这种回路仅适用于小流量的场合。

图15-51b所示为采用同步液压马达的同步回路。两台轴刚性连接、等排量的双向液压马达9、10在回路中作为流量分配装置，把等量的油液分别输入两个有效工作面积相同的液压缸12、13中，使两液压缸同步运动。图中与马达并联的节流阀8、11用于修正同步误差。影响这种回

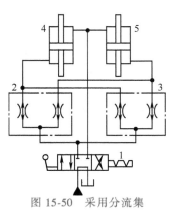

图15-50　采用分流集流阀的同步回路

1—电磁换向阀

2、3—分流集流阀

4、5—液压缸

路同步精度的主要因素有：同步马达由于制造上的误差而引起的排量差别，由于作用于液压缸活塞上的负载不同而引起其泄漏的不同以及摩擦阻力不相等。图15-51b所示回路是容积式的，常用于重载、大功率的同步系统。

对于同步精度要求较高的场合，可以采用由比例阀或电液伺服阀组成的同步回路。图15-52a所示是采用比例阀控制进油的同步回路。比例方向阀4根据位置传感器1和2的反馈信号，连续地控制阀口开度。当出现位置偏差时，比例放大器3求得一控制信号，调整比例阀的开口，使其朝减小偏差的方向变化，直至偏差消失。该回路为一位置闭环控制系统，控制精度主要取决于位置传感器的检测精度与比例阀的响应特性。理论上该回路没有累积误差，液压缸的上行速度可以通过节流阀5来调节，而比例阀4则会自动跟踪适应。

图15-52b所示为容积控制双向调速、双向同步的比例同步回路。比例元件采用比例排量变量泵，速度

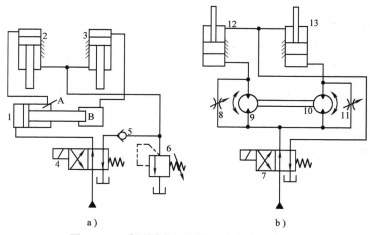

图 15-51 采用同步缸和同步马达的同步回路

a) 采用同步缸的同步回路 b) 采用同步马达的同步回路

1—同步缸 2、3、12、13—液压缸 4、7—电磁换向阀 5—单向阀 6—溢流阀 8、11—节流阀 9、10—同步马达

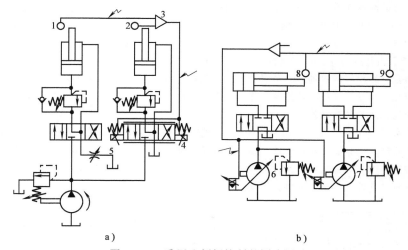

图 15-52 采用比例阀控制的同步回路

a) 采用比例阀的同步回路 b) 采用比例变量泵的同步回路

1、2、8、9—位置传感器 3—比例放大器 4—比例方向阀 5—节流阀 6、7—比例排量变量泵

控制采用电气遥控设定，位置互相跟随。由图可见，两个执行元件的供油液压系统完全独立，因而适用于两液压缸相距较远且要求同步精度高的场合。由于是容积控制，无节流损失，故该回路适用于大功率系统和高速同步系统。

3. 互不干扰回路

多执行元件互不干扰回路的作用是防止液压系统中的多个执行元件因速度不同而在动作上相互干扰。

图 15-53 所示为采用叠加阀的互不干扰回路。该回路采用双泵供油，其中泵 II 为低压大流量泵，其供油压力由溢流阀 1 调定，泵 I 为高压小流量泵，其工作压力由溢流阀 5 调定，泵 II 和泵 I 分别接叠加阀的 P 口和 P_1 口。当电磁换向阀 4 和 8 左位接入时，液压缸 9 和 10 快速向左运动，此时远控式顺序节流阀 3 和 7 由于控制压力较低而关闭，因而泵 I 的压力油经溢流阀 5 回油箱。当其中一个液压缸，如缸 9 先完成快进动作时，该液压缸的无杆腔压力升高，顺序节流阀 3 的阀口被打开，高压小流量泵 I 的压力油经阀 3 中的节流口进入液压缸 9 的无杆腔，高压油同时使阀 II 中的单向阀关闭，缸 9 的运动速度由阀 3 中节流口的开

度所决定（节流口大小按工进速度进行调整）。此时，缸10仍由泵Ⅱ供油进行快进，两缸动作互不干扰。此后，当缸9率先完成工进动作时，阀4的右位接入，泵Ⅱ中的油液使缸9退回。若阀4和阀8电磁铁均断电，则液压缸停止运动。由此可见，该回路中顺序节流阀的开启取决于液压缸工作腔的压力。这种回路被广泛应用于组合机床的液压系统中。

4. 多路换向阀控制回路

多路换向阀主要用于起重运输机械、工程机械及其他行走机械中多个执行元件的运动方向和速度的集中控制。其操纵方式多为手动操纵，当工作压力较高时，则采用减压阀先导操纵。按多路换向阀的连接方式可分为串联、并联、串并联三种基本回路。

图15-54a所示为串联回路，该回路中多路换向阀内第一联滑阀的回油为下一联的进油，依次下去直到最后一联滑阀。串联回路的特点是工作时可以实现两个以上执行元件的复合动作，这时泵的工作压力等于同时工作的执行元件负载压力的总和。但当外负载较大时，串联的执行元件很难实现复合动作。

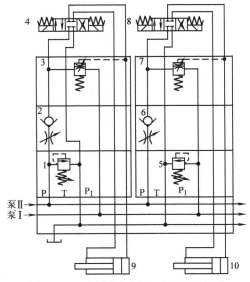

图 15-53　采用叠加阀的互不干扰回路

1、5—溢流阀　2、6—单向阀
3、7—远控式顺序节流阀
4、8—电磁换向阀　9、10—液压缸

图15-54b所示为并联回路，从多路换向阀进油口来的压力油可直接通到各联滑阀的进油腔，各联滑阀的回油腔又都直接与总回油路相连。并联回路的多路换向阀既可控制执行元件单动，又可实现复合动作。复合动作时，若各执行元件的负载相差很大，则负载小的先动，此时复合动作成为顺序动作。

图15-54c所示为串并联回路，按串并联回路连接的多路换向阀中每一联滑阀的进油腔都与前一联滑阀的中位回油通道相通，每一联滑阀的回油腔则直接与总回油口相连，即各滑阀的进油腔串联、回油腔并联。当一个执行元件工作时，后面的执行元件的进油道被切断。因此，多路换向阀中只能有一个滑阀工作，即各滑阀之间具有互锁功能，各执行元件只能实现单动。

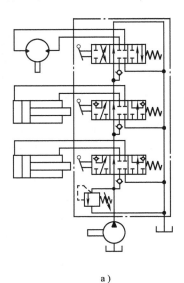

a)

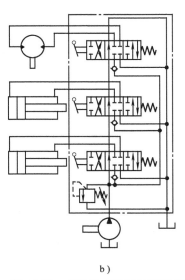

b)

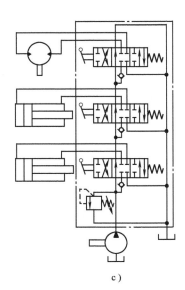

c)

图 15-54　多路换向阀的控制回路

a）串联回路　b）并联回路　c）串并联回路

当多路换向阀的联数较多时，常采用上述三种回路连接形式的组合，称为复合回路连接。无论多路换向阀采用何种连接方式，在各个执行元件都处于停止位置时，液压泵可通过各联滑阀的中位自动卸载，而当任一执行元件要求工作时，液压泵又立即恢复供油。

图 15-55 所示为采用压力补偿变量泵的多路换向阀控制回路。图中各液压缸的回油经换向阀的油口 T 流至压力补偿变量泵的吸油口，变量泵输出的压力油也有一部分经差压阀 1、节流阀 8 流回吸油口。此时在阀 8 产生的压力作用下，使变量泵输出的流量减少，其输出流量为液压缸所需流量和少量经过阀 8 的控制流量之和。当所有换向阀都处于中位时，阀 1 的遥控口经阀 2、阀 5 和阀 6 及换向阀通至泵的吸油口，液压泵输出的油全部流经阀 8，因此泵的压力升高，但输出的流量减少（通过阀 8 的流量），泵处于卸荷状态。阀 7 为溢流阀，用来排出过渡期间内过多的流量。梭阀 5 和 6 使任一液压缸动作时，泵的输出压力都能自动达到该液压缸所需的压力值，但必须小于溢流阀 4 的调节压力。由于回路中采用了阀 5 和 6，因此阀 3 必须始终关闭。图 15-55 所示回路中泵的输出功率与负载功率基本相等，因此功率损失小效率高。

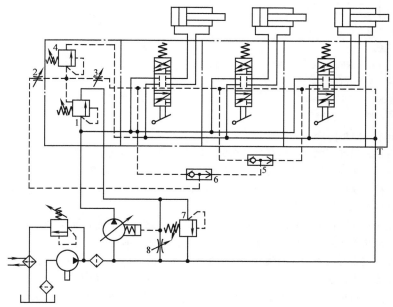

图 15-55　采用压力补偿变量泵的多路换向阀控制回路

1—差压阀　2、3、8—节流阀　4、7—溢流阀　5、6—梭阀

5. 浮动回路

浮动回路能使执行机构的进出油口连通，或者同时接通油箱，使其处于无约束的浮动状态。当执行元件驱动负载运动而急速制动时，为了避免大的液压冲击，可采用 H 型换向阀，使执行元件浮动，然后再用制动器制动。

图 15-56 所示是采用二位四通换向阀使液压马达浮动的回路。当二位四通手动换向阀 2 处于右位时，液压马达 4 进出油口相通，自成循环，外载荷只需克服液压马达空载旋转的阻力即可使其快速回转。液压马达如有泄漏，可通过单向阀 3 或 5 补油，避免管路中产生真空。此方法较简单，但有时会因重物太轻而达不到快速下降的目的。

图 15-57 所示为内曲线液压马达自身实现浮动的回路。壳转式内曲线低速马达 2 的壳体内如充入压力油，可将所有柱塞压入缸体内，使滚轮脱离轨道，外壳就不受约束而成为自由轮。浮动时，先通过阀 1 使主油路卸荷，再通过阀 3 从泄漏油口向液压马达壳体内充入低压油，迫使柱塞缩入液压马达的缸体内。

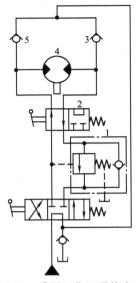

图 15-56　采用二位四通换向阀使
液压马达浮动的回路
1—平衡阀　2—手动换向阀
3、5—单向阀　4—液压马达

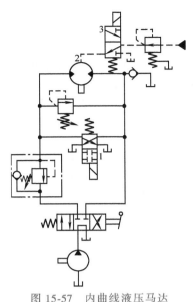

图 15-57　内曲线液压马达
自身实现浮动的回路
1、3—电磁换向阀　2—内曲线低速马达

6. 闭式回路的补油和冷却

闭式回路中为了补充液压泵和液压马达的泄漏，防止因供油不足而引起吸空以及补偿泵和马达瞬时排量的不均，必须设置低压补油泵，补油压力一般调至 0.8～1.5MPa。补油泵还可用来更换主回路中的油液，使系统强制冷却。补油泵的流量可根据系统的容积效率和对冷却的要求进行选择，一般取主油泵流量的 20%～30%，冷却要求较高时可取 40%。

图 15-58 所示为采用补油泵对闭式回路进行强制冷却的回路。为了使补油泵输出的油液全部进入主回路，补油泵的低压溢流阀 4 的调整压力应高出主回路回油溢流阀 3 的调整压力约 0.2MPa。马达工作时，马达两侧管路的压差将三位三通液动换向阀（梭阀）2 推至低压侧，马达工作后发热的回油经换向阀 2、溢流阀 3 和冷却器回油箱，进行强制冷却，使整个回路的油温保持在允许的温度范围内。当打开并联在主回路中的节流阀 5 时，主回路短接，马达处于浮动状态。调节节流阀的开度，可调节马达浮动时在外负载作用下的转速。

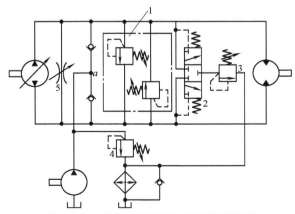

图 15-58　采用补油泵的补油和冷却回路
1—缓冲阀组　2—换向阀　3—溢流阀　4—低压溢流阀　5—节流阀

另一种冷却方式是冷却泵和马达的壳体。图 15-59 所示为冷却泵和马达壳体的补油和冷却回路。补油泵通过 a 点向闭式回路补油，并通过溢流阀后单向阀的 b 点向泵和马达壳体输送低压油（小于或等于0.06MPa），输入壳体的低压油与泵和马达内的泄漏油混合在一起，从泄漏油管流回油箱。本回路可以通过输入壳体的低压油来冷却旋转零件摩擦副，冲洗磨损下来的金属粒子，提高元件的使用寿命，但主油

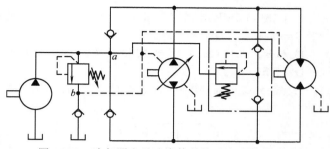

图 15-59　冷却泵和马达壳体的补油和冷却回路

路的工作油液仍需强制冷却（图中未示出）。由于胶质轴封的限制，输入壳体油液的压力一般不允许超过0.06MPa，如需要高的压力，应选用带机械密封的泵和马达。

思考题和习题

15-1　试用一个先导型溢流阀、两个远程调压阀和若干个换向阀（形式不限）组成一个四级调压且能卸荷的回路。画出回路图并简述其工作原理。

15-2　分析图 15-60 所示液压回路中各阀的作用。图中液动换向阀 3 接通时最低控制压力为 13MPa，系统压力能稳定在多大的压力上？

15-3　在图 15-61 所示的夹紧回路中，溢流阀调整压力为 6MPa，减压阀调整压力为 3MPa。试分析：

（1）夹紧缸在未夹紧工件前做空载运动时，A、B、C 三点压力各为多少？

（2）夹紧缸夹紧工件后，液压泵的出口压力为 6MPa 时，A、B、C 三点压力各为多少？

（3）夹紧缸夹紧工件后，系统中其他执行元件快进动作，使液压泵的出口压力降至 1.5MPa 时，A、B、C 三点压力各为多少？

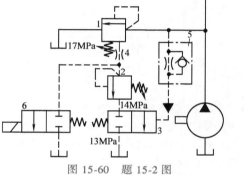

图 15-60　题 15-2 图

1—溢流阀　2—远程调压阀　3—液动换向阀
4—固定节流口　5—单向节流阀　6—电磁换向阀

15-4　图 15-62 所示为采用液压马达的增压回路。液压马达 1 和 2 的轴刚性地连接在一起，液压马达 1 的排油口接液压缸的无杆腔，液压马达 2 的排油口接油箱。液压泵的压力和流量分别为 p_p 和 q_p，液压马达 1 和 2 的排量分别为 V_1 和 V_2。若不计管路中的压力损失及液压泵和液压马达的泄漏，试证明液压马达 1 排油口的输出压力为 $p_1 = p_p(1 + V_2/V_1)$，输出流量为 $q_1 = q_p/(1 + V_2/V_1)$。

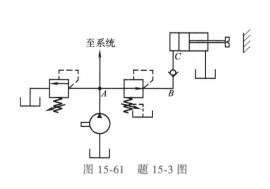

图 15-61　题 15-3 图

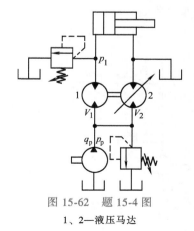

图 15-62　题 15-4 图

1、2—液压马达

15-5 图 15-63 所示的平衡回路中，若重物在左右 45°角度范围内摆动，重物重 $G = 3.14 \times 10^4 \text{N}$，液压缸内径 $D = 100\text{mm}$，活塞杆直径 $d = 0.6D$，杠杆比 $l_1 : l_2 = 1 : 2$。

1）试分析图 15-63a 中两个节流阀的作用，并计算外控平衡阀和溢流阀的调整压力以及液压缸可能产生的最高背压。

2）图 15-63b 中将远控平衡阀改成直控平衡阀，其余条件不变，平衡阀和溢流阀调整压力为多大？

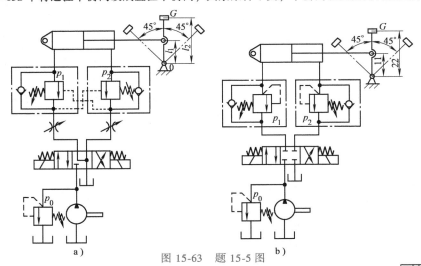

图 15-63 题 15-5 图

15-6 试用两个调速阀组成"快进—工进（1）—工进（2）—工进（3）—快退—停止"动作循环的多级调速回路。画出液压回路图，并说明工作原理。

15-7 列出图 15-64 所示回路的活塞快速前进—慢速工作进给—快速后退—停止的电磁铁动作表，说明回路工作原理。若要求快进和快退的速度相等，则液压缸和活塞杆的直径比为多少？

15-8 如图 15-65 所示的液压回路，原设计要求是夹紧缸 1 把工件夹紧后，进给缸 2 才能动作，并且要求夹紧缸 1 的速度能够调节。实际试车后发现该方案达不到预想目的，试分析其原因并提出改进的方法。

15-9 如图 15-66 所示的串联液压缸增力回路，试车后发现该回路不能正常工作，请将回路改进为能正常工作的回路。如果大缸内径 $D_1 = 100\text{mm}$，小缸内径 $D_2 = 50\text{mm}$，活塞杆直径 $d = 35\text{mm}$，液压源的最大工作压力为 5MPa，流量为 25L/min。试计算活塞向右快进、工进以及向左回程时的速度，最大压紧力和快进时能克服的最大阻力。

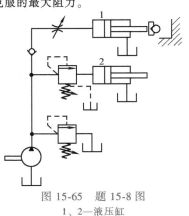

图 15-65 题 15-8 图
1、2—液压缸

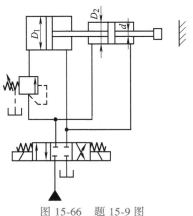

图 15-64 题 15-7 图

图 15-66 题 15-9 图

第十六章

液压传动系统的性能分析

一个完善的液压传动系统，除了能完成设计所要求的各项规定动作、满足输出力和速度要求之外，还要满足系统的刚度、速度调节范围和效率，稳定工作等性能要求，为此，要对液压传动系统的性能进行分析。液压传动系统的性能分静态特性和动态特性。在静态特性中，需要分析系统的负载特性、速度调节特性和调速范围，以及功率特性和效率等；在动态特性中，则需分析液压传动系统受外力干扰后能否稳定工作，并确定其输出参数对稳态值的偏差等。本章首先分析液压传动系统中的节流调速、容积调速及压力、流量和功率适应回路的性能，然后对蓄能器回路的特性以及液压传动系统的振动、噪声和爬行问题进行分析。

第一节　节流调速回路性能分析

节流调速回路是由定量泵、流量阀、溢流阀和执行元件等组成的调速回路。该回路通过调节流量阀以改变进入或流出执行元件的流量来达到调速的目的。这种调速回路具有结构简单、工作可靠、成本低、使用维护方便、调速范围大等优点。但由于其能量损失大、效率低、发热大，故该回路通常用于使用功率不大的设备中。

按流量阀在回路中的安装位置不同，节流调速回路可分为进油节流调速回路、回油节流调速回路和旁路节流调速回路三种形式。

一、节流调速回路的静态特性

（一）采用节流阀的节流调速回路的静态特性

1. 采用节流阀的进油节流调速回路

图 16-1 所示为采用节流阀的进油节流调速回路。图中节流阀装在液压缸的进油路上，定量泵和溢流阀构成恒压能源，液压泵的出口压力 p_p 为常数。改变进入液压缸内的流量 q_1，可调节液压缸活塞的运动速度 v。如不考虑液压缸的摩擦阻力、泄漏和油液的压缩性，则当活塞稳定运动时，其受力平衡方程式为

$$p_1 A_1 - p_2 A_2 = F \tag{16-1}$$

式中　A_1、A_2——液压缸无杆腔、有杆腔的有效作用面积；

　　　p_1、p_2——液压缸进油腔、回油腔压力；

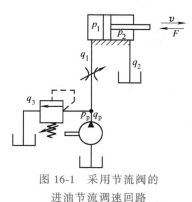

图 16-1　采用节流阀的
进油节流调速回路

F——液压缸的输出力，即外负载。

当不计管路压力损失时，$p_2=0$，由式（16-1）可得

$$p_1=\frac{F}{A_1} \qquad (16\text{-}2)$$

由式（16-2）可知，液压缸无杆腔的工作压力 p_1 取决于外负载 F，故 p_1 也称为负载压力。

节流阀两端的压差为

$$\Delta p=p_p-p_1=p_p-\frac{F}{A_1} \qquad (16\text{-}3)$$

通常取 $\Delta p=0.2\sim0.3\text{MPa}$。液压泵的工作压力 p_p 由溢流阀设定，设定值必须按最大负载压力加上节流阀上的压差来确定。

通过节流阀进入液压缸的流量 q_1 为

$$q_1=C_dA_T\sqrt{\frac{2}{\rho}(p_p-p_1)} \qquad (16\text{-}4)$$

式中　C_d——流量系数，近似为常数；

$\quad A_T$——节流阀的通流面积；

$\quad \rho$——油液的密度。

令 $K=C_d\sqrt{\frac{2}{\rho}}$，则液压缸的运动速度为

$$v=\frac{q_1}{A_1}=\frac{KA_T}{A_1}\sqrt{p_p-\frac{F}{A_1}} \qquad (16\text{-}5)$$

式（16-5）即为进油节流调速回路的负载特性，该特性表示了液压缸工作速度 v 在通流面积 A_T 为常数时随负载力 F 的变化规律，如图 16-2 所示。从图中可见，当节流阀的通流面积 A_T 调定为某一值，如 A_{T1} 时，液压缸工作速度 v 随着负载力 F 的增加而减小；在相同负载力 F' 下，对于不同的节流阀开度，液压缸有不同的工作速度。

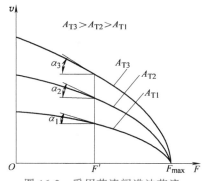

图 16-2　采用节流阀进油节流调速回路的负载特性

当负载力 $F=0$ 时，式（16-5）可写成

$$v_0=\frac{KA_T}{A_1}\sqrt{p_p} \qquad (16\text{-}6)$$

式（16-6）中的 v_0 称为空载速度。当 F 增大到 $F_{max}=p_pA_1$ 时，$v=0$，活塞停止运动。这是因为节流阀两端压差为 0，此时无论节流阀的通流面积 A_T 为何值，流过节流阀口的流量均为零，活塞运动速度也为零。由图 16-2 可知，不同值的负载特性曲线族交于 F_{max} 点，F_{max} 为液压缸所能产生的最大推力，即最大承载能力。

通常用速度刚度 T_v 来表示负载变化时回路阻抗速度变化的能力，将其定义为负载特性曲线上某一点斜率的负倒数。即

$$T_v=-\frac{1}{\tan\alpha}=-\frac{1}{\partial v/\partial F} \qquad (16\text{-}7)$$

将式（16-5）对 F 取偏导数并代入式（16-7）可得

$$T_v=-\frac{\partial F}{\partial v}=\frac{2A_1^2}{KA_T}\sqrt{p_p-\frac{F}{A_1}} \qquad (16\text{-}8)$$

将式（16-5）代入式（16-8），得

$$T_v=\frac{2(p_pA_1-F)}{v} \qquad (16\text{-}9)$$

由式（16-8）或式（16-9）可知：

1）当 A_T 为常数时，F 越小，T_v 越大。

2）当 F 为常数时，A_T 越小，即速度 v 越低，T_v 越大。

3）增大 p_p 和 A_1 都可以提高刚度。

由此可见，进油节流调速回路在低速轻载的情况下可以获得较大的刚度。

当保持负载力 F 不变时，液压缸工作速度 v 随节流阀的通流面积 A_T 的变化特性称为速度特性。由式（16-5）可知，当保持 F 不变且维持 p_p 不变时，v 与 A_T 成正比，如图 16-3 所示。在不同的负载下，都可以通过改变 A_T 来使液压缸的速度 v 在零到最大值范围内变化，从而实现无级调速。但节流阀有其最低的稳定流量 q_{min}，故其调速范围为

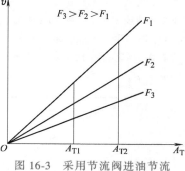

图 16-3　采用节流阀进油节流调速回路的速度特性

$$i = \frac{v_{max}}{v_{min}} = \frac{q_p/A_1}{q_{min}/A_1} = \frac{q_p}{q_{min}} \qquad (16\text{-}10)$$

采用节流阀的进油节流调速回路的速度特性可用速度放大系数 K_v 来描述，K_v 表示改变节流阀单位通流面积所引起的速度变化的大小。由式（16-5）可求出进油节流调速回路的速度放大系数为

$$K_v = \frac{\partial v}{\partial A_T} = \frac{K}{A_1} \sqrt{p_p - \frac{F}{A_1}} \qquad (16\text{-}11)$$

在讨论用节流阀进油节流调速回路的功率特性时，假设回路中液压泵和液压缸的效率均为 1，则节流阀和溢流阀除流过阀口的流量外无漏损。以下分两种情况进行分析：

（1）变负载工况　液压泵的输出功率为

$$P = p_p q_p \qquad (16\text{-}12)$$

式中　q_p——液压泵的输出流量。

对于定量泵来说，液压泵的输出功率 P 为常数，与负载力 F 的变化无关。液压泵的输出功率 P 可表示为

$$P = P_o + \Delta P_1 + \Delta P_2 \qquad (16\text{-}13)$$

式中　P_o——液压缸的输出功率，$P_o = Fv = p_1 q_1$；

ΔP_1——溢流阀上的功率损失，$\Delta P_1 = p_p(q_p - q_1)$；

ΔP_2——节流阀上的功率损失，$\Delta P_2 = \Delta p q_1$。

节流阀的输入功率 P_j 为

$$P_j = p_p q_1 = P_o + \Delta P_2 \qquad (16\text{-}14)$$

由式（16-4）可得

$$P_o = p_1 q_1 = p_1 K A_T \sqrt{p_p - p_1} \qquad (16\text{-}15)$$

由式（16-15）可知，液压缸的输出功率 P_o 随负载压力 p_1 的变化而变化，如图 16-4 所示。图中曲线 1 为液压泵的功率特性曲线，曲线 2 为液压缸的功率特性曲线，曲线 3 和曲线 4 为节流阀在不同通流面积 A_T 时的输入功率特性曲线。

当 $F = 0$，即 $p_1 = 0$ 时，节流阀某一通流面积 A_T 所对应的通过节流阀的流量称为空载流量 q_0。由式（16-4）可知，$q_0 = K A_T \sqrt{p_p}$。在图 16-4 中的坐标原点，$p_1 = 0$ 处，液压缸的负载为零，该点的功率值为零；当 $p_1 = p_p$ 时，由于 $q_1 = 0$，故其功率也为零，因此曲线 2 有极值。对式（16-15）求导可知，当 $p_1 = 2p_p/3$ 时，功率 P_o 有极大值。将 $p_1 = 2p_p/3$ 代入式（16-15），可得液压缸的最大输出功率为

$$P_{o\,max} = \frac{2}{3} p_p K A_T \sqrt{\frac{1}{3} p_p} = 0.385 p_p q_0 \qquad (16\text{-}16)$$

此时，所对应的最高效率为

$$\eta_{max} = \frac{P_{o\,max}}{P} = \frac{0.385 p_p q_0}{p_p q_p} = 0.385 \frac{q_0}{q_p} \qquad (16\text{-}17)$$

由于 $q_0 \leqslant q_p$，所以变负载工况时，进油节流调速回路的效率总是小于 0.385，其值较低。

311

图 16-4 中的曲线 1 和曲线 3 之间纵坐标之差为采用节流阀节流调速回路中溢流阀上的功率损失 ΔP_1，曲线 3 和曲线 2 之间纵坐标之差为节流阀上的功率损失 ΔP_2。

（2）恒负载工况　当负载力 F 为常数时，图 16-1 中液压泵、液压缸的输出功率，溢流阀、节流阀上的功率损失以及节流阀的输入功率仍按式（16-12）～式（16-15）计算，其功率特性如图 16-5 所示。图中水平线 1 为液压泵的输出功率 P；液压缸的输出功率 P_o、节流阀的输入功率 P_j 均与 q_1 成正比，如图 16-5 中曲线 2 和曲线 3 所示。图 16-1 中通过溢流阀的流量为 $q_p - q_1$，溢流阀上损失的功率 ΔP_1 在 $q_1 = 0$ 时最大，在 $q_1 = q_p$ 时为零，其数值即为曲线 1 和曲线 3 纵坐标的差值；而流过节流阀的流量为 q_1，在节流阀上损失的功率 $\Delta P_2 = \Delta p q_1$ 正比于 q_1，其值为图 16-5 中曲线 3 和曲线 2 纵坐标的差值。

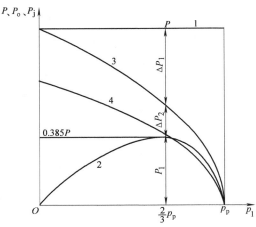

图 16-4　变负载工况下的功率特性

1—液压泵的功率特性曲线　2—液压缸的功率特性曲线
3、4—节流阀在不同的通流面积 A_T 时的输入功率特性曲线

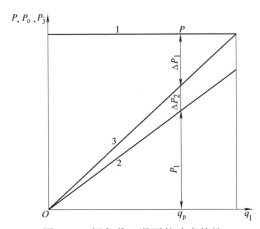

图 16-5　恒负载工况下的功率特性

1—液压泵的功率特性曲线　2—液压缸的功率特性曲线
3—节流阀的输入功率特性曲线

恒负载工况下节流调速回路的效率为

$$\eta = \frac{p_1 q_1}{p_p q_p} \tag{16-18}$$

因为 p_p、q_p、p_1 均为常数，此时回路效率 η 与 q_1 成正比。当负载压力较大、$\Delta p_1 \ll p_1$，且 $q_1 = q_p$ 时，回路的效率为

$$\eta = \frac{p_1}{p_p} = \frac{p_1}{p_1 + \Delta p} = \frac{1}{1 + \dfrac{\Delta p}{p_1}} \approx 1$$

由此可见，恒负载工况下回路的效率通常比变负载工况下回路的效率要高。

2. 采用节流阀的回油节流调速回路

图 16-6 所示为采用节流阀的回油节流调速回路。图中定量泵和溢流阀构成恒压能源，液压泵出口压力 p_p 为常数。液压泵输出的压力油进入液压缸无杆腔（$p_1 = p_p$），克服负载和液压缸有杆腔的背压，使活塞杆伸出。节流阀装在液压缸的回油路上，改变节流阀的开度 A_T 可以改变活塞的运动速度 v。活塞稳定运动时，其受力平衡方程式为

$$p_p A_1 = F + p_2 A_2 \tag{16-19}$$

通过节流阀的流量方程为

$$q_2 = K A_T \sqrt{p_2} \tag{16-20}$$

由式（16-19）、式（16-20）可求出活塞的运动速度为

$$v = \frac{q_2}{A_2} = \frac{KA_T}{A_2}\sqrt{\left(p_p - \frac{F}{A_1}\right)\left(\frac{A_1}{A_2}\right)} \qquad (16\text{-}21)$$

由式（16-21）可求出调速回路的速度刚度为

$$T_v = \varphi^{\frac{3}{2}}\frac{2A_1^2}{KA_T}\sqrt{p_p - \frac{F}{A_1}} = \frac{2(p_p A_1 - F)}{v} \qquad (16\text{-}22)$$

式中　φ——液压缸无杆腔与有杆腔的面积比，即 $\varphi = \dfrac{A_1}{A_2}$。

出口节流调速回路的调速范围为

$$i = \frac{v_{max}}{v_{min}} = \frac{q_p/A_1}{q_{min}/A_2} = \frac{1}{\varphi}\frac{q_p}{q_{min}} \qquad (16\text{-}23)$$

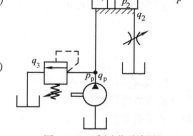

图 16-6　采用节流阀的
回油节流调速回路

比较进油、回油节流调速回路的性能可知，回油节流调速回路的速度特性、负载特性和功率特性与进油节流调速回路无明显差别。对于回油节流调速回路，液压缸的运动速度 v 与节流阀的调节流量 q_2 和有杆腔的面积 A_2 有关；如采用参数相同的节流阀，则回油节流调速回路的调速范围略小；如输入、输出参数（p_p、q_p、F、v）相同，则进油、回油节流调速回路的速度刚度也相同。但某些性能还是会有所不同，其区别如下：

（1）承受负值负载的能力　负值负载是指负载力 F 的方向与执行元件运动方向相同的负载。回油节流调速回路因节流阀位于液压缸的回油路上，能在液压缸有杆腔形成背压，因而能起到承受负值负载的作用，阻止工作部件前冲。进油节流调速回路则不具有这种能力。

（2）运动平稳性　在回油节流调速回路中，液压缸有杆腔内形成的背压能有效地防止空气渗入，使液压缸在低速运动时不易爬行，对活塞振动起到阻尼作用，运动平稳性好。进油节流调速回路在不加背压阀时不具备这种长处。

（3）油液发热对泄漏的影响　油液流过节流阀阀口时有压力损失，该压力损失必然要转换成热量使油液温度升高。节流阀在进油路上时，黏度降低的热油液直接进入系统，使液压缸和其他元件的泄漏增加。若节流阀放在回油路上，热油液则直接排回油箱，经过充分散热和冷却后再进入系统，对系统泄漏影响较小。

（4）回油腔压力对液压缸强度及密封的影响　回油节流调速回路中回油腔压力较高，特别是在轻载或负载突然消失时，回油腔压力 p_2 可达进油腔压力 p_1 的 φ 倍，这对液压缸回油腔和回油管路的强度及密封性提出了更高的要求。

3. 采用节流阀的旁路节流调速回路

图 16-7 所示为采用节流阀的旁路节流调速回路。图中节流阀装在液压缸进油管的旁路上，定量泵输出的流量 q_p 中，一部分流量 q_3 通过节流阀流回油箱，余下的一部分流量 q_1 进入液压缸，使活塞向右运动。调节节流阀的通流面积 A_T，既调节了流回油箱的流量 q_3，同时也就调节了进入液压缸的流量 q_1。图中溢流阀用作安全阀，其调定压力一般为最大负载压力的 1.1~1.2 倍。液压泵的工作压力 p_p（$p_p = p_1$）取决于负载力 F，随负载力 F 的变化而变化。

在分析液压缸活塞的运动速度时应考虑液压泵泄漏量 Δq_p 的影响，Δq_p 值随负载压力的增加而增加。因此，液压缸活塞运动速度的表达式为

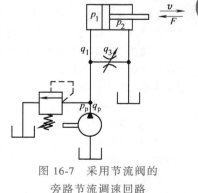

图 16-7　采用节流阀的
旁路节流调速回路

$$v = \frac{q_1}{A_1} = \frac{q_{pt} - \Delta q_p - q_3}{A_1} = \frac{q_{pt} - \lambda_p \dfrac{F}{A_1} - KA_T\sqrt{\dfrac{F}{A_1}}}{A_1} \qquad (16\text{-}24)$$

式中　q_{pt}——液压泵的理论流量；

　　　λ_p——液压泵的泄漏系数。

其他符号意义同前。

旁路节流调速回路的速度刚度为

$$T_v = -\frac{\partial F}{\partial v} = \frac{A_1^2}{\lambda_p + \frac{1}{2}KA_T\left(\frac{F}{A_1}\right)^{-\frac{1}{2}}} = \frac{2A_1 F}{\lambda_p\left(\frac{F}{A_1}\right) + q_{pt} - A_1 v} \qquad (16\text{-}25)$$

根据式（16-24）选取不同的节流阀通流面积 A_T，可作出一组负载特性曲线，如图 16-8 所示。这一组负载特性曲线交于 a 点，a 点的速度为空载速度 v_0，$v_0 = q_p/A_1$。当节流阀的通流面积 A_T 一定时，负载增加，节流阀上压差增加，速度下降。负载越大，回路的速度刚度越大；相同负载时，节流阀开度越小，速度刚度越大；另外，液压泵的泄漏也影响旁路节流调速回路的速度刚度。

当负载 F 增加到最大负载 $F_{max} = A_1 p_r$（p_r 为溢流阀设定压力），节流阀的通流面积 A_T 达到某一值（如 A_{T0}）时，液压泵的输出流量 q_p 全部通过节流阀流回油箱，活塞运动速度为零，此时节流阀的通流面积称为临界通流面积 A_{T0}，即

$$A_{T0} = \frac{q_p}{K\sqrt{\dfrac{F_{max}}{A_1}}} \qquad (16\text{-}26)$$

此时回路的最大承载力为

$$F_{max} = A_1 \frac{q_p}{KA_{T0}} \qquad (16\text{-}27)$$

从图 16-8 中可知，在 $A_T \leqslant A_{T0}$ 时，回路能正常工作，其最大承载力为 F_{max}；而当 $A_T > A_{T0}$ 后，回路的最大承载力小于 F_{max}，并随 A_T 的增加成平方倍地下降。受 A_{T0} 的限制，旁路节流调速回路的调速范围较进油、回油节流调速回路的调速范围要小。

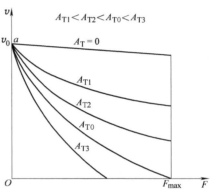

图 16-8　采用节流阀的旁路节流
调速回路的负载特性曲线

旁路节流调速回路中液压泵的输出功率为

$$P = p_1 q_p$$

液压缸的输出功率

$$P_o = p_1 q_1 = p_1\left(q_p - KA_T\sqrt{p_1}\right) \qquad (16\text{-}28)$$

回路的效率为

$$\eta = \frac{P_o}{P} = \frac{p_1 q_1}{p_1 q_p} = \frac{q_1}{q_p} \qquad (16\text{-}29)$$

图 16-9 所示为变负载工况下旁路节流调速回路的功率特性。图中斜线 OA 表示液压泵的输出功率 P，它正比于负载压力 p_1；不同的节流阀开度 A_T 对应不同的液压缸输出功率 P_o 曲线。当 $A_T < A_{T0}$ 时，系统效率较高；而当 $A_T > A_{T0}$ 时，系统效率显著降低。从旁路节流调速回路的性能看，由于无溢流阀的功率损失，系统压力随负载而变，系统效率比进油、回油节流调速回路高，尤其是在节流阀开度较小、负载较大时，效率较高，而且这时刚度也大。而在低速、轻载的场合，效率和刚度都较低，而且低速时承载能力降低，调速范围小，不宜采用。

（二）采用调速阀的节流调速回路的静态特性

1. 采用调速阀的进油节流调速回路

图 16-10 所示为采用调速阀的进油节流调速回路。液压泵输出流量为 q_p，q_1 是通过调速阀进入液压缸的流量，q_3 是从溢流阀溢流回油箱的流量，p_p 为液压泵的工作压力，其值等于常数。

通过调速阀的流量为

$$q_1 = KA_T\sqrt{\Delta p_2} \qquad (16\text{-}30)$$

式中　Δp_2——调速阀中节流阀两端的压差，$\Delta p_2 = p_0 - p_1$；

　　　p_0——调速阀中节流阀的入口压力。

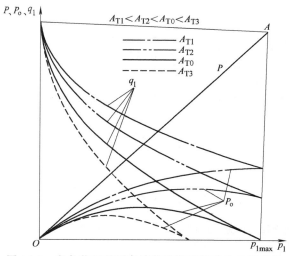

图 16-9 变负载工况下旁路节流调速回路的功率特性

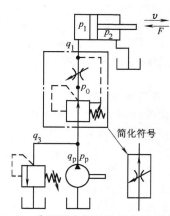

图 16-10 采用调速阀的进油节流调速回路

由调速阀工作原理可知，若不计作用于定差减压阀阀芯上的摩擦力、液动力及重力，则定差减压阀阀芯上的受力平衡方程式为

$$(p_0-p_1)A_0 = F_s$$

由上式可得

$$\Delta p_2 = p_0 - p_1 = \frac{F_s}{A_0} \qquad (16\text{-}31)$$

式中 A_0——定差减压阀阀芯的有效作用面积；

F_s——定差减压阀阀芯上的弹簧力。

液压缸工作速度为

$$v_1 = \frac{q_1}{A_1} = \frac{KA_T}{A_1}\sqrt{\frac{F_s}{A_0}} \qquad (16\text{-}32)$$

由于定差减压阀中的弹簧刚度较小，而且调速阀在工作中，定差减压阀因补偿负载变化而引起阀芯的位移量也较小，因而可认为调速阀在工作中其弹簧力 F_s 为常数，压差 $\Delta p_2 = \dfrac{F_s}{A_0}$ 也为常数，一般取节流阀口压差 $\Delta p_2 = 0.2 \sim 0.3\text{MPa}$。

由式（16-32）可知，只要调速阀口开度即节流阀口的通流面积 A_T 为常数，则无论负载如何变化，v_1 都不变化而为常数。由此可知，采用调速阀的进油节流调速回路的速度刚度为无穷大（不考虑回路泄漏等因素的影响）。即

$$T_v = -\frac{\partial F}{\partial v} = \infty \qquad (16\text{-}33)$$

液压缸的输入功率为

$$P_o = p_1 q_1 = P - \Delta P_1 - \Delta P_2 - \Delta P_3 \qquad (16\text{-}34)$$

式中 P（$=p_p q_p$）——定量泵的输出功率，在供油压力 p_p 一定时为常数；

ΔP_1（$=p_p q_3$）——溢流阀的功率损失，当 A_T 调定后为常数；

ΔP_2（$=\Delta p_1 q_1$）——定差减压阀阀口的节流功率损失，随 p_1 增加而减小；

ΔP_3（$=\Delta p_2 q_1$）——节流阀阀口的节流功率损失，当 A_T 调定后为常数。

由以上分析可知，当调速阀在某一开度时，图 16-10 所示回路的功率特性曲线如图 16-11 所示。其中 p_1' 为调速阀在正常工作时所需最小压差下的最大负载压力。

回路效率为

$$\eta = \frac{p_1 q_1}{p_p q_p} \qquad (16\text{-}35)$$

315

由式（16-35）可知，负载压力越高、负载流量（速度）越大，回路效率越高。其特性曲线与 P_o 的形状一样。

采用调速阀的进油节流调速回路主要适用于变负载工况，因而以上只分析了变负载工况下该回路的功率和效率。对于负载恒定的工况，不宜采用调速阀的节流调速回路，而应采用节流阀的节流调速回路，因为在相同条件下，前者要比后者多一项功率损失 ΔP_2。

2. 采用调速阀的回油节流调速回路

根据图 16-12 所示的采用调速阀的回油节流调速回路，可写出回路中液压缸的运动速度为

$$v_0 = \frac{q_2}{A_2} = \frac{KA_T}{A_2}\sqrt{\frac{F_s}{A_0}} \tag{16-36}$$

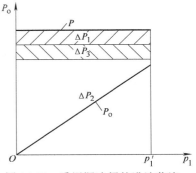

图 16-11 采用调速阀的进油节流调速回路功率特性曲线

由式（16-36）可知，采用调速阀的回油节流调速回路的速度刚度 $T_v = \infty$，其功率特性与采用调速阀的进油节流调速回路的功率特性相类似，这里不再赘述。

3. 采用调速阀的旁路节流调速回路

根据图 16-13 所示的采用调速阀的旁路节流调速回路，可写出该回路中液压缸活塞的运动速度表达式为

$$v = \frac{q_{pt}}{A_1} - \lambda_p \frac{F}{A_1^2} - \frac{KA_T}{A_1}\left(\sqrt{\frac{F_s}{A_0}}\right) \tag{16-37}$$

其速度刚度为

$$T_v = -\frac{\partial F}{\partial v} = \frac{A_1^2}{\lambda_p} \tag{16-38}$$

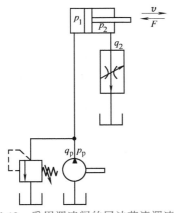

图 16-12 采用调速阀的回油节流调速回路

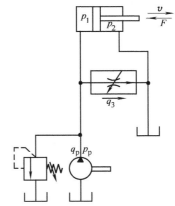

图 16-13 采用调速阀的旁路节流调速回路

由式（16-38）可知，采用调速阀的旁路节流调速回路的速度刚度随 A_1 的增大、λ_p 的减小而增大，当认为 λ_p 为常数时，T_v 也为常数。与采用节流阀的旁路节流调速回路相比，不仅速度刚度大大提高了，而且最大承载能力也得到了提高。图 16-14 中曲线 1 和 2 分别为采用调速阀和节流阀的旁路节流调速回路的负载特性。

采用调速阀的旁路节流调速回路中液压缸的输入功率为

$$P_o = p_1 q_1 = p_1(q_p - q_3) = p_1 q_p - p_1 KA_T \sqrt{\frac{F_s}{A_0}} = P - \Delta P_4 \tag{16-39}$$

式中　ΔP_4——调速阀的功率损失。

由式（16-39）可知，定量泵的输出功率 P 正比于负载压力 p_1；当 A_T 调定后，调速阀的功率损失 ΔP_4 和液压缸输出功率 P_o 也正比于负载压力 p_1，其功率特性曲线如图 16-15 所示。

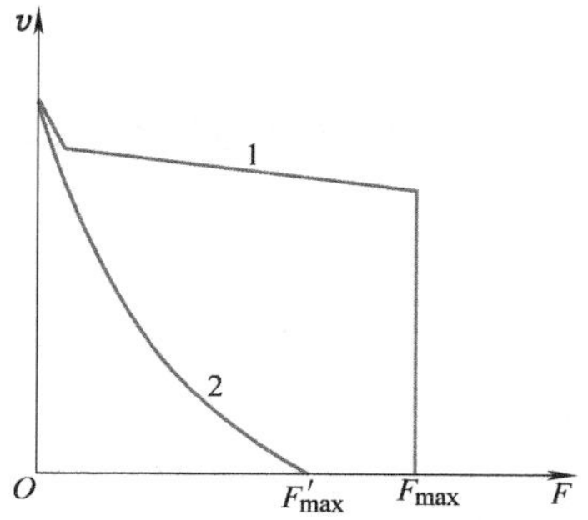

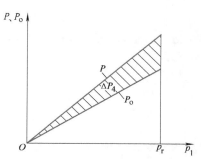

图 16-14　采用调速阀与节流阀的旁路节流
调速回路负载特性比较

1—采用调速阀的旁路节流调速回路的负载特性
2—采用节流阀的旁路节流调速回路的负载特性

图 16-15　采用调速阀的旁路节流
调速回路的功率特性曲线

回路效率为

$$\eta = \frac{P_o}{P} = 1 - \frac{K_0 A_T \sqrt{\dfrac{F_s}{A_0}}}{q_p} \qquad (16\text{-}40)$$

由式（16-40）可知，用调速阀旁路节流调速回路的效率随负载速度的增减而线性增减。

二、节流调速回路的动态特性

节流调速回路的动态特性完全是由该回路及其所驱动负载的动态方程决定的。节流调速回路有多种类型，以下仅以采用节流阀的进油节流调速回路为例分析其动态特性，该回路的动态分析简图如图 16-16 所示。

1. 数学模型

由图 16-16 可写出负载、活塞及活塞杆的受力平衡方程式为

$$p_1 A_1 = m \frac{\mathrm{d}v}{\mathrm{d}t} + Bv + F \qquad (16\text{-}41)$$

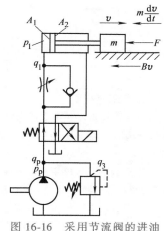

图 16-16　采用节流阀的进油
节流调速回路动态分析简图

式中　m——运动部件的质量（包括负载、活塞及活塞杆的质量）；

　　　B——黏性摩擦阻尼系数。

对式（16-41）取增量并进行拉氏变换，把输出量放在等式左边，其他量放在等式右边得

$$\Delta v = (\Delta p_1 A_1 - \Delta F)/(ms + B) \qquad (16\text{-}42)$$

由系统高压容腔的流量连续性方程可得

$$q_1 = vA_1 + \frac{V}{E} \frac{\mathrm{d}p_1}{\mathrm{d}t} + K_1 p_1 \qquad (16\text{-}43)$$

式（16-43）中，q_1 为进入液压缸的流量；等式右边依次为液压缸活塞运动所需油液的流量、节流阀与液压缸之间高压容腔中油液的压缩性流量以及液压缸的泄漏量。V、E 及 K_1 分别为系统高压容腔的容积、油液体积弹性模量及液压缸的泄漏系数。

对式（16-43）取增量，并进行拉氏变换得

$$\Delta p_1 = \frac{1}{\dfrac{V}{E}s + K_1}(\Delta q_1 - \Delta v A_1) \qquad (16\text{-}44)$$

通过节流阀的流量为 $q_1 = KA_T\sqrt{p_p - p_1}$，式中节流阀的通流面积 A_T 及液压缸的工作压力 p_1 为变量，故该式为非线性方程，需对其进行线性化。为此用台劳级数展开，并取前三项得

317

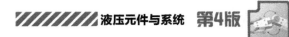
$$q_1 = q_{10} + \frac{\partial q_1}{\partial A_T}|_0 \Delta A_T + \frac{\partial q_1}{\partial p_1}|_0 \Delta p_1 \qquad (16\text{-}45)$$

等式右边 q_{10} 为稳态流量,其余两项为稳态点附近的变化部分,其中节流孔的流量增益 K_q 及压力流量系数 K_p 分别为

$$K_q = \frac{\partial q_1}{\partial A_T}|_0 = K\sqrt{p_p - p_{10}}$$

$$K_p = -\frac{\partial q_1}{\partial p_1}|_0 = \frac{1}{2}KA_T\sqrt{p_p - p_{10}}$$

将 K_q、K_p 代入式(16-45)可得

$$\Delta q_1 = q_1 - q_{10} = K_q \Delta A_T - K_p \Delta p_1 \qquad (16\text{-}46)$$

根据式(16-42)、式(16-44)和式(16-46)可画出采用节流阀的进油节流调速回路框图,如图16-17所示。

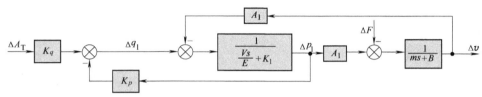

图 16-17　采用节流阀的进油节流调速回路框图

2. 动态分析

(1)惯性负载与油液压缩性引起的振荡特性　假定节流阀的开度不变,即 $\Delta A_T = 0$,并忽略阻尼及液压缸的泄漏,即 $B = 0$,$K_1 = 0$,则图16-17可简化为图16-18。

以下分析图16-18所示系统在阶跃负载 $F(t)$ 作用下,液压缸无杆腔的油压 p_1 及活塞运动速度 v 的响应。

1)$F(t)$ 作用下 p_1 的响应。由图16-18可得外负载的增量 ΔF(干扰)对 p_1 增量的传递函数为

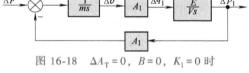

图 16-18　$\Delta A_T = 0$,$B = 0$,$K_1 = 0$ 时回路的简化框图

$$\frac{\Delta p_1(s)}{\Delta F(s)} = \frac{\dfrac{A_1}{ms}\dfrac{E}{Vs}}{1 + \dfrac{A_1^2 E}{mVs^2}} = \frac{\dfrac{1}{A_1}}{\dfrac{mV}{A_1^2 E}s^2 + 1} = \frac{\dfrac{1}{A_1}}{\dfrac{s^2}{\omega_n^2} + 1} \qquad (16\text{-}47)$$

其特征方程为 $\dfrac{s^2}{\omega_n^2} + 1 = 0$。由于无阻尼,显然是一等幅振荡,其固有频率为 $\omega_n = \sqrt{\dfrac{A_1^2 E}{mV}}$,当负载按阶跃规律变化时,由式(16-47)可得

$$\Delta p_1(s) = \frac{F}{A_1}\frac{\omega_n^2}{s^2 + \omega_n^2}\frac{1}{s}$$

经拉氏反变换可得图16-18在阶跃负载的作用下,液压缸工作压力 p_1 的响应为

$$p_1(t) = p_1(0) + \frac{F}{A_1} - \frac{F}{A_1}\cos(\omega_n t) \qquad (16\text{-}48)$$

式中 $p_1(0)$ 为初值,等式右边前两项为 p_1 的稳态值,第三项为 p_1 的变化量。由式(16-48)可得图16-19a所示的阶跃响应曲线。

2)$F(t)$ 作用下 v 的响应。将式(16-48)对时间 t 求导后代入式(16-43),并忽略泄漏可得

$$\Delta v(t) = v - v_0 = -\frac{VF\omega_n}{A_1^2 E}\sin(\omega_n t) \qquad (16\text{-}49)$$

由此可得阶跃响应曲线如图 16-19b 所示。

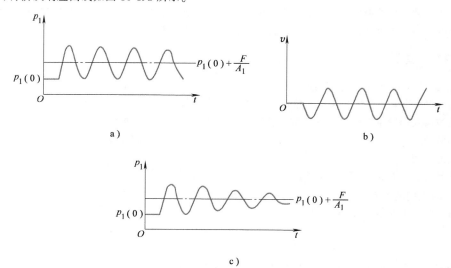

图 16-19 阶跃响应曲线

a) $F(t)$ 作用下 p_1 的响应曲线　b) $F(t)$ 作用下 v 的响应曲线

c) 计入 K_1、B 后 $F(t)$ 作用下 p_1 的响应曲线

（2）液压缸泄漏及阻尼的影响　如果节流阀的开度不变，即 $\Delta A_T = 0$，而且液压缸的泄漏系数 K_1、阻尼系数 B 都不为零。则图 16-17 可简化为图 16-20，其闭环传递函数为

$$\frac{\Delta p_1(s)}{\Delta F(s)} = \frac{\dfrac{A_1}{(ms+B)\left(\dfrac{V}{E}s+K_1+K_p\right)}}{1+A_1^2 \dfrac{1}{(ms+B)\left[\dfrac{Vs}{E}+K_1+K_p\right]}}$$

当 $B(K_p+K_1)/A_1^2$ 趋于零时，上式可简化为

$$\frac{\Delta p_1(s)}{\Delta F(s)} = \frac{\dfrac{1}{A_1}}{\dfrac{s^2}{\omega_n^2}+\dfrac{2\xi s}{\omega_n}+1} \tag{16-50}$$

式（16-50）中系统的振荡频率 ω_n 及阻尼系数 ξ 分别为

$$\omega_n = \sqrt{\frac{EA_1^2}{mV}}$$

$$\xi = \frac{\omega_n}{2A_1^2}\left(mK_1+mK_p+\frac{BV}{E}\right)$$

由此可见，增大 K_1、K_p 及 B 能使 ξ 增大，促使系统振荡衰减。由式（16-50）可绘出图 16-20 所示框图的阶跃响应曲线，如图 16-19c 所示。

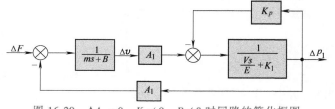

图 16-20　$\Delta A_T = 0$，$K_1 \neq 0$，$B \neq 0$ 时回路的简化框图

319

第二节　容积调速回路性能分析

容积调速回路是通过改变液压泵或液压马达的排量来调节执行元件运动速度的回路。该回路中液压泵

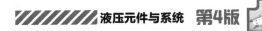

输出的流量与负载流量相适应，没有溢流损失和节流损失，回路的效率高，发热少，并且有较好的静、动态特性，常用于大功率的液压传动系统。容积调速回路按所采用液压泵和液压马达的结构及组合形式的不同，可分为变量泵—定量马达、定量泵—变量马达以及变量泵—变量马达三种类型。

一、容积调速回路的静态特性

（一）变量泵—定量马达调速回路

图 16-21 所示为单向变量泵与单向定量马达组成的容积调速回路，通过改变图中单向变量泵 3 的排量，即可调节单向定量马达 5 的转速。

1. 转速特性

回路的转速特性是指液压马达转速 n_m 的稳态值与变量泵的调节参数 x_p 之间的关系。以 V_{pmax} 表示变量泵排量 V_p 的最大值，则变量泵的调节参数 x_p 可表示为

$$x_p = \frac{V_p}{V_{pmax}} \qquad 0 \leqslant x_p \leqslant 1$$

对于液压泵的输出流量 q_p 而言，在空载（泵进出口压差 $\Delta p_p = 0$）且无泄漏的理想工况下，可认为液压泵的容积效率 $\eta_{pV} = 1$；然而在实际工况下，$\Delta p_p \neq 0$，$\eta_{pV} < 1$。当 x_p 在某一个较小的取值范围 Δx_p（死区）时，由于液压泵自身的泄漏，没有多余流量输出，此时，$\eta_{pV} = 0$；当 $x_p > \Delta x_p$ 时，才有 $\eta_{pV} > 0$，且认为其是某个小于 1 的常数。因此，变量泵的输出流量可表示为

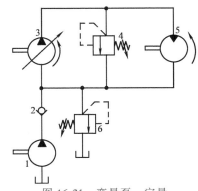

图 16-21　变量泵—定量
马达调速回路

1—补油泵　2—单向阀　3—单向变量泵
4—溢流阀　5—单向定量马达　6—低压溢流阀

$$q_p = \begin{cases} V_{pmax} n_p x_p & \eta_{pV} = 1 \\ 0 & \eta_{pV} = 0 \\ V_{pmax} n_p (x_p - \Delta x_p) \eta_{pV} & \eta_{pV} = C < 1 \end{cases} \qquad (16\text{-}51)$$

式中　n_p——变量泵的转速，一般为常数。

式（16-51）为变量泵的调节特性方程，其特性曲线如图 16-22 所示。

液压马达的转速 n_m 为

$$n_m = \frac{q_m \eta_{mV}}{V_m} = \frac{q_p \eta_{lV} \eta_{mV}}{V_m} \qquad (16\text{-}52)$$

式中　q_m——液压马达的输入流量；

$\quad\quad \eta_{mV}$——液压马达的容积效率；

$\quad\quad V_m$——液压马达的排量；

$\quad\quad \eta_{lV}$——管路的容积效率。

将式（16-51）代入式（16-52）可得

$$n_m = \begin{cases} K_{n1} x_p \eta_{lV} \eta_{mV} & \eta_{pV} = 1 \\ 0 & \eta_{pV} = 0 \\ K_{n1} (x_p - \Delta x_p) \eta_V & \eta_{pV} = C < 1 \end{cases} \qquad (16\text{-}53)$$

式中　η_V——回路的容积效率，$\eta_V = \eta_{pV} \eta_{lV} \eta_{mV}$；

$\quad\quad K_{n1}$——常量，$K_{n1} = \dfrac{n_p V_{pmax}}{V_m}$。

式（16-53）为回路的转速特性方程，其特性曲线如图 16-23 所示。

2. 转矩和功率特性

回路的转矩和功率特性是指液压马达的输出转矩 M_m 以及输出功率 P_m 与变量泵的调节参数 x_p 之间的关系。

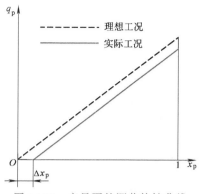

图 16-22　变量泵的调节特性曲线

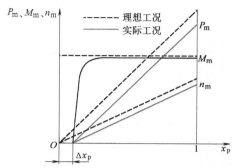

图 16-23　变量泵—定量马达调速回路的特性曲线

液压马达输出转矩的一般表达式为

$$M_{\text{m}} = V_{\text{m}} \Delta p_{\text{m}} \eta_{\text{mm}} = K_{\text{m1}} \Delta p_{\text{m}} \tag{16-54}$$

式中　Δp_{m}——液压马达进出口压差；

　　　η_{mm}——液压马达的机械效率；

　　　K_{m1}——常量，$K_{\text{m1}} = V_{\text{m}} \eta_{\text{mm}}$。

由转矩特性方程式（16-54）可知，液压马达的输出转矩与变量泵的调节参数 x_{p} 无关。当 Δp_{m} 不变时，马达输出的转矩恒定，所以这种调速回路称为恒转矩调节调速回路，其转矩特性曲线如图 16-23 所示。同样，由于存在泄漏、机械摩擦损失，当 x_{p} 小到一定值时，M_{m} 也等于零而存在一个死区。所以，实际输出转矩特性曲线如图 16-23 中实线所示。

根据负载特性不同，通常有下列两种工况：

（1）负载转矩 M 恒定　为了简明地表达液压马达的输出功率，以下仅考虑上述死区以外的实际工况。由式（16-53）、式（16-54）可得液压马达的输出功率 P_{m} 为

$$\begin{aligned} P_{\text{m}} = M_{\text{m}} n_{\text{m}} &= K_{\text{m1}} \Delta p_{\text{m}} K_{\text{n1}} \eta_V (x_{\text{p}} - \Delta x_{\text{p}}) \\ &= K_{N1} \eta_V (x_{\text{p}} - \Delta x_{\text{p}}) \end{aligned} \tag{16-55}$$

式中　K_{N1}——常量，$K_{N1} = K_{\text{n1}} \Delta p_{\text{m}} K_{\text{m1}}$。

当认为 η_V 不变时，液压马达的输出功率 P_{m} 随调节参数 x_{p} 的增减而呈线性的增减，其理论与实际的功率特性如图 16-23 所示。

（2）负载功率恒定　当要求外负载的功率恒定时，液压马达的输出功率为

$$P_{\text{m}} = n_{\text{m}} M_{\text{m}} = C\,（常量）$$

将式（16-53）代入上式，可得液压马达的输出转矩为

$$M_{\text{m}} = \frac{C}{n_{\text{m}}} = \frac{C}{K_{\text{n1}} \eta_V (x_{\text{p}} - \Delta x_{\text{p}})} = \frac{K'_{\text{m}}}{x_{\text{p}} - \Delta x_{\text{p}}} \tag{16-56}$$

式中　K'_{m}——常量，$K'_{\text{m}} = \dfrac{C}{K_{\text{n1}} \eta_V}$。

负载功率恒定时，回路的转矩及功率特性曲线如图 16-24 所示。

（二）定量泵—变量马达调速回路

图 16-25 所示为定量泵与变量马达组成的容积调速回路，通过改变图中变量马达 3 的排量 V_{m}，即可无级地调节变量马达的转速。

1. 转速特性

定量泵的输出流量 q_{p} 为

$$q_{\text{p}} = V_{\text{p}} n_{\text{p}} \eta_{pV}$$

同样，以 V_{mmax} 表示变量马达的最大排量，则马达的调节参数 x_{m} 为

$$x_m = \frac{V_m}{V_{mmax}} \qquad 0 \leqslant x_m \leqslant 1 \qquad\qquad (16-57)$$

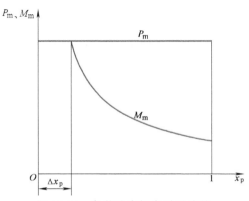

图 16-24　负载功率恒定时回路的
转矩及功率特性曲线

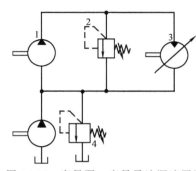

图 16-25　定量泵—变量马达调速回路
1—定量泵　2—溢流阀　3—变量马达　4—低压溢流阀

液压马达的输出转速为

$$n_m = \frac{q_m \eta_{mV}}{V_m} = \frac{V_p n_p \eta_V}{V_{mmax} x_m} = \frac{K_{n2} \eta_V}{x_m} \qquad (16-58)$$

式中　K_{n2}——常量，$K_{n2} = \dfrac{V_p n_p}{V_{mmax}}$。

式（16-58）为回路的转速特性方程，其特性曲线如
图 16-26 所示。由图可见，变量马达的转速 n_m 与自身的
调节参数呈双曲线关系。当 $x_m = 1$ 时，液压马达转速 n_m
最低；随着 x_m 的减小，n_m 呈反比地增大。但由于液压
马达存在机械摩擦损失，当 x_m 小到某一数值 x'_m 时，所
产生的转矩不足以克服变量马达自身的摩擦力矩，变量
马达即停止转动。因此，同变量泵一样，变量马达也存
在着调节参数的死区 Δx_m。显然，变量马达的机械效率、
容积效率越低，负载力矩越大，死区 Δx_m 的数值也就
越大。

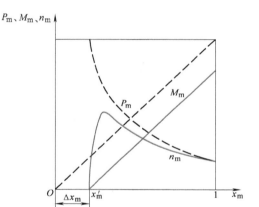

图 16-26　定量泵—变量马达调速
回路的特性曲线

2. 转矩和功率特性

由式（16-57）可知，液压马达的输出转矩 M_m 可表示为

$$M_m = V_m \Delta p_m \eta_{mm} = V_{mmax} x_m \Delta p_m \eta_{mm} = K_{m2} x_m \qquad (16-59)$$

式中　K_{m2}——常量（认为 Δp_m、η_{mm} 恒定时），$K_{m2} = V_{mmax} \Delta p_m \eta_{mm}$。

由式（16-58）、式（16-59）可知，液压马达的输出功率 P_m 可表示为

$$P_m = n_m M_m = \frac{K_{n2} \eta_V}{x_m} K_{m2} x_m = K_{N2} \eta_V \qquad (16-60)$$

式中　K_{N2}——常量，$K_{N2} = K_{n2} K_{m2}$。

由式（16-59）、式（16-60）可知，当变量马达进出口压差 Δp_m 不变时，其输出转矩 M_m 随调节参数 x_m
的增减而线性增减；而变量马达的输出功率在 x_m 变化时保持不变，因此，该回路称为恒功率调节回路。因
受到死区 Δx_m 的影响，其输出转矩和功率特性曲线如图 16-26 所示。

（三）变量泵—变量马达调速回路

变量泵—变量马达调速回路是上述两种回路的组合。如图 16-27 所示，该回路由双向变量泵 2 和双向
变量马达 10 等组合而成。调节变量泵 2 或变量马达 10 的排量，可以调节变量马达的转速 n_m。

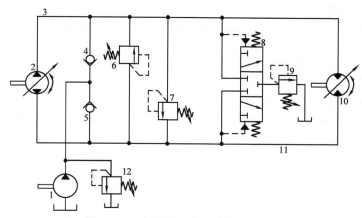

图 16-27　变量泵—变量马达调速回路

1—补油泵　2—双向变量泵　3、11—主回路管路　4、5—单向阀　6、7—缓冲阀
8—液动换向阀　9—背压阀　10—双向变量马达　12—溢流阀

1. 回路的特性方程

如果认为变量马达进出口的压差 Δp_{m} 恒定，泵的容积效率 $\eta_{\mathrm{p}V}$、管路的容积效率 η_{1V} 以及马达的容积效率 $\eta_{\mathrm{m}V}$、马达的机械效率 η_{mm} 不变，且不计死区的影响，则变量马达的输出转速、转矩及功率分别为

$$n_{\mathrm{m}} = \frac{q_{\mathrm{m}}\eta_{\mathrm{m}V}}{V_{\mathrm{m}}} = \frac{q_{\mathrm{p}}\eta_{1V}\eta_{\mathrm{m}V}}{V_{\mathrm{m}}}$$

$$= \frac{V_{\mathrm{p\,max}}x_{\mathrm{p}}n_{\mathrm{p}}}{V_{\mathrm{m\,max}}x_{\mathrm{m}}}\eta_{\mathrm{p}V}\eta_{1V}\eta_{\mathrm{m}V} = K_{n3}\,\eta_{V}\,\frac{x_{\mathrm{p}}}{x_{\mathrm{m}}} \tag{16-61}$$

$$M_{\mathrm{m}} = V_{\mathrm{m}}\Delta p_{\mathrm{m}}\eta_{\mathrm{mm}} = V_{\mathrm{m\,max}}\Delta p_{\mathrm{m}}x_{\mathrm{m}}\eta_{\mathrm{mm}}$$

$$= K_{\mathrm{m}3}x_{\mathrm{m}} \tag{16-62}$$

$$P_{\mathrm{m}} = M_{\mathrm{m}}n_{\mathrm{m}} = K_{\mathrm{m}3}x_{\mathrm{m}}K_{n3}\,\eta_{V}\,\frac{x_{\mathrm{p}}}{x_{\mathrm{m}}}$$

$$= K_{\mathrm{N}3}\,\eta_{V}x_{\mathrm{p}} \tag{16-63}$$

式中　K_{n3}、$K_{\mathrm{m}3}$、$K_{\mathrm{N}3}$——常数，$K_{n3} = \dfrac{V_{\mathrm{p\,max}}n_{\mathrm{p}}}{V_{\mathrm{m\,max}}}$，$K_{\mathrm{m}3} = V_{\mathrm{m\,max}}\Delta p_{\mathrm{m}}\eta_{\mathrm{mm}}$，$K_{\mathrm{N}3} = K_{n3}K_{\mathrm{m}3}$。

根据式（16-61）~式（16-63）可画出回路的特性曲线如图 16-28 所示。

2. 回路的调节方法

（1）分段调节　为了增加变量马达的转速 n_{m}，先使马达的调节参数 $x_{\mathrm{m}}=1$，然后将变量泵的调节参数 x_{p} 由零向逐渐增大的方向调节，这一段的工作特性与变量泵—定量马达调速回路相同。当 $x_{\mathrm{p}}=1$ 之后，再把变量马达的调节参数 x_{m} 由 1 逐渐往小的方向调节，达到进一步调速的目的，其工作特性和定量泵—变量马达调速回路一样。

由图 16-28 可知，该回路的工作特性可以很好地与一般机械的负载要求相适应，

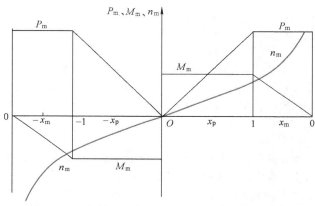

图 16-28　变量泵—变量马达调速回路的特性曲线

即低速时有较大的输出转矩，而在高速时转矩较小。因此，这种调速回路应用较广泛。

（2）相关调节　相关调节是按预定的某种规律进行调节。要解决的问题就是找出满足给定的 $M_{\mathrm{m}} = f(n_{\mathrm{m}})$

负载特性要求的两个调节参数 x_m、x_p 之间的关系，即确定 $x_p = \varphi(x_m)$ 的关系。

若已知 $M_m = f(n_m)$，如图 16-29 所示，则可利用式（16-61）、式（16-62）求出 $x_p = \varphi(x_m)$ 的图解曲线。具体步骤如下：

1）给定 n_{m1}、n_{m2}、n_{m3} … 从图 16-28 中找出 M_{m1}、M_{m2}、M_{m3} …

2）用式（16-62）求出 x_{m1}、x_{m2}、x_{m3} …

3）用式（16-61）求出 x_{p1}、x_{p2}、x_{p3} …

4）在图 16-30 上，将点 1（x_{m1}、x_{p1}）、点 2（x_{m2}、x_{p2}）、点 3（x_{m3}、x_{p3}）…用一条光滑的曲线连接起来。

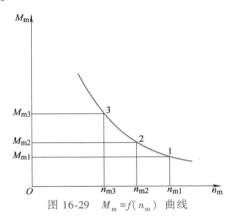

图 16-29　$M_m = f(n_m)$ 曲线

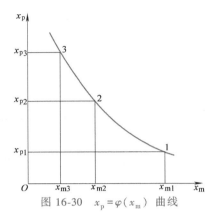

图 16-30　$x_p = \varphi(x_m)$ 曲线

于是，得到一条与 $M_m = f(n_m)$ 相对应的曲线。为了实现 $x_p = \varphi(x_m)$ 的调节规律，可以采用成形凸轮、靠模板等进行控制，使变量机构按给定的规律变化。

（四）回路的刚性

在节流调速回路中，液压元件自身的泄漏对执行元件速度的影响可以忽略不计。因为液压泵输出的流量除满足执行机构负载流量、补充元件和回路的泄漏之外，总有多余的流量回油箱。容积调速回路则不然，因为这种回路中液压泵输出的流量直接进入液压马达，回路内的泄漏直接影响进入马达的流量，从而影响马达的转速。负载越大、回路压力越高，泄漏就越大，马达转速下降得也就越严重。

1. 回路刚度分析

在容积调速回路中，液压马达所需的理论流量 q_{tm} 为

$$q_{tm} = V_m n_m = q_{tp} - (\Delta q_p + \Delta q_m + \Delta q_1) \tag{16-64}$$

式中　　　　　q_{tp}——液压泵的理论流量，$q_{tp} = V_p n_p$；

Δq_p、Δq_m、Δq_1——液压泵、液压马达、管路的泄漏量，可认为 Δq_p、Δq_m、Δq_1 是回路压力 p 的函数，则有

$$\Delta q_p + \Delta q_m + \Delta q_1 = (\lambda_p + \lambda_m + \lambda_1)p \tag{16-65}$$

式中　λ_p、λ_m、λ_1——液压泵、液压马达、管路的泄漏系数。

由式（16-64）、式（16-65）可得

$$p = \frac{V_p n_p - V_m n_m}{\lambda_p + \lambda_m + \lambda_1} \tag{16-66}$$

为分析方便，认为回路中低压侧油路的压力为零，且不考虑管路的损失，那么回路的工作压力 p 就等于液压泵或马达两端的压差，即 $\Delta p_p = \Delta p_m = \Delta p = p$。

由 $M_m = V_m \Delta p_m \eta_{mm} = V_m p \eta_{mm}$ 及式（16-66）可得

$$\frac{V_p n_p - V_m n_m}{\lambda_p + \lambda_m + \lambda_1} = \frac{M_m}{\eta_{mm} V_m}$$

即

$$n_m = \frac{V_p n_p}{V_m} - \frac{\lambda_p + \lambda_m + \lambda_1}{\eta_{mm} V_m^2} M_m$$

$$n_{\mathrm{m}} = \frac{V_{\mathrm{p}} n_{\mathrm{p}}}{V_{\mathrm{m}}} - \frac{\lambda}{\eta_{\mathrm{mm}} V_{\mathrm{m}}^2} M_{\mathrm{m}} \tag{16-67}$$

式中　λ——回路的泄漏系数，$\lambda = \lambda_{\mathrm{p}} + \lambda_{\mathrm{m}} + \lambda_1$。

式（16-67）表明容积调速回路中，液压马达输出转速 n_{m} 与外负载 M_{m} 的变化特性。泄漏系数 λ 越大，负载对转速的影响越大；泵的理论流量 $V_{\mathrm{p}} n_{\mathrm{p}}$ 越小，泄漏所占的比例越大，对马达的转速影响越大，特别是变量泵的调节参数在接近死区 Δx_{p} 时会更加明显。

由式（16-67）可求出回路刚度的一般表达式为

$$T_n = -\frac{\partial M_{\mathrm{m}}}{\partial n_{\mathrm{m}}} = \frac{\eta_{\mathrm{mm}} V_{\mathrm{m}}^2}{\lambda} = \frac{\eta_{\mathrm{mm}} V_{\mathrm{m\,max}}^2 x_{\mathrm{m}}^2}{\lambda} \tag{16-68}$$

刚度 T_n 用来衡量当外负载 M_{m} 变化时，回路阻抗液压马达转速 n_{m} 变化的能力。式（16-68）既适用于定量马达的回路，也适用于变量马达的回路。

由式（16-68）可知，可通过提高元件的制造精度与回路的安装质量，从而减少回路的泄漏来达到提高回路刚度的目的。另外，增大液压马达的排量 V_{m}，采用较高机械效率 η_{mm} 的液压马达等，都可以提高回路的刚度。

2. 提高回路刚度的其他方法

液压马达转速 n_{m} 会因负载转矩 M_{m} 的不同而发生变化，其根本原因在于负载的变化引起了回路泄漏量的变化。当负载变化时，如果能使泵的输出流量相应地增减，以补偿泄漏的增减，就可以提高速度稳定性，即提高回路的速度刚度。以下介绍两种提高回路刚度的方法。

（1）流量补偿法　这种方法是利用回路压力随外负载的增减来控制液压泵的流量进行相应增减，以补偿回路中各元件泄漏量的变化，使马达的转速保持恒定。其工作原理如图 16-31 所示。当液压马达的负载转矩 M 增加时，回路的工作压力 p 升高，作用在柱塞 1 上的力增大，使变量叶片泵的偏心距 e 加大，泵输出的流量增加。反之，当 M 减小时，p 降低，在弹簧 3 的作用下推动定子 2，使偏心距 e 减小，泵输出流量减少，使得补偿流量与回路的泄漏量相适应。使用这种方法，要想得到好的速度稳定性能，需要根据泄漏量随工作压力变化的规律，合理地确定弹簧参数，使液压泵的补偿量与回路的泄漏量相适应。由于补偿装置结构复杂，制造精度、弹簧选配要求高，故该方法主要用在负载变化较大且对刚度要求较高的系统中。

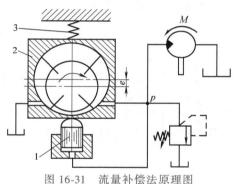

图 16-31　流量补偿法原理图

1—柱塞　2—定子　3—弹簧

（2）压力恒定法　这种方法是当外负载变化时，使液压马达回油路上的背压进行相反的变化，保持油路工作压力恒定，从而使各液压元件的泄漏量保持不变，保证了液压马达转速的相对恒定。其工作原理如图 16-32 所示。图中在马达的回油路上装有一个自动调节背压的平衡阀，平衡阀阀芯 2 的左右两端分别受工作压力 p 与弹簧 3 反力的作用。平衡阀开口量 x 对液压马达的回油产生阻力，形成背压。当负载转矩 M 增加时，工作压力 p 随之升高，阀芯 2 右移，开口量 x 增大，背压减小，由此抵消了负载增加对液压泵工作压力的影响，使工作压力 p 维持不变。当负载减小时，工作压力 p 也能保持一定的值。这种方法由于回路背压导致附加功率损失，故主要用于对刚度有要求、负载变化频繁但幅值变化不大的系统中。

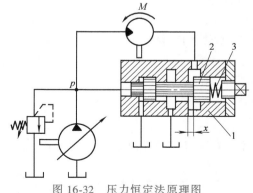

图 16-32　压力恒定法原理图

1—平衡阀阀体　2—阀芯　3—弹簧

二、容积调速回路的动态特性

下面以变量泵—定量马达容积调速回路为例，简要介绍容积调速回路动态特性分析的一般方法。

图 16-33 所示为变量泵—定量马达容积调速回路的简化原理图。当通过改变液压泵的调节参数 x_p 来改变其输出流量或液压马达的负载转矩发生变化时，由于油液的压缩性、机构的惯性和回路的阻尼等因素，都会使回路内各处的压力和流量发生瞬时变化，使液压马达输出转速具有动态特征。为便于理论分析，假设液压马达的泄漏液流为层流，忽略管路中的压力损失和管道的动态特性，油液的温度、密度和弹性模量为常数。

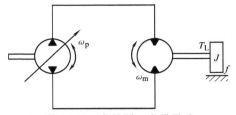

图 16-33　变量泵—定量马达
调速回路简化原理图

变量泵—定量马达高压管路的流量连续性方程为

$$V_{p\,max}\omega_p x_p = V_m\omega_m + \lambda(p_1-p_2) + \frac{V_0\mathrm{d}p}{E\mathrm{d}t} \tag{16-69}$$

式中　ω_p、ω_m——变量泵、定量马达的角速度；

　　　　p_1、p_2——高压管路、回油管路的压力；

　　　　V_0——高压管路的总容积，包括管路、阀、泵和马达容腔容积的总和；

　　　　E——油液的体积弹性模量。

定量马达受力平衡方程为

$$T_m = (p_1-p_2)V_m = J\frac{\mathrm{d}\omega_m}{\mathrm{d}t} + f\omega_m + T_L \tag{16-70}$$

式中　T_m——定量马达产生的转矩；

　　　　J——折算到定量马达轴上的等效转动惯量；

　　　　f——黏性阻尼系数；

　　　　T_L——外负载转矩。

对式（16-69）和式（16-70）进行小增量线性化，并经拉氏变换得

$$V_{p\,max}\omega_p\Delta x_p = V_m\Delta\omega_m + \lambda\Delta p_1 + \frac{V_0}{\lambda E}s\Delta p_1$$

$$\Delta p_1 V_m = Js\Delta\omega_m - f\Delta\omega_m + \Delta T_L$$

联立解以上两式，消去中间变量 Δp_1，得

$$\Delta\omega_m = \frac{\dfrac{V_{p\,max}\omega_p}{V_m}\Delta x_p - \dfrac{\lambda}{V_m^2}\left(1+\dfrac{V_0}{\lambda E}s\right)\Delta T_L}{\dfrac{JV_0}{EV_m^2}s^2 + \left(\dfrac{V_0 f}{EV_m^2}+\dfrac{J\lambda}{V_m^2}\right)s + \left(1+\dfrac{f\lambda}{V_m^2}\right)} \tag{16-71}$$

一般情况下，$f\lambda/V_m^2 \ll 1$，可忽略，则式（16-71）可简化为

$$\Delta\omega_m = \frac{\dfrac{V_{p\,max}\omega_p}{V_m}\Delta x_p - \dfrac{\lambda}{V_m^2}\left(1+\dfrac{V_0}{\lambda E}s\right)\Delta T_L}{\dfrac{s^2}{\omega_n^2}+\dfrac{2\xi}{\omega_n}s+1} \tag{16-72}$$

式中　ω_n——液压回路的无阻尼固有频率，$\omega_n = \sqrt{\dfrac{EV_m^2}{V_0 J}}$；

　　　　ξ——液压回路的阻尼系数，$\xi = \dfrac{\lambda}{2V_m}\sqrt{\dfrac{EJ}{V_0}} + \dfrac{f}{2V_m}\sqrt{\dfrac{V_0}{EJ}}$。

以调节参数 x_p 为输出的传递函数为

$$W_1(s) = \frac{\Delta\omega_{\mathrm{m}}}{\Delta x_{\mathrm{p}}} = \frac{\dfrac{V_{\mathrm{p\,max}}\omega_{\mathrm{p}}}{V_{\mathrm{m}}}}{\dfrac{s^2}{\omega_{\mathrm{n}}^2} + \dfrac{2\xi}{\omega_{\mathrm{n}}}s + 1} = \frac{K_v}{\dfrac{s^2}{\omega_{\mathrm{n}}^2} + \dfrac{2\xi}{\omega_{\mathrm{n}}}s + 1} \qquad (16\text{-}73)$$

式中 K_v ——速度放大系数，$K_v = \dfrac{V_{\mathrm{p\,max}}\omega_{\mathrm{p}}}{V_{\mathrm{m}}}$。

以负载转矩 T_{L} 为输入的传递函数为

$$W_2(s) = \frac{\Delta\omega_{\mathrm{m}}}{\Delta T_{\mathrm{L}}} = \frac{\dfrac{\lambda}{V_{\mathrm{m}}^2}\left(1 + \dfrac{V_0}{\lambda E}s\right)}{\dfrac{s^2}{\omega_{\mathrm{n}}^2} + \dfrac{2\xi}{\omega_{\mathrm{n}}}s + 1} \qquad (16\text{-}74)$$

容积调速回路框图如图 16-34 所示。

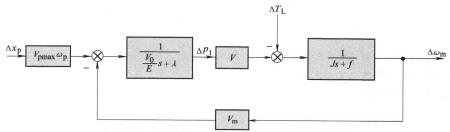

图 16-34 变量泵—定量马达容积调速回路框图

容积调速回路的动态特性分析如下：

（1）稳定性分析 由控制理论可知，二阶系统稳定条件是系统特征方程式的系数全部为正值。由式（16-72）可知，系统的特征方程式为

$$\frac{s^2}{\omega_{\mathrm{n}}^2} + \frac{2\xi}{\omega_{\mathrm{n}}}s + 1 = 0$$

由上式可得系统稳定条件为 $\omega_{\mathrm{n}} > 0$，$\xi > 0$。

（2）速度放大系数 K_v 回路的速度放大系数 K_v 是液压马达的角速度 ω_{m}（输出量）随变量泵调节参数 x_{p}（输入量）变化的比例系数。K_v 值越大，液压马达输出角速度的控制灵敏度越高，由式（16-73）可见，增大 $V_{\mathrm{p\,max}}$、ω_{p} 和减小 V_{m} 均可使 K_v 增大。

（3）回路的固有频率 ω_{n} 令 $k_{\mathrm{h}} = EV_{\mathrm{m}}^2/V_0$ 为液压弹簧刚度，它表示高压管路密闭容腔体积 V_0 内油液的刚度。ω_{n} 与 J、k_{h} 有关，因此，固有频率 ω_{n} 表示了惯量 J 和液压弹簧刚度 k_{h} 的相互作用，是衡量回路动态特性的一个重要指标。为了提高 ω_{n}，增加回路的频宽，应尽量减小 J，增加 k_{h}，可在液压马达和工作机构之间加齿轮减速器，以减小折算到液压马达轴上的转动惯量；缩短泵和马达的连接管路长度，减小 V_0。为了保持高的 E 值，应避免使用软管和减少油液中混入空气。液压马达排量 V_{m} 的增加，虽可明显使 ω_{n} 增加，但同时又使 J、V_0 增加，使 ω_{n} 反而减小。因此，V_{m} 的数值不是单一从动态角度决定的，而主要是由静态性能决定的。

（4）回路的阻尼系数 回路的阻尼系数由两项组成：一项与泄漏系数 λ 有关，另一项与黏性阻尼系数 f 有关。在容积调速回路中 ξ 值很小，往往通过增加内泄漏和提高回路的阻尼作用来提高系统的稳定性，但能耗会相应增加。

（5）回路的动态刚度 负载转矩的变化对输出角速度的动态影响称为动态刚度。式（16-74）写成动态刚度的形式为

$$k_{vd} = \frac{-\Delta T_{\mathrm{L}}}{\Delta\omega_{\mathrm{m}}} = \frac{-\dfrac{V_{\mathrm{m}}^2}{\lambda}\left(\dfrac{s^2}{\omega_{\mathrm{n}}^2} + \dfrac{2\xi}{\omega_{\mathrm{n}}}s + 1\right)}{1 + \dfrac{1}{\omega_1}s} \qquad (16\text{-}75)$$

$$\omega_1 = \frac{\lambda E}{V_0} \approx 2\xi\omega_{\mathrm{n}}$$

式（16-75）中负号表示负载转矩增加时 ω_n 减小。

若负载以谐波振动变化，可根据式（16-75）作出幅频特性曲线，如图 16-35 所示。从图中可知，负载频率在低频段 $0 \sim \omega_1$ 范围内，动态刚度基本保持不变。即

$$k_{vd} = \left| -\frac{\Delta T_L}{\Delta \omega_m} \right| = \frac{V_m^2}{\lambda} \qquad (16\text{-}76)$$

当 $\omega = 0$ 时，式（16-76）就是稳态速度刚度表达式，若想保持较高的稳态刚度，应增加 V_m，减小 λ。ω 在 $\omega_1 \sim \omega_n$ 之间变化时，k_{vd} 下降；直到 $\omega = \omega_n$ 时，k_{vd} 降至最低值；然后随 ω 的增加，k_{vd} 值增加，这说明在高频段，负载惯性起到了抵消外加干扰转矩的作用，阻碍了液压马达转速的变化。

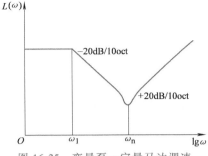

图 16-35　变量泵—定量马达调速回路动态刚度幅频特性

第三节　压力、流量及功率适应回路

节流调速回路存在着溢流损失和节流损失，其效率低，致使大量的能量转化为热能，使油液发热。因此，提高液压传动系统的效率是系统设计中的一个重要内容。为此，本节介绍几种效率较高的压力、流量及功率与负载相适应的回路。

一、压力适应回路

压力适应回路是指液压泵的工作压力自动地与系统中的负载相适应的回路。该回路可以由定量泵供油系统来实现，这对于负载速度变化不大，而负载变化幅度大且频繁的工况，具有很好的节能效果。

1. 采用溢流节流阀的压力适应回路

图 16-36 所示为由定量泵与溢流节流阀组合而成的一种压力适应回路。在该回路中，液压泵 1 的工作压力由溢流节流阀 3 中的定差溢流阀控制。定差溢流阀不仅用来将多余的油液排回油箱，而且用作溢流节流阀中节流阀的压力补偿阀，以保证在负载变化时，节流阀进出口压差为常数。图中溢流阀 2 用作安全阀。

若不考虑作用于定差溢流阀阀芯上的液动力、摩擦力以及管道的压力损失，由定差溢流阀结构原理可知，作用在阀芯上力的平衡方程式为

$$A_0(p_p - p_1) = F_s \qquad (16\text{-}77)$$

节流阀进出口压差为

$$\Delta p_2 = (p_p - p_1) = \frac{F_s}{A_0} \qquad (16\text{-}78)$$

式中　F_s——定差溢流阀阀芯所受的弹簧力；

　　　A_0——定差溢流阀阀芯的有效作用面积。

溢流节流阀的弹簧刚度很小，在调节过程中，弹簧因补偿负载波动而引起压差变化的位移量也很小，因此可认为 Δp_2 为常数，一般取 $\Delta p_2 = 0.3 \sim 0.5\text{MPa}$。

由以上分析可知，当负载变化时，节流阀进出口压差基本保持不变。因此，进入液压缸的流量仅与节流阀的开度有关，而与负载压力的变化无关。此时，液压泵的工作压力 p_p 能自动跟随负载压力 p_1 变化，始终保持比负载压力高一个恒定值，即 $p_p = p_1 + \Delta p_2$，因此，这种回路称为压力适应回路。

2. 采用比例方向阀的压力适应回路

图 16-37 所示为采用比例方向阀的压力适应回路。图中当比例方向阀 4 处于中位时，定差溢流阀 1 的控制口 C 与油箱相通，液压泵卸荷。若比例方向阀换向，则定差溢流阀的控制油路也跟着换向，使定差溢流阀的控制口 C 与比例方向阀相应的工作油口（A 或 B）相通。这样，定差溢流阀的阀芯成为带有节流功能比例方向阀的压力补偿阀，使比例方向阀工作油口的压差为一定值。于是，通过比例方向阀的负载流量 q_1 就仅与阀口开度，即与比例方向阀阀芯的移动量成比例，而与负载压力的变化无关。由此可见，比例方向

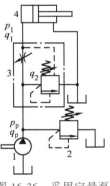

图 16-36　采用定量泵与溢流节流阀的压力适应回路

1—定量泵　2—溢流阀　3—溢流节流阀　4—液压缸

阀不仅控制了液压缸的运动方向，也控制了输入液压缸的流量。与图 16-36 所示的回路一样，液压泵的工作压力能自动跟随负载压力变化，始终保持比负载压力高一恒定值，实现了压力适应。

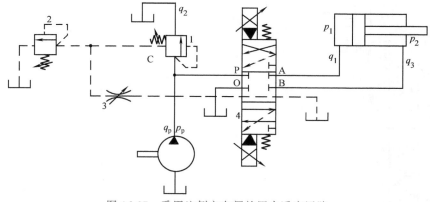

图 16-37　采用比例方向阀的压力适应回路

1—定差溢流阀　2—远程调压阀　3—节流阀　4—比例方向阀

在图 16-37 所示回路中，节流阀 3 用来调节液压泵压力随负载相应升高或降低的速率。当负载压力由于某种原因发生变化时，由于节流阀 3 的阻尼作用，使得液压泵跟随负载压力变化的速率不致过快，延缓了变化过程，起到了负载压力反馈的阻尼作用。回路中远程调压阀 2 与阀 1 组合，构成先导型溢流阀。当负载压力达到远程调压阀的调定压力时，阀 2 开启，液压泵通过阀 1 溢流。阀 2 限制了回路的最高工作压力，防止回路过载，起安全保护作用。

3. 回路效率

图 16-36 和图 16-37 中液压泵的输出功率为

$$P_{\mathrm{p}} = p_{\mathrm{p}} q_{\mathrm{p}} = \left(p_1 + \frac{F_{\mathrm{s}}}{A_0} \right) q_{\mathrm{p}} \tag{16-79}$$

液压缸的输入功率为

$$P_{\mathrm{o}} = p_1 q_1 = p_{\mathrm{p}} q_{\mathrm{p}} - \frac{F_{\mathrm{s}}}{A_0} q_1 - p_{\mathrm{p}} q_2 \tag{16-80}$$

$$= P_{\mathrm{p}} - \Delta P_1 - \Delta P_2$$

式中　ΔP_1——通过节流阀和比例方向阀节流口所损失的功率，$\Delta P_1 = \dfrac{F_{\mathrm{s}}}{A_0} q_1$；

ΔP_2——通过定差溢流阀所损失的功率，$\Delta P_2 = p_{\mathrm{p}} q_2$。

当节流阀和比例方向阀的开度一定时，回路的功率特性曲线如图 16-38 所示。

图 16-36 和图 16-37 所示回路的效率为

$$\eta = \frac{p_1 q_1}{p_{\mathrm{p}} q_{\mathrm{p}}} = \frac{p_1 q_1}{(p_1 + \Delta p_2) q_{\mathrm{p}}} \tag{16-81}$$

二、流量适应回路

流量适应回路是用变量泵和节流阀或调速阀组合而成的一种调速回路，回路中变量泵所输出的流量能自动地与负载所需的流量相适应。该回路保留了容积调速回路无溢流损失、效率高和发热量少的优点，同时其负载特性与单纯的容积调速回路相比得到了提高和改善。

图 16-39 所示为限压式变量泵和调速阀组成的流量适应回路。限压式变量泵 1 输出的压力油经调速阀 2 进入液压缸左腔，右腔

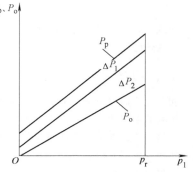

图 16-38　压力适应回路的
功率特性曲线

回油进油箱。回路的特性曲线如图 16-40 所示，图中曲线 ABC 是限压式变量泵的压力-流量特性曲线，曲线 CDE 是调速阀在某一开度时的压差-流量特性曲线（横坐标为压差 Δp），点 F 是变量泵的工作点。

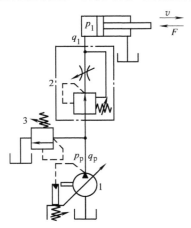

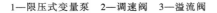

图 16-39　限压式变量泵和调速阀组成的
流量适应回路

1—限压式变量泵　2—调速阀　3—溢流阀

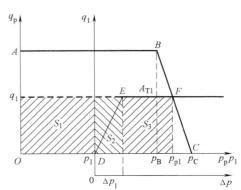

图 16-40　由限压式变量泵和调速阀
组成的回路的特性曲线

当变量泵的出口压力 p_p 大于曲线 ABC 拐点处压力 p_B（如 $p_p = p_{p1}$ 时），回路具有调速和稳速的性能。此时，改变调速阀中节流口的通流面积 A_T，就可以调节液压缸活塞的运动速度 v。例如，若 A_T 减小到某一值，则会导致变量泵出口压力 p_p 增大，从而使变量泵的流量 q_p 自动减小。由于调速阀中定差减压阀的自动调节作用，节流阀前后的压差保持不变，从而使变量泵的流量能稳定在较小的数值上。反之，若 A_T 增大到某一值，则 q_p 也相应增加。变量泵的流量 q_p 全部通过调速阀进入液压缸，即 $q_p = q_1$，变量泵的输出流量即与负载所需流量相适应，因此，改变 A_T 就可以调节运动速度 v。当 A_T 一定时，若负载有变化，如负载增加，使 p_p 瞬时增大，变量泵的泄漏量增加，则通过节流阀的流量瞬时减小，使节流阀前后压差减小，定差减压阀的开口增大，这又使 p_p 减小，故 q_p 增大，直到节流阀前后压差回复原来的值，此时的 q_p 也回复原来的数值。反之，若负载减小，则调节过程与上述相反，最后的结果也是使 q_p 保持不变。可见，这种回路具有调速、稳速和流量适应的特性。

该回路没有溢流损失，但仍有节流损失，其大小与液压缸的工作压力 p_1 有关。当工作中流量为 q_1、变量泵的出口压力为 p_{p1} 时，为了保证调速阀正常工作所需的压差 Δp_1，液压缸工作压力 p_1 的最大值应该是 $p_{1max} = p_{p1} - \Delta p_1$；再由于背压 p_2 的存在，p_1 的最小值又必须满足 $p_{1min} > p_2 A_2 / A_1$。式中 A_1、A_2 分别为液压缸无杆腔和有杆腔的有效工作面积。当 $p_1 = p_{1max}$ 时，节流损失最小（图 16-40 中阴影面积 S_1）；p_1 越小，节流损失越大（图中阴影面积 S_2）。若不考虑变量泵出口至液压缸入口这段的流量损失，则调速回路的效率为

$$\eta = \frac{p_1 q_1}{p_p q_p} = \frac{p_1}{p_p} \tag{16-82}$$

由式（16-82）可知，这种回路用在负载变化大，且大部分时间处于低负载下工作的场合显然是不合适的，因为这时变量泵的出口压力 p_p 高，而液压缸的工作压力 p_1 低，节流损失的能量大，因此回路效率低。

三、功率适应回路

功率适应回路是指液压泵的输出功率始终与执行元件所需功率相适应的回路。图 16-41a 所示为采用负载敏感泵的功率适应回路。图中泵 1 的排量 V 可通过向电液比例节流阀 2 中输入电流 I_1 以调节其开度 x 来控制，这样不论外负载 F 如何变化，泵的输出流量 q_p 都能保持不变；且一旦液压缸 7 的工作压力 p_1 达到电液比例溢流阀 6 由 I_4 调定的最大压力 p_6，泵的输出流量 q_p 就立即下降。

如果当 F 不变，增大 I_1 时，x 就增大，由于 q_p 还来不及变化，则阀 2 进出口的压差 Δp 就下降，于是流量控制阀 4 被推到右位，泵 1 出口的部分压力油经阀 4 右位、压力控制阀 3 右位进入泵 1 的变量机构，

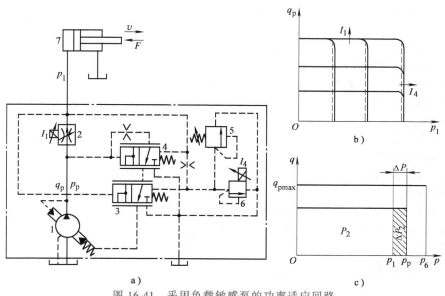

a)

图 16-41　采用负载敏感泵的功率适应回路

a) 功率适应回路　b) 流量-压力特性曲线　c) 功率特性曲线

1—液压泵　2—电液比例节流阀　3—压力控制阀　4—流量控制阀　5—限压阀　6—电液比例溢流阀　7—液压缸

使其摆角 γ 增大，从而使 q_p 增大。但这样又使 Δp 增大，推动阀 4 右移，回到能保持 γ 角不变的位置。

当 I_1 不变、F 增大时，由于泵的泄漏量增大，使 q_p 有下降的趋势，这样 Δp 就下降了，于是与上面一样的原因使 γ 增大到 q_p 保持不变为止，故系统刚度很大。当 F 增大到 $p_1 \geqslant p_6$ 时，阀 3 移到左位，泵 1 变量活塞中的油液经阀 3 左位回到油箱，γ 角减小，q_p 也就立即下降。

由上述分析可得出图 16-41a 所示回路的流量-压力特性曲线，如图 16-41b 所示。由于是通过阀 2 两端的压差 Δp 来控制泵的排量，以达到功率适应控制的目的，故该泵又称为压差检测型功率适应控制泵。该回路的功率特性曲线如图 16-41c 所示，图中 P_2 为有用功率，ΔP_2 为阀 2 节流口的损失功率，$\Delta P_2 = \Delta p q_p$。图 16-41a 所示回路的效率较高，一般可达 85% 左右。

第四节　蓄能器回路动态特性分析

蓄能器是储存和释放液体压力能的装置，带有这种装置的液压回路称为蓄能器回路。按蓄能器在回路中所起的作用不同，蓄能器回路可分为蓄能用蓄能器回路、吸收压力脉动蓄能器回路和吸收液压冲击蓄能器回路。对于上述三种蓄能器回路中蓄能器的充气压力和总容积的计算，将在本书第二十一章液压辅件中进行介绍，本节仅对蓄能用蓄能器回路和吸收压力脉动蓄能器回路的动态特性进行分析。

一、蓄能用蓄能器回路的动态特性分析

图 16-42 所示为一简化的蓄能器回路。图中液压缸由囊式蓄能器供给液压能，液压缸活塞位移 x（或速度 v）随时间 t 的变化规律反映了回路的动态特性。假设蓄能器内气体状态的变化为等温过程，即 $pV =$ 常数；忽略油液的压缩性及内、外泄漏。当蓄能器供油时，活塞的受力平衡方程为

$$(p - \Delta p_L) A = M \frac{\mathrm{d}v}{\mathrm{d}t} + Bv + kx + F \qquad (16-83)$$

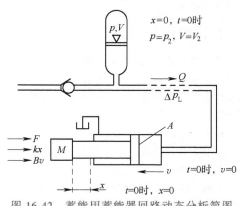

图 16-42　蓄能用蓄能器回路动态分析简图

331

式中　p——蓄能器内油液的压力，约等于蓄能器内气体的压力；

Δp_L——油液通过管道和控制阀的压力损失；

A——活塞有效工作面积；

M——活塞及运动部件的质量；

v——活塞的运动速度；

t——时间；

B——黏性阻尼系数；

k——弹性负载的刚度；

x——活塞的位移；

F——外负载力。

由于 $v=\mathrm{d}x/\mathrm{d}t=q/A$，$q=\mathrm{d}V/\mathrm{d}t$（$V$ 为蓄能器中气腔容积），$A=\mathrm{d}V/\mathrm{d}x$，$\Delta p_L=C_f q^2=C_f(A\mathrm{d}x/\mathrm{d}t)^2$（$C_f$ 为阻尼系数），则式（16-83）可写为

$$\left[p-C_f\left(\frac{A\mathrm{d}x}{\mathrm{d}t}\right)^2\right]A=M\frac{\mathrm{d}^2x}{\mathrm{d}t^2}+B\frac{\mathrm{d}x}{\mathrm{d}t}+kx+F \quad (16\text{-}84)$$

当 $t=0$、$x=0$ 时，$V=V_2$；当时间为 t 时，有

$$V=V_2+Ax$$

由于蓄能器内气体状态的变化为等温过程，那么 $pV=C=$ 常数，可得

$$p=\frac{C}{V}=\frac{C}{V_2+Ax} \quad (16\text{-}85)$$

将式（16-85）代入式（16-84），可得描述图16-42所示回路的动态微分方程为

$$M\frac{\mathrm{d}^2x}{\mathrm{d}t^2}+B\frac{\mathrm{d}x}{\mathrm{d}t}+kx+C_fA^2\left(\frac{\mathrm{d}x}{\mathrm{d}t}\right)^2=\frac{AC}{V_2+Ax}-F \quad (16\text{-}86)$$

若图 16-42 中无弹性负载，即 $K=0$，改变式（16-86）中的参数 M、A、V_2、F、C_f 和 B，并分别对式（16-86）求解，所得到的活塞位移 x 对时间 t 的关系曲线如图16-43a、图16-43b 和图16-43c 所示。比较图 16-43 中的三条曲线可知，在活塞及运动部件质量相同的条件下，减小管道阻力和液压缸有效工作面积、增大蓄能器充液压力（即减小 V_2），可使活塞获得较高的运动速度。

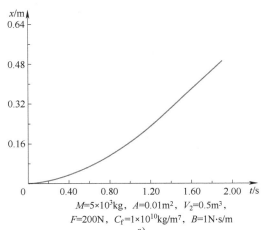

$M=5\times10^3\mathrm{kg}$，$A=0.01\mathrm{m}^2$，$V_2=0.5\mathrm{m}^3$，$F=200\mathrm{N}$，$C_f=1\times10^{10}\mathrm{kg/m}^7$，$B=1\mathrm{N\cdot s/m}$

a)

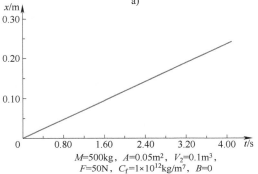

$M=500\mathrm{kg}$，$A=0.05\mathrm{m}^2$，$V_2=0.1\mathrm{m}^3$，$F=50\mathrm{N}$，$C_f=1\times10^{12}\mathrm{kg/m}^7$，$B=0$

b)

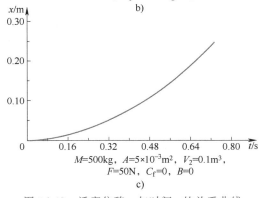

$M=500\mathrm{kg}$，$A=5\times10^{-3}\mathrm{m}^2$，$V_2=0.1\mathrm{m}^3$，$F=50\mathrm{N}$，$C_f=0$，$B=0$

c)

图 16-43　活塞位移 x 与时间 t 的关系曲线

二、吸收压力脉动蓄能器回路的动态特性分析

液压泵的瞬时流量总是脉动的。泵的流量脉动将导致系统的压力脉动，从而使系统产生振动和噪声，严重时可导致系统不能正常工作。在液压泵出口安装蓄能器是降低系统压力脉动的有效方法。蓄能器之所以能够消除压力脉动，就在于它可对瞬时流量高于平均流量的部分加以吸收，而当瞬时流量低于平均流量时则由蓄能器供油。对囊式蓄能器来说，在其吸收流量脉动的同时，蓄能器内气体的容积和压力均在发生变化，因而系统的压力脉动不能被完全消除。显然，蓄能器气体容积的相对变化量直接影响系统压力脉动的程度。吸收压力脉动蓄能器回路的计算模型如图16-44所示。

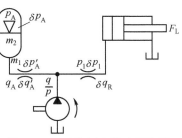

图 16-44　吸收压力脉动蓄能器
回路的计算模型

在分析吸收压力脉动蓄能器回路的特性之前，先做如下说明和假设：

1）经固定节流孔（阀）向液压缸供液的流量方程为

$$q_R = K\sqrt{p-p_1} \tag{16-87}$$

式中 q_R——通过节流孔（阀）的流量；

  K——常数；

  p——液压泵出口压力；

  p_1——节流孔（阀）出口压力，假设 $p_1 = C$。

2）当液压泵的出口压力为 p 时，其输出流量为 q，q 的微小变化量 δq 将引起压力 p 的微小变化 δp。

3）蓄能器前管路中油液质量为 m_1，其流动状态为层流，流量为 q_A，流量脉动为 δq_A；平均流量 $q_{A0} = 0$；蓄能器下腔和管路接口处压力为 p_A'，压力脉动为 $\delta p_A'$；蓄能器下腔油液质量为 m_2；蓄能器中气体状态变化规律按绝热过程考虑，即 $p_A V^n = C$，其中 p_A 为气体压力，压力脉动为 δp_A。

4）考虑回路中各参数之间的关系是非线性的，采用在平衡点附近取小增量线性化方法处理有关问题。

基于上述考虑，可写出图 16-44 所示计算模型的运动微分方程，并进行动态特性分析。

1. 流量连续性方程

由图 16-44 可写出流量连续性方程为

$$q = q_R + q_A \Rightarrow q_0 + \delta q = q_{R0} + \delta q_R + q_{A0} + \delta q_A \tag{16-88}$$

在稳态或平均状态下，$q_{A0} = 0$，$q_0 = q_{R0}$，则有

$$\delta q = \delta q_R = \delta q_A \tag{16-89}$$

2. δq_R 的线性化流量方程

将式（16-87）在泵稳态工作压力 p_0 附近线性化，则有

$$\delta q_R = \left.\frac{\partial q_R}{\partial p}\right|_{p=p_0} \delta p = \left.\frac{K}{2\sqrt{p-p_1}}\right|_{p=p_0} \delta p = \frac{q_{R0}}{2(p-p_1)}\delta p = \frac{q_0}{2(p_0-p_1)}\delta p \tag{16-90}$$

3. 蓄能器前管路液流的动力平衡方程

在稳态时，蓄能器前管路的阻尼器前后压力相等，当发生压力脉动时，阻尼器前压力脉动为 δp，阻尼器后压力脉动为 $\delta p_A'$，则液压力为 $(\delta p - \delta p_A')a$。该液压力使管路中质量为 m_1 的油液产生加速运动，并克服管路阻力，则有

$$(\delta p - \delta p_A')a = m_1\frac{\mathrm{d}v}{\mathrm{d}t} + R_f a\delta q_A \tag{16-91}$$

式中 m_1——蓄能器前管路中油液的质量；

  a——管路横截面面积，$a = \pi d^2/4$，d 为管路内径；

  v——管路中液流速度；

  R_f——管路液阻，$R_f = 128\mu L/\pi d^2$，μ 为油液动力黏度，L 为管路长度。

管路中液流速度为

$$v = \frac{q_A}{a} \tag{16-92}$$

式（16-92）两端同时对 t 求导，则有

$$\frac{\mathrm{d}v}{\mathrm{d}t} = \frac{1}{a}\frac{\mathrm{d}}{\mathrm{d}t}(q_{A0} + \delta q_A) = \frac{1}{a}\frac{\mathrm{d}}{\mathrm{d}t}(\delta q_A) \tag{16-93}$$

将式（16-93）代入式（16-91）并整理可得

$$\delta p - \delta p_A' = \frac{m_1}{a^2}\frac{\mathrm{d}}{\mathrm{d}t}(\delta q_A) + R_f\delta q_A \tag{16-94}$$

4. 蓄能器内油液的力平衡方程

蓄能器内油液的力平衡方程为

$$(\delta p_A' - \delta p_A)A = m_2\frac{\mathrm{d}x}{\mathrm{d}t} = m_2\frac{\mathrm{d}}{\mathrm{d}t}(\delta q_A) \tag{16-95}$$

联立式（16-94）和式（16-95），消去 $\delta p'_A$，则有

$$\delta p - \delta p_A = \frac{m_A}{A^2}\frac{d}{dt}(\delta q_A) + R_f \delta q_A \qquad (16\text{-}96)$$

式中　m_A——等效质量，$m_A = m_2 + m_1 \dfrac{A^2}{a^2}$。

5. 蓄能器流量脉动量 δq_A 的确定

蓄能器气体状态方程为 $p_A V^n = C$，对该方程进行线性处理，则有

$$\delta p_A V^n + n V^{n-1} p_A \delta V = 0 \qquad (16\text{-}97)$$

在稳态条件下，$p_A = p_{A0} = p_0$，$V = V_0$，则有

$$\delta V = -\frac{V_0}{n p_0}\delta p_A \qquad (16\text{-}98)$$

油液的流入使蓄能器气体体积 V 变小 $\left(\dfrac{dV}{dt} < 0\right)$，故蓄能器内油液的流量脉动 δq_A 为

$$\delta q_A = -\frac{d}{dt}(V_0 + \delta V) = \frac{V_0}{n p_0}\frac{d}{dt}(\delta p_A) \qquad (16\text{-}99)$$

6. 传递函数及动态特性分析

假定 $F = 0$，$p_1 = 0$，将式（16-90）代入式（16-89），并进行拉氏变换，可得

$$\delta Q(s) = \frac{q_0}{2 p_0}\delta P(s) + \delta Q_A(s) \qquad (16\text{-}100)$$

将式（16-99）进行积分后代入式（16-96）并整理，可得

$$\delta p = \frac{m_A}{A^2}\frac{d}{dt}(\delta q_A) + R_f \delta q_A + \frac{n p_0}{V_0}\int \delta q_A\,dt \qquad (16\text{-}101)$$

对式（16-101）进行拉氏变换，则有

$$s\delta P(s) = \left(\frac{m_A}{A^2}s^2 + R_f s + \frac{n p_0}{V_0}\right)\delta Q_A(s) \qquad (16\text{-}102)$$

由式（16-102）求出 $\delta Q_A(s)$，再代入式（16-100）后整理可得

$$\delta Q_A(s) = \left(\frac{s}{\dfrac{m_A}{A^2} + R_s s + \dfrac{q_0}{2 p_0}} + \frac{q_0}{2 p_0}\right)\delta P(s) \qquad (16\text{-}103)$$

即

$$\frac{\delta P(s)}{\delta Q(s)} = \frac{2 p_0 T_1{}^2 s^2 + 2\xi_1 T_1 s + 1}{q_0 T_1{}^2 s^2 + 2\xi_2 T_1 s + 1} \qquad (16\text{-}104)$$

式中　T_1——时间常数，$T_1 = \dfrac{1}{\omega_n} = \sqrt{\dfrac{m_A V_0}{A^2 n p_0}}$，$\omega_n$ 为振荡环节固有频率；

ξ_1——二阶微分环节阻尼比，$\xi_1 = \dfrac{V_0 R_f}{2 n p_0}\sqrt{\dfrac{A_2 n p_0}{m_A V_0}} = \dfrac{\omega_n R_f V_0}{2\ n p_0}$；

ξ_2——振荡环节阻尼比，$\xi_2 = \xi_1 + \dfrac{V_0 \omega_n}{n q_0}$。

将式（16-104）改写成无因次传递函数的形式，则有

$$G(s) = \frac{\delta P(s)/p_0}{\delta Q(s)/q_0} = 2\frac{T_1{}^2 s^2 + 2\xi_1 T_1 s + 1}{T_1{}^2 s^2 + 2\xi_2 T_1 s + 1} \qquad (16\text{-}105)$$

由式（16-105）可得频率传递函数（$s = j\omega$）为

$$G(j\omega) = 2\frac{T_1^2 \omega^2 + 2 j\xi_1 T_1 \omega + 1}{T_1^2 \omega^2 + 2 j\xi_2 T_1 \omega + 1} \qquad (16\text{-}106)$$

on

当$T\omega \ll 1$时，$dB(\omega)=20lg2$；当$T\omega \gg 1$时，$dB(\omega)=20lg2$；当$T\omega=1$时，出现下凹峰值，$dB(\omega)_{min}=20lg2-20lg(1+2p_0/q_0R_f)$。由式（16-106）作出的频率响应特性图如图16-45所示。由图16-45可以看出，当$T\omega=1$或$\omega=\omega_n$时，由流量脉动引起的压力脉动得到最大限度的衰减，即效果最佳，并且R_f越小效果越好。若要使$R_f=128\mu L/(\pi d^4)$尽可能小，只要使L尽可能小和d尽可能大即可。当d一定时，蓄能器靠近液压泵，消除脉动的效果更好。在液压泵流量脉动频率ω已知的情况下，要合理地选择V_0和A，使$\omega_n \approx \omega$。

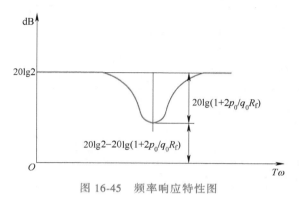

图16-45　频率响应特性图

第五节　液压系统振动、噪声和爬行分析

液压系统中的振动和噪声是两种并存的有害现象，随着液压传动向高压、高速和大功率方向发展，系统中的振动和噪声也随之加剧，并成为液压技术发展中必须解决的主要问题之一。爬行是液压传动系统中的另一有害现象，它极大地影响了液压传动系统的运动稳定性和控制精度。因此，了解并掌握液压系统中振动、噪声及爬行产生的原因和控制方法，无疑是液压系统设计者必须注意的主要问题之一。

一、液压系统的噪声源

凡是存在某种强制力作用的场合都可能产生振动和噪声。例如，机械转动的不平衡力、机械或液压的冲击力、压力和流量的突然变化、摩擦力和弹性力等强制力一般是周期性的，因而会产生一定的波动，并传给液压系统中的元件，使某些元件产生振动。而振动的一部分作为声波向空气中发射，空气受到振动将产生声压，于是出现了噪声。

液压系统是由电动机、液压泵、液压马达或液压缸、控制阀、油箱以及将这些元件连接起来的管路组成的。从液压系统中发出的噪声是由这些元件振动所引起噪声的合成。

电动机转动时的噪声，包括由于质量不平衡而产生的回转噪声，磁通引起电磁噪声和蜂鸣，电动机中的冷却风扇声和风道声组成的通风噪声以及轴承噪声等。

液压泵在将油液吸入和压出的循环过程中，会因流速和流量发生急剧变化而引起液压振动。液压回路的管道和阀类会反射液压泵的压力，在回路中产生波动使液压泵共振，从而又重新使回路激振。此外，液压泵也有轴承噪声和充气回转噪声。液压泵输出功率越大，转速越高，噪声随之增加。据统计，液压系统噪声中的70%左右是由液压泵引起的。

控制阀的噪声是由高压液体的流动、阀的自激振动等以及管道的共振等引起的。从阀内输出的高压液体形成喷流，在喷流与周围液体之间产生剪切流、湍流或涡流，由此产生高频噪声；电磁换向阀有电磁铁的吸合声和电磁噪声；在油液流动骤然停止的换向瞬间，将产生压力冲击；有时主阀和先导阀的机械振动也会产生2000Hz以上的高频噪声。另外，在给大容量液压缸加压时，如果换向过快，通过阀的液体将瞬时变成高速，由于压力急剧变化，引起液压缸结构表面的瞬时变形，在空气中突然造成声压，也会发出很大声响。

液压泵和控制阀中的空穴作用会引起高频振动，也会产生很大噪声，并对液压元件和管路有破坏作用。管路噪声是由管内湍流引起的，而弯管和分支管产生的湍流又进一步使噪声增大。

此外，电动机和液压泵的振动以及回路中的压力脉动也会引起油箱振动而产生噪声。液压传动系统产生噪声的原因见表16-1。

表16-1　液压传动系统产生噪声的原因

分　类	声　源	原　因
单个元件的噪声	电动机	电磁噪声、旋转噪声、通风噪声、轴承噪声、壳体振动声
	液压泵	压力脉动、气穴现象、旋转声、轴承噪声、壳体振动声
	压力阀	液流声、气穴声、颤振声
	电磁换向阀	电磁铁撞击声、电磁噪声、液压冲击声
	流量阀	液流声、气穴声
	风冷式冷却器	风扇的通风噪声、壳体振动声
	油箱	回油击液声、吸油气穴声、气体分离声、箱壁振动声
系统噪声	液压泵、油箱、电动机底座、管道、阀座等的谐振声	由压力脉动、液压冲击、旋转部件、往复运动零件等引起的振动向各处传播，引起系统谐振

二、液压系统噪声控制

控制液压系统噪声的途径，原则上有以下两种根本方法：一是降低液压系统噪声源的噪声，二是控制噪声外传的路径。以下主要从液压元件选用、系统设计和使用等角度，介绍液压传动系统噪声控制的具体措施。

1. 合理选择液压元件

液压系统是由元件组成的，系统的性能取决于其组成元件的性能。要减少液压系统的振动与噪声，在选择系统中所用元件时，除要考虑其工作性能外，还要考虑元件的噪声状况。尤其是电动机、液压泵和控制阀等元件，对其流体噪声、结构噪声和空气噪声三个方面都要有所要求，否则就不能形成低噪声系统。

2. 防止气穴噪声

液压油中混入空气是产生气穴的根本原因，系统中产生局部低压和负压是产生气穴的条件，因此，可从以下几方面采取措施来防止气穴噪声：

（1）防止空气侵入系统

1）液压泵吸油管道连接处需严格密封，防止吸入空气。液压泵的有关部位（如出轴端）也要严加密封，防止泵内出现短时间低压而吸入空气。

2）液压泵的吸、回油管末端要处在油位下限以下。

3）液压元件和管接头要密封良好。

4）加强对油液的过滤，减少油中的机械杂质，因机械杂质的表面附有一层薄的空气。

5）避免油液与空气直接接触而增加空气在油液中的溶解量。

6）采用消泡性好的油液，或在油液中加入消泡添加剂，这样油液中的气泡能很快上浮而消失。

（2）排除已混入系统的空气

1）油箱容量要合适，使油液在油箱中有足够的分离气泡的时间。

2）液压泵的吸、回油管末端要有足够的距离，或在两者之间设置隔板。

3）在系统的最高部位设置排气阀，以便放出积存于油液中的空气。

4）在油箱中倾斜放置60~100目的金属网，促使气泡分离，如图16-46所示。

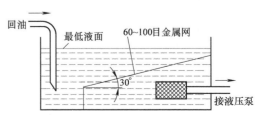

图16-46　倾斜放置消泡网的油箱

（3）防止液压系统产生局部低压

1）液压泵的吸油管要短而粗，液压泵的转速不应太高。

2）吸油过滤器阻力损失要小，并要及时清洗。

3）各孔口的进出口压差不能太大（进出口压力比应不大于3.5）。

3. 防止因系统流量、压力脉动而产生噪声

除了采用低噪声泵，从根本上减弱其流量脉动外，在液压系统设计、使用等方面，可采取如下措施：

1）用蓄能器吸收流量、压力脉动。

2）在液压泵排油口附近连接橡胶软管。

3）采用消声器衰减振动和噪声。

蓄能器是利用气囊中气体受压变形的方法来减小流量和压力脉动的，而消声器则是利用液体本身的压缩性来衰减液压脉动的。蓄能器主要适用于衰减脉动的低频分量，对于液压系统中起主导作用的中频分量则效果欠佳。消声器对压力脉动的衰减效果比蓄能器要好，其有效频率范围也比较广，但缺点是体积较大，费用较高。消声器的工作原理是基于管内压力波相互干扰、抵消而达到消振消声的目的。图16-47a所示的消声器在其液流通过的管道上开有很多孔，使液流横向产生振动，然后与纵向波干扰抵消。图16-47b所示的消声器由几根直径大小不同的管子和外壳组成，工作时，使一股液流通过管道1，另一股液流通过管道2和3，然后两股液流于消声器出口前汇合相互干扰抵消，起到消振消声的作用。

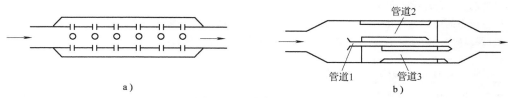

a)　　　　　　　　　　　　　　　　b)

图16-47　消声器原理图

4. 防止液压冲击噪声

可采用第十五章所述的缓冲回路等来防止、减缓液压冲击，从而减少振动和噪声。

5. 防止管路系统产生共振噪声

管路是连接液压元件、传送工作介质及功率的通道，也是传递振动与噪声的桥梁。管道本身振动所产生的噪声是有限的，但这种振动一旦传递到其他高效率声辐射体上，就会发出巨大的噪声。另外，当管路的共振频率与泵或其他机器的固有频率一致时，也将产生剧烈的噪声。消除管路噪声的措施为：

1）管路转弯部分要用管子本身弯成，尽量加大弯管曲率半径。

2）管路要有足够的刚度，管内壁光滑，截面变化均匀。

3）在管路支承处垫隔振材料，增加和改善管路支承，增加弹性接头等。

6. 油箱噪声控制

油箱的振动和噪声主要是由其他液压元件、装置激发而引起的。例如，将液压泵和电动机直接安装在油箱盖上时，它们的振动极易使油箱产生共振。尤其是用薄钢板焊接的油箱更容易产生振动和噪声。

为了控制油箱的噪声，可采取下列措施：

1）加强油箱刚性。油箱的辐射面积大，它相当于噪声放大器。在油箱内、外表面上喷涂阻尼材料或在油箱上加肋都可以减少油箱振动和噪声。

2）加设隔振板。功率较大的液压泵和电动机往往会发出很大的振动和噪声，并激发油箱振动。特别是在液压泵、电动机直接安装在油箱盖上时，必然会诱发油箱发出很大的噪声。为此，可在液压泵及电动机与基座或箱盖之间放置厚橡胶板等作为隔振板。隔振板的固有频率要与泵及电动机的回转频率错开，以防发生共振。

此外，还必须注意管道的隔振，否则会通过管道把泵和电动机的振动传到油箱上去。

7. 控制噪声传播的途径

限制和改变噪声的传播途径，使噪声在传播路径中得到衰减，从而减少传递到元件中的能量。声波遇

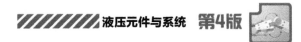

到障碍物时，一部分被反射，一部分则向障碍物内部传播。向障碍物内部传播的声能，除了有一部分透射出去外，其余皆因摩擦而转化为热。坚硬而光滑的材料（如玻璃）表面吸声能力很差，而柔软、多孔材料（如毛毡）吸声能力强。吸声材料有纤维板、石棉、玻璃纤维、泡沫塑料等。所以，控制噪声的简单方法是将噪声大的元件或系统用隔声罩罩起来。罩子的外壳材料可以用钢板或木板，其内表面可先衬以薄铝板，然后敷上阻尼或吸声材料。设计得好的隔声罩一般可使噪声降低 7~20dB。

振动隔离的效果是局部的。为进一步减少噪声的传播，避免一些零件的共振，可在管道、罩壳、板状零件等表面贴上一层阻尼材料，使得这些零件的振动因阻尼作用而得到衰减，从而减少空气中噪声的辐射。阻尼材料一般为沥青、聚硫酯橡胶或聚氨酯橡胶以及其他高分子涂料。

三、爬行现象及其消除

在液压传动系统中，当液压缸或液压马达低速运行时，可能产生时断时续、速度不均匀的运动现象，这种现象称为爬行。爬行会使运动件产生人眼不易觉察的振动，显著的爬行则会使运动件产生大距离的跳动。

爬行现象发生在低速相对运动中，是因为低速时润滑油形成油膜的能力减弱，油膜厚度较薄，油膜承受不了运动件的质量而部分被破坏，使相对运动件的凸起部分发生直接接触并承受一部分负荷。由于接触面积小，压力高而发生塑性变形和局部高温，进一步促使润滑油膜被破坏，使摩擦面的摩擦阻力发生变化。运动件快速相对运动时，润滑油的油膜作用强，形成的润滑油膜厚度较接触面凹凸不平的高度大，运动件在油膜上滑动，因此摩擦力很小。

液压系统中的爬行是一种十分有害的现象。例如，在金属切削机床液压系统中，爬行不仅会影响加工精度、表面粗糙度，而且会缩短机构或刀具的使用寿命。因此，分析爬行原因和消除爬行现象是非常重要的。

1. 工作介质刚性差引起爬行

液压系统的工作介质通常为液压油。空气进入油液中后，一部分溶入油液中，其余部分就形成气泡浮游在油液中。因为空气有压缩性，使液压油产生明显的弹性。如图 16-48a 所示，液压缸中有了空气后，从左腔通入液压油，工作台开始运动时需要克服工作台导轨和床身导轨之间较大的静摩擦阻力，这时左腔的气泡尚未压缩，工作台不动。当左腔中的压力达到一定值后，气泡受压，体积缩小，如图 16-48b 所示，工作台导轨与床身导轨之间的静摩擦力变为动摩擦力，阻力减小，左腔压力也随之降低，气泡膨胀，使工作台向前跳动。由于这一跳动，右边排油腔的气泡突然被压缩而体积缩小，如图 16-48c 所示，阻力增加，使工作台速度减慢或停止，又变成起动时的状况。当左腔压力又恢复到能克服静摩擦阻力时，工作台又进入如上所述的循环过程，即随着液压系统的工作循环而产生反复的压缩与膨胀，形成爬行。

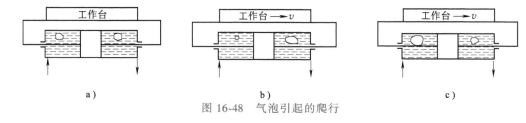

图 16-48　气泡引起的爬行

消除方法：防止空气进入液压系统，使系统中各部位的局部压力不低于空气分离压等。

2. 液压元件磨损、间隙大引起爬行

液压元件磨损、间隙过大，将引起流量和压力不足或严重波动而产生爬行。

（1）运动件低速运动引起爬行　运动件低速运动时，一旦发生干摩擦或半干摩擦，阻力便会增加，这时要求液压泵提高压力。但由于液压泵间隙大而严重漏油，不能适应执行元件因阻力的变化而形成的压力变化，结果是使执行机构的速度减慢或停止。待压力升高到能克服静摩擦力时，执行元件又向前跳跃，压力降低，工作台速度又减慢或停止，如此反复循环而产生了爬行。

消除方法：对液压泵内磨损严重的零件进行修复或更换新件，装配时保证规定的间隙，以减少液压泵的泄漏。

（2）控制阀失灵引起爬行　各种控制阀的阻尼孔及节流口被污物堵塞，阀芯移动不灵活等，将使系统压力波动变大。如果溢流阀失灵，调定的压力不稳定，则对执行元件的推力将时大时小，运动速度时快时慢。又如当节流阀的节流口很小时，油中杂质和污物很容易附着在节流口处，油液高速流动产生高温，油液中析出的沥青颗粒积聚在节流口处，使流量减小，压力增大；然后压力脉动又将污物或杂质从节流口处冲走，又使通过节流口的流量增加。如此反复造成爬行。

消除方法：采用各种过滤器防止杂质进入液压系统，保持油液清洁，定期更换陈油，加强维护保养，以防液压油被污染。

（3）元件磨损引起爬行　由于阀类零件磨损，使配合间隙增大，部分高压油与低压油互通，引起压力不足。如液压缸活塞与缸体内孔配合间隙因磨损而增大，高压腔压力油通过此间隙流到低压腔，使液压缸两腔压差减小，以致推力减小，在低速时因摩擦力的变化而产生爬行。

消除方法：检验各零件的配合间隙，研磨或珩磨阀孔和缸孔，重新加工阀芯和活塞，使配合间隙在规定的公差范围内，并要保证零件的尺寸和几何精度要求，检验密封件，若密封件有缺陷，应更换新件。

3. 摩擦阻力变化引起爬行

（1）液压缸出现故障引起爬行　液压缸的中心线与所要求的运动轨迹不平行，活塞杆局部或全长弯曲，缸筒内圆被拉毛刮伤，活塞与活塞杆不同轴，缸筒精度达不到技术要求，活塞杆两端油封调整过紧等因素会引起爬行。

消除方法：逐项检验液压缸的精度及损伤情况，并进行修复，不能修复的零件应更换新件，液压缸的安装精度应符合技术要求。

（2）润滑油不良引起爬行　执行机构相对运动件的接触面间润滑油不充足或选用不当会引起爬行。

消除方法：调节润滑油的压力和流量。润滑油的流量应适当，若流量过大，会导致运动件上浮而影响加工精度。润滑油压力一般在 $0.05 \sim 0.15\mathrm{MPa}$ 范围内为宜。相对运动件在运动过程中，摩擦与润滑是交织在一起的，若两摩擦面间有一薄层（$0.005 \sim 0.008\mathrm{mm}$）润滑油膜，则摩擦将大大减弱。一般来说，提高油液的黏度能提高油膜的强度，并对爬行与振动均有阻尼吸收作用。

思考题和习题

16-1　在图 16-49 所示回路中，液压缸无杆腔和有杆腔的有效作用面积分别为 A_1 和 A_2，若活塞往返运动时所受的阻力 F 大小相等，方向总与运动方向相反。试比较活塞向右和向左运动时的速度、速度放大系数和速度刚度的大小。不计管路压力、容积损失和液压缸机械效率。

16-2　图 16-50 所示为两节流阀可以联动调节的进回油节流调速回路。两节流阀节流孔为薄刃型，形状和大小完全相同，$A_{T1} = A_{T2} = 0.1\mathrm{cm}^2$，流量系数 $C_d = 0.67$，液压缸两腔面积 $A_1 = 100\mathrm{cm}^2$，$A_2 = 50\mathrm{cm}^2$，阻力 $F_R = 5000\mathrm{N}$，溢流阀调整压力 $p_y = 2\mathrm{MPa}$，液压泵输出流量 $q_p = 25\mathrm{L/min}$。试求活塞的往返运动速度。

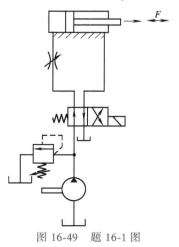

图 16-49　题 16-1 图

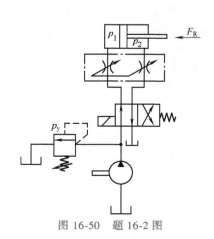

图 16-50　题 16-2 图

16-3 在图 16-51 所示的采用旁通型调速阀的调速回路中，已知节流阀 B、换向阀 C 和背压阀 D 的静态特性分别为：$q = K_B \sqrt{\Delta p_B}$；$q = K_C \sqrt{\Delta p_C}$；$q = K_D \sqrt{\Delta p_D}$。$\Delta p_B$、$\Delta p_C$ 和 Δp_D 分别为阀 B、C、D 通过流量 q 时所需压力差；K_B、K_C 和 K_D 分别为阀 B、C、D 的开度系数，对于开度不变的阀 C 和 D 来说，K_C 和 K_D 可视为常数，而 K_B 随节流阀开度大小而变。图中 v、F、A 分别表示液压缸的速度、负载和有效作用面积；q_p 和 p_p 表示液压泵的流量和

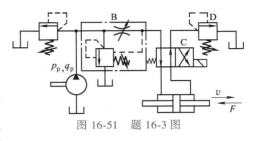

图 16-51 题 16-3 图

压力。当只考虑阀 B、C、D 的压力损失，不计其他元件及管路的压力和容积损失，且负载 F、节流阀压差 Δp_B 为常数时，试分析系统效率达到最大值的条件和数值范围。

16-4 图 16-52a、b 所示分别为进油节流调速回路和旁路节流调速回路的流量-压力特性曲线，q_p、p_p 为泵的输出流量和压力，q_L、p_L 为负载流量和负载压力。请指出泵的输出功率、回路有效功率、溢流阀损失功率和节流阀损失功率在图上所代表的面积以及两回路效率的表达式，并填入表 16-2。

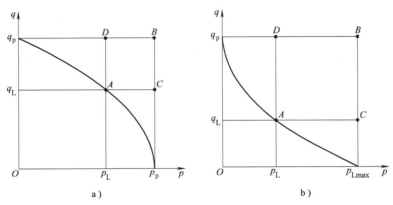

a）

b）

图 16-52 题 16-4 图

表 16-2 题 16-4 所示参数

	泵输出功率	回路有效功率	溢流阀损失功率	节流阀损失功率	效　　率
进油节流调速回路					
旁路节流调速回路					

16-5 在图 16-53 所示的容积调速回路中，变量泵的转速 $n_p = 960 \text{r/min}$，排量 $V_p = 0 \sim 10 \text{cm}^3/\text{r}$；溢流阀调定压力 $p = 8\text{MPa}$；变量马达排量 $V_m = 4 \sim 12 \text{cm}^3/\text{r}$。试求马达在不同转速 $n_m = 300 \text{r/min}$、500r/min、800r/min、1200r/min 时，该调速回路可能输出的最大转矩 T_m 和最大功率 P_m，并将结果填入表 16-3 中（计算时所有损失均忽略不计）。

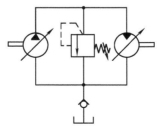

图 16-53 题 16-5 图

$n_m / \mathrm{r} \cdot \min^{-1}$	300	500	800	1200
$T_m / \mathrm{N} \cdot \mathrm{m}$				
P_m / W				

16-6 图 16-54a 所示为限压式变量泵与调速阀组成的容积节流调速回路，图 16-54b 所示为限压式变量泵的流量-压力特性曲线。已知液压缸两腔有效面积 $A_1 = 50 \mathrm{cm}^2$，$A_2 = 25 \mathrm{cm}^2$，溢流阀调定压力 $p_y = 5 \mathrm{MPa}$，负载阻力 $F = 16000 \mathrm{N}$。试问：

（1）当调速阀调定流量 $q_2 = 2.5 \mathrm{L/min}$ 时，泵的工作压力 p_p 为多少？

（2）若负载从 16000N 减小到 2000N，而调速阀开口不变，泵的工作压力是增大、不变还是减小？若负载保持 16000N，而调速阀开口变小，泵的工作压力又如何变化？

（3）计算负载为 16000N 和 2000N 时回路的效率。

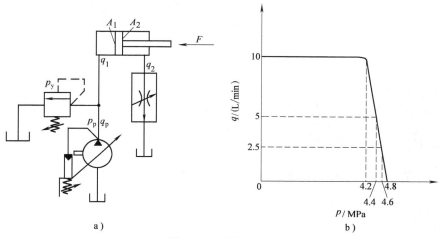

图 16-54 题 16-6 图

16-7 有一液压传动系统，快进时所需要的最大流量为 $0.42 \times 10^{-3} \mathrm{m}^3/\mathrm{s}$，工进时液压缸工作压力为 $p_1 = 5.5 \mathrm{MPa}$，流量为 $0.033 \times 10^{-3} \mathrm{m}^3/\mathrm{s}$。若采用单泵（流量为 $0.42 \times 10^{-3} \mathrm{m}^3/\mathrm{s}$）或双联泵中的两泵（流量为 $0.067 \times 10^{-3} \mathrm{m}^3/\mathrm{s}$ 及 $0.42 \times 10^{-3} \mathrm{m}^3/\mathrm{s}$）分别对系统供油，设泵的总效率 $\eta = 0.8$，溢流阀调定压力 $p_y = 6.0 \mathrm{MPa}$，双联泵中低压泵卸荷压力 $p_2 = 0.12 \mathrm{MPa}$，不计其他损失，试画出两回路图，并分别计算采用这两种泵供油时系统的效率（设液压缸的效率为 100%）。

16-8 液压系统中的液压缸、液压马达和液压控制阀在什么工况下可能产生气穴噪声？试举例说明。

16-9 试简要说明液压系统产生低速爬行的主要原因及解决方法。

第十七章

典型液压系统分析

由于液压传动有许多突出的优点，因而被广泛应用于机械制造、工程机械、矿山冶金、交通运输、农业机械、航空、航海、石油化工、渔业、林业、军事器械等方面。本章介绍的典型液压系统，是在名目繁多的液压设备中选出的几种有代表性的液压传动系统。通过对典型液压系统的分析，能加深对各种液压元件和系统综合应用的认识，掌握液压系统的分析方法，为液压系统的设计、调试、使用和维护打下基础。

第一节　M1432A 型万能外圆磨床液压系统分析

一、概述

M1432A 型万能外圆磨床主要用于磨削圆柱、圆锥或阶梯轴的外圆表面以及阶梯轴的端面等，使用内圆磨头附件还可以磨削内圆和内锥孔表面。为了完成上述加工，外圆磨床要求液压系统完成的主要运动有工作台的自动往复运动、砂轮架快速进退以及径向周期切入进给运动、尾架顶尖的自动松开等。

根据外圆磨床磨削工艺的特点，对液压系统主要提出以下要求：

1）磨床一般是精加工机床，要求工作台的往复运动能在较大的范围内实现无级调速，工作台的调速范围为 $(0.83 \sim 66.67) \times 10^{-3}$ m/s。

2）工作台的换向要求平稳无冲击，起动、停止要迅速。在磨削凸肩或不通孔时，为了防止砂轮碰到工件，要求工作台在相同速度下有不变的换向点位置，即同速换向误差一般要求不大于 0.03～0.05mm，异速换向误差不大于 0.3mm。

3）在磨削外圆时（尤其是大直径外圆），为避免工件两端由于磨削时间较短而使尺寸偏大，要求工作台在换向点上做短暂停留，停留时间应能根据需要调节（一般为 0～5s）。

4）在修整砂轮时要求最低稳定速度达 10～30mm/min，工作台换向不应出现停顿时间过长的现象。

5）在切入磨削时，或在工件长度略大于砂轮宽度的情况下进行纵向磨削时，为了降低工件表面粗糙度值和提高效率，工作台需做短行程（1～3mm）频繁（100～150 次/min）往复运动（称为抖动）。

二、M1432A 型万能外圆磨床液压系统工作原理

M1432A 型万能外圆磨床液压系统如图 17-1 所示。

1. 工作台往复运动

（1）往复运动时的油路走向及调速　当开停阀处于"开"位（右位），先导阀和换向阀的阀芯均处于

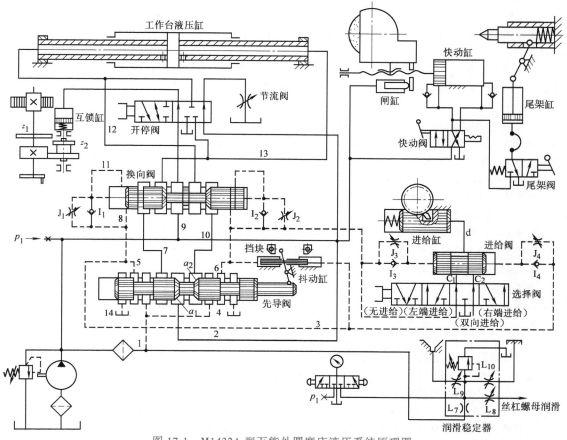

图 17-1　M1432A 型万能外圆磨床液压系统原理图

右端位置时，液压缸向右运行。其油路走向为：

进油路：液压泵→油路 9→换向阀→油路 13→液压缸右腔。

回油路：液压缸左腔→油路 12→换向阀→油路 10→先导阀→油路 2→开停阀右位→节流阀→油箱。

当工作台向右运行到预定位置时，其上的左挡块拨动先导阀操纵杆，使阀芯移到左端位置。这样，换向阀右腔接通控制压力油，而左腔与油箱连通，使阀芯处于左端位置。其控制油路走向为：

进油路：液压泵→精密过滤器→油路 1→油路 4→先导阀→油路 6→单向阀 I_2→换向阀右腔。

回油路：换向阀左腔→油路 8→油路 5→先导阀→油路 14→油箱。

当换向阀阀芯处于左端位置后，主油路走向为：

进油路：液压泵→油路 9→换向阀→油路 12→液压缸左腔。

回油路：液压缸右腔→油路 13→换向阀→油路 7→先导阀→油路 2→开停阀右位→节流阀→油箱。

这时，液压缸带动工作台向左运动。当运动到预定位置时，工作台上右挡块拨动先导阀操纵杆，使阀芯又移到右端位置，则控制油路使换向阀切换，工作台又向右运行。工作台这样周而复始地往复运动，直到开停阀转到停位（左位）方可停止。工作台往复运动速度由节流阀调节，速度范围为 $(0.83 \sim 66.67) \times 10^{-3}$ m/s。

（2）换向过程　液压缸换向时，先导阀阀芯先受到挡块操纵而移动，先导阀换向后，操纵液动换向阀的控制油路的进油路如前述走向，而其回油路先后三次变换油路走向，使换向阀阀芯依次产生第一次快跳→慢速移动→第二次快跳。这样就使液压缸的换向过程经历了迅速制动、停留和迅速反向起动三个阶段。其具体过程如下：

当工作台向右运行到左挡块碰到先导阀操纵杆使其阀芯向左移动时，其上的右制动锥 a_2 逐渐将液压缸的回油通道关小，液压缸逐渐减速实现预制动。当先导阀阀芯移动，其右部环槽将控制油路 4 与 6 接通，

其左部环槽将油路5与油箱接通时，控制油路被切换，此时的控制油路走向为：

进油路：液压泵→精密过滤器→油路1→油路4→先导阀→油路6→单向阀 I_2→换向阀右腔。

换向阀左腔至油箱的回油视阀芯的位置不同，先后有三条油路。第一条油路是在阀芯开始移动阶段的回油线路：

换向阀左腔→油路8→油路5→先导阀→油箱。此回油路中无节流元件，油路畅通无阻，所以阀芯移动速度高，产生第一次快跳。第一次快跳使阀芯中部台肩移到阀套的沉割槽处，导致液压缸两腔的油路连通，工作台停止运动。

当换向阀阀芯左端圆柱部分将油路8覆盖后，第一次快跳结束。其后，左腔的回油只能经节流阀 J_1 至油路5回油箱，这样，阀芯按节流阀 J_1 调定的速度慢速移动。在此期间，液压缸两腔油路继续互通，工作台停止状态持续一段时间。这就是工作台反向前的端点停留，停留时间由节流阀 J_1 调定，调节范围为 $0\sim5s$。

当换向阀阀芯移到左部环槽将油路11与8连通时，阀芯左腔的回油管通道又变得畅通无阻，阀芯产生第二次快跳。这样，主油路被切换，工作台迅速反向起动向左运动，至此换向过程结束。

2. 砂轮架的快速进退运动

砂轮架上丝杠螺母机构的丝杠与液压缸（快动缸）活塞杆连接在一起，其快进和快退由快动缸驱动，通过手动换向阀（快动阀）控制。当快动阀右位接入系统时，快动缸右腔进入压力油，左腔与油箱接通，砂轮架快进。反之，当快动阀左位接入系统时，砂轮架快退。

为了防止砂轮架快速进退到终点处引起冲击，在快动缸两端设有缓冲装置，并设有柱塞缸（闸缸）抵住砂轮架，用以消除丝杠螺母间的间隙，使其重复定位误差不大于 $0.005mm$。

3. 砂轮架的周期进给运动

砂轮架的周期进给是在工作台往复运动到终点停留时自动进行的。它由进给阀操纵，经进给缸柱塞上的棘爪拨动棘轮，再通过齿轮、丝杠螺母等传动副带动砂轮架实现的。进给缸右腔进压力油时为一次进给，通油箱时为空程复位无进给。这个间歇式周期性进给运动可在工件左端停留（工作台向右运行到终点）时进行，也可在工件右端停留时进行，还可在两端停留时进行，也可不进行。图17-1中选择阀的位置是"双向进给"。当工作台向右运行到终点时，由于先导阀已将控制油路切换，其油路走向为：

进油路：液压泵→精密过滤器→油路1→油路4→先导阀→油路6→选择阀→进给阀 C_1 口→油路d→进给缸右腔。

这样，进给缸柱塞向左移动，砂轮架产生一次进给。与此同时，控制压力油经节流阀 J_3 进入进给阀左腔，而进给阀右腔液压油经单向阀 I_4、先导阀左部环槽与油箱连通。于是进给阀阀芯移到右端，将 C_1 口关闭，C_2 口打开。这样，进给缸右腔经油路d、进给阀 C_2 口、选择阀、油路3、先导阀左端环槽与油箱连通，结果进给缸柱塞在其左端弹簧作用下移到右端，为下一次进给做好准备。进给量的大小由棘轮棘爪机构调整，进给速度通过节流阀来调整。当工作台向右运行时，砂轮架在工件右端进给的过程与上述相同。

4. 工作台往复液压驱动与手动互锁

为了满足调整工作台的需要，工作台往复运动设有手动机构。手动是由手轮经齿轮齿条等传动副实现的。当工作台运动时，手摇工作台应失效，以免手轮转动伤人。只有在工作台开停阀手柄置于停的位置时，才能手摇工作台移动。这个互锁动作是由互锁缸实现的。当开停阀处于开的位置（右位接入系统）时，互锁缸通入压力油，推动活塞使齿轮 Z_1 和 Z_2 脱开，工作台的运动不会带动手轮转动。当开停阀处于停的位置（左位接入系统）时，互锁缸接通油箱，活塞在弹簧力作用下移动，使齿轮 z_1 和 z_2 啮合，手动传动机构接通。同时工作台液压缸两腔通过开停阀和压力油互通而处于浮动状态，这时转动手轮就可以使工作台运动。

5. 尾架顶尖的退回

工作台上尾架内的顶尖起夹持工件的作用。顶尖伸出由弹簧实现，退回由尾架缸实现，通过脚踏式尾架阀操纵。顶尖只在砂轮架快速退离工件后才能退回，以确保安全，故系统中的压力油从进入快动缸左腔的油路上引向尾架阀。

6. 工作台的抖动

如图17-1所示，左右两个抖动缸安装在先导阀换向拨杆的两侧，其压力油由控制油路5和6供给。在换向过程中使先导阀快跳，其目的是把换向阀的主回油口关闭，并迅速接通和开大换向后的主回油口和控制油路的通油口。其主要作用如下：

1）克服工作台慢速运动时停留时间长、换向迟缓等缺陷。高精度磨削或修整砂轮时，工作台要以极低的速度（一般要求低于 0.5×10^{-3} m/s）运动，这时先导阀在工作台挡块、拨杆的带动下也以极低的速度移动，从而使控制油路 5→14（或 6→4）打开得太慢而造成换向快跳减慢，直到换向阀走完第一次快跳路程，工作台才停止运动。工作台低速换向点位置落后于高速换向点位置，异速换向精度降低，而且工作台速度越慢，异速换向精度越差。同时，由于油路 5→14 来不及开大，工作台已停止运动。若无抖动缸作用，先导阀也停止运动，使控制油路及主回油路不通畅，则换向阀以较慢的速度通过停留区，造成换向停留时间延长，换向迟缓。为了消除上述现象，可借助于抖动缸使先导阀在接通换向阀的控制油路和打开主回油口后进行快跳。其工作过程如下：

如图 17-1 所示，工作台右行，挡块碰撞换向拨杆，使先导阀左移，当将主回油通道 10→2 关闭时，通道 6→4、5→14 被打开，控制油几乎同时进入换向阀右腔和左抖动缸的左腔，由于抖动缸直径比换向阀直径要小，所以抖动缸迅速动作，迫使先导阀向左快跳到底，控制油通道 6→4、5→14 以及主回油路通道 7→2 完全打开；若换向阀向左快跳到打开通道 9→12，关闭通道 9→13 的位置（此时停留阀 J_1 应开得最大），则工作台换向并反向迅速起动。这样，换向阀的动作不受工作台速度的限制而避免了上述现象。

2）在切入磨削时，使工作台抖动可以降低工件表面粗糙度值和提高工作效率。如上所述，当把工作台左、右两挡块调整得很近，甚至夹住换向拨杆时，在抖动缸的推动下，使先导阀左右快跳，则换向阀也同时作左右快跳，此时停留阀应开得最大，使进入液压缸的压力油迅速交替改变，工作台便做短距离频繁抖动。

7. 润滑

导轨和丝杠螺母副的润滑如图 17-1 所示。压力油经精密过滤器后分成两路：一路进入先导阀作为控制油；另一路进入润滑稳定器作为润滑油，润滑油由阻尼孔 L_7 降压。润滑油路要求的压力可用稳定器中的压力阀调节，使其有 0.05~0.2MPa 的压力。三个润滑点（矩形导轨、V 形导轨、砂轮架丝杠螺母副）分别用三个节流器 L_{10}、L_9、L_8 调节流量，以保证有适量的润滑油。

三、M1432A 型万能外圆磨床液压系统特点

M1432A 型万能外圆磨床液压系统采用 HYY21/3P—25T 型快跳式液压操纵箱，其结构紧凑，操纵方便，换向精度高，换向平稳性好。这是因为：

1）该操纵箱将换向过程分为预制动、终制动、反向迅速起动三个阶段。预制动的主要作用是将工作台的速度降低，为工作台准确停步创造条件。由于预制动是行程控制方式，每次预制动结束时，工作台的位置和速度基本相同，从而提高了终制动在同速和异速时的位置精度。

2）当预制动结束时，抖动缸使先导阀阀芯快跳，这样不仅使切换后的控制油路畅通无阻，为换向阀阀芯的快跳提供了条件，而且快跳后的先导阀阀芯将主油路的回油通道关闭，有强制工作台停止的作用。先导阀阀芯的快跳与换向阀阀芯的快跳几乎同时完成，这样不仅提高了工作台终制动的位置精度，而且能保证制动平稳无冲击。

3）由于液压操纵箱内增加了一对抖动缸，可实现工作台抖动，并保证了低速换向的可靠性。

工作台往复运动采用结构简单的节流阀调速，功率损失较小。这对于负载力不大且基本恒定的磨床来说是适宜的。此外，节流阀位于液压缸出口油路中，不仅为液压缸建立了背压，有助于运动平稳，而且经节流阀发热的液压油直接流回油箱冷却，减少了热量对机床变形的影响。

第二节 液压机液压系统分析

一、概述

液压机是锻压、冲压、冷挤、校直、弯曲、粉末冶金、成形等工艺中广泛使用的压力加工机械。按其工作介质是油或水（乳化液），液压机可分为油压机和水压机两种。液压机要求液压系统完成的主要动作是：主缸滑块的快速下行、慢速加压、保压、泄压、快速回程以及在任意位置停止，顶出缸活塞的顶出、

退回等。在进行薄板拉伸时，有时还需要利用顶出缸将坯料压紧。液压机液压系统是一种以压力变换为主的系统，由于系统压力高、流量大、功率大，因此，要特别注意原动机的功率利用率，且必须防止泄压时产生液压冲击。

二、5000kN 单动薄板冲压机插装阀集成液压系统工作原理

本节介绍一种以油为介质的 5000kN 单动薄板冲压机插装阀集成液压系统，如图 17-2 所示。系统压力为 32MPa，流量为 $3.33 \times 10^{-3} \mathrm{m}^3/\mathrm{s}$（200L/min）。系统主油路由五个单元构成，单元块① 为主泵（恒功率变量泵）调压单元，其中方向阀插件 1 为单向阀，阀 2 为压力阀插件，阀 14 为缓冲器，用来减小主泵卸荷时的液压冲击，先导式溢流阀 16 用于限制系统的最大工作压力，先导式溢流阀 15 用于调节主缸工作时的最大工作压力。

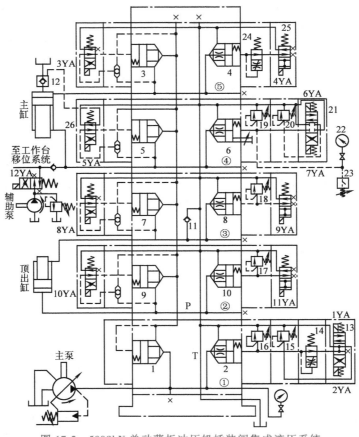

图 17-2 5000kN 单动薄板冲压机插装阀集成液压系统

1、3、5、7、9—方向阀插件 2、4、6、8、10—压力阀插件 11—单向阀 12—充液阀
13、21、25、26—电磁阀 14、24—缓冲器 15～20—溢流阀 22—压力表 23—压力继电器

四个单元块②、③、④、⑤ 均为主泵油路系统换向单元，每两个单元构成一个三位四通换向回路，分别控制液压机主缸和顶出缸换向。其中阀 3、5、7 和 9 为方向阀插件，作为液压缸的进油阀；阀 4、6、8 和 10 为压力阀插件；阀 24 为缓冲器，用来减小主缸上腔泄压时的液压冲击；先导式溢流阀 17、18 分别调节顶出缸顶出和回程时的工作压力；先导式溢流阀 20 用来调节工作行程时主缸下缸背压；先导式溢流阀 19 用来调节平衡压力，以支承主缸活动横梁的质量。

五个单元中的插装阀，除阀 6 以外，全部采用 φ32mm 通径的插装阀。为保证快速下行的速度，主缸下腔放油量较大，故阀 6 采用 φ50mm 通径的插装阀，且开度可调节。

液压系统工作循环电磁铁动作顺序见表 17-1。其主缸动作循环如下所述。

表 17-1 液压系统工作循环电磁铁动作顺序表

顺序 缸别	电磁铁 名称	1YA	2YA	3YA	4YA	5YA	6YA	7YA	8YA	9YA	10YA	11YA	12YA
主缸	快速下行		+	+			+						
	减速加压		+	+				+					
	保压												
	泄压			+									
	回程	+			+	+							+
	停止												
顶出缸	顶出	+								+	+		
	停止												
	回程	+							+			+	

注:"+"表示电磁铁通电。

1. 快速下行

电磁铁 2YA、3YA、6YA 通电,插装阀 2 关闭,插装阀 3、插装阀 6 开启,主泵供油进入主缸上腔,主缸下腔油液经插装阀 6 快速排油。其油路走向为:

进油路:主泵→插装阀 1→压力油通道 P→插装阀 3→主缸上腔。

回油路:主缸下腔→插装阀 6→回油通道 T→油箱。

液压机活动横梁在自重作用下加速下行,主缸上腔产生负压,吸开充液阀 12 对上腔进行充液,下行速度的调节可通过调节插装阀 6 阀芯的开启量来实现。

2. 减速加压

当滑块下降至一定位置触动行程开关使电磁铁 6YA 断电、7YA 通电时,插装阀 6 的弹簧腔与先导溢流阀 20 接通,使主缸下腔产生一定的背压,活动横梁逐渐减速,充液阀 12 逐渐关闭,系统转入工作行程。

当主缸减速下行接近工件时,主缸上腔压力升高(主缸上腔压力由压制负载决定),主泵输出流量自动减小,当压力上升到溢流阀 15 的调定压力时,从主泵来的高压油全部经插装阀 2 溢流回油箱,滑块停止运动。

3. 保压

当主缸上腔压力达到所要求的工作压力时,电接点压力表 22 发出信号,使电磁铁全部断电,插装阀 3、4、5 和 6 全部关闭,主缸上腔闭锁而实现保压。同时,插装阀 2 开启,主泵卸荷。保压性能取决于电磁阀 25 和插装阀 4 的泄漏量。

4. 泄压

当主缸上腔保压到一定时间后,由时间继电器发出信号使电磁铁 4YA 通电,插装阀 4 弹簧腔通过缓冲器 24 和电磁阀 25 与油箱相通。由于缓冲器 24 的作用,主缸上腔缓慢泄压。调节缓冲器节流阻尼的大小,能有效地消除液压冲击。

5. 回程

当主缸上腔压力降至一定值后,压力继电器 23 发出信号,使电磁铁 1YA、4YA、5YA 通电,插装阀 2 关闭,插装阀 4、5 开启。同时,控制油经电磁阀 26 进入充液阀 12 控制油路,顶开充液阀 12。其主油路走向为:

进油路:主泵→插装阀 1→压力油通道 P→插装阀 5→进入主缸下腔。为了加快活动横梁的回程速度,电磁铁 12YA 通电,使辅助泵的油也进入主缸下腔。

回油路:主缸上腔$\begin{cases} \to 充液阀 12 \to 充液箱。 \\ \to 插装阀 4 \to 回油通道 T \to 油箱。 \end{cases}$

6. 停止

活动横梁回到上端位置，触动限位开关（或按停止按钮），全部电磁铁断电，插装阀3、4、5和6全部关闭，插装阀2开启使主泵卸荷，液压机处于停止状态。

顶出缸的工作循环也可根据表17-1得出。辅助泵系统主要使工作台移动机构动作，其流量较小。工作台移动机构液压系统相关内容在此从略。

三、液压系统特点

1）系统采用插装阀集成液压系统，可使整个系统体积和质量大为减小，且结构紧凑，系统流量越大，其优点越显著；又因采用插装阀集成，系统密封性好，压力损失小。

2）系统采用恒功率变量泵供油，具有压力低时流量大、压力高时流量小的特点；采用充液阀来补充快速下行时液压泵供油的不足，既符合工艺要求，又节省了能量，使系统功率利用更加合理。

3）系统采用缓冲器24和14，能防止主缸上腔泄压和主泵卸荷时产生的液压冲击。此外，在进油阀的控制油路上设置梭阀，能防止反压将插装阀自动打开，避免系统产生误动作。

第三节　挖掘机液压系统分析

一、概述

单斗液压挖掘机由工作装置、回转机构及行走机构三部分组成。工作装置包括动臂、斗杆及铲斗，若更换工作装置，还可进行正铲、抓斗及装载作业。上述所有机构的动作均由液压驱动。

图17-3所示为履带式单斗液压挖掘机（反铲）简图，其工作循环主要包括：

（1）挖掘　在坚硬土壤中挖掘时，一般以斗杆缸2动作为主，用铲斗缸3调整切削角度，配合挖掘。在松散土壤中挖掘时，则以铲斗缸3动作为主，必要时（如铲平基坑底面或修整斜坡等有特殊要求的挖掘动作），铲斗、斗杆、动臂三个液压缸需根据作业要求复合动作，以保证铲斗按特定轨迹运动。

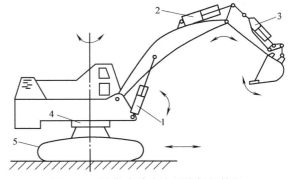

图17-3　履带式单斗液压挖掘机简图
1—动臂缸　2—斗杆缸　3—铲斗缸
4—回转平台　5—行走履带

（2）满斗提升及回转　挖掘结束时，铲斗缸推出，动臂缸顶起，满斗提升。同时，回转液压马达转动，驱动回转平台4向卸载方向旋转。

（3）卸载　当回转平台回转到卸载处时，回转停止。通过动臂缸和铲斗缸配合动作，使铲斗对准卸载位置。然后铲斗缸内缩，铲斗向上翻转卸载。

（4）返回　卸载结束后，回转平台反转，配以动臂缸、斗杆缸及铲斗缸的复合动作，将空斗返回到新的挖掘位置，开始第二个工作循环。为了调整挖掘点，还要借助行走机构驱动整机行走。

二、液压系统工作原理

国产1m³（即反铲斗容量）履带式单斗液压挖掘机液压系统工作原理如图17-4所示。该系统为高压定量双泵双回路开式系统，液压泵1、2输出的压力油分别进入两组多路换向阀A和B。进入多路换向阀组A的压力油驱动回转液压马达3、铲斗缸14，同时经中央回转接头9驱动左行走马达（左5和左6）；进入多路换向阀组B的压力油，驱动动臂缸16、斗杆缸15，并经中央回转接头9驱动右行走马达（右5和右6）。从多路换向阀组A、B输出的压力油都要经过限速阀10进入总回油管，再经背压阀19、冷却器21、过滤器22流回油箱。当各换向阀均处于中间位置时，系统卸荷。

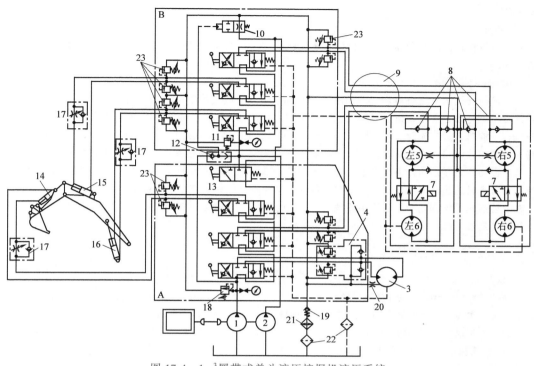

图 17-4 1m³履带式单斗液压挖掘机液压系统

1、2—液压泵 3—回转液压马达 4—缓冲补油阀组 左5和左6—左履带行走马达 右5和右6—右履带行走马达
7—行走马达中的双速阀 8—补油单向阀 9—中央回转接头 10—限速阀 11、18—溢流阀 12—梭阀 13—合流阀
14—铲斗缸 15—斗杆缸 16—动臂缸 17—单向节流阀 19—背压阀 20—节流阀 21—冷却器 22—过滤器 23—缓冲阀

液压泵1、2均为阀配流式径向柱塞泵,其排量为$2 \times 1.04 \times 10^{-5} \mathrm{m}^3/\mathrm{r}$,额定压力为32MPa。两泵共用一个壳体,每边三个柱塞自成一泵,由同一根曲轴驱动。

回转液压马达及行走液压马达均为内曲线多作用径向柱塞马达,前者排量为$3.18 \times 10^{-4} \mathrm{m}^3/\mathrm{r}$,后者排量为$2 \times 6.36 \times 10^{-4} \mathrm{m}^3/\mathrm{r}$。

1. 一般操作回路

单一动作供油时,操作某一换向阀,即可控制相应的执行机构工作;串联供油时,只需同时操作几个换向阀,切断卸荷回路,泵的流量进入第一个执行机构,循环后又进入第二个执行机构,依此类推。由于是串联回路,在轻载下可实现多机构的同时动作。各执行机构要短时锁紧或制动时,可操作相应换向阀使其处于中位来实现。

2. 合流回路

手控合流阀13在右位时起分流作用。当多路换向阀组A控制的执行机构不工作时,操作此阀(使阀处于左位),则泵1输出的压力油经多路换向阀组A进入多路换向阀组B,使两泵合流,从而提高多路换向阀组B控制的执行机构的工作速度。一般动臂、斗杆机构常需快速动作,以提高工作效率。

3. 限速回路

多路换向阀组A和B的回油都要经过限速阀10流至回油总管。限速阀的作用是自动控制挖掘机下坡时的行走速度,防止其超速溜坡。行走马达中的双速阀7可使马达中的两排柱塞实现串、并联转换。当双速阀7处于图示位置时,高压油并联进入每个马达的两排油腔,行走马达处于低速大转矩工况,此工况常用于道路阻力大或上坡行驶工况。当双速阀7处于另一位置时,可使每个马达的两排油腔处于串联工作状态,行走马达输出转矩小,转速高,行走马达处于高速小转矩工况,因而该挖掘机具有两种行驶速度:3.4km/h 和1.7km/h。此外,为限制动臂和斗杆机构的下降速度和防止其在自重下超速下降,在它们的支路上设置了单向节流阀 17。

4. 调压、安全回路

各执行机构进油路与回油总管之间都设有溢流阀 18 和 11，以分别控制两回路的工作压力，其调定压力均为 32MPa。

5. 背压补油回路

进入液压马达内部（柱塞腔、配油轴内腔）和马达壳体内（渗漏低压油）的液压油温度不同，使马达各零件膨胀不一致，会造成密封滑动面卡死。为防止这种现象发生，通常在马达壳体内（渗漏腔）引出两个油口，一油口通过节流阀 20 与有背压的回油路相通，另一油口直接与油箱相通（无背压）。这样，背压回路中的低压热油（0.8~1.2MPa）经节流阀 20 减压后进入液压马达壳体，使马达壳体内保持一定的循环油，从而使马达各零件内外温度和液压油油温保持一致。壳体内油液的循环流动还可冲掉壳体内的磨损物。此外，在行走马达超速时，可通过补油单向阀 8 向马达补油，防止液压马达吸空。

在上述液压系统回路中设置了风冷式冷却器 21，使系统在连续工作条件下，油温保持在 50~70℃ 范围内，最高不超过 80℃。

三、液压系统的特点

1）液压系统具有较高的生产率，并能充分利用发动机功率。由于该液压挖掘机采用了双泵双回路系统，泵 1、2 分别向多路阀组 A、B 控制的执行机构供油，因而分属这两回路中的任意两机构无论是在轻载还是在重载下，都可实现无干扰的复合动作，如铲斗和动臂、铲斗和斗杆的复合动作；多路阀组 A、B 所控制的执行机构在轻载时也可实现多机构同时动作。因此，系统具有较高的生产率，能充分利用发动机的功率。

2）系统能保证在负载变化大以及急剧冲击、振动的工作条件下有足够的可靠性。单斗挖掘机各主要机构起动、制动频繁，工作负荷变化大、振动冲击大。由于系统具有较完善的安全装置（如防止动臂、斗杆因自重快速下降装置，防止整机超速溜坡装置等），从而保证了系统在工作负载变化大且有急剧冲击和振动的作业条件下，仍具有可靠的工作性能。

3）系统液压元件的布置均采用集成化方式，安装及维修保养方便。例如，所用的压力调节均集中在多路换向阀阀体内，所有过滤元件均集中在油箱上，双速阀同双速马达组成一体。这样，在几个单元总成之间，只需通过管路进行连接即可，便于安装及维修保养。

4）由于系统采用了轻便、耐振的油液冷却装置和排油回路，可保证系统在工作环境恶劣、温度变化大、连续作业条件下，油温不超过 80℃，从而保证了系统工作性能的稳定。

第四节 液压起货机液压系统分析

一、概述

船舶起货机有吊杆式、旋转式及桅杆动臂式等多种形式，其中双吊杆式液压起货机是运输船舶上广泛使用的一种形式。图 17-5 所示为双吊杆式起货机液压系统，该系统能完成的主要动作有提升重物、重物在空中任意位置停留、放下重物、收放绳索以及安全与过载保护等。

二、液压起货机液压系统

图 17-5 中双向液压泵 a（两台）由双出轴电动机拖动，液压马达 b（两台）拖动卷筒，以吊起重物。该系统采用闭式回路，依靠双向变量泵 a 实现调速和换向。

1. 起重作业

在图 17-5 所示位置，制动缸 8 的有杆腔经阀 3 的右位与油箱 1 相通，制动器在制动缸内弹簧的作用下抱闸，使液压马达 b 制动。此时液压泵 a 的斜盘处于零位（即斜盘倾角为零）。起重作业时，A 边始终为高压。这时，泵 a 的斜盘倾向一方，与泵 a 联动的阀 3 立即通电，由右位换至左位。同时，辅助泵 c 输出的低压冷油（其工作压力由溢流阀 9 限定）分为两路：一路经单向阀 2 进入低压管路 B 边对系统补油，并作用

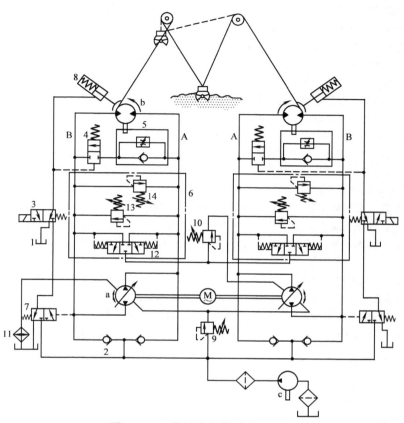

图 17-5　双吊杆式起货机液压系统

1—油箱　2—单向阀　3—电磁换向阀　4—旁通阀　5—单向节流阀　6—阀组　7—失压保护阀

8—制动缸　9、13、14—溢流阀　10—背压阀　11—冷却器　12—液动换向阀

于失压保护阀 7 的右端，使阀 7 由左位换至右位；另一路经阀 7 的右位、阀 3 使零位旁通阀 4 呈关闭状态，并进入制动缸 8 的有杆腔，使制动器松闸。于是，泵 a 自 B 边吸油，向 A 边排油，将压力油输入液压马达 b 的进油腔，使液压马达 b 按图示方向旋转，起升重物。A、B 边的压力油分别作用于液动换向阀 12 的右、左两端，但因 A 边油压高于 B 边，阀 12 的右位机能起作用，所以低压 B 边的部分热油经阀 12 的右位、背压阀 10 及泵 a 的壳体冷却后，再经冷却器 11 流回油箱。

2. **重物在空中任意位置停留**

操纵变量泵 a 的变量机构，使泵 a 的斜盘回零位（即斜盘倾角为零），阀 3 的电磁铁即断电，制动缸 8 的有杆腔随即经阀 3 的右位与油箱相通，制动器抱闸，使液压马达 b 制动，重物悬吊在空中。阀 4 在弹簧力作用下回到接通位。这时即使变量泵 a 因斜盘有回零误差而继续排油，也能经阀 4 而旁通，实现卸荷。

3. **放下重物**

放下重物时，A 边仍为高压。操纵变量泵 a 的变量机构，泵 a 的斜盘向另一方向偏转。这时阀 3、泵 c、阀 7、阀 4 及制动缸 8 的工作状态与起重作业时相同。于是泵 a 自 A 边吸油，向 B 边排油，液压马达 b 按与图示相反的方向转动，放下重物。

重物下降时，液压马达 b 在重物作用下，其转速将大于泵 a 提供的流量所能达到的转速，因而液压马达 b 在重物的拖动下旋转，排油输给泵 a 的上腔，泵 a 下腔的回油进入液压马达 b 的左腔。因此，液压泵 a 呈液压马达工况，泵 a 的转速大于拖动其旋转的电动机的同步转速，使泵 a 带动电动机旋转发电（把电能输给电网中的其他负载，回收电能）。而电动机此时产生的制动力矩便是泵 a 的外界负载，使 A 边中的油压呈高压状态。这时，重物对液压马达 b 的主动力矩（拖动力矩）与 A 边中的高压油对液压马达 b 产生的反

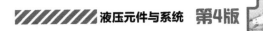

力矩相平衡，所以重物匀速下降，且下降速度与重量无关，只取决于泵 a 的排量大小。操纵变量泵 a 的变量机构，使排量增加或减小，重物下降的速度也随之变化。

在重物匀速下降过程中，辅助泵 c 的工作情形与起重作业时一样。为使补油和冷却充分，溢流阀 9 的调定压力应稍大于背压阀 10 的调定值。

4. 收放绳索

液压马达 b 输出轴与起升卷筒相连。卷筒轴端有绳索绞盘。在船舶靠岸的作业中，由于液压马达的正反转都能使绳索绞盘收绳，所以系统 A、B 边都有可能成为高压边。

5. 安全及过载保护

在系统工作过程中，当泵 a 突然失压或压力管路（如高压管路 A）突然破裂时，重物将拖动绞盘迅速下降。这时，失压保护阀 7 被弹簧推回左位，制动缸 8 有杆腔立即经阀 3 左位、阀 7 左位与油箱相通，制动缸 8 抱闸、制动，以防止重物坠落。

当系统停止起重或下放重物作业，欲将重物悬吊于空中，而制动缸 8 及其推动的制动器失灵、刹不住起升卷筒时，液压马达在重物的作用下旋转，由于泵的变量机构（斜盘）在零位，马达右腔的排油只能经单向节流阀 5 中的节流阀再回到左腔，故 A 边中的油液呈高压状态，从而可防止重物的过快坠落。

当系统开始起重或下放重物作业，制动缸 8 松闸，而阀 4 因阀芯卡住造成液压马达 b 旁通短路时，单向节流阀 5 中的节流阀也能限制马达的转速，防止重物快速坠落。

在起重和下放作业时，系统中的 A 边皆为高压，但在收放绳索作业时，B 边也可能为高压。故系统中设置了 13、14 两个溢流阀作为安全阀，分别防止 A、B 两边过载，起双向安全保护作用。

三、液压起货机液压系统的特点

1）系统采用双向变量泵和双向定量马达组成闭式回路，通过调节变量泵斜盘倾角的大小和方向，实现上述起重作业。系统功率利用合理，效率高，油液发热量小。

2）系统不仅能通过制动缸等元件可靠地使机构锁紧（将重物悬吊在空中），还能方便地控制重物的下降速度，使电动机发电，再生能量。系统的这一作用称为"再生限速"。

3）系统在起重或下放作业时，若变量泵突然失压或高压管路突然破裂，系统中的失压保护阀将起作用，制动缸抱闸、制动，可防止重物坠落；当重物在空中停留，变量泵的变量机构在零位时，若制动缸失灵，液压马达右腔的排油只能经单向节流阀中的节流阀再回到左腔，故右边中的油液呈高压状态，从而可防止重物的过快坠落。因此，系统安全性高，过载保护能力强。

第五节　机械手液压系统分析

一、概述

机械手是模仿人的手部动作，按给定程序、轨迹和要求实现自动抓取、搬运和操作的自动装置，属于典型的机电一体化产品。特别是在高温、高压、多粉尘、易燃、易爆、放射性等恶劣环境下，以及笨重、单调、频繁的操作中，机械手能代替人作业，因此获得了日益广泛的应用。

机械手一般由执行机构、驱动系统、控制系统及检测装置组成，智能机械手还具有感觉系统和智能系统。驱动系统多数采用电液（气）机联合传动。

本节介绍的 JS01 工业机械手属于圆柱坐标式全液压驱动机械手，具有手臂升降、伸缩、回转和手腕回转四个自由度。执行机构相应由手部、手腕、手臂伸缩机构、手臂升降机构、手臂回转机构和回转定位装置等组成，每一部分均由液压缸驱动与控制。该机械手完成的动作循环为：

插定位销→手臂前伸→手指张开→手指夹紧抓料→手臂上升→手臂缩回→手腕回转180°→拔定位销→手臂回转95°→插定位销→手臂前伸→手臂中停（此时主机夹头下降夹料）→手指张开（此时主机夹头夹料上升）→手指闭合→手臂缩回→手臂下降→手腕回转复位→拔定位销→手臂回转复位→待料、液压泵卸荷。

二、JS01 工业机械手液压系统工作原理

图 17-6 所示为 JS01 工业机械手液压系统原理图。系统采用双联叶片泵 1、2 供油，泵的额定压力为 6.3MPa，大泵 1 的流量为 35L/min，小泵 2 的流量为 18L/min，其压力分别由电磁溢流阀 3 和 4 控制。减压阀 8 用于设定定位缸与控制油路所需的较低压力（1.5～1.8MPa），单向阀 5 和 6 分别用于保护泵 1 和泵 2，防止油液倒流。系统工作过程如下：

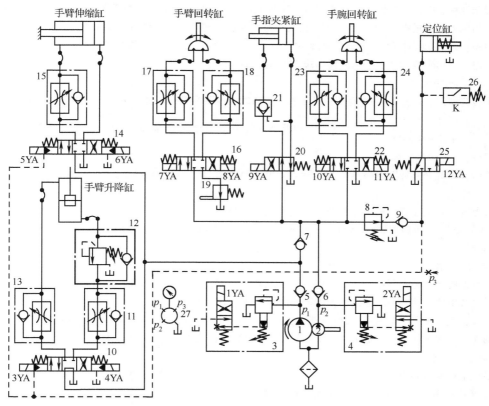

图 17-6 JS01 工业机械手液压系统原理图

1、2—双联叶片泵 3、4—电磁溢流阀 5、6、7、9—单向阀 8—减压阀 10、14—电液换向阀
11、13、15、17、18、23、24—单向调速阀 12—单向顺序阀 16、20、22、25—电磁换向阀
19—行程节流阀 21—液控单向阀 26—压力继电器 27—多点压力表开关

1. 插销定位

首先使电磁铁 1YA、2YA 通电，再起动双联叶片泵。双联叶片泵 1、2 输出的液压油经电磁溢流阀 3 和 4 回油箱，系统卸荷，机械手处于待料状态。

当棒料到达待上料位置，启动程序动作。电磁铁 2YA 断电，泵 2 停止卸荷。同时电磁铁 12YA 通电，定位缸接入油路。其油路为：

进油路：泵 2→单向阀 6→减压阀 8→单向阀 9→电磁换向阀 25（右位）→定位缸左腔。

2. 手臂前伸

插销定位后，此支路油压升高，使压力继电器 26 发出信号，电磁铁 1YA 断电、6YA 通电，泵 1、2 输出的压力油经单向阀 5、6 和 7 汇流到电液换向阀 14（右位），再进入手臂伸缩缸右腔。其油路为：

进油路：泵 1→单向阀 5

泵 2→单向阀 6→单向阀 7→电液换向阀 14（右位）→手臂伸缩缸右腔。

回油路：手臂伸缩缸左腔→单向调速阀 15→电液换向阀 14（右位）→油箱。

3. 手指张开

手臂前伸至适当位置后，行程开关发出信号，使电磁铁 1YA、9YA 通电，泵 1 卸荷；泵 2 输出的压力油经单向阀 6、电磁换向阀 20（左位）进入手指夹紧缸，使机械手指张开。其油路为：

进油路：泵 2→单向阀 6→电磁换向阀 20（左位）→手指夹紧缸右腔。

回油路：手指夹紧缸左腔→液控单向阀 21→电磁换向阀 20（左位）→油箱。

4. 手指夹紧抓料

手指张开后，时间继电器延时。待棒料由送料机构送到手指区域时，继电器发出信号使电磁铁 9YA 断电，泵 2 的压力油通过阀 20 的右位进入手指夹紧缸的左腔，使手指夹紧棒料。其油路为：

进油路：泵 2→单向阀 6→电磁换向阀 20（右位）→液控单向阀 21→手指夹紧缸左腔。

回油路：手指夹紧缸右腔→电磁换向阀 20（右位）→油箱。

5. 手臂上升

当手指抓料后，电磁铁 4YA 通电，泵 1 和泵 2 同时供油到手臂升降缸，手臂上升。其油路为：

进油路：$\left.\begin{array}{l}泵\ 2→单向阀\ 6→单向阀\ 7 \\ 泵\ 1→单向阀\ 5\end{array}\right\}$→电液换向阀 10（右位）→单向调速阀 11→单向顺序阀 12→手臂升降缸下腔。

回油路：手臂升降缸上腔→单向调速阀 13→电液换向阀 10（右位）→油箱。

6. 手臂缩回

手臂上升至预定位置，触及行程开关，使电磁铁 4YA 断电、5YA 通电，泵 1、2 输出的压力油经电液换向阀 14（左位）、单向调速阀 15 进入手臂伸缩缸左腔，右腔的回油经电液换向阀 14（左位）回油箱，手臂快速缩回。

7. 手腕回转 180°

当手臂上的挡块碰到行程开关后，电磁铁 5YA 断电，电液换向阀 14 复位，同时电磁铁 1YA、11YA 通电。此时泵 2 单独给手腕回转缸供油，使手腕回转 180°。其油路为：

进油路：泵 2→单向阀 6→电磁换向阀 22（右位）→单向调速阀 24→手腕回转缸（右腔）。

回油路：手腕回转缸（左腔）→单向调速阀 23→电磁换向阀 22（右位）→油箱。

8. 拔定位销

当手腕上的挡块碰到行程开关后，电磁铁 11YA 断电，电磁换向阀 22 复位，同时电磁铁 12YA 断电，定位缸在复位弹簧的作用下，其左腔油液经电磁换向阀 25（左位）回油箱，同时活塞杆缩回拔出定位销。

9. 手臂回转 95°

定位缸支路无油压后，压力继电器 26 发出信号，使电磁铁 8YA 通电，泵 2 的压力油经电磁换向阀 16（右位）、单向调速阀 18 进入手臂回转缸，使手臂回转 95°。

10. 插定位销

当手臂回转碰到行程开关时，电磁铁 8YA 断电，12YA 重新通电，插定位销动作同过程 1。

11. 手臂前伸

此动作顺序及各电磁铁通、断电状态同过程 2。

12. 手臂中停

当手臂前伸碰到行程开关后，电磁铁 6YA 断电，手臂伸缩缸停止动作，确保手臂将棒料送到准确位置处，"手臂中停"等待主机夹头夹紧棒料。

13. 手指张开

夹头夹紧棒料后，时间继电器发出信号，使电磁铁 1YA、9YA 通电，手指夹紧缸右腔进油，张开手指。进、回油路同过程 3。

14. 手指闭合

夹头移走棒料后，继电器发出信号，电磁铁 9YA 断电，手指闭合。进、回油路同过程 4。

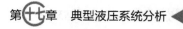

15. 手臂缩回

当手指闭合后，电磁铁 1YA 断电、5YA 通电，使泵 1 和泵 2 一起向手臂伸缩缸左腔供油，手臂缩回。油路同过程 6。

16. 手臂下降

手臂缩回碰到行程开关，电磁铁 5YA 断电、3YA 通电，电液换向阀 10（左位）接入油路，手臂升降缸下降。其油路为：

进油路：$\left.\begin{array}{l}泵\ 2\rightarrow单向阀\ 6\rightarrow单向阀\ 7\\ 泵\ 1\rightarrow单向阀\ 5\end{array}\right\}\rightarrow$电液换向阀 10（左位）$\rightarrow$单向调速阀 13$\rightarrow$手臂升降缸上腔。

回油路：手臂升降缸下腔$\rightarrow$单向顺序阀 12$\rightarrow$单向调速阀 11$\rightarrow$电液换向阀 10（左位）$\rightarrow$油箱。

17. 手腕回转复位

当升降导套上的挡铁碰到行程开关时，电磁铁 3YA 断电，电磁铁 1YA、10YA 通电。泵 2 供油经电磁换向阀 22（左位）、单向调速阀 23 进入手腕回转缸的左腔，使手腕反转 180°。

18. 拔定位销

手腕反转碰到行程开关后，电磁铁 10YA、12YA 断电。拔定位销动作顺序同过程 8。

19. 手臂回转复位

拔出定位销后，压力继电器 26 发出信号，电磁铁 7YA 通电，泵 2 压力油经电磁换向阀 16（左位）、单向调速阀 17 进入手臂回转缸的左腔，手臂反转 95°，机械手复位。

20. 待料、液压泵卸荷

手臂反转到位后，启动行程开关，使电磁铁 7YA 断电、2YA 通电。此时，两液压泵同时卸荷。机械手的动作循环结束，等待下一次循环。

三、JS01 工业机械手液压系统的特点

1）系统采用双联泵供油的方式，手臂升降及伸缩时由两台泵同时供油；手臂及手腕回转、手指松紧及定位缸工作时，仅由小流量泵 2 供油，大流量泵 1 自动卸荷，系统功率利用比较合理。

2）手臂的伸出和升降、手臂和手腕的回转分别采用单向调速阀实现回油节流调速，各执行机构速度可调，运动平稳。

3）手臂伸出、手腕回转到达端点前由行程开关切断油路，滑行缓冲，由固定挡铁定位保证精度。手臂缩回和手臂上升由行程开关适时发出信号，提前切断油路滑行缓冲并定位。此外，手臂伸缩缸和升降缸采用了电液换向阀换向，换向时间可调，能增强缓冲效果。由于手臂的回转部分质量较大，转速较高，运动惯性矩较大，手臂回转缸除采用单向调速阀回油节流调速外，还在回油路上安装有行程节流阀 19 进行减速缓冲，最后由定位缸插销定位，满足定位精度要求。

4）为使手指夹紧工件后不受系统压力波动的影响，保证牢固地夹紧工件，采用了具有液控单向阀 21 的锁紧回路。

5）手臂升降缸为立式液压缸，为支承平衡手臂运动部件的自重，采用了具有单向顺序阀 12 的平衡回路。

第六节　导弹发射勤务塔架液压系统分析

一、概述

导弹发射勤务塔架完成导弹的起竖、对接、检测、加注和发射等任务。它由塔体和塔架吊车两部分组成。塔体中的回转平台、水平工作台和电缆摆杆均为液压驱动。回转平台有两个，可以单独回转，也可以同时回转，回转平台撤收后由液压驱动的机械锁锁紧。回转平台内侧有两个可以垂直升降的水平工作台，其小距离调整用液压驱动，回转平台和水平工作台统称平台。

二、平台液压系统工作原理

某导弹发射勤务塔架平台液压系统如图 17-7 所示。平台液压系统完成回转平台开锁、回转平台合拢、回转平台撤收、回转平台闭锁、水平工作台上升、水平工作台下降、水平工作台调平等工作。

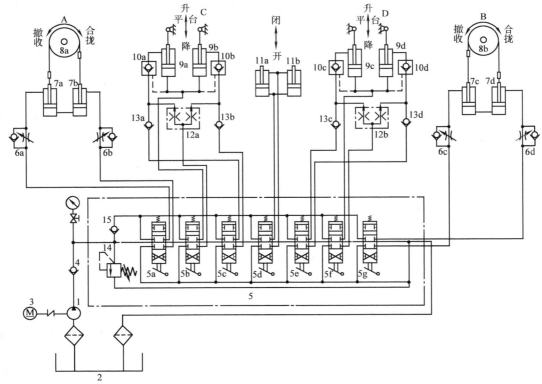

图 17-7　导弹发射勤务塔架平台液压系统

1—液压泵　2—油箱　3—电动机　4、13、15—单向阀　5—多路换向阀　6—单向节流阀　7—回转台液压缸　8—铰轴
9—水平工作台液压缸　10—液控单向阀　11—开闭锁液压缸　12—分流集流阀　14—溢流阀

1. 回转平台分析

（1）回转平台开锁　回转平台合拢前，先由开闭锁液压缸 11 打开机械锁紧装置，然后使多路换向阀 5d 处于下位。其油路走向为：

进油路：泵 1→阀 4→阀 15→阀 5d→缸 11a 和缸 11b 有杆腔。

回油路：缸 11a 和缸 11b 无杆腔→阀 5d→油箱 2。

此时，并联同步缸 11a 和 11b 活塞同步下行，完成开锁工作。开锁到位后，松开阀 5d 手柄，多路换向阀处于中位。液压泵排油→阀 4→多路阀中位→油箱 2，液压泵处于卸荷状态。

（2）回转平台合拢　有 A 和 B 两个回转平台。回转平台 A 的回转运动由多路换向阀 5a 控制，此时多路换向阀 5a 处于下位。其油路走向为：

进油路：泵 1→阀 4→阀 15→阀 5a→阀 6b 的单向阀→缸 7b 的有杆腔，缸 7b 活塞下行。

回油路：缸 7a、7b 为串联连接，所以回油路为缸 7a 有杆腔回油→阀 6a 的节流阀→阀 5a→油箱 2，缸 7a 活塞上行。

缸 7b 和缸 7a 同步牵引钢丝绳驱动铰轴 8a，带动回转平台 A 沿顺时针方向回转，完成回转平台 A 的合拢，合拢速度由单向节流阀 6a 调节。

合拢到位后松开 5a 手柄，多路换向阀处于中位。液压泵排油→阀 4→多路换向阀中位→油箱 2，液压泵处于卸荷状态。

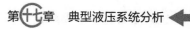

回转平台 B 的合拢由多路换向阀 5g 控制，由液压缸 7c 和 7d 驱动完成。其油路与回转平台 A 类似。

（3）回转平台撤收　回转平台的撤收由多路换向阀 5a 控制，此时多路换向阀 5a 处于上位。油液经阀 6a 进入缸 7a 有杆腔，缸 7b 有杆腔的回油经阀 6b 的节流阀调速，回转平台沿逆时针方向回转，回转速度由节流阀 6b 调节。回转到位松开手柄后，液压泵经多路换向阀 5a 中位卸荷。

（4）回转平台闭锁　回转平台撤收到位后，使多路换向阀 5d 处于上位。油液进入开闭锁液压缸 11a 和 11b 的无杆腔，活塞上行完成闭锁。

闭锁到位后松开手柄，液压泵经多路换向阀 5d 中位卸荷。

2. 水平工作台分析

（1）水平工作台上升　水平工作台 C 的上升由多路换向阀 5b 控制，此时多路换向阀 5b 处于下位。其油路走向为：

进油路：泵 1→阀 4→阀 15→阀 5b 下位→等量分流集流阀 12a→阀 10a 和阀 10b→水平工作台液压缸 9a 和 9b 有杆腔。

回油路：缸 9a 和 9b 无杆腔→阀 5b 下位→油箱 2。

此时，并联同步缸 9a 和 9b 同步上升（活塞杆固定）。上升到位后，松开 5b 手柄，液压泵经多路换向阀 5b 中位卸荷。

水平工作台 D 上升，由多路换向阀 5f 控制，分流集流阀 12b 控制并联同步缸 9c 和 9d 同步上升。其油路与水平工作台 C 类似。

（2）水平工作台下降　水平工作台 C 的下降由多路换向阀 5b 控制，此时多路换向阀 5b 处于上位。其油路走向为：

进油路：泵 1→阀 4→阀 15→阀 5b→缸 9a 和 9b 无杆腔。

回油路：缸 9a 和 9b 有杆腔→阀 10a 和阀 10b→阀 12a→阀 5b→油箱 2。

此时缸 9a 和 9b 同步下降。下降到位后，松开手柄，使液压泵经多路换向阀 5b 中位卸荷。

水平工作台 D 的下降由多路换向阀 5f 控制，分流集流阀 12b 控制缸 9c 和 9d 同步下降。其油路与水平工作台 C 类似。

（3）水平工作台调平　水平工作台上升和下降过程中，由于同步液压缸的制造误差、油液泄漏、等量分流集流阀误差的影响，使两个同步缸产生误差。为消除同步误差，系统中采用了补油回路，以消除同步缸上升到终点后所产生的同步积累误差。

水平工作台 C 补油调平油路的工作状况如下：

1）当缸 9b 上升到位，而缸 9a 还没到位时，使多路换向阀 5c 处于上位。其补油走向为：

进油路：泵 1→阀 4→阀 15→阀 5c→阀 13a→阀 10a→缸 9a 有杆腔。

回油路：缸 9a 无杆腔→阀 5b（阀 5b 依然处于下位）→油箱 2。缸 9a 相继上升到位。

2）当缸 9a 到位，而缸 9b 还没到位时，将阀 5c 手柄前推发出信号进行补油，此时阀 5c 处于下位。其补油路走向为：

进油路：泵 1→阀 4→阀 15→阀 5c→阀 13b→阀 10b→缸 9b 有杆腔。

回油路：缸 9b 无杆腔→阀 5b（下位）→油箱 2。缸 9b 相继到位。

缸 9c 和 9d 的同步积累误差由多路换向阀 5e 发出信号进行补油消除。其油路与缸 9a 和 9b 类似。

水平工作台下降时产生的同步积累误差也必须在上升到位后补油消除。

三、平台液压系统的特点

1）系统执行元件多，换向操作频繁。为减少换向元件数量，简化油路连接，方便操作，采用多路换向阀。多路换向阀将滑阀、溢流阀、单向阀复合在一起，油路并联，中位卸荷。

2）回转平台采用串联同步缸驱动，回油节流调速。

3）水平工作台用等量分流集流阀控制两个并联同步缸实现双向速度同步，采用补油调平保证了较高的同步精度。

4）开闭锁液压缸采用并联同步液压缸实现位置同步。由于开锁同步要求不高，故系统中未采用补油措施。

思考题和习题

17-1 如图17-8所示的系统，液压缸的有效工作面积 $A_1 = 100cm^2$，活塞杆横截面面积 $A_3 = 40cm^2$，液压缸快速运动速度为 $v_1 \geqslant 5m/min$，工作进给最大速度 $v_{2max} = 0.5m/min$，工作进给时最大正切削力为 $F_L = 25000N$，能承受的负切削力为 $F'_L = 6000N$，忽略方向阀内的压力损失、导轨摩擦、液压缸内的摩擦损失及泄漏。试求：

（1）液压泵所需的压力和流量。

（2）a、b、c 各点的最大压力和流量。

（3）通过阀 $1\sim6$ 的最大流量。

（4）阀 6 的调定压力。

17-2 试采用普通液压阀控制回路代替图17-2所示的采用插装阀的控制回路，使所代替的回路与图17-2所示回路的控制功能相同。

17-3 图17-9所示为某卧轴矩台精密平面磨床液压系统。系统由手动调节流量的双向变量叶片泵 1 供油，最大工作压力由溢流阀 5 调节，调节值为 $1.8\sim2MPa$；辅助压力油由泵 8 供给，压力为 $0.3\sim0.5MPa$；工作台由行程阀 11 控制换向。试分析：

（1）回路的形式和调速方式。

（2）换向时消除冲击的方法。

（3）补油和冷却方式。

（4）系统卸荷方式。

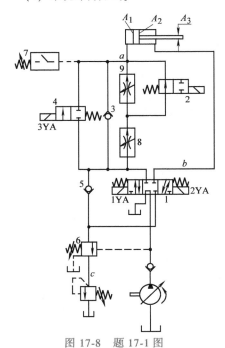

图 17-8　题 17-1 图

图 17-9　题 17-3 图

1—双向变量叶片泵　2—液动换向阀　3、9—过滤器
4—单向阀　5、10—溢流阀　6—手动换向阀　7—液压缸
8—齿轮泵　11—行程阀　12、13—单向节流阀

17-4 分析图17-10所示的液压系统，试说明：

（1）液压缸 Ⅰ、Ⅱ 的调速回路名称。

（2）填写系统电磁铁动作顺序表，见表17-2。

（3）各元件的名称及其在液压系统中的作用。

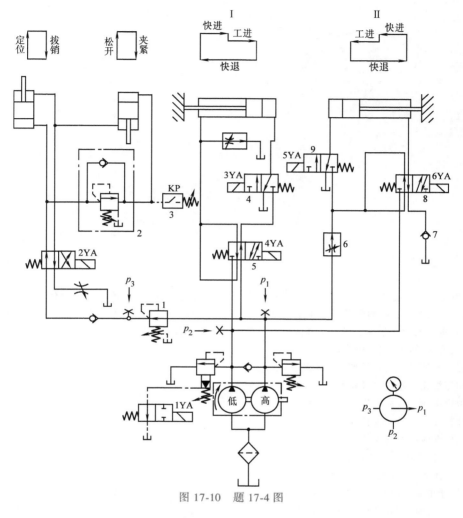

图 17-10　题 17-4 图

表 17-2　题 17-4 表

动作名称	电气元件							备　注
	1YA	2YA	3YA	4YA	5YA	6YA	KP	
定位夹紧								（1）Ⅰ、Ⅱ两个回路各自进行独立动作循环,互不约束 （2）4YA、6YA 中任意一个通电时,1YA 便通电;4YA、6YA 均断电时,1YA 才断电
快进								
工进卸荷(低)								
快退								
松开拔销								
原位卸荷(低)								

第十八章

液压系统设计

液压系统设计是主机设计的重要组成部分，设计时必须满足主机工作循环所需的全部技术要求，且静动态性能好、效率高、结构简单、工作安全可靠、使用寿命长、经济性好及维护方便。液压系统的设计还要与主机的总体设计（包括机械、电气设计）综合考虑，以保证整机性能优良。

液压系统的设计步骤一般为：

1）明确液压系统的设计要求，进行工况分析。

2）确定液压系统的主要参数。

3）拟定液压系统原理图。

4）计算和选择液压元件。

5）液压系统的性能验算。

6）液压装置的结构设计。

7）绘制正式工作图，编写技术文件，并提出电气系统设计任务书。

上述设计步骤只说明一般设计的过程和内容，而不是固定、统一的格式。上述步骤中各项工作内容有时需交叉进行，对于某些简单的液压系统，有些步骤可以合并；对于某些比较复杂的系统，则需经过多次反复才能完成。

第一节　明确设计要求和进行工况分析

一、明确设计要求

设计液压系统时，首先要明确主机对液压系统所提出的要求，具体包括：

（1）主机的动作要求　主机的动作要求是指主机的哪些动作要求用液压传动来实现，采用哪种类型的执行元件，各执行元件间的动作循环及其动作时间是否需要同步、互锁等。

（2）主机的性能要求　主机的性能要求是指主机对采用液压传动的各执行机构在力和运动方面的要求。各执行机构在各工作阶段所需的力和速度的大小、调速范围、速度的平稳性、动作周期等方面都必须有明确的数据。对要求高精度、高生产率以及自动化程度高的主机，还要提出静、动态性能指标的要求。

（3）主机的使用条件和工作环境　如环境温度的变化范围、作业场地情况、灰尘状况等，周围有无易燃物质和腐蚀气体等也应加以注意。

（4）其他要求　如液压装置在质量、外形尺寸等方面的限制以及在经济性、能耗方面的要求。

二、进行工况分析

液压系统的工况分析就是分析设备在工作过程中，其执行元件的负载和运动之间的变化规律，包括负载分析和运动分析。在此基础上，绘制出负载循环图和运动循环图。

1. 负载分析及负载循环图

负载分析是指通过计算确定各液压执行元件的负载大小和方向，并分析各执行元件运动过程中的振动、冲击及过载能力等状况。

作用在执行元件上的负载有工作负载、摩擦阻力负载和惯性负载。工作负载取决于设备的工作性质，有恒值负载与变值负载之分，也有阻力负载与超越负载之分。例如，液压机在镦粗、拉深等工艺过程中，其负载随时间平稳地增长；而在挤压、拉拔等工艺过程中，其负载几乎不变。阻力负载是指阻止液压缸运动的负载，而助长液压缸运动的负载则为超越负载。如起货机在提升重物时为阻力负载，重物下降时为超越负载。摩擦阻力负载是指液压缸驱动工作机构运动时所需克服的导轨或支承面上的摩擦阻力。惯性负载是指运动部件在起动和制动过程中的惯性力。各种摩擦阻力及惯性负载的计算可根据有关定律或查阅相关的设计手册。

对于负载变化规律复杂的系统必须画出负载循环图。不同工作目的的系统，负载分析的着重点不同。例如，对于工程机械的作业机构，着重为重力在各个位置上的状况，负载图以位置为变量；机床工作台着重于负载与各工序之间的时间关系。

图 18-1 所示为某设备的负载循环图（F-t 图），图中 $0 \sim t_1$ 为起动过程，$t_1 \sim t_2$ 为加速过程，$t_2 \sim t_3$ 为恒速过程，$t_3 \sim t_4$ 为制动过程。图 18-1 清楚地表明了液压缸在整个动作循环内各负载（包括工作负载 F_e、惯性负载 F_a、静摩擦阻力负载 F_{fs} 或动摩擦阻力负载 F_{fd}）的变化规律。图中的最大负载值是初选液压缸工作压力和确定液压缸结构尺寸的依据。

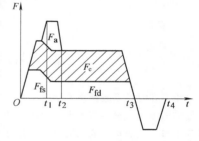

图 18-1　负载循环图（F-t 图）

F_e—工作负载　F_a—惯性负载

F_{fs}、F_{fd}—静、动摩擦阻力负载

2. 运动分析及运动循环图

液压系统的运动分析是指分析一台设备按工艺要求，以怎样的运动规律完成一个工作循环，并绘制位移（与时间）循环图（s-t 图）、速度（与时间）循环图（v-t 图）或速度（与位移）循环图（v-s 图）。

（1）位移循环图　图 18-2 所示是某液压机主液压缸的位移循环图（s-t 图）。纵坐标 s 表示主液压缸中活塞的位移，横坐标 t 表示活塞从起动到返回原位的时间，曲线斜率表示活塞的运动速度。该图清楚地表明了该液压机主液压缸的工作循环由快速下行、减速下行、压制、保压、泄压慢回和快速回程六个阶段组成。

（2）速度循环图　绘制速度循环图是为了计算液压缸或液压马达的惯性负载，并进而作出负载循环图。绘制速度循环图往往与绘制负载循环图同时进行。

下面以液压缸为例，说明速度循环图的作用及其与负载循环图的联系。

分析工程实际中所应用的各种液压缸，其运动的速度特点可归纳为三种类型，如图 18-3a 所示。第一种，液压缸开始做匀加速运动，然后做匀速运动，最后做匀减速运动到终点；第二种，液压缸在总行程的一半做匀加速运动，在另一半做匀减速运动，且加速度与减速度在数值上相等；第三种，液压缸在总行程的一大半上以较小的加速度做匀加速运动，然后做匀减速运动至行程终点。图 18-3a 所示的 v-t 图中的三条速度曲线，不仅清楚地表明了液压缸的三种典型运动规律，还间接地表示了三种工况下液压缸的推力特性。

因为 $\dfrac{\mathrm{d}v}{\mathrm{d}t} = a$（加速度），故三条曲线斜率不同，即加速度不同，也就是惯性负载 F_a 大小不同。因此，由速度曲线 $Oabc$、Odc 及 Oec 可以定性地绘出相应的惯性负载曲线 $1aabb4$、$2dd5$ 及 $3ee6$，如图 18-3b 所示。

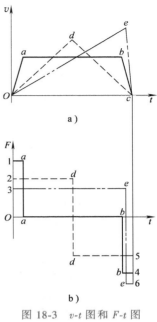

图 18-3 v-t 图和 F-t 图
a）v-t 图 b）F-t 图

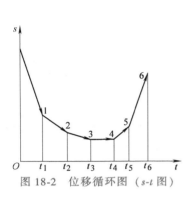

图 18-2 位移循环图（s-t 图）

第二节 确定液压系统的主要参数

压力和流量是液压系统中两个最主要的参数，这两个参数是计算和选择液压元件、辅件和原动机规格型号的依据。要确定液压系统的压力和流量，首先必须根据各液压执行元件的负载循环图选定系统压力。系统压力一经确定，液压缸有效工作面积或液压马达的排量即可确定，然后根据位移-时间循环图（或速度-时间循环图）确定其流量。

一、初选系统的工作压力

系统压力选定得是否恰当，直接关系到整个系统设计的合理程度。系统压力选得过低，则液压设备的尺寸和质量就会增加；若系统压力选择得过高，则液压设备尺寸减小，质量减小，较为经济，但压力的提高将受到元件强度、容积效率、制造精度、系统可靠性及寿命等因素的限制。因此，系统工作压力的选择应结合各方面的因素综合考虑。一般可参考同类型液压系统的工作压力进行选取，见表 18-1。

表 18-1 各类设备常用系统压力

设备类型	机 床					农业机械、汽车工业、小型工程机械及辅助机械	工程机械、重型机械、锻压设备、液压支架	船舶机械
	磨床	组合机床、牛头刨床、插床、齿轮加工机床	车床、铣床、镗床	珩磨机床	拉床、龙门刨床			
压力/MPa	≤2.5	<6.3	2.5~6.3		<10	10~16	16~32	14~25

二、计算液压缸的工作面积和流量

从满足负载力的要求出发，液压缸的有效工作面积 A 为

$$A = \frac{F}{\eta_{cm} p} \tag{18-1}$$

式中　η_{cm}——液压缸的机械效率，一般在 0.9~0.95 之间选取；

p——液压缸的工作压力。

当工作速度很低时，按式（18-1）计算所得的工作面积不一定能满足最低稳定速度的要求，因此还应按最低运动速度来验算。即

$$A \geqslant \frac{q_{\min}}{v_{\min}} \tag{18-2}$$

式中　$q_{\min}$——系统最小稳定流量，在节流调速系统中，$q_{\min}$取决于流量阀的最小稳定流量，在容积调速系统中，$q_{\min}$取决于变量泵或变量马达的最小稳定流量；

　　　$v_{\min}$——设备所要求的最低工作速度。

液压缸所需的最大流量为

$$q_{\max} = A v_{\max} \tag{18-3}$$

式中　$v_{\max}$——活塞的最大运动速度。

三、计算液压马达的排量和流量

从满足负载转矩的要求出发，液压马达的排量 V_{m} 为

$$V_{\mathrm{m}} = \frac{T}{\eta_{\mathrm{mm}} p} \tag{18-4}$$

式中　T——液压马达总负载转矩；

　　　η_{mm}——液压马达的机械效率，齿轮式和柱塞式液压马达取 0.9~0.95，叶片式液压马达取0.8~0.9。

当系统要求工作转速很低时，也需按最低转速要求进行验算。即

$$V_{\mathrm{m}} \geqslant \frac{q_{\min}}{n_{\min}} \tag{18-5}$$

式中　$q_{\min}$——系统最小稳定流量；

　　　$n_{\min}$——设备所要求的最低转速。

液压马达所需的最大流量为

$$q_{\max} = V_{\mathrm{m}} n_{\max} \frac{1}{\eta_{\mathrm{mV}}} \tag{18-6}$$

式中　$n_{\max}$——液压马达的最高转速；

　　　η_{mV}——液压马达的容积效率。

四、绘制执行元件工况图

液压执行元件的主要参数确定之后，就应绘制执行元件的工况图。工况图包括压力图、流量图和功率图。压力图、流量图是执行元件在运动循环中各阶段的压力与时间或压力与位移、流量与时间或流量与位移的关系图，功率图则是根据压力与流量计算出各循环阶段所需功率而画出的功率与时间或功率与位移的关系图。当系统中有多个同时工作的执行元件时，必须把这些执行元件的流量图按系统总的动作循环组合成总流量图。图 18-4 所示为某液压缸的工况图。

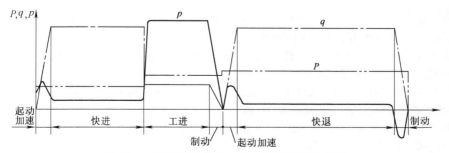

图 18-4　某液压缸的压力图、流量图和功率图

363

工况图是选择液压泵和计算电动机功率等的依据。利用工况图，可验算各工作阶段所确定参数的合理性。例如，当多个执行元件按各工作阶段的流量或功率叠加，其最大流量或功率重合而使流量或功率分布很不均衡时，可在整机设计要求允许的条件下，适当调整有关执行元件的动作时间和速度，避开或减小流量或功率最大值，提高整个系统的效率。

第三节　拟定液压系统原理图

拟定液压系统原理图是整个设计工作中最重要的步骤，对系统的性能以及设计方案的经济性与合理性具有决定性的影响。拟定液压系统原理图的一般方法是，根据主机动作和性能要求先分别选择和拟定基本回路，然后将各个基本回路组合成一个完整的系统，其主要内容如下。

一、选择系统类型

液压系统的类型有开式系统和闭式系统两种。系统类型的选择主要取决于系统的调速方式和散热要求。一般来说，采用节流调速和容积节流调速方式、有较大空间放置油箱且要求结构尽可能简单的系统宜采用开式系统；采用容积调速方式、要求减小体积和质量且对工作稳定性和效率有较高要求的系统宜采用闭式系统。开式系统和闭式系统的比较见表 18-2。

表 18-2　开式系统与闭式系统的比较

系统类型	开式	闭式
适应工况	一般均能适应,一台液压泵可向多个执行元件供油	限于要求换向平稳、换向速度高的部分容积调速系统,一般一台液压泵只能向一个执行元件供油
结构特点和造价	结构简单,造价相对较低	结构复杂,造价高
散热	散热好,但油箱较大	散热差,常用辅助液压泵换油冷却
抗污染能力	较差,可采用压力油箱来改善	较好,但对油液的过滤要求较高
管路损失和效率	管路损失大,用节流调速时效率低	管路损失较小,用容积调速时效率较高

二、选择执行元件

1）用于实现连续回转运动的执行元件应选用液压马达。若执行元件的转速高于 500r/min，可直接选用高速液压马达，如齿轮式、叶片式和轴向柱塞式液压马达；若转速低于 500r/min，可选用高速液压马达加机械减速装置或直接选用低速液压马达，如单作用曲柄连杆径向柱塞式、内曲线多作用径向柱塞式液压马达等。

2）若要求往复摆动，应选用摆动液压缸或齿轮齿条式液压缸。

3）若要求实现直线运动，应选用活塞式液压缸或柱塞式液压缸。如要求双向工作进给，且双向输出的力、速度相等，应选用双伸出杆活塞缸；如只要求一个方向工作，反向退回，应选用单伸出杆活塞缸；若负载力不与活塞杆轴线重合或缸径较大、行程较长，则应选用柱塞缸。

三、选择液压泵类型

1）依据初定的系统压力选择泵的结构形式。一般当工作压力 $p \leqslant 21MPa$ 时，选用齿轮泵和双作用叶片泵等；当工作压力 $p > 21MPa$ 时，宜选用柱塞泵。

2）若原动机为柴油机、汽油机，主机为行走机构，宜选用齿轮泵、双作用叶片泵。双作用叶片泵因瞬时理论流量均匀，可用于噪声指标要求较高的主机。

3）若系统采用节流调速回路，或可通过改变原动机的转速来调节流量，或系统对速度无调节要求，可选用定量泵或手动变量泵，此时手动变量泵一旦调定即相当于定量泵。

4）若系统要求高效节能，应选用变量泵。恒压变量泵适用于要求恒压源的系统，限压式变量泵和恒功率变量泵适用于要求低压大流量、高压小流量的系统，电液比例变量泵适用于多级调速系统，负载敏感变量泵（压差式变量泵）适用于要求随机调速且功率适应的系统，双向手动或手动伺服变量泵多用于闭式回路。

5）若液压系统有多个执行元件，各工作循环所需的流量相差很大，应选用多泵供油，实现分级调节。

四、选择调速方式

1）定量泵节流调速回路因调节方式简单，一次性投资少，在中小型液压设备，特别是机床中得到广泛应用。节流调速回路中的进、回油路调速系统为恒压系统，系统的刚性较好；旁油路调速系统为变压系统（压力适应系统），系统刚性差，主要用于对速度稳定性要求不高的粗加工机床和行走机械。用调速阀或旁通型调速阀替代普通节流阀可提高系统的速度刚性，但会增加系统的功率损失。

2）若原动机为柴油机、汽油机，可采用定量泵变速调节流量，同时用手动多路换向阀实现微调，常用于液压汽车起重机、液压机和挖掘机等设备。

3）若原动机为柴油机，而柴油机的转速只能随主机运动的输出力要求调节，辅助运动又有一定的速度要求，可设置流量分配阀优先满足辅助运动（如转向）的流量要求。

4）变量泵的容积调速按控制方式可分为手动变量调速和压力（压力差）适应变量调速。前者通过外部信号（手动或比例电磁铁驱动）实现开环或大闭环控制，后者通过泵的出口压力或调节元件的前后压力差实现反馈控制。选用时应根据系统的调速要求和泵的变量特性进行综合考虑。

五、选择调压方式

1）旁接在液压泵出口用以控制系统压力的溢流阀在进、回油路节流调速系统中可保证系统压力恒定；在其他场合则为安全阀，用于限制系统的最高压力。一般系统选用弹簧加载式溢流阀，如需要自动控制应选用电液比例溢流阀。

2）中低压小型液压系统为获得二次压力可选用使用减压阀的减压回路，高压系统宜选用单独的控制油源，以免在减压阀处出现过大的能量损失。减压阀的加载方式也可根据系统要求选用弹簧加载式或比例电磁铁加载式。

3）当系统中有垂直负载作用时应采用平衡阀平衡负载，以限制负载的下降速度。由顺序阀和单向阀简单组合而成的平衡阀的性能往往不够理想，不能应用于工程机械，如起重机、汽车吊等的液压系统。实际使用的平衡阀为了使执行机构动作平稳，还要在其各运动部位设置很多阻尼。选择平衡阀的结构时要根据执行机构的具体要求而定。

4）为使执行元件不工作时液压泵在很小的输出功率下运行（卸荷），定量泵系统一般通过换向阀的中位（M型或H型机能）或电磁溢流阀的卸荷位实现低压卸荷；变量泵则可实现压力卸荷或流量卸荷，流量卸荷时换向阀的中位选O型等滑阀机能。需要指出的是，若换向阀为电液换向阀，则采用压力卸荷时，需保证卸荷压力不低于液动阀要求的最小控制压力。

六、选择换向回路

1）对于装载机、起重机、挖掘机等的工作环境恶劣的液压系统，主要考虑安全可靠，一般采用手动（脚踏）换向阀。由若干单联手动滑阀及溢流阀、单向阀、补油阀等组成的多路换向阀，因具有多种功能（指方向、流量和压力控制），其中串并联型的各滑阀之间动作互锁，各执行元件只能实现单动，因而得到广泛应用。

2）若液压设备要求的自动化程度较高，应选用电动换向，即小流量时选电磁换向阀，大流量时选电液换向阀或二通插装阀。需要利用计算机控制时，应选电液比例换向阀或电液数字阀。采用电动时，各执行元件之间的顺序、互锁、联动等要求可由电气控制系统完成。

3）采用手动双向变量泵的换向回路，多用于起重卷扬、车辆马达等的闭式回路。

七、选择其他回路

当液压系统有多个执行元件时，除应分别满足各自的技术要求外，还要考虑它们之间的同步、互锁、顺序等要求，这些要求在进行结构方案设计时应综合考虑。如同步回路，一般可选用机械同步的方案，同步精度要求很高时则选用具有伺服阀的同步回路等。

第四节　液压元件的计算和选择

液压元件的计算是指计算元件在工作中所承受的压力和通过的流量,以便选择元件的规格、型号。此外,还要计算原动机的功率和油箱的容量。选择元件时,应尽量选用标准元件。

一、液压泵的选择

1. 确定液压泵的最大工作压力 p_p

液压泵的最大工作压力 p_p 的计算公式为

$$p_p \geqslant p_{1max} + \sum \Delta p \tag{18-7}$$

式中　p_{1max}——液压执行元件的最大工作压力,可由压力图 (p-t) 选取最大值;

$\sum \Delta p$——液压泵出口到执行元件入口之间所有沿程压力损失和局部压力损失之和。

由于液压元件的规格、管路长度和直径均未确定,初算时可按经验选取,即简单管路系统取 $\sum \Delta p = (2 \sim 5) \times 10^5 Pa$,复杂管路系统取 $\sum \Delta p = (5 \sim 15) \times 10^5 Pa$。

2. 确定液压泵最大流量 q_p

液压泵流量 q_p 的计算公式为

$$q_p \geqslant K (\sum q)_{max} \tag{18-8}$$

式中　$(\sum q)_{max}$——同时动作的各执行元件所需流量之和的最大值,可从流量图 (q-t) 中选取最大值;

K——系统泄漏系数,一般取 $K = 1.1 \sim 1.3$,大流量取大值,小流量取小值。

对于节流调速系统,在确定液压泵的流量时,尚需增加保证溢流阀正常工作的最小溢流量 $0.15q$。当系统中有蓄能器时,泵的最大供油量为一个工作循环中平均流量与回路泄漏量之和,其值为

$$q_p \geqslant \frac{K}{T} \sum_{i=1}^{n} q_i t_i \tag{18-9}$$

式中　T——工作循环的周期;

q_i——循环中第 i 阶段所需流量;

t_i——第 i 阶段持续的时间;

n——一个工作循环的阶段数。

3. 选择液压泵规格

根据所选定的液压泵类型、最大工作压力和流量,参照产品样本选取额定压力比系统最高工作压力高 $10\% \sim 30\%$、额定流量不低于上述计算结果的液压泵。

二、计算原动机的功率

按工况图 P-t 中最大功率点选取原动机功率。即

$$P \geqslant \frac{(p_p q_p)_{max}}{\eta_p} \tag{18-10}$$

式中　$(p_p q_p)_{max}$——液压泵的压力和流量乘积的最大值;

η_p——液压泵效率,齿轮泵取 $0.6 \sim 0.8$,叶片泵取 $0.7 \sim 0.8$,柱塞泵取 $0.8 \sim 0.85$。

若工况图中液压泵的功率变化较大,且最高功率点持续时间很短,则按式 (18-10) 的计算结果选取原动机,其功率就会偏大,不经济。在这种情况下,应按平均功率选取。即

$$P \geqslant \sqrt{\frac{\sum_{i=1}^{n} P_i^2 t_i}{\sum_{i=1}^{n} t_i}} \tag{18-11}$$

式中　P_i——一个工作循环中第 i 阶段的功率；

　　　t_i——一个工作循环中第 i 阶段持续的时间。

求出平均功率后，还要计算在工作循环中的每一阶段原动机的超载量是否都在允许的范围内，否则应按最大功率选取。

三、液压控制阀的选择

1. 安装形式的选择

液压系统一般多选择板式连接或管式连接的普通液压控制阀。在采用板式连接时，为减少连接管路，需设计专用阀块，将阀集成安装在阀块上。当系统的流量较大时，可选用二通插装阀，此时可购买基本回路块组成系统，也可以自行设计、加工阀块和盖板组成系统。在某些场合，还可选择叠加阀或螺纹式插装阀。采用叠加阀时，通常利用一组叠加阀控制一个执行元件动作，但每组叠加阀的个数不宜过多；螺纹式插装阀主要适用于小流量系统。

2. 控制方式的选择

若液压系统为闭环控制，或要求连续地按比例控制液压参量，应选用电液比例阀。如液压系统无上述要求，应选用普通液压阀，以降低成本。

3. 规格的选择

液压控制阀的规格是指其通径（公称流量）和公称压力。

（1）阀的通径　阀的通径大小是根据其在液压系统中的实际通流量及工作压力来选择的。分析流经某个阀的实际最大通流量时应注意油路的串并联关系、活塞往返运动速比、有无差动连接等因素。对于压力阀和流量阀，其允许的最大流量可高于公称流量的 10%。对于换向阀，其允许通过的流量还要受阀功率特性的限制，即与阀的机能和工作压力有关。选择溢流阀的通径时，还必须考虑其正常工作时最小溢流量的要求；而流量阀则要考虑其最小稳定流量是否能够满足执行元件的最低速度要求。

（2）公称压力　液压控制阀的公称压力应大于阀的实际工作压力。液压控制阀的实际工作压力因其在液压系统中的安装位置不同而异，如安装在进油路上的液压阀的实际最高工作压力等于系统的最高压力，安装在回油路上的液压阀的最高工作压力一般低于系统的最高压力。然而，当液压系统为回油节流调速回路时，安装在回油路上的流量阀的最高工作压力可能大于系统的最高工作压力。

四、蓄能器的选择

目前常用的隔离式充气蓄能器包括活塞式和囊式两种，前者的公称压力为 20MPa，后者的公称压力可达 32MPa。蓄能器的性能参数除公称压力外，主要是蓄能器的容量，即充气容积 V_0。根据在液压系统中的功能不同，蓄能器的容量和充气压力的计算方法也不同，其计算方法可参见本书第二十一章第二节内容。

五、过滤器的选择

选择过滤器时应考虑如下几点：

1）有足够的通流能力，压力损失要小。

2）过滤精度应满足设计要求。

3）过滤器的材质应与所选流体介质相容。采用乳化液等难燃介质时，过滤器的通流能力应提高 2~3 倍。

4）滤芯要有足够的强度。为保证滤芯堵塞后能及时更换，过滤器上应带有压差信号发生器等保护装置。对于过滤精度要求高的场合，如液压伺服系统，不允许安装旁通安全阀。

5）滤芯更换、清洗及维护要方便。

有关过滤器的过滤精度、通流能力及具体结构可参见本书第十九章有关内容。

六、冷却器的选择

根据计算的散热面积和安装方式从产品样本中选取冷却器的型号、规格。采用水冷式冷却器时，应保证冷却水在冷却器内的流速不超过 1.2m/s，否则应增大冷却器的通流面积，同时应保证液压油通过冷却器时的压力损失小于 0.1MPa。对于行走机械等设备的液压系统或当工作场地缺乏水源时，宜选用风冷式冷却器。冷却器的具体内容可参见本书第二十一章第四节。

七、压力表与压力表开关的选择

液压系统的静态压力测量一般采用弹簧管式压力表。测量单点压力时采用单点压力表开关；若要求一个压力表检测多点的压力，可用多点压力表开关。在压力表开关与压力表之间应设置缓冲阻尼器，以保护压力表不因动态压力冲击而损坏。选择压力表时应合理地选取测量精度、测量范围、表面直径及安装形式等。若需要测定动态压力，则应选用压力传感器。

八、列出液压元件明细表

在选定液压元件之后，应列出全部液压元件（包括电动机、检测仪表）的明细表，表中应注明名称、型号、规格、数量等参数，以提供购货信息。

第五节　液压系统性能验算

根据所确定的液压元件及辅件规格，画出油路的装配草图后就能对某些技术性能进行验算，以判断设计质量，找出修改设计的依据。验算内容包括压力损失、系统效率及发热温升等。

一、液压系统压力损失的验算

验算液压系统压力损失的目的是正确调整系统的工作压力，使执行元件输出的力（或转矩）满足设计要求，并可根据压力损失的大小分析判断系统设计是否符合要求。

液压系统中的压力损失 $\sum \Delta p$ 包括油液通过管道时的沿程压力损失 Δp_L、局部压力损失 Δp_T 和流经阀类等元件时的局部损失 Δp_V。即

$$\sum \Delta p = \sum \Delta p_L + \sum \Delta p_T + \sum \Delta p_V \tag{18-12}$$

上式中沿程压力损失 $\sum \Delta p_L$ 和局部压力损失 $\sum \Delta p_T$ 的计算公式为

$$\sum \Delta p_L = \lambda \frac{l}{d} \frac{v^2}{2g} \gamma \tag{18-13}$$

$$\sum \Delta p_T = \xi \frac{v^2}{2g} \gamma \tag{18-14}$$

式中　l、d——直管长度和内径；

　　　　v——液流平均速度；

　　　　γ——液压油的重度；

　　λ、ξ——沿程阻力系数和局部阻力系数，其值可从有关手册中查出。

流经标准阀类等液压元件时的压力损失 Δp_V 值与其额定流量 q_{Vn}、额定压力损失 Δp_{Vn} 和实际通过的流量 q_V 有关，其近似关系式为

$$\Delta p_V = \Delta p_{Vn} \left(\frac{q_V}{q_{Vn}} \right)^2 \tag{18-15}$$

式中 q_{Vn} 和 Δp_{Vn} 的值可从产品目录或样本上查出。

在液压系统的工作循环中，不同动作阶段的压力损失是不同的，必须分别进行计算。

当已知液压系统的全部压力损失后，就可以确定溢流阀的调整压力，它必须大于工作压力 p_1 和总压力损失之和。即

$$p_p \geqslant p_1 + \sum \Delta p \tag{18-16}$$

如果验算所得的总压力损失与原来估计的压力损失相差太大，则应对设计进行必要的修改。

二、液压系统总效率的验算

1）根据系统的压力损失确定管路的压力效率，又称为管路的当量机械效率 η_{Lp}。即

$$\eta_{Lp} = \frac{p_p - \Delta p}{p_p} \tag{18-17}$$

2）管路系统中各个阀的泄漏量和溢流量之和称为管路系统的容积损失，用 $\sum \Delta q$ 表示。则管路系统的容积效率 η_{LV} 为

$$\eta_{LV} = \frac{q_0 - \sum \Delta q}{q_0} \tag{18-18}$$

当系统中无蓄能器时，q_0 为最大工作流量；当有蓄能器时，q_0 为平均工作流量；液压缸为差动连接时，q_0 应包括从液压缸小腔返回的流量。

3）管路系统的总效率 η_L 为

$$\eta_L = \eta_{Lp} \eta_{LV} \tag{18-19}$$

4）液压传动系统的总效率，要考虑液压泵、管路系统、液压缸或液压马达各部分的能量损失，它们的总和用符号 $\sum \Delta P$ 表示，则系统的总效率 η 为

$$\eta = \frac{P_0 - \sum \Delta P}{P_0} = 1 - \frac{\sum \Delta P}{P_0} \tag{18-20}$$

$$= \eta_p \eta_L \eta_m$$

式中　P_0——液压泵的输入功率；

$\sum \Delta P$——液压系统总的能量损失；

　η_p——液压泵的总效率；

　η_L——管路系统的总效率；

　η_m——液压缸或液压马达的总效率。

三、液压系统发热温升的计算

液压系统工作时所损失的能量必然转化成热能，使液压系统的油温升高，而油温升高后会产生很多不良后果。例如，油温上升会使油液黏度很快下降，泄漏增大，容积效率降低；油温升高还会使油液中形成胶状物质，堵塞元件小孔和缝隙，使液压系统不能正常工作等。因此，必须对液压系统的发热温升进行验算，并予以控制。对于不同的液压系统，因其工作条件不同，允许的最高温度也不相同，其允许值见表18-3。

表 18-3　各种液压系统允许的油温　（单位：℃）

系　统　名　称	正常工作温度	最高允许温度	油 的 温 升
机床	30~55	50~70	≤30~35
金属粗加工机械	30~70	60~80	
机车车辆	40~60	70~80	
船舶	30~60	70~80	
工程机械	50~80	70~80	≤35~40

液压系统的总发热量 Q 的计算公式为

$$Q = P(1 - \eta) \tag{18-21}$$

式中　P——液压系统的实际输入功率，即液压泵电动机的实际输出功率；

　η——系统的总效率。

液压系统所产生的热量，一部分使油液和系统的温度升高，另一部分经过冷却表面散发到空气中。当系统产生的热量和散发的热量相等时，系统达到了热平衡状态，油温不再上升，而是稳定在某一温度值上。

当产生的热量 Q 全部被冷却表面所散发时，即

$$Q = K_i A_i \Delta t \tag{18-22}$$

式中　K_i——散热系数，通风很差时为 8.5~9.32，通风良好时为 15.13~17.46，风扇冷却时为 23.3，循环水冷却时为 110.5~147.6；

　　　A_i——油箱散热面积；

　　　Δt——液压系统油液的温升。

由式（18-22）可得

$$\Delta t = \frac{Q}{K_i A_i} \tag{18-23}$$

计算时，如果油箱三边的结构尺寸比例为 1∶1∶1~1∶2∶3，而且油位为油箱高度的 80% 时，其散热面积的近似计算公式为

$$A_i = 0.065 \sqrt[3]{V^2} \tag{18-24}$$

式中　V——油箱有效容积。

计算所得的温升 Δt 加上环境温度，应不超过油液的最高允许温度。如果超过允许值，则必须适当增加油箱散热面积或采用冷却器来降低油温。

第六节　液压装置的结构设计

液压系统原理图确定以后，根据所选用或设计的液压元件、辅件，便可进行液压装置的结构设计。

一、液压装置的结构形式

液压装置按配置形式可分为集中配置和分散配置两种形式。集中配置是将液压系统的动力源、控制及调节装置集中组成为液压泵站，并安装于主机之外。这种配置形式主要用于固定式液压设备，如机床及其自动线液压系统等。这种形式的优点是装配维修方便，有利于消除动力源的振动及油温对主机精度的影响；缺点是单独设液压泵站，占地面积较大。分散配置是将系统的动力源、控制及调节装置按主机的布局分散安装。这种配置形式主要用于移动式液压设备，如工程机械液压系统等。其优点是结构紧凑、节省占地面积；缺点是安装维修较复杂，动力源的振动和油温影响主机的精度。

二、液压泵站的类型及其组件配置形式的选择

1. 液压泵站类型的选择

液压泵站按液压泵组是否置于油箱之上有上置式和非上置式之分。根据电动机安装方式不同，上置式液压泵站又可分为立式和卧式两种，如图 18-5 所示。上置式液压泵站结构紧凑、占地面积小，被广泛应用于中、小功率液压系统中。非上置式液压泵站按液压泵组与油箱是否共用一个底座而分为整体式和分离式两种。整体式液压泵组安置形式又有旁置和下置之分，如图 18-6 所示。非上置式液压泵站中的液压泵组置于油箱液面以下，能有效地改善液压泵的吸入性能，且装置高度低，便于维修，适用于功率较大的液压系统。

液压泵站按其规模大小，可分为单机型、机组型和中央型三种。单机型液压泵站规模较小，通常将控制阀组一并置于油箱面板上，组成较完整的液压系统总成，该液压泵站应用较广。机组型液压泵站是将一个或多个控制阀组集中安装在一个或几个专用阀台上，再与液压泵组和液压执行元件相连接。这种液压泵站适用于中等规模的液压系统。中央型液压泵站常被安置在地下室内，以利于安装配管，降低噪声，保持稳定的环境温度和清洁度。该液压泵站规模大，适用于大型液压系统，如轧钢设备的液压系统。

根据上述分析，设计时要按系统的工作特点选择合适的液压泵站类型。

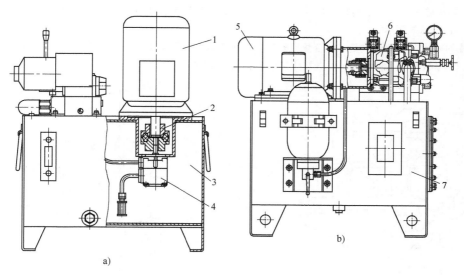

图 18-5 上置式液压泵站

a）立式液压泵站　b）卧式液压泵站

1、6—电动机　2—联轴器　3、7—油箱　4、5—液压泵

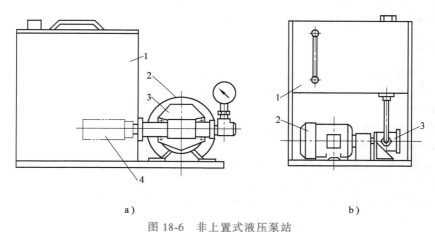

图 18-6 非上置式液压泵站

a）旁置式液压泵站　b）下置式液压泵站

1—油箱　2—电动机　3—液压泵　4—过滤器

2. 液压元件的配置形式

液压装置中元件（指控制阀和部分辅助件）的配置形式有板式配置与集成式配置两种。板式配置是把标准件与其底板用螺钉固定在平板上，件与件之间的油路连接或用油管或借助底板上的油道来实现。集成式配置是借助某种专用或通用的辅助件，把元件组合在一起。按辅助件形式的不同，可分为如下三种形式：

（1）箱体式　在这种形式中，液压元件通过螺钉固定在根据系统工作需要所设计的箱体上，件与件之间油路的连接由箱体上所钻的孔来实现，如图 18-7 所示。

（2）组合块式　这种形式是根据液压系统完成一定功能的各种回路，做成通用化的六面体集成块，块的上下两面作为块与块

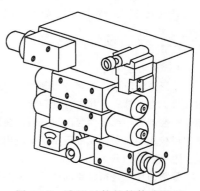

图 18-7 液压元件的箱体式配置

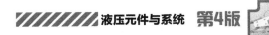
的结合面，四周除一面安装通向执行部件的管接头外，其余供固定标准元件用。一个系统往往由几个集成块所组成，如图18-8所示。

（3）叠加阀式　这种形式是在组合块式基础上发展起来的，不需要另外的连接块，而是以自身阀体作为连接体，通过螺钉将控制阀等元件直接叠加而成，如图18-9所示。

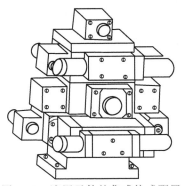

图 18-8　液压元件的集成块式配置

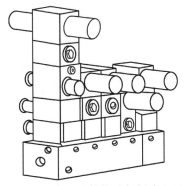

图 18-9　液压元件的叠加阀式配置

三、油箱

油箱的用途主要是储存液压系统所需要的液体介质，起散热、分离液体介质中的空气以及沉淀杂质的作用。关于油箱容量的计算及结构设计，详见本书第二十一章第三节。

四、阀集成块

当液压控制阀采用板式连接时，将阀集成安装在专用的阀块上，这样不仅便于集中管理，而且可以减少连接管路，提高液压系统的工作可靠性。显然，液压阀集成块在液压系统设计中占有很重要的地位。阀集成块的设计原则为：

1）合理选择集成阀的个数，若集成的阀太多，会使阀块的体积过大，导致设计、加工困难；集成的阀太少，则集成的意义又不大。

2）在阀块设计时，块内的油路应尽量简捷，尽量减少深孔、斜孔，阀块中的孔径要与通过的流量相匹配，特别要注意相贯通的孔必须有足够的通流面积。

3）应注意进出油口的方向和位置，应与系统的总体布置及管道连接形式相匹配，并考虑安装操作的便利性。

4）对于有水平或垂直安装要求的阀，其布置方向必须符合要求。需要调节的阀应放在便于操作的位置，需要经常检修的阀应安装在阀块的上方或外侧。

5）阀块设计时要设置足够数量的测压点，以供系统调试用。

6）质量较大的阀块应设置起吊螺钉孔。

五、管路及管路布置

1. 管路的材料

液压系统所用的管路分为硬管和软管。硬管有无缝钢管、有缝钢管、铜管等；软管有耐油橡胶软管、塑料管、尼龙管等。其中有缝钢管、铜管、塑料管、尼龙管仅限用于低压，一般作为吸油管、回油管、泄油管和控制管。无缝钢管因耐高压、变形小、耐油、抗腐蚀，装配后不易变形，且低碳钢无缝钢管具有良好的焊接性能，所以在液压系统中应用最广。若用于可动部件之间的连接，则应采用耐油橡胶软管。

2. 管路的尺寸

管路的尺寸是指管路的通径、壁厚和长度。

根据我国有关标准规定，耐油橡胶软管以内径为标准，无缝钢管以外径为标准。因此，对于橡胶软管，其管路通径与内径一般是相同的（通径在 ϕ10mm 以下相同，在 ϕ10mm 以上略有差别），选择橡胶软管只需注明通径即可。对于钢管，其通径表示名义上的通流能力，与管子内径一般不一致。选择钢管时需注明外径和壁厚。

关于管路尺寸的计算，详见本书第二十一章第五节。

管路的长度先根据液压系统的布置图进行估算，最终尺寸在装配现场确定。

第七节　绘制工作图和编写技术文件

经上述各步骤，将液压系统修改完善并确定系统设计合理后，便可绘制正式工作图和编写技术文件。

一、绘制工作图

所要绘制的工作图应包括：

（1）液压系统工作原理图　图上应注明各种元件的规格、型号以及压力调整值，画出执行元件完成的工作循环图，列出相应电磁铁和压力继电器的工作状态表。

（2）元件集成块装配图和零件图　液压件厂能提供各种功能的集成块，设计者只需选用并绘制集成块组合装配图。如无合适的集成块可供选用，则需专门设计。

（3）液压泵站装配图和零件图　小型液压泵站有标准化产品可供选用，但大中型液压泵站通常需进行单独设计，并绘出其装配图和零件图。

（4）液压缸和其他采用件的装配图和零件图

（5）管路装配图　在管路的装配图上应表示各液压部件和元件在设备和工作场所的位置和固定方式，应注明管道的尺寸和布置位置、各种管接头的形式和规格、管路装配技术等。

二、编写技术文件

需编写的技术文件一般包括设计计算说明书，零部件目录表，标准件、通用件和外购件总表，技术说明书，操作使用说明书等内容。此外，还应提出电气系统设计任务书，供电气设计者使用。

第八节　液压系统设计计算举例

本节介绍某气缸加工自动线上的一台卧式单面多轴钻孔组合机床液压系统设计实例。

已知：机床工作时轴向切削力 $F_t = 25000\text{N}$，往复运动加速、减速的惯性力 $F_a = 500\text{N}$，静摩擦阻力 $F_{fs} = 1500\text{N}$，动摩擦阻力 $F_{fd} = 850\text{N}$，快进、快退速度 $v_1 = v_3 = 0.1\text{m/s}$，快进行程长度 $L_1 = 0.1\text{m}$，工进速度 $v_2 = 0.000833\text{m/s}$，工进行程长度 $L_2 = 0.04\text{m}$。由于该机床为自动线上的一台设备，为了保证自动化要求，其工件的定位、夹紧相应采用液压控制。机床的动作顺序为定位→夹紧→动力滑台快进→工进→快退→原位停止→夹具松开→拔定位销。

液压系统的设计过程有下列五个步骤。

一、工况分析

本例以动力滑台液压缸的分析计算为主。表18-4所列为液压缸在各工作阶段的负载值，其负载图与图18-1相似。

表 18-4　液压缸在各工作阶段的负载值

工　况	负　载　组　成	负载值 F/N	推力 $\dfrac{F}{\eta_m}/\text{N}$
起动	$F = F_{fs}$	1500	1667
加速	$F = F_{fd} + F_a$	1350	1500

（续）

工　　况	负 载 组 成	负载值 F/N	推力 $\dfrac{F}{\eta_m}/N$
快进	$F = F_{fd}$	850	945
工进	$F = F_{fd} + F_t$	25850	28722
快退	$F = F_{fd}$	850	945

注：1. 液压缸的机械效率取 $\eta_m = 0.9$。
　　2. 不考虑动力滑台上颠覆转矩的作用。

二、液压缸主要参数的确定

液压缸选用单活塞杆液压缸，并在快进时做差动连接。液压缸无杆腔工作面积 A_1 为有杆腔工作面积 A_2 的两倍，即活塞杆直径 d 与缸筒内径 D 的关系为 $d = 0.707D$。

由表 18-1 可知，组合机床液压系统的工作压力应小于 6.3MPa。由此，液压缸无杆腔的压力可取为 $p_1 = 4$MPa。在钻孔加工时，液压缸回油路上必须有背压 p_2，以防孔被钻通时滑台突然前冲，故取 $p_2 = 0.8$MPa。快进时液压缸虽做差动连接，但由于油管中有压降 Δp 存在，有杆腔的压力必然大于无杆腔，估算时可取 $\Delta p \approx 0.5$MPa。快退时回油腔中有背压，这时 p_2 也可按 0.5MPa 估算。

由工进时的推力计算液压缸面积。即

$$F/\eta_m = A_1 p_1 - A_2 p_2 = A_1 p_1 - (A_1/2) p_2$$

由上式可得

$$A_1 = \left(\frac{F}{\eta_m}\right) \Big/ \left(p_1 - \frac{p_2}{2}\right) = 28722 \Big/ \left[\left(4 - \frac{0.8}{2}\right) \times 10^6\right] m^2$$

$$= 0.0080 m^2$$

$D = \sqrt{4A_1/\pi} = 0.1009$m，$d = 0.707D = 0.0713$m

按 GB/T 2348—1993 将直径圆整成标准值，得 $D = 0.1$m，$d = 0.07$m，由此求得液压缸两腔的实际有效面积为

$$A_1 = \pi D^2/4 = 7.854 \times 10^{-3} m^2$$
$$A_2 = \pi (D^2 - d^2)/4 = 4.006 \times 10^{-3} m^2$$

根据上述 D 与 d 值，可估算液压缸在各个工作阶段中的压力、流量和功率，并据此绘出工况图如图 18-10 所示。

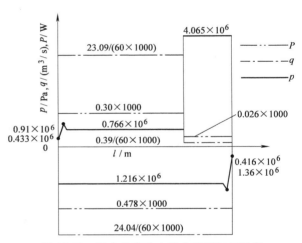

图 18-10　组合机床动力滑台液压缸工况图

三、液压系统图的拟定

1. 液压回路的选择

首先选择调速回路。由工况图（图 18-10）可知，该机床液压系统功率小，滑台运动速度低，工作负载变化小，可采用进口节流调速回路。为了避免进口节流调速回路在孔钻通时出现滑台突然前冲现象，回油路上应设置背压阀。

由于液压系统选用了节流调速的方式，故所用的系统为开式系统。

分析工况图可知，在该液压系统的工作循环内，液压缸交替地要求油源提供低压大流量和高压小流量的油液。

最大流量与最小流量之比约为 60，而快进、快退所需的时间比工进所需的时间少得多，因此，从提高系统效率、节省能量的角度考虑，宜采用双泵供油系统，或采用限压式变量泵加调速阀组成容积节流调速系统。

在调速方案确定以后，供油方式、调压方式均已确定。

该机床的快进、快退速度较大，为保证换向平稳，且液压缸快进时为差动连接，故采用三位五通 Y 型电液换向阀来实现运动换向，并实现差动连接。

为保证夹紧力可靠且能单独调节，在支路上串接减压阀和单向阀；为保证定位→夹紧的顺序动作正确，在进入夹紧缸的油路上串接单向顺序阀，只有当定位缸达到顺序阀的调节压力时，夹紧缸才动作；为保证工件确已夹紧后进给缸才能动作，在夹紧缸进口处装一压力继电器，只有当夹紧压力达到压力继电器的调节压力时，才能发出信号，使进给缸油路的三位五通电液换向阀电磁铁通电，进给缸才能开始快进。

2. 拟定液压系统图

综合上述分析和所拟定的方案，将各种回路合理地组合成为该机床的液压系统，其原理如图 18-11 所示。

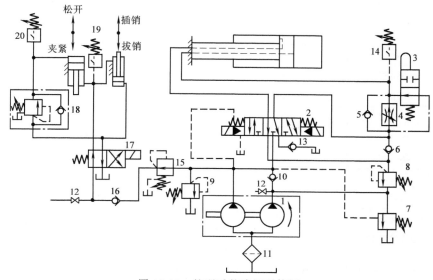

图 18-11　整理后的液压系统图

1—双联叶片泵　2—三位五通电液阀　3—行程阀　4—调速阀　5、6、10、13、16—单向阀　7—顺序阀　8—背压阀
9—溢流阀　11—过滤器　12—压力表开关　14、19、20—压力继电器　15—减压阀　17—二位四通电磁阀　18—单向顺序阀

四、液压元件的选择

1. 液压泵

液压缸在整个工作循环中的最大工作压力为 4.065MPa，根据经验取进油路上的压力损失为 0.8MPa，压力继电器调整压力应比系统最大工作压力高出 0.5MPa，则高压小流量泵的最大工作压力应为

$$p_{\mathrm{p1}} = (4.065 + 0.8 + 0.5)\mathrm{MPa} = 5.365\mathrm{MPa}$$

低压大流量泵只有在快速运动时才向液压缸输送液压油。由图 18-11 可知，快退时液压缸中的工作压力比快进时大，如取进油路的压力损失为 0.5MPa，则大流量泵的最高工作压力为

$$p_{\mathrm{p2}} = (1.216 + 0.5)\mathrm{MPa} = 1.716\mathrm{MPa}$$

两个液压泵向液压缸提供的最大流量为 23.09L/min，如图 18-11 所示。若回路中的泄漏按液压缸输入流量的 10% 估算，则两台泵的总流量为 $q_{\mathrm{p}} = 1.1 \times 23.09\mathrm{L/min} = 25.4\mathrm{L/min}$。由于溢流阀的最小稳定溢流量为 3L/min，工进时输入液压缸的流量为 0.39L/min，所以小流量泵的流量规格最少应为 3.39L/min。

根据以上压力和流量的数值查阅产品样本，最后确定选取 YB-4/25 型双联叶片泵。

由于液压缸在快退时输入功率最大，这相当于液压泵输出压力为 1.716MPa、流量为 29L/min 时的情况。如取双联叶片泵的总效率为 $\eta_{\mathrm{p}} = 0.75$，则液压泵驱动电动机所需的功率为

$$P = p_{\mathrm{p}}q_{\mathrm{p}}/\eta_{\mathrm{p}} = [1.716 \times 10^{6} \times 29/(60 \times 10^{3})]/0.75\mathrm{W} = 1100\mathrm{W} = 1.1\mathrm{kW}$$

根据此数值查阅电动机产品样本，选择功率和额定转速相近的电动机。

2. 阀类元件及辅助元件

根据液压系统的工作压力和通过各个阀类元件和辅助元件的实际流量，可选出这些元件的型号及规格，表 18-5 列了其中一种方案。

表 18-5　元件的型号及规格

序号	元件名称	估计通过流量/(L/min)	型号	规格	调节压力/MPa
1	双联叶片泵	—	YB-4/25	6.3MPa 25L/min 和 4L/min	—
2	三位五通电液阀	60	35DY-63BYZ	6.3MPa	—
3	行程阀	50	QCI-63B	6.3MPa	—
4	调速阀	<1			—
5	单向阀	60			—
6	单向阀	45	I-63B	6.3MPa	—
7	顺序阀	25	XY-63B	6.3MPa	2.0
8	背压阀	<1	B-10B	6.3MPa	0.8
9	溢流阀	4	Y-10B	6.3MPa	5.4
10	单向阀	25	I-63B	6.3MPa	—
11	过滤器	30	XU-63×100-J	63L/min	—
12	压力表开关	—	K-3B	6.3MPa,3 测点	—
13	单向阀	60	I-63B	6.3MPa	—
14	压力继电器	—	DP$_1$-63B	6.3MPa	4.5
15	减压阀	30	J-63B	6.3MPa	4.6
16	单向阀	30	I-63B	6.3MPa	—
17	二位四通电磁阀	30	24D-40B	6.3MPa	—
18	单向顺序阀	—	XI-63B	6.3MPa	大于插销压力
19	压力继电器	—	DP$_1$-63B	6.3MPa	4.6
20	压力继电器	—	DP$_1$-63B	6.3MPa	4.6

五、液压系统的性能验算

1. 回路压力损失验算

由于系统的具体管路布置尚未确定，整个回路的压力损失无法估算，仅能根据阀类元件对系统产生的压力损失进行初步估算，供调定系统中某些压力值时参考。这里估算从略。

2. 油液温升验算

在所设计的系统中，工进在整个工作循环中所占的时间比例达 96%，所以系统发热和油液温升可用工进时的状况来计算。

工进时液压缸的有效功率为

$$P_o = p_2 q_2 = F v_2 = 25850 \times 0.000833 \text{W} = 21.5 \text{W}$$

这时大流量泵通过顺序阀 7 卸载（其卸荷压力 $p_{p1} = 0.3 \times 10^6$ Pa），小流量泵在高压（$p_{p2} = 5.4 \times 10^6$ Pa）下供油，故两台泵的总输出功率为

$$P_1 = \frac{p_{p1} q_{p1} + p_{p2} q_{p2}}{\eta} = \frac{0.3 \times 10^6 \times [25/(60 \times 1000)] + 5.4 \times 10^6 \times [4/(60 \times 1000)]}{0.75} \text{W}$$

$$= 649.2 \text{W}$$

由此可得液压系统单位时间的发热量为

$$Q = P_i - P_o = (649.2 - 21.5)\text{W} = 627.7\text{W}$$

此机床允许油液温升 $\Delta t = 30℃$。为使温升不超过允许的 Δt 值，可按下式计算油箱的最小有效容积 $V_{\min}$。即

$$V_{\min} = 10^{-3}\sqrt{\left(\frac{Q}{\Delta t}\right)^3} = 10^{-3} \times \sqrt{\left(\frac{627.7}{30}\right)^3}\text{m}^3 = 0.096\text{m}^3 \qquad (18\text{-}25)$$

取 $V_{\min} = 0.096\text{m}^3$。

油箱的总容积 V_a 为

$$V_a = 1.25 V_{\min} = 1.25 \times 0.096\text{m}^3 = 0.12\text{m}^3$$

必须指出，如果实际所采用油箱的有效容积 V 小于按式（18-25）计算出的最小有效容积 $V_{\min}$（0.096m^3），则在系统中必须设置冷却器。

思考题和习题

18-1　图 18-12a 所示为一用液压缸驱动的传动装置。已知传送距离 $L = 3\text{m}$，传送时间 $t_L = 15\text{s}$。假定液压缸按图 18-12b 所示规律运动，其中加速和减速时间各占传送时间的 10%；工件与拖板总重量为 $F_G = 15 \times 10^3\text{N}$，拖板与导轨的静、动摩擦因数分别为 $f_s = 0.2$、$f_d = 0.1$。试求液压缸的最大负载。

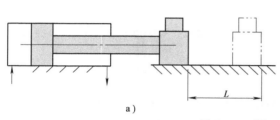

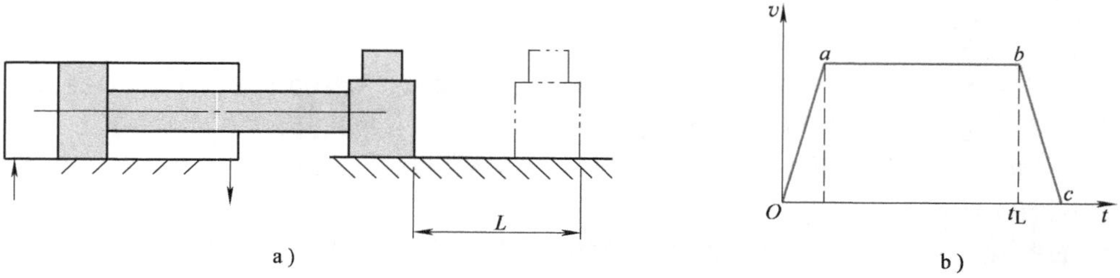

a)　　　　　　　　　　　　　　　b)

图 18-12　题 18-1 图

18-2　在图 18-13 所示的液压系统中，液压缸直径 $D = 70\text{mm}$，活塞杆直径 $d = 45\text{mm}$，工作负载 $F_L = 16000\text{N}$，液压缸效率 $\eta_m = 0.95$，不计惯性力和导轨摩擦力，若快进时的速度 $v_1 = 7\text{m/min}$，工作进给时的速度 $v_2 = 53\text{mm/min}$，系统总的压力损失折算到进油路上为 $\sum \Delta p = 0.5\text{MPa}$。试求：

（1）该系统在实现快进→工进→快退→原位停止的工作循环时，电磁铁、行程阀、压力继电器的动作顺序表。

（2）计算并选择系统所需元件，并在图上标明各元件型号。

18-3　图 18-14 所示的液压机采用双泵供油回路，其工作循环及系统工作压力、液压泵效率见表 18-6，求各工况所需电动机功率 P_i 及一个工作循环所需电动机的等值功率 P_m。等值功率的计算公式为 $P_m = \sqrt{\dfrac{\sum P_i^2 t_i}{\sum t_i}}$。

图 18-6　题 18-3 有关参数表

工　　况	快　进	慢　进	保　压	快　退	停　止
工作时间/s	6	4	10	4	6
大泵压力/MPa	2	1	1	2.5	1
小泵压力/MPa	2	15	18	2.5	0.5
大泵总效率	0.55	0.5	0.5	0.55	0.5
小泵总效率	0.55	0.8	0.85	0.55	0.5

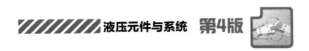
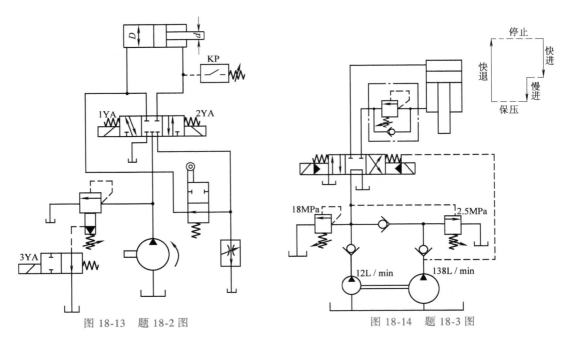

图 18-13　题 18-2 图　　　　　　　　　　图 18-14　题 18-3 图

18-4　设计一台双面钻通孔卧式组合机床的液压系统及其装置。机床的工作循环为：工件夹紧→左、右动力部件工进→左、右动力部件快退→左、右动力部件停止、工件松开。已知工件的夹紧力为 $8×10^3$ N，两面加工负载均为 $15×10^3$ N，动力部件自重均为 $9.8×10^3$ N，快进、快退速度为 5m/min，快进行程为 100mm，工进行程为 50mm。

18-5　在图 18-15 所示的机液传动装置中，将直径 $D=1$m、宽度 $B=0.2$m 的钢制飞轮，在 2s 内从静止状态加速到 200r/min，则液压马达应输出的转矩为多少？若液压马达排量为 4400cm³/r，则液压马达进出口所需压差为多少？已知：增速机构的增速比 $n_1:n_2:n_3=1:25:5$，增速机构对液压马达轴的惯性矩 $J=100$kg·m²，液压马达的机械效率 $\eta_m=0.90$。

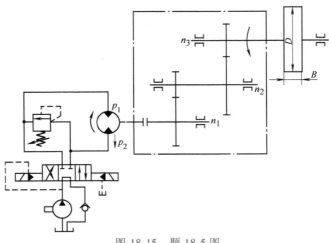

图 18-15　题 18-5 图

18-6　图 18-16 所示为一简单起重装置简图，其组成为：一根 10m 长的吊杆的一端以铰链为轴，另一端悬挂一重物 W，并可绕其轴从水平位置向上转 θ 角；吊杆的转动由耳环安装的液压缸驱动，液压缸与吊杆的连接尺寸如图所示。

（1）试分别写出吊杆转角 θ 与液压缸倾角 α 以及液压缸输出力与转角 θ 关系的数学表达式。

（2）当 $W = 49 \times 10^3 \text{N}$，最大转角 $\theta_{max} = 70°$ 时，试计算液压缸最大输出力及其活塞直径、活塞杆直径和工作行程。

（3）求出重物的最大提升高度。假定提升重物时液压缸工作腔压力 $p_1 = 18\text{MPa}$，回油腔压力 $p_2 = 0$，不计液压缸机械效率，液压缸大、小腔有效面积比为 2。

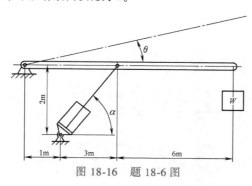

图 18-16　题 18-6 图

第四篇

液压系统工作介质、污染控制及液压辅件

第十九章

液压系统工作介质

工作介质是液压系统的生命线，它将系统中各类元件沟通起来成为一个有机的整体。据统计，液压系统中75%～85%的故障与工作介质有关。只有正确地选择、使用和维护系统工作介质，才能有效地避免系统中潜在故障的产生，有利于保证液压系统安全、可靠地工作。

第一节　液压系统对工作介质的主要性能要求

工作介质是液压系统中十分重要的组成部分，如果说液压泵是液压系统的心脏，那么液压介质就相当于液压系统的血液，它在液压系统中要完成如下一系列重要功能：

1）有效地传递能量和信号。

2）润滑运动部件，减少摩擦和磨损。

3）在对偶运动副中提供液压支承。

4）吸收和传送系统所产生的热量。

5）防止锈蚀。

6）传输、分离和沉淀系统中的非可溶性污染物质。

7）为元件和系统的失效提供和传递诊断信息。

液压系统能否可靠、有效、安全而又经济地运行，与所选用工作介质的性能密切相关。液压系统根据其组成、结构、工作条件、环境条件及其所起的作用，对工作介质提出了一系列的要求，主要包括：

（1）合适的黏度及良好的黏温特性　选择工作介质时，黏度是需要考虑的重要因素之一。黏度既不能过高也不能过低。黏度过高将导致黏性阻力损失增加；温升加大；泵的吸入性能变差，起动困难，甚至产生气蚀；控制灵敏度下降；掺混在油液中的空气难以分离出来。黏度过低将使泄漏增加、容积效率降低；控制精度下降；液体润滑膜变薄，甚至无法形成液体润滑而使磨损加剧。所以在系统运行过程中，要求工作介质具有合适的黏度。

在不同地区、不同季节以及在液压设备起动前后和运行过程中，油液的温度变化较大，因而黏度也要发生变化。为了保证液压系统能正常、稳定地工作，要求液压介质的黏度随温度的变化要小，即黏度指数要大，以保证当系统油液温度变化时，其黏度仍始终保持在系统所要求的正常范围之内。

（2）良好的氧化安定性和热安定性　氧化安定性是指油液抵抗与含氧物质，特别是抵抗与空气起化学反应而保持其理化性能不发生永久变化的能力。热安定性是指油液在高温时抵抗化学反应和分解的能力。

油液在使用过程中由于受到热、空气中的氧、水分及金属材料等的影响，会氧化生成有机酸和聚合物，使油液变质。一般表现为颜色变深、酸值增加、黏度发生变化或生成沉淀物等。劣化变质的油液将导致锈蚀、阻尼孔堵塞、磨损加剧以及降低油液中的水分离性、消泡性等后果。

一般通过添加抗氧化添加剂来提高油液的氧化安定性和热安定性。油液的氧化安定性及热安定性越好，其使用寿命就越长。

（3）良好的抗磨性（润滑性）　抗磨性与油液黏度无关，主要是靠加入添加剂使其在摩擦副对偶表面上形成润滑膜而减少摩擦磨损的一种性能。

液压设备在起动、停车、减速、高载、高温等情况下，由于摩擦副对偶表面间的油膜变薄而难以形成液体动压润滑，这就要求添加在油液中的油性添加剂或极压添加剂，能够借助吸附或化学反应，在摩擦副相对运动表面上形成具有良好润滑性能的边界润滑膜，阻止基体材料直接接触，避免干摩擦，减少摩擦和磨损。随着液压系统向高速、高压方向发展，对油液抗磨性的要求越来越高。

（4）良好的抗乳化性和水解安定性　阻止油液与水混合形成乳化液的能力称为抗乳化性。水解安定性是指油液抵抗与水起化学反应的能力。水可能通过各种不同途径进入液压系统的油液中。由于水和油的亲和作用，所有矿物油都有不同程度的吸水性。油液吸水量的最大限度称为饱和度。矿物油型液压油的吸水饱和度一般为 0.02%~0.03%，润滑油的吸水饱和度为 0.05%~0.06%。油中的水可能呈溶解状态，也可能呈游离状态。经过激烈搅动以后，溶解于油液中的水很容易析出来与油乳化而呈乳化状态，即以微小水珠的形式分散在作为连续相的油中，这时水就很难从油中分离出去。

水是液压油中很有害的污染物，可导致腐蚀，加速油液变质，破坏润滑油膜及降低油的润滑性能等严重后果。因此，要求液压油具有良好的抗乳化性、水解安定性和水分离性。

（5）良好的抗泡性和空气释放性　抗泡性是指抑制液压油与空气结合并形成乳浊液（泡沫）的能力。空气释放性是指油液释放分散在其中的气泡的能力。

液压系统中的油液不可避免地要与空气接触，空气可能以各种不同方式混进液压油中，在油液中产生气泡。油液中混有气泡是非常有害的，将使油液的弹性模量显著降低，系统的动态性能下降；引起气蚀而导致振动、噪声和材料被侵蚀；加速油液的变质；使润滑油膜断裂，加剧摩擦与磨损。

为了提高液压系统的工作可靠性，要求液压介质具有良好的抗泡性，即在液压设备运转过程中，油液不易或很少发泡，更重要的是油液中的气泡要能尽快地释放出来，以免气泡与油液一起被液压泵吸入到液压系统中去。

（6）良好的缓蚀性　缓蚀性是指油液阻止与其相接触的金属材料生锈和被腐蚀的能力。

由于油液中空气和水的作用，以及油液及其中的添加剂因氧化或水解等化学反应所产生的酸性腐蚀性物质的作用，均可能对金属零件及液压元件的精加工表面产生锈蚀作用，从而严重影响液压元件的正常工作和使用寿命。锈蚀颗粒在系统内部循环，将导致磨损和引起故障，还会因其催化作用促进油液的进一步氧化，加速元件腐蚀。所以要求油液具有良好的缓蚀性，缓蚀性既包括液相的缓蚀性能，也包括气相的缓蚀性能。

（7）与密封材料的相容性　液压介质应具有与所有同它相接触的密封材料之间不发生相互损坏和显著影响其工作性能的特性，这称为与密封材料的相容性。

液压介质对密封材料的影响主要表现在两个方面：一是使密封材料溶胀、软化，二是使其硬化。这两者都会使密封件失去密封性能。

（8）良好的剪切安定性　剪切安定性是指油液抵抗反复剪切作用，保持其黏度和与黏度有关的性质不变或少变的能力。

液压介质中所添加的增黏剂是一些高分子聚合物，当其通过液压元件中的小孔、缝隙等狭窄通道时，受到强烈的剪切作用，使聚合物在其摩擦方向产生变形和定向排列，导致油液黏度下降。如果在切应力减小或消除后，高分子聚合物的变形和定向排列消除，又呈紊乱分布，油液黏度恢复，这种单纯由剪切变形所引起的黏度降低是可逆的和暂时的。另外，如果油液受到极为强烈的剪切作用，可能引起油液黏度的永久性减小。例如，发生气蚀时所产生的高压和高速剪切作用，可能使增黏剂中原子间结合较弱的 C—C 键断裂，变成较小的分子，增黏效果降低，引起黏度的永久性减小且不可恢复。

油液在工作过程中，如果由于剪切作用使其黏度下降到超过液压系统所要求的正常范围，则系统将难以正常工作，因此要求油液必须具有良好的剪切安定性。

（9）良好的过滤性　过滤性是指油液通过具有一定孔径的过滤介质的难易程度。为了加强污染控制，要求液压介质必须具有良好的过滤性。然而有的抗磨液压油，当有水分侵入后，水可能促使其添加剂分解，分解产物沉积在过滤介质表面，导致过滤介质堵塞。另外，水基难燃液中的水包油及油包水乳化液，若其分散相的粒子较大，则过滤性能也较差。

（10）与环境相容　在目前国际上对保护人类生态环境的要求越来越高，保护环境的立法越来越严格的情况下，要求液压系统的工作介质与环境相容，泄漏后不会对环境造成污染。

据国外估计，液压系统中的油液只有15%可能被回收，而由于泄漏、管路的突然破裂、密封和管接头失效以及检修等原因，导致高达85%的工作介质可能会由系统中流失出来，流入土壤、水和空气中。如果这些介质与环境不相容，将会对环境造成严重污染。为了保护环境，目前国际上十分重视研究和使用与环境相容的工作介质。

（11）与产品相容　液压系统不可能完全避免泄漏。泄漏的液压介质与液压设备所生产的产品应有良好的相容性，不应对产品造成严重的污染与损坏。

（12）良好的抗燃性　为了保障人身及设备安全，液压介质不起爆、不易燃是绝对必要的。对于在明火或高温热源靠近时有可能发生火灾的液压设备，需要预防瓦斯、煤尘爆炸的煤矿井下液压设备，以及飞机、舰艇上的液压设备等，均要求其工作介质具有良好的抗燃性，以防止发生火灾而酿成灾难性后果。

（13）其他　对工作介质的其他要求：低温性，辐射（放射性）安定性，无毒无味，对人体无害，储存安定性，具有足够的清洁度，废液易处理等。对于乳化型水基难燃液，还要求其乳化安定性好，即乳化液中油水不易分离。

任何一种工作介质均难以同时满足上述要求。在具体选择和使用时，往往是多种因素的折中考虑，即应根据其工作环境、工作条件、设备情况、使用要求以及对经济和社会效益等方面的综合分析，着重考虑对工作介质若干主要性能方面的相应要求。

第二节　工作介质的主要理化性能

液压系统是利用液体进行能量和信号传递的。为了满足各类系统的要求，液压介质必须具备一定的理化和使用性能。这些性能不仅是选择液压介质的依据，也是判断液压介质是否老化变质和在特殊条件下是否适用的依据。

1. 密度

单位体积流体的质量称为密度，用 ρ 表示。即

$$\rho = \lim_{\Delta V \to 0} \frac{\Delta m}{\Delta V} = \frac{dm}{dV} \tag{19-1}$$

式中　m——流体质量（kg）；

$\quad\quad V$——流体体积（m³）；

$\quad\quad \rho$——流体密度（kg/m³）。

液体的密度 $\rho(t)$ 随温度的变化可近似地表示为

$$\rho(t) \approx \rho_a[1 - \alpha(t-15)] \tag{19-2}$$

式中　$\rho(t)$——温度为 t℃ 时的密度；

$\quad\quad \rho_a$——温度为 15℃、压力为一个大气压力时的密度；

$\quad\quad \alpha$——体积膨胀系数（1/℃），对于矿物油，$\alpha \approx 0.00067℃^{-1}$，对于水，$\alpha \approx 0.00018℃^{-1}$。

2. 压缩性

（1）压缩系数和体积弹性模量　每增加单位压力，液体体积所产生的相对压缩量称为压缩系数，用 β 表示。即

$$\beta = -\frac{1}{V}\frac{\Delta V}{\Delta p} \tag{19-3}$$

式中　V——液体的原体积；

　　　ΔV——体积的减少量；

　　　Δp——压力的增量。

由于压力增加时液体体积减小，所以式（19-3）等号右边加一负号，使 β 为正值。

压缩系数的倒数称为体积弹性模量，用 E 表示。即

$$E = \frac{1}{\beta} = -V\frac{\Delta p}{\Delta V} \tag{19-4}$$

各种液压介质的体积弹性模量参见表 9-1。矿物油在等温压缩过程中的体积弹性模量 E_t 随压力的变化曲线如图 19-1 所示。

对于液体来说，即使压缩过程是绝热（等熵）的，其温度变化也极小，因此可以不考虑压缩过程中温度的变化。但油液的压缩性对液压系统的动态性能影响较大，在高压时或分析系统的动态特性时，必须考虑油液的压缩性。

（2）油中混气与有效体积弹性模量　液压系统在大气环境下工作，其工作介质中不可避免地要混入气体。油液中的气体可能以两种形式存在：溶解在液体中或以微小气泡的形式悬浮在液体中。

液体中气体的溶解量服从亨利定律，即在一定温度下，溶解到液体中的气体体积分数与压力成正比。不同油液中空气的溶解量如图 19-2 所示。

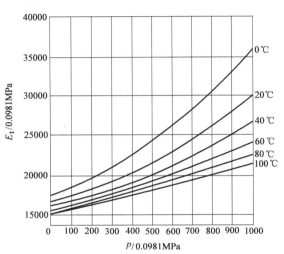

图 19-1　矿物油在等温压缩过程中的体积弹性模量

一般而言，溶解在油液中的空气对油液的物理性能无直接影响，但当油液受到扰动，或当压力降低（如泵的入口）或温度升高时，溶解气体将很快分离出来，形成大量微小气泡并悬浮于油液中。这不仅是导致液压系统中产生气体气蚀的重要原因，同时将极大地增加液体的压缩性，降低其实际（有效）的体积弹性模量。特别是在低压范围（$p<5$MPa）内，这种影响更为突出。

图 19-3 所示为液体的有效体积弹性模量 E_e（指液体中含有一定百分比的悬浮气泡时的实际弹性模量）与理论体积弹性模量 E_V（指液体中不含任何悬浮气泡时的弹性模量）之比 E_e/E_V 随压力和空气含量的变

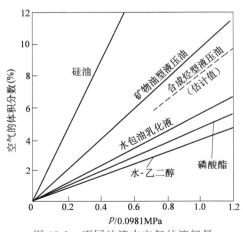

图 19-2　不同油液中空气的溶解量

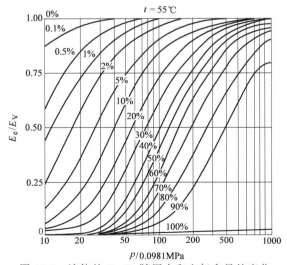

图 19-3　液体的 E_e/E_V 随压力和空气含量的变化

化。图中气体含量是指在一个大气压下油液中所含气泡的体积分数。由图 19-3 可以看出，随着含气量的增加和压力的降低，油液的有效体积弹性模量急剧减小。如果再考虑到元件壳体，特别是尼龙或橡胶软管等受压后的体积膨胀，其有效体积弹性模量 E_e 还要进一步降低。

3. 黏度

（1）黏度的定义及表示方法　流体抵抗剪切流动的内在属性称为流体的黏性，其大小用黏度来表示。黏度一般有下列三种表示方法：

1）动力黏度（又称绝对黏度）。根据牛顿内摩擦定律，流体做剪切流动时所产生的摩擦切应力 τ 与流体的动力黏度及速度梯度 $\dfrac{\mathrm{d}u}{\mathrm{d}y}$ 成正比。即

$$\tau = \mu \frac{\mathrm{d}u}{\mathrm{d}y} \tag{19-5}$$

式中　μ——动力黏度（N·s/m² 即 Pa·s）。

2）运动黏度。运动黏度是流体在同一温度下的动力黏度 μ 与其密度 ρ 的比值，用 ν 表示。即

$$\nu = \frac{\mu}{\rho} \tag{19-6}$$

运动黏度 ν 的法定计量单位为 m²/s，常用 mm²/s（称为厘斯，单位符号为 cSt）。

3）条件黏度（又称相对黏度）。条件黏度是用各种不同黏度计所测得的黏度，以条件单位表示。由于测定黏度的方法很多，所以条件黏度的种类也很多，如俄罗斯和德国多用恩氏黏度（°E）、美国多用赛氏黏度（SUS 或 SSU）、英国多用雷氏黏度（RS）。我国主要采用运动黏度，国际标准化组织也规定统一采用运动黏度，但条件黏度仍被很多国家采用。运动黏度与条件黏度之间可按一定的转换公式进行转换。

（2）温度对黏度的影响　所有液压介质的黏度均随温度的升高而降低。每种液压介质均有其自身黏度随温度的变化规律。图 19-4 所示为几种液压介质的黏温特性曲线。图 19-5 所示为水和空气的黏温特性曲线。注意：与液体相反，空气的黏度随温度的升高而增大。

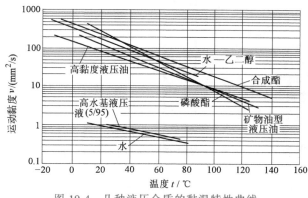

图 19-4　几种液压介质的黏温特性曲线

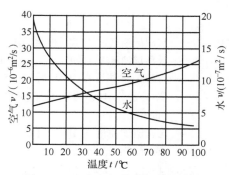

图 19-5　水和空气的黏温特性曲线

对于大多数矿物油而言，其黏度随温度的变化关系服从下列经验公式（称 Walther 公式）。即

$$\lg\lg(\nu + C) = A + B\lg(273.2 + t) \tag{19-7}$$

式中　ν——油液的运动黏度（mm²/s）；

A、B——油液的特征常数；

t——油液的温度（℃）；

C——除低黏度油液以外的油液均适用的通用常数。

美国材料试验学会（ASTM）依据式（19-7），特制了一种表示油液黏温关系的双对数坐标图。图上的纵坐标（运动黏度）和横坐标（温度）都是按对数关系采用不等分的尺度绘制的，使得这张图上所示的各种油液的黏温关系均为直线，如图 19-6 所示。对于任何油液，只要测出两个黏度数据，将其连成直线，即可得出该油液的全部黏温变化关系。

（3）黏度指数（*VI*）　油液的黏度指数（*VI*）是目前国际上通用的表示油液黏度随温度变化特性的一个约定量值。黏度指数高，表明油液的黏度随温度变化较小。黏度指数的定义是，首先选定某类黏温特性不好的油液作为 *VI* = 0 的低黏度指数标准油，再选定另一类黏温特性好的油液作为 *VI* = 100 的高黏度指数标准油，然后把要测定其黏度指数的被试油与这两个牌号的油液（条件是这两种油液在 100℃时的运动黏度与该被测试油液在 100℃时的运动黏度相等）加以比较。

如图 19-7 所示，在 ASTM 图纸上画出该被测试油与上述两种标准油的黏温特性图形，为三条直线。由于这三种油的 $\nu_{100℃}$ 相等，所以三条直线相交于一点，但它们的 $\nu_{40℃}$ 不相等。图中 *U* 为被测试油液的 $\nu_{40℃}$，*L* 为 *VI* = 0 的标准油的 $\nu_{40℃}$，*H* 为 *VI* = 100 的标准油的 $\nu_{40℃}$。按 GB/T 1995—1998 的规定，被测试油液的黏度指数的计算公式为

$$VI = \frac{L-U}{L-H} \times 100 \tag{19-8}$$

式（19-8）只适用于 *VI* < 100 的油液。当黏度指数 *VI* ≥ 100 时，*VI* 的计算公式为

$$VI = \frac{\text{antilg}N - 1}{0.00715} + 100 \tag{19-9}$$

其中

$$N = \frac{\lg H - \lg U}{\lg Y} \tag{19-10}$$

式中　*U*——被测试油液在 40℃时的运动黏度（mm²/s）；

Y——被测试油液在 100℃时的运动黏度（mm²/s）；

H——与被测试油液在 100℃时的运动黏度相等，且黏度指数为 100 的油液在 40℃时的运动黏度（mm²/s）；

L——与被测试油液在 100℃时的运动黏度相等，且黏度指数为 0 的油液在 40℃时的运动黏度（mm²/s）。

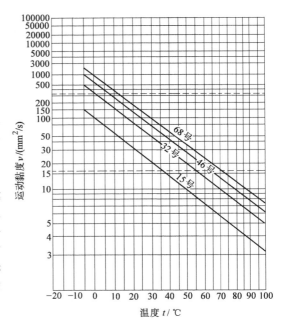

图 19-6　液压油黏度与温度的关系

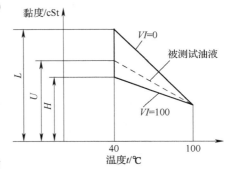

图 19-7　计算黏度指数示意图
（使用 ASTM 图纸）

在实际计算时，*H*、*L* 的数值可在 GB/T 1995—1998 的数表中查出。而且在实际工作中，只要知道液压油在 40℃和 100℃时的运动黏度（mm²/s）后，其黏度指数 *VI* 值即可在 GB/T 2541—1981《石油产品黏度指数算表》中直接查到，不需要计算。

由图 19-7 可知，油液的黏度指数越大，其黏温特性曲线的斜率就越小，即油液的黏度随温度变化较小。黏度指数是液压油的一项重要指标，特别是对环境温度变化较大的液压设备，如油液黏度指数高，其黏度变化小，对液压系统工作的影响小。反之，黏度变化大会对系统正常工作产生不良影响。

（4）黏度与压力的关系　液体的黏度一般均随压力的升高而增大，在 0 ~ 100MPa 范围内，存在下列近似关系

$$\mu = \mu_0 e^{\alpha p} \tag{19-11}$$

式中　μ——液体在压力 *p*（MPa）时的动力黏度（Pa·s）；

μ_0——液体在一个大气压力下的动力黏度（Pa·s）；

α——黏压系数（1/MPa），对矿物油而言，$\alpha = 0.015 \sim 0.035 \text{MPa}^{-1}$。

　　图 19-8 所示为在恒温下压力对几种液压介质黏度的影响。图 19-9 所示为矿物油的运动黏度随温度和压力的变化。低压时，压力对油液黏度的影响不明显，但当压力超过 20MPa 时，这种影响就十分明显了。例如，当压力增加到 50MPa 时，其运动黏度将增加三倍以上。图 19-10 所示为水的动力黏度随压力和温度的变化。可以看出，水的动力黏度随压力的变化并不显著。

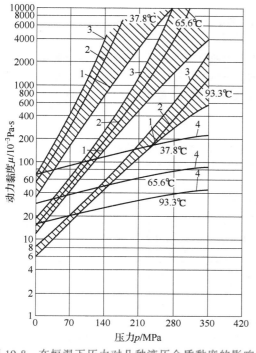

图 19-8　在恒温下压力对几种液压介质黏度的影响
1—矿物油型液压油　2—磷酸酯
3—以磷酸酯为基础的混合液体　4—水-乙二醇

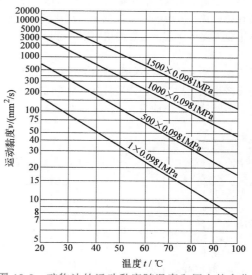

图 19-9　矿物油的运动黏度随温度和压力的变化

4. 润滑性能

　　液压系统中的工作介质同时也是系统中所有运动部件的润滑剂，为了减少摩擦与磨损，要求液压油最好能像润滑油一样具有良好的润滑性能，使对偶摩擦副在正常情况下处于液膜润滑状态，在临界状态下处于边界膜润滑状态（详见第二章第四节）。

5. 闪点、燃点和自燃温度

　　闪点是指加热时挥发的油液与空气混合物在接触明火时突然闪火的温度。闪点与油液的挥发度关系极为密切。燃点是指当火焰掠过油液表面时，油液将释放出足够的油气，并能维持连续燃烧 5s 的温度。自燃温度是指自发燃烧的温度。这三者均能反映油液的易燃程度，均有标准的试验方法进行测定。

　　对液压油通常只测定闪点，根据闪点可知油液中产生低沸点可燃成分的程度。闪点高，表明油液所产生的低沸点可燃成分少，在高温下的安全性好；闪点低则不宜在高温下工作。

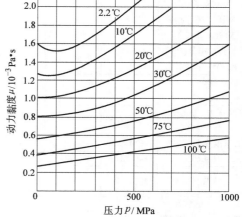

图 19-10　水的动力黏度随压力和温度的变化

6. 倾点和凝点

　　倾点是指油液在规定的试验条件下，冷却到能够流动的最低温度。测定液压油倾点可按 GB/T 3535—

2006 中规定的内容进行。凝点是指油液冷却到失去流动性的最高温度。倾点一般比凝点高 2~3℃。

倾点对于在低温条件下工作的液压油十分重要。一般而言，当油液温度降低到倾点以上 10℃ 时，油液的低温流动性就不好了，液压泵的起动将会十分困难。因此，对于在低温环境下工作的液压设备，要采用低温流动性好的液压油，其倾点应比环境最低温度高 10℃ 以上。

7. 中和值（又称酸值）

中和值是中和 1g 液压油中全部酸性物质所需的 KOH 的毫克数，用 mgKOH/g 表示。中和值用 GB/T 4945—2002 规定的颜色指示剂法测定。

中和值是控制液压油使用性能的重要指标之一。中和值大的油液容易造成液压元件和系统的腐蚀，而且还会加速油液变质，增加磨损。但目前有的油液中加有分子质量较大的酸性添加剂，如抗磨剂二烷基二硫代磷酸锌（ZDDP）、缓蚀剂十二烯基丁二酸等，虽然能使油液的中和值增加，但是它们不能溶于水，基本上没有腐蚀作用，这在使用中应注意加以区分。

8. 腐蚀性

油液如果精制得不好，仍然会含有少量活性的含硫化合物和水溶性低分子有机酸。此外，油液受氧化后会产生氧化物，这些物质对金属都有腐蚀性。因此，液压油必须通过腐蚀性试验。

各类液压介质的主要特性见表 19-1。

表 19-1 液压介质主要特性比较

介质类型	矿油型液压油	HFA	HFB	HFC	HFD	水	生物分解油：HETG（菜籽油）
密度（15℃时）/（g/cm）	0.86~0.92	≈1	0.8~0.94	≈1.05	1.1~1.4	1	0.92~1.1
运动黏度（50℃时）/（mm²/s）	15~70	≈1	47~53	20~70	15~70	0.55	32~46
汽化压力（50℃时）/MPa	1.0×10^{-9}	0.01		0.01~0.015	$<10^{-6}$	0.012	
含水量（%）	无	90~95	40	45	无	100	无
线胀系数（40℃时）/℃⁻¹	7.2×10^{-4}			7.5×10^{-4}		3.85×10^{-4}	
热导率（20℃时）/[W/(m·℃)]	0.11~0.14	0.598		≈0.3	≈0.13	0.598	0.15~0.18
比热容（常压，20℃时）/[kJ/(kg·℃)]	1.89			3.3		4.18	
体积弹性模量（大气压，20℃时）/MPa	$(1.0\sim1.6)\times10^{3}$	2.5×10^{3}	2.3×10^{3}	3.45×10^{3}	$(2.3\sim2.8)\times10^{3}$	2.4×10^{3}	1.85×10^{3}
声速（20℃时）/（m/s）	1300			1680	1407	1480	
表面张力（25℃时）/（N/m）	3.4×10^{-2}			3.6×10^{-2}		7.2×10^{-2}	
工作温度范围/℃	−20~80	5~50	5~50	−20~50	−20~100	5~50	−20~80
闪点/℃	140~315	无	无	无	230~260	无	250~330
燃点/℃	230~370	无	水蒸发后才燃烧	410~435	425~650	无	350~500
润滑性（抗磨性）	良~优	劣~中	良	良	优	劣	良
对滚动摩擦的适应性	优	劣	良	劣	良	劣	良
黏度指数	70~140	高	130~170	140~170	低到高	高	150~200
抗燃性	可燃	不燃	难燃	难燃	难燃	不燃	可燃
防腐蚀性	优	中	中	中	中~良	差	优
对环境污染性	严重	少	严重	严重	很严重	无	较少
相对价格（%）	100	10~15	150~200	250~500	500~800	0.01~0.02	300~400

第三节　工作介质的分类

一、按品种分类

国内外对于液压介质曾经有不同的分类方法，例如按液压系统的工作压力、温度、化学组成、用途以及易燃、难燃和不燃等进行分类。这些分类均有一定的局限性，不能反映工作介质的内在联系与区别。在经过深入分析与综合的基础上，国际标准化组织在 1982 年发布了 ISO6743/4—1982《润滑剂、工业润滑油和有关产品（L类）的分类——第四部分：H组（液压系统）》。我国于 1987 年等效采用上述 ISO 标准，制订并发布了 GB/T 7631.2—1987，现已被 GB/T 7631.2—2003 代替，见表 19-2。

应该指出，由于上述标准制订得较早，还有三类液压介质并未包括在该标准内：天然水（含海水及淡水）；能快速生物分解的液压液；我国曾经广泛使用的特殊液压液，如航空液压油、航空难燃液压液、舰用液压油、炮用液压油和合成锭子油、汽车制动液等。

表 19-2　工作介质品种的分类（摘自 GB/T 7631.2—2003）

组别符号	总应用	特殊应用	具体应用	组成和特性	产品符号 L-	典型应用	备注
H	液压系统	流体静压系统		无抗氧剂的精制矿油	HH		
				精制矿油，并改善其缓蚀性和抗氧性	HL		
				HL 油，并改善其抗磨性	HM	高负荷部件的一般液压系统	
				HL 油，并改善其黏温性	HR		
				HM 油，并改善其黏温性	HV	机械和船用设备	
				无特定难燃性的合成液	HS		特殊性能
			液压导轨系统	HM 油，并具有黏滑性	HG	液压和滑动轴承导轨润滑系统合用的机床，在低速下使振动或间断滑动（黏滑）减为最小	
			需要难燃液的场合	水包油乳化液	HFAE		含水大于80%
				水的化学溶液	HFAS		
				油包水乳化液	HFB		含水小于80%
				含聚合物水溶液	HFC		
				磷酸酯无水合成液	HFDR		选择本产品时应小心，因其可能对环境和健康有害
				氯化烃无水合成液	HFDS		
				HFDR 和 HFDS 液混合的无水合成液	HFDT		
				其他成分的无水合成液	HFDU		
		流体动力系统	自动传动		HA		组成和特性的划分原则待定
			联轴器和转换器		HN		

二、按黏度分类

黏度是油液最重要的性能，它是液压油（液）划分牌号的依据。液压油属于工业用液体润滑剂，其黏

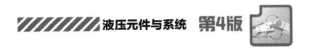

度根据 GB/T 3141—1994《工业液体润滑剂 ISO 黏度分类》规定进行分类。具体分类方法见表 19-3。

表 19-3 工业液体润滑剂 ISO 黏度分类

ISO 黏度等级	中间点 运动黏度 (40℃)/(mm²/s)	运动黏度范围 (40℃)/(mm²/s)		ISO 黏度等级	中间点 运动黏度 (40℃)/(mm²/s)	运动黏度范围 (40℃)/(mm²/s)	
		最小	最大			最小	最大
2	2.2	1.98	2.42	100	100	90.0	110
3	3.2	2.88	3.52	150	150	135	165
5	4.6	4.14	5.06	220	220	198	242
7	6.8	6.12	7.48	320	320	288	352
10	10	9.00	11.0	460	460	414	506
15	15	13.5	16.5	680	680	612	748
22	22	19.8	24.2	1000	1000	900	1100
32	32	28.8	35.2	1500	1500	1350	1650
46	46	41.4	50.6	2200	2200	1980	2420
68	68	61.2	74.8	3200	3200	2880	3520

标准规定：液压油的黏度等级（即牌号）用它在 40℃ 时运动黏度（单位为 mm²/s）的中心值来表示。例如，46 号液压油就表示该油液在 40℃ 时的运动黏度约为 46mm²/s。液压油（液）的黏度等级范围为 10~100 号，常用的油液黏度在 15~68 号之间。

三、液压油的代号

液压油（液）产品属于润滑剂类产品中的 H 组。在 H 组中有许多品种，每一种又有不同的黏度等级（或牌号），其代号是按照 GB/T 498—2014 和 GB/T 7631.2—2003 规定的，其表示方法举例如下：

代号 L-HM46：L 表示润滑剂类，H 表示液压油（液）组，M 表示抗磨型，46 表示黏度等级（40℃ 时运动黏度约为 46mm²/s）。其全名为 46 号抗磨液压油，或简称 46 号 HM 油。

第四节 液压油（液）的主要品种及技术性能

一、矿物油型和合成烃型液压油的主要品种及技术性能

GB 11118.1—2011《液压油（L-HL、L-HM、L-HV、L-HS、L-HG）》将我国长期以来既零散又繁多的液压油产品集中在一个国家标准内，形成了新的液压油品种系列，包括 L-HL、L-HM、L-HV、L-HS、L-HG 五类。这些品种基本上能满足各类液压设备的需要，并与国际上液压油的品种相当。

（1）L-HL 液压油 L-HL 油是由深度精制的中性矿物油作为基础油，加入能改善其缓蚀性和氧化安定性的添加剂，并辅以抗泡剂等而成的液压油。L-HL 油具有良好的缓蚀性及氧化安定性，其空气释放能力、抗泡性、抗乳化性等也较好。故 L-HL 油属于缓蚀抗氧化（R&O）型液压油。

L-HL 油可用于低压液压系统，也可用于要求换油周期较长的轻负载机械的油浴式非循环润滑系统。在一般机床的主轴箱、齿轮箱或类似的机械设备中使用时，具有减少磨损、降低温升、缓蚀的作用，而且其使用周期较长。

（2）L-HM 液压油 L-HM 油以深度精制的矿物油为基础油，除添加缓蚀剂、抗氧化剂以外，主要添加剂是极压抗磨剂，还辅以消泡剂、破乳化剂等。L-HM 抗磨液压油不仅具有良好的缓蚀性和抗氧化性，而且在极压抗磨性能方面表现得更为突出。因此，它适用于低、中、高压液压系统，也可用作其他承受中等以上载荷的机械设备的润滑油。

由于所使用的极压抗磨添加剂不同，抗磨液压油主要分为以下两类：

1）有灰型（锌型）抗磨液压油。这类液压油中有抗磨、抗氧化、抗腐蚀剂二烷基二硫代磷酸锌（ZDDP），它燃烧后会残留氧化锌灰，故称为有灰型抗磨液压油。当锌型抗磨液压油中锌的质量分数

≥0.07% 时，称为高锌型抗磨液压油；当液压油中锌的质量分数<0.07%，一般为 0.03%～0.04% 时，则称为低锌型抗磨液压油。前者对钢—钢摩擦副的抗磨性能最佳，但对含银和铜的部件有腐蚀作用；后者对材料的适应性较好，既适用于叶片泵，也适用于采用铜和铜合金的柱塞泵。高锌型抗磨液压油又可分为碱性高锌型和中性高锌型。中性高锌型油的极压抗磨性能尤佳；而碱性高锌型油，由于其 pH 值大，碱性大，故抗氧化性和热安定性更好。

2）无灰型（非锌型、硫磷型）抗磨液压油。这类液压油中不加入二烷基二硫代磷酸锌，也不加入含金属元素的添加剂，只加入含硫、磷（或氮）的抗磨剂，因而燃烧后不残留金属氧化物灰分，故称为无灰型抗磨液压油。

无灰型抗磨液压油在抗氧化性、水解安定性、热安定性、抗磨性、酸值、过滤性、对铜合金的抗腐蚀性等方面均优于有灰型。但是无灰型抗磨液压油的添加剂选择和配制比较困难，价格较高。所以，目前在世界各国的抗磨液压油中，仍以锌型抗磨液压油应用最多。

（3）L-HG 液压油　很多机床为了简化润滑系统结构，方便操作，将导轨润滑系统与液压系统合并在一起，这就要求有一种油液既能满足液压系统的性能要求，又能满足导轨系统的润滑要求。L-HG 油就是一种既具有液压油的一般性能，又具有导轨油性能的多功能油液。

L-HG 油是在 L-HM 油基础上添加黏滑剂（油性剂或减摩剂）后调制而成的。它不仅具有良好的缓蚀、抗氧化、抗磨、抗乳化、抗泡性能，而且具有良好的黏滑性，在低速下防爬行效果好。它适用于液压和导轨合用一个油路系统的精密机床。

（4）L-HV 液压油　L-HV 油又称低温（或低凝）液压油。它是用深度脱蜡精制的轻质矿物油或用精制矿物油与 α 烯烃合成油混合的半合成油构成的低倾点基础油，加入黏度指数改进剂、极压抗磨剂、抗氧化剂、缓蚀剂、降凝剂等多种添加剂调制而成的。L-HV 油除具有 L-HM 油的优良性能以外，还具有较好的低温流动性、低温泵送性及低温起动性能（倾点低于−30℃）。其黏度指数达 130 以上，黏温特性好，因此 L-HV 油适用温度范围比较广，可用于寒冷地区野外操作的低、中、高压液压系统。如对油液有更高的低温性能要求或无本产品时，可选用 L-HS 油。

（5）L-HS 液压油　L-HS 油又称合成低温液压油。它是以低温性能好的 α 烯烃合成油为基础油，添加与 L-HV 油相同的添加剂，构成倾点可达−45℃的低温液压油，可用于严寒地区冬季在野外操作的低、中、高压液压系统。

L-HV 和 L-HS 油均属于可在较宽温度范围内使用的低温液压油，都具有低倾点、优良的抗磨性、低温流动性及低温泵送性，且黏度指数均大于 130。但 L-HV 油的低温性能稍逊于 L-HS 油，而 L-HS 油的成本及价格都高于 L-HV 油。L-HV 油主要用于寒冷地区，L-HS 油则主要用于严寒地区。

二、难燃液的主要品种及技术性能

矿物油型液压油有许多优点，但其主要缺点是具有可燃性，在接近明火、高温热源或其他易发生火灾的地方，使用矿物油时会有着火的危险。美国、欧洲诸国均早已立法规定，在高温明火附近或煤矿井下不允许使用矿物油作为液压系统工作介质，而必须改用难燃液。

所谓难燃液，并非绝对不燃。液压液的难燃性应包括两个方面：一方面是液压液在明火或高温条件下具有抵抗燃烧的能力，或具有使火焰不会扩大和传递的性能（即使用外火把它点着，当把外火移去后，它本身的火焰能自动熄灭）；另一方面是液压液的物理状态在压力作用下发生变化时，具有抵抗自燃的性能，即具有抗压燃性能。例如，当用高压空气向器壁上沾有少量矿物油的蓄能器充气时，或当蓄能器向外放出的高压空气中带有少量矿物油时，由于高压冲击波的作用，很可能会引起这些矿物油的燃烧或爆炸，这种现象就称为压燃。当热的压力油从高压系统内向空气中喷出时，同样也可能发生燃烧，所以，液压液的抗压燃性对于高压系统同样是一个很重要的性质。

难燃液压液主要有下列几种类型：

（1）HFA 液压液　HFA 又名高水基液压液，国际上常简称为 HWCF 或 HWBF［High Water Content（Base）Fluids］。它由 95%（体积分数，下同）的水与 5%含有多种添加剂的浓缩液调制而成。国际上主要有下列不同品种供应市场：

1）HFAE。HFAE 又名高水基乳化液，或称水包油乳化液。它由 95% 的水与 5% 由矿物油（或其他类型油类）及乳化剂、缓蚀剂、防霉剂等组成的浓缩液调制而成。通过乳化剂的作用，油液以分散颗粒的形式分布在作为连续相的水中，油粒尺寸比较大（8μm 左右），呈乳白色。它的缺点是乳化稳定性差，油水易分离，润滑性不好，过滤性差，目前国外很少用它作为液压系统的工作介质。

2）HFAS。HFAS 又名高水基合成液。其中不含油，由 95% 的水和 5% 含有多种水溶性（或半水溶性）添加剂的浓缩液调制而成，为透明状。其润滑性、过滤性能等均比 HFAE 好。

3）HFAM。HFAM 又名高水基微乳化液。它由 95% 的水与 5% 由矿物油（或其他类型油）及多种化学添加剂所组成的浓缩液调制而成。HFAM 既非真正的溶解液，也非完全的乳化液。它与 HFAE 的主要区别在于油液以极为微小的颗粒（2μm 或更小）的形式分布在水中，呈半透明状。HFAM 同时具有 HFAE 和 HFAS 的优点：很稳定，润滑性好，过滤性好，对液压泵有较好的适应性。

此外，国外还研制出多用途的高水基液体，其浓缩液可以作为齿轮箱润滑液，将其用水稀释后可作为液压系统工作介质及切削液，这样可以避免不同类型介质之间的相互污染。另外，还有增黏的高水基介质，其浓缩液比例较大（10% 以上），其黏度与矿物油型液压油接近，因而对传统油压元件的适应性较好。

采用高水基液体作为液压系统工作介质具有以下优点：①不燃；②价格便宜；③节约石油资源；④污染少，废液易处理，有些牌号的高水基介质具有良好的生物降解作用，其生化耗氧量（BOD）很低，可以不经处理直接排放；⑤ 节约运输及仓储费用，因为 95% 的水是在使用时加入的，只有 5% 的浓缩液需要运输和储存，所以可减少 95% 的运输及仓储费用。

但是高水基介质的理化性能因所加添加剂性能的不同而差别较大。另外，它与矿物油相比，具有黏度低、汽化压力高、润滑性差等严重缺点。HFA 为碱性溶液，对锌、铝、镉、镁等轻金属有一定的腐蚀性；与纸、皮革、软木、石棉及聚氨酯、硅酮橡胶、乙丙烯橡胶等不相容，与一般油漆也不相容。传统的液压元件与它并不完全适应，必须进行改进、降压使用或重新研制。

（2）HFB 液压液　HFB 又称油包水乳化液。它是由 60% 的矿物油、40% 的水及多种添加剂借助乳化剂的作用形成的相对稳定的乳化混合体。水以分散颗粒的形式分布在作为连续相的油中，形成油包水乳化液。

HFB 具有以下优点：①由于含有 60% 的矿物油，因此具有良好的润滑性和抗腐蚀性，其润滑性要比 HFA 及 HFC 好；②与油系统常用的密封材料、涂料及金属材料（镁除外）有较好的相容性；③具有较好的抗燃性，而且价格较低廉。

HFB 的主要缺点：①乳化稳定性差，由于尘埃污染、使用温度较高或较低、储存时间较长、反复通过较精细的过滤器等因素，均可能导致乳化液分离（这个缺点对 HFAE 同样存在）；②为两相非牛顿流体，其黏度常因受强烈剪切作用而降低；③过滤性能较差；④容易产生气蚀。

（3）HFC 液压液　HFC 又称水-乙二醇，其含水量约为 45%，其余为能溶于水的乙二醇、丙二醇或它们的聚合物，以及水溶性的增黏、抗磨、缓蚀、消泡等添加剂。HFC 为透明的真溶液。

HFC 具有以下优点：① 凝点低，适合在低温环境下工作，其使用温度范围为 $-20 \sim 50℃$；②稳定性好，使用寿命长；③接近液压油的黏度，而且黏温特性好。

HFC 的缺点：①润滑性能较差，特别是当使用滚动轴承时，轴承寿命将大幅度下降；②废液不易处理；③汽化压力高，容易产生气蚀；④与锌、锡、镁、镉、铝等轻金属以及纸、皮革、软木、石棉、聚氨酯橡胶等不相容，容易使普通工业油漆软化或脱落。

（4）HFDR 液压液　HFDR 又名磷酸酯液压液。它是由无水磷酸酯作为基础液再加入黏度指数改进剂、抗氧缓蚀剂、抗泡剂等多种添加剂调制而成的。由于磷酸酯分子结构的不同，所制液压液的黏度指数、低温性能等均有较大差别。除 HFDR 以外，还有氯化烃无水合成液（HFDS）、HFDR 和 HFDS 混合液（HFDT）以及其他成分的无水合成液（HFDU）等。

HFDR 具有以下优点：①润滑性能好，与矿物油型液压油相近；②抗氧化性及挥发性比矿物油型液压油强；③具有突出的抗燃性。

HFDR 用作难燃液压液已有数十年历史，主要用于两方面：一是用在大型民航客机的液压系统中；二是在接近高温热源或明火附近的高温、高压系统中作为工业难燃液压液。

HFDR 的主要缺点：①价格贵；②当有水分混入时，易发生水解，生成磷酸，使金属受到腐蚀；③由于有强的溶解能力，与不少非金属材料及密封材料不相容，必须采用氟橡胶（最优）、丁基橡胶或硅橡胶密封；④不能用一般耐油涂料，可采用环氧树脂或酚醛树脂；⑤对环境污染严重，有轻度毒性。

第五节　液压油（液）的选用

每种液压介质都有各自的特点，均有一定的适用范围。实践证明，正确、合理地选用液压系统工作介质，对于提高液压设备运行的可靠性、延长使用寿命、保证安全生产以及防止事故的发生具有十分重要的意义。

一、液压油的选用

选择液压系统工作介质时，首先要考虑液压设备所处环境是否有着火危险，如果没有或很小，则可选用液压油。液压油的品种较多，制备容易，来源广，价格比较便宜，目前各类液压设备使用的液压介质中，液压油达85%。具体选用时，主要应从下列三方面着手：

（1）根据工作环境和工况条件选择液压油　不同类型的液压油有不同的工作温度范围。另外，当液压系统工作压力不同时，对工作介质极压抗磨性能的要求也不同。所以在选择液压油品种时，既要考虑液压系统的工作环境及其实际工作温度，又要考虑液压系统的工作压力。表19-4列出了根据工作环境和工况条件选择液压油的示例，以供参考。

表 19-4　根据工作环境和工况条件选择液压油（液）

工况 环境	压力 7MPa 以下、温度 50℃ 以下	压力 7~14MPa、温度 50℃ 以下	压力 7~14MPa、温度 50~80℃	压力 14MPa 以上、温度 80~100℃
室内固定液压设备	L-HL 或 L-HM	L-HM 或 L-HL	L-HM	L-HM
寒冷地区或严寒地区	L-HV	L-HV 或 L-HS	L-HV 或 L-HS	L-HV 或 L-HS
地下、水上	L-HL 或 L-HM	L-HM 或 L-HL	L-HM	L-HM
高温热源或明火附近	HFAS 或 HFAM	HFB、HFC 或 HFAM	HFDR	HFDR

（2）根据液压泵类型选择液压油　液压泵对油液抗磨性能要求高低的顺序是叶片泵、柱塞泵、齿轮泵。对于以叶片泵为主泵的液压系统，不管压力高低，均应选用 L-HM 油。对于以柱塞泵为主泵的液压系统，一般应选用 L-HM 油，低压时也可用 L-HL 油。当柱塞泵中有青铜或镀银部件时，不宜选用高锌抗磨液压油，应选用低锌或无灰抗磨液压油。

（3）检查液压油与材料的相容性　初选液压油以后，应仔细检查所选液压油及其中的添加剂与液压元件及系统中所有金属材料、非金属材料、密封材料、过滤材料及涂料等是否相容。如果发现有与液压油不相容的材料，则应改变材料或改选液压油。表19-5列举了主要液压介质与常用材料的相容性。

表 19-5　液压介质与常用材料的相容性

材料	L-HM 抗磨液压油	HFA	HFB	HFC	HFDR
铁	适应	适应	适应	适应	适应
铜、黄铜	无灰 L-HM 适应	适应	适应	适应	适应
青铜	不适应（含硫剂油）	适应	适应	有限适应[①]	适应
镉和锌	适应	不适应	适应	不适应	适应
铝	适应	不适应	适应	有限适应[②]	适应
铅	适应	适应	不适应	不适应	适应
镁	适应	不适应	不适应	不适应	适应
锡和镍	适应	适应	适应	适应	适应

（续）

材　料	L-HM 抗磨液压油	HFA	HFB	HFC	HFDR
普通耐油工业涂料	适应	不适应	不适应	不适应	不适应
环氧型与酚醛型	适应	适应	适应	适应	适应
搪瓷	适应	适应	适应	适应	适应
丙烯酸树脂（包括有机玻璃）	适应	适应	适应	适应	不适应
苯乙烯树脂	适应	适应	适应	适应	不适应
环氧树脂	适应	适应	适应	适应	适应
硅树脂	适应	适应	适应	适应	适应
酚醛树脂	适应	适应	适应	适应	适应
聚氯乙烯塑料	适应	适应	适应	适应	不适应
尼龙	适应	适应	适应	适应	适应
聚丙烯塑料	适应	适应	适应	适应	适应
聚丙氟乙烯塑料	适应	适应	适应	适应	适应
天然胶（NR）	不适应	适应	不适应	适应	不适应
氯丁胶（CR）	适应	适应	适应	适应	不适应
丁腈胶（NBR）	适应	适应	适应	适应	不适应
丁基胶（IIR）	不适应	不适应	不适应	适应	适应
乙丙胶（EPDM）	不适应	适应	不适应	适应	适应
聚氨酯胶（AU）	适应	有限适应	不适应	不适应	有限适应[3]
硅胶（VMQ）	适应	适应	适应	适应	适应
氟胶（FPM）	适应	适应	适应	适应	适应
皮革	适应	不适应	有限适应[4]	不适应	有限适应[4]
含橡胶浸渍的塞子	适应	适应	适应	不适应	有限适应[4]
醋酸纤维-酚醛型树脂处理	适应	适应	适应	适应	适应
金属网	同有关金属	同有关金属	同有关金属	同有关金属	同有关金属
白土	适应	不适应	不适应	不适应	适应

① 青铜的最大铅含量（质量分数）不应超过 20%。

② 阳极化完全适应，未阳极化铝性能各异。

③ 通常适应性是可以的，取决于来源。

④ 取决于浸渍的类型和条件，请向皮革制造厂询问。

二、液压油黏度等级的选择

液压系统工作介质必须有适当的黏度。当液压油的品种选定以后，还要确定其合适的黏度等级（即牌号）。液压油的黏度应根据液压泵和液压系统的要求来选择，然后根据实际工作温度范围及油品的黏温特性确定液压油的黏度等级。

（1）根据液压泵的要求选择液压油黏度　液压泵（马达）是液压系统中对工作介质黏度最敏感的元件，每种液压泵都有一个允许的最小和最大黏度及最佳黏度范围，均由制造厂给出。

液压泵所允许的最小黏度通常由液压泵的轴承润滑所允许最小黏度、摩擦副润滑所允许的最小黏度以及液压泵的内泄漏所允许的最小黏度所决定。

液压泵允许的最大黏度是由液压泵的吸油能力决定的，即在最低环境温度下冷起动时，允许在短时间内出现的最大黏度。如果黏度过大，则液压泵吸不上油，不但起动困难，而且会产生空穴和气蚀。

液压泵的最佳黏度是使液压泵的容积效率和机械效率这两个相互矛盾的因素达到最佳统一，能使液压泵发挥最大效率的黏度。

一般来说，应该根据生产厂家的推荐，按液压泵的要求来确定工作介质的黏度。根据液压泵的要求所选择的黏度一般也适用于液压阀（伺服阀例外）。

（2）检查液压系统许用的黏度极限　液压系统许用的最小黏度取决于液压泵许用的最小黏度。

液压系统许用的最大黏度取决于液压泵许用的最大黏度和吸油管路压力降（由吸油高度、吸油管路、弯头及吸油过滤器等决定）所许用的最大黏度。当液压泵安装高度不同或吸油管路阻力不同时，液压泵所许用的最大黏度是不同的。制造厂家所推荐的液压泵的最大许用黏度是在保证液压泵的入口压力大于厂方规定值的前提下确定的。如果液压泵的入口压力比制造厂家所要求的小，则液压泵许用的最大黏度应相应减小。

（3）根据工作温度范围选择黏度等级　液压油的黏度等级应根据液压系统的实际工作温度范围进行选择。当液压油的工作温度上限较高时，所选液压油黏度等级可适当低一些；但如果液压油的黏温特性好，其黏度等级也可以适当高一些。表 19-6～表 19-8 所列数据可供选择液压油黏度等级时参考。

表 19-6　在不同的工作温度范围内可采用的抗磨液压油黏度等级

工作温度范围/℃	推荐的黏度等级（ISO）
−21～60	22 号
−15～77	32 号
−9～88	46 号
−1～99	68 号

表 19-7　不同黏度等级的液压油在不同要求下的适用温度　　　　（单位：℃）

黏度等级（ISO）	要求起动时黏度为 860mm²/s	要求起动时黏度为 220mm²/s	要求起动时黏度为 110mm²/s	要求运转时最大黏度为 54mm²/s	要求运转时最小黏度为 13mm²/s
32 号	−12	6	14	27	62
46 号	−6	12	22	34	71
68 号	0	19	29	42	81

表 19-8　根据工作温度范围及液压泵的类型选用液压油的黏度等级

液压泵类型	压　力	运动黏度（40℃）/（mm²/s）		适用品种和黏度等级
		5～40℃	40～80℃	
叶片泵	7MPa 以下	30～50	40～75	L-HM 油,32、46、68
	7MPa 以上	50～70	55～90	L-HM 油,46、68、100
螺杆泵	—	30～50	40～80	L-HL 油,32、46、68
齿轮泵	—	30～70	95～165	L-HM 或 L-HL 油（中、高压用 L-HM）,32、46、68、100、150
径向柱塞泵	—	30～50	65～240	L-HM 或 L-HL 油（中、高压用 L-HM）,32、46、68、100、150
轴向柱塞泵	—	40	70～150	L-HM 或 L-HL 油（中、高压用 L-HM）,32、46、68、100、150

注：表中 5～40℃、40～80℃均为液压系统工作温度。

（4）液压油黏温性能的选择　当液压油的品种及黏度等级初步确定以后，还应根据液压系统的实际工作温度及环境温度来检查油液的黏温特性是否满足要求。

液压油的黏度随温度而变化，但对于具有高黏度指数的液压油，其黏度随温度的变化比低黏度指数液压油要小得多。当液压系统的工作温度范围比较大时，应该选择黏度指数比较大的液压油，以保证在液压系统的实际工作温度范围内，液压油的黏度始终保持在液压系统所要求的上、下限之间。

三、难燃液压液的选用

对于高温或明火附近以及煤矿井下的液压、液力设备,为了保障人身及设备安全,需用难燃液。各种难燃液都有不同的工作特性和一定的使用范围,为了提高液压设备的工作可靠性、延长设备及元件的使用寿命,必须正确、合理地进行选择。

一般而言,可以按表19-4进行初选,然后再从环境条件、工作条件、使用成本及废液处理等方面进行综合分析,最后得出最佳选择。

(1) 液压设备的环境条件　如果环境温度低(低于0℃),用水-乙二醇较好,也可以选用磷酸酯。如果环境温度高,用磷酸酯较好,或者选择其他难燃液再加冷却器。

(2) 液压设备的工作条件　考虑液压设备的工作条件时,除考虑液压介质与金属、密封材料、涂料等的相容性以及与液压阀、液压缸的适应性以外,最主要的是要考虑液压泵的适应性。对于阀配流的卧式柱塞泵,与所有水基难燃液都是相适应的;但对于轴向柱塞泵、齿轮泵及叶片泵而言,由于水基难燃液的润滑性能差,对液压泵的轴承寿命及摩擦副的磨损均有很大影响。

使用难燃液时,滚动轴承寿命与使用矿物油时的寿命相比:一般水包油乳化液约为17%,油包水乳化液约为38%,水-乙二醇约为18%,合成液约为57%。其主要原因是由于水基难燃液的黏压特性差,当压力增加时,黏性增加得很少,很难形成弹流润滑。

就润滑性能而言,磷酸酯的润滑性能接近矿物油,其次是油包水乳化液、水-乙二醇,而高水基介质最差。因此,从减少磨损、延长元件使用寿命的角度来考虑,对于高压系统,采用磷酸酯较好;对于中高压系统,采用油包水乳化液及水-乙二醇为宜;对于中低压系统,也可以采用高水基液体。

原有液压泵使用难燃液以后,其使用寿命要降低。根据试验数据可知,使用难燃液以后,轴向柱塞泵的预期寿命与用矿物油时的寿命相比:磷酸酯为75%~100%,油包水乳化液为70%~80%,水-乙二醇为40%~60%,一般高水基液为50%或更低。

因此,原有液压泵改用难燃液后,应降低使用压力及转速。究竟何种液压泵的适应性较好,工作参数应降多少为宜,最好以适应性试验结果为依据。

(3) 使用成本　使用成本主要应从设备改造、介质成本、维护监测及系统效率等方面加以考虑。由于油包水乳化液、水-乙二醇及磷酸酯的黏度较大,原有液压设备改用这些介质时,除要更换不相容的材料及轴承外,其他变化不大。但对于高水基介质,由于其黏度低,可能导致泄漏增加,原有元件应该降压降速使用或研制适应性好的元件。

就介质价格而言,磷酸酯最贵,其次是水-乙二醇、油包水乳化液,高水基介质最便宜。

关于系统的维护与监测,油包水乳化液要求最严,其次是磷酸酯与高水基介质,相对来说,水-乙二醇要求低一些。

(4) 废液处理　难燃液对环境有强烈的污染作用,废液不经过处理不能排放。水-乙二醇完全溶于水,虽有生物降解作用,但其生化耗氧量(BOD)很高,对水中生物危害很大,因此其废液必须单独收集起来进行氧化或分解处理后才能排放。磷酸酯比水重,油包水乳化液比水轻,可以从废液池底部或顶部分离出来进行处理。相对而言,高水基介质较易处理,特别是某些牌号的高水基介质。

第六节　液压油(液)的合理使用和维护

一、合理使用的要点

(1) 要验明油液的品种和牌号　使用前,应验明所选油液的品种、牌号和性能等均符合和满足预先已正确选定,并且在技术文件中明确规定的要求后方能使用。最好从生产厂家得到出厂化验单,然后对该化验单与技术文件中规定的要求进行对照。如果条件允许,应自行化验其中一些关键项目,如黏度、缓蚀性能等。如果发现油液外观上有问题,如液压油有乳化现象(浑浊不透明)、机械杂质多、颜色发生显著变化等,则应化验其水分含量及机械杂质含量。混入水分较多、乳化严重的液压油不能使用。

（2）使用前必须过滤　新油并不清洁，因为在炼制、分装、运输和储存过程中，可能导致固体污染物和水分侵入。国内调查表明，很大一部分新油的污染度约为 NAS10～NAS14 级；美国及英国的调查表明，50%新油的污染度超过液压元件的污染耐受度。因此，使用油液前，必须对其主要理化性能及污染度进行检测。对污染度不合要求的油液，必须进行过滤净化。新油的污染度应比液压系统允许的污染度低 1～2 级。对于一般液压系统，新油污染度应控制在 NAS7 级左右；对于有伺服阀的系统，应不高于 NAS5 级。

（3）灌液前液压系统应彻底清洗干净　新系统首次使用以及刚维修过的系统投入使用前，均需彻底清洗干净，即便是更换油液时，也要用新换的油液清洗 1～2 遍，直到清洗后油液的污染度达到规定的要求为止。

（4）油液不能随意混用　当已选定某一牌号的油液后，必须单独使用。未经液压设备生产厂家同意和没有足够的科学根据时，不得随意与不同黏度等级的油液混用，即使是同一黏度等级但不是同一厂家的油液也不可混用，更不得与其他类别的油液混用。

（5）严格进行污染控制　应特别注意防止水分、空气及固体杂质等污染物侵入液压系统。

（6）按换油指标及时换油　应对系统油液的性能进行定期监测，当其超过换油指标时，必须及时换油。

（7）加入系统的油液量应达到油箱最高油标线位置　正确的加油方法是先将油液加到油箱最高油标线处，开动液压泵，使液压油流至系统各管路，再加油到油箱油标线，然后再起动液压泵。这样多次进行，直到油液一直保持在油标线附近为止。

二、矿物油型液压油的更换

液压油在使用过程中，由于外部因素（空气、水、杂质、热、光、辐射、机械的剪切、搅动作用等）和内部因素（精制深度、化学组成、添加剂性质等）的影响，总是会或快或慢地发生物理、化学变化，导致油液逐步老化变质。液压油性能的变化表现为：油液中水分增加，机械杂质增加，黏度增大或减小，闪点降低，酸值显著变化，抗乳化性变差，抗泡性变差，稳定性变差。

表 19-9 列出了液压油在使用过程中发生性能变化的主要原因和结果，供参考。

表 19-9　液压油在使用过程中发生性能变化的主要原因和结果

变化的原因	变化的结果
氧气等气体的影响	使油液氧化变质、黏度、酸值、腐蚀性物质、油泥增加，颜色变深；还会产生气泡，导致空穴、气蚀
渗水的影响	油液乳化、浑浊，黏度增大，锈蚀增强，润滑性能降低，添加剂水解，电绝缘性能下降，油液氧化加快
增黏剂发生裂解，抗泡剂发生沉降，其他添加剂逐渐被消耗掉而产生的影响	使添加剂所改进的各种性能下降或消失
粉尘，磨损金属粒子，油液不完全燃烧时生成的炭渣，油液氧化、缩聚生成的胶质、沥青质等固体杂质的影响	加速油液氧化，黏度、酸值、机械杂质增加，颜色加深乃至变黑，润滑性能降低，磨损加剧，过滤器和控制油路堵塞，抗泡性、抗乳化性、电绝缘性下降
温度高的影响	油液氧化加速，黏度、酸值、闪点上升，油中轻质成分蒸发加快，油和添加剂热分解加速，使用性能降低
剪切、搅动等机械作用的影响	增黏剂发生裂解，黏度和黏度指数下降，油液氧化加速
光线、γ射线及其他射线的影响	促进油液氧化、缩聚，黏度、酸值增加，颜色变深

在液压系统运行过程中，对油液一些主要性能参数要进行定期的、经常性的监测，当其劣化到一定程度时，就必须换油。目前，确定换油期的方法一般有以下三种：

1）定期换油法。按液压设备的环境条件、工作条件和所用的油液，规定一定的换油周期，如半年、一

年或运转若干小时，到期就换油。这种方法在国内曾被一些液压设备较多的企业所采用。定期换油法不够科学，有的油液可能已变质或严重污染，换油期未到仍继续使用；也可能油液尚未变质，却因换油期已到而当作废油换掉了。

2）目测换油法。操作人员定期从正在运行的液压系统中抽取油样，通过与新油的对比或滤纸分析，检测到一些油液常规状态的变化，如油液变黑、发臭、变成乳白色等，或感觉到油已很脏，而决定换油。此法因检测人员经验和感觉不同，对于同一油样可能得出不同的判断，所以使用中有很大的局限性。

3）定期对油液进行取样化验，测定一些必要的项目，如黏度、酸值、水分、污染度及腐蚀性等，将实际测定值与规定的油液劣化指标进行对比，一旦一项或几项达到或超过换油指标，就必须换油。

由于液压设备类型、工作条件及油液品种不同，国外许多公司关于液压油的换油指标都不相同，但定期检测的项目大同小异。表19-10列出了关于 L-HM 液压油的换油指标，可供参考。对于一般运行条件的液压装置可以在运行 6 个月后开始检验，运行条件苛刻的液压装置应在运行 1~3 个月后开始检验。

这种根据化验结果决定是否换油的方法比较科学，既能减少液压设备由于油液原因而发生的故障，又能使液压油得到充分合理的利用，减少浪费。在具备化验条件的情况下，应尽量采用这种方法。

表 19-10 L-HM 液压油换油指标

项 目		换油指标	检验方法
40℃ 运动黏度变化率(%)	超过	+15 或 -10	GB/T 265—1988,经计算
水分(%)	大于	0.1	GB/T 260—2016
色度增加(对比新油)	大于	2 号	GB/T 6540—1986
酸值:降低(%)	超过	35	GB/T 264—1983,经计算
或增加值/[mg(KOH)/g]	大于	0.4	
正戊烷不溶物含量(%)	大于	0.1	GB/T 8926—2012
铜片腐蚀(100℃ ,3h)	大于	2a 级	GB/T 5096—2017

三、难燃液的合理使用及维护

关于难燃液的维护管理，由于其组成与矿物油型液压油不同，除了要做到液压油的管理事项以外，还应根据 GB/T 16898—1997《难燃液压液使用导则》（等同 ISO 7745：1989）的要求，根据不同的难燃液品种，采用不同的维护措施。

（1）一般要求 当难燃液选定以后，对于新的系统或者原有液压系统改用难燃液之前，必须把系统彻底清洗干净，使系统与所选用的介质完全适应，其具体要求如下：

1）逐个检查所用元件、辅件与所用介质是否相适应，不适应者应一律更换。

2）检查系统中所有金属与非金属材料以及涂料等是否与所用介质相容，不相容者必须更换。

3）彻底清洗掉所有元件、辅件及管路中的残留油液，任何液压油或油脂的混入都会使难燃液的润滑性能下降，从而使元件出现异常磨损，形成悬浮物以及使难燃液使用寿命缩短。

4）清除油箱内表面的油漆，一般情况下内表面可以不涂漆。

5）估算一下液压泵入口处的真空度。为了防止气蚀，对于所有水基难燃液而言，应避免液压泵入口处出现负压。辅助升压是有益的。

6）检查并紧固所有联接件，更换已损坏或失效的密封件。

7）液箱容积应足够大，箱盖应注意密封，以防止 HFA、HFB、HFC 等类难燃液中水分的蒸发，并能减少污染。

（2）HFA 的维护 对于高水基液压液，由于其黏度小，因此要特别注意防漏，同时要监测其浓缩比、乳化稳定性、pH 值及霉菌生长情况。

1）泄漏控制。外漏多半发生在泵体的密封处、管接头、阀安装底板的 O 形圈密封处以及液压缸活塞杆的密封处。为了防止外漏，应该及时紧固松动了的接头，更换损坏了的密封件，还要特别注意密封件材料是否与高水基介质相容。经验表明，只要加以注意，外漏是完全可以控制的。

2）监测浓缩化。高水基介质中水的含量（体积分数）应保持在 90%～95% 之间。如果水的含量太低，将增加介质成本；如果含量太高，则会使介质性能变坏，元件寿命缩短。一般情况下，介质浓缩比的检查应每月进行一次。最准确的检查方法是化学滴定法，但此方法比较麻烦，而且不便于在现场进行。能够在现场进行的最方便的方法是利用折射仪进行检查。

3）监测乳化稳定性。使用水包油乳化液时，必须经常检查乳化液是否稳定。如果不稳定，则作为分散相的油粒子的尺寸会不断增大。所以，通过检查油粒子尺寸是否变化就可以判断介质的稳定性。为了测量油粒子尺寸的大小，可以用显微镜测量，也可以用颗粒计数器（如 Coulter Counter）测量。最好每两个月检查一次。如果所用乳化液明显不稳定，应及时更换，以免严重损坏元件。

4）定期检查霉菌生长情况及 pH 值。虽然在高水基介质中加入了防霉剂，但很难知道其有效期，因此仍然需要注意监视介质中是否有霉菌、藻类或其他微生物存在，因为这些微生物的大量存在将堵塞过滤器或阀孔，还会引起介质不稳定，这种情况一旦发生就很难控制，因此必须立即更换介质。目前尚无简单的检查方法，主要是抽样进行霉菌培养。

此外，还应该经常检查高水基介质的 pH 值是否在 8～9.5 的范围内。因为当介质呈弱碱性时，可以阻止霉菌生长，也可以减少对金属的腐蚀作用。一般用 pH 试纸进行检查。如果介质呈酸性，就应立即更换。

5）废液处理。有些合成液具有生物降解作用，且生化耗氧量（BOD）很低，可以直接排入下水道。对于乳化液，由于其中含有少量油液，应将其破乳化后再进行处理。破乳化的方法很多，最简单的方法是加入某种化学试剂就能起破乳化的作用。另外，也可以用过滤的方法或机械分离的方法来破乳化。分离出来的油液应单独处理，而留下的水一般可以直接排入下水道。

（3）HFB 的维护　对于油包水乳化液，主要应监测其含水量、黏度及乳化稳定性。

HFB 按使用状态供应，其含水量约为 40%（体积分数，下同）。其黏度随含水量的变化而改变（图 19-11）。另外，含水量的变化还会降低其安定性和（或）难燃性，因此要严格控制其含水量为 40% 左右。一般将等量的油包水乳化液和试剂混合在一起，在离心机上旋转数分钟后，油水即可分离，从而可得出水的含量。另外，也可以通过测量黏度来间接了解其含水量。

乳化液如果受到反复融冻，或有过多的污染物侵入，或反复通过微细的过滤小孔，或加入了硬水等，均可能变得不稳定，产生油水分离，性能恶化，导致元件损坏。因此必须密切监测乳化液的稳定性。对于失稳的乳化液应及时更换。对于乳化液稳定性的检查，可以按美国材料试验标准 ASTMD943 进行，也可以采用简易方法：把油包水乳化液滴入水中，如果乳化液是稳定的，则它沉入水中时呈圆珠状，浮到水面上仍然保持圆珠状；如果乳化液不稳定，则其滴入水中后会很快散开，并呈白色牛乳状。

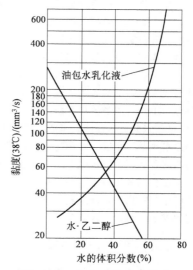

图 19-11　油包水乳化液及水-乙二醇的黏度随含水量的变化

（4）HFC 的维护　对于水-乙二醇液压液，主要应监测其含水量、黏度及 pH 值。

水-乙二醇的黏度随含水量的减少而增加（图 19-11）。水-乙二醇含水量过低，不仅黏度太大，使系统无法正常工作，液压泵易产生气蚀，而且会使其失去抗燃性。水-乙二醇的含水量应为 45% 左右，黏度变化保持在 ±10% 以内。水-乙二醇的含水量可以通过测量其黏度来确定。水-乙二醇的补给水必须是蒸馏水或去离子水，绝不能用自来水，因为自来水中的 Ca^{2+} 和 Mg^{2+} 离子将与某些添加剂作用而形成皂类沉淀物，使添加剂失效。

为了减少腐蚀作用，阻止霉菌的增长，水-乙二醇应保持弱碱性，即应将其 pH 值控制在 8～10 之间，一般用 pH 试纸来检查。

（5）HFD 的维护　对于磷酸酯液压液，主要应监测其水分、酸值及黏度。磷酸酯中混入水分时会发生水解，生成磷酸，对金属有腐蚀作用。因此，应严格控制磷酸酯中水的含量不得多于 0.3%。另外，磷酸酯

的酸值应低于 1.0mgKOH/g，黏度的变化不得超过±15%。

第七节　水液压传动的优越性及使用要点

一、水液压传动的突出优越性

节约能源、保护环境的绿色制造已成为现代机械工程发展的重要目标。西方工业发达国家早已制定出一系列相应的法律、法规，以利于环境保护及国民经济的持续发展。这使得在各个领域得到广泛应用的液压技术面临严重挑战，它必须向安全、卫生及环境友好型的方向发展。

如果从环境友好型、不燃、保证安全生产及清洁卫生、与产品相容等多方面的要求来看，只有水才是最理想的液压系统工作介质。所以，水液压技术早已成为国际液压界和工程界普遍关注的热点，这也是二十多年来水液压技术能够持续发展的根本动力。另外，工程陶瓷、高分子材料等新型工程材料的迅速发展，精密加工技术的进步以及其他一些相关新技术的出现，使研究水液压技术所面临的诸如腐蚀、腐蚀磨损、泄漏、气蚀、水污染的控制等一系列关键技术问题能够有效地得到解决，从而促使水液压技术重新得到迅速发展，并且在众多的军用和民用领域得到推广应用，显示了十分突出的优越性。其主要表现为：

1）用水代替矿物油，避免了使用矿物型液压油时所存在的污染、易燃、浪费能源、维护困难、与环境及产品不相容、废液处理困难等一系列严重问题。

2）水不会污染环境，能保证工作场所的清洁。所以水液压传动被认为是理想的"绿色"传动和生产技术。其在家电及汽车等行业的装配线、食品、医药、饮料、造纸、水处理厂、包装机械、原子能动力厂等众多领域可以代替其他的传动或生产方式，实现传动及生产过程的"绿色化"。

3）水不燃，无着火危险。水液压传动是安全的传动技术，其在冶金、热轧、连铸、化工等高温、明火环境或煤矿井下的各类工作机械上，可以代替现在广泛应用的价格昂贵、污染严重、维护困难的采用难燃液作为工作介质的液压系统。

4）水的价格低廉，来源广泛，无需运输与仓储。特别是水液压系统用于海洋或江湖附近时，往往可以不用水箱及回水管，不用冷却及加热装置，使系统大为简化，质量减小，效率更高，工作性能更稳定。特别适用于水下工作机械、水下作业工具、船舶、深潜器及舰艇。

由于水液压技术与油压技术相比具有十分突出的优越性，是理想的"绿色"技术和安全技术，因此，从民用到军用、从陆地到海洋、从地上到地下、从工业到日常生活的许多部门，对这一新技术均有十分迫切的需要。所以，水液压技术已成为国际上液压界广泛重视的一个十分重要的研究和发展方向。

二、水液压传动系统的监测和维护

对水液压系统进行定期的监测和维护，是保证其正常工作和延长其工作寿命的前提。

1）应定期检查系统中水的温度、水的 pH 值、水的硬度及水中微生物的繁殖情况，如果发现超过规定值或变化较大，则应及时找出原因并加以解决。

2）应定期检查水的污染度，如果水中的颗粒污染物超过规定值，要及时找出原因并加以解决。同时要排尽系统中的水，对系统进行彻底清洗，然后要通过过滤精度小于或等于10μm 的过滤器向系统重新注水。

3）定期检查管路接头是否松动，是否有渗漏。

4）系统中水的更换周期：① 新系统的第一次换水。新系统运转 50~200h 后，要对系统进行第一次换水。运行时间的长短与液压泵的流量及水箱大小有关，如果水箱较大，则运行时间可长一些。② 定期换水周期一般为 6~12 个月。这与系统的使用情况有关，如果使用频繁，则换水周期应短一些。

5）水箱的清洗。每次换水时，都要对水箱进行彻底清洗。但清洗时千万不能用汽油或煤油，要用清水冲洗，然后用干净绸布擦拭干净。

6）过滤器滤芯的更换。水液压系统不允许在没有充分过滤的情况下运转，所以对过滤器要进行监测，在正常工作的情况下，对于吸水管路上的过滤网及回水管路上的过滤器滤芯，至少每 6 个月要冲洗或更换一次。

三、水液压系统中微生物膜的形成及防治

（1）水液压系统中微生物膜的形成　水液压系统中只要有能为微生物繁殖提供充足养分的有机物（如润滑脂、润滑油、聚二醇、碳、氮、磷等）存在，微生物就可能大量繁殖，并且相互紧贴并群聚在一起。由于其自身会产生一种胶状物质，容易使其黏附在流速较低的水箱内表面、过滤器滤芯外表面及回水管内壁等处，形成所谓的微生物膜（Biofilm），如图 19-12 所示。微生物膜中 95%（体积分数，下同）都是水，水分蒸发以后所剩余的物质中，有 95% 是胶状聚合物，颜色为灰色或黑色。在有些水液压系统中，由于水箱中螺钉上红色铁锈的影响，可能使微生物膜呈深红色。

图 19-12　微生物膜形成示意图

当水液压系统中微生物大量繁殖并生成大量微生物膜以后，将导致过滤器堵塞，水质酸性增加，腐蚀性加大，最后将使系统无法正常工作。

（2）微生物膜的识别　当系统中过滤器堵塞严重时，如过滤器的更换周期缩短至正常情况下的 1/3 时，应对系统进行彻底的检查。一般来讲，存在的问题可能有三个方面：一是系统内产生了严重的腐蚀或磨损；二是有大量污染物侵入；三是系统内微生物大量繁殖，产生了微生物膜。

微生物膜一般很难用肉眼发现。判断微生物膜的产生可采用下述三种方法：

1）最容易产生微生物的地方是水箱内壁。打开水箱，检查水箱内表面是否有黏滞液存在，触摸水箱内表面是否感到较黏。

2）系统中是否存在胶状沉积物。

3）正常情况下，半透明塑料管是否变得混浊不清，并且内表面比较黏滑。

如果有上述症状出现，则表明系统中有微生物膜产生，而且有大量微生物正在繁殖。

（3）微生物膜的清除　一旦水液压系统中有微生物繁殖并形成微生物膜，就必须采用机械及化学方法，对系统进行清洗和杀菌，彻底清除内部的微生物膜。

四、设计水液压传动系统的技术要点

（1）材料　对于水液压元件和系统，其材料的正确选用是十分重要的。所用材料必须具有良好的缓蚀、抗磨损、抗流体冲蚀能力，必须与水相容。不锈钢、耐蚀合金、工程塑料（如 PEEK、PVC、POM等）、工程陶瓷以及与水相容的合成橡胶等已广泛应用于水液压系统和元件中。

（2）过滤器的选用　由于水的黏度低，为了减少泄漏，所有水液压元件中对偶摩擦副的间隙都很小。为了减少磨料磨损，必须在系统中配置精密过滤器，以便滤除各种微小的污染颗粒。对于水液压系统而言，要求过滤器的绝对精度必须小于或等于 $10\mu m$，而且要求采用不带旁通阀但带有压力发信装置的过滤器。

（3）过滤器的安装位置及材料　过滤器最好安装在回水管道上且接近水箱的位置。过滤器的材料必须与水相容。玻璃纤维是滤芯的常用材料，但要避免使用纸质、有机物材料。过滤器壳体主要由不锈钢制造。

（4）液压泵的安装位置　液压泵应安装在水箱之下，使液压泵的入口低于水箱液面。最好使液压泵的入口始终保持为正压，系统工作时，水箱中的水对液压泵的入口形成倒灌，这将有利于避免气蚀，延长液压泵的工作寿命。

（5）溢流阀　安装溢流阀时要注意两点：一是溢流阀的溢流口最好是垂直的；二是溢流口应与回水管或水箱相连，绝不能与液压泵的吸水管道相通。

五、安装水液压传动系统的技术要点

（1）安装前彻底清洗　在水液压系统安装之前，必须对所有管道、接头、密封件及水箱等进行彻底清洗，既要清除掉所有毛刺、锈蚀物、切屑、灰尘及其他颗粒污染物，也要彻底清洗掉其中的油脂、润滑液及其他有机物等。

（2）联接螺纹的密封　水液压系统中，所有螺纹联接处的密封最好采用 O 形密封圈或组合垫圈，严禁

使用聚四氟乙烯密封带。

（3）尽量不用或少用润滑脂　在安装密封圈或紧固联接螺纹时，应不用或尽量少用润滑油脂，否则很容易导致系统中微生物的生长。

（4）联轴器的安装　联轴器与轴之间应采用间隙配合，这样比较容易进行安装。在安装过程中，不允许用铁锤等进行强制安装，否则将损坏液压泵或马达。

（5）联轴器法兰间的间隙　安装联轴器时，既要保证有很好的同心度，同时又要保证联轴器两个法兰之间的间隙不小于3mm。

（6）确保电动机旋转方向与液压泵旋转方向的一致性　如果液压泵的转动方向不正确，起动时由于干摩擦，在几分钟内就可能导致液压泵的严重损坏。

（7）液压泵起动前必须灌满水　系统安装完毕，起动液压泵之前，必须将整个系统灌满水，以确保满足一定的润滑和冷却条件。

思考题和习题

19-1　对液压介质的主要性能要求是什么？试以某种工程机械液压系统及热轧液压系统为例，分别说明在选择其工作介质时应考虑哪些主要性能要求。

19-2　油液体积弹性模量的物理意义是什么？它受哪些因素的影响？

19-3　300cm^{3}的样品油在一液压缸中被压缩，压力从350kPa增加到700kPa，不计缸体的变形。如果该油液的体积弹性模量为2000MPa，试求该样品油体积的变化。

19-4　什么是液压油的黏度及黏度指数？如何确定液压系统工作介质的合适黏度？

19-5　分别说明温度和压力对L-HM、HFA及HFC这三类液压介质的黏度有何影响及影响的程度。

19-6　试述油液凝点和倾点的定义。

19-7　试述油液闪点、燃点和自燃点的定义。

19-8　液压介质有哪几种主要类型？其适用范围和性能特点有何不同？

19-9　矿物油型液压油在使用过程中应如何进行监测、维护和更换？

19-10　难燃液压液在使用过程中应如何进行监测、维护和更换？

19-11　水作为液压系统工作介质的优点是什么？存在哪些技术难题？应如何解决？

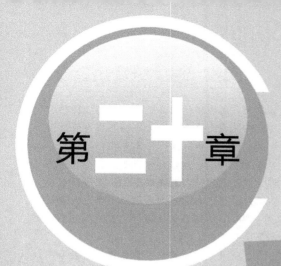

第二十章

工作介质的污染控制与管理

　　随着液压技术在各工业部门的广泛应用，对液压设备的工作可靠性提出了更高的要求。实践证明，液压设备的工作可靠性和寿命与工作介质的污染状况有密切的关系。据统计，液压和润滑系统中，70%以上的故障是由于油液污染造成的。随着液压设备向高速、高压和高精度方向发展，污染造成的危害更加突出。因此，液压介质的污染控制已越发受到国内外工程界的高度重视。

　　现在，液压系统的污染控制已成为一门新的技术，它的广泛应用已显著地提高了液压系统的工作可靠性和使用寿命。例如，英国液压研究协会（BHRA）对注塑机、机床、舰艇等8类117种现场使用的液压设备进行监测后发现，由于加强了对其工作介质的污染控制，使设备的平均无故障期延长了10~50倍；日本Nippon钢铁公司由于在全厂范围内注意实施液压介质污染控制后，使液压泵的更换率降低到原来的1/5。我国某矿务局引进综采机组，由于忽视污染控制，油液污染严重，在短短的几个月内便损坏了几十台液压泵和液压马达，造成了几十万美元的经济损失。由此可见，掌握污染控制的理论和方法，对液压系统工作介质进行严格的污染控制，具有十分重要的工程意义。

第一节　污染物的种类、来源及危害

一、污染物的种类及来源

　　所谓污染物，是指对液压系统正常工作、使用寿命和工作可靠性产生不良影响的外来物质或能量。油液中的污染物质根据其物理形态不同，可分为固体、液体和气体三种类型。固体污染物通常以颗粒状态存在于系统油液中，液体污染物主要是从外界侵入系统的水，气体污染物主要是空气。液压系统油液中污染物的来源主要有以下四个方面：

　　（1）残留的污染物　新的液压设备中往往包含一定数量的残留污染物，包括元件和系统在加工、装配、试验、包装、储存及运输过程中残留下来而未被清除的污染物。典型的残留污染物有毛刺、切屑、飞边、土、灰尘、纤维、砂子、潮气、管子密封胶、焊渣、油漆及冲洗液等。

　　在系统冲洗期间所能去除的污染物数量，不仅取决于所用过滤器的有效性，而且与冲洗液的温度、黏度、流速和流动状态有关。除非达到高流速及湍流，否则许多污染物直到系统投入运行前都难以被赶出窝点，从而可能导致元件的突发性故障。为了减少初期故障，不论对液压系统执行何种冲洗标准，对于任何新的或改装的液压和润滑系统，在正式投入运行前都需进行一段时间的空载磨合。

　　（2）侵入的污染物　周围环境中的污染物可能侵入液压及润滑系统中，侵入的主要途径有油箱通气口

和液压缸活塞杆。另外，还有注油和维修过程中侵入的污染物。

（3）生成的污染物　元件磨损产生的磨屑、管道内的锈蚀剥落物、油液氧化和分解所产生的固体颗粒和胶状物质等均为生成污染物。其中磨屑是系统中最危险、最具破坏性的污染物。因为这些磨屑在元件磨损过程中经"冷作硬化"后，其硬度比它们原来所在表面的硬度高，在污染磨损方面更具破坏性。

（4）已被污染的新油　新油污染的原因是多方面的，包括从炼制、分装、运输和储存等过程中产生的污染。另外，新油在长期储存过程中，油液中的颗粒污染物有聚结成团的趋势。调查表明，一部分新油的污染度大约为 NAS10～NAS14 级。美国俄克拉荷马州立大学流体动力研究中心通过大量取样测试，发现新油中 $\geq 10\mu m/mL$ 的颗粒数超过 20000 个，相当于 NAS14 级。结论认为，50% 新油的污染度超过液压元件的污染耐受度水平。

归纳起来，液压和润滑系统中的污染物质主要有固体颗粒、水、空气、化学物质和微生物等。油液中的化学污染物有溶剂、表面活性剂、油液提炼过程中残留的化学物质等。微生物一般常见于水基液压液中，因为水是微生物生存和繁殖的必要条件。

从广义来说，系统中存在的静电、磁场、热能及放射线等也是以能量形式存在的污染物质。静电可能引起元件的电流腐蚀，还可能导致矿物油中的挥发物碳氢化合物燃烧。磁场的吸力可能使磁性磨屑吸附在零件表面或间隙内，引起元件的污染磨损和堵塞卡紧等故障。系统中过多的热能使油温升高，导致油液润滑性能下降，泄漏增加，加速油液变质和密封件老化。放射线将使油液酸值增加，氧化稳定性降低，挥发性增大，还将加速密封材料变质。

二、固体颗粒污染物及其危害

固体颗粒污染物是液压和润滑系统中最普遍、危害最大的污染物。据统计，由固体颗粒污染物引起的液压系统故障占总污染故障的 60%～70%。

固体污染颗粒对液压元件和系统的危害主要有：

（1）元件的污染磨损　固体颗粒进入元件摩擦副间隙内，对元件表面产生磨料磨损及疲劳磨损。高速液流中的固体颗粒对元件表面引起冲蚀磨损，使密封间隙扩大，泄漏增加，甚至使表面材料受到破坏。

（2）导致元件卡紧或堵塞　固体颗粒进入元件摩擦副间隙内，可能使摩擦副卡死而导致元件失效；进入液压缸内，可能使活塞杆拉伤。固体颗粒也可能堵塞元件的阻尼小孔或节流口而使元件不能正常工作。

（3）加速油液的性能劣化及变质　油液中的水、空气及热能是油液氧化的必要条件，而油液中的金属微粒对油液氧化起着催化作用。试验证明，当油液中同时存在金属颗粒和水时，油液的氧化速度将急剧增加，铁和铜的催化作用使油液氧化速度分别增加 10 倍和 30 倍以上。

三、空气侵入及其危害

液压及润滑系统中常含有一定量的空气，它来源于周围的大气环境。油液中的空气有两种存在形式：溶解在油液中或以微小气泡状态悬浮在油液中。

各种油液均具有不同程度的吸气能力。在一定压力和温度条件下，各种油液可以溶解一定量的空气（图 19-2）。空气在油液中的溶解度与压力成正比，与温度成反比。当压力减少或温度升高时，溶解在油液中的部分空气就会分离出来形成悬浮的气泡。

溶解气体并不改变油液的性质，但油液中的悬浮气泡将对液压系统产生很大的危害作用：

1）降低油液的容积弹性模量，使系统的刚性和响应特性变差。若油液中混有 1% 的空气泡，则油液的弹性模量将降低到只有纯净油液的 35.6%。

2）导致气蚀，加剧元件表面材料的剥蚀与损坏，并且引起强烈的振动和噪声。

3）空气中的氧将加速油液的氧化变质，使油液的润滑性能下降，酸值和沉淀物增加。

4）油液中的气泡破坏摩擦副之间的油膜，加剧元件的磨损。

5）由于气泡的存在，使油液的可压缩性增大，不仅在压缩油液过程中要消耗能量，而且会使油温升高。

四、水的侵入及其危害

液压和润滑系统中的水主要来自周围的潮湿空气环境。例如，从油箱呼吸孔吸入的潮气冷凝成水珠滴入油箱中，或通过液压缸活塞杆密封等部位侵入系统。

由于油和水的亲和作用，几乎所有矿物油都具有不同程度的吸水性。油液的吸水能力取决于基础油的性质和所加的添加剂以及温度等因素。油液吸水量的最大限度称为饱和度。当油液暴露在潮湿大气中时，其吸水量经过数周即可达到饱和。矿物油型液压油的吸水饱和度一般为 $0.02\% \sim 0.03\%$，润滑油的吸水饱和度为 $0.05\% \sim 0.06\%$。在一定的大气湿度条件下，油液的温度越高，其吸水量越大。

油液的含水量在饱和度以下时，水以溶解状态存在于油液中。当含水量超过饱和度时，过量的水则以微小水珠状态悬浮在油液中，或以自由状态沉积在油箱底部或浮在油液表面（取决于油液的密度）。处于自由状态的水，在系统中经过激烈的搅动（如通过液压泵和阀）后，往往形成乳化状，这将大大降低油液的润滑性能。油液的黏度越高，表面张力越小，则形成的乳化液越稳定。此外，油液中的氧化物、固体颗粒以及某些添加剂有促进乳化液稳定的作用。为了防止油液的乳化，应在油液中加入适量的破乳化剂，使油液中的水分离出来以便去除。

水对液压和润滑系统的危害作用主要表现在：

1）水与油液中某些添加剂和清洁剂的金属硫化物或氯化物作用，产生酸性物质，对元件产生腐蚀作用。经验表明，当油液中同时存在固体颗粒污染物与水时，水对元件的腐蚀作用比水单独存在时要严重得多。这是因为固体颗粒磨去了元件表面的氧化物保护膜，使元件不断暴露出新的表面，致使水的腐蚀作用加剧。

2）水与油液中的某些添加剂作用，产生沉淀物和胶质等有害污染物，加速油液的劣化变质。

3）水使油液乳化，降低油的润滑性能。

4）在低温工作条件下，油液中的微小水珠可能结成冰粒，堵塞控制元件的间隙或小孔，导致元件或系统故障。

第二节 油液污染度等级及其测定

一、固体颗粒污染度等级的表示方法

油液固体颗粒污染度是指单位体积油液中固体颗粒污染物的含量，即油液中固体颗粒污染物的浓度。对于其他污染物，如水和空气，则用水含量和空气含量表达。油液污染度是评定油液污染程度的一项重要指标。

油液固体颗粒污染度主要采用两种表示方法：

1）质量污染度。即单位体积油液中所含固体颗粒污染物的质量，一般用 mg/L 表示。

2）颗粒污染度。即单位体积油液中所含各种尺寸范围的固体颗粒污染物的数量。颗粒尺寸范围可以用区间表示，如 $5 \sim 15\mu m$、$15 \sim 25\mu m$ 等；也可以用大于某一尺寸的形式表示，如 $>5\mu m$、$>15\mu m$ 等。

质量污染度表示方法虽然比较简单，但不能反映颗粒污染物的尺寸及其分布。实际上，颗粒污染物对元件和系统的危害作用与其颗粒尺寸分布及数量密切相关。目前普遍采用颗粒污染度的表示方法。

为了定量地评定油液的污染程度，下面分别介绍美国 SAE749D 和 NAS1638 油液污染度等级标准及 GB/T 14039—2002（修改采用 ISO4406：1999）《液压传动 油液固体颗粒污染等级代号》的规定。

1. SAE749D 污染度等级标准

这是美国汽车工程师学会（SAE）标准，它以颗粒浓度为基础，按照 100mL 油液中在 $5 \sim 10\mu m$、$10 \sim 25\mu m$、$25 \sim 50\mu m$、$50 \sim 100\mu m$ 和大于 $100\mu m$ 5 个尺寸范围内的最大允许颗粒数，划分为 7 个污染度等级，见表 20-1。

表 20-1　SAE749D 污染度等级（100mL 中的颗粒数）

污染度等级	颗粒尺寸范围/μm				
	5~10	10~25	25~50	50~100	>100
0	2700	670	93	16	1
1	4600	1340	210	26	3
2	9700	2680	350	56	5
3	24000	5360	780	110	11
4	32000	10700	1510	225	21
5	87000	21400	3130	430	41
6	128000	42000	6500	1000	92

2. NAS1638 污染度等级标准

这是美国宇航学会标准，它也是按照 5 个尺寸范围的颗粒浓度划分等级，但将污染度扩大到 14 个等级（表 20-2），适用范围更广。可以看出，相邻两个等级颗粒浓度的比为 2，因此，当油液污染度超过表中的 12 级时，可用外推法确定其污染度等级。英国液压研究协会（HBRA）将 NAS1638 的最高污染度等级扩大到 16 级。

表 20-2　NAS1638 污染度等级（100mL 中的颗粒数）

污染度等级	颗粒尺寸范围/μm				
	5~10	10~25	25~50	50~100	>100
00	125	22	4	1	0
0	250	44	8	2	0
1	500	89	16	3	1
2	1000	178	32	6	1
3	2000	356	63	11	2
4	4000	712	126	22	4
5	8000	1425	253	45	8
6	16000	2850	506	90	16
7	32000	5700	1012	180	32
8	64000	11400	2025	360	64
9	128000	22800	4050	720	128
10	256000	45600	8100	1440	256
11	512000	91200	16200	2880	512
12	1024000	182400	32400	5760	1024

但是，实际液压系统中颗粒尺寸分布往往与标准中的尺寸分布不一致，标准中的小尺寸颗粒数相对较少，这可能是由于当时制定该标准时，颗粒分析技术还不够完善，小颗粒计数结果偏少所致。因此，在使用过程中，SAE 和 NAS 标准均有局限性，往往是大、小尺寸颗粒间的等级可能相差 1~2 级以上，故无法仅用一个污染度等级代码来描述油液的实际污染程度。

3. GB/T 14039—2002《液压传动　油液固体颗粒污染等级代号》

ISO4406：1991（GB/T 14039—1993 等效采用此标准）规定用两个数字代码来表示固体颗粒污染等级：前面一个数字代表 1mL 油液中尺寸大于 5μm 的颗粒数代码；后一个数字代表 1mL 油液中尺寸大于 15μm 的颗粒数代码。两个数字代码之间用斜线分开。

ISO4406：1991 选择 5μm 和 15μm 这两个特征颗粒尺寸，是因为 5μm 左右的微小颗粒是在密封间隙中引起淤积和堵塞故障的主要原因；而大于 15μm 的颗粒对元件的污染磨损起着主导作用。因此，选择这两个尺寸的颗粒浓度作为划分污染等级的依据，可比较全面地反映不同尺寸的颗粒对液压元件的影响。

但随着现代液压和润滑系统中各类元件精密程度的提高，摩擦副动态间隙为 0.5~5μm，对微细颗粒更敏感。另外，过滤技术的完善和过滤器精度的提高，使得绝对精度为 1~3μm 的过滤器早已在油液清洁度要求较高的液压系统中得到应用。只考虑较大尺寸颗粒污染物的原有油液污染度等级标准，已不能满足描述高清洁度油液的要求。因此，ISO 对 ISO4406：1991 进行了修改，先后发布了 ISO4406：1999 和 ISO 4406：2017 关于"液压传动　油液固体颗粒污染等级代号"的新规定。我国参照该标准发布了 GB/T 14039—2002《液压传动　油液固体颗粒污染等级代号》，标准规定油液中固体颗粒污染物等级的表示方法如下：

（1）代码的确定　代码是按照 1mL 油液中的颗粒数来确定的，共分 30 级，见表 20-3。1mL 样液中颗粒数的上、下限之间，采用了通常为 2 的等比级差，代码每增加一级，颗粒数一般增加一倍。

（2）用自动颗粒计数器计数时，油液颗粒污染等级代号的确定

1）应使用按照 GB/T 18854—2002 规定的方法校准过的自动颗粒计数器，按照 ISO11500 或其他公认的方法来进行颗粒计数。

2）油液颗粒污染度用三个代码来表示：第一个代码按 1mL 油液中颗粒尺寸不小于 4μm 的颗粒数来确定；第二个代码按 1mL 油液中颗粒尺寸不小于 6μm 的颗粒数来确定；第三个代码按 1mL 油液中颗粒尺寸不小于 14μm 的颗粒数来确定。这三个代码应按次序书写，相互间用一条斜线分隔开。

例如：代号 22/18/13，其中第一个代码 22 表示每毫升油液中不小于 4μm 的颗粒数（大于）20000～40000 之间（包括 40000 在内）；第二个代码 18 表示不小于 6μm 的颗粒数（大于）1300～2500 之间（包括 2500 在内）；第三个代码 13 表示不小于 14μm 的颗粒数在（大于）40～80 之间（包括 80 在内）。

3）在应用时，可用"＊"（表示颗粒数太多而无法计数）或"—"（表示不需要计数）两个符号来表示代码。

例如：＊/19/14 表示油液中不小于 4μm 的颗粒数太多而无法计数，—/19/14 表示油液中不小于 4μm 的颗粒不需要计数。

4）当其中一个尺寸范围的原始颗粒计数值小于 20 时，该尺寸范围的代码前应标注"≥"符号。

例如：代号 14/12/≥7 表示在每毫升油液中，不小于 4μm 的颗粒数在（大于）80～160 之间（包括 160 在内）；不小于 6μm 的颗粒数在（大于）20～40 之间（包括 40 在内）；第三个代码"≥7"表示每毫升油液中不小于 14μm 的颗粒数在（大于）0.64～1.3之间（包括 1.3 在内），但计数值小于 20。这时，统计的可信度降低。由于可信度较低，14μm 部分的代码实际上可能高于 7，即表示每毫升油液中的颗粒数可能大于 1.3 个。

表 20-3　代码的确定

1mL 的颗粒数		代　　码
大　　于	小 于 等 于	
2500000		>28
1300000	2500000	28
640000	1300000	27
320000	640000	26
160000	320000	25
80000	160000	24
40000	80000	23
20000	40000	22
10000	20000	21
5000	10000	20
2500	5000	19
1300	2500	18
640	1300	17
320	640	16
160	320	15
80	160	14
40	80	13

（续）

1mL 的颗粒数		代　码
大　于	小于等于	
20	40	12
10	20	11
5	10	10
2.5	5	9
1.3	2.5	8
0.64	1.3	7
0.32	0.64	6
0.16	0.32	5
0.08	0.16	4
0.04	0.08	3
0.02	0.04	2
0.01	0.02	1
0.00	0.01	0

注：代码小于 8 时，重复性受液样中所测实际颗粒数的影响。原始计数值应大于 20 个颗粒，如果不能，则参考本节
　　一 3（2）4）内容。

（3）用显微镜计数时，油液颗粒污染等级代号的确定

1）应按 ISO4407：1991《用光学显微镜计数法测定颗粒污染》的方法进行计数。

2）用显微镜计数时，油液颗粒污染度的等级代号用两个代码来表示：第一个代码按 1mL 油液中颗粒尺寸不小于 $5\mu m$ 的颗粒数来确定，第二个代码按 1mL 油液中颗粒尺寸不小于 $15\mu m$ 的颗粒数来确定。这两个代码之间用一条斜线分隔开。

3）为了与用自动颗粒计数器所得到的数据报告相一致，代号仍由三部分组成，但第一部分用符号"—"表示，如—/18/13。

4）标注说明。当选择使用本标准时，在试验报告、产品样本及销售文件中应使用如下说明：油液的固体颗粒污染度等级代号符合 GB/T 14039—2002《液压传动　油液固体颗粒污染等级代号》（ISO 4406：1999，MOD）的规定。

二、颗粒污染度的测定方法

油液颗粒污染度的测定方法主要有质量分析法及颗粒分析法，其中颗粒分析法包括显微镜计数法和自动颗粒计数法。

1. 质量分析法

质量分析法是测定单位体积油液中所含固体污染物的质量，通常用 mg/L（或 mg/100mL）表示。它采用如图 20-1 所示的滤膜过滤装置，将一定容积样液中的颗粒污染物收集在微孔滤膜上，通过称量过滤前后的滤膜质量，即可得出污染物含量。滤膜直径约为 47mm，过滤孔直径为 $0.8\mu m$。

ISO4405：1991《液压传动　油液污染　用称重法测定油液颗粒污染度》对该方法做了具体规定和说明：将两片滤膜夹紧在滤膜夹持器中，上面的滤膜为检测滤膜 E，下面的为校正滤膜 T。用经过过滤的溶剂（一般用石油醚）冲洗漏斗，同时用真空抽滤，待滤膜上的溶剂抽干后，取出滤膜，将其并排放置在清洁的器皿内，再送入

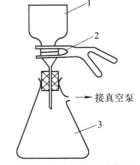

图 20-1　滤膜过滤装置

1—漏斗　2—滤膜夹持器　3—真空瓶

烘箱内烘干，在 80℃温度下保持 30min。将已烘干的两片滤膜分别在精密天平上称量，记录两片滤膜的质

量 m_E 和 m_T（误差在 0.05mg 以内）。然后将这两片滤膜再次夹持在过滤装置中，仍是滤膜 E 在上，滤膜 T 在下。将 100mL 样液倒入漏斗，在 8.66kPa 的真空度下过滤。待漏斗中的样液过滤完毕后，将大约 50mL 清洁溶剂倒入盛样液的容器中，摇动刷洗后将溶剂倒入漏斗，并用清洁溶剂冲洗漏斗侧壁，将样液中的全部污染物都收集在滤膜上。再按上述方法将两片滤膜烘干和称量，记录两片滤膜的质量 M_E 和 M_T。

100mL 样液中所含固体颗粒污染物的质量 M 的计算公式为

$$M = (M_E - m_E) - (M_T - m_T) \tag{20-1}$$

式中　　M_E、m_E——上滤膜过滤样液之后和之前的质量（mg）；

　　　　M_T、m_T——下滤膜过滤样液之后和之前的质量（mg）。

此方法采用上下两片滤膜的目的是消除滤膜本身质量变化所造成的误差。此方法可检测的最小污染质量浓度为 0.2mg/L。

质量分析法所需的测试装置比较简单，但操作过程耗费的时间长，测定结果只能反映油液中颗粒污染物的总量，而不能反映颗粒的大小和尺寸分布情况。质量分析法将逐渐被颗粒计数法所代替。

2. 显微镜计数法

用光学显微镜测定油液中颗粒污染物的尺寸分布与浓度，是一种应用比较普遍的方法。ISO4407：2002《液压传动　油液污染　用光学显微镜计数法测定油液颗粒污染度》对显微镜计数法有详细规定。显微镜计数法是用微孔滤膜过滤一定体积的样液，将样液中的颗粒污染物全部收集在滤膜表面，然后在显微镜下测定颗粒的大小，并按要求的尺寸范围计数。

显微镜法采用的滤膜过滤装置与前述质量分析法所用的装置相同（图 20-1）。滤膜直径为 47mm，孔径为 0.8μm 或 1.2μm。为了便于计数，可采用印有正方格的滤膜，方格的边长为 3.08mm，滤膜的有效过滤面积大约等于 100 个方格的面积。显微镜的组合放大倍数通常为 100～400 倍，可检测的最小颗粒尺寸为 5μm。颗粒尺寸大小利用目镜内的测微尺测定。颗粒计数采用统计学的方法，根据滤膜上颗粒分布密度的大小，选定若干个正方格作为计数面积，对选定方格面积内的颗粒按规定的尺寸范围进行计数，然后折算出整个有效过滤面积上的颗粒数。

显微镜计数法采用普通光学显微镜，设备比较简单，操作比较容易，能够直观地观察到污染物的形貌和大小，并能大致判断污染颗粒的种类。它不受污染物尺寸和浓度的限制，不受样液理化性能的限制，也不受样液中水珠、气泡等的影响，并可用于乳化液及其他水基难燃液的污染颗粒度分析。

显微镜计数法的缺点：其计数准确性在很大程度上取决于操作人员的经验和主观性；计数重复性较差，重复性偏差高达 30% 左右；对尺寸小、数量多的颗粒，检测精度较差。

3. 自动颗粒计数法

在油液污染分析中广泛使用自动颗粒计数器。按照其工作原理的不同，自动颗粒计数器有遮光型、光散射型和电阻型等。在油液污染分析中，应用较多的是遮光型自动颗粒计数器。ISO11500：2008《液压传动　利用遮光原理自动颗粒计数测定液体样品的颗粒污染度等级》对自动颗粒计数法做了详细规定。

遮光型颗粒计数器的工作原理如图 20-2 所示。它的主要特点是采用遮光型传感器，图 20-3 所示是遮光型传感器的工作原理图。从光源发出的平行光束通过传感区的窗口射向光敏二极管（图 20-3a）。传感区由透明的光学材料制成，被测试样液沿垂直方向从中通过，在流经窗口时被来自光源的平行光束照射。光敏二极管将接收的光转换为电压信号，经前置放大器放大后传输到计数器。当流经传感区的油液中没有任何颗粒时，前置放大器的输出电压为定值。当油液中有一个颗粒进入传感区时，一部分光被颗粒遮挡，光敏二极管接收的光量减弱，于是输出电压产生一个脉冲（图 20-3b），其幅值与颗粒的投影面积成正比，由此可确定颗粒的尺寸。

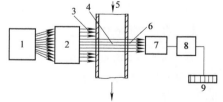

图 20-2　遮光型颗粒计数器工作原理图

1—光源　2—平行光管　3—平行光束
4—传感区　5—样液　6—透明窗口
7—光敏二极管　8—前置放大器　9—计数器

传感器输出的电压信号传输到计数器的模拟比较器后，与预先设置的阈值电压相比较。当电压脉冲幅

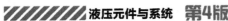
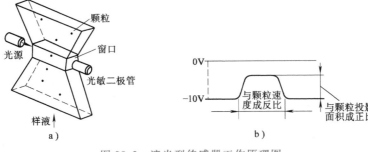

图 20-3　遮光型传感器工作原理图

a）传感器示意图　b）传感器的输出脉冲电压

值大于阈值电压时，计数器即计数。通过累计脉冲的次数，即可得出颗粒的数目。计数器设有若干个比较电路（或通道），如 6 个或 8 个。预先将各个通道的阈值电压设置为与要测定的颗粒尺寸相对应的值，这样，每一个通道将对大于该通道阈值电压的脉冲进行计数，计数器就可以同时测定各种不同尺寸范围的颗粒数。

遮光型传感器有白炽光和激光两种类型。激光传感器采用激光二极管，与白炽光传感器相比，它具有分辨率高、颗粒浓度极限高、寿命长以及对机械振动不敏感等优点。目前，颗粒计数器普遍采用激光传感器。

在选择传感器时，主要考虑所需测定的颗粒尺寸范围和工作液体的性质。对于污染严重的油液，可选用高浓度型传感器。对于某些溶剂和酸、碱性液体，则需选用专用的传感器。

使用自动颗粒计数器时，样液的颗粒浓度必须低于所选用传感器的颗粒浓度极限，否则可能会出现两个或多个颗粒重叠通过传感器窗口的情况，从而引起计数误差。此外，样液通过传感器的流量必须调节在所用传感器所要求的流量范围内。

利用光学原理的自动颗粒计数器对油液中悬浮的微小气泡和水珠，如同对固体颗粒一样进行计数，因而样液中不得含有气泡和水珠。

颗粒计数器在出厂前，其传感器都已经过精确的校准，每个传感器都附有一张校准曲线图，即阈值电压与颗粒尺寸的对应关系。在使用颗粒计数器时，首先要按照传感器的校准曲线将各个通道的阈值电压设置为与所要测定的颗粒尺寸相对应的值，然后对一定体积的样液进行计数。

第三节　过滤原理、过滤器结构及其性能参数

一、油液的净化方法

针对不同的污染物和对油液净化的不同要求，可采用的净化方法有过滤、离心、惯性、磁性、静电、真空、聚结和吸附法等。各种净化方法的原理和应用见表 20-4。过滤是目前液压和润滑系统应用最广泛的油液净化方法。

表 20-4　油液净化方法

净化方法	原　　理	应　　用
过滤	利用多孔隙过滤介质滤除油液中的不溶性物质	分离固体颗粒，最小可达 $1\mu m$（过滤器）
离心	通过机械作用使油液做环形运动，利用产生的径向加速度分离与油液密度不同的不溶性物质	分离固体颗粒和游离水（离心机）
惯性	通过液压作用使油液做环形运动，利用产生的径向加速度分离与油液密度不同的不溶性物质	分离固体颗粒和游离水（旋流器）

（续）

净化方法	原　理	应　用
磁性	利用磁场力吸附油液中的铁磁性颗粒物	分离铁磁性颗粒和磨屑（磁性过滤器）
静电	利用静电场力使绝缘油液中的不溶性污染物吸附在静电场内的集尘体上	分离固体颗粒和胶状物质（静电净油机）
真空	利用饱和蒸气压的差别，采用抽真空的方法从油液中分离其他液体和气体	分离游离水、溶解水、空气和其他挥发性物质（真空净油机）
聚结	利用不同液体对某一多孔隙介质润湿性（或亲和作用）的差异，使一种液体从另一种液体中分离出来	从油液中分离游离水和乳化水（聚结法脱水装置）
吸附	利用多孔材料与固体或液体颗粒之间的分子力，分离油液中的固体颗粒或水	硅藻土、氧化铝、硅胶等分离固体颗粒、各种状态的水及胶状物质

二、过滤原理及过滤介质

过滤是利用多孔隙的可透性介质滤除悬浮在油液中的固体颗粒污染物。表 20-5 列举了各种类型的过滤介质及其性能。

表 20-5　过滤介质的类型及性能

类　型	实　例		可滤除的最小颗粒直径/μm
表面型	金属片		5
	缠绕金属丝		5
	金属网		5
	纤维织品（天然和合成纤维织品）		10
深度型	非编织纤维滤材	天然纤维	5
		合成纤维	5
		无机纤维（玻璃纤维，合成纤维）	1
		不锈钢纤维毡	3
	金属粉末烧结滤材		3
	陶瓷		1
	微孔泡沫塑料		3
	微孔滤膜		<1
	松散固体（硅藻土、膨胀珍珠岩、非活性炭）		<1

过滤介质对液流中颗粒污染物的过滤作用可分为直接阻截和吸附作用两种主要机制。直接阻截是使液流中的颗粒不偏离流束，直至其被阻挡在过滤介质的表面孔口或介质内部通道缩口处。吸附作用是油液中的颗粒在流经过滤介质时，偏离流束使其在表面力（静电力或分子吸附力等）的作用下吸附在通道内壁，对于纤维介质即吸附在纤维表面。

按照结构和过滤原理的不同，过滤介质可分为表面型和深度型两类。表面型过滤介质是靠介质表面的孔口阻截液流中的颗粒，属于这一类型的过滤介质有金属网式、线隙式和片式等。表面型过滤介质通孔的大小一般是均匀的。凡尺寸大于介质孔口的颗粒均被截留在介质靠上游油液一侧的表面，而小于介质孔口的颗粒则随液流通过介质，如图 20-4 所示。因此，全部过滤作用都是由过滤介质的一个表面来完成的。

深度型过滤介质为多孔材料，如滤纸和非编织纤维等。在这类介质内有无数曲折迂回的通道，从介质的一面贯穿到另一面，并且每一通道中有许多狭窄的孔口，如图 20-5 所示。当油液流经过滤介质时，大颗粒污染物被阻截在介质表面孔口或介质内部通道的缩口处；小颗粒污染物流经通道时，有些被吸附在通道内壁或黏附在纤维表面，而有些则沉积在通道内空穴的液流静止区。所以，深度型过滤介质的过滤机制既有直接阻截，又有吸附作用，过滤介质对颗粒的滤除过程发生在介质整个深度范围内。

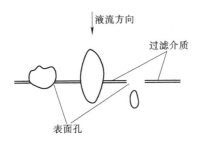

图 20-4　表面型过滤介质过滤原理

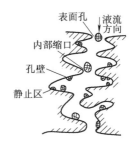

图 20-5　深度型过滤介质过滤原理

表面型过滤介质的过滤机制比较单一，主要是直接阻截。当介质表面有限的孔口全部被截留的颗粒堵塞后，介质两端的压差增大到最大值，这时过滤作用就不能再进行了，因而表面型过滤介质能容纳的污染物数量较少。但经过反向冲洗后，介质表面的颗粒可被清除干净，因而过滤介质可重复使用。

与表面型过滤介质相比，深度型过滤介质容纳污染物的量大，但介质内部滤除的颗粒污染物不容易被清洗出来，因而过滤介质一般只能一次性使用。此外，过滤介质对颗粒的吸附作用容易受流量波动的影响。当系统内的流量发生波动和冲击时，原来被吸附的颗粒有可能被冲刷到下游油液中。

图 20-6 所示为某种表面型和深度型过滤介质的孔径分布曲线。这两种过滤介质的最大孔径均为 30μm，即对于 30μm 以上的颗粒均能有效地滤除。但表面型过滤介质的孔径分布范围比较窄，平均孔径为 25μm，最小孔径为 20μm。这种过滤介质可以滤除大部分尺寸为 25μm 的颗粒，但不能滤除尺寸小于 20μm 的颗粒。深度型过滤介质的孔径分布很宽，平均孔径为 15μm，而且有很大一部分孔径分布在 15 □m 以下的范围内，因而它不仅能够有效地滤除 15μm 的颗粒，而且能够滤除很大一部分小于 15μm 的颗粒。表面型和深度型过滤介质对于不同尺寸范围的颗粒，其过滤效果是不同的。

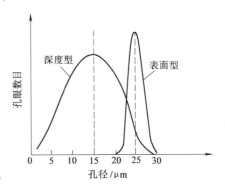

图 20-6　表面型和深度型过滤介质的孔径分布曲线

三、过滤器的结构

过滤器一般由壳体、滤芯和其他附件组成。用于液压管路中的过滤器是把滤芯装在壳体内使用，但是装在油箱内的过滤器没有壳体，仅用滤芯进行过滤。图 20-7 和图 20-8 所示为过滤器结构简图。

（1）滤芯　滤芯由实现过滤作用的过滤介质（滤材）和保护滤芯的支承层构成，一般制成圆筒形，油液从外向内穿过滤芯流动。滤芯是过滤器的关键部件，过滤性能主要取决于滤的结构参数和滤材特性。

（2）壳体及内装阀件　过滤器的壳体由与管路连接的滤头和装有滤芯的滤杯组成（图 20-8）。过滤器使用过程中，滤芯逐渐被污染物堵塞，滤芯前后压差逐渐增大。为了保护滤芯不被压溃或破裂，通常在壳体内设置一安全阀（旁通阀），当

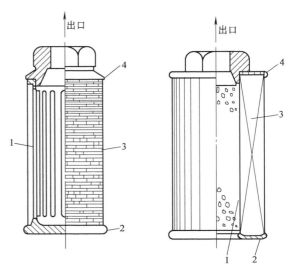

图 20-7　无壳体的吸油过滤器

1—内筒　2—端板　3—滤芯　4—出口侧端板

滤芯前后的压差达到一定值时，安全阀打开，使油液绕过滤芯而直通出口。但在正常情况下，旁通阀不允许泄漏。

（3）压差指示器（发信装置）　压差指示器和安全阀都是过滤器的安全保护装置。当滤芯前后压差尚未达到能使安全阀开启的设定值，但接近滤芯允许的压差极限值时，压差指示器发出信号，预示维修人员需立即更换滤芯或进行清洗。如信号发出后未采取维护措施，压差继续增大到安全阀的设定值时，安全阀开启，以防滤芯破裂。

压差指示器有机械式、磁铁式和电信号式等几种形式。图 20-9 所示为磁铁式压差指示器原理图。正常情况下，磁铁 4 和活塞 5 在弹簧 6 作用下处于上部位置；当滤芯前后压差增加到一定值时，作用在活塞 5 上的压力足以克服上下磁铁间的吸力和弹簧 6 的弹力而向下移动，此时红色指示帽 1 在弹簧 3 作用下向上跳出，显示出红色信号。

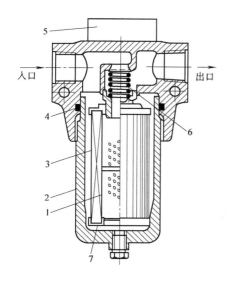

图 20-8　管路用带安全阀及压差指示器的过滤器
1—内筒　2—壳体　3—滤芯　4—密封圈
5—发信装置　6—安全阀　7—端板

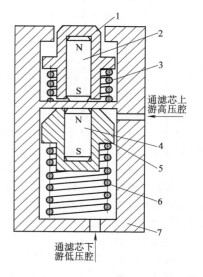

图 20-9　磁铁式压差指示器原理图
1—红色指示帽　2、4—磁铁
3、6—弹簧　5—活塞　7—壳体

图 20-10 所示为电信号压差发信装置原理图。正常情况下，磁铁 1 和活塞 2 在弹簧 3 作用下处于左边位置；当滤芯前后压差增大到某一定值时，推动活塞 2 和磁铁 1 向右移，当磁铁移动到干簧管 4 中部时，使干簧管内部的两片软磁合金材料接点磁化而闭合，接通电源，发出报警信号。信号可以是灯光或声音，也可以通过控制装置使系统停止工作。

四、过滤器的性能参数

决定过滤器基本性能的参数主要有过滤精度、压差特性和纳垢容量。

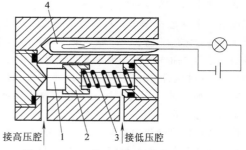

图 20-10　电信号压差发信装置原理图
1—磁铁　2—活塞　3—弹簧　4—干簧管

（1）过滤精度　过滤精度是指过滤器对不同尺寸颗粒污染物的滤除能力。过滤器的过滤精度直接决定了对系统油液的污染控制水平，过滤精度越高，系统油液的清洁度越高，即污染度越低。制造厂需要在过滤器的技术规格中标明其过滤精度，以反映其过滤效能。自从使用过滤器以来，曾采用过多种评定过滤器精度的方法。下面介绍几种常用的方法。

1）名义过滤精度。名义过滤精度的评定方法是用 μm 值表示过滤性能。例如，名义精度为 10 □m 的过滤器，其精度的定义为：在过滤器上游油液中加入标准试验粉尘，该过滤器对大于 10μm 的颗粒能够滤除 98% 以上（按质量计）。由于这种评定方法是在污染浓度很高的试验条件下进行的，与过滤器的实际工况相差甚远，因而名义精度不能准确地反映过滤器的实际过滤性能。

2）绝对过滤精度。绝对过滤精度是指能够通过过滤器的最大球形颗粒的直径，以 μm 表示。绝对过滤精度能够比较准确地反映过滤器能够滤除和控制的最小颗粒尺寸，这对实施污染控制有实用意义。但污染物并不都是球形的，其形状一般是不规则的，长度尺寸大于绝对精度的扁长形颗粒有可能通过滤芯而到达下游。此外，绝对过滤精度不能反映对不同尺寸颗粒的滤除能力。

3）过滤效率。过滤效率是指被过滤器滤除的污染物数量与加入过滤器上游的污染物的数量之比。污染物的量可以用质量表示，也可以用各种尺寸的颗粒表示。

4）过滤比 β。过滤比 β 的定义：过滤器上游单位体积油液中大于某一给定尺寸的污染颗粒数与下游单位体积油液中大于同一尺寸的颗粒数之比。即

$$\beta_x = \frac{N_u}{N_d} \tag{20-2}$$

式中　β_x——相对于某一颗粒尺寸 x（单位为 μm）的过滤比；

　　　N_u——单位体积上游油液中大于尺寸 x 的颗粒数；

　　　N_d——单位体积下游油液中大于尺寸 x 的颗粒数。

由于过滤器对不同尺寸颗粒污染物的滤除能力是不同的，因而对不同尺寸颗粒污染物的过滤比也不相同。过滤比 β 值随颗粒尺寸的增大而增加。因此，当用过滤比表示过滤精度时，必须注明其对应的颗粒尺寸，如 β_{10} 或 β_5 等。为了便于比较，ISO4572 规定用 β_{10} 作为评定过滤器过滤精度的性能参数。

过滤比评定法是以颗粒计数为基础的。随着颗粒计数器的发展，颗粒计数的精确性有所提高，因而过滤比能够比较准确地反映过滤器对于不同尺寸颗粒污染物的滤除能力。过滤比评定方法已被 ISO 定为评定过滤器精度的标准方法。

在过滤比 β 值中，有几个值具有特定的意义。当 $\beta_x = 1$ 时，表明过滤器上、下游油液中，尺寸大于 x 的颗粒数相等；当 $\beta_x = 2$ 时，即对于尺寸大于 x 的颗粒，过滤器能滤除 50%，因而可以认为它是该过滤器的平均过滤精度；当 $\beta_x = 75$ 时，即绝大部分尺寸大于 x 的颗粒能被滤除，因而可以认为 x 是该过滤器的绝对过滤精度。

（2）压差特性　油液流经过滤器时，会由于黏性阻力产生一定的压力损失，从而在过滤器进口和出口之间产生一定的压差。过滤器在使用过程中，滤芯不断被污染物堵塞，其压差逐渐增大，当达到某一定值后，压差急剧增大，直到滤芯破裂。图 20-11 所示为一特定过滤器在一定流量和黏度下的压差特性曲线，图中曲线的拐点表示滤芯严重堵塞的开始时刻，因而拐点压差可认为是过滤器的饱和压差，也就是过滤器的最大极限压差，达到这个压差时，应更换滤芯或进行清洗。在这个压差下，过滤器的发信装置应发出堵塞报警信号。对于带安全阀的过滤器，阀的开启压差的设定值应比饱和压差大 10% 左右。

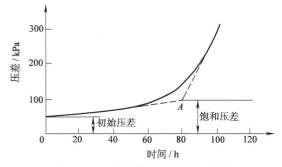

图 20-11　过滤器的压差特性曲线

（3）纳垢容量　过滤器在工作过程中，随着被截留污染物数量的增加，压差增大，当压差达到规定的最大极限值时，滤芯使用寿命结束。在过滤器整个使用寿命期间被滤芯截留的污染物总量称为过滤器的纳垢容量。纳垢容量越大，过滤器的使用寿命越长。

纳垢容量与过滤面积及滤材的孔隙度有关，过滤面积越大，则纳垢容量越大。对于外形尺寸一定的折叠式圆筒形滤芯，适当增大折叠深度可以增大过滤面积，从而延长过滤器的使用寿命。

第四节　过滤系统的设计

一、液压系统中过滤器的作用及安装位置

过滤器在液压系统中的安装位置应随其所要求实现功能的不同而变化。以下从防止污染物侵入、保持系统油液清洁度以及保护和隔离关键元件三方面功能进行讨论。

（1）防止污染物侵入

1）油箱呼吸孔应装置空气过滤器。进入油箱的所有空气都必须经过过滤。要保证油箱是完全密闭的，所有交换空气都只经过一个通气口（对于大型系统可能有两个通气口）。该通气口上必须安装空气过滤器，此空气过滤器的过滤精度根据不同要求可选择为 $3\sim10\mu m$。

2）新油过滤。新油并不清洁，所有进入系统的油液在加注到系统中之前，均需通过一个高效过滤器进行过滤。过滤器精度根据需要可选用 $3\sim10\mu m$。过滤方式有：① 利用输油车上的输油泵将油液灌入油箱中，但在泵的下游出口应安装过滤器；② 通过回油管路过滤器将油液灌入系统中；③ 利用系统外过滤系统的循环泵作为灌油泵，用循环回路中的过滤器净化新油。

（2）保持系统油液清洁度　为了滤除液压系统油液中的污染物，保持油液的清洁度，过滤器可以根据需要安装在吸油路、压力油路及回油路中，也可以在主系统之外组成单独的外过滤循环系统。

1）吸油路过滤。为了防止液压泵从油箱吸油时将污染物吸入泵内，一般在吸油口或吸油管中装吸油过滤器。吸油口过滤器浸没在油箱底部，极易被污染物堵塞，并且维护困难，因此在吸油口一般采用不带壳体的网式或线隙式粗过滤器，其作用是阻止大颗粒污染物进入泵内。

安装在吸油管路中的过滤器的精度可以稍高，但受液压泵吸油特性的限制，其压差不能太大。如果过滤器压差过大，容易导致液压泵吸空而产生气蚀。因此，一般要求吸油路过滤器的初始压差不应超过 $0.003MPa$，使用中最大压差不得大于 $0.02MPa$。由于受压差的限制，吸油路过滤器的精度不能太高，其过滤比 β_{10} 一般不应超过 2，而且过滤器尺寸应该较大。

使用难燃液的液压系统，在选择吸油路过滤器时，应注意泵的吸入特性。难燃液的密度比矿物油大，需要更大的压差才能迫使液体进入泵内，特别是水基难燃液的汽化压力较高，很容易产生气蚀，要求对吸油过滤器的压差进行严格限制，以保证泵的入口有足够大的压力。为此，通常将油箱提高，或采用增压泵。吸油过滤器精度的选用可参考表 20-6。

表 20-6　适用于各种液压油（液）的吸油粗过滤器精度

油液类型 粗过滤器	矿物油型液压油	水基难燃液		非水基难燃液
		油包水乳化液	水-乙二醇	磷酸酯
可用的吸油 粗过滤网	$150\mu m$ 孔径滤网， 1.5 倍泵的流量	$350\mu m$ 孔径滤网，4 倍泵的流量	$300\mu m$ 孔径滤网，4 倍泵的流量	$300\mu m$ 孔径滤网，4 倍 泵的流量
可用的吸油 粗过滤器	$50\sim80\mu m$	$100\sim120\mu m$	$80\sim100\mu m$	$80\sim100\mu m$

2）压力油路过滤。在压力油路安装的过滤器主要用来保护泵下游的液压元件。压力油路过滤器在压差方面的限制不是很严格，因而可选用高精度过滤器。最大允许压差一般为 $0.35\sim0.5MPa$，初始压差为 $0.07\sim0.14MPa$。压力油路过滤器的强度要能承受系统最大的工作压力和可能出现的压力脉动及压力峰值。

压力油路过滤器可安装在溢流阀上游（图 20-12a）或下游（图 20-12b）。对于无旁通阀的过滤器，一般应安装在溢流阀下游，当过滤器压差较大时，溢流阀对过滤器起保护作用。但在这种情况下，流过过滤器的流量通常是变化的。为了保持通过过滤器的流量稳定，最好将过滤器安装在溢流阀上游接近液压泵出口处，这时过滤器对溢流阀也起保护作用。

所有液压泵均有若干对摩擦副，且承受较大的 pv 值，不可避免地要产生一些颗粒磨屑，这些磨屑的破

坏作用是很大的。为了保护系统中其他的关键元件，遇到下列情况之一，均应在压力油路安装过滤器：① 带有伺服阀的系统；② 带有比例阀的系统；③ 额定压力超过 15MPa 的定量泵系统；④ 额定压力超过 10MPa 的变量泵系统。

3）回油路过滤。从安装位置来看，在系统回油路中安装过滤器是比较理想的。在系统油液流回油箱之前，过滤器将侵入系统和系统内产生的污染物滤净，为液压泵提供清洁的油液。然而，由于液压马达和液压缸在回油路引起流量脉动，使过滤器的过滤性能降低。特别是大容积液压缸，当在高压下突然接通回油路时，油液突然卸压，此时产生的瞬间流量冲击很大，不仅会使过滤效果显著下降，而且容易使滤芯破裂。因此，只有在系统流量比较稳定的情况下，回油路过滤才能达到预期的效果。此外，回油路过滤不能滤除侵入油箱的污染物，应特别注意系统运转前油箱的清洗，并且采取一些有效措施防止污染物侵入油箱。

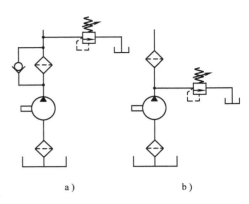

图 20-12　压力油路过滤器的安装位置

a）过滤器安装在溢流阀上游

b）过滤器安装在溢流阀下游

回油路过滤器承受的压力为回油路的背压。回油路过滤可采用精度高的过滤器。对采用单活塞杆液压缸的液压系统（图 20-13），在计算过滤器的通过流量时，需考虑液压缸活塞两端有效面积之差。例如，若活塞无杆端有效面积为活塞有杆端有效面积的两倍，则回油路过滤器的通过流量要比液压泵流量大一倍。回油路过滤器的初始压差一般为 0.035~0.05MPa，最大允许压差为 0.2~0.35MPa。

在液压泵（马达）泄漏油液的管路中，一般不宜安装过滤器。因为液压泵（马达）的轴封要求在低压下工作，如果在泄漏油路上安装过滤器，会使液压泵壳体内的背压增加，轴封加速磨损。如果需要在液压泵（马达）泄漏油液管路中安装过滤器，则应考虑它对轴封寿命的影响。

4）主系统外过滤。在压力油路和回油路过滤系统中，过滤性能都不同程度地受流量和压力脉动的影响，过滤效率显著降低。为了消除流量和压力脉动的影响，可以采用系统外过滤方式，即在主液压系统之外设置一个独立的过滤系统，这个系统采用单独的液压泵对油箱内油液进行循环过滤。为了提高过滤效果，其吸油口与排油口应相互隔开，吸油口应靠近主系统回油口，排油口应靠近主系统吸油口。图 20-14 所示为主系统外过滤系统。在主系统外过滤系统中，可以采用高精度过滤器。主系统外过滤系统的压力很低，一般为 0.2~0.35MPa。流量与工作环境有关，若环境较脏，则过滤系统流量为油箱容积的 20%左右；若环境较清洁，取 5%；一般情况下，取 10%左右。

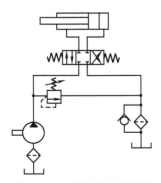

图 20-13　回油路过滤系统

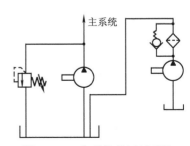

图 20-14　主系统外过滤系统

主系统外过滤系统具有以下优点：① 能消除主系统流量和压力脉动对过滤器性能的不良影响；② 可以在任何时候更换滤芯而不影响主系统的工作；③ 可以在主系统起动以前使过滤系统工作，降低油箱油液的污染度，有效地保护液压泵；④ 在变量泵系统中，当泵在小流量下工作时，过滤器效率很低，而主系统外过滤系统则不受主泵流量大小的影响；⑤ 可以与油液脱气、除水、加热和冷却等装置结合在一起，实现对系统油液的最佳调节与控制。

（3）保护和隔离关键元件 过滤器在液压系统中另一个重要作用是保护和隔离系统中一些关键元件，防止可能发生的突发性故障。这种过滤器应安装在紧靠所需保护元件的上游，或直接安装在元件内，它的主要作用是滤除可能侵入关键元件的尺寸较大的危险颗粒，因而过滤精度要求并不很高。

要求在上游加装过滤器进行保护的元件主要有以下几类：① 容易发生污染物淤积和堵塞的液压控制元件，如伺服阀、比例阀等；② 直接影响安全性的元件，如车辆操作系统、起重系统、制动系统等的控制阀；③ 位于管路盲端或不经常工作的元件，如安全阀等；④ 元件上游存在产生大颗粒的污染源，如存在锈蚀油箱、锈蚀管道及软管等；⑤ 液压泵。

二、过滤器精度的选择

每个液压系统所包含的元件中，有些对固体颗粒污染物是最敏感的，如伺服阀、比例阀、液压泵等。在考虑过滤器精度时，首先应确定液压系统中对颗粒污染物最敏感的元件，然后针对系统中最敏感的元件及系统工作条件来确定目标清洁度及过滤器精度，具体步骤如下：

1）确定系统中最敏感的元件。

2）根据元件生产厂家的推荐，按最敏感元件确定目标清洁度（清洁度与污染度互为反义词，采用同一等级标准）。

以下介绍美国伊顿-威格士液压公司关于确定元件目标清洁度的方法，供参考：根据系统中最敏感元件，按表20-7确定油液清洁度。表中额定压力值是指系统整个工作循环周期内所能达到的最高工作压力。

针对不同的油液类型调整油液清洁度要求。如果液压系统中的油液不是100%的矿物油型液压油，则对油液的目标清洁度等级要求应增加一级，即污染度等级代码减少一级。例如，如果原来推荐的油液清洁度为17/15/13，由于用的不是矿物油，而是用水-乙二醇或其他难燃液，则推荐的目标清洁度应变为16/14/12。

表 20-7　伊顿-威格士推荐的各类元件清洁度等级 （ISO 4406：2017）

元件 \ 清洁度 \ 压力/MPa	<14	14~21	>21
定量齿轮泵	20/18/15	19/17/15	18/16/13
定量叶片泵	20/18/15	19/17/14	18/16/13
定量柱塞泵	19/17/15	18/16/14	17/15/13
变量叶片泵	18/16/14	17/15/13	17/15/13
变量柱塞泵	18/16/14	17/15/13	16/14/12
方向阀(电磁阀)		20/18/15	19/17/14
压力控制阀(调压阀)		19/17/14	19/17/14
流量控制阀(标准型)		19/17/14	19/17/14
单向阀		20/18/15	20/18/15
插装阀		20/18/15	19/17/14
螺纹插装阀		18/16/13	17/15/12
充液阀		20/18/15	19/17/14
负载传感方向阀		18/16/13	17/15/13
液压遥控阀		18/16/13	17/15/12
比例方向阀(节流阀)		18/16/13	17/15/12[①]
比例压力控制阀		18/16/13	17/15/12[①]
比例插装阀		18/16/13	17/15/12[①]
比例螺纹插装阀		18/16/13	17/15/12
伺服阀		16/14/11	15/13/10[①]

417

（续）

元件	压力/MPa <14	14~21	>21
液压缸	20/18/15	20/18/15	20/18/15
叶片马达	20/18/15	19/17/14	18/16/13
轴向柱塞马达	19/17/14	18/16/13	17/15/12
齿轮马达	21/19/17	20/18/15	19/17/14
径向柱塞马达	20/18/14	19/17/13	18/16/13
斜盘结构马达	18/16/14	17/15/13	16/14/12[①]
静液传动装置(回路内油液)	17/15/13	16/14/12[①]	16/14/11[①]
球轴承系统	15/13/11[①]		
滚柱轴承系统	16/14/12[①]		
滑动轴承(高速)	17/15/13		
滑动轴承(低速)	18/16/14		
一般工业减速机	17/15/13		

① 需要精确取样检测以检验清洁度等级是否达到。

如果液压设备或系统经历以下工况中的任意两种，则应将油液的目标清洁度等级要求再增加一级，即污染度等级代码再减少一级：① 在环境温度低于 -18℃ 时频繁冷起动；② 在超过 71℃ 的油液温度下间歇工作；③ 在强烈振动或强烈冲击下工作；④ 子系统或工作循环中任一部分与整个系统的工作之间有紧密的相互依从关系；⑤ 系统故障可能危及操作者或设备附近其他人员的人身安全。

例如，当此系统需要在哈尔滨冬天的室外冷起动，且其失效可能引起人员伤害时，则油液的目标清洁度应变为 15/13/11。

试验台中油液的目标清洁度等级应比将要被试验元件所要求的清洁度等级再增加一级，即污染度等级代码减少一级。例如，按表 20-7，在 21MPa 压力下工作的变量柱塞泵，要求油液清洁度为 17/15/13，如果对这种泵进行试验，那么试验台的油液清洁度应为 16/14/12。

3）参考液压系统类型选择过滤器的精度。当过滤器精度已初步确定后，对于不同类型的液压系统，可以对照和参考表 20-8 所推荐的过滤器精度，进行最后的选择。

表 20-8　推荐过滤精度

液压系统类型	目标清洁度(ISO4406:2017)	推荐过滤精度 $x/\mu m$ ($\beta_x \geqslant 75$)
可靠性要求极高,对污染非常敏感的液压控制系统,如航天实验系统、高性能伺服阀等	14/12/9	1~2
工业设备伺服系统和重要的高压系统,如飞机、精密机床伺服阀和比例阀等	17/15/12	3~5
高压系统,如工程机械、车辆、高压泵和阀等	18/16/13	10
中压、中高压系统,如通用机械和移动设备等	19/17/14	10~20
元件间隙较大的低压系统	20/18/15	20~30

三、过滤器尺寸的确定

过滤器尺寸与通过流量之间有对应关系。如果仅按系统流量来确定过滤器尺寸，其滤芯使用寿命往往很短，需要频繁更换，增加了停机时间和维修费用。因此，在确定过滤器尺寸时，其额定流量一般应大于系统流量若干倍。其流量增大倍数可参考下列步骤确定：

1）根据环境污染状况和对污染物的控制程度，按表20-9查出环境等级。

表 20-9　环境等级

对侵入污染物的控制程度		环境状况		
		好	一般	差
好	控制良好,侵入点很少	1	2	3
一般	有些控制,液压缸很少	2	4	5
差	很少控制,暴露的液压缸很多	3	6	7

2）根据环境等级及所选过滤器的最大允许压差，利用图20-15（对压力油路过滤）或图20-16（对回油路过滤）所示的曲线，确定流量增大的倍数。由曲线可知，环境等级数越大，所需流量增大倍数也越大。

3）最后，将通过过滤器的实际流量（即液压泵的最大流量，但回油路过滤器的实际流量等于液压泵的最大流量乘以液压缸两端有效面积比）乘以流量放大倍数即得出计算流量。过滤器的尺寸规格即按此计算流量来确定。

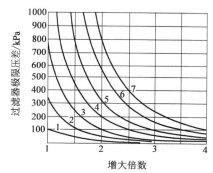

图 20-15　压力油路过滤器流量放大倍数

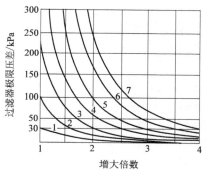

图 20-16　回油路过滤器流量放大倍数

四、检测并确认是否达到目标清洁度

一旦目标清洁度和过滤器精度已经确定，过滤器已选好并布置在系统中，最后还应确认和监测是否达到该目标清洁度。即在液压设备试运行阶段，取出有代表性的样液，经检测即可知道是否达到目标清洁度。

1）如果已达到目标清洁度，则系统应转入正常维护阶段。在系统运行过程中，要定期抽取样液并检查油液的污染度。如果油液污染度等级提高，则意味着该系统运行得比所要求的脏，应尽快找出原因，及时采取措施，使油液污染度尽早恢复到原设计所要求的正常范围内。其措施有：① 检查油箱上的空气过滤器是否失灵；② 检查油箱上的入孔门是否完全密封；③ 检查液压缸活塞杆上的防尘密封圈是否失效；④ 检查过滤器是否旁通；⑤ 检查过滤器滤芯是否破裂；⑥ 检查是否有元件严重磨损。

2）如果没有达到目标清洁度，则应检查过滤系统的设计是否合适，过滤器的选择和质量是否有问题，控制外界污染物侵入的防范措施是否有效。如果仍然不能解决问题，对于大系统，最有效的解决措施是给油箱增设一个外循环过滤系统。

第五节　液压系统污染控制与管理

一、污染控制平衡图

液压系统污染控制的基本内容和目的是，通过污染控制措施使系统油液的污染度保持在系统内关键元件的污染耐受度以内，以保证液压系统的工作可靠性和元件的使用寿命。

美国俄克拉荷马州立大学的费奇（E. C. Fitch）教授通过长期研究，提出了液压污染控制平衡图，形象地描述了污染控制的平衡关系以及诸多因素对元件寿命的影响，如图 20-17 所示。

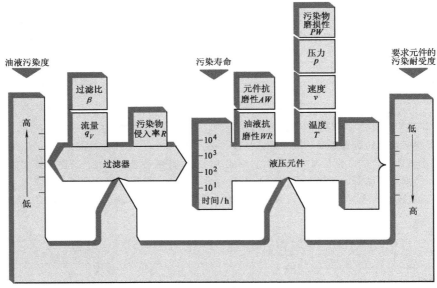

图 20-17　污染控制平衡图

污染控制平衡图是通过两台天平来描述的，天平的砝码就是与污染控制有关的参数。平衡图中左边的天平反映系统的过滤特性，即系统油液污染度与过滤器精度、流量和污染物侵入率之间的关系。右边的天平概括了液压元件污染磨损理论和污染耐受度的基本内容，反映了元件抗磨性、油液抗磨性、污染物磨损性以及工作条件（工作压力、转速和温度）等因素对元件污染耐受度和污染寿命的影响。

从污染控制平衡图可以看出，提高元件工作寿命和可靠性主要有两个途径：一是提高元件的耐污染能力，二是降低油液的污染度。

元件的耐污染能力主要取决于元件对污染物的敏感性和工作条件。从设计方面考虑，为提高元件耐污染能力，可采取以下措施：保证合理的运动副间隙和润滑状况；合理选择对偶摩擦副材料和表面处理工艺，提高摩擦表面的抗磨性和耐蚀性等。

从使用管理的角度出发，加强油液污染控制措施，降低油液污染度，是提高元件寿命和可靠性的经济且有效的途径。

二、污染源及其控制措施

液压系统油液中的污染源可分为系统内部残留的、工作过程中外界侵入的和内部生成的三类。为了有效地控制污染，必须针对一切可能的污染源，从系统设计、制造、使用、维护和管理等各个环节着手，分别采取有效措施，实施全面和全过程的污染控制。表 20-10 列举了液压系统可能的污染源及其控制措施。

表 20-10　污染源及其控制措施

污　染　源		控　制　措　施
残留污染物	液压元件加工装配的残留污染物	各个加工工序后进行清洗；元件装配后清洗，要求达到规定的清洁度；对受污染的元件在装入系统前进行清洗
	管件、油箱的残留污染物和锈蚀物	系统组装前对管件和油箱进行清洗（包括酸洗和表面处理），使其达到规定的清洁度
	系统组装过程中的残留污染物	系统组装后进行循环清洗，使其达到规定的清洁度

续表

污 染 源		控 制 措 施
外界侵入污染物	更换和补充油液	对清洁度不符合要求的新油,使用前必须进行过滤,新油的清洁度一般应高于系统油液允许的清洁度 1~2 级
	油箱呼吸孔	采用密闭油箱,装设空气过滤器,其过滤精度一般应不低于系统中的精过滤器;对于要求控制空气中水分侵入的情况,可装设吸水或阻水空气过滤器
	液压缸活塞杆	采用可靠的活塞杆防尘密封,加强对密封的维护
	维护和检修	保持工作环境和工装设备的清洁;彻底清除维修中残留的清洗液或脱脂剂;维修后循环过滤,清洗整个系统
	侵入水	油液除水处理
	侵入空气	排放空气或脱气处理,防止将油箱内油液中的气泡吸入液压泵内
内部生成污染物	元件磨损产物	选用耐污染磨损、污染生成率低的元件;合理选择过滤器,滤除尺寸与关键元件运动副油膜厚度相当的颗粒物,制止磨损的链式反应
	油液氧化分解产物	选用化学稳定性良好的工作液体;去除油液中的水和金属微粒;控制油温,延缓油液的氧化;对于油液氧化产生的胶状黏稠物,可采用静电净油法处理

三、液压元件和系统的清洗

1. 液压元件的清洗

在加工、装配的每一工艺过程中,不可避免地残留有污染物,因而必须采取有效的净化措施,使元件达到要求的清洁度。清洁度不符合要求的元件装入系统后,在液流冲刷和机械振动的作用下,元件内部残留的污染物会释放到油液中,使系统受到污染。此外,内部残留污染物往往是造成元件早期失效的主要原因。

元件的清洗应从加工制造的最初工序开始,每一工艺过程后,都需采取相应的净化措施。元件装配完成后的清洗主要是清除装配时带入的污染物。这样不仅可减轻元件最后的清洗工作,元件的清洁度也可得到保证。液压元件生产过程中的清洗程序和可采用的清洗方法见表 20-11。

为了保证元件经过清洗后达到其清洁度验收水平,必须对所采用清洗方法的有效性进行验证。验证合格的清洗方法,应保证在按规定的操作程序清洗后,元件内部残留的污染物基本上被冲刷出来,使元件的清洁度符合验收要求。

目前,已将元件清洁度定为反映液压元件产品质量的一项指标。我国机械行业标准 JB/T 7858—2006《液压件清洁度评定方法及液压件清洁度指标》,对液压元件内部残留污染物含量的检测方法以及按允许残留量确定的清洁度指标做了具体的规定。

表 20-11 液压元件生产过程中的清洗程序和可采用的清洗方法

清 洗 程 序	要 求	清 洗 方 法
材料或铸件清洗	去除氧化物、型砂等	喷丸法 在旋转筒中翻滚 化学方法(如盐浴法):适用于形状复杂的铸件

（续）

清洗程序	要　　求	清洗方法
零件粗洗	去除切屑、磨粒、毛刺、油脂等	洗刷法:用清洗液刷洗 浸渍法:将零件浸泡在清洗液中或将浸泡的零件上下摇动或回转。通常采用碱性清洗液,需要时也可用酸性清洗液去除氧化皮和锈蚀物 压力冲洗法:清洗液在压力下喷射到零件表面进行清洗,高压(1~10MPa)喷射可获得很好的清洗效果
零件精洗	一般在粗洗后进行,用于对表面清洁度要求很高的零件	超声波清洗:将零件浸泡在盛有清洗液的槽内,利用超声波在液体中引起气蚀,产生强烈的清洗效果(频率为20~100kHz) 蒸气浴洗:将零件放置在加热的溶剂蒸气中,蒸气在零件表面冷凝,从而将污染物洗去
元件装配后的清洗	达到元件清洁度的要求	晃动刷洗法:向元件内注入适量的清洁清洗液,将元件密封,用机械方法强烈晃动元件,使元件内部残留污染物全部冲刷到清洗液中。此方法一般适用于静态元件,如油箱、过滤器壳体等 流通清洗法:将元件接入专门的清洗装置或试验台系统中,使液流循环通过元件,将元件内部污染物全部冲刷到清洗液中并即时将其滤除。此方法适用于动态元件,如泵、马达、缸和阀等

2. 液压系统的清洗

液压系统在组装完毕后需要进行全面的清洗,以清除在系统组装过程中带入的污染物。组装后的系统采用流通法进行清洗,可以利用液压系统的油箱和液压泵,也可采用专用的清洗装置。清洗装置应具有很强的过滤净化能力。

对于复杂系统可分为几个回路分别清洗。对于系统中对污染物很敏感的元件或对液流速度有限制的元件,在清洗时应先将其用管件旁通。

选用的清洗液应与系统元件、密封件及将使用的油液相容。最好直接使用该系统低黏度的工作液体作为清洗液。不允许使用煤油等溶剂。

为了加强循环清洗效果,应尽可能采用较高的液流速度,使液流呈充分的湍流状态。

在清洗过程中,按一定的时间间隔从系统取油样进行污染度测定。清洗操作要一直进行到系统油液的清洁度达到规定的要求为止。

四、液压系统污染控制管理规范

液压系统污染控制的实施主要采取以下步骤:

1）根据对系统工作可靠性和元件寿命的要求,确定系统油液的目标清洁度等级（即必须控制的污染度等级）。

2）为达到系统目标清洁度,应采取有效的油液过滤净化方法和防止污染物侵入的措施。

3）定期检测系统油液污染度,一旦超限,应及时采取纠正和改进措施。

为了保证污染控制的实施,国内外各工业部门以及国际标准化组织制定了有关技术标准和规范,包括油液污染度分析、过滤器性能评定、元件和系统的清洗规范和元件清洁度评定等。

液压系统污染控制的效果,最终反映为系统油液的污染度水平,它直接影响系统的工作可靠性和元件的寿命。

思考题和习题

20-1　液压油、液中的污染物有哪几种类型？它们有何危害？

20-2　试述 GB/T 14039—2002 关于油液中固体颗粒污染等级代号的表示方法。

20-3　试述油液中固体颗粒污染物的三种不同测量方法及其特点。

20-4　油液的净化方法有哪些？

20-5　试述表面型和深度型过滤介质的过滤原理、优缺点及应用。

20-6　试述过滤器的主要性能参数及其定义。

20-7　在液压系统中有哪些关键部位及元件需要安置过滤器进行保护？

20-8　液压系统中过滤器精度应如何确定？

20-9　有一台工作在车间的液压机，其液压缸无杆腔和有杆腔的面积比为 4：1，由一流量为 70L/min 的泵站供油，过滤器可安装在压力油路或回油路中，试分别确定其过滤器的尺寸。

20-10　液压油、液被污染的途径有哪些？如何才能有效地控制油液的污染？

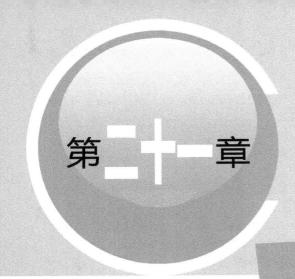

第二十一章

液压辅件

液压辅件是组成液压系统必不可少的一部分。它包括过滤器、密封件、油箱、蓄能器、冷却器、加热器、液压导管及接头等。虽然从液压系统的工作原理和各组成部分所起的作用来看，它们起的是辅助作用，但它们在液压系统中数量最多（如导管和接头）、分布极广（如密封件，每个液压件中都有）、影响很大，即使是偶尔出现故障，都会对整个液压系统的性能产生影响，甚至破坏系统的正常工作。因此，在设计、制造和使用液压系统时，对所有的辅件都必须给予足够的重视。

除过滤器已在第二十章做过介绍外，本章将对密封件、蓄能器、油箱、冷却器、液压导管及接头等的功用、结构特点、设计计算及选用等方面分别进行介绍。

第一节　液压密封装置

所有液压元件和系统都需要采用密封件来防止工作介质的泄漏及外界污染物（如灰尘、空气、水分等）的侵入。从表面上看，液压密封件的结构很简单，但在实际应用中它们却是十分复杂和精密的通用基础元件。密切关注密封技术的最新发展，正确选择、安装和使用密封件，对防止液压设备的泄漏及由此引起的污染、提高液压设备的工作性能及工作可靠性具有重大意义。

一、密封件的分类和要求

1. 密封件的分类

密封件可分为静密封和动密封两大类，其详细分类见表 21-1。

（1）静密封　相对静止的结合面之间的密封称为静密封。静密封一般不允许有泄漏。在液压元件及系统中常用的静密封件有 O 形密封圈、各种垫片以及密封带、密封胶等。

（2）动密封　相对运动的结合面之间的密封称为动密封。按照运动形式的不同，动密封可分为往复运动密封和旋转运动密封。

往复运动密封主要采用挤压型密封和唇形密封，有的还采用填料密封和活塞环密封等。

旋转运动密封以前常采用填料密封，目前应用较多的是油封和机械密封。高压时可采用橡塑组合旋转密封圈。

由于密封件的结构形式多种多样，密封装置的使用条件（如流体介质、压力、温度等）和运动状态繁多，所以在选用密封元件时，应在详细了解液压设备对密封装置提出的各种要求，仔细研究相关密封元件的适用范围和工作性能的基础上，挑选最合适的密封件。然后按标准或产品样本的要求进行密封件安装沟槽及相关零部件的设计。

表 21-1　密封件分类

分　类		主要密封件
静密封	非金属密封圈	O 形密封圈 X 形(星形)密封圈 方形密封圈 其他
	金属密封圈	金属(空心、开孔型、充压型)O 形密封圈
	密封垫圈(片)	橡胶—金属组合垫圈 金属密封垫圈 非金属密封垫圈
	密封带和密封胶	
动密封	非接触式密封	迷宫密封 间隙密封
	接触式密封	挤压型密封：同轴密封(橡塑组合密封)圈 X 形(星形)等异形密封圈 O 形密封圈 其他
		唇形密封(自紧型)：V 形密封圈 Y 形密封圈 U 形密封圈 蕾形密封圈 其他
		旋转轴密封：油封 橡塑组合旋转密封圈 机械密封(端面密封) X 形(星形)密封圈 其他
		填料密封：纤维填料、金属填料、复合填料、成型填料
		防尘密封：防尘圈
		活塞环密封：活塞环(涨圈)

2. 对密封装置的基本要求

1) 在一定的压力和温度范围内具有良好的密封性能。

2) 为避免出现运动件卡紧或运动不均匀现象，要求密封装置的摩擦阻力小、摩擦因数稳定。

3) 磨损少，工作寿命长，磨损后在一定程度上能自动补偿。

4) 结构简单，装拆方便。

5) 密封件材料必须与工作介质相容，要求：① 在介质中具有良好的化学稳定性，不溶胀，不收缩，不软化，不硬化；② 弹性和复原性好，永久变形小，硬度合适；③ 具有一定的力学性能，而且在介质中力学性能变化幅度小；④ 耐热、耐寒、耐磨且摩擦因数小；⑤ 与密封面贴合的柔软性和弹性好；⑥ 加工性能好，价格低廉。

3. 常用密封件材料

常用的密封件材料主要包括各类合成橡胶（如聚氨酯橡胶、丁腈橡胶、氟橡胶、乙丙橡胶、硅橡胶、氯丁橡胶等）、填充或改性的工程塑料（如聚四氟乙烯、聚酰胺、聚甲醛等）及皮革等。表 19-5 列出了部

分密封件材料与液压介质的相容性情况。

二、O形密封圈

1. O形密封圈的特点及用途

（1）O形密封圈的特点　O形密封圈是一种小截面的圆环形密封元件，常用的截面是圆形，特殊的也有星形、方形、T形等异形截面。一般O形密封圈是用合成橡胶制造的，专用的也有采用金属或其他非橡胶材料制造的。

O形密封圈是一种自动双向作用的密封元件，安装时，其径向和轴向两方面的预压缩量赋予O形密封圈自身初始的密封能力，随着系统工作压力的提高，其密封能力也随之增大。

O形密封圈是一种最常用的密封元件，与其他密封元件相比，其主要特点是：① 结构简单，体积小，安装部位紧凑；② 具有自密封能力，不需要周期性调整；③ 密封性能好，用于静密封时，几乎没有泄漏；④ 用于动密封时，起动摩擦阻力大，而且很难做到不泄漏；⑤ 如果使用不当，容易导致O形密封圈被切、挤、扭、断等，使密封失效；⑥ 一般需要加装保护挡圈；⑦ O形密封圈尺寸和安装沟槽均已标准化，选用和外购方便。

（2）O形密封圈的用途

1）用于静密封。只要选用合理，可以做到基本无泄漏。如采用特殊挡圈，密封压力最高可达100MPa或更高。

2）用于往复运动密封。最大往复运动速度达0.5m/s，但起动摩擦阻力大。从20世纪80年代以来，国内外往复运动密封大多采用橡塑组合同轴密封来代替橡胶O形密封圈或橡胶唇形密封圈。

3）用于旋转运动密封。最大旋转运动线速度可达2.0m/s。它适用于密封部位受限制、转动不太频繁的一般小直径旋转轴的密封。其工作压力可比旋转轴唇形密封圈高，其结构比机械密封大为简化。

4）用于开关密封。在单向阀或锥阀的提升部件上安放O形密封圈，抗污染性能好，密封可靠。当阀门关闭时，几乎相当于静密封，可以达到无泄漏。这种密封方式的关键是要设法防止O形密封圈脱落。

2. O形密封圈尺寸的合理选择

（1）O形密封圈截面尺寸的选择原则

1）在可能选用多种截面O形密封圈的情况下，应优先选用较大截面的O形密封圈。这样可以减少O形密封圈在装配和工作期间产生扭转的可能性，改善其抗压缩变形性能和在低温下的工作性能。

2）对于静密封及往复运动密封，前者可以选用较小截面的O形密封圈，后者应选用较大截面的O形密封圈。

3）对于旋转运动密封，O形密封圈的截径取决于旋转轴线速度的大小，表21-2所列数值可供参考。

表21-2　O形密封圈截径与旋转轴线速度之间的关系

旋转轴线速度/（m/s）	适用O形密封圈截径/mm
2.03	3.53
3.05	2.62
7.62	1.78

（2）O形密封圈内径和外径的选择　对于图21-1a所示的径向安装静密封及动密封，如为轴用密封（光轴密封），则应使O形密封圈的内径等于被密封轴的直径 d；如为孔用密封（光孔密封），则应使O形密封圈的内径等于或略小于沟槽直径 D。

对于图21-1b所示的轴向安装静密封，如为承受内部压力的平面密封，则O形密封圈外径应比沟槽外径大1%~2%；如为承受外部压力的密封，则应使O形密封圈内径比沟槽内径小1%~3%。

对于图21-2a所示的光孔端面倒角槽密封，应使O形密封圈外径等于光孔直径 D。对于图21-2b所示的光轴端面倒角槽密封，应使O形密封圈内径等于光轴直径 d。

对于旋转轴密封，如果采用橡胶O形密封圈，则要注意到橡胶在一般情况下也是热胀冷缩物质，但其在拉伸状态下受热时，会出现剧烈收缩的现象，即所谓的橡胶焦耳热效应（或称高夫—焦耳效应，Gow-

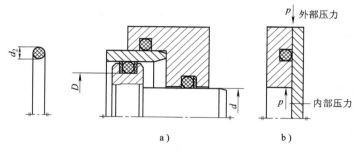

图 21-1 常用 O 形密封圈密封结构

a）径向安装 b）轴向安装

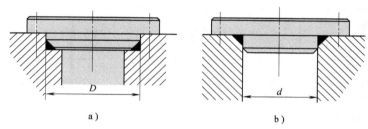

图 21-2 端面倒角槽静密封

a）光孔密封 b）光轴密封

Joule Effect）。为了排除这一影响，O 形密封圈套在转轴上绝不允许呈拉伸状态，所以必须使 O 形密封圈的内径比转轴直径大 2% 以上，即要求 O 形密封圈内径必须对转轴空套，这是 O 形密封圈转动密封技术的关键。

3. O 形密封圈安装沟槽的合理设计

O 形密封圈安装在沟槽内时，应允许其有一定的膨胀空间。允许的膨胀率在静密封中约为 15%，在动密封中约为 8%。

安装 O 形密封圈的沟槽有多种形式，表 21-3 列举了几种常用沟槽形式及其特点。其中矩形沟槽应用最广，既适用于动密封，也适用于静密封。一般要求均为矩形断面（侧壁平行），当不使用挡圈时，也允许做成小于 5° 的倾斜侧面。

V 形沟槽在流体压力作用下，可以自动补偿因橡胶永久变形而造成的压缩量减小，所以适用于平面静密封，可以保持长久的密封性能，但不宜用于动密封。

半圆形沟槽与 O 形密封圈接触面积大，接触应力分散，预密封作用差。如用于静密封，在半圆形沟槽底面最容易发生漏油。如用于往复运动密封，由于沟槽较窄，当 O 形密封圈溶胀或在流体动力作用下变形时，很容易发生挤隙而失效。因此，这种半圆形沟槽不适合安装橡胶 O 形密封圈，而比较适合安装聚四氟乙烯 O 形密封圈，因为聚四氟乙烯 O 形密封圈不易发生溶胀、变形和挤隙现象。

燕尾形沟槽推荐用于 O 形密封圈截面直径大于 2.5mm 的某些特殊场合，如用于要求摩擦力很小的运动密封（如开关密封）以及防止 O 形密封圈脱落的端面或圆锥面的密封等。

表 21-3 安装 O 形密封圈的沟槽形式及其特点

形　状	名　称	特　点
	矩形沟槽	这是一种既适用于动密封也适用于静密封的最常用的沟槽形式
	V 形沟槽	只适用于平面静密封。如用于动密封，则摩擦阻力大，易使密封圈挤进间隙

（续）

形　状	名　称	特　点
	半圆形沟槽	适合安装聚四氟乙烯O形密封圈
	燕尾形沟槽 （梯形沟槽）	用于摩擦力要求很低的场合
	斜底形沟槽	用于温度变化很大或工作液体会导致O形密封圈膨胀或收缩量很大的场合，有补偿O形密封圈体积变化的特点
	三角形沟槽	推荐用于静密封的场合

对于常用的矩形、三角形、燕尾形等沟槽的尺寸、表面粗糙度、配合公差等，可从有关标准或产品样本中查得。但最后应注意检验下列问题：

1）预压缩量。O形密封圈安装在沟槽里，为保证其密封性，应有一个初始压缩量。对于不同的应用场合，相对于不同截径的O形密封圈，其预压缩量也不同：通常在静密封中为15%～30%，动密封中为9%～25%。实用中可参照图21-3进行选择或校核。

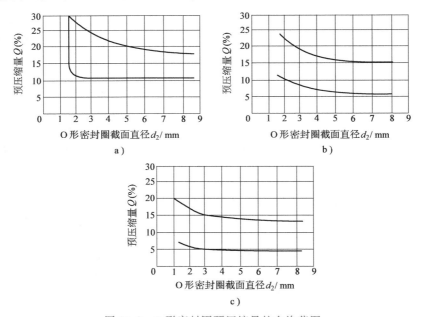

图 21-3　O形密封圈预压缩量的允许范围
a）液压及气动静密封　b）液压动密封　c）气压动密封

2）拉伸与压缩。O形密封圈安装在沟槽内，将受到拉伸或压缩。若拉伸或压缩量过大，将导致O形密封圈截面过度减小或增大，因为拉伸1%会相应地使其截面直径减小约0.5%。对于孔用密封，O形密封圈最好处于拉伸状态，最大允许拉伸量为6%；对于轴用密封，O形密封圈最好沿其周长方向受压缩，最大允许周长压缩量为3%。但当O形密封圈用于旋转轴密封时，应考虑到橡胶在拉伸状态下受热时，会产生剧烈收缩的现象，因此，所选择O形密封圈的内径应比转轴直径约大2%。

4. 安装和使用中应注意的问题

（1）防切　为避免 O 形密封圈在装配过程中被尖角划伤，凡是可能与 O 形密封圈相切的零件端面棱边，如光孔结构的孔端（图 21-4a）、光轴结构的轴端（图 21-4b），都应加工成 15°～20° 的倒角，且棱边要倒圆并去除毛刺，倒角表面粗糙度值 $Ra \leqslant 0.8 \mu m$。

设计时，应尽量避免光孔结构的孔中带孔和光轴结构的轴上带孔。若带孔，则必须倒角或倒圆（图 21-4c）。倒角的最小长度可根据 O 形密封圈截面直径按表 21-4 选取。

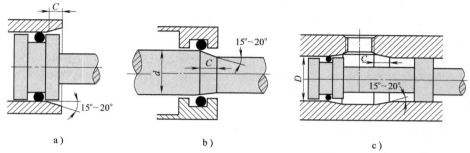

图 21-4　O 形密封圈的安装倒角

a）孔的倒角　b）轴的倒角　c）过渡孔的倒角

表 21-4　倒角最小长度与 O 形密封圈截面直径的关系　　　（单位：mm）

截面直径 d_2		<1.80	1.80～2.65	2.65～3.55	3.55～5.33	5.33～7.00	7.00～8.40
倒角最小长度 C	15°	2.5	3.0	3.5	4.0	5.0	6.0
	20°	2.0	2.5	3.0	3.5	4.0	4.5

（2）防挤隙　为了避免 O 形密封圈产生挤隙现象，除应选用硬度合适的橡胶 O 形密封圈且按标准要求控制密封间隙外，在下列情况下要加装保护挡圈：① 压力高于 10MPa；② 径向间隙过大；③ 往复运动频率较高；④ 高温；⑤ 温度或压力变化较大；⑥ 工作介质污染较严重。

对于单作用 O 形密封圈，应在 O 形密封圈背面安装一个挡圈；双作用时，则两边均需要安装挡圈。

（3）防拧扭　用作动密封的 O 形密封圈很容易因拧扭而损坏。导致拧扭损伤的原因很多，最主要的是由于偏心较大时，O 形密封圈的某些部分摩擦较大而造成的。另外，截面尺寸较小的 O 形密封圈容易产生摩擦不均匀而造成拧扭（要使动密封用 O 形密封圈比静密封用 O 形密封圈的截面直径大就是这个道理）。在工作中，拧扭现象会使 O 形密封圈切断而漏油，这是使用 O 形密封圈时最危险的事故，尤其是发生在液压夹紧装置上，可能会造成工件飞出、机器损坏、人员伤亡事故。为了防止 O 形密封圈的扭拧损伤，需注意下列几点：

1）设计和加工沟槽时，务必使其同心度达到标准所规定的公差范围内。

2）安装 O 形密封圈时应采用正确的方法，防止其处于拧扭状态。如果在安装时就产生拧扭，则拧扭损伤很快就会发生。

3）当活塞或活塞杆较重时，应尽量减小孔、轴配合间隙，必要时应在沟槽附近加装支承导套。

4）O 形密封圈截面尺寸应均匀，不均匀差值应小于截径公差值的 1/10。

5）最有效的方法是采用不易产生拧扭现象的星形等异形断面密封圈代替圆形断面 O 形密封圈。

（4）防老化　橡胶 O 形密封圈及其他橡胶密封件在存放和使用过程中，由于空气或者工作介质的作用，橡胶材料的各项性能均将发生变化，最后使其失去密封效能而不能使用，即老化。为减轻老化的影响，要求做到妥善保管和合理使用这类密封件：

1）密封件经常作为备件而储存较长时间，为避免因外界因素而影响 O 形密封圈等橡胶密封件的物理化学性能，在储存时应注意下列原则：① 储存在干燥处；② 储存温度为 5～25℃，避免和热源直接接触；③ 避免在阳光或氙光灯下直接照射；④ 置于原始装箱或气密容器内以防止氧化；⑤ 远离有害气源（如臭氧）以防止其弹性受损。

一般民用工业丁腈橡胶O形密封圈自硫化脱模算起，保质期一般为 2~5 年，但建议尽可能在一年内用完。如妥善保管，其有效存放期可适当延长。

2）为防止老化，O形密封圈在使用过程中应注意下列几方面问题：① 包装良好的O形密封圈，装配时现拆现装，无需清洗；在无包装，有脏物需清洗时，不要使用汽油、三氯乙烯、四氯乙烯等溶剂，可用肥皂水（聚氨酯橡胶忌水例外）洗净后在室温下干燥，不得在热源上烤干或用风机吹干。② 不管存放时间长短，在装配前应仔细检查，如发现O形密封圈有变硬、变软、表面龟裂、损伤、缺陷及其他变质和失去弹性等老化现象，应坚决报废禁用。③ 橡胶O形密封圈在沟槽中使用一段时间后，会发生永久变形，但在液压油中又会溶胀，这样相互抵消，在一定时期内仍能保持一定的压缩量，尤其在静密封中附着性甚佳，足以长期保持密封。但对于使用一定时间后的O形密封圈，每拆装一次，不管动、静密封或者漏油与否，都应全部更换为新的O形密封圈，否则，原来不漏的反而会变漏。这点往往容易被维修和技术人员所忽视，其实例屡见不鲜。

5. 异形截面橡胶O形密封圈

为了提高密封可靠性，特别是为了克服圆截面橡胶O形密封圈易拧扭和起动摩擦力大的缺点，从 20 世纪 80 年代以来，相继开发了许多截面为非圆形的特殊几何形状的橡胶密封圈，简称为异形截面O形密封圈。表 21-5 中介绍了几种异形截面形状O形密封圈及其特点，其中目前应用较多的是 X 形密封圈。

表 21-5　异形截面形状O形密封圈及其特点

名　称	图　形	特　点
X 形密封圈（星形密封圈）		抗拧扭,低摩擦,低起动阻力。既适用于静密封,也适用于动密封
T 形密封圈	保护挡圈　T 形圈	两侧配挡圈。抗拧扭和抗挤隙能力强。只需 5% 的压缩量,就有很好的密封效果
方形密封圈		抗拧扭、抗挤隙、抗振能力强,耐高压,摩擦阻力大,主要用于静密封
三角形密封圈		其尖棱与被密封面接触,摩擦与发热小,抗拧扭
V-O 形密封圈		相当于两个 V 形密封圈和一个 O 形密封圈的组合,密封性好,润滑性好。用于较高压力时,需加特形保护挡圈
多边形密封圈		密封性好,抗拧扭

X 形密封圈又称星形密封圈，是一种具有四个唇的无接缝圆形环在模具内硫化而成的。其截面形状类似于字母 X，因此称为 X 形密封圈。它的标准尺寸及其安装沟槽尺寸与美国 AS568A 标准关于圆截面O形密封圈的完全相同，因此在很多场合可以代替原已广泛应用的圆截面橡胶O形密封圈。但它与圆截面O形密封圈相比，具有以下独特的优越性：

1）星形密封圈在其密封唇间形成润滑油腔，使其具有良好的润滑性能及较小的摩擦阻力和起动摩擦力。

2）用于往复运动时，不易产生拧扭和滚动。

3）由于它的分模面设在两个唇边之间，因此飞边不会影响其密封作用，密封效果好。

星形密封圈在动密封及静密封中的安装实例如图 21-5 所示。选用时应注意下列几点：

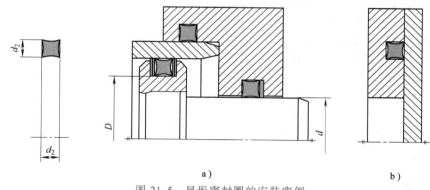

图 21-5 星形密封圈的安装实例

a）径向安装 b）轴向安装

1）用于光孔密封时，不论是静密封还是往复运动密封，星形密封圈的内径应与安装沟槽的直径 D 相等或比沟槽直径 D 小 2% 左右。因为预压缩产生的预压紧力可以有效地防止星形密封圈的扭曲。

2）用于光轴密封时，不论是静密封还是往复运动密封，星形密封圈的内径均应等于或比轴的外径尺寸大 0.2~0.3mm（或比轴的外径 d 大 1% 左右），这样既便于安装，又有利于延长其使用寿命。

3）用于旋转密封时，星形密封圈的内径应比被它密封的轴径大 2%~5%，这同样是为了避免橡胶焦耳效应的影响。

4）一般而言，静密封场合可以选择截面较小的星形密封圈，动密封场合则应选择截面较大的星形密封圈。

5）在压力较高或间隙较大时，应选用硬度较大的橡胶材料，特别是要加装聚四氟乙烯或聚甲醛挡圈，以免密封圈被挤入间隙。

6）星形密封圈用于静密封时，不加挡圈时的最大工作压力为 5MPa，加挡圈后可达 40MPa；用于往复运动密封时，最大允许线速度可达 0.5m/s，加挡圈后最大工作压力可达 30MPa；用于旋转运动密封时，最大允许线速度可达 2.0m/s，加挡圈后最大工作压力可达 15MPa。

6. 非橡胶 O 形密封圈

O 形密封圈主要由合成橡胶材料制成，但用于高温、低温、超高压、超真空或强腐蚀性溶液等特殊场合的密封圈，橡胶材料则难以适应，必须采用其他材料的 O 形密封圈。常用的非橡胶 O 形密封圈有下列几种：

（1）聚四氟乙烯 O 形密封圈 它比橡胶 O 形密封圈耐寒、耐热，其使用温度范围为 −100~130℃，并具有耐一般浓酸、浓碱、有机溶剂和磷酸酯难燃液压液等性能，所以适用于这些介质中。

它可以安装在矩形槽中，但更适宜安装在半圆形槽中，其槽宽可以窄到接近其截径值。由于聚四氟乙烯的刚性较大，所以在设计密封圈安装部位的结构时，应尽量避免使其有过大的拉伸。

聚四氟乙烯 O 形密封圈主要用于平面静密封，也可用于圆柱面静密封、缓慢的往复运动和转动密封以及气动阀类的密封。其截面形状有圆形、方形和圆形切槽式等。

（2）空心金属 O 形密封圈 空心金属 O 形密封圈是用薄壁不锈钢管或镍合金管焊接而成的高精度环形圈。其密封特点如下：

1）适用温度范围广（−250~540℃）。

2）适用压力范围广，从 10^{-12}mm 汞柱（$133.322×10^{-12}$Pa）的超真空到 300MPa 以上的超高压。

431

3）可以在不能使用橡胶 O 形密封圈的气体和液体（例如有机溶剂）中使用。

空心金属 O 形密封圈有下列三种类型（图21-6），可根据具体工作条件选用：

1）基本型。空心内不充气，在高压流体作用下容易压瘪，只能在从真空到 7MPa 的压力范围内使用。

2）开孔型。这种空心金属 O 形密封圈的内侧或外侧处钻有小孔，压力流体可通过这些小孔进入金属圈内部，使内外压力平衡。这种金属密封圈密封接触处的压力随流体压力的作用而增大，这就大大提高了密封效果。它适用于 7MPa 以上的高压密封。

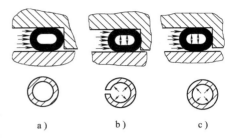

图 21-6　空心金属 O 形密封圈
a）基本型　b）开孔型　c）充压型

3）充气型。在管子焊接前，把固体二氧化碳放入管内或者直接充以高压惰性气体。它适用于高温密封，当温度上升时，气体膨胀，在内部起弹簧的作用，使之与被密封面紧密接触。

三、唇形密封圈

唇形密封圈是一种依靠其唇边受流体压力作用后，与被密封面紧密接触而形成可靠密封的元件。它主要用于往复运动的密封。根据密封圈截面形状的不同，可分为 V 形、Y 形、L 形、J 形、U 形等，其中比较常用的为 V 形及 Y 形密封圈。

唇形密封圈的尺寸系列、安装沟槽及挡圈等均已系列化、标准化，制作材料不同，其工作性能也不同，在选用时可参阅相关标准及样本。

1. V 形密封圈

V 形密封圈的截面呈 V 形，是一种应用最早、用途广泛的单向密封装置，主要用于活塞及活塞杆的往复运动密封，可以满足直径大、压力高、往复运动速度较快、行程长等苛刻条件下的使用要求，所以目前仍然应用十分广泛。

（1）V 形密封圈的主要特点

1）密封可靠。可根据工作压力的高低，使用不同数量的 V 形密封圈。V 形密封圈使用时有径向预紧，使其密封唇口与内、外径被密封面紧密接触，从而在低压时有良好的密封性能。随着工作压力的提高，接触面积增加，密封性能更好。特别是可通过调节压紧力来获得最佳的密封效果，同时可使密封圈有更长的使用寿命。

2）当活塞或活塞杆受偏心负荷或在偏心状态下运动时，V 形密封圈有良好的跟踪能力，仍能保持良好的密封效果。

3）使用一段时间后，由于密封圈变形或摩擦损伤而产生泄漏时，可用增加密封圈压紧力的方法来消除泄漏。

4）对油液的污染不敏感。

5）主要缺点是摩擦阻力较大，安装空间大，不适宜承受冲击载荷。

6）往复运动速度一般应小于 0.5m/s。

（2）结构与安装

1）结构。V 形密封圈在实际中是成套使用的，除 V 形密封圈以外，还有支承环和压环（图21-7）。凸形支承环是支承 V 形密封圈的重要部件，其截面

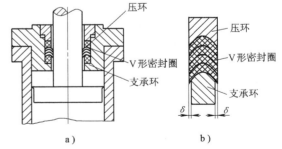

图 21-7　V 形密封装置
a）装配示意图　b）截面

应厚而结实。凸形角应和 V 形密封圈相吻合（一般为 90°），在低压或要求摩擦阻力特别小时，支承环的角度可稍大些，受压面角度增大可增加密封唇的宽度。

凹形压环的作用是使 V 形密封圈形成初始压缩量，使其与被密封面充分接触。支承环与轴或孔之间应

有一定间隙，其值 $\delta = 0.25 \sim 0.4\text{mm}$（图 21-7b）。在工作压力高的情况下，在支承环上还要开设通油孔，使 V 形密封圈受压面的压力分布均匀。

V 形密封圈的数量取决于密封压力的大小，压力高时使用数量多，一般为 3~5 个。V 形密封圈的材料有纯橡胶、夹织物橡胶及橡胶复合材料等。支承环及压环的材料有金属、塑料、硬橡胶及夹织物橡胶等。

2）安装注意事项：① 安装 V 形密封圈的入口处应倒角或倒圆，使密封圈易于装入，唇口也不易被划伤；入口处也可做成阶梯形，安装时插入导向管，使其容易装入。② 当不便于轴向装拆时，可以切口（45°）装配，但各个切口都要相互错开 90°，为保证可靠密封，最好比规定数多装一个 V 形密封圈。③ 滑动面的表面粗糙度应满足标准要求：当采用纯橡胶结构时，滑动面的表面粗糙度 Ra 值为 $0.20\mu\text{m}$；采用夹布橡胶时，Ra 值应为 $0.40\mu\text{m}$。但滑动面也不宜过于光滑，以免工作时润滑油很容易被拭去，使密封圈磨损加剧。滑动面的硬度应高于 60HBW。

2. Y 形密封圈

Y 形密封圈的截面呈 Y 形，是一种典型的唇形密封圈。按两唇高度是否相等，可分为等高唇 Y 形密封圈和不等高唇 Y 形密封圈，后者又称为 Y_x 型密封圈，如图 21-8所示。

Y 形密封圈的主要特点：有良好的自密封作用，对磨损有一定的自动补偿作用；摩擦阻力小，运动平稳；适合做大直径的往复运动密封件；尺寸大，安装密封圈的空间大；安装时，密封圈不能作径向拉伸。

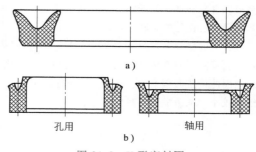

图 21-8　Y 形密封圈
a）等高唇　b）不等高唇（Y_x 型）

（1）等高唇 Y 形密封圈　等高唇 Y 形密封圈在较低工作压力（10MPa 以下）时，密封性能较好，动摩擦阻力小，可用于活塞及活塞杆密封。但在工作压力和运动速度变化较大的场合应用时，为了防止 Y 形密封圈在往复运动过程中出现翻转、扭曲等现象，可在其唇口处设置如图 21-9 所示的支承环。支承环上开有均布的导流小孔，以利于压力介质通过小孔作用到密封圈唇边上，撑开双唇，保持 Y 形密封圈的正确动态姿势，确保其具有良好的密封性能。在工作压力大于 16MPa 时，为防止密封圈挤入间隙，应加装保护挡圈。

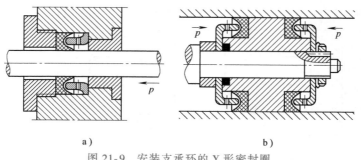

图 21-9　安装支承环的 Y 形密封圈
a）单向受压　b）双向受压

对于宽型 Y 形密封圈，其截面的宽度为高度的两倍或两倍以上，这种宽型 Y 形密封圈不易在沟槽内产生翻转或扭曲，可不安装支承环。

（2）不等高唇 Y 形密封圈　不等高唇 Y 形密封圈是对等高唇 Y 形密封圈进行改进设计而成的，又称为 Y_x 型密封圈。它的两个唇边高度不等，其短边为密封边，与密封面接触，滑动摩擦阻力小；长边与非滑动表面接触。Y_x 型密封圈分为孔用（外径滑动型）和轴用（内径滑动型）两类（图 21-8b）。其密封性是靠内、外两唇边起作用，它与非滑动面接触的唇边长，起支承作用，防止在运动中扭转，与滑动面接触的唇边短，避免被腔体间隙咬伤，同时便于工作流体进入，使唇边张开，保证良好的密封性能。由于 Y_x 型密封圈的高度是宽度的两倍以上，因而不易在沟槽中翻转，即使在工作压力和滑动速度变化较大的情况下，也不必加支承圈。

Y 形密封圈的工作性能与材料有密切关系。用聚氨酯制作的 Y 形密封圈，其最大工作压力可达 40MPa，最大往复运动速度可达 0.5~1.0m/s，工作温度范围为-35~100℃。

3. 特殊形状唇形密封圈

为了提高密封件的使用寿命，减小摩擦阻力，在 Y 形密封圈的基础上，通过对唇口形状进行改进设计，又出现了一系列特殊形状的唇形密封圈。例如：

（1）蕾形橡胶密封圈（图 21-10a） 蕾形橡胶密封圈是在夹布橡胶 Y 形密封圈中填充类似于 O 形密封圈的弹性橡胶体，其唇为蕾形。它具有良好的低压密封性能、良好的抗挤隙性能、较小的摩擦阻力、良好的耐磨性等。

（2）T 形橡胶密封圈（图 21-10b） T 形密封圈是一种自紧密封件，它可随压力变化自动调节密封接触面积。当压力升高时，密封圈对密封面的径向压紧力随之增大，与运动面的接触面积增加，从而形成可靠的密封。它具有动密封和静密封性能较好，以及摩擦阻力小、安装空间较小、抗挤隙破坏能力强等特点。

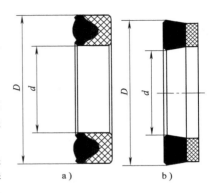

图 21-10　特殊形状唇形密封圈
a）蕾形　b）T 形

四、同轴密封圈（橡塑组合滑环密封）及支承环

1. 同轴密封圈（橡塑组合滑环密封）

随着液压技术的不断发展，液压设备（特别是液压缸）对密封装置的要求越来越高，原有的 O 形、Y 形密封圈已难以满足高速、低摩擦等方面的要求，因此又开发出了橡塑组合滑环密封装置（又称同轴密封圈）。它是由具有自润滑性能、低摩擦因数且与对偶金属无黏着作用的工程塑料，如填充聚四氟乙烯（PTFE，填充物有青铜粉、石墨、碳素纤维、玻璃纤维等）制成的密封滑环和作为弹性体的橡胶 O 形密封圈（含圆形、星形、矩形截面等）组合而成的。由 O 形密封圈的预压缩量所产生的反弹力和流体压力，使滑环紧贴在密封偶合面上而起到良好的密封作用。滑环截面形状多种多样。按用途可分为孔用和轴用两类。图 21-11 和图 21-12 所示分别为国外某些公司生产的几种轴用和孔用同轴密封圈截面形状。图 21-13 所示为将同轴密封圈用于活塞杆密封的实例之一，其中前后分别安装了一个斯特圈和一个雷姆圈，在同轴密封圈

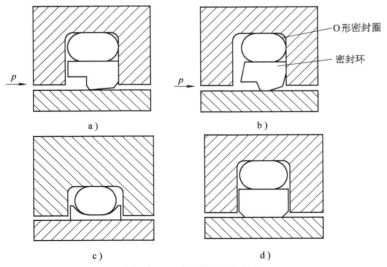

图 21-11　轴用同轴密封圈
a）斯特圈（Step Seal）　b）雷姆圈（Rim Seal）
c）双三角密封圈（Double Delta Seal）　d）格来圈（Glyd Ring）

间安装了导向支承环，在出口处安装了防尘圈。这样将两个同轴密封圈串联使用，密封效果很好，泄漏几乎为零。

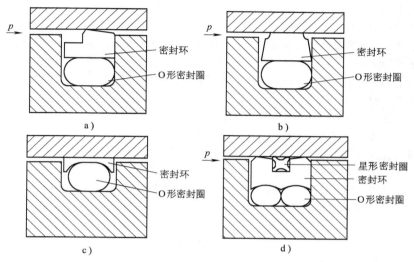

图 21-12 孔用同轴密封圈

a）斯特圈 b）格来圈
c）双三角密封圈 d）AQ 密封圈

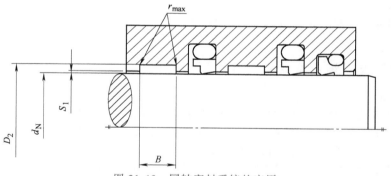

图 21-13 同轴密封系统的应用

同轴密封圈是一种目前在国内外已广泛应用的新型密封件。各生产厂家仍然一直在材料、截面形状等多方面进行改进，使其满足各种不同场合的使用要求。它的特点主要是：

1）摩擦阻力低，而且静、动态摩擦因数变化较小，因此运动平稳，低速性能好，不易产生爬行现象。

2）具有良好的自润滑性能，有润滑剂和无润滑剂时，抗磨性能均较好，所以使用寿命长，选用不同材质能适用不同介质的使用要求。

3）动态及静态的密封性能均较好。使用一个同轴密封圈时，能将泄漏量控制得很小，如果将两个同轴密封圈前后串联使用，则几乎可以实现零泄漏。

4）作为弹性体的 O 形密封圈不与密封偶合面直接接触，不存在一般 O 形密封圈及 Y 形密封圈易产生扭曲、翻转、挤隙等方面的问题，所以工作可靠。

5）可满足高压、高速的使用要求，最高工作压力允许达到 60MPa 或更高，最大往复运动速度允许达到 15m/s。

6）适用的温度范围可以达到 -45~200℃（大于 100℃时，O 形密封圈材料由丁腈橡胶改为氟橡胶）。

7）与唇形密封相比，滑移时和静止时其密封性稍差。对于泄漏控制要求很高的使用场合，一般不宜使用同轴密封圈。

2. 支承环

为了防止运动部件之间出现金属与金属的直接接触以及对做往复运动的活塞、活塞杆或阀的运动进行导向，在同轴密封圈前一般要安装与其配套的支承环，对于有些 Y 形密封圈，最好也能安装相应的支承环。

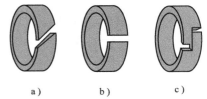

支承环的形状有斜切口、直切口及 Z 形切口等三种形式，如图 21-14 所示。当密封件需要承受变压力时，应采用斜切口或直切口支承环，这实际上是一种有一定间隙的"开式轴承"。Z 形支承环为闭式支承，在有些场合它作为密封与支承两用零件，在有些场合也可用作防尘圈。

图 21-14 支承环的切口形式
a）斜切口 b）直切口 c）Z 形切口

支承环材料一般为具有良好自润滑性能及抗磨性能的填充高分子复合材料，如填充聚四氟乙烯（PTFE）、填充聚甲醛等。材料不同，其力学性能及与工作介质的相容性也不同，在选用时必须特别注意。

选配支承环时，重要的是要保证有足够的支承面来承受预期将产生的最大径向力，所以支承环宽度 B（单位为 mm）的计算公式为

$$B \geqslant \frac{KF}{dp_{max}} \tag{21-1}$$

式中　F——最大径向负载（N）；

　　　K——安全系数；

　　　d——活塞或活塞杆直径（mm）；

　　p_{max}——允许的最大径向负载应力（N/mm²），根据所选支承环的材料及生产厂家所提供的数据来确定。

根据上述计算结果及所使用的工作介质，可以参考厂家样本选择材料及尺寸合适的支承环或自行加工制造。

五、油封及橡塑组合旋转密封圈

1. 油封（旋转轴唇形密封圈）

油封的作用是防止液体沿旋转轴向外泄漏及外部杂物侵入机体内部。目前，液压泵、液压马达旋转轴的密封大多采用油封。油封的种类很多，按组成油封的构件分类，可分为有骨架型油封和无骨架型油封，有弹簧型油封和无弹簧型油封；按油封能承受的压力高低分类，可分为常压型油封和耐压型油封；按轴的旋转速度高低分类，可分为低速油封和高速油封；按油封的结构及密封原理分类，可分为标准型油封和动力回流型油封。

图 21-15 所示为最基本的骨架型油封及其在旋转轴上的安装，它包括密封唇部（呈斜楔状，起密封流体的作用。标准材质为丁腈橡胶，也可根据要求选用其他的橡胶材料）、自紧弹簧（提供径向压紧力，材料一般为磷化碳素弹簧钢丝，用于水或酸性流体时，用不锈钢丝）、金属骨架（起固定和支承作用。通常由薄钢制成，必要时也可用不锈钢制成）及防尘唇部（起防尘作用）。其他形状的橡胶骨架型油封大都是由此衍生而来的。

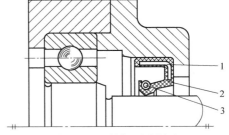

图 21-15 骨架型油封及
其在旋转轴上的安装
1—骨架 2—油封 3—弹簧

目前，国内外一些密封件公司均有不同类型的油封供应市场，选用时要注意下列问题：

（1）压力　一般油封的承压能力较差，但不同类型的油封，其承压能力不同。如果被密封腔压力为零，可选用无弹簧骨架型油封或 V 形防尘环（参见图 21-20）；当压力小于 0.05MPa 时，可选用常压型油封；压力大于 0.05MPa 而小于 0.1MPa 时，可选用耐压型油封。如果压力更高，则不宜用油封，而应该选用机械密封或橡塑组合高压旋转密封圈。

（2）圆周速度　轴的圆周速度是影响油封寿命的重要因素。在一定的接触应力下，相对运动速度越高，摩擦引起的温升越快，越易造成油封橡胶的老化和唇边烧伤。不同的油封均规定了自己的圆周速度范围，它主要与材料有关，例如，采用丁腈橡胶制作的油封，最大圆周速度允许达到 12m/s；硅橡胶油封允许达到 25m/s，氟橡胶油封允许达到 40m/s。

（3）油温　油温是影响油封寿命的另一重要因素。不同类型的橡胶材料，允许的工作温度范围是不同的，例如，丁腈橡胶允许的工作温度范围为 -40~120℃，硅橡胶为 -70~200℃，氟橡胶为 -40~200℃。同时要注意到，工作时油封唇边的温度要比油温高 20~50℃。

（4）与密封介质的相容性　与选用其他密封件一样，选用油封也必须考虑它与密封介质的相容性，既要考虑橡胶材料的相容性，也要考虑弹簧材料及骨架材料的相容性。

（5）旋转轴及腔体密封沟槽的设计与加工　旋转轴及腔体密封沟槽的设计与加工应按有关标准及产品样本的要求进行。要特别注意以下几点：

1）轴的接触表面硬度直接影响旋转油封的使用寿命，通常当线速度为 3~4m/s 时，轴的硬度应约为 45HRC；速度再高时，建议将表面硬度提高到 55HRC。

2）轴的表面粗糙度 Ra 值应为 0.2~0.5μm。

3）密封唇边内径的过盈量与旋转轴的偏心量应尽量控制在表 21-6 所规定的范围内。

表 21-6　油封唇边对轴的过盈量和轴的偏心量

轴径/mm	油封唇边过盈量/mm	轴的偏心量/mm
≤30	0.5~0.9	0.2
30~50	0.6~1.0	0.3
50~80	0.7~1.2	0.4
80~120	0.8~1.3	0.5
120~180	0.9~1.4	0.6
180~220	1.0~1.5	0.7

2. 橡塑组合旋转密封圈

橡塑组合旋转密封圈是由一个由填充聚四氟乙烯制成的滑动密封环和一个提供弹力的橡胶 O 形密封圈组成的。它用于液压设备中的旋转运动密封，如图 21-16 所示。它可分为孔用和轴用两种。其主要特点是：

1）安装空间小。

2）在密封面上开了环形润滑槽，摩擦力小，无黏滞和爬行现象。

3）可用作旋转或摆动运动的轴、活塞杆、活塞、旋转接头等处的动密封。

4）能承受较大的工作压力，但摩擦阻力比骨架型油封大，故不宜用于高速旋转密封。最大工作压力允许达到 30MPa，要求运动速度小于 1.0m/s。

5）工作温度范围取决于 O 形密封圈的材质。

六、机械密封

机械密封是最为通用的旋转轴密封装置。在液压元件向小型化、高性能化方向发展以及要求严格控制泄漏的情况下，旋转轴密封已成为一个关键技术问题。特别是当工作条件超过了油封和填料密封的使用范围时，机械密封的优越性就显示出来了。目前，国内外生产的海（淡）水液压泵、液压马达旋转轴已广泛采用机械密封。

机械密封在国内外已有一系列规格产品供选用，其结构形式多种多样，但基本结构都是由一组以一定比压相接触的、能相互滑动的转动部分和与固定在壳体上的固定部分所组成。如图 21-17 所示，动环 1 与弹簧 6、弹簧座 7 随轴 8 一同转动，静环 2 与静环密封圈 3 固定在外壳 4 上并保持静止。静环与动环之间的压紧力可通过弹簧 6 的预压缩量来调整。为使泄漏量保持在允许的范围内，这两个相对运动的接触面之间必须保持很小的间隙，通常应小于 0.001mm。

机械密封的基本特点：① 泄漏量小，几乎可以做到无泄漏；② 适用范围广，通过采用不同结构形式、

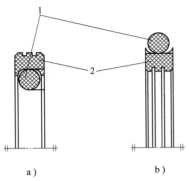

图 21-16　橡塑组合旋转密封圈

a）孔用密封圈　b）轴用密封圈

1—O 形密封圈　2—滑动密封环

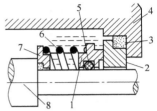

图 21-17　机械密封的基本结构

1—动环　2—静环　3—静环密封圈

4—外壳　5—O 形密封圈

6—弹簧　7—弹簧座　8—旋转轴

不同密封材料和不同辅助措施，可以使其分别适用于低速、高速、低温、高温、真空、高压等不同工况以及腐蚀性、有毒介质的密封；③ 对旋转轴的径向振摆和壳体孔的偏斜不敏感；④ 一次性投资较大，拆装较困难，但使用寿命较长。

七、防尘圈

在液压缸中，防尘圈被安置在活塞杆或柱塞密封外侧，用以防止在活塞杆或柱塞运动期间，外界尘埃、砂粒、水分等异物侵入液压缸，从而引起密封圈、导向环等的损伤和早期失效，进而污染工作介质，导致液压元件损坏。防尘圈主要有下列三种类型。

1. 普通型防尘圈

普通型防尘圈只有一个防尘唇边，其支承部分刚性较好，结构简单。GB/T 10708.3—2000 规定橡胶防尘圈有三种基本形式（图 21-18）：A 型为纯橡胶圈，B 型为有金属骨架的橡胶圈，C 型为有双向唇的橡胶圈。

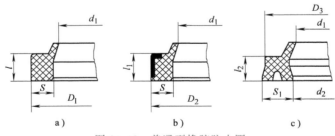

图 21-18　普通型橡胶防尘圈

a）A 型　b）B 型　c）C 型

这三种防尘圈可根据用户要求选用丁腈橡胶、聚氨酯或氟橡胶制成。其中 C 型防尘圈具有密封及防尘两种作用。

2. 橡塑组合防尘圈

橡塑组合防尘圈由一个用填充聚四氟乙烯制作的防尘圈和一个作为弹性元件的橡胶 O 形密封圈组成，具有多种结构形式。图 21-19 所示为一种双唇口组合防尘圈。它由两个几何形状不同的密封唇和一个作为弹性元件的 O 形密封圈组成，两个唇口方向相反，外唇起刮尘作用，保持回程活塞杆的清洁，内唇起一定的辅助密封作用。它的耐磨性好，特别适合用作在恶劣环境下做往复运动的活塞杆的防尘圈。其最大往复运动速度允许达到 15m/s。

3. 旋转轴用防尘圈——V形防尘环

旋转轴用防尘圈是一种用于旋转轴端面密封的防尘装置，其形式多样。图 21-20 所示为一种 V 形防尘环的截面和安装情况。该 V 形防尘环靠其自身的弹性张力固定在轴上，挠性的密封唇用一较小的接触力和轴座表面保持接触，并且随轴一起转动。密封唇可防止内部油脂或油液向外泄漏，同时可防止外部的灰尘、脏物等侵入。V 形防尘环随轴旋转，由于离心力的作用，斜面上的污染物均被抛离密封部位，避免污染工作介质或润滑脂。

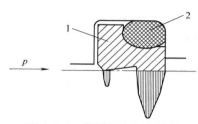

图 21-19　橡塑组合防尘圈的
截面形状及应力分布
1—防尘圈　2—O 形密封圈

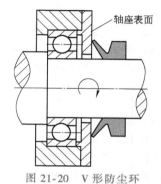

图 21-20　V 形防尘环

这种防尘圈的特点是结构简单、装拆方便、防尘效果好；不受轴的偏心、振摆和跳动等影响，对轴无磨损；兼具密封和防尘功能，但被密封腔内压力应为零。

第二节　蓄　能　器

蓄能器是液压系统中的储能元件，不仅可以利用它储存多余的压力油液，在需要时释放出来供系统使用，同时也可以利用它来减少压力冲击和压力脉动。蓄能器在保护系统正常运行、改善其动态品质、降低振动和噪声等方面均起重要作用，在现代大型液压系统中，特别是在具有间歇性工况要求的系统中尤其值得推广应用。

一、蓄能器的功用和分类

1. 蓄能器的功用

（1）做辅助能源　对于间歇运行的液压系统，或在一个工作循环内速度差别很大的系统，系统对液压泵供油量的要求差别很大。如果在这样的液压系统中设置蓄能器作为辅助动力源，则当所需供油量小时，让蓄能器蓄能；而当系统需要大量油液时，蓄能器可快速释放储存在其内的油液，和液压泵一起向系统供油。这样就可使系统按循环周期内的平均流量来选择液压泵，而不必按最大流量来选择液压泵。

（2）补偿泄漏、保持恒压　某些液压执行元件在工作中，要求在一定工作压力下长时间保持不动（如夹紧），这时如果起动液压泵来补充泄漏以保持恒压是不经济的，而采用蓄能器则是最经济有效的。

（3）做应急动力源　当工厂突然停电或发生故障，液压泵中断供油时，蓄能器能提供一定的压力油作为应急动力源。例如，大型工程机械的转向和制动多采用液压动力，当转动和制动系统的液压动力源出现故障时，采用蓄能器可以帮助解决其

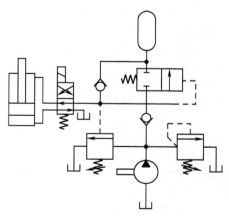

图 21-21　应急动力源

应急转向或制动问题。图21-21所示为应急动力源，停电时，二位四通阀下位接入，蓄能器释放的压力油经单向阀进入液压缸有杆腔，使活塞杆缩回，达到安全目的。

（4）消除压力脉动、降低噪声　液压泵的流量脉动将导致系统的压力脉动，以致影响执行元件的运动平稳性。为了减轻或消除压力脉动的影响，通常的做法是在不变更原设备液压元件的情况下，在液压泵附近设置蓄能器，以吸收压力脉动。因为系统中的压力脉动多是由流量脉动引起的，在一个脉动周期内，高于平均流量的部分将被蓄能器吸收，低于平均流量的部分由蓄能器供给。这样就吸收了脉动中的能量，降低了脉动，减少了对敏感仪器和设备的损坏。用于此用途的蓄能器，对其容量要求不大，但惯性要小，反应要灵敏，且与溢流阀的配合要满足系统要求。这种蓄能器应装在液压泵出口处。

（5）吸收液压冲击　由于换向阀突然换向、液压泵突然停车、执行元件突然停止运动或紧急制动等原因，使得液流速度和方向急剧变化，产生液压冲击，其值可高达正常压力的几倍以上，这时溢流阀（或安全阀）来不及动作，往往会造成系统强烈振动，仪表、元件等损坏，甚至导致管道破裂。若在控制阀或冲击源前装设蓄能器，则可吸收或缓和这种液压冲击。

（6）在节能回路中储存回收能量　利用蓄能器回收能量是目前研究较多的一个课题。由于蓄能器可以用来暂存能量，因此可以用它来回收多种动能、位置势能，如回收车辆制动能量、工程机械动臂机构位能、液压挖掘机转台制动势能及电梯下行重力势能等。

（7）用来输送异性液体、有毒液体等　利用蓄能器内的隔离件（气囊、活塞或隔膜）将被输送的异性液体隔开，通过隔离件的往复动作将液压油的能量传递给异性液体。图21-22所示为利用蓄能器输送异性液体的原理图。图中两个隔离式蓄能器既是能量转换器，又是二次回路的液箱。两个蓄能器上各装有两个压力继电器，用来自动操纵两个换向阀换向。一个蓄能器在主系统液压泵向二次回路供压时排液；另一个蓄能器则类似于一个回油箱，将异性液体吸入其内。

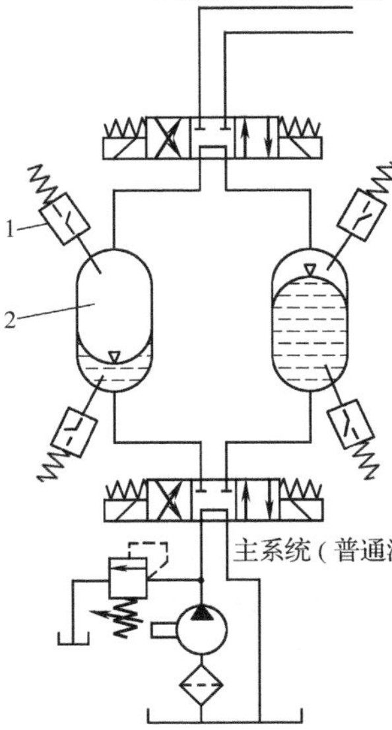

（8）补偿热膨胀　在封闭的液压系统中，当系统温度上升时，油液体积膨胀。如果油液体积膨胀很大，则很可能导致故障。可用蓄能器来吸收膨胀油液。

（9）做液压空气弹簧　采用液压蓄能器和过载传感器，可使车辆在行驶中遇到坑洼时主动地将车轮抬高或降低，以保持车身处于水平状态。

图 21-22　利用蓄能器输送异性液体原理图
1—压力继电器　2—蓄能器

2. 蓄能器的分类

蓄能器根据蓄能方式的不同，可分为重力加载式（重锤式）、弹簧加载式（弹簧式）和气体加载式三类。

重锤式和弹簧式蓄能器在应用上都有一定的局限性，因而目前很少使用。目前大量使用的是气体加载式蓄能器。

气体加载式蓄能器的工作原理建立在波义耳定律的基础上。使用时首先向蓄能器充入预定压力的气体（一般为氮气），当系统压力超过蓄能器内部压力时，油液压缩气体，将油液的压力能转化为气体内能；当系统压力低于蓄能器内部压力时，蓄能器中的油液在高压气体作用下流向系统，释放能量。这类蓄能器按其结构不同，可分为囊隔式、活塞式、隔膜式及非隔膜式等几种类型。

（1）囊隔式蓄能器（图21-23a）　囊隔式蓄能器由气囊、壳体（分为气液两个腔室）两部分组成。气囊内充氮气，气囊与壳体组成的腔室充液压能。

与其他形式蓄能器相比较，它具有气液隔离、反应灵敏、尺寸小、质量小等特点。在液压系统中起储存能量、稳定压力、降低液压泵功率、补偿泄漏、吸收冲击压力和脉动压力等多种作用。国产囊隔式蓄能器的最大工作压力为32MPa，最大工作容积为150L。

（2）活塞式蓄能器（图21-23b）　气体和油液在蓄能器中被活塞隔开，应充惰性气体，如氮气，不得充氧气、压缩空气或其他易燃气体。安装方式应为立式，充气阀端应向上，并注意远离热源。

活塞式蓄能器结构简单，工作可靠；但活塞的惯性比较大，活塞和缸壁之间有摩擦，反应不够灵敏，密封要求较高。可用来储存能量，但不适于用来吸收压力脉动和压力冲击。

（3）非隔离式（气瓶式）蓄能器（图21-23c）　这类蓄能器容积大，惯性小，反应灵敏，尺寸小，无机械磨损。但由于气液直接接触，气体很容易溶入油液中，影响系统的工作平稳性。仅适用于中、低压液压系统，可用于储能和吸收压力脉动。

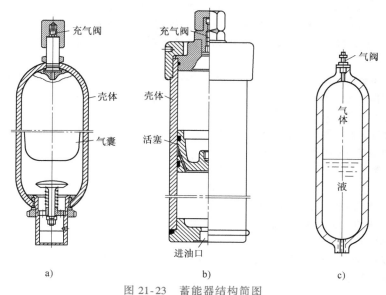

图 21-23　蓄能器结构简图

a）囊隔式蓄能器　b）活塞式蓄能器　c）非隔离式（气瓶式）蓄能器

（4）隔膜式蓄能器（图21-24）　隔膜式蓄能器采用一个已密封的钢制外壳和一个橡胶隔膜将蓄能器分为两部分。一端充入惰性气体（氮气），另一端充入液体。利用橡胶隔膜的弹性和气体的可压缩性，对受压液体的能量进行储存和释放。它可用于紧急或快速能量储存、吸收液压管路冲击、吸收液压泵的流量脉动、泄漏补偿、液气弹簧及不同液体的传输等。

二、充气式蓄能器的工作过程

1. 工作过程

蓄能器作为一种能量储存和释放装置，在使用前必须先充气，充气后气体腔的压力为 p_0，体积为 V_0（图21-25a）。在装入系统并开始工作后，其工作过程可分为充液和排液两个阶段。

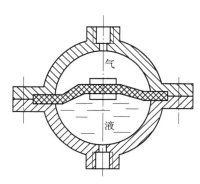

图 21-24　隔膜式蓄能器结构简图

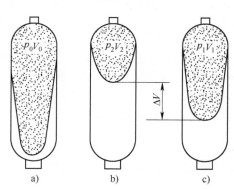

图 21-25　充气式蓄能器压力与容积关系图

a）充气后　b）充液后　c）排液后

1) 充液阶段（储能阶段）。蓄能器参与系统工作后，系统中的工作介质进入蓄能器隔层下部。当系统压力增高时，蓄能器下部工作介质的压力也随之增高，破坏了原来的平衡状态，在力的作用下，隔层上移，系统中的工作介质不断进入蓄能器，使隔层下部液腔体积增加，上部气体腔的体积减小，直到达到新的平衡状态（图21-25b），此时气体腔中的压力为 p_2，体积为 V_2。此阶段蓄能器内储存了一定压力（p_2）和体积（V_0-V_2）的工作介质，称为充液阶段。

2) 排液阶段（释能阶段）。当系统压力小于蓄能器中工作介质的压力时，在气体压力的作用下，隔层下移（气囊膨胀），蓄能器中工作介质向系统排放，直到达到新的平衡状态，此时气体腔压力为 p_1，体积为 V_1（图21-25c）。此阶段称为排液阶段，即把充液阶段所储存的工作介质部分或全部排放出来供系统急用。

由上述可知，系统压力发生变化时，蓄能器中工作介质的压力随之改变，根据力平衡原理，隔层上下移动，蓄能器中工作介质的体积也随之变化，如此反复充液、排液，便可达到储存和释放液压能的目的。

2. 充气腔的状态变化

如上所述，充气式蓄能器是依靠其充气腔容积与压力的变化来实现充液和排液功能的。因此，有必要研究充气腔容积的压缩、膨胀及压力变化特征。

由气体状态方程可知，充气容积与压力的关系为

$$pV^n = 常数 \tag{21-2}$$

式中　p——蓄能器充气腔的气体压力，为绝对压力；

　　　V——蓄能器充气腔的气体体积；

　　　n——多变指数，$n = 1 \sim 1.4$。

对于式（21-2），若气体的体积变化缓慢（$t > 1\text{min}$），气体温度保持不变，则可视为等温过程，式中的 $n = 1$。则式（21-2）变为

$$pV = 常数 \tag{21-3}$$

若气体的体积变化很快（$t < 1\text{min}$），以致气体腔内的气体与外界来不及进行热交换，可视为绝热过程，式中 $n = 1.4$。则式（21-2）变为

$$pV^{1.4} = 常数 \tag{21-4}$$

实际上，在蓄能器的使用过程中，很多情况下是处于多变过程的状态，即 n 在 $1 \sim 1.4$ 范围内变化。

蓄能器在充液、排液阶段，气体腔状态参数变化曲线如图21-26所示。a 点为蓄能器充气后的状态点，p_0 为充气压力，V_0 为充气体积。当蓄能器参与系统工作后，充液阶段蓄能器的压力沿曲线 abc 上升，c 点是蓄能器参与工作的最高压力点，压力为 p_2，充气腔体积为 V_2。该点必须根据蓄能器的主要功用来确定，若蓄能器主要用作吸收液压冲击，则该点应是冲击压力值。

蓄能器的排液过程实质上是气体腔中气体的膨胀过程，可能不与曲线 cba 重合，而是沿曲线 cd 进行。气体腔压力由 p_2 下降到 p_1，容积由 V_2 膨胀到 V_1。

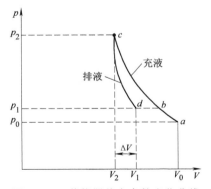

图 21-26　蓄能器状态参数变化曲线

由图21-26可以看出，充液与排液过程的曲线是不同的，这是因为多变指数 n 不相同，所以充液量与排液量并不完全相等。对于蓄能器而言，储存能量是为了满足系统的需要，所以关键问题是排液量 ΔV 能否满足系统的要求。从图21-26可得出有效工作（供液）容积为

$$\Delta V = V_1 - V_2 \tag{21-5}$$

三、蓄能器应用的设计计算

1. 蓄能器充气压力 p_0 的确定

蓄能器用途不同，其充气压力 p_0 也不同。p_0 可按下列经验公式来确定：

（1）用于蓄能的蓄能器（包括用作辅助动力源、泄漏补偿、紧急动力源等）充气压力的确定

1）使蓄能器总容积 V_0 最小，在单位容积储存能量最大的条件下，绝热过程时（气体压缩或膨胀的时间 <1min）取 $p_0 = 0.471p_2$，等温过程时（气体压缩或膨胀的时间 >1min）取 $p_0 = 0.5p_2$。

2）使蓄能器质量最小时，取 $p_0 = (0.65 \sim 0.75)p_2$。

3）在保护气囊、延长其使用寿命的条件下，对于折合型气囊，一般取 $p_0 \approx (0.8 \sim 0.85)p_1$；对于波纹型气囊，一般取 $p_0 \approx (0.6 \sim 0.65)p_1$；对于隔膜式蓄能器，一般取 $p_0 \geqslant 0.25p_2$，$p_1 \geqslant 0.3p_2$；对于气液直接作用式蓄能器，一般取 $p_0 = (0.75 \sim 0.85)p_1$；对于活塞式蓄能器，一般取 $p_0 \approx (0.8 \sim 0.9)p_1$。

以上各式中，p_1 为蓄能器最低工作压力，p_2 为蓄能器最高工作压力。

（2）用于吸收液压冲击的蓄能器充气压力 p_0 的确定　这种蓄能器的充气压力应等于蓄能器设置点的工作压力（即蓄能器最低工作压力）。即

$$p_0 = p_1$$

（3）用于消除液压泵脉动、降低噪声的蓄能器充气压力 p_0 的确定　其充气压力 p_0 为

$$p_0 = p_1 \text{ 或 } p_0 = 0.6p_m$$

式中　p_1——蓄能器最低工作压力；

p_m——蓄能器设置点脉动的平均压力，即 $p_m = (p_1 + p_2)/2$。

（4）用于热膨胀补偿的蓄能器充气压力 p_0 的确定　这种蓄能器的充气压力 p_0 应等于液压系统封闭回路中的最低工作压力 p_1。即

$$p_0 = p_1$$

2. 蓄能器最低工作压力 p_1 和最高工作压力 p_2 的确定

作为辅助动力源时，蓄能器的最低工作压力 p_1 应满足

$$p_1 = p_{1\max} + (\sum \Delta p)_{\max} \tag{21-6}$$

式中　$p_{1\max}$——最远液压机构的最大工作压力（MPa）；

$(\sum \Delta p)_{\max}$——从蓄能器到最远液压机构的所有压力损失之和（MPa）。

从延长囊隔式充气蓄能器使用寿命的角度考虑，最好使 $p_2 \leqslant 3p_1$。

作为辅助动力源的蓄能器，为使其在输出有效工作容积过程中液压机构的压力相对稳定些，一般推荐 $p_1 = (0.6 \sim 0.86)p_2$；但对于要求压力相对稳定性较高的系统，则要求 p_1 与 p_2 之差尽量在 1MPa 左右。

p_2 越低于极限压力 $3p_1$，气囊寿命越长。提高 p_2 虽然可以增加蓄能器有效油量，但势必使泵站的工作压力提高，相应功率消耗也提高了。因此，p_2 应小于系统所选液压泵的额定压力。

3. 蓄能器应用的设计计算方法

（1）蓄能用蓄能器的计算　在液压系统中，用作辅助动力源、补偿泄漏、保持恒压、紧急动力源及液压空气弹簧等用途的蓄能器，均属于蓄能用蓄能器。其设计计算可按下列步骤进行：

1）确定液压泵的流量 q_m。某些液压系统的执行元件是间歇动作的，或者运动速度差别很大，所以在一个工作循环内，其流量差别很大，如图 21-27 所示。这种系统设置蓄能器以后，其液压泵的流量要根据系统在一个工作循环周期中的平均流量 q_m（单位为 L/min）来选取。即

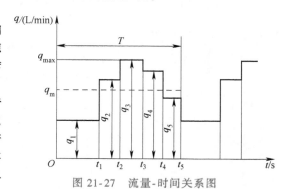

图 21-27　流量-时间关系图

$$q_m = \sum_{i=1}^{n} q_i \Delta t_i \frac{60K}{T} \tag{21-7}$$

式中　$\displaystyle\sum_{i=1}^{n} q_i \Delta t_i$——在一个工作周期中各液压执行机构耗油量总和（L）；

K——系统泄漏系数，一般取 $K = 1.2$；

T——机组工作周期（s）。

液压泵可以选用一台或数台，但其总流量 $\sum q_i$ 应等于一个工作循环内的平均流量 q_m。

2）确定蓄能器的有效工作容积 ΔV。根据各液压机构的工作情况制定的耗油量与时间关系工作周期表，比较出最大耗油量的区间。

① 对于作为辅助动力源的蓄能器，其有效工作容积（单位为 L）的计算公式为

$$\Delta V = \sum_{i=1}^{n} V_i K - \frac{\sum q_p t}{60} \tag{21-8}$$

式中　$\sum_{i=1}^{n} V_i$——系统达最大耗油量时，各执行元件耗油量总和（L）；

　　　　K——系统泄漏系数，一般取 $K=1.2$；

　　　　$\sum q_p$——泵站总供油流量（L/min）；

　　　　t——最大耗油量时，液压泵的工作时间（s）。

液压缸耗油量 V_i（单位为 L）的计算公式为

$$V_i = A_i s_i \times 10^{-3} \tag{21-9}$$

式中　A_i——液压缸工作容腔有效面积（m^2）；

　　　　s_i——液压缸的行程（m）。

② 对于作为应急动力源的蓄能器，其有效工作容积取决于各执行元件动作一次所需耗油量之和。即

$$\Delta V = \sum_{i=1}^{n} KV_i' \tag{21-10}$$

式中　V_i'——应急操作时，各执行元件的耗油量（L）。

③ 用图解法求蓄能器的有效工作容积。若为绝热过程（$n=1.4$），如已知 p_1、p_2、p_0 及 V_0，则可以利用图 21-28 所示的蓄能器有效容积计算图，用图解法求其有效工作容积 ΔV。

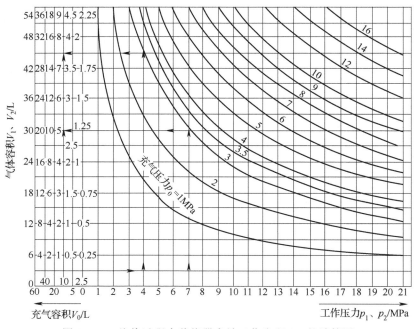

图 21-28　绝热过程中蓄能器有效工作容积 ΔV 的计算图

例　已知 $p_2 = 7\text{MPa}$，$p_1 = 4\text{MPa}$，$p_0 = 3\text{MPa}$，$V_0 = 10\text{L}$。求蓄能器在绝热工况下的有效工作容积 ΔV。

解　在图 21-28 中，过 $p_2 = 7\text{MPa}$ 的垂线与 $p_0 = 3\text{MPa}$ 的曲线的交点向左作水平线，与 $V_0 = 10\text{L}$ 的垂线相

交，得 $V_2 = 5\mathrm{L}$；过 $p_1 = 4\mathrm{MPa}$ 的垂线与 $p_0 = 3\mathrm{MPa}$ 的曲线的交点向左作水平线，与 $V_0 = 10\mathrm{L}$ 的垂线相交，得 $V_1 = 7.5\mathrm{L}$，则蓄能器的有效工作容积为 $\Delta V = V_1 - V_2 = (7.5 - 5)\mathrm{L} = 2.5\mathrm{L}$。

3) 计算蓄能器的总容积 V_0。蓄能器的总容积 V_0 即为充气容积（对于囊隔式蓄能器，即为充气容积；对于活塞式蓄能器，则是指气体腔容积与液体腔容积之和）。不同用途的蓄能器，V_0 的计算方法不同，现分别介绍如下：

根据气体状态方程式（21-2）及图（21-25），蓄能器中气体腔容积与压力的变化可表示为

$$p_0 V_0^n = p_1 V_1^n = p_2 V_2^n = 常数 \tag{21-11}$$

式中　p_0、V_0——蓄能器充液前的充气压力（绝对压力）和气体腔容积；

p_1、V_1——蓄能器最低工作压力（绝对压力）和最低工作压力下的气体腔容积；

p_2、V_2——蓄能器最高工作压力（绝对压力）和最高工作压力下的气体腔容积；

n——多变指数，对于等温过程，$n = 1$，对于绝热过程，$n = \kappa$（等熵指数），若为空气或氮气，可取 $\kappa = 1.4$。

空气腔容积的变化 $\Delta V = V_1 - V_2$ 实际上等于有效排油量，由式（21-11）可得

$$V_0 = \frac{\Delta V}{p_0^{1/n}\left[\left(\dfrac{1}{p_1}\right)^{1/n} - \left(\dfrac{1}{p_2}\right)^{1/n}\right]} \tag{21-12}$$

等温过程时

$$V_0 = \frac{\Delta V}{p_0\left(\dfrac{1}{p_1} - \dfrac{1}{p_2}\right)} \tag{21-13}$$

绝热过程时

$$V_0 = \frac{\Delta V}{p_0^{1/1.4}\left[\left(\dfrac{1}{p_1}\right)^{1/1.4} - \left(\dfrac{1}{p_2}\right)^{1/1.4}\right]} \tag{21-14}$$

（2）用作液体补充装置的蓄能器的计算

1) 计算有效工作容积（即有效排油量）ΔV。有效工作容积应根据液压系统实际需要补充的液体量来确定。例如，当作为双活塞杆液压缸的液体补充装置时，ΔV 的计算公式为

$$\Delta V = \frac{\pi}{4}(D^2 - d^2)s \tag{21-15}$$

式中　D——液压缸活塞直径；

d——液压缸活塞杆直径；

s——液压缸活塞行程。

2) 计算总容积 V_0。V_0 可按式（21-13）或式（21-14）进行计算。

（3）用作消除脉动、降低噪声的蓄能器的计算　当蓄能器用于吸收液压泵的脉动时，在液压泵流量的一个脉动周期内，瞬时流量高于平均流量部分的液体被蓄能器吸收，瞬时流量低于平均流量部分的液体由蓄能器补充。由于瞬时流量的脉动周期很短，蓄能器用于吸收液压泵的脉动时，来不及与外界进行热交换，因此可视为绝热过程，V_0 可按式（21-14）进行计算。

由于式（21-14）中 ΔV 的准确计算十分困难，如果蓄能器是用来消除柱塞泵脉动的，则常推荐采用下列经验公式直接计算蓄能器的总容积 V_0。即

$$V_0 = \frac{V_d K_b \left(\dfrac{p_m}{p_1}\right)^{1/1.4}}{1 - \left(\dfrac{p_m}{p_2}\right)^{1/1.4}} \tag{21-16}$$

式中　V_d——柱塞泵一个柱塞的排量；

p_1、p_2——蓄能器最低压力、最高压力（绝对压力）；

p_m——蓄能器设置点的平均绝对压力，$p_m = (p_1 + p_2)/2$；

K_b——系数，对于单柱塞单作用泵为 0.6，单柱塞双作用泵为 0.25，双柱塞单作用泵为 0.25，双柱塞双作用泵为 0.15，三柱塞单作用泵为 0.13，三柱塞双作用泵为 0.06。

（4）用作吸收液压冲击的蓄能器的计算　吸收液压冲击时，蓄能器中气体的状态变化可视为绝热过程。

1）计算公式。为了完全吸收液压冲击，蓄能器总容积 V_0（m^3）的计算公式为

$$V_0 = \frac{0.2\rho L q^2}{A p_0} \frac{1}{\left(\dfrac{p_2}{p_1}\right)^{\frac{\kappa-1}{\kappa}} - 1} \tag{21-17}$$

式中　ρ——工作油液密度（kg/m^3）；

L——产生冲击波的管段长度（m）；

q——阀门关闭前管内流量（m^3/s）；

A——管道通流面积（m^2）；

p_0——蓄能器的充气压力（绝对压力）（Pa）；

p_2——系统允许的最大冲击压力，即蓄能器吸收液压冲击的压力（绝对压力）（Pa）；

κ——等熵指数，取 $\kappa = 1.4$。

2）经验公式。在实际工作中，常采用下面的经验公式计算蓄能器的总容积 V_0(L)。即

$$V_0 = \frac{0.004 q p_2 (0.0164L - t)}{p_2 - p_1} \tag{21-18}$$

式中　L——产生冲击管段的长度（m）；

q——阀门关闭前的管内流量（L/min）；

t——阀门由开到关所持续的时间（s）；

p_1——阀门关闭前的压力，即系统最低工作压力（绝对压力）（MPa）；

p_2——系统允许的最大冲击压力（绝对压力）（MPa），计算时一般可取 $p_2 = 1.5 p_1$。

此经验公式既适用于"完全液压冲击"，也适用于"不完全液压冲击"。当计算结果为正值时，才有设置蓄能器的必要。

4. 蓄能器有效工作容积的验算

当蓄能器用作蓄能时（用作辅助动力源、泄漏补偿、紧急动力源等），由于工作情况较复杂，有时需要对其有效工作容积进行验算，具体步骤如下：

（1）确定液压泵—蓄能器工作制度　如果以满足生产需要、尽量节省功率为目标，对于液压泵—蓄能器工作制度的配制常用以下两种方法：

1）按蓄能器压力变化，利用压力控制元件（如电接点压力表、压力继电器等）来配制液压泵—蓄能器工作制度。根据蓄能器内压力变化，通过压力控制元件发出电信号，分别控制液压泵工作或停机，并控制蓄能器充液或排液。例如，当蓄能器内压力达到最高压力 p_2 时，电接点压力表发出信号，控制液压泵停机或卸荷，这时蓄能器应排液；当蓄能器内压力降至 p_1，电接点压力表发出信号，控制液压泵工作，并向蓄能器充液。这样配制液压泵—蓄能器工作制度可满足工况要求，设备利用率将大大提高，节能且节省投资。液压系统常使用这种方法。

2）按蓄能器内液面变化，利用液位控制元件（如干簧管、继电器等）来配制液压泵—蓄能器工作制度。这种方法是根据蓄能器内液面变化，直接由液位控制元件发出信号，分别控制液压泵的停机、卸荷或起动和蓄能器排液或充液工作。这种方法大多用于气液接触式大型蓄能器。

（2）验算有效工作容积　对于蓄能器有效工作容积，通常根据生产过程的工作循环周期进行验算，并最终确认工作制度是否符合要求。各工序蓄能器耗油量的计算公式为

$$\Delta V_n = \left(\sum q_n - \sum nq \right) t \tag{21-19}$$

式中　ΔV_n——该工序工作时间内蓄能器的充液（或排液）量，ΔV_n 为正值时为充液，为负值时为排液；

$\sum nq$ ——该工序工作时间内各执行机构所需耗油流量总和；

$\sum q_n$ ——该工序工作时间内液压泵的供油流量总和；

　　t ——该工序工作时间。

在整个工作周期内，每个工序工作时，如果蓄能器的有效工作容积 ΔV 能满足 ΔV_n 的要求，则所选用的蓄能器是合适的，否则应按实际差额进行修改。

四、蓄能器的选择、安装及使用

1. 蓄能器的选择

蓄能器的选择应考虑如下因素：工作压力及耐压、公称容积及允许的吸（排）液量或气体腔容积、允许使用的工作介质及介质温度等。其次，还应考虑蓄能器的质量及所占用的空间，价格、品质及使用寿命，安装维修的方便性及生产厂家的货源情况等。

蓄能器属压力容器，必须有生产许可证才能生产，所以一般不应自行设计、制造蓄能器，而应选择专业生产厂家的定型产品。

2. 蓄能器的安装

蓄能器应安装在便于检查、维修的位置，并远离热源。用于降低噪声、吸收脉动和液压冲击的蓄能器，应尽可能靠近振动源。蓄能器的铭牌应置于醒目的位置。必须将蓄能器牢固地固定在托架或地基上，防止蓄能器从固定部位脱开而发生飞起伤人事故。非隔离式蓄能器及囊隔式蓄能器应油口向下、充气阀向上竖直安放。蓄能器与液压泵之间应装设单向阀，防止液压泵卸荷或停止工作时蓄能器中的压力油倒灌。蓄能器与系统之间应装设截止阀，供充气、检查、维修蓄能器或长时间停机时使用。

3. 蓄能器的使用

不能在蓄能器上进行焊接、铆焊及机械加工。蓄能器绝对禁止充氧气，以免引起爆炸。不能在充油状态下拆卸蓄能器。

非隔离式蓄能器不能放空油液，以免气体进入管路中；使用压力不宜过高，以防止过多气体溶入油中。

检查充气压力的方法：将压力表装在蓄能器的油口附近，用液压泵向蓄能器注满油液，然后使液压泵停机，让压力油通过与蓄能器相接的阀慢慢从蓄能器中流出。在排油过程中观察压力表，压力表指针会慢慢下降。当达到充气压力时，蓄能器的提升阀关闭，压力表指针迅速下降到零，压力迅速下降前的压力即为充气压力。也可利用充气工具直接检查充气压力，但由于每次检查都要放掉一点气体，故该方法不适用于容量很小的蓄能器。

第三节　油　箱

一、油箱的功用及类型

1. 油箱的功用

油箱的用途主要是储油、散热和分离液压油中的空气、杂质等。

油箱设计的好坏直接影响液压元件及系统的工作可靠性，尤其是对液压泵的寿命有决定性的影响。控制好油液从油箱进入液压泵入口的流动性能、流回油箱的回流及油液在油箱内的流动，可以显著减少空气的混入和气蚀的产生。因此，对于油箱的设计应给予足够的重视，使其能很好地满足下列要求：

1）能储存足够的油液，以满足液压系统正常工作的需要。

2）应有足够大的表面面积，能散发系统工作中产生的热量。

3）油箱中的油液应平缓迂回流动，以利于油液中空气的分离和污染物的沉淀。

4）应能有效地防止外界污染物的侵入。

5）应能保证液压泵的正常吸油，防止气泡的混入和气穴的产生。

6）应为清洗油箱及油箱内元部件的安装、维修提供方便，并且便于注油和排油。

447

7）应备有液面指示器等装置，便于观察液面的变化。

8）应使外形整齐美观，并具有一定的强度和刚度。特别是当油箱上需要安装液压泵、电动机等设备时，更应特别注意油箱的强度及刚度。此外，还要考虑油箱的安装及吊放的方便等。

2. 油箱的类型

1）按结构可分为整体式油箱和分离式油箱。整体式油箱和主机做在一起，利用主机中较大的铸件或焊接件储油。这种油箱具有结构紧凑、设备外形美观等优点。但有维修不方便、散热性能差的缺点，而且油温的变化会引起机件的热变形而影响设备的精度。所以，目前液压设备多数采用分离式油箱结构。

分离式油箱根据液压泵—电动机安装位置不同，有多种结构形式。图 21-29a 所示为液压泵—电动机组安装在油箱顶部的形式，这种安装形式要求油箱，尤其是油箱顶部应具有足够的刚度和强度。

图 21-29b 所示为将液压泵—电动机组垂直安装于油箱顶部的形式。这种安装形式结构紧凑、外形美观，液压泵直接浸入油中，其吸油高度等于零。设计时应把液压泵、电动机和输油管等安装在一块板子上，以便维修时能一起吊出。

以上两种结构一般只用于中小型液压装置。大功率液压装置的泵站，由于工作时振动较大等原因，不宜将液压泵和电动机等装在油箱上。

图 21-29c 所示为将液压泵和电动机安装在油箱下面的形式，图 21-29d 所示为安装在油箱旁的形式。这两种布置形式的优点是液压泵的进口为正压灌注，吸油条件好。这对于自吸能力较差的液压泵十分有利。目前以难燃液或水为工作介质的液压泵站，多采用这类具有倒灌形式的油箱，以利于减少液压泵的气蚀。当采用倒灌形式的油箱时，应在液压泵的吸油管道上设置截止阀，以便在维修液压泵站时可关闭吸油管。

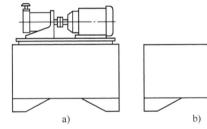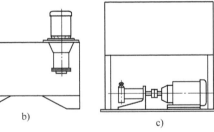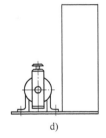

图 21-29　分离式油箱的结构形式

a）水平安装　b）垂直安装　c）装在油箱下　d）装在油箱旁

2）按形状可分为矩形油箱和圆筒形油箱。矩形油箱是使用最普通的一种油箱，它既便于制造，又能充分利用空间，所以一般（容积小于 2000L）都采用这种形式。

圆筒形油箱通常用于容量较大的场合，多为卧式。它可按制造压力容器的方法制造，两端可选用标准化尺寸的封头。其制造和焊接工艺都很成熟，刚性也较好。

3）按油箱内的液面是否直接与大气接触可分为开式油箱和增压油箱。开式油箱应用最广，油箱内的液面与大气相通。为了防止外界污染物随空气进入油箱内，需在油箱的通气孔上安装空气过滤器。

由于大气压力随海拔高度的增加而降低，在高空环境下，如采用开式油箱，往往会导致液压泵入口压力降低而引起液压泵的气蚀，这会严重影响液压系统的正常工作。所以对于在高空工作的液压系统，如飞机液压系统，为确保其正常工作，多采用增压油箱。即增加油箱液面上的压力，防止液压泵产生气蚀，从而有效地提高液压系统的高空性能。

由于高压空气与油液直接接触时会有大量空气溶解到油液中去，这同样很容易导致液压泵的气蚀，对液压系统的工作十分不利。为解决这一问题，目前有些飞机上采用加压防气油箱和自供油箱。加压防气油箱（图 21-30）采用合成橡胶囊隔式蓄能器，其结构简单且较轻，一般能承受 0.07~0.14MPa 的压力。自供油箱（图 21-31）的工作原理与活塞式蓄能器相似，即利用弹簧和差动活塞对油箱中的油液增压，差动活塞的压力是由液压泵出口压力引入到活塞小面积上而建立的。增压大小由差动活塞面积比决定。随着液压泵出口压力的增加，油箱增压值也增大。弹簧的作用是保证液压泵起动时所必需的入口压力。

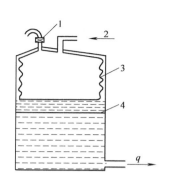

图 21-30　加压防气油箱原理图

1—放气阀门　2—增压空气　3—气囊　4—带有小孔的支承板

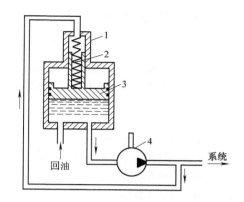

图 21-31　自供油箱原理图

1—自供油箱　2—弹簧　3—活塞　4—液压泵

二、油箱容积的确定

油箱容积的确定是设计油箱的关键。油箱的容积应能保证当系统有大量供油而无回油时，最低液面应在液压泵进口过滤器之上，以保证不会吸入空气；当系统有大量回油而无供油，或系统停止运转、油液返回油箱时，油液不致溢出。同时，还要保证有足够的散热面积。

1. 按使用情况确定油箱容积

初始设计时，可依据使用情况，按下列经验公式确定油箱容积。即

$$V = \alpha q \tag{21-20}$$

式中　V——油箱的有效容积（m^3）；

　　　q——液压泵的流量（m^3/min）；

　　　α——经验系数，其值见表 21-7。

表 21-7　经验系数 α 的取值

	行 走 机 械	低 压 系 统	中 压 系 统	锻 压 系 统	冶 金 机 械
α	1~2	2~4	5~7	6~12	10

如果安装空间不受限制，可适当增大油箱容积，以提高其散热能力。系统确定之后，应按照系统的发热与散热关系进行校核。

2. 按系统发热与散热关系确定油箱容积

对于连续工作的中、高压液压系统，应按系统的发热量来确定其油箱容积。计算步骤如下：

（1）计算液压系统的发热量　输入液压系统的功率（一般为液泵轴输入的功率）与执行元件（如液压缸、液达马达等）的输出功率之差即为液压系统损失的功率，这部分功率一般都转变为热量。

按照液压系统的工作循环图，可以确定一个循环中液压泵输入的平均功率 P_p（单位为 W）为

$$P_p = \frac{1}{T} \sum \frac{p_i q_i t_i}{\eta_i} \tag{21-21}$$

式中　T——一个工作循环所需的时间（s）；

　　　p_i——液压泵的输出压力（Pa）；

　　　q_i——压力为 p_i 时液压泵的流量（m^3/s）；

　　　t_i——在 p_i、q_i 工况下的运转时间（s）；

　　　η_i——在 p_i、q_i 工况下液压泵的总效率。

同样，可求得一个循环中执行元件的平均输出功率。当执行元件为液压缸时，其平均输出功率 P_c 为

$$P_c = \frac{1}{T} \sum F_i v_i t_i = \frac{1}{T} \sum F_i s_i \tag{21-22}$$

当执行元件为液压马达时,其平均输出功率 P_m 为

$$P_\text{m} = \frac{1}{T} \sum T_i \omega_i t_i = \frac{1}{T} \sum T_i \frac{2\pi}{60} n_i t_i \qquad (21\text{-}23)$$

式中　P_c——液压缸的输出功率(W);

　　　P_m——液压马达的输出功率(W);

　　　F_i——液压缸输出力(N);

　　　v_i——液压缸活塞杆的速度(m/s);

　　　s_i——t_i 时间内液压缸的行程(m);

　　　T_i——液压马达的输出转矩(N·m);

　　　n_i——液压马达的转速(r/min)。

这样,液压系统损失的功率 P_L(单位为 W)为

$$P_\text{L} = P_\text{p} - (P_\text{c} + P_\text{m}) \qquad (21\text{-}24)$$

这部分功率一般都转变为热量。

(2)按系统发热和油箱散热的关系确定油箱容积　当液压系统损失的功率 P_L 所产生的发热量几乎全部由油箱散逸时,油箱散热面积 A 的计算公式为

$$A = \frac{P_\text{L}}{k\Delta t} \qquad (21\text{-}25)$$

式中　A——油箱有效散热面积(m²),一般取与油液相接触的表面和油面以上的表面积的一半;

　　　Δt——油液允许温度与环境温度之差(℃);

　　　P_L——液压系统损失的热功率(W);

　　　k——油箱散热系数[W/(m²·K)]。

油箱总散热系数 k 与油液传向油箱内壁的传热系数、油箱壁厚及其热导率、油箱外表面传向空间的传热系数有关,而油箱壁的热导率与材质有关。k 的计算公式为

$$k = [1/\alpha_1 + 1/\alpha_2 + \delta/\lambda]^{-1} \qquad (21\text{-}26)$$

式中　α_1——油液传向油箱内壁的传热系数[W/(m²·K)];

　　　α_2——油箱外表面传向空间的传热系数[W/(m²·K)];

　　　δ——油箱壁厚(m);

　　　λ——油箱壁的热导率[W/(m·K)]。

实际上,$1/\alpha_1$ 比 $1/\alpha_2$ 小得多,故可略去不计。一般油箱壁厚的数量级为 10^{-2} m,而钢的热导率 λ 约为 50W/(m·K),则 δ/λ 约为 2×10^{-4} W/(m²·K),比 $1/\alpha_2$ 小得多,即油箱材质对总传热系数的影响很小。所以在一般计算中,可取 $k = \alpha_2$。

不同散热条件下的油箱散热系数见表 21-8。

表 21-8　油箱散热系数 k　　　　[单位:W/(m²·K)]

散 热 条 件	k	散 热 条 件	k
通风很差	8~10	风扇冷却	20~25
通风良好	14~20	循环水强制冷却	110~175

对于不同的液压系统,在使用不同的工作介质时,其油温都必须控制在某一最高值以下。根据液压系统允许的最高油温及环境温度,即可确定 Δt;按照式(21-24)计算出液压系统的平均功率损失 P_L 后,即可按式(21-25)计算出所需要的油箱最小散热面积。即

$$A_\text{min} = \frac{P_\text{L}}{k\Delta t} \qquad (21\text{-}27)$$

如果油箱的高、宽、长之比为 1:1:1~1:2:3,当油面高度达到油箱高度的 80% 时,要求油箱靠自然冷却,为使油液保持在允许温度以下,则油箱散热面积可用下式近似计算。即

$$A = 0.065 \sqrt[3]{V^2} \qquad\qquad (21\text{-}28)$$

式中　V——油箱的有效容积（L）；

　　　　A——油箱散热面积（m^2）。

当环境通风良好时，取 $k = 15W/(m^2 \cdot K)$，令散热面积 $A = A_{min}$，则油箱在自然通风散热时的最小有效容积应为

$$V_{min} = 10^3 \sqrt{\left(\dfrac{P_L}{t_1 - t_2}\right)^3} \qquad\qquad (21\text{-}29)$$

式中　t_1——油液最高允许温度（℃）；

　　　　t_2——环境温度（℃）。

如果按照使用情况，根据经验公式（21-20）确定的油箱容积大于按式（21-29）计算的最小容积 V_{min}，则在通风良好的条件下，油箱可以保证油温不超过允许温度。如果小于 V_{min}，则说明散热不好，油温会超过允许温度。解决方法是增大油箱容积，改善通风条件（如用风扇冷却），或者采用循环水强制冷却。

三、油箱的结构要点

目前，油箱尚无统一的标准结构，一般都要根据具体情况进行设计或选择。图 21-32 所示为 NFPA（美国流体动力协会）推荐的一种典型油箱（普通开式油箱）的结构图，可供参考。

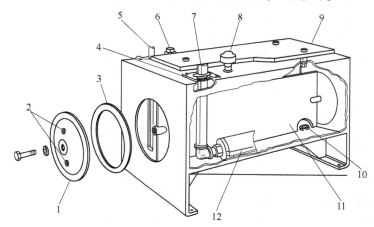

图 21-32　普通开式油箱典型结构图

1—清洗口盖板　2—油位计安装孔　3—密封垫　4—密封法兰　5—主回油管　6—泄漏油回油管
7—液压泵吸油管　8—空气过滤及注油口　9—安装板　10—放油口螺塞　11—隔板　12—吸油过滤器

为了使油箱能起到储油、散热、分离空气及防止污染的作用，在进行油箱结构设计时，应注意以下问题：

1）在许多场合，要将液压泵和电动机安装在油箱顶部。这时顶部必须备有加工平整的安装板，并具有足够的刚度和强度，以支承和保持液压泵—电动机组的同轴度。在顶部四周最好加工漏油边槽，以便收集漏油。另外，应使油箱有较低的重心，使其具有较好的稳定性。

2）一般油箱可拆下上盖后进行清洗。但对于容量较大的油箱，则应在其侧壁上设置观察和清洗孔，又称人孔。人孔应开得足够大，要能暴露整个油箱内部结构和安装在内部的元器件，使油箱内各部分均在人的手臂容易触及到的范围内。安装时，这些人孔不要靠墙或靠着机器结构件。

3）油箱上应设置通气孔，并在通气孔上安装空气过滤器。当油箱内的液面变化时，可通过空气过滤器吸入或放出适量空气。空气过滤器的过滤精度根据需要可选用 $3 \sim 10\mu m$。空气过滤器的空气通流能力可根据液压泵流量的大小来选择，一般选其空气通流能力为液压泵流量的 1.5 倍，要使液压系统工作时，油箱内基本上不产生负压。

4）加油口一般设置在油箱顶部容易接近处。加油口应加盖，其中应有滤网，以防止外部或新油中的污垢进入油箱。一般都将空气过滤器和加油滤网合在一起，使加油过滤及空气过滤这两项功能均由空气过滤器来完成。

5）在油箱内的吸油管和回油管之间，一般应设置一块或几块直立隔板，其用途是分开吸油区和回油区，引导油液沿着一条比较长的路径流动，这有助于油液散热、沉淀污染物和释放油中的空气。隔板的高度一般为最低油位高度的 2/3～3/4。下面介绍两种常用的油箱隔板结构供参考：

① 循环流动型隔板（图 21-33a）。隔板使油液从油箱的一端流向另一端，然后又绕道流回。这种结构有利于沉淀颗粒污染物和释放混入油中的空气。因为油液是靠近油箱壁流动的，使得热量容易通过箱壁散发出去。如果在隔板端的开口处安装几根有磁性的磁棒来吸附磁性颗粒，则对消除油液中磁性污染物的循环十分有效。这些磁棒之间的安装距离一般为 60～80mm。

② 波浪式流动型隔板（图 21-33b）。波浪式流动型隔板的结构有单隔板、双隔板或三重隔板等多种形式。如果采用单隔板型，通常是对称地把油箱分为两半，液压泵的吸油过滤器在一边，而回油管在另一边。在多重隔板设计方案中，因为油箱盖板上装有隔板，所以要采取有效措施防止隔板倾斜。波浪式流动型隔板有两个主要优点：一是能促进油液中的空气更好地逸出；二是由于流道长、流速低，有利于污染颗粒的沉淀。

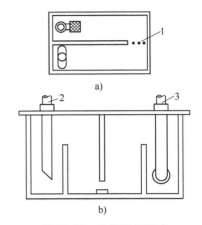

图 21-33　油箱隔板形式
a）循环流动型隔板　b）波浪式流动型隔板
1—磁棒　2—回油管　3—吸油管

6）为保护液压泵，一般应在吸油管入口处设吸油过滤器或滤网，其通流能力为液压泵流量的 1.5～4 倍，过滤精度为 50～300μm。吸油过滤器应大大低于油箱的正常液面，它与箱底的距离应不小于吸油管内径的 2 倍，与油箱壁的距离应不少于吸油管内径的 3 倍。吸油管应采用容易将吸油过滤器从油箱内取出的连接方式，并应注意在其连接部位不允许吸入空气。

7）回油管的下端管口应插入最低液面以下 50mm 或 1～1.5 倍管径的深度，以免吸空和回油冲溅产生气泡。一般将回油管口切成 45°斜角，斜口应朝向油箱壁；或者在回油管口接一段水平管，在管的横截面上钻一些小孔以分散主流束。回油管与油箱底之间的距离应大于回油管径的 3 倍以上。

8）液压系统的泄漏油应尽量单独接入油箱。其中，各类阀的泄漏油管口应在液面以上，以免产生背压；液压泵和液压马达的泄漏油管口应引入液面以下，以免吸入空气。

9）放油孔应该安放在油箱底部的最低位置，以便放油时使油液和污染物能顺利地从放油孔排出。为此，应使油箱底部倾斜一定角度。如果油箱底部做成向中间倾斜，则放油孔应开在中间隔板处；如果油箱底部向一边倾斜，则最低处应在回油侧，而且放油孔应开在回油侧的最低处。

10）为了更好地散热、清洗及便于搬运，40L 以上的油箱底部应有 150mm 以上的离地高度。当油箱质量较大时，应设置吊环，以便于利用起重机吊运。

11）中小型油箱通常都是用钢板直接焊成的，大型油箱则用角钢焊成骨架后再焊上钢板。油箱内表面不允许生锈，若使用矿物油，则可在油箱内表面涂一层耐油缓蚀漆或喷塑，不得涂普通油漆；若使用难燃液，最好用不锈钢制作油箱，如果在内部涂缓蚀涂料，一定要注意涂料与工作介质的相容性。

12）为了保证油箱能很好地完成自身的功能，必须装配相关的附件，主要包括注油过滤器、空气过滤器、液位计、温度显示元件、加热器及磁性过滤器等。

第四节　冷　却　器

液压系统中的功率损失几乎全部转变为热量，造成液压油升温。为了控制液压油的温度，一方面要采用高效元件，合理进行系统设计，尽量减少液压系统的功率损耗；另一方面要采取措施散发系统中产生的热量。通过油箱散热是途径之一。如果仅靠油箱散热不能满足要求，则必须在液压系统中设置冷却器。

一、冷却器的分类

液压系统中使用的冷却器主要有水冷式、风冷式和冷媒式三种类型。固定设备使用水冷式冷却器的较多；行走设备及车辆多采用风冷式冷却器；在温度控制精度要求较高的液压设备上，可使用冷媒式冷却器。

1. 水冷式冷却器

水冷式冷却器有盘管式（图 21-34）、多管式（图 21-35）和翅片式（图 21-36）等多种形式。

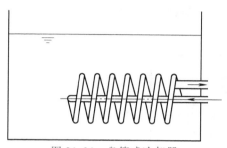

图 21-34　盘管式冷却器

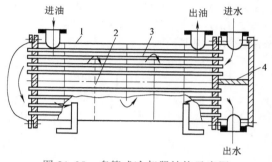

图 21-35　多管式冷却器结构示意图
1—外壳　2—挡板　3—铜管　4—隔板

盘管式冷却器结构简单，但传热效率低。在液压设备中，多采用多管式冷却器进行强制对流冷却，其结构如图 21-35 所示，它由挡板 2、隔板 4、铜管 3 和外壳 1 等主要零件组成。冷却水从管内通过，高温油液从壳体内铜管间流过，完成热交换。隔板将铜管分成两部分，使冷却水每次只能从一部分管子中通过，待流到另一端后，再进入另一部分管子后流出，这样可以增大冷却水的流速，提高传热效率。为了增加油在管路间循环的路线长度，增大油的流速，提高传热效率，使油液得到充分冷却，在冷却器中还设有适当数量的挡板 2，挡板相对铜管垂直安装。这种冷却器由于采用强制对流（油和水同时反向流动）的方式，使散热效率得到提高，其散热系数可达 350～580W/（m² · K），且结构紧凑，因此应用较普遍。

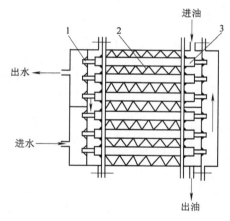

图 21-36　翅片式冷却器结构示意图
1—水管　2—波形散热翅片　3—油管

翅片式冷却器结构示意图如图 21-36 所示，水从管内流过，油液在水管外面通过，油管外部装设了横向或纵向的散热翅片。由于传热面积增加，散热效率有所提高，其散热系数可达 230～815W/（m² · K）。而冷却器的体积和质量则相对减小。

2. 风冷式冷却器

风冷式冷却器的热交换元件有翅管式和翅板式等形式，它利用空气作为冷却介质，使用方便。但其传热效率低，散热系数为 116～175W/（m² · K），需要较大的换热面积，噪声大，故不适合在室内的固定设备上使用。

3. 冷媒式冷却器

在温度控制精度要求较高的液压装置上，可以采用类似于冰箱的冷媒式冷却器。这种冷却器的冷却效果好，具有稳定的冷却能力，能对油温进行自动控制，无需冷却水，操作容易，但价格昂贵。

这种冷媒式冷却器的工作原理如图 21-37 所示。其工作原理是利用冷媒介质，如氟利昂，在压缩机中做绝热压缩、冷凝器中放热、蒸发器中吸热的原理，把液压油中的热量带走。其具体工作过程是：压缩机

对来自蒸发器 7 的、已吸热的冷媒介质蒸气进行压缩，使其压力提高，呈高温（90℃）高压状态输送至冷凝器 4，由风扇 17 吹风强制其冷却。冷媒介质经冷凝器 4 后变成中温中压液体，再经干燥过滤器 5，滤除其中的污垢和水分（此时为液体），然后进入毛细管节流器 6（由孔径为 0.6mm 左右的纯铜管螺旋盘绕而成），使其压力降低后，变为常温常压的液态进入蒸发器 7，在其内与热的液压油进行热交换：冷媒介质吸收油液中的热量，使油液冷却，而其本身则由液态变为气态。蒸发器为多管圆筒式结构，液压油从管外经折流板折流后流出，冷媒介质从管内穿过，然后进入蓄能器 9，蓄能器起缓冲作用。液压泵 13 是为抽取热油送往蒸发器而设置的。由油温热敏电阻 12、室温热敏电阻 10 及温差调节器 11 共同实现对油温的自动控制。压力继电器在压缩机出口压力过大时切断电动机 16，起保护作用。面板上还装有报警指示灯。已在加工中心使用的这种冷却器，用来冷却主轴箱内的油液以及液压换刀机械手刀库液压系统中的油液，显示了十分良好的冷却效果。

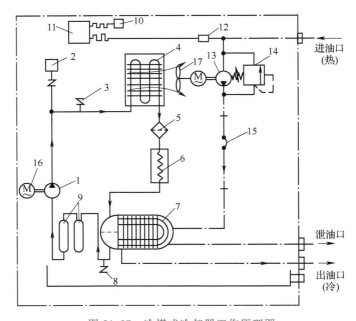

图 21-37　冷媒式冷却器工作原理图

1—压缩机　2—压力继电器　3—高压表接头　4—冷凝器　5—干燥过滤器
6—毛细管节流器　7—蒸发器　8—低压表接头　9—蓄能器　10—室温热敏电阻
11—温差调节器　12—油温热敏电阻　13—液压泵　14—溢流阀　15—软管　16—电动机　17—风扇

二、冷却器的计算和选用

1. 计算冷却器的热交换量

所谓冷却器的热交换量，是指要求冷却器从液压系统的发热量中所带走的热量。应先按式（21-24）计算出液压系统的发热量 P_L，然后根据油箱的散热面积 A，计算出油箱的散热量 P_T，则可求得冷却器的热交换量 P_C 为

$$P_C = P_L - P_T \tag{21-30}$$

2. 计算冷却器的散热面积

冷却器所必需的散热面积 A（单位为 m^2）的计算公式为

$$A = \frac{P_C}{k \Delta t_m} \tag{21-31}$$

式中　P_C——冷却器的热交换量（W），应等于系统发热量与油箱散热量之差，可按式（21-30）进行计算；

Δt_{m}——液压油和冷却介质之间的平均温度差（℃），$\Delta t_{m} = \dfrac{t_1 + t_2}{2} - \dfrac{t_1' + t_2'}{2}$；

t_1——液压油的进口温度（℃），根据系统的发热情况确定；

t_2——液压油的出口温度（℃），根据系统对油温的控制要求确定；

t_1'——冷却介质（水或风）的进口温度（℃），一般为环境温度；

t_2'——冷却介质的出口温度（℃），与冷却水量有关，风冷时取 $t_2' - t_1' = 10 \sim 30$℃；

k——冷却器的散热系数 [W/(m²·K)]，与冷却器的种类、型号有关，具体计算时可查样本或手册。

计算出冷却器的热交换量及散热面积以后，即可从产品样本上选定合适的冷却器。在选择冷却器的形式时，要考虑下列几方面的因素：

1）冷却器的设置环境和地区条件等，如设在行走设备上还是固定设备上，有无水源，水质如何，对噪声有无要求等，以便确定选用哪种类型的冷却器。

2）冷却器的运行条件，如压力、流量、对压力损失的限制等，以便确定冷却器的容量、强度等。

3）液压系统工作介质与冷却器的相容性，以便确定冷却器的材质是否合适。

4）结构尺寸、质量及产品质量保证等，以便确定冷却器的安置是否与主机的要求相符。

3. 计算水冷式冷却器的冷却水量

为了平衡油温，当采用水冷式冷却器时，冷却器中冷却水的吸热量应等于工作介质释放的热量，由此得出需要的冷却水流量为

$$q' = \frac{c\rho\,(t_1 - t_2)}{c'\rho'\,(t_1' - t_2')}\,q \tag{21-32}$$

式中　q、q'——油及水的流量（m³/s）；

c、c'——油及水的比热容 [J/(kg·K)]，$c = (1675 \sim 2093)$ J/(kg·K)，$c' = 4186.8$ J/(kg·K)；

ρ、ρ'——油及水的密度，$\rho = 900$ kg/m³，$\rho' = 10^3$ kg/m³。

按式（21-32）计算出的冷却水量，应保证水在冷却器内的流速不超过 1.2m/s，否则应增大冷却器的通流面积。通过冷却器的油液流量也要适中，以便使油液通过冷却器时的压力损失控制在 0.05 ~ 0.08MPa 范围内。一些冷却器的产品样本中，给出了不同规格的冷却器中油和水的流量及压力损失，计算出的冷却水流量和油液流量与所给数值不能相差太大，流动速度过低会降低传热效率。

4. 计算风冷式冷却器的风量

风扇的风量同样可根据式（21-32）来计算，但式中冷却介质的比热容应取空气的比定压热容 $c_p = 1$ J/(kg·K)。空气的进出口温度差取 10 ~ 30℃。

风扇的驱动功率 P 为

$$P = \frac{\Delta p_a q}{1000\eta} \tag{21-33}$$

式中　P——风扇的驱动功率（kW）；

Δp_a——自由通风时的风压（Pa），取 200 ~ 1000Pa；

η——风扇效率，轴流风扇可取 0.3 ~ 0.5；

q——需要的风量（m³/s）。

通常选用轴流风扇，这种风扇在低压头下风量大，效率高，结构紧凑，布置方便。

三、冷却器的安装

由于液压系统的工作情况不同，冷却器在液压系统中的安装位置可能有如下几种情况。

1. 回油路冷却回路

如图 21-38 所示，冷却器安装在回油路中，除了对已经发热的主系统回油进行冷却外，考虑到溢流阀溢出的油液带有大量的热量，因此将溢流阀与回油路并联。溢流阀 4 用来保护冷却器。当油液不需冷却时，

可打开截止阀5，此时油液不经过冷却器而直接回油箱。

2. 独立式冷却回路

有些液压装置为了避免回油总管中油液的压力脉动对冷却器（特别是翅片式冷却器）造成破坏，或为了提高功率利用率、改善冷却性能，常采用独立式冷却回路，即单设一台液压泵向冷却器供热油。为了提高冷却效果，此液压泵的吸油管应靠近系统回油管或溢流阀的回油管，使热油尽快得到冷却。

3. 短路冷却回路

在一些寒冷地区露天作业的行走机械上，为了缩短低温起动时油温上升到正常温度所需要的"暖机时间"，可采用图 21-39 所示的短路冷却回路，而无需装设加热器。低温起动时，由于油液黏度大，液流流经冷却器的阻力较大，冷却器前的压力达到溢流阀 2 的调定

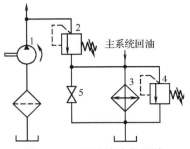

图 21-38　回油路冷却回路
1—液压泵　2、4—溢流阀
3—冷却器　5—截止阀

压力，溢流阀开启，大量油液按图中箭头 c 所示方向经溢流阀进入液压泵的吸油口，少量油液流经冷却器。溢流阀的压力损失产生热量，对油液加温，当油温达到正常工作温度时，其黏度减小，液阻也减小，冷却器前的压力下降，溢流阀关闭，油液按图中箭头 b 的方向经冷却器回油箱，全部油液得以冷却，此时溢流阀用作冷却器的安全阀。

4. 自动调节油温冷却回路

图 21-40 所示为自动调节油温冷却回路。当油温超过规定值时，测温头 1 发出电信号，冷却水电磁二通阀 2 通电，接通冷却水，冷却器开始工作；当油温降至规定值后，测温头又自动切断冷却水电磁二通阀的电路，关闭冷却水，冷却器停止工作。为保证控制可靠，测温头发出通电和断电信号的油温应有一定差值，该差值为油温控制的工作范围。

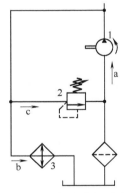

图 21-39　短路冷却回路
1—液压泵　2—溢流阀　3—冷却器

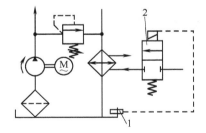

图 21-40　自动调节油温冷却回路
1—测温头　2—冷却水电磁二通阀

5. 闭式系统补油冷却回路

闭式回路因油液循环使用，故发热严重，可采用补油泵对闭式回路中的油液进行强制冷却，其工作回路参见图 15-58。

第五节　液压管路及管接头

液压系统的所有元件与附件都是依靠液压管路及管接头进行连接的，将液压油从液压泵输送到各执行机构去，再从执行机构引回油箱形成封闭的回路，构成一个完整的液压系统。因此，液压管路和管接头也是液压系统中必不可少的组成部分。如果管路设计或安装不当，可能导致振动、噪声、泄漏和发热等不良现象，使液压装置不能正常工作。所以，管路和管接头的设计、选用与安装连接，同样是液压装置设计中

必须认真对待的问题。

一、管路的种类及材料

1. 管路的种类

管路按其在液压系统中的作用可分为：

主管路：包括吸油管路、压油管路和回油管路，用来实现压力能的传递。

泄油管路：将液压元件泄漏的油液导入回油管或油箱。

控制管路：用来实现液压元件的控制或调节以及与检测仪表连接的管路。

旁通管路：将通入压油管路的部分或全部压力油直接引回油箱的管路。

2. 管路的材料

液压系统的常用管材有钢管、铜管、胶管、尼龙管、塑料管、不锈钢管及钛合金管等。

（1）无缝钢管　无缝钢管耐压高，变形小，耐油，耐蚀，虽然装配时不易弯曲，但装配后能长期保持原形，因此广泛用于中高压系统中。无缝钢管有冷拔和热轧两种，液压系统的压油管路一般采用 10 号、15 号冷拔无缝钢管，这种钢管的尺寸准确、质地均匀、强度高、焊接性好。

（2）有缝钢管　即焊接钢管，主油路的吸油管和回油管可采用焊接管。其价格便宜，最高工作压力不大于 1.6MPa。

（3）橡胶软管　橡胶软管一般用于有相对运动的部件间的连接。它装配方便，能吸收液压系统的冲击和振动。其缺点是制造困难、成本高、寿命短、刚性差。不拆卸的固定连接一般不用软管。在某些管路较长、部件间有相对转动的情况下，可采用由旋转接头连接的金属管代替软管。橡胶软管分为高压软管和低压软管两种。高压软管是以一层或多层钢丝纺织层为骨架或钢丝缠绕层为骨架的耐油橡胶管，可用于压力油路，其最高工作压力可达 40MPa。低压软管是以麻线或棉线纺织层为骨架的耐油橡胶管，多用于压力较低的回油路或气动管路，其工作压力不大于 1.5MPa。

（4）铜管　纯铜管容易弯曲，安装方便，管壁光滑，摩擦阻力小，但其耐压低，抗振能力差，一般仅在压力低于 5MPa 时使用。由于铜与油接触易使油氧化，且价格贵，故应尽量不用。与纯铜管相比，黄铜管可承受更高的压力，但不如纯铜管容易弯曲。铜管现仅用作仪表和控制装置的小直径油管。

（5）塑料管　耐油塑料管价格便宜，装配方便，但耐压能力差，一般不超过 0.5MPa，可用作泄漏油管和某些回油管。

（6）尼龙管　尼龙管是一种很有发展前途的非金属油管，可用于低压系统。目前，小直径尼龙管的工作压力可达 8MPa 或更高。

（7）不锈钢管及钛合金管　当采用淡水或水基难燃液作为工作介质时，管路系统应采用马氏体型不锈钢管；当采用海水作为工作介质时，应采用奥氏体型不锈钢管。当用在舰艇上时，今后的发展方向是用钛合金管取代不锈钢管。

二、油管内径和壁厚的确定及受力分析

1. 内径

油管内径应与要求的通流能力相适应。管径太小，则流速将增大，这不仅会使压力损失增大、系统效率降低，而且可能产生振动和噪声；管径过大，则难以弯曲安装，而且将使系统结构庞大。所以必须合理选择管径。油管内径 d 可根据油管通过的最大流量和允许的流速进行计算。即

$$d = \sqrt{\frac{4q}{\pi v}} \tag{21-34}$$

允许流速 v 可参考下列数据选取：

压力管路流速：当压力 $p \leqslant 2.5$MPa 时，取 $v = 3$m/s；当 $p = 2.5 \sim 10$MPa 时，取 $v = 3 \sim 5$m/s；当 $p > 10$MPa 时，取 $v = 5 \sim 7$m/s。

回油管路流速：$v = 2 \sim 5$m/s。

吸油管路流速：$v = 0.5 \sim 1.5$m/s。

对于矿物油，取较小的流速；对于黏度较小的难燃液或水，可取较大的流速。对于橡胶软管，允许的最大流速 $v=5\mathrm{m/s}$。

2. 金属油管的壁厚

$$\delta \geqslant \frac{pd}{2[\sigma]} \tag{21-35}$$

式中　δ——油管壁厚（mm）；

$\quad\quad p$——油管内液体的最大压力（MPa）；

$\quad\quad d$——油管内径（mm）；

$\quad[\sigma]$——许用应力（MPa）。

对于钢管，$[\sigma]=R_\mathrm{m}/n$，R_m 为抗拉强度（MPa），与钢号有关，可在各种材料手册中查得。n 为安全因数：当 $p<7\mathrm{MPa}$ 时，取 $n=8$；当 $7\leqslant p<17.5\mathrm{MPa}$ 时，取 $n=6$；当 $p\geqslant17.5\mathrm{MPa}$ 时，取 $n=4$。对于铜管，取许用应力 $[\sigma]\leqslant25\mathrm{MPa}$。

金属导管所能承受的最大内压力（即最小爆破压力）可按下面的经验公式计算

$$p_\mathrm{min}=R_\mathrm{m}\left(\frac{\dfrac{d}{\delta_\mathrm{min}}+1}{\dfrac{1}{2}\left(\dfrac{d}{\delta_\mathrm{min}}\right)^2+\dfrac{d}{\delta_\mathrm{min}}+1}\right) \tag{21-36}$$

式中　p_min——最小爆破压力（MPa）；

$\quad\quad \delta_\mathrm{min}$——最小壁厚（mm）；

$\quad\quad d$——导管内径（mm）；

$\quad\quad R_\mathrm{m}$——材料抗拉强度（MPa）。

3. 油管的振动问题

油管的振动由两方面原因引起：一方面是某些部件（如发动机、电动机）的振动引起油管振动；另一方面是油管存在弯曲或截面变形，管内的脉动压力迫使其产生振动。对于前一种振动，要尽量避免油管处于产生共振的危险区域。一般认为 $\omega/\Omega=0.5\sim3$ 是产生共振的危险区域（ω 为某些元部件的振动频率，Ω 为导管的固有频率）。在不考虑油管内压力和流量的影响时，油管固有频率 Ω（单位为 Hz）可表示为

$$\Omega=\frac{\pi}{2l^2}\sqrt{\frac{EJg}{G_\mathrm{g}+G_\mathrm{y}}} \tag{21-37}$$

式中　l——油管两支承间的距离；

$\quad\quad E$——油管材料的弹性模量；

$\quad\quad J$——油管截面惯性矩；

G_g、G_y——每米油管和管内液体的自重；

$\quad\quad g$——重力加速度。

油管频率与支承距离 l 有关，同时和油管内径、壁厚及材料有关。当系统的油管几何尺寸和材料确定之后，改变油管支承点间的距离 l，则油管的固有频率 Ω 将随之相应地改变。

油管由于弯曲或截面变形，同样可能产生振动：

（1）弯曲振动　设一弯曲油管，在弯曲部分任意取两个相邻的截面 A—A 和 B—B 进行研究，如图 21-41 所示。显然，这两个

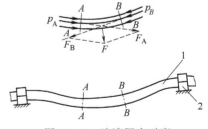

图 21-41　油液压力对弯曲油管的作用力

1—油管　2—支承座

截面是不平行的，截面 A—A 和 B—B 上的油液作用力 F_A 和 F_B（其值等于管内压力和油管截面积的乘积）形成一个垂直于油管轴线的合力 F。当油液压力周期性变化时，合力 F 也发生周期性变化，从而迫使油管振动。特别是当此力的变化频率与油管弯曲振动的固有频率相接近时，会出现共振现象。

（2）径向振动　油管在液压力作用下，要沿半径方向向外扩张（即径向变形）。如果压力发生周期性变化，则油管也随之发生周期性径向变形，即产生径向振动。对于圆形截面的油管，沿圆周方向的应力分布是均匀的。但对于截面呈椭圆形的油管，其内压力将迫使油管的截面恢复圆形，因而，此时将在管壁曲

率最大的地方 n 和 m 处产生最大的应力。如果继续这样振动下去，油管也就在这里开始产生裂纹。图 21-42 所示是钢管截面椭圆度 $\left(K=\dfrac{a}{b}\right)$ 对钢管寿命影响的试验曲线，横坐标为比值 N_p/N_i，N_p 为油管破坏前的实际脉动次数，N_i 为脉动基数，一般为一千万次。试验是在脉动压力为 $0\sim11$MPa、频率为 70Hz 的条件下进行的。

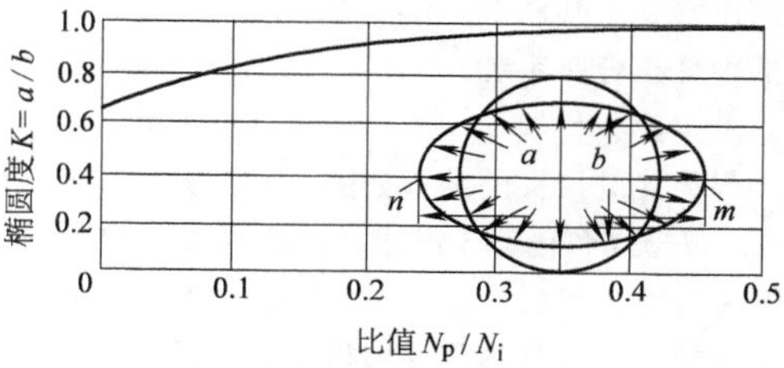

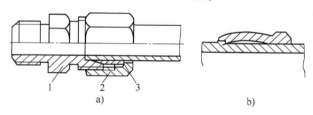

图 21-42 钢管截面椭圆度对钢管寿命的影响

三、管接头的结构及选择

在液压系统中，管子与元件或管子与管子之间，除外径大于 50mm 的金属管一般采用法兰连接外，对于小直径的油管普遍采用管接头连接方式。管接头的形式和质量直接影响油路阻力和连接强度，而且其密封性能是影响系统外泄漏的重要因素。因此，对管接头的合理选择要给予足够重视。

对管接头的主要要求是安装、拆卸方便，抗振性好，密封性能好。

目前，用于硬管连接的管接头主要有卡套式、扩口式、焊接式，用于软管连接的主要是软管接头。当被连接件之间存在旋封或摆动时，可选用中心回转接头或活动铰接式管接头。

1. 卡套式管接头

卡套式管接头如图 21-43a 所示。它的种类较多，但都是由接头体 1、接头螺母 2 和卡套 3 这三个基本零件组成的。卡套是一个在内圆端部带有锋利刃口的金属环，当螺母和接头体拧紧时，内锥面使卡套两端受到一压紧力作用，卡套中间部分产生弹性变形而鼓起，并将刃口切入被连接的管壁而起连接和密封作用，如图 21-43b 所示；卡套还能起锁紧弹簧作用以防止螺母 2 松动。

图 21-43 卡套式管接头

a）结构图 b）刃口切入被连接的管壁

1—接头体 2—接头螺母 3—卡套

卡套式管接头可用于高压，不需密封件，其工作可靠、装卸方便，避免了焊接。但卡套的制作工艺要求较高，而且对被连接油管的精度要求也较高。随着工艺水平和专业化生产水平的提高，卡套式管接头的使用将越来越广泛。

卡套式管接头适用于油、气、水及一般腐蚀性介质的管路系统。它能耐高压、振动和压力冲击。其最大工作压力可达 40MPa。

2. 扩口式管接头

扩口式管接头由接头体 1、螺母 2 和管套 3 组成，如图 21-44 所示。装配时先将接管 4 扩成喇叭口形状（标准为74°），再用螺母把带有 66° 内锥孔的管套 3 连同喇叭形管口压紧在接头体的锥面上，以保证密封。管套的作用是拧紧螺母时使管子不跟着转动。扩口式管接头适用于铝管、铜管或壁

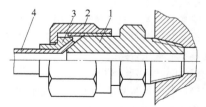

图 21-44 扩口式管接头

1—接头体 2—接头螺母 3—管套 4—接管

厚小于 2mm 的薄壁钢管，也可用来连接尼龙管和塑料管。这种接头结构简单，连接强度可靠，装配维护方便。但由于导管扩口部分是在冷态下加工的，故只能采用低强度且有一定塑性的管材。

由于扩口式管接头的密封性能是依靠扩口锥面的几何精度和适当的装配拧紧力来保证的，因此难以实

现高压密封。其额定工作压力取决于管材的许用压力值，一般为3.5～16MPa。主要用于以油、气为工作介质的中低压管路系统。

3. 焊接式管接头

焊接式管接头的结构如图21-45所示，主要由接头体2、螺母4和接管5组成。接头体2与接管5之间用O形密封圈3密封，接管5与管路系统的钢管6用焊接方式连接。当管接头需要与机体连接时，一般采用普通细牙螺纹，并使用金属垫圈或组合垫圈1实现端面密封（图21-45b）。

焊接式管接头结构简单，制造方便，耐高压，密封性能好。其缺点是安装时焊接工作量大，且装拆不便。焊接式管接头的最大工作压力可达32MPa。

4. 橡胶软管接头

橡胶软管接头有可拆和扣压式两种，各有A、B、C三种形式分别与焊接式、卡套式和扩口式管接头连接使用。

图21-46a所示为可拆式橡胶软管接头。在胶管4

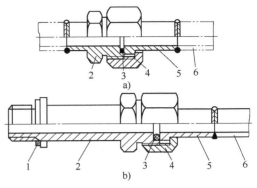

图 21-45 焊接式管接头

a) 焊接式直通管接头 b) 焊接式端直通长管接头

1—组合垫圈 2—接头体 3—O形密封圈
4—接头螺母 5—接管 6—钢管

上剥去一段外层胶，将六角形接头外套3套装在胶管4上，再将锥形接头体2拧入，由锥形接头体2和外套3上带锯齿形倒内锥面把胶管4夹紧。图21-46b所示为扣压式橡胶软管接头。扣压式的装配工序和可拆式相同，它与可拆式的区别是外套3是圆柱形；另外，扣压式接头最后要用专用模具在压力机上对外套3进行挤压收缩，使外套变形后紧紧地与橡胶管和接头连成一体。软管接头的工作压力随管径不同而异，最大工作压力可达40MPa。一般橡胶软管与接头集成供应，橡胶软管的选用根据使用压力和流量大小来确定。

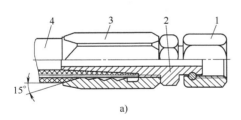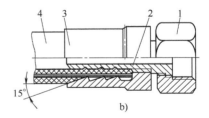

图 21-46 橡胶软管接头

a) 可拆式 b) 扣压式

1—接头螺母 2—接头体 3—外套 4—胶管

5. 快换接头

快换接头是一种不需要使用任何工具便能实现迅速装上或卸下的管接头。它适用于需要经常装拆的液压管路。

图21-47所示为快换自封接头的结构示意图。图中各零件位置为油路接通时的位置。它有两个接头体3和9，接头体两端分别与管道连接。外套8把接头体3上的三个或八个钢珠7压落在接头体9上的V形槽中，使两接头体连接起来。锥阀芯2和5互相挤紧顶开，使油路接通。

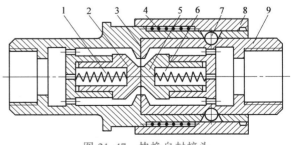

图 21-47 快换自封接头

1、4、6—弹簧 2、5—锥阀芯
3、9—接头体 7—钢珠 8—外套

当需要断开油路时，可用力将外套8向左推移，同时拉出接头体9，此时弹簧4使外套8回位。锥阀芯2和5分别在各自弹簧1和6的作用下外伸，顶在接头体3和9的阀座上而关闭油路，并将两边管子内的油封闭在管中，不致流出。

6. 活动铰接式管接头

铰接式管接头用于液流方向成直角的连接，与普通直角管接头相比，其优点是可以随意调整布管方向，安装方便，占用空间小。

铰接式管接头安装之后，按成直角的两油管是否可以相对摆动，可分为固定式和活动式两类。图 21-48 所示为活动铰接式管接头的结构原理图。活动铰接式管接头的接头心 1 靠台肩和弹簧卡圈 4 保持与接头体 2 的相对位置，两者之间有间隙可以转动，其密封由套在接头心外圆上的 O 形密封圈来保证。

铰接式管接头与管道的连接可以是卡套式或焊接式，使用压力可达 32MPa。

7. 中心回转接头

某些工程机械及起重机械往往分为上车和下车两部分。上车为回转平台，安装执行元件和控制元件；下车为固定底盘，安装液压泵和油箱。为保证回转平台回转时上车执行元件的工作油路始终与下车动力源的油路相通，一般需采用图 21-49 所示的中心回转接头。

中心回转接头由回转轴心 1、外壳 2 和密封件 3 等零件组成。回转轴心与回转平台相连，随回转平台的旋转而转动。外壳通过叉形板 4 与底盘固定。轴心上的油孔（如 a 孔）与回转平台上的油管相连并通过轴心上的轴向孔 b、径向孔 c 与外壳上的径向孔 d 相通，而外壳上的径向孔接底盘下部油管。由于轴心的径向孔处开有径向环槽，因此在轴心随回转平台旋转时，可保证其径向孔始终与外壳上的径向孔相通。中心回转接头根据其轴心上轴向孔的个数分为几通。图 21-49 所示为四通中心回转接头。通路数越多，轴心和外壳的轴向长度越长。由于轴心外圆与外套内孔之间存在间隙，因此在轴心的径向环槽外侧需加密封件，以免造成内漏和外漏。

8. 法兰式管接头

法兰式管接头是把钢管 1 焊接在法兰 2 上，再用螺钉联接起来。两法兰之间用 O 形密封圈密封，如图 21-50 所示。这种管接头结构坚固、工作可靠、防振性好，但外形尺寸较大。它适用于高压、大流量管路，如石油、化工系统中。

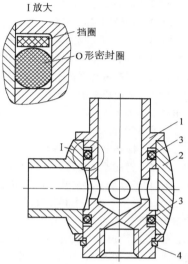

图 21-48 活动铰接式管接头

1—接头心 2—接头体
3—密封件 4—弹簧卡圈

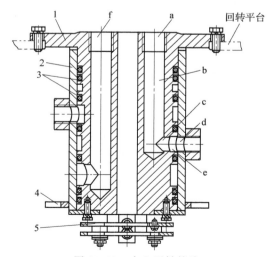

图 21-49 中心回转接头

1—回转轴心 2—外壳 3—密封件 4—叉形板 5—滑环

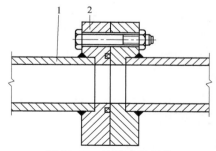

图 21-50 法兰式管接头

1—钢管 2—法兰

思考题和习题

21-1 对于静密封，可选用哪几种密封装置？分别说明其工作原理、工作特点及使用范围。

21-2 对于往复运动密封，可选用哪几种密封装置？分别说明其工作原理、工作特点及使用范围。

21-3 对于旋转运动密封，可选用哪几种密封装置？分别说明其工作原理、工作特点及使用范围。

21-4 对于 O 形密封圈，在安装和使用过程中要注意哪些问题？

21-5 星形（X 形）密封圈的工作特点是什么？

21-6 同轴密封圈的主要特点是什么？

21-7 某液压缸的工作压力为 16MPa，往复运动速度为 1.5m/s，缸径为 50mm，活塞杆直径为 25mm，工作温度范围为 5~50℃，工作介质为矿物油型液压油或水-乙二醇。试分别为该液压缸的活塞及活塞杆选用合适的密封件。

21-8 简述蓄能器的主要功用，举例说明其应用情况。

21-9 蓄能器主要有哪几种类型？各有何特点？

21-10 蓄能器在安装使用中应注意哪些问题？

21-11 一个液压上料装置用 4s 的时间将 5×10^4 N 重的矿石用液压缸垂直地由其行程的起点送至行程的终点。液压缸的有效行程为 2m，缸径为 100mm，工作周期为 60s，间歇工作，采用图 21-51 所示的蓄能器快速回路。试问：

（1）如果不采用蓄能器，而用液压泵直接供油，则液压泵的流量应为多少？

（2）采用蓄能器后，液压泵的流量可以减少至原来流量的几分之几？

（3）试计算蓄能器的总容积 V_0 及有效工作容积 ΔV，并选择合适的蓄能器。

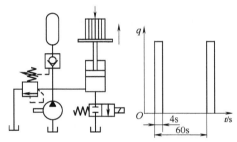

图 21-51 题 21-11 图

21-12 试述油箱的功用及结构特点。应如何确定油箱的容积？

21-13 液压系统在什么情况下需要安装冷却器？冷却器有哪几种类型？各有何特点？

21-14 液压系统中常用的管路材料主要有哪几种？各有何特点？分别用于什么场合？

21-15 如何选用管接头？液压管接头主要有哪几种类型？

附　录

附录 A　单位换算表

表 A-1　容积单位换算表

米³(m³)	升(L,dm³)	毫升(mL,cc)	英加仑 UKgal	美加仑 USgal	英尺³(ft³)	英寸³(in³)
1	10^3	10^6	219.975	264.20	35.315	61024
10^{-3}	1	1000	0.2200	0.2642	0.0353	61.03
10^{-6}	10^{-3}	1	0.2200×10^{-3}	0.2642×10^{-3}	0.0353×10^{-3}	61.03×10^{-3}
0.00454	4.5461	4546.1	1	1.2010	0.1605	277.27
0.00379	3.7854	3785.4	0.8331	1	0.1338	231.00
0.02832	28.317	28317	6.2305	7.4805	1	1728
1.639×10^{-5}	0.01639	16.39	0.0036	0.004329	0.00058	1

注：1 英加仑 = 1.20095 美加仑，1 英桶 = 1.029 美桶，1 英制蒲式耳 = 1.032 美制蒲式耳 = 36.3677 升。

表 A-2　体积流量单位换算表

米³/秒 (m³/s)	米³/时 (m³/h)	升/分 (L/min)	升/秒 (L/s)	英加仑/分 (UKgal/min)	美加仑/分 (USgal/min)	英尺³/时 (ft³/h)	英尺³/秒 (ft³/s)
1	3600	60×10^3	1000	13199	15852	1271.3×10^2	35.315
2.778×10^{-4}	1	16.667	0.2778	3.6658	4.4032	35.315	9.801×10^{-3}
1.667×10^{-5}	0.06	1	0.0167	0.21995	0.26419	2.119	5.8867×10^{-4}
0.001	3.6	60	1	13.197	15.8514	127.14	3.532×10^{-2}
7.5775×10^{-5}	0.27279	4.5465	7.5775×10^{-2}	1	1.2011	9.6342	2.676×10^{-3}
6.304×10^{-5}	0.2271	3.7824	6.304×10^{-2}	0.8325	1	8.0208	2.228×10^{-3}
7.865×10^{-6}	2.832×10^{-2}	0.4719	7.865×10^{-3}	0.1038	0.1247	1	2.778×10^{-4}
2.832×10^{-2}	101.935	1698.918	28.3153	373.627	448.833	3600	1

表 A-3　力单位换算表

牛(N)	千克力(kgf)	达因(dyn)	磅力(lbf)
1	0.102	10^5	0.2248
9.80665	1	9.80665×10^5	2.20462
10^{-5}	1.02×10^{-6}	1	2.248×10^{-6}
4.44822	0.45372	444822	1

表 A-4　转矩单位换算表

牛·米(N·m)	千克力·米(kgf·m)	克力·厘米(gf·cm)	达因·厘米(dyn·cm)	磅力·英尺(lbf·ft)
1	0.1020	0.1020×10^5	10^7	0.73753
9.807	1	10^5	9.807×10^7	7.233
9.807×10^{-5}	10^{-5}	1	980.7	7234.6239×10^{-8}
10^{-7}	1.020×10^{-8}	1.020×10^{-3}	1	7.377×10^{-8}
1.35549	0.13826	13826	13554902	1

表 A-5　转动惯量（惯性矩）单位换算表

千克·米²(kg·m²)	千克力·米·秒²(kgf·m·s²)
1	0.1020
9.807	1

表 A-6　压力单位换算表

牛/米²，帕 (N/m²，Pa)	巴(bar)	千克力/厘米² (kgf/cm²)	千克力/毫米² (kgf/mm²)	磅力/英寸² (lbf/in²，psi)	米水柱 (mH₂O)	标准大气压 (atm)	毫米汞柱 (mmHg)
1	10^{-5}	1.02×10^{-5}	1.02×10^{-7}	14.5×10^{-5}	1.02×10^{-4}	0.99×10^{-5}	0.0075
10^5	1	1.02	0.0102	14.50	10.197	0.9869	750.1
98067	0.980665	1	0.01	14.22	10	0.9678	735.6
98.07×10^5	98.07	100	1	1422	1000	96.78	73556
6.89×10^3	0.689×10^{-1}	70.3233×10^{-3}	70.3233×10^{-5}	1	0.703233	0.68×10^{-1}	51.7408
9807	98.07×10^{-3}	0.1	0.001	1.422	1	0.9678×10^{-1}	73.6
101325	1.013	1.0330	0.01033	14.70	10.332	1	760
133.32	1.33×10^{-3}	0.00136	1.36×10^{-5}	1.934×10^{-2}	0.0136	0.00132	1

表 A-7　功率单位换算表

瓦(W)	千瓦(kW)	尔格/秒(erg/s)	千克力·米/秒(kgf·m/s)	英马力(hp)	马力	英尺·磅力/秒(ft·lbf/s)	千卡/秒(kcal/s)
1	0.001	10^7	0.102	0.00134	0.00136	0.737	0.000238
1000	1	1000×10^7	102	1.34	1.36	737	0.238
10^{-7}	10^{-10}	1	0.102×10^{-7}	0.134×10^{-9}	0.136×10^{-9}	737×10^{-10}	0.238×10^{-10}
9.807	0.00981	9.807×10^7	1	0.0131	0.01333	7.233	0.00234
746	0.746	746×10^7	76	1	1.014	550	0.178
735	0.735	735×10^7	75	0.987	1	541	0.175
1.356	0.00136	1.36×10^7	0.138	0.00182	0.00184	1	0.000324
4200	4.2	4200×10^7	427	5.61	5.7	3090	1

注：1W = 1.02N·m/s。

表 A-8　功、能和热量单位换算表

焦耳 （J）	尔格 （erg）	千克力·米 （kgf·m）	英尺·磅力 （ft·lbf）	千瓦·时 （kW·h）	英马力·时 （hp·h）	马力·时	千卡（kcal）
1	10^7	0.102	0.7376	277.8×10^{-9}	0.3724×10^{-6}	377.7×10^{-9}	239×10^{-6}
10^{-7}	1	0.102×10^{-7}	0.7376×10^{-7}	277.8×10^{-16}	0.3724×10^{-13}	377.7×10^{-16}	239×10^{-13}
9.807	9.807×10^7	1	7.233	2.724×10^{-6}	3.3652×10^{-6}	3.704×10^{-6}	2.342×10^{-3}
1.356	1.356×10^7	0.1383	1	0.3766×10^{-6}	0.5049×10^{-6}	0.5121×10^{-6}	0.3239×10^{-3}
3.6×10^6	3.6×10^{13}	3.671×10^5	2.655×10^6	1	1.3405	1.3596	860
2.686×10^6	2.686×10^{13}	2.739×10^5	1.981×10^6	0.746	1	1.0143	641.5
2.648×10^6	2.648×10^{13}	2.7×10^5	1.953×10^6	0.7355	0.9859	1	632.5
4186	4186×10^7	426.9	3089	0.001163	0.1559×10^{-2}	0.001581	1

表 A-9　质量单位换算表

千克（kg）	吨（t）	英吨（ton）	短吨（sh ton）	磅（lb）	盎司（oz）
1	10^{-3}	9.842×10^{-4}	1.1023×10^{-3}	2.2046	35.2739
10^3	1	0.9842	1.1023	2.2046×10^3	3.52739×10^4
1.0161×10^3	1.0161	1	1.12	2.24×10^3	3.58413×10^4
9.0719×10^2	0.90719	0.89282	1	2×10^3	3.20012×10^4
0.4536	4.536×10^{-4}	4.464×10^{-4}	5×10^{-4}	1	16.0007
2.834×10^{-2}	2.8349×10^{-5}	2.7901×10^{-5}	3.1249×10^{-5}	0.0625	1

表 A-10　运动黏度单位换算表

米²/秒（m²/s）	厘米²/秒（斯）（St）	毫米²/秒（厘斯）（cSt）	米²/时（m²/h）
1	10^4	10^6	3600
10^{-4}	1	100	0.36
10^{-6}	0.01	1	3.6×10^{-3}
277.8×10^{-6}	2.778	277.8	1

表 A-11　动力黏度单位换算表

帕·秒 （Pa·s）	千克力·秒/米² （kgf·s/m²）	达因·秒/厘米² 泊（P）	厘泊 （cP）	千克力·时/米² （kgf·h/m²）	牛·时/米² （N·h/m²）
1	0.102	10	1000	28.3×10^{-6}	278×10^{-6}
9.81	1	98.1	9810	278×10^{-6}	2.73×10^{-3}
0.1	10.2×10^{-3}	1	100	2.83×10^{-6}	27.8×10^{-6}
0.001	10.2×10^{-5}	0.01	1	2.83×10^{-8}	27.8×10^{-8}
35.3×10^3	3600	353×10^3	353×10^5	1	9.81
3600	367	36×10^3	36×10^5	0.102	1

表 A-12　比热容单位换算表

焦耳/(千克·开) [J/(kg·K)]	焦耳/(千克·摄氏度) [J/(kg·℃)]	千卡/(千克·摄氏度) [kcal/(kg·℃)]
1	1	239×10^{-6}
4186.8	4186.8	1

表 A-13　热导率单位换算表

瓦/(米·开) [W/(m·K)]	瓦/(米·摄氏度) [W/(m·℃)]	千卡/(米·时·摄氏度) [kcal/(m·h·℃)]	卡/(厘米·秒·摄氏度) [cal/(cm·s·℃)]	焦耳/(厘米·秒·摄氏度) [J/(cm·s·℃)]
1	1	0.8598	0.00239	0.01
1.16	1.16	1	0.00278	0.0116
418.68	418.68	360	1	4.1868
100	100	85.98	0.239	1

附录 B　常用液压与气动元件图形符号
（选自 GB/T 786.1——2009）

表 B-1　基本符号、管路及连接

名　称	符　号	名　称	符　号
工作管路		管端连接于油箱底部	
控制管路		密闭式油箱	
连接管路		直接排气	
交叉管路		带连接排气	
软管总成		带单向阀的快换接头 （断开状态）	
组合元件框线		不带单向阀的快换接头 （连接状态）	
管口在液面以上的油箱		单通旋转接头	
管口在液面以下的油箱		三通旋转接头	

表 B-2　控制机构和控制方法

名　称	符　号	名　称	符　号
按钮式人力控制		踏板式人力控制	

名　称	符　号	名　称	符　号
手柄式人力控制		顶杆式机械控制	
弹簧控制		液压先导控制	
单向滚轮式机械控制		液压二级先导控制	
单作用电磁控制		气-液先导控制	
双作用电磁控制		内部压力控制	
电动机旋转控制		电-液先导控制	
加压或泄压控制		电-气先导控制	
滚轮式机械控制		液压先导泄压控制	
外部压力控制		电反馈控制	
气压先导控制		差动控制	

表 B-3　泵、马达和缸

名　称	符　号	名　称	符　号
单向定量液压泵		液压整体式传动装置	
双向定量液压泵		摆动马达	
单向变量液压泵		单作用弹簧复位缸	
双向变量液压泵		单作用伸缩缸	

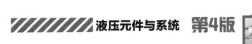
（续）

名　称	符　号	名　称	符　号
单向定量马达	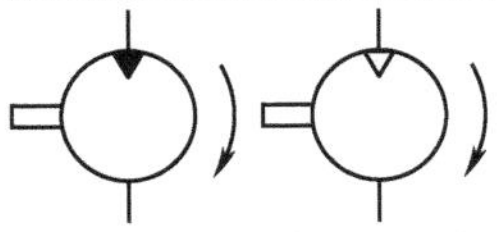	单向变量马达	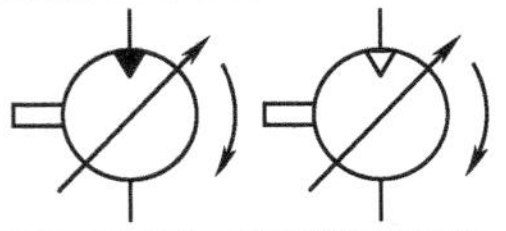
双向定量马达	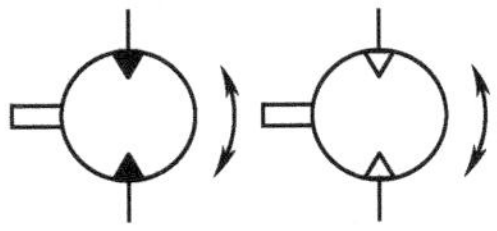	双向变量马达	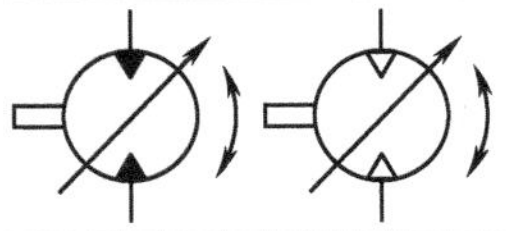
定量液压泵或马达	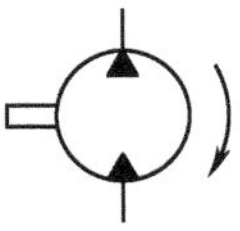	单向缓冲缸	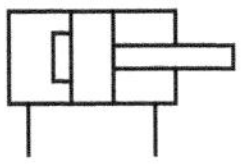
变量液压泵或马达	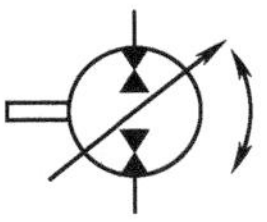	双向缓冲缸	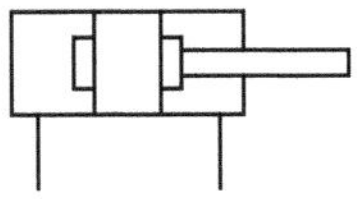
双作用单杆缸	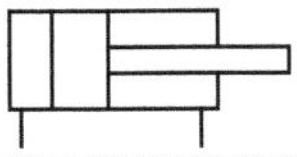	双作用伸缩缸	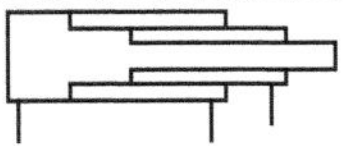
双作用双杆缸	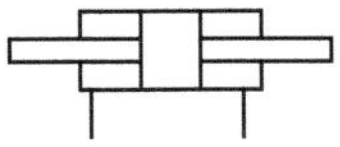	单作用增压器	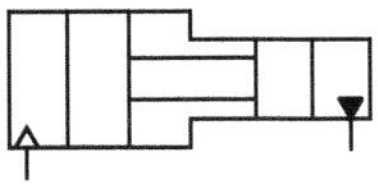

表 B-4　控制元件

名　称	符　号	名　称	符　号
直动式溢流阀	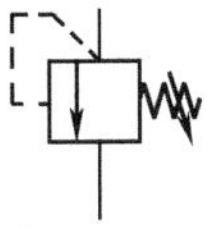	溢流减压阀	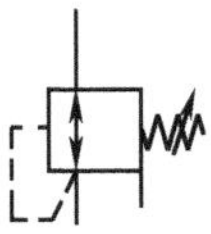
先导式溢流阀	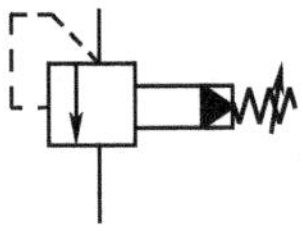	先导式比例电磁溢流阀	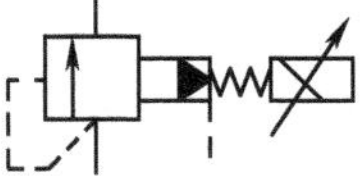
先导式比例电磁溢流阀	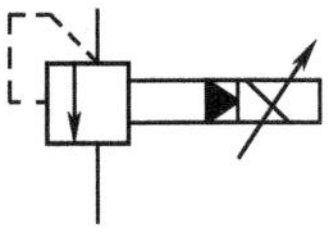	定比减压阀	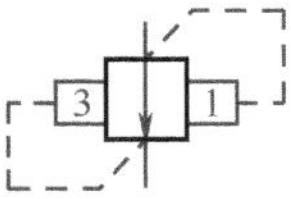
卸荷溢流阀	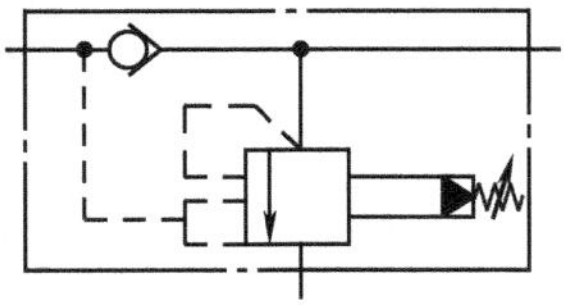	定差减压阀	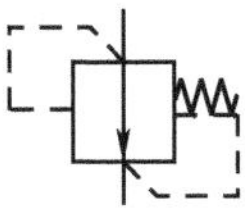
双向溢流阀	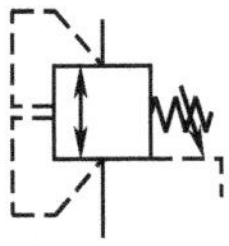	直动式顺序阀	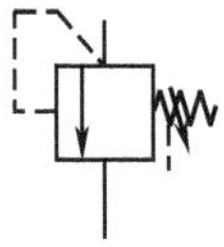

（续）

名　称	符　号	名　称	符　号
直动式减压阀		先导式顺序阀	
先导式减压阀		单向顺序阀（平衡阀）	
直动式卸荷阀		集流阀	
制动阀		分流集流阀	
不可调节流量控制阀		单向阀	
可调节流量控制阀		液控单向阀	
可调单向节流阀		液压锁	
减速阀		梭阀	
带消声器的节流阀		双压阀	
调速阀		快速排气阀	
温度补偿调速阀		二位二通换向阀	

（续）

名 称	符 号	名 称	符 号
旁通型调速阀		二位三通换向阀	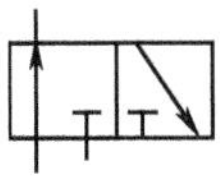
单向调速阀	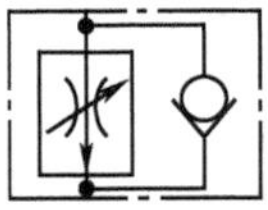	二位四通换向阀	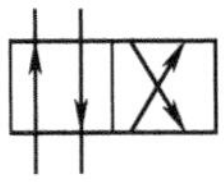
分流阀	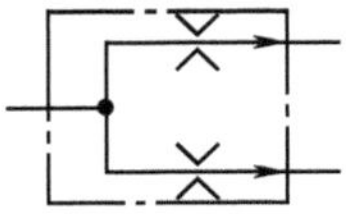	二位五通换向阀	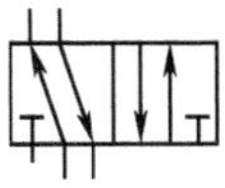
三位四通换向阀	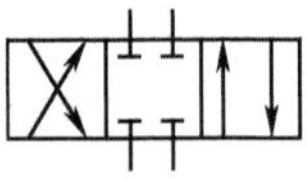	四通电液伺服阀	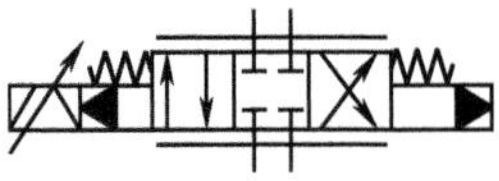
三位五通换向阀	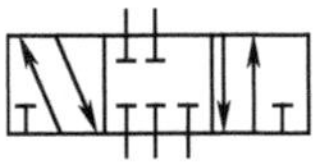		

表 B-5　辅助元件

名 称	符 号	名 称	符 号
过滤器		气罐	
磁芯过滤器		压力表	
污染指示过滤器	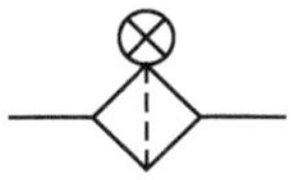	液面计	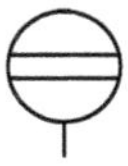
分水排水器	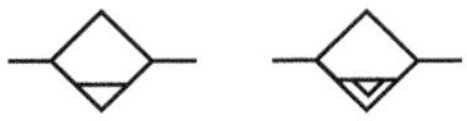	温度计	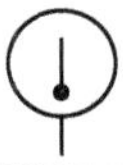
空气过滤器	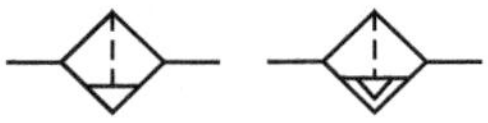	流量计	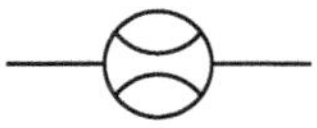
除油器	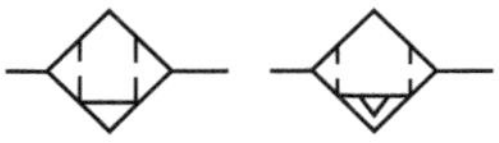	压力继电器	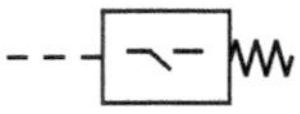
空气干燥器	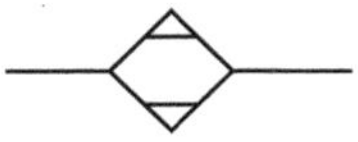	消声器	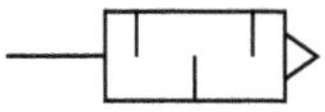
油雾器	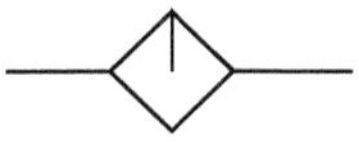	液压源	
气源处理装置		气压源	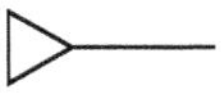

（续）

名　称	符　号	名　称	符　号
冷却器		电动机	
加热器		原动机	
蓄能器		气-液转换器	

参 考 文 献

[1] 路甫祥. 液压气动技术手册 [M]. 北京：机械工业出版社，2005.

[2] 李壮云. 液压　气动与液力工程手册：上册 [M]. 北京：电子工业出版社，2008.

[3] 丛庄远，刘震北. 液压技术基本理论 [M]. 哈尔滨：哈尔滨工业大学出版社，1989.

[4] 林建亚，何存兴. 液压元件 [M]. 北京：机械工业出版社，1988.

[5] 官忠范. 液压传动系统 [M]. 3 版. 北京：机械工业出版社，2004.

[6] 陆望龙. 典型液压元件结构 600 例 [M]. 北京：化学工业出版社，2009.

[7] 王守城，段俊勇. 液压元件及选用 [M]. 北京：化学工业出版社，2007.

[8] 周恩涛. 液压系统设计元器件选型手册 [M]. 北京：机械工业出版社，2007.

[9] 张利平. 液压传动系统及设计 [M]. 北京：化学工业出版社，2005.

[10] 雷天觉. 新编液压工程手册 [M]. 北京：北京理工大学出版社，1999.

[11] 许耀铭. 油膜理论与液压泵和马达的摩擦副设计 [M]. 北京：机械工业出版社，1987.

[12] 陈卓如. 低速大扭矩液压马达理论、计算与设计 [M]. 北京：机械工业出版社，1989.

[13] 王益群，高殿荣. 液压工程师技术手册 [M]. 北京：化学工业出版社，2010.

[14] 曾祥荣，叶文柄，吴沛容. 液压传动 [M]. 北京：国防工业出版社，1980.

[15] 黎克英，陆祥生. 叶片式液压泵和马达 [M]. 北京：机械工业出版社，1993.

[16] 何存兴. 液压元件 [M]. 北京：机械工业出版社，1982.

[17] 严金坤. 液压元件 [M]. 上海：上海交通大学出版社，1989.

[18] 赵月静，宁辰校. 液压实用回路 360 例 [M]. 北京：化学工业出版社，2008.

[19] 刘延俊. 液压回路与系统 [M]. 北京：化学工业出版社，2009.

[20] 颜荣庆，李自光，贺尚红. 现代工程机械液压与液力系统——基本原理·故障分析与排除 [M]. 北京：人民交通出版社，2001.

[21] 许贤良，王传礼. 液压传动系统 [M]. 北京：国防工业出版社，2008.

[22] 刘延俊. 液压与气压传动 [M]. 北京：机械工业出版社，2003.

[23] 姜继海，宋锦春，高常识. 液压与气压传动 [M]. 北京：高等教育出版社，2002.

[24] 雷秀. 液压与气压传动 [M]. 北京：机械工业出版社，2005.

[25] 李笑. 液压与气压传动 [M]. 北京：国防工业出版社，2006.

[26] 左健民. 液压与气压传动 [M]. 北京：机械工业出版社，2005.

[27] 王守城，容一鸣. 液压与气压传动 [M]. 北京：北京大学出版社，2008.

[28] 明仁雄. 液压与气压传动学习指导 [M]. 北京：国防工业出版社，2007.

[29] 蔡文彦，詹永麒. 液压传动系统 [M]. 上海：上海交通大学出版社，1990.

[30] 严金坤，王钧功. 液压传动例题与习题 [M]. 北京：国防工业出版社，1995.

[31] 李玉琳. 液压元件与系统设计 [M]. 北京：北京航空航天大学出版社，1991.

[32] 广廷洪，汪德涛. 密封件使用手册 [M]. 北京：机械工业出版社，1994.

[33] 机械基础产品选用手册编写组. 机械基础产品选用手册 [M]. 北京：机械工业出版社，1997.

[34] 马雅丽，黄志坚. 蓄能器实用技术 [M]. 北京：化学工业出版社，2007.

[35] 黄志坚. 液压辅件 [M]. 北京：化学工业出版社，2008.

[36] 何存兴　张铁华. 液压传动与气压传动 [M]. 2 版. 武汉：华中科技大学出版社，2000.

[37] 刘银水，许福玲. 液压与气压传动 [M]. 4 版. 北京：机械工业出版社，2016.

[38] 万会雄，明仁雄. 液压与气压传动 [M]. 2 版. 北京：国防工业出版社，2008.

[39] 胜帆，罗志骏. 液压技术基础 [M]. 北京：机械工业出版社，1985.

[40] 吴根茂，邱敏秀，王庆丰，等. 新编实用电液比例技术 [M]. 杭州：浙江大学出版社，2006.

[41] 黄人豪. 二通插装阀控制技术 [M]. 上海：上海实用科技研究中心，1985.

［42］ 陈愈，等. 液压阀［M］. 北京：中国铁道出版社，1982.

［43］ 宋鸿尧，丁忠尧，等. 液压阀设计与计算［M］. 北京：机械工业出版社，1987.

［44］ 张磊，等. 实用液压技术 300 题［M］. 2 版. 北京：机械工业出版社，1998.

［45］ 刘震北. 液压元件制造工艺学［M］. 哈尔滨：哈尔滨工业大学出版社，1992.

［46］ 路甬祥，胡大纮. 电液比例控制技术［M］. 北京：机械工业出版社，1988.

［47］ 王积伟，章宏甲，黄宜. 液压与气压传动［M］. 2 版. 北京：机械工业出版社，2012.

［48］ 机电一体化技术手册编委会. 机电一体化技术手册［M］. 北京：机械工业出版社，1994.

［49］ 李壮云. 中国机械设计大典：第 5 卷　机械控制系统设计［M］. 南昌：江西科学技术出版社，2002.

［50］ 王忠. 轴向柱塞泵油压力对"浮动体"的瞬时作用力和力矩及泵参数的选择［J］. 机床与液压，1983（3）：12-22.

［51］ 夏志新. 液压系统污染控制［M］. 北京：机械工业出版社，1992.

［52］ 林济猷. 液压油概论［M］. 北京：煤炭工业出版社，1986.

［53］ 冯明星. 液压和液力传动油、液［M］. 北京：中国石化出版社，1991.

［54］ 徐绳武. 柱塞式液压泵［M］. 北京：机械工业出版社，1985.

［55］ ERIK TROSTMANN. Water Hydraulics Control Technology［M］. New York：Marcel Dekker，Inc. 1996.

［56］ 曹树平，刘银水，罗小辉. 电液控制技术［M］. 2 版. 武汉：华中科技大学出版社，2014.

［57］ 江海兵，阮健，李胜，等. 2D 电液高速开关阀设计与实验［J］. 农业机械学报，2015，46（2）：328-334.

［58］ LIU YINSHUI，LI DONGLIN，TANG ZHENYU，et al. Thermodynamic Modeling，Simulation and Experiments of a Water Hydraulic Piston Pump in Water Hydraulic Variable Ballast System［J］. Ocean Engineering，2017，138：35-44.

［59］ 熊绍钧. 液控限速平衡阀在三峡工程启闭机上的应用［J］. 机床与液压，2008（9）：237-239.

［60］ 刘银水. 水液压传动技术基础及工程应用［M］. 北京：机械工业出版社，2013.

［61］ IVANTYSYN J，INANTYSYNOVA M. Hydrostatic pumps and motors：principles，design，performance，modelling，analysis，control and testing［M］. Delhi：Akademia Books International，2001.

［62］ 吴德发. 大深度潜水器超高压海水泵的关键技术研究［D］. 武汉：华中科技大学，2014.

［63］ 李东林. 全水润滑轴向柱塞泵热力学特性研究及样机研制［D］. 武汉：华中科技大学，2017.

［64］ 路甬祥. 流体传动与控制技术的历史进展与展望［J］. 机械工程学报，2010，46（10）：1-9.

［65］ 杨华勇，王双，张斌，等. 数字液压阀及其阀控系统发展和展望［J］. 吉林大学学报（工学版），2016，46（5）：1494-1505.